Dugge/Haferkamp Grundlagen der Elektronik

Die Meisterprüfung

Grundlagen der Elektronik

Dipl.-Ing. Karl-Wilhelm Dugge
Dipl.-Ing. Dietert Haferkamp

5., überarbeitete Auflage

Vogel Buchverlag

Weitere Mitarbeiter dieses Bandes:
Dipl.-Ing. Peter Böttle
Dipl.-Ing. Klaus Bruckert
Dipl.-Ing. Heinrich Kohschulte
Dipl.-Ing. Joachim Kruth

Die Deutsche Bibliothek – CIP-Einheitsaufnahme

Dugge, Karl-Wilhelm:
Grundlagen der Elektronik / Karl-Wilhelm Dugge ; Dietert Haferkamp. [Weitere Mitarb. dieses Bd.: Peter Böttle . . .]. 5., überarb. Aufl. – Würzburg : Vogel, 1993
(Vogel-Fachbuch : Die Meisterprüfung)
ISBN 3-8023-1471-9
NE: Haferkamp, Dietert:

ISBN 3-8023-1471-9
5. Auflage. 1993

Druck und buchbinderische Verarbeitung:
Friedrich Pustet, Regensburg

Vorwort

Dieses Buch erscheint in der Fachbuchgruppe *Die Meisterprüfung in der Elektrotechnik*. Der *Elektronikband* behandelt die Grundlagen der Halbleitertechnik und alle Halbleiter-Bauelemente mit ihren Anwendungen in Schaltungen in dem Umfang, der für die Meisterprüfung in den elektrotechnischen Energieberufen erforderlich ist.

Um die Funktion der Halbleiterbauelemente besser verstehen zu können, wird stets nach der Behandlung des Bauelements der Einsatz in Schaltungen erläutert. Die Kenndaten und Kennlinien aus den Herstellerlisten sind auszugsweise angegeben und ebenfalls in allen für die Praxis wesentlichen Punkten besprochen.

Der vorliegende Band stellt ein in sich abgeschlossenes Buch dar, setzt jedoch die im Grundlagenband behandelten Themen als Kenntnisse voraus.

Die mit diesem Buch erreichbaren *Lernziele* entsprechen den Anforderungen, die der Zentralverband der Deutschen Elektrohandwerke für die Meisterprüfung in den Fachrichtungen Elektroinstallation und Elektromaschinenbau festgelegt hat.

Die heutige Form der Buchgruppe ist das Ergebnis ständiger Erprobungen mit Meisterschülern der *Bundes-Fachlehranstalt für das Elektrohandwerk* in Oldenburg. Die übersichtliche Gliederung der Fachthemen und die vielen Beispiele tragen dem besseren Verständnis der Fachprobleme bei.

Oldenburg und Würzburg — Verfasser und Verlag

In der Fachbuchgruppe «Die Meisterprüfung in der Elektrotechnik» sind bisher erschienen:

Böttle/Friedrichs: Mathematische und elektrotechnische Grundlagen

Boy/Dunkhase: Elektro-Installationstechnik

Boy/Flachmann/Mai: Elektrische Maschinen und Steuerungstechnik

Folkerts/Friedrichs: Hausgeräte-, Beleuchtungs- und Klimatechnik

Böttle/Boy/Grothusmann: Elektrische Meß- und Regelungstechnik

Dugge/Haferkamp: Grundlagen der Elektronik

Böttle/Fehmel: Formeln und Tabellen Elektrotechnik

Böttle/Friedrichs: Aufgaben und Ergebnisse Elektrotechnik

Ebenfalls im Vogel Buchverlag sind in der Fachbuchgruppe «Elektronik» erschienen:

Meister: Elektrotechnische Grundlagen

Beuth K./Beuth O.: Elementare Elektronik

Beuth: Bauelemente

Beuth/Schmusch: Grundschaltungen

Beuth: Digitaltechnik

Müller/Walz: Mikroprozessortechnik

Schmusch: Elektronische Meßtechnik

Inhaltsverzeichnis

1 Halbleiterwerkstoffe

Halbleiter sind Stoffe, deren spezifischer Widerstand bei Normaltemperatur, d.h. um 20 °C, zwischen dem der Nichtleiter, wie z.B. Glas oder Porzellan, und der Leiter, wie Kupfer oder Aluminium, liegt (Bild 1.1).

1.1 Reine Halbleiter

Eine große Bedeutung in der Halbleitertechnik haben die Elemente Silizium und Germanium. Sie lassen sich völlig gleichmäßig als Einkristalle herstellen. In einer solchen Einkristallstruktur hat jedes Atom seinen festen Platz, und es ist eine außerordentliche Reinheit des Materials gewährleistet. Auf z.B. etwa 10^{11} Siliziumatome kommt ein Fremdatom. Im Periodensystem (Bild 1.2) sind Silizium (Si) und Germanium (Ge) in der 4. Gruppe zu finden. Das bedeutet, beide Elemente besitzen 4 Valenzelektronen (s. Grundlagenband Abschnitt 4.3.6 Chemische Bindungsarten) auf ihrer äußeren Schale, sie sind 4wertig.

1.2 Verbindungshalbleiter

Neben reinen Halbleitern finden zunehmend Halbleitermaterialien Verwendung, die aus Verbindungen von Elementen der Gruppen 3 und 5 des Periodensystems (Bild 1.2) bestehen. Eine Verbindung aus jeweils einem 3- und einem 5wertigen Element besitzt ähnliche Eigenschaften wie die reinen Halbleiter. Die Atome ordnen sich abwechselnd an, so daß auch hierbei die 3 und 5 Valenzelektronen gemeinsam eine stabile Bindung ermöglichen.

1.3 Kristallaufbau

Im Gegensatz zu den Metallen, die als gute elektrische Leiter einsetzbar sind, bezeichnet man Elemente wie Silizium und Germanium als Halbleiter. Sie besitzen eine erheblich geringere Leitfähigkeit (s. Grundlagenband Abschnitt 4.3.6.2 «Atombindung»).

Germanium- wie auch Siliziumatome besitzen auf ihrer äußeren Bahn vier Valenzelektronen (Bild 1.3). Bild 1.4 zeigt, wie sich fünf Siliziumatome in einem sogenannten Kristallgitter anordnen. Ein Atom mit vier Valenzelektronen bindet vier Nachbaratome an sich, so daß der Atomkern in seiner Außenschale von acht Elektronen umgeben ist. Jedes weitere Atom stellt seine Elektronen den Nachbaratomen zur Verfügung. Die räumliche Darstellung einer solchen Bindung im Diamantgitter zeigt Bild 1.5.

Wie zu erkennen ist, werden alle Valenzelektronen für den Zusammenhalt des Halbleiterkristalls benötigt. Da also keine freien Elektronen mehr vorhanden sind, ist ein Ladungstransport nicht möglich. Der Widerstand ist unendlich groß. Dieser Zustand im Halbleiter bleibt jedoch nur in der Nähe des absoluten Nullpunkts (−273,16 °C) erhalten.

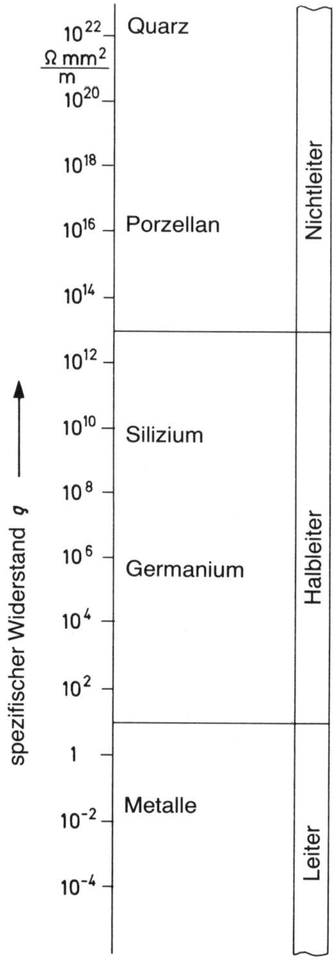

Bild 1.1
Spezifischer Widerstand einiger Stoffe bei 20 °C

Gruppe 3 3 Valenz- elektronen	Gruppe 4 4 Valenz- elektronen	Gruppe 5 5 Valenz- elektronen
B Bor		
Al Aluminium	Si Silizium	P Phosphor
Ga Gallium	Ge Germanium	As Arsen
In Indium		Sb Antimon
Akzeptoren	Halbleiter	Donatoren

Bild 1.2
Auszug aus dem periodischen System der Elemente

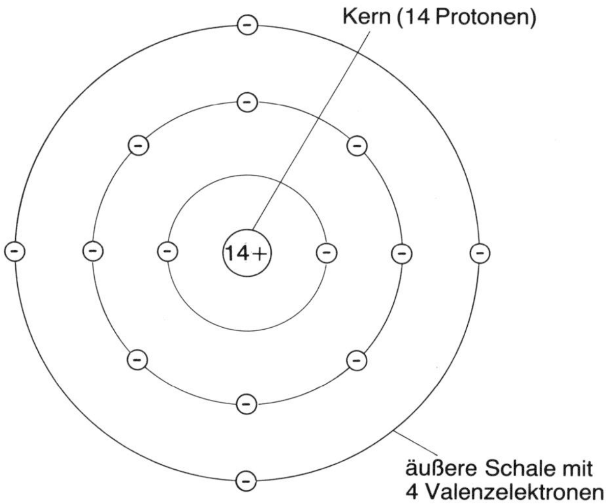

14 Silizium Si

Schale	K	L	M
Anzahl Elektronen	2	8	4

Bild 1.3 Ebene Darstellung eines Siliziumatoms mit allen Bahnen (Schalen) und Elektronen

Bild 1.4
Ebene Darstellung der Anordnung von 5 Si-Atomen

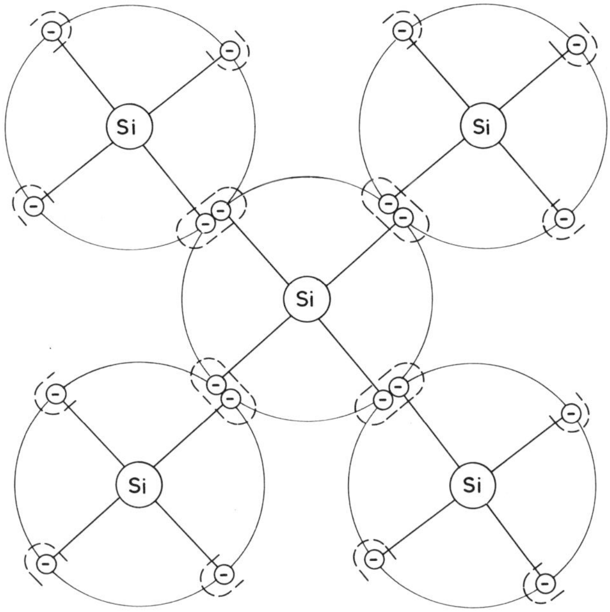

Bild 1.5
Räumliche Darstellung der Anordnung von 5 Si-Atomen im Kristallverband

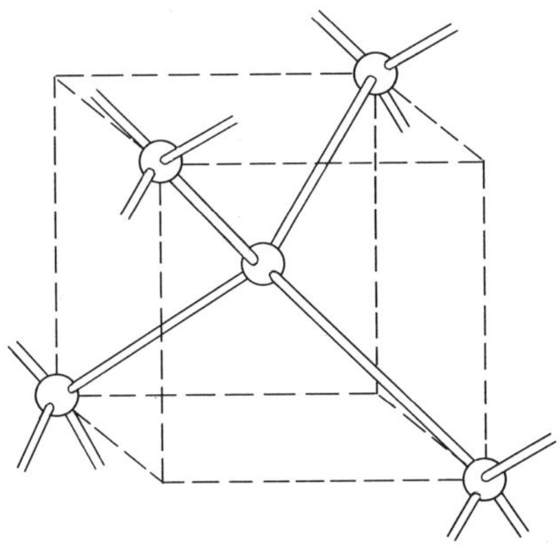

Der Einfluß von Wärmeenergie führt dazu, daß einige dieser Bindungen aufbrechen. Die dadurch freigesetzten Elektronen können zum Ladungstransport herangezogen werden.

Halbleitermaterialien besitzen im Gegensatz zu Metallen bei Normaltemperatur nur eine geringe Leitfähigkeit.

1.4 Eigenleitung

Wie im vorhergehenden Abschnitt beschrieben, werden durch thermische Energie im Halbleitermaterial Elektronen frei. Ein solches Elektron verläßt seinen Platz und kann sich im Kristallgitter bewegen. Dort, wo vorher das Elektron war, entsteht eine Fehlstelle. Diese bezeichnet man als *Loch* oder *Defektelektron*. Dadurch, daß sich ein Elektron von einem vorher neutralen Atom entfernt, wird der Atomrumpf positiv. Das heißt, das entstandene Loch wirkt wie eine positive Ladung.

Das Entstehen eines freien Elektrons, das immer auch das Zustandekommen eines Lochs zur Folge hat, heißt *Paarbildung*. Es bildet sich ein Ladungsträgerpaar.

Im hochreinen Halbleitermaterial sind immer gleichviel Löcher wie freie Elektronen vorhanden.

Das durch ein abwanderndes Elektron entstandene Loch ist als positiver Ladungsträger anzusehen und kann wiederum ein Elektron aufnehmen. Dadurch neutralisieren sich sowohl Elektron als auch das Loch und stehen nicht mehr als freie Ladungsträger zur Verfügung.

Die Wiedervereinigung von einem Loch und einem Elektron heißt Rekombination.

Die Vorgänge der Paarbildung und anschließenden Rekombination nehmen mit ansteigender Temperatur zu. Das bedeutet, daß Halbleiter oberhalb des absoluten Nullpunkts eine Leitfähigkeit besitzen, die mit zunehmender Temperatur des Materials steigt (vgl. Grundlagenband).

Verläßt nun ein solches freigesetztes Elektron unter der Krafteinwirkung einer Spannungsquelle das Atom in Richtung des Pluspols, so bleibt ein Loch zurück. Wird dieses Defektelektron durch ein weiteres Elektron aufgefüllt, das ebenfalls zum Pluspol wandert, so hat auch dieses Elektron bei einem anderen Atom ein Loch hinterlassen, das dem Minuspol näher ist. Das Zustandekommen eines *Löcherstroms* zeigt Bild 1.6 vereinfacht.

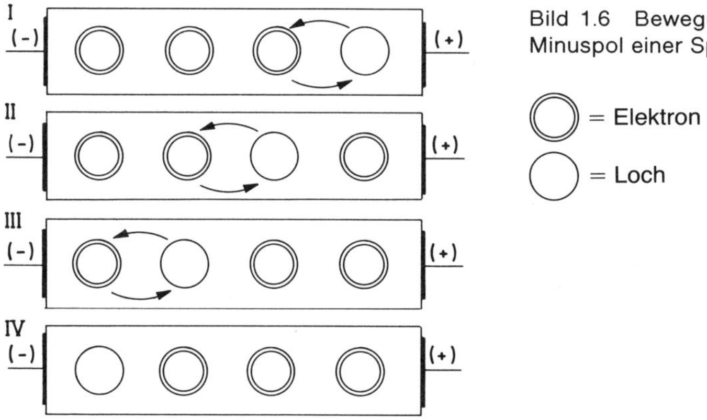

Bild 1.6 Bewegung eines Lochs in Richtung Minuspol einer Spannungsquelle

Löcher bewegen sich im Halbleiter zum Minuspol. Elektronen bewegen sich im Halbleiter zum Pluspol einer Spannungsquelle.

Man unterscheidet eine *Elektronenstromrichtung* und eine *Löcherstromrichtung*. Sie verlaufen entgegengesetzt (Bild 1.6 und 1.7). Der gesamte beschriebene Mechanismus wird als *Eigenleitung* oder auch Eigenleitfähigkeit bezeichnet.

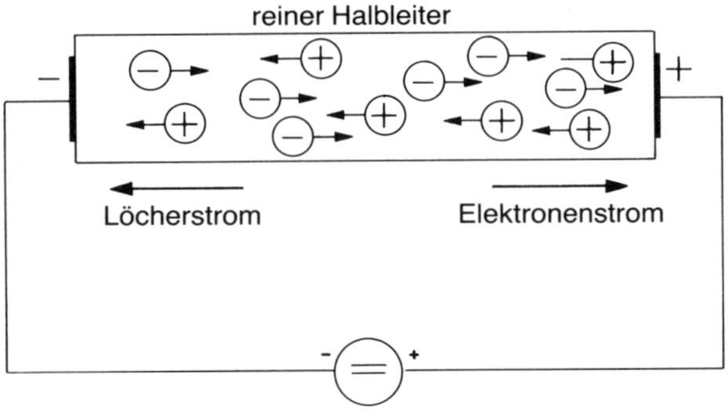

Bild 1.7
Bewegungsrichtung von Ladungsträgern, entstanden durch Paarbildung in einem reinen Halbleiterkristall

Eine weitere Größe, die die Leitfähigkeit von Halbleitern beeinflußt, ist der Reinheitsgrad des Materials. Einen Halbleiter verunreinigen bedeutet, Atome, die nicht dem Atombau des Halbleiterelements entsprechen, in den Gitterverband einbringen. Ob dieser Vorgang gewollt oder zufällig abläuft, spielt dabei keine Rolle. Eine solche Unreinheit verändert in jedem Falle das elektrische Verhalten von Halbleitern.

Im folgenden wird auf die gezielte Verunreinigung eingegangen.

1.5 Dotierung von Halbleitermaterial

Die geringe Leitfähigkeit reiner Halbleiter, *Eigenleitfähigkeit* genannt, ist technisch nur begrenzt nutzbar. Um die Leitfähigkeit des Halbleiters zu erhöhen, wird das reine Material planmäßig mit Fremdatomen verunreinigt.

Das Einpflanzen von Fremdatomen in das Kristallgitter nennt man Dotieren.

Dazu werden Atome mit mehr oder weniger als 4 Elektronen auf der äußeren Schale in den Gitterverband eingebracht. Es sind mehrere Technologien verbreitet, auf die im einzelnen am Ende dieses Kapitels kurz eingegangen wird. Gewöhnlich werden Elemente der Gruppe 3 oder Gruppe 5 des Periodensystems (Bild 1.2) verwendet. Diese Atome haben also 3 bzw. 5 Valenzelektronen. Je nach Verunreinigungsgrad nehmen nach einer Dotierung eine Anzahl Fremdatome die Plätze von Germanium- bzw. Siliziumatomen im Gitterverband ein. Die dadurch entstehende Leitfähigkeit nennt man nach den eingebauten Verunreinigungen auch *Störstellenleitfähigkeit*. Wie sich das Verhalten eines Halbleiters durch Dotierung ändert, wird nachfolgend beschrieben.

1.5.1 n-Leitung

Wird ein Atom eines Siliziumkristalls durch ein Fremdatom ersetzt, so entsteht eine sogenannte Störstelle. Verwendet man dazu ein Atom, bei dem auf der äußeren Schale ein Elektron mehr vorhanden ist als bei einem Siliziumatom, so steht dieses fünfte Elektron nach der Bindung der vier anderen Elektronen mit den Nachbaratomen als freies Elektron für den Ladungstransport zur Verfügung (Bild 1.8).

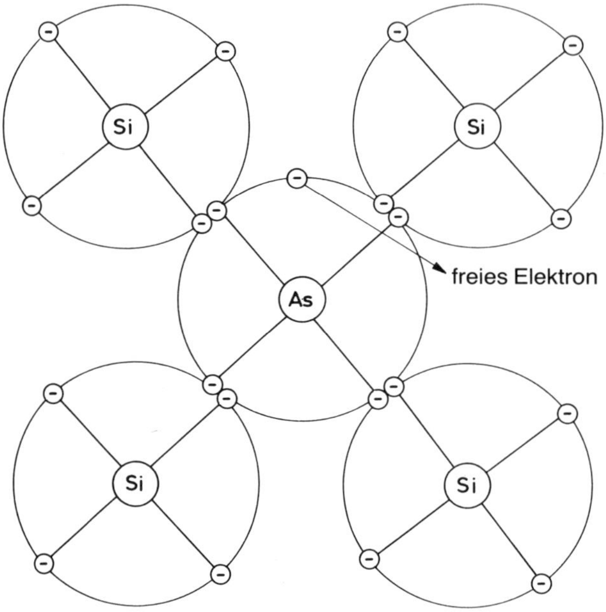

Bild 1.8
5wertiges Arsen-Atom im Gitterverband anstelle eines Si-Atoms

> Ein fünfwertiges Fremdatom, das dem Halbleiterwerkstoff ein freies Elektron spendet, wird Donator genannt.

Als *Donatoren* eignen sich Elemente der Gruppe 5 (Bild 1.2). Die freien Ladungsträger geben dem dotierten Material den Namen. Elektronen tragen negative Ladungen. Das Material ist also n-dotiert. Die Anzahl der freien Elektronen in einem n-dotierten Halbleiter ist abhängig von der Menge der eingebrachten Störstellen. Je höher die Dichte der Fremdatome, desto mehr freie Elektronen, also um so höher die Leitfähigkeit. Der Strom, der bei Anlegen einer Spannungsquelle an n-dotiertes Halbleitermaterial fließt, ist demnach überwiegend ein *Elektronenstrom*. Die Elektronen bewegen sich immer zum Pluspol (Bild 1.9). Das bedeutet jedoch nicht, daß die in Abschnitt 1.3 beschriebene Paarbildung und Rekombination durch das thermisch bedingte Aufbrechen der Kristallbindungen nicht mehr auftritt. Der also ebenfalls vorhandene Löcherstrom ist bei Raumtemperatur ohne Bedeutung.

Der Leitungsmechanismus in n-dotierten Halbleitern wird hervorgerufen durch freie Elektronen und heißt entsprechend *Elektronenleitung* oder *n-Leitung*.

Bild 1.9 Bewegungsrichtung der freien negativen Ladungsträger in n-dotiertem Halbleitermaterial; Elektronenstrom

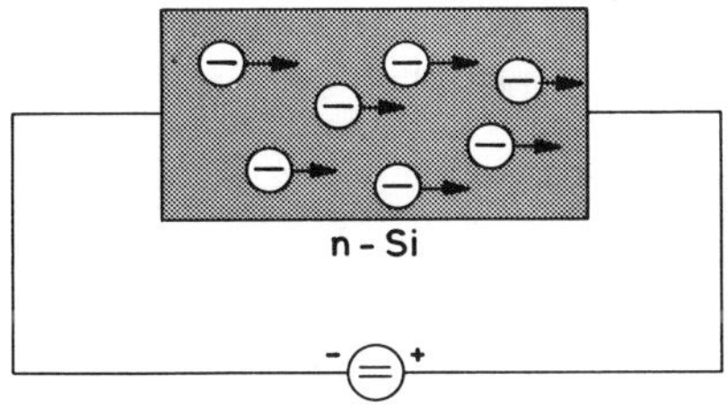

1.5.2 p-Leitung

Wie in Abschnitt 1.5.1 beschrieben, wurden durch Einbringen 5wertiger Atome in das Kristallgitter freie Elektronen gewonnen. Werden nun Störstellen mit 3wertigen Atomen — das sind Atome der Elemente der Gruppe 3 (Bild 1.2) — produziert, so kann eine vollständige Bindung mit den Nachbaratomen des Halbleiters nicht mehr zustande kommen. Die drei Valenzelektronen des Fremdatoms verbinden sich nur mit drei Siliziumatomen. Ein Elektron eines Siliziumatoms bleibt ohne Partner. An dieser Stelle ist ein Loch entstanden und damit ein freier positiver Ladungsträger (Bild 1.10). Das 3wertige Atom ist nun bestrebt, durch Einfangen eines Elektrons die feste Bindung zu den Nachbaratomen herzustellen. Das kann sowohl mit freien Elektronen als auch mit Elektronen anderer Siliziumatome geschehen.

> Ein Fremdatom, das ein Loch in der Gitterbindung entstehen läßt, wird Akzeptor genannt, d.h., ein Loch kann ein Elektron aufnehmen.

Bild 1.10
3wertiges Bor-Atom im Gitterverband anstelle eines Si-Atoms

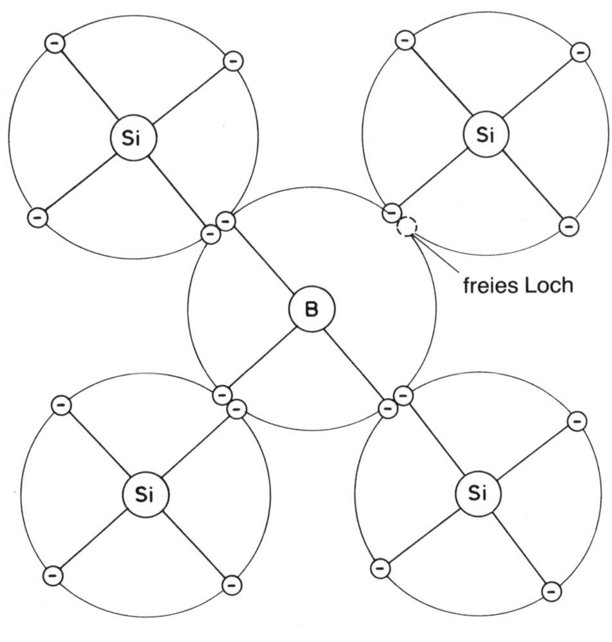

Als *Akzeptoren* werden Elemente der Gruppe 3 (Bild 1.2) verwendet. Da bei dieser Dotierung Ladungsträger mit positiver Ladung, nämlich Löcher, entstanden sind, ist das Material p-dotiert. Dementsprechend spricht man hier von *p-Leitung* oder *Löcherleitung*. Nach Anlegen einer Spannungsquelle wandern die Löcher zum Minuspol (Bild 1.11).

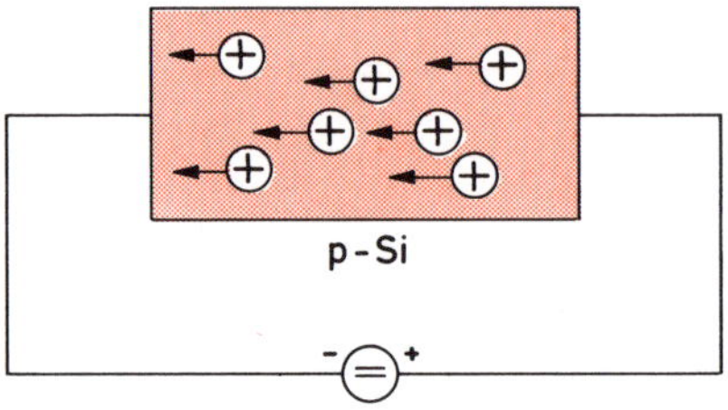

Bild 1.11 Bewegungsrichtung der freien positiven Ladungsträger in p-dotiertem Halbleitermaterial; Löcherstrom

Nach einer Dotierung bleiben p- und n-Halbleiter für sich nach außen neutral.

Die Erklärung liegt darin, daß — unabhängig von der Menge der eingebrachten Fremdatome, also dem Dotierungsgrad — die Anzahl der im Material vorhandenen Protonen gleich der Anzahl der Elektronen ist. Wie ein solcher Zustand dadurch gestört wird, daß eine p- und eine n-dotierte Schicht in einem Halbleiterkristall aneinandergrenzen, wird im Kapitel pn-Übergang behandelt.

1.6 Herstellungsverfahren für p- und n-dotierte Siliziumkristalle

Das Dotieren, wie das gezielte Verunreinigen von hochreinen Halbleiter-Einkristallen mit Fremdatomen genannt wird, hat mit hoher Genauigkeit zu geschehen. Dazu wurden verschiedene Techniken entwickelt. Auf einige soll hier in kurzer Form eingegangen werden. Für genaue Information steht Spezialliteratur zur Verfügung.

Schon bei der Gewinnung von Halbleiter-Einkristallen wird eine Grunddotierung herbeigeführt. Damit stehen bereits als Grundstoffe p- und n-dotierte Germanium- bzw. Silizium-Halbleiterkristalle, die man als Substrat bezeichnet, zur Verfügung. In diesen so erhaltenen Kristallen müssen pn-Übergänge erzeugt werden.

1.6.1 Legierung

Auf eine n-dotierte Siliziumscheibe wird eine Kugel aus dreiwertigem Aluminium gebracht. Bei einer Temperatur von etwa 800 °C bildet sich ein kleiner Bereich mit Al-Si-Schmelze. Beim Abkühlen erstarrt diese Legierung. Das Silizium rekristallisiert, wobei sich eine mit Aluminium angereicherte und damit p-leitende Zone bildet. Das restliche reine Aluminium wird als ohmscher Kontakt der p-Zone verwendet. Der ohmsche Kontakt am n-Si wird durch Legierung von 5wertigem Antimon (Sb) erreicht. Der Dotierungsgrad und die Tiefe hängen sehr stark von Temperatur und Zeit beim Legieren ab. Diese Technik hat gegenüber anderen große Nachteile und wird heute nur noch in Sonderfällen eingesetzt (Bild 1.12).

Bild 1.12 Legierungsverfahren

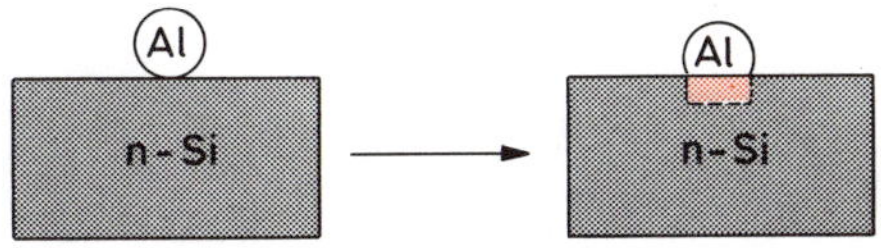

1.6.2 Diffusion

Eine weit bessere Kontrolle der Fremdatomkonzentration erlaubt das Diffusionsverfahren. Dabei werden z.B. einkristalline n-Siliziumscheiben im Vakuumofen einer Atmosphäre ausgesetzt, die den Dotierungsstoff, wie z.B. Bor für p-Zonen, gasförmig enthält. Bei Temperaturen von über 1000 °C diffundieren, d.h. dringen die Fremdatome in die n-Halbleiterkristalle. Die Konzentration und die Eindringtiefe können durch Temperatur und Zeit sehr genau festgelegt werden (Bild 1.13).

Die Diffusionstechnik wird gewöhnlich bei Siliziumscheiben mit einem Durchmesser von einigen Zentimetern für viele pn-Systeme angewendet. Um nicht die gesamte Scheibe mit Fremdatomen zu überziehen, wird die *Planartechnik* angewendet. Das Silizium wird einer oxidierenden Umgebung ausgesetzt und mit einer dichten SiO_2-Schicht bedeckt. Diese Schicht kann von dem Diffusionsmaterial nicht durchdrungen werden. Darauf ätzt man an den Stellen, die z.B. p-leitend werden sollen, kleine Fenster in das Oxid und läßt durch diese den Dotierungsstoff in das Kristall eindiffundieren (Bild 1.14). Die Herstellung der Öffnungen in der Oxidschicht erfolgt durch fotolithografische Verfahren (Bild 1.15).

Bild 1.13 Diffusionsverfahren

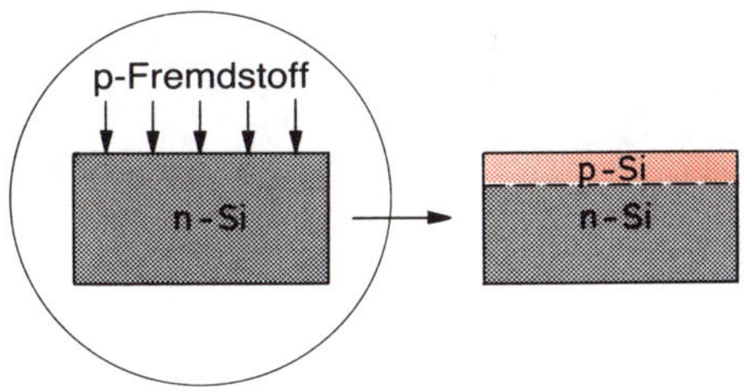

Bild 1.14 Planar-Diffusionsverfahren

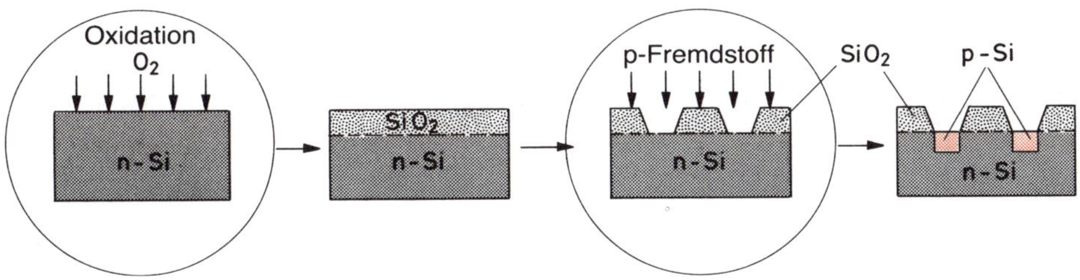

Eine weitere Verbesserung gegenüber der Diffusion in Planartechnik wird durch das *Epitaxieverfahren* erreicht, und zwar in bezug auf niedrige Kapazitäten und damit Verwendbarkeit bei höheren Frequenzen und zur Erzielung hoher Leistungen.

Auf eine niederohmige, d.h. stark dotierte n-leitende Siliziumoriginalscheibe (Substrat) wird eine ebenfalls einkristalline, dünne, hochohmige n-Siliziumschicht durch eine chemische Reaktion aus einem Gas abgeschieden. Man spricht von Aufwachsen. Anschließend wird das Material wie in der Planartechnik mittels Diffusion weiterbehandelt (Bild 1.16).

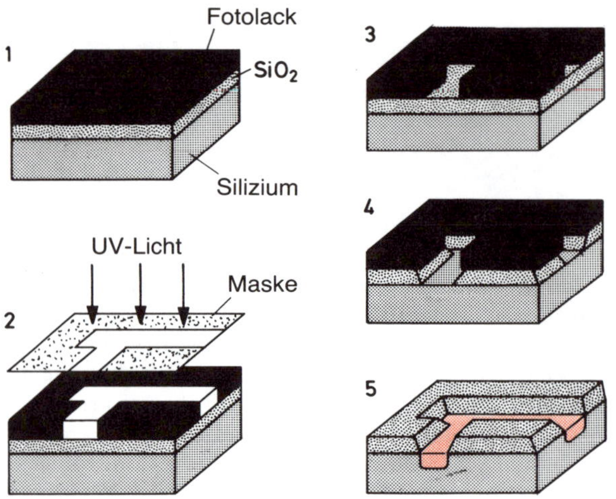

Bild 1.15 Fotolithografie
1 Oxidation der gesamten Kristalloberfläche und Abdecken mit Fotolack
2 Belichten der lichtempfindlichen Schicht mittels einer Maske zur Abdeckung der Flächen, die nicht dotiert werden sollen
3 Entfernung des belichteten Fotolacks und damit Freilegen der Oxidschicht
4 Ätzen der Oxidschicht auf chemischem Wege. Das Substrat liegt frei.
5 Dotierung der Kristallbereiche unter dem Fenster durch Diffusion

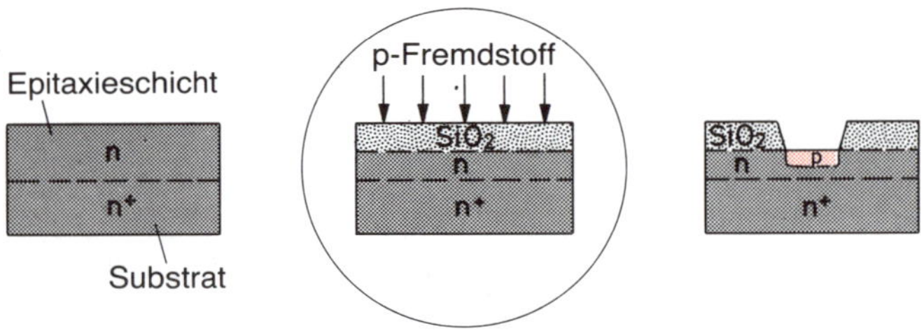

Bild 1.16 Epitaxie-Planar-Diffusionsverfahren

1.6.3 Ionenimplantation

Eine neuere Technik ist die Ionenimplantation (Implantation = lat. Einpflanzung). In einer recht aufwendigen Anlage werden Ionen eines Dotierungsstoffes auf eine hohe Geschwindigkeit beschleunigt. Mit der dadurch erhaltenen Energie treffen sie auf das Halbleitermaterial und dringen wie Geschosse in den Kristall ein. Der Vorteil dieser nur für die Dotierung oberflächennaher Bereiche einsetzbaren Technik liegt in der sehr genauen Kontrolle des Dotierungsgrades. Es können abrupte pn-Übergänge hergestellt werden.

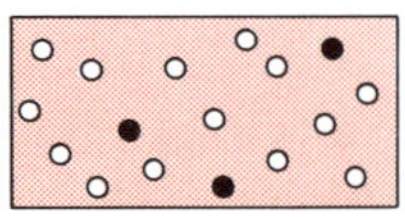

Bild 1.17 p-Material
○: Löcher als Majorität
●: Elektronen als Minorität

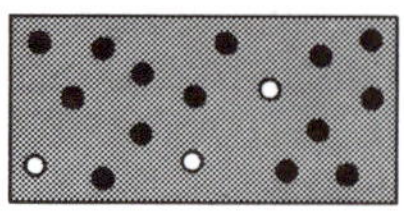

Bild 1.18 n-Material
●: Elektronen als Majorität
○: Löcher als Minorität

2 pn-Übergang

Durch Einbringen von unterschiedlichen Fremdatomen wurde es möglich, Halbleitermaterial entgegengesetzt zu dotieren. Ein p-dotierter Halbleiter enthält überwiegend freie positive Ladungsträger oder Löcher und nur wenige freie Elektronen. Die vorhandenen freien Elektronen resultieren aus der in Abschnitt 1.4 beschriebenen Eigenleitung. In einem p-Halbleiter sind die Löcher in der Mehrzahl, also *Majoritätsträger,* während die sich in der Minderheit befindenden Elektronen *Minoritätsträger* genannt werden (Bild 1.17).

Der n-dotierte Halbleiter enthält dagegen eine größere Anzahl Elektronen als negative Ladungsträger und nur wenige Löcher aus der Eigenleitung. Hier sind die Elektronen die Majoritätsträger und die Löcher Minoritätsträger (Bild 1.18).

Wenn man eine p- und eine n-dotierte Schicht so aneinandergrenzen läßt, daß ein vollkommener Kontakt gegeben ist, bezeichnet man den Grenzbereich als *pn-Übergang.* In der Praxis wird ein Halbleiterkristall zum Teil n- und zum Teil p-dotiert. Um zu untersuchen, was im Bereich dieser *Grenzschicht* abläuft, wird der pn-Übergang einmal ohne und einmal mit angelegter äußerer Spannung betrachtet, wobei die Polung der Spannungsquelle zu beachten ist.

2.1 pn-Übergang ohne angelegte Spannung

In den beiden am pn-Übergang aneinandergrenzenden Schichten sind jeweils Ladungsträger konzentriert. In der n-Schicht befinden sich überwiegend freie Elektronen, in der p-Schicht freie Löcher. Es besteht ein Konzentrationsunterschied zwischen den entgegengesetzt dotierten Schichten (Bild 2.1). Die sich in beiden Schichten durch Wärmeschwingungen ungeordnet bewegenden Ladungsträger sind bestrebt, einen Konzentrationsausgleich zu bewirken. Freie Elektronen wandern hinüber in die p-Schicht. Dort finden sie Löcher vor und rekombinieren. Löcher wandern hinüber in die n-Schicht. Dort finden sie Elektronen vor und rekombinieren.

> Der Vorgang, daß Ladungsträger infolge eines Konzentrationsunterschiedes die Grenzschicht des pn-Übergangs überwinden, heißt Diffusion.

Bild 2.1 Konzentration von Majoritätsträgern und Minoritätsträgern in p- und n-Schicht

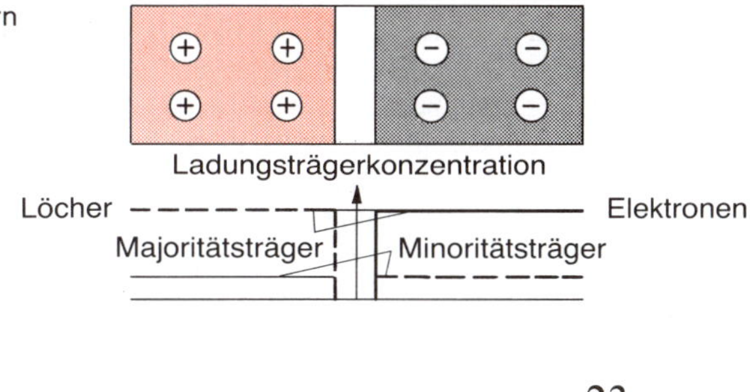

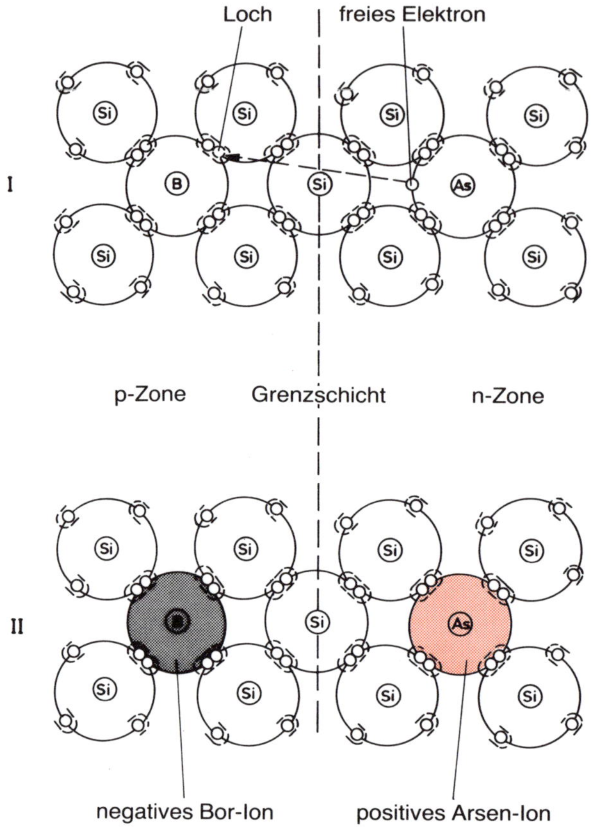

Bild 2.2
I Diffusion eines freien Elektrons durch die Grenzschicht
II Rekombination mit einem Loch und Entstehung positiver und negativer Ionen

Hat eine Rekombination nach Diffusion stattgefunden, so sind die vorher beweglichen Ladungen wieder fest im Kristallverband verankert und können nicht zum Ladungstransport genutzt werden. Die Bewegung eines Ladungsträgers durch die Grenzschicht wird im folgenden genauer betrachtet (Bild 2.2).

Das Elektron, das das Arsenatom verläßt, trägt eine negative Ladung. Diese Ladung fehlt dem As-Atom zum Gleichgewicht, so daß es zum elektrisch positiven Ion wird. Dort, wo das Elektron rekombiniert, wird aus dem neutralen Boratom ein negativ geladenes Ion.

In dem Grenzbereich entsteht durch die Wanderung der Ladungsträger ein elektrisches Feld. Dieses ist um so größer, je mehr Ladungsträger rekombinieren. Dieses Feld übt eine Gegenkraft auf weitere diffundierende Elektronen aus, so daß mit größer werdender Kraft die Elektronen größere Energien benötigen, um das p-Gebiet zu erreichen. Die zur Verfügung stehende Energie wird ohne äußere Spannung nur durch Wärme aufgebracht. Daher nimmt die Elektronenwanderung mit stärker werdendem elektrischem Feld ab. Es ist im Grenzbereich eine sogenannte *Raumladungszone* entstanden (Bild 2.3); eine positive *Raumladung* im n-Gebiet und eine negative Raumladung im p-Gebiet. Diese Zone kann letztlich von Elektronen nicht mehr überwunden werden; so finden keine weiteren Rekombinationen statt. Es hat sich durch die Diffusion eine

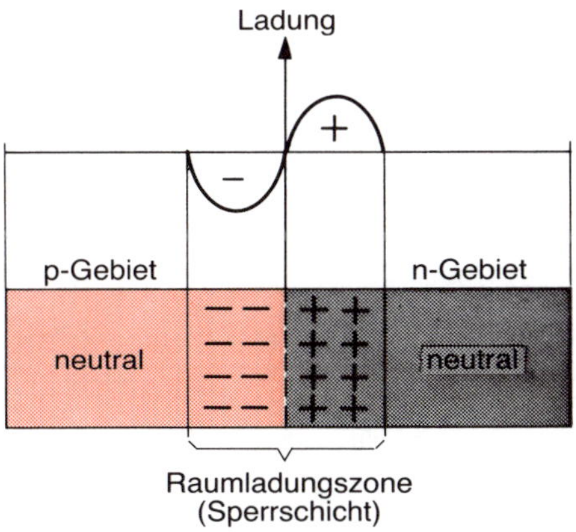

Bild 2.3 Ladungsverteilung nach vollständig abgeschlossener Diffusion

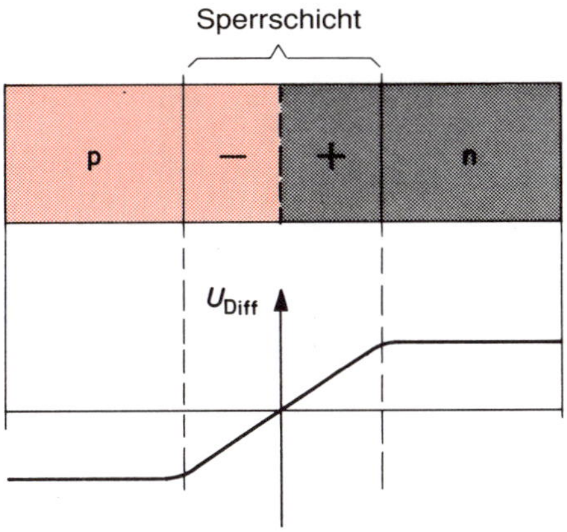

Bild 2.4 Verlauf der Diffusionsspannung im Kristall

Spannungsbarriere aufgebaut. Der durch die Ladungsverteilung entstandene Potentialunterschied wird mit *Diffusionsspannung* U_{Diff} bezeichnet (Bild 2.4).

Der Bereich der Raumladungszone ist in der Praxis, abhängig vom Dotierungsgrad, etwa 1 µm breit. Er wirkt wie ein Isolator, da dort praktisch keine Ladungsträger vorhanden sind. Es ist eine *Sperrschicht* entstanden.

Die Ladungen im Bereich der Grenzschicht lassen sich mit einem aufgeladenen Plattenkondensator vergleichen, bei dem allerdings die Ladungen nicht räumlich, sondern flächenhaft verteilt sind. Wie zwischen den Platten eines geladenen Kondensators besteht auch zwischen den Ladungen der Sperrschicht ein elektrisches Feld, das von der Breite der Sperrschicht abhängig ist. Man spricht von *Sperrschichtkapazität*. Diese Sperrschichtkapazität wird bei den Kapazitätsdioden (Kapitel 6) ausgenutzt.

2.2 pn-Übergang mit angelegter Außenspannung

Das Verhalten eines pn-Übergangs mit Außenspannung ist von deren Polung abhängig.

2.2.1 n-Gebiet an Plus- und p-Gebiet an Minuspol einer Spannungsquelle

Durch das Anlegen einer Spannungsquelle mit dem Pluspol an den n-dotierten Halbleiter und dem Minuspol an den p-dotierten Bereich werden Ladungsträger aus den dotierten Halbleitermaterialien abgezogen (Bild 2.5a). Aus dem n-Bereich fließen Elektronen ab. Ein Teil der im p-Bereich vorhandenen Löcher werden mit Elektronen der Spannungsquelle beaufschlagt, d.h., die Löcher verschwinden.

Diese Vorgänge vollziehen sich vornehmlich in der Nähe des Bereichs, der bereits durch Diffusion den größten Teil seiner freien Ladungsträger verloren hatte. Es werden also vor allem die Fremdatome nahe der Raumladungszone ionisiert. Die Spannung zwischen den beiden Halbleitergebieten nimmt also zu, und die Raumladungszone wird breiter (Bild 2.5b).

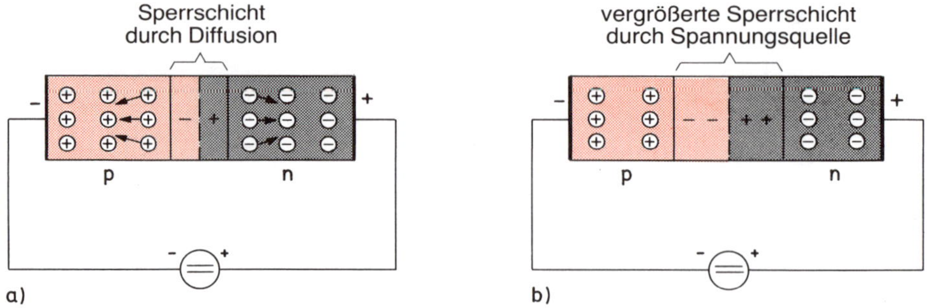

Bild 2.5 Vergrößern der Sperrschicht durch äußere Spannungsquelle

Damit stabilisiert sich die Sperrschicht, d.h., sie wird undurchlässig für Ladungsträger, die durch Dotierung der beiden Halbleitermaterialien entstanden sind, also für die Majoritätsträger (siehe Kapitel 2) der Halbleiterschichten.

Was ist jedoch mit den zwar sehr wenigen, aber dennoch vorhandenen Minoritätsträgern? Ein Elektron im p-Gebiet und ein Loch im n-Gebiet können ohne Schwierigkeiten die Raumladungszone überwinden. Sie werden durch die Kraftwirkung des Feldes der äußeren Spannung in das jeweils andere Gebiet getrieben (Bild 2.6). Das bedeutet aber, daß ein geringer Strom bei dieser Polung einer Spannungsquelle fließen kann. Wie in Abschnitt 1.4 erwähnt, entstehen Minoritätsträger durch das Aufbrechen von Atombindungen. Dieser Vorgang ist temperaturabhängig.

> Der durch Minoritätsträger verursachte Strom über die Sperrschicht nimmt mit steigender Temperatur zu. Er heißt *Sperrstrom.*

Die vorher beschriebenen Abläufe gelten für eine angelegte Spannung von einer bestimmten Höhe. Wie sich der Sperrstrom bei Spannungsänderung verhält, ist in Bild 2.7 dargestellt.

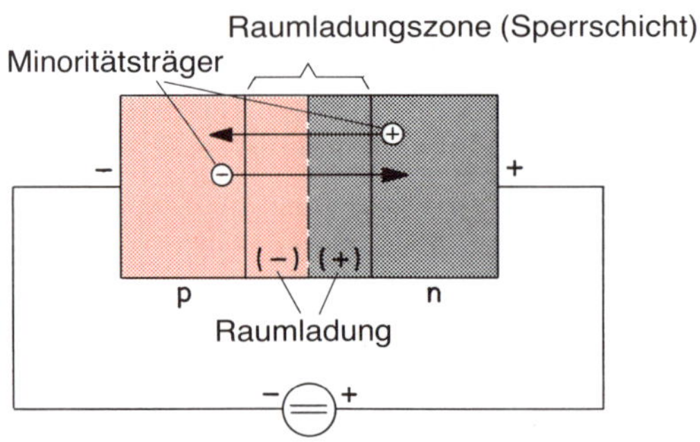

Bild 2.6 Verhalten der Minoritätsträger im p- und n-Bereich

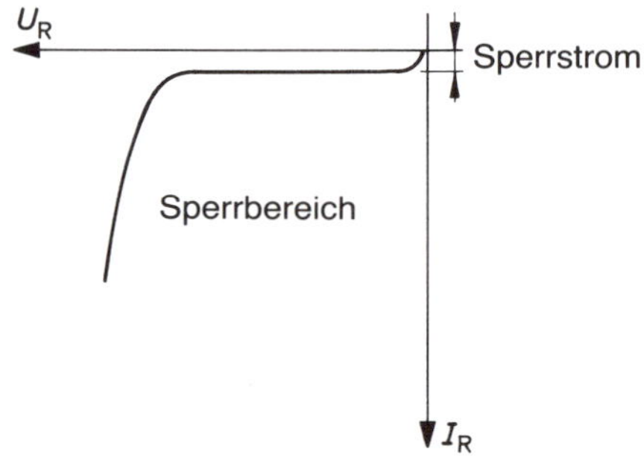

Bild 2.7 Prinzipieller Verlauf des Sperrstroms bei veränderter äußerer Spannung

Das Diagramm zeigt das Verhalten des Stroms bei steigender Spannung unter der Voraussetzung, daß die Temperatur konstant bleibt. Zunächst steigt der Strom langsam an. Er erreicht einen Sättigungswert (Sperr-Sättigungsstrom), der sich trotz steigender Spannung über einen weiten Bereich kaum ändert. Dieser Strom erklärt sich aus der Bewegung der Minoritätsträger, bedingt durch thermische Energie. Bei weiterer Erhöhung der Spannung nimmt der Strom plötzlich stark zu, wie der Knick im Diagramm zeigt. Die Erklärung dafür liegt in der hohen Feldstärke, die durch die Spannung an der sehr dünnen Sperrschicht hervorgerufen wird.

Minoritätsträger als bewegliche Ladungen werden beim Durchlaufen der Sperrschicht stark beschleunigt. Die so erhaltene kinetische Energie reicht aus, bei Zusammenstößen mit Gitteratomen Valenzelektronen als Ladungsträger freizusetzen. Da bei jeder solchen *Stoßionisation* außer dem stoßenden Ladungsträger ein weiterer Ladungsträger entsteht, steigt der Strom lawinenartig an. Man spricht von *Lawinendurchbruch* bzw. *Avalanche-Effekt*. Eine Zerstörung des pn-Übergangs ist in diesen Fällen nur durch eine Begrenzung des Stroms in Sperrichtung zu verhindern.

Die beschriebenen Vorgänge beziehen sich auf Siliziumhalbleiter, die heute überwiegend Verwendung finden. Kennlinien von Silizium- und Germaniumhalbleitern sind in Abschnitt 3.1.3 zu finden.

2.2.2 n-Gebiet an Minus- und p-Gebiet an Pluspol einer Spannungsquelle

Bei der in Bild 2.8 angegebenen Polung einer Spannungsquelle an einen pn-Übergang ist der Halbleiter in *Durchlaßrichtung* gepolt. In diesem Falle werden die im Halbleiter vorhandenen freien Ladungsträger von den Polen der Spannungsquelle abgestoßen. Sie bewegen sich in Richtung Raumladungszone. Diese wird mit steigender Spannung kleiner. Steigt die angelegte Spannung auf einen Wert, der über der Diffusionsspannung (s. Abschnitt 2.1) liegt, so können freie Ladungsträger an der Übergangsstelle von der n- zur p-Zone rekombinieren. Der p-Bereich wird mit Elektronen überschwemmt. Der Minuspol der Spannungsquelle liefert weitere Elektronen, die über das Halbleitermaterial zum Pluspol gelangen können. Der pn-Übergang ist leitend geworden. Ein Strom kann durch den Halbleiterkristall fließen (Bild 2.9).

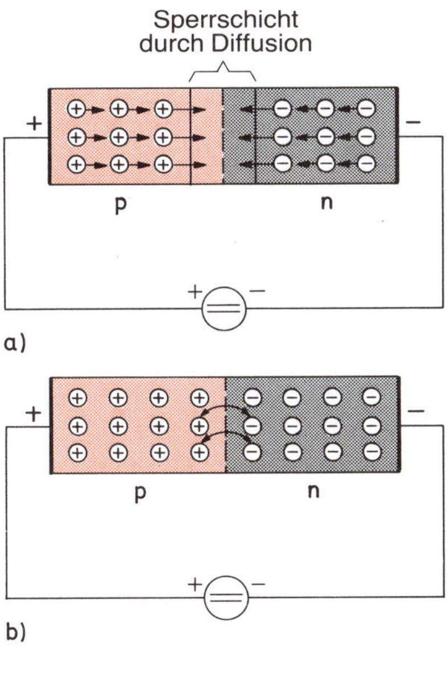

Bild 2.8 Verringerung bzw. Aufhebung der Sperrschicht durch äußere Spannungsquelle

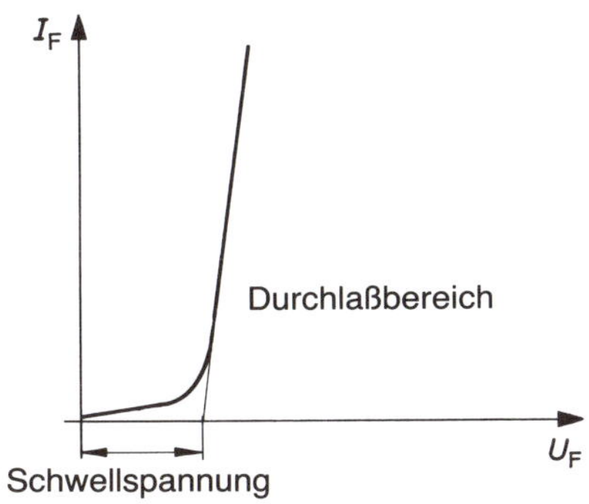

Bild 2.9 Prinzipieller Verlauf des Stroms in Durchlaßrichtung

3 Halbleiterdioden

Diode ist die Bezeichnung für ein Bauelement, das einen pn-Übergang besitzt. Die Vorsilbe Di (zwei) deutet auf zwei Anschlüsse hin. Eine Halbleiterdiode besteht aus einem Halbleiterkristall (in der Regel Germanium oder Silizium), der auf der einen Seite p- und auf der anderen Seite n-dotiert ist. Er ist in einem Gehäuse untergebracht, das gewöhnlich auch zur Wärmeableitung dient. Die beiden unterschiedlich dotierten Schichten sind mit ohmschen Kontakten versehen, so daß eine Diode gemeinsam mit anderen aktiven oder passiven Bauelementen in einer Schaltung verwendet werden kann.

Zur Darstellung einer Diode in einer Schaltung wird das Symbol Bild 3.1 verwendet. Der Pfeil gibt dabei die Durchlaßrichtung für den technischen Strom vom Pluspol einer Spannungsquelle zum Minuspol an. Das bedeutet, eine Diode ist in Durchlaßrichtung geschaltet, wenn der Pluspol der angelegten Spannung an der p-Schicht liegt. Der Kontakt an der p-Schicht heißt *Anode* und der an der n-Schicht *Katode.* Diese Begriffe entstammen der Röhrentechnik.

Der in Kapitel 2 beschriebene pn-Übergang stellt im Prinzip eine Diode dar, also eine Anordnung, bei der ein elektrischer Stromfluß durch den Halbleiter grundsätzlich nur in einer Richtung möglich ist. Untersucht man eine Diode genauer, so stellt man fest, daß der Strom in Durchlaßrichtung erst dann merklich einsetzt, wenn eine bestimmte Spannung einer angelegten Spannungsquelle überschritten wird. Polt man die Spannung an der Diode um, legt also in *Sperrichtung* Spannung an, so stellt man fest, daß die Diode nicht absolut sperrt. Es fließt ein geringer Sperrstrom (s. Abschnitt 2.2.1). Wird die Spannung über einen bestimmten Wert hinaus gesteigert, setzt auch in Sperrichtung ein größerer Strom ein. Diese sogenannte *Durchbruchspannung* darf jedoch in der Regel nicht überschritten werden, da dies meistens zur Zerstörung der Diode führt. Der genaue Zusammenhang zwischen Strom und Spannung bei der Diode wird im folgenden beschrieben.

3.1 Diodenkennlinie

Unter einer Kennlinie versteht man die grafische Darstellung der Abhängigkeit zwischen mehreren Größen. Bei der Diode ist der Zusammenhang zwischen der angelegten Spannung und dem daraus resultierenden Strom interessant. Wie die Abschnitte 2.2.1 und 2.2.2 zeigen, sind dabei sowohl die Polung der Diode in Sperrichtung als auch in Durchlaßrichtung zu beachten.

3.1.1 Kennlinie für den Durchlaßbereich

Bild 3.2 zeigt zunächst eine Schaltung, die die Aufnahme einer *Diodenkennlinie* für den *Durchlaßbereich* ermöglicht.

Mit dieser Schaltung werden für verschieden eingestellte Spannungen die jeweils zugehörigen Ströme ermittelt. Diese Werte kann man in eine Wertetabelle aufnehmen und danach in ein Diagramm (Bild 3.2) punktweise übertragen. Die Verbindung der Punkte ergibt die Diodenkennlinie im Durchlaßbereich. Das Diagramm zeigt den 1. Quadranten eines rechtwinkligen Koordinatensystems. Die vertikale positive Achse trägt die Bezeichnung I_F. Hier ist der Strom durch die

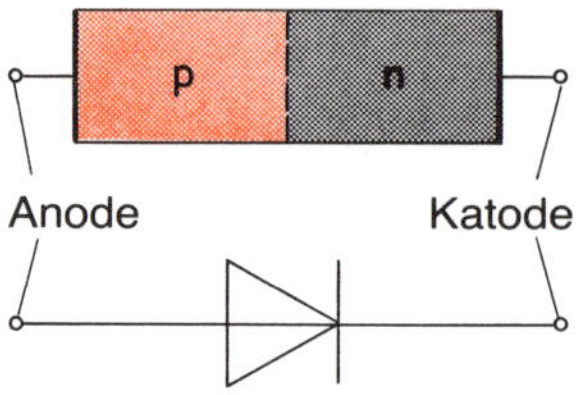

Bild 3.1
Gegenüberstellung von pn-Halbleiter- und Diodenschaltzeichen

Diode in Durchlaßrichtung abgetragen (F: forward = engl. vorwärts). Die horizontale positive Achse enthält die Werte für die angelegte *Durchlaßspannung* U_F.

Eine weitere Größe, die im Durchlaßbereich ermittelt wird, ist die sogenannte *Schleusenspannung* oder *Schwellspannung* U_{Sch}. Wie in Abschnitt 2.2.2 beschrieben, ist eine bestimmte äußere Spannung erforderlich, um die durch Diffusion entstandene Sperrschicht abzubauen. Das bedeutet, der Widerstand der Sperrschicht wird klein.

In der Kennlinie findet man diese Schwellspannung, indem man den nahezu linearen Teil der Kurve zur positiven horizontalen Achse verlängert. Am Schnittpunkt mit dieser Achse ist U_{Sch} abzulesen. Bild 3.2b zeigt den erforderlichen Ausschnitt aus dem Diagramm.

Die Kennlinie einer Diode zeigt die Abhängigkeit von Strom und Spannung bei dem Bauelement. Aus diesen Größen läßt sich ein Widerstand ermitteln. Bei einem rein ohmschen Widerstand wird sein Ohmwert durch den Quotienten aus Spannung und Strom bestimmt. Er ist eine feste Baugröße und ändert sich nicht in Abhängigkeit von Spannung oder Strom. Die Strom-Spannungs-Kennlinie eines ohmschen Widerstandes ist linear.

a)

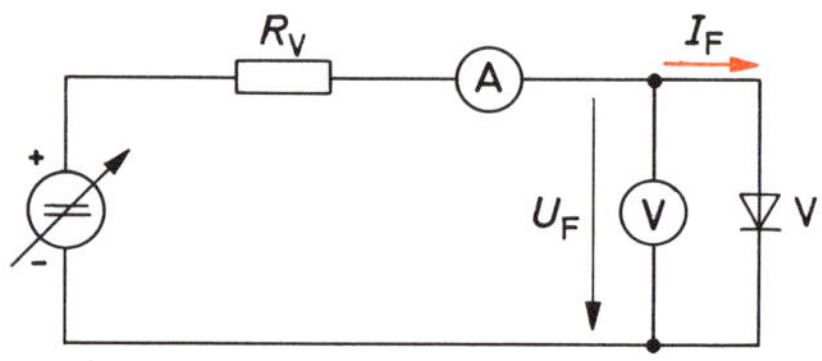

Bild 3.2
a) Schaltung zur Aufnahme der Durchlaßkennlinie mit Beispiel einer Wertetabelle
b) Aus der Wertetabelle gewonnene Kennlinie mit Ausschnitt zur Bestimmung der Schwellspannung U_{Sch}

Wertetabelle

$\frac{U_F}{V}$	$\frac{I_F}{mA}$
0,2	0,1
0,4	0,2
0,6	5,0
0,8	15,0
1,0	40,0
1,2	80,0

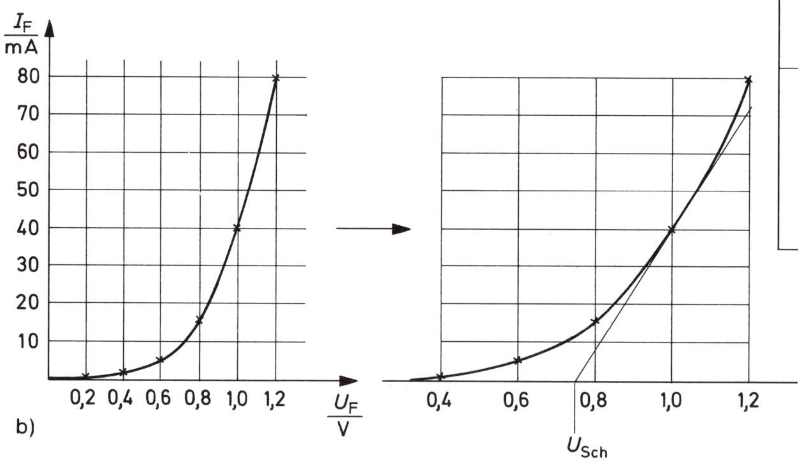

b)

Anders bei einer Diode. Hier ist der innere Widerstand abhängig von der angelegten Spannung. Die Kennlinie verläuft nicht linear. Um bei einer Diode einen Widerstand zu bestimmen, ist die Angabe der anliegenden konstanten Spannung notwendig. Folglich erhält man für jeden Punkt der Kennlinie einen anderen Widerstand. Dieser sogenannte *Gleichstromwiderstand* R_F ergibt sich aus dem Verhältnis der angelegten Spannung zu dem resultierenden Strom. Es gilt allgemein:

$$R_F = \frac{U_F}{I_F}$$

Für den Punkt A1 in Bild 3.3 gilt: $R_{F1} = U_{F1}/I_{F1}$

In der Praxis erfolgt der Einsatz von Dioden fast ausschließlich in Schaltungen, in denen sich Spannung und damit der Strom ändern. Für diesen Fall ermittelt man einen *differentiellen Widerstand* r_F. Er stellt das Verhältnis einer Spannungsänderung zu der zugehörigen Stromänderung dar (Bild 3.4).

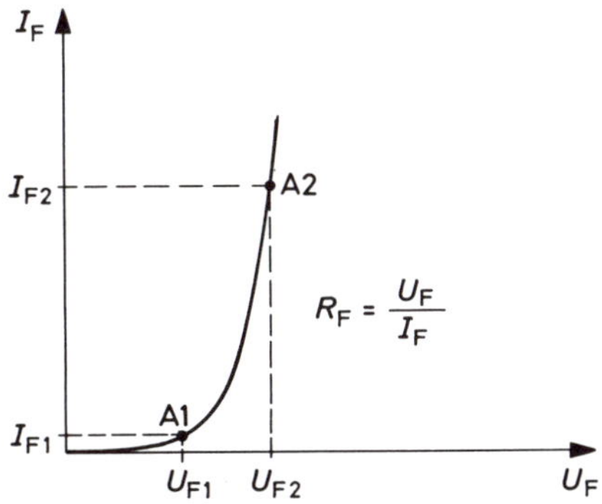

Bild 3.3 Bestimmung eines Gleichstromwiderstands R_F für zwei unterschiedliche Arbeitspunkte

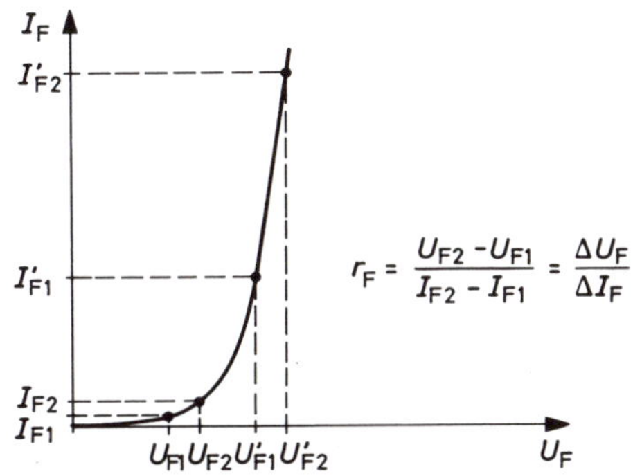

Bild 3.4 Bestimmung des differentiellen Widerstands r_F im flachen und im steilen Teil der Kennlinie

Der differentielle Widerstand wird für einen Spannungsbereich ermittelt. $\Delta U_F = U_{F2} - U_{F1}$.
Dazu läßt sich ein Strombereich aus der Kennlinie ablesen: $\Delta I_F = I_{F2} - I_{F1}$.
Das Verhältnis ist der differentielle Widerstand:

$$r_F = \frac{\Delta U_F}{\Delta I_F}$$

Auf diese Weise läßt sich für jeden Bereich der Kennlinie ein differentieller Widerstand ermitteln. Bei genauerer Betrachtung der Kennlinie und der Gleichung zur Ermittlung des differentiellen Widerstands stellt man fest, daß der Widerstand im flach verlaufenden Teil der Kurve erheblich größer ist als im steil nach oben verlaufenden Bereich. In der Gleichung wird der Nenner ΔI_F mit steigender Spannung größer, so daß der Widerstand in Durchlaßrichtung kleiner wird. Die Steilheit der Kennlinie ist von der Stärke der Dotierung abhängig.

3.1.2 Kennlinie für den Sperrbereich

Zur Aufnahme der Kennlinie für eine in Sperrichtung geschaltete Diode verbindet man den Pluspol der Spannungsquelle mit der Katode der Diode (Bild 3.5a). Der weitere Verlauf entspricht der Aufnahme der Durchlaßkennlinie, wie in Abschnitt 3.1.1 beschrieben. Allgemein erhält man ein Diagramm wie in Bild 3.5b gezeigt. Die Kennlinie liegt im 3. Quadranten eines rechtwinkligen Koordinatensystems. Die horizontale Achse stellt die Spannungswerte an der in Sperrichtung geschalteten Diode dar. Diese *Sperrspannung* wird mit U_R (R: reverse = engl. rückwärts) bezeichnet. Die Einteilung der vertikalen Achse enthält Werte für den Sperrstrom I_R. Die Maßstäbe beider Achsen entsprechen nicht den Maßstäben des Durchlaßdiagramms.

Bei der Betrachtung der Kennlinie einer Diode in Sperrichtung erkennt man die Darstellung der Vorgänge wie in Abschnitt 2.2.1 beschrieben. Der zunächst konstante Sperrstrom entsteht durch die thermisch bedingten Aufbrüche einiger Kristallbindungen. Der verhältnismäßig abrupte Knick bei einer hohen Sperrspannung U_R wird von der Feldstärke im Bereich der Grenzschicht verursacht.

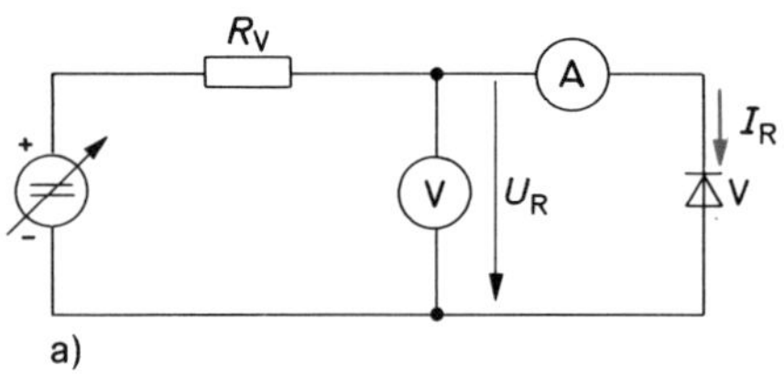

Wertetabelle

$\frac{U_R}{V}$	$\frac{I_R}{\mu A}$
0	0
10	3
50	5
80	5
100	10

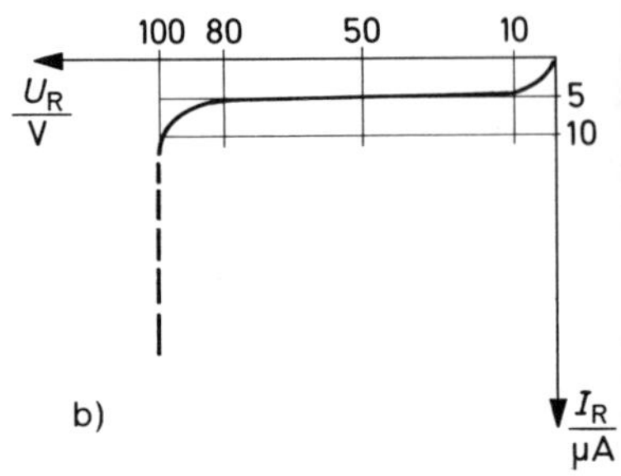

Bild 3.5
a) Schaltung zur Aufnahme der Kennlinie für den Sperrbereich mit Beispiel einer Wertetabelle
b) Kennlinie einer Diode in Sperrichtung

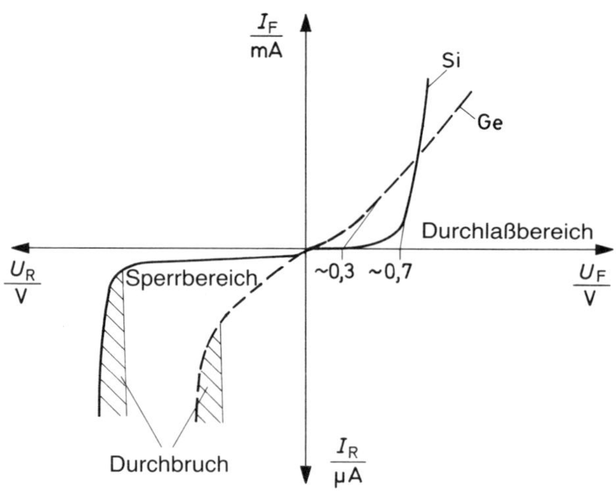

Bild 3.6 Prinzipieller Verlauf der Kennlinien von Ge- und Si-Dioden

3.1.3 Kennlinien von Ge- und Si-Dioden

Bild 3.6 zeigt beim Vergleich der Kennlinien einer Ge- und einer Si-Diode die charakteristischen Unterschiede.

In Durchlaßrichtung liegt die Schwellspannung einer Ge-Diode mit $U_{Sch} \approx 0{,}3$ V unter dem Wert einer Si-Diode. Dafür verantwortlich ist die wesentlich geringere Bindungsenergie der Valenzelektronen bei Germanium. Der weitere Verlauf der Kennlinie zeigt einen sehr viel flacheren Anstieg. Der differentielle Widerstand einer Ge-Diode ist größer als bei Si-Dioden.

In Sperrichtung gibt es bei Ge-Dioden keinen scharfen Übergang in den Durchbruchbereich. Dies liegt ebenfalls in der geringeren Bindungsenergie der Valenzelektronen begründet. Der Strom in Sperrichtung nimmt mit steigender äußerer Spannung zu. Wird ein gewisser Spannungswert, die sogenannte Umkehrspannung, überschritten, so kommt es zu einem *Wärmedurchbruch*. Durch den auftretenden Strom wird der Kristall erwärmt und dadurch der pn-Übergang zerstört.

3.2 Kenndaten von Dioden

Kenndaten sind die für ein Bauelement typischen, über viele Exemplare gemittelten Werte. Sie erlauben dem Anwender die Auswahl des Bauelements mit den für den jeweiligen Betrieb optimalen Eigenschaften. In vielen Fällen werden Kenndaten wegen der Herstellungstoleranzen durch Angabe eines Streubereichs ergänzt. Es wird unterschieden zwischen statischen und dynamischen Kennwerten. Kennwerte werden für bestimmte *Umgebungstemperaturen* ϑ_U bzw. *Sperrschichttemperaturen* ϑ_J angegeben. Sie beträgt gewöhnlich 25 °C.

Die *statischen Kenndaten* geben das Verhalten bei Gleichstrom wieder. Dabei unterscheidet man Angaben für den Durchlaß- und für den Sperrbereich. Ströme und Spannungen in Durchlaßrichtung sind durch den Index F, für Sperrichtung durch den Index R gekennzeichnet.

Die *Durchlaßspannung* U_F gibt die zwischen Anode und Katode auftretende Spannung bei verschiedenen Durchlaßströmen I_F an.

Der *Sperrstrom* I_R gibt den Strom durch die in Sperrichtung betriebene Diode bei verschiedenen Sperrspannungen U_R an.

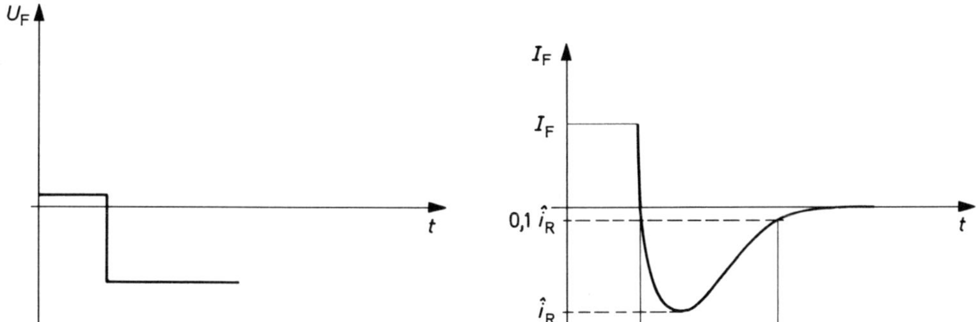

Bild 3.7 Verlauf des Stroms in einer Diode bei Umpolung von Durchlaßrichtung in Sperrichtung

Die *dynamischen Kenndaten* beschreiben das Wechselstromverhalten einer Diode. Sie sind vor allem bei *Hochfrequenz- und Schaltdioden* von Bedeutung.

Die *Diodenkapazität* C_D wird für eine bestimmte Sperrspannung U_R und eine bestimmte Frequenz f angegeben. Für den Hf-Bereich (siehe auch Kapitel 6) ist diese Angabe unerläßlich.

Die *Sperrverzögerungszeit* t_{rr} wird vornehmlich bei Leistungs- und Schaltdioden angegeben. Sie kennzeichnet die Zeit, die zur Wiedererlangung der Sperrfähigkeit nach einer Belastung in Durchlaßrichtung benötigt wird. Während dieser Zeit werden Ladungsträger im Bereich des pn-Übergangs ausgeräumt. Es fließt ein Strom in Sperrichtung (Bild 3.7).

Schnelle Schaltdioden erreichen Werte von einigen Nanosekunden, und bei Si-Gleichrichterdioden findet man Werte von einigen hundert Nanosekunden.

Der *Wärmewiderstand* R_{thJU} zwischen dem Halbleiterkristall und der ruhenden umgebenden Luft hängt von der Bauform der Diode ab. Durch entsprechende Maßnahmen kann der Wärmewiderstand beeinflußt werden (siehe Kapitel 22).

3.3 Grenzdaten für Dioden

Die *Grenzdaten* sind absolute *Grenzwerte*. Von diesen Werten darf keiner überschritten werden. Das gilt auch dann, wenn andere Grenzdaten nicht voll ausgenutzt werden.

Die *Sperrspannung* U_R gibt den Wert der höchsten erlaubten Gleichspannung an der Diode in Sperrichtung an.

Die *Spitzensperrspannung* U_{RM} gibt den maximal zulässigen Scheitelwert einer Wechselspannung in Sperrichtung an. Er gilt für eine Betriebsfrequenz >20 Hz, sowohl für sinusförmige als auch für rechteckförmige Spannungsverläufe. Bei Leistungsdioden wird noch unterschieden zwischen der periodisch auftretenden *Spitzensperrspannung* U_{RRM} und der *Stoßspitzensperrspannung* U_{RSM}.

Der *Durchlaßstrom* I_F ist der Höchstwert des Gleichstroms in Durchlaßrichtung durch die Diode. Hierzu wird gelegentlich bei Drahtdioden kleinster Baugröße der Abstand L zwischen Lötstelle und dem Glasgehäuse angegeben. Bei größerem Abstand (z.B. >4 mm) ist die Wärmeabgabe über den längeren Anschlußdraht an die Platine erschwert.

Der maximale *Spitzenstrom* i_{FM} in Durchlaßrichtung wird angegeben für eine Betriebsfrequenz >20 Hz, sowohl für sinusförmige als auch für rechteckförmige Spannungsverläufe mit einem Tastverhältnis $<0{,}5$. Gelegentlich wird hierzu die maximale Länge der Impulszeit t angegeben.

Die *Sperrschichttemperatur* T_J oder auch ϑ_J gibt an, auf welchen Wert die Temperatur in der Sperrschicht maximal steigen darf.

Die *Umgebungstemperatur* T_U oder auch ϑ_U gibt den Wert für die höchste zulässige, in Umgebung des Halbleiters auftretende Temperatur an.

Die *Verlustleistung* P_{tot} wird angegeben im Zusammenhang mit der Umgebungstemperatur T_U bzw. ϑ_U oder bei Leistungsdioden, die auf einen Kühlkörper montiert werden, mit der Gehäusetemperatur ϑ_G und gelegentlich mit dem Lötabstand L (siehe auch Kapitel 22).

3.4 Datenblatt

In einem Datenblatt findet man für einen ganz bestimmten Diodentyp alle Angaben, die für ihre Verwendung in Schaltungen erforderlich sind (Tabelle 3.1).

Tabelle 3.1 Datenblattauszug Silizium-Halbleiterdioden (Siemens)

Die Siliziumdioden BAY 44, BAY 45 und BAY 46 im Glasgehäuse 51 A2 DIN 41880 (DO-7), eignen sich für den universellen Einsatz in Geräten mit hohen Betriebstemperaturen und räumlich engem Aufbau. Die Katodenseite ist durch einen Farbring gekennzeichnet.

Typ	Bestellnummer
BAY 44	Q60201 – Y44
BAY 45	Q60201 – Y45
BAY 46	Q60201 – Y46

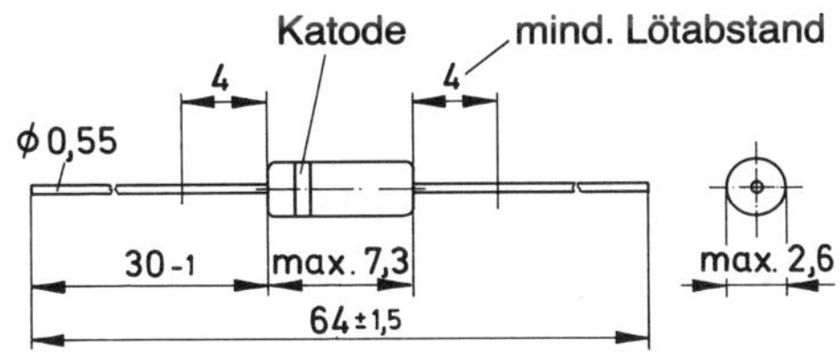

Gewicht etwa 0,2 g

Maße in mm

		BAY 44	BAY 45	BAY 46	
Grenzdaten ($\vartheta = 25\ °C$)					
Sperrspannung	U_R	50	150	300	V
Spitzensperrspannung	u_{RM}	50	150	300	V
Durchlaßstrom[1]	I_F	250			mA
Spitzenstrom ($t = 10\ \mu s$)[1]	i_{FM}	30			A
Sperrschichttemperatur	ϑ_J	150			°C
Umgebungstemperatur	ϑ_u	–55 bis +125			°C
Verlustleistung ($\vartheta = 25\ °C$)[1]	P_{tot}	250			mW
Statische Kenndaten					
Durchlaßspannung ($I_F = 100$ mA; $\vartheta = 25\ °C$)	U_F	0,97 (<1,1)			V
Durchlaßspannung ($I_F = 100$ mA; $\vartheta = 100\ °C$)	U_F	0,90			V
Sperrstrom ($U_R = U_{RM}$; $\vartheta = 25\ °C$)	I_R	0,02 (<0,2)			µA
Sperrstrom ($U_R = U_{RM}$; $\vartheta = 100\ °C$)	I_R	0,4 (<10)			µA
Wärmewiderstand[1]	$R_{th\ JU}$	<380			K/W
Dynamische Kenndaten					
Kapazität ($U_R = 0$ V; $f = 1$ MHz)	C_0	7			pF
Kapazität ($U_R = 5$ V; $f = 1$ MHz)	C_5	2,5			pF
Schaltzeit beim Umschalten von $I_F = 5$ mA auf $I_R = 2$ mA	t_{rr}	4,5			µs

[1]) Gilt, wenn die Anschlußdrähte im Abstand von 4 mm vom Gehäuse auf $\vartheta = 25\ °C$ gehalten werden.

3.5 Prüfung von Dioden

Für den Fall, daß sich auf einer Diode kein Aufdruck mehr befindet, kann man mit einem einfachen Ohmmeter feststellen, ob es sich um eine Si- oder Ge-Diode handelt, und außerdem Anode und Katode bestimmen. Benutzt man den Widerstandsbereich eines Vielfachmeßgeräts für Spannung, Strom und Widerstand, so ist lediglich zu beachten, daß an der (für Strom- und Spannungsmessungen) mit + bezeichneten Klemme von vielen Meßgeräten bei Widerstandsmessungen der Minuspol der eingebauten Spannungsquelle liegt.

In Bild 3.8 ist die vereinfachte Innenschaltung eines solchen Ohmmeters gezeigt. In Klammern sind die Buchsenbezeichnungen (+) und (—) angegeben, wie sie auf dem Instrument stehen. In den meisten Geräten ist eine 1,5-V-Monozelle als Spannungsquelle eingebaut.

Der Widerstand R_V bildet zusammen mit dem mA-Meter einen Spannungsmesser. Wenn zu Beginn der Messung die Buchsen kurzgeschlossen werden (Bild 3.8a), wird dieser «Spannungsmesser» mit R_V auf Vollausschlag geeicht. Der Vollausschlag zeigt also an, daß am Instrument jetzt eine Spannung von U_m = 1,5 V liegt. Man liest statt auf der Ω-Skala für diese Messungen also besser auf der Spannungsskala ab, wobei der Vollausschlag 1,5 V (= interne Spannungsquelle) bedeutet.

Legt man jetzt an die Buchsen eine Diode in Durchlaßrichtung (Bild 3.8b), so fällt an der Diode die Spannung U_F ab. Für das Meßinstrument bleibt daher nur noch die Spannung U_m = 1,5 V — U_F übrig, es wird also weniger als 1,5 V anzeigen.

Bei einer Siliziumdiode fehlen jetzt etwa 0,6 V zum Vollausschlag, bei einer Germaniumdiode etwa 0,3 V (Bild 3.8d).

Am Zeigerausschlag läßt sich eindeutig bestimmen, ob eine Si- oder Ge-Diode in Durchlaßrichtung geprüft wird. Die bei dieser Messung auf der Ω-Skala angezeigten Werte sind völlig ohne Belang und sagen nichts über die Daten oder die Funktion der Diode aus. Je nach eingestelltem Widerstandsmeßbereich sind die angezeigten Ohmwerte bei der gleichen Diode auch um Größenordnungen verschieden. Der Zeigerausschlag bleibt aber fast konstant, gleichgültig ob z.B. im Ω-Bereich «x1», «x10» oder «x100» gemessen wird (bei 1,5 V Spannungsquelle etwa 60% Vollausschlag bei Si, etwa 80% Vollausschlag bei Ge).

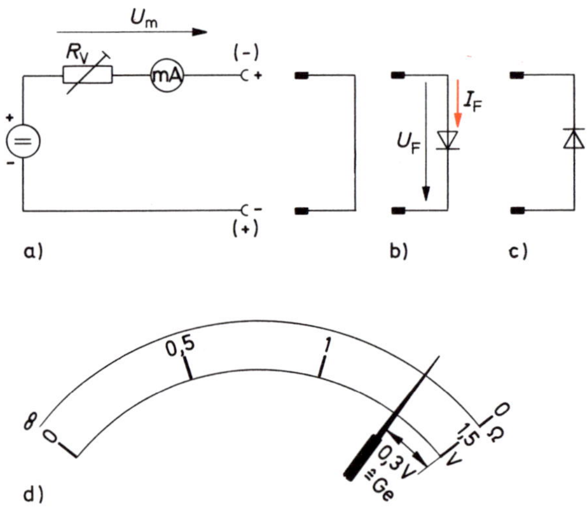

Bild 3.8
a) Innere Schaltung eines Ohmmeters bzw. eines Vielfach-Meßgeräts mit Kurzschlußbrücke zur Eichung
b) Beschaltung des Meßgeräts mit einer Diode in Durchlaßrichtung
c) Beschaltung des Meßgeräts mit einer Diode in Sperrichtung
d) Darstellung der Skala eines Vielfach-Meßgeräts bei der Messung einer Ge-Diode in Durchlaßrichtung

Wird eine Diode in Sperrichtung angeschlossen (Bild 3.8c), so erfolgt kein Ausschlag (Anzeige ∞Ω), weil kein Strom durch das Meßwerk fließt. (Im höchsten Widerstandsmeßbereich kann durch den Sperrstrom ein kleiner Zeigerausschlag festgestellt werden, insbesondere bei Ge-Dioden.)

Sollte der pn-Übergang nicht mehr in Ordnung sein, so zeigt das Ohmmeter

- □ bei Kurzschluß in beiden Richtungen 0 Ω,
- □ bei Unterbrechung in beiden Richtungen ∞Ω an.

3.6 Temperaturverhalten von Dioden

Für das bisher beschriebene Verhalten einer Diode wurde eine Temperatur in der Sperrschicht des Kristalls von etwa 25 °C zugrunde gelegt. Das verstärkte Einwirken von thermischer Energie auf einen Halbleiterkristall bewirkt ein vermehrtes Aufbrechen von Kristallbindungen. Dadurch kommt es zur zusätzlichen Bildung von Ladungsträgerpaaren, die für die Eigenleitung des Halbleiters verantwortlich sind.

Mit zunehmender Temperatur wird die Eigenleitfähigkeit des Halbleiterkristalls größer. Sowohl durch die Umgebungstemperatur ϑ_U als auch durch die Verlustleistung P_V im Halbleiter ändert sich das Verhalten von Dioden. Die Auswirkungen steigender Temperatur auf das elektrische Verhalten einer Diode lassen sich sowohl in Sperrichtung als auch in Durchlaßrichtung beobachten. In Sperrichtung betrachtet, wird der vorhandene Sperrstrom durch die entstehenden freien Ladungsträger noch verstärkt. Die Minoritätsträger können die Sperrschicht passieren.

> Eine Temperaturerhöhung um etwa 10 K bedeutet sowohl bei Silizium als auch bei Germanium etwa eine Verdoppelung des Sperrstroms.

Die Kennlinie einer Si-Diode (Bild 3.9) verdeutlicht dieses Verhalten.

Beim Betrieb in Durchlaßrichtung wirkt sich der Einfluß der Wärme auf die Schwellspannung aus. Die höhere thermische Bewegungsenergie der Ladungsträger führt zu einer besseren Leitfähig-

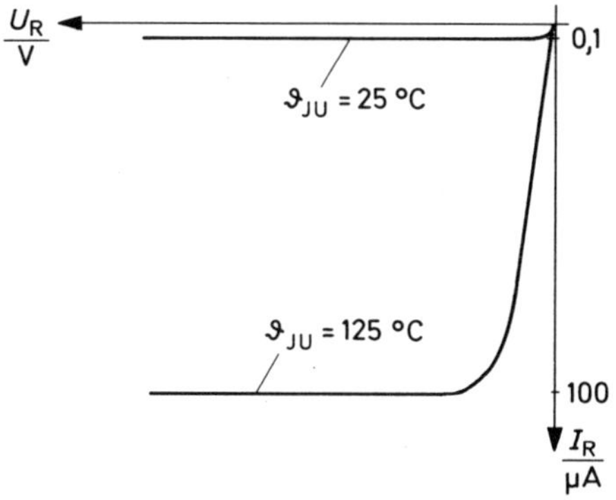

Bild 3.9 Diodenkennlinie der Sperrichtung für zwei unterschiedliche Kristalltemperaturen

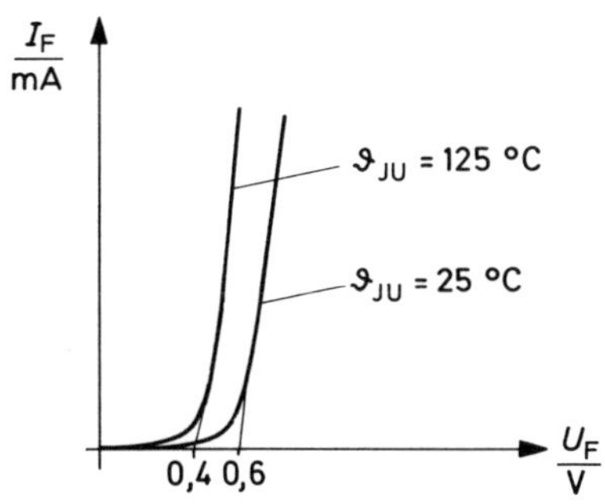

Bild 3.10 Diodenkennlinie der Durchlaßrichtung für zwei unterschiedliche Kristalltemperaturen

keit. Die Sperrschicht wird bei höheren Temperaturen schmaler, was eine Verringerung der Schwellspannung zur Folge hat (Bild 3.10).

Die Schwellspannung sinkt bei Temperaturerhöhung um etwa 2 mV/K.

Sperrschichttemperaturen von Siliziumhalbleitern dürfen je nach Typ zwischen 130 °C und 200 °C, von Germaniumhalbleitern zwischen 90 °C und 100 °C betragen.

3.7 Verlustleistung bei Dioden

Durch eine Diode, die an eine Spannungsquelle angeschlossen ist, wird ein Strom getrieben. Wie vorstehend beschrieben, ist er abhängig von der Polung der Spannungsquelle und beim Betrieb in Durchlaßrichtung von der Höhe der elektrischen Spannung und dem strombegrenzenden Widerstand. Die von der Quelle gelieferte elektrische Energie W_E wird bestimmt durch die Werte von Spannung U und Strom I und die Zeit, in der der Strom fließt.

$$W_E = U \cdot I \cdot t$$

Diese Energie wird im Halbleiter in unerwünschte Wärme umgesetzt. Die Leistung, mit der elektrische Energie in Wärme umgesetzt wird, heißt Verlustleistung P_V. Sie ist dem Produkt aus Spannung U_D und Strom I_D an der Diode proportional:

$$P_V = U_D \cdot I_D$$

Durchlaßrichtung:

$$P_V = U_F \cdot I_F$$

Sperrichtung:

$$P_V = U_R \cdot I_R$$

Die Verlustleistung bei einer Diode in Sperrichtung bis zum Durchbruch ist sehr gering. Beachtenswert ist die Verlustleistung in Durchlaßrichtung, die zu einer Erwärmung in der Grenzschicht führt. Um eine Zerstörung des pn-Übergangs zu verhindern, sind bei höheren Strömen Maßnahmen zur Kühlung der Diode vorzusehen. Die genaue Beschreibung der Wärmeableitung ist in Kapitel 22 zu finden.

3.8 Reihenschaltung von Gleichrichterdioden

Gelegentlich kommt es vor, daß die zulässige Spitzensperrspannung U_{RM} vorhandener oder handelsüblicher Dioden nicht ausreicht. Um diese dennoch verwenden zu können, werden mehrere Dioden des gleichen Typs in Reihe geschaltet. Durch Herstellungstoleranzen kommt es zu einer unterschiedlichen Spannungsaufteilung. Eine gleichmäßige Aufteilung der gesamten Sperrspannung auf die einzelnen Dioden erreicht man durch Parallelschaltung von Widerständen (Bild 3.11). Dazu sind genau gleiche Widerstände von einigen Megaohm zu verwenden.

Um die Gleichrichterdioden in Reihenschaltung gegen Stoßspitzensperrspannungen zu schützen und den Einfluß von Kapazitätsunterschieden der Einzelexemplare zu begrenzen, werden induktivitätsarme Kondensatoren parallelgeschaltet (Bild 3.11).

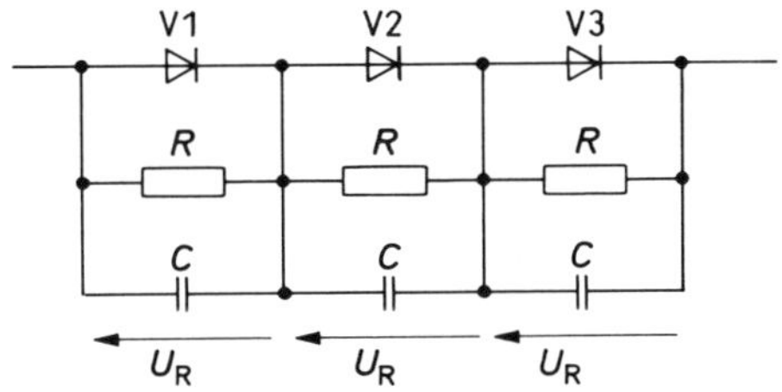

Bild 3.11 Reihenschaltung von Gleichrichterdioden

3.9 Parallelschaltung von Dioden

Für den Fall, daß der gleichzurichtende Strom größer als der maximal zulässige Strom einer Diode in Durchlaßrichtung ist, können Dioden parallelgeschaltet werden. Voraussetzung für eine Parallelschaltung ist jedoch völlige Übereinstimmung der parallelen Diode bezüglich der Schwellspannung. Bereits geringe Abweichungen führen zu einer ungleichmäßigen Aufteilung des Stroms. Die Diode, die den größeren Strom führen muß, wird stärker erwärmt. Bedingt durch den negativen Temperaturkoeffizienten, verschiebt sich die Durchlaßkennlinie zu kleineren Spannungswerten. Da an allen parallelgeschalteten Dioden die gleiche Spannung liegt, wird zwangsläufig der Strom durch die betrachtete Diode noch größer, und letztlich kommt es zur Zerstörung.

Eine gleichmäßige Stromaufteilung läßt sich mit Serienwiderständen erreichen, an denen eine Spannung von 0,2 V ... 1 V auftritt. Dadurch verschieben sich die Kennlinien und verlaufen flacher. Somit ergibt sich eine ausgeglichenere Verteilung des Gesamtstroms.

Bei der Parallelschaltung von Dioden sollte der Gesamtstrom um 20% unter der Summe der zulässigen Durchlaßströme der Einzeldioden, bezogen auf die Herstellerangaben, sein.

3.10 Bauformen von Dioden

Die unterschiedlichen Anwendungsgebiete von Dioden erfordern Rücksicht auf die verschiedenen Anforderungen schon beim Aufbau. Man unterscheidet Dioden für kleine Leistungen und Ströme *(Signaldioden)* sowie *Gleichrichterdioden* oder *Leistungsgleichrichter,* die Ströme bis über 1000 A verarbeiten können.

3.10.1 Spitzendioden oder Punktkontaktdioden

Eine als Feder ausgeprägte Metallspitze aus Molybdän, Wolfram oder einer Legierung wird durch einen Stromstoß mit einem n-leitenden Germaniumplättchen verschweißt. Durch diesen sogenannten Formierungsvorgang wird um die Spitze durch Einlegieren von Metallatomen eine p-Zone gebildet, so daß ein kleinflächiger pn-Übergang entstanden ist (Bild 3.12). Wegen der kleinen wirksamen Fläche ergeben sich geringe Sperrschichtkapazitäten. Diese Eigenschaft ist für die Anwendung im Hochfrequenzbereich sehr bedeutsam.

Derartige Dioden werden beispielsweise in Rundfunk- und Fernsehgeräten als Gleichrichter für Nieder- und Hochfrequenzen sowie in der Meßtechnik verwendet.

Die *Golddrahtdiode* ist eine Punktkontaktdiode, deren Spitze aus einem Golddrähtchen besteht. Damit werden kleinere Durchlaßwiderstände erreicht. Spitzendioden sind heute größtenteils durch Silizium-Planardioden verdrängt. Der Vorteil der Germaniumdioden bei der Signalverarbeitung liegt in der geringen Schwellspannung.

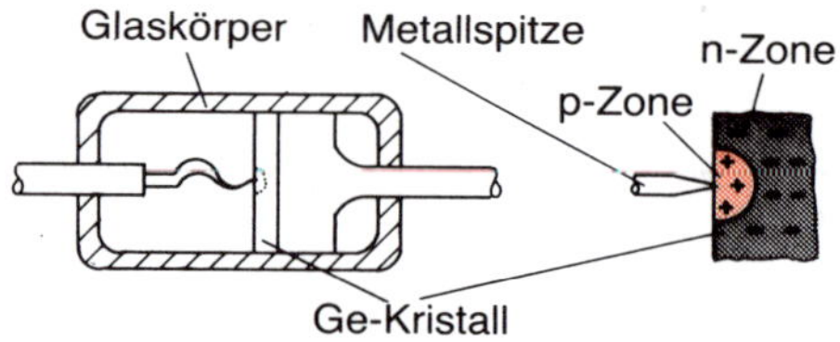

Bild 3.12 Aufbau einer Punktkontaktdiode mit Detaildarstellung

3.10.2 Silizium-Flächendioden in Planartechnik

Heute finden überwiegend die Legierungs- und die Planartechnologien mit Diffusion und Epitaxie bei der Herstellung von Halbleiterbauelementen Anwendung. Der Vorteil liegt darin, daß sowohl sehr kleine Sperrschichtflächen, vergleichbar mit den Spitzendioden, als auch wesentlich größere Flächen erreichbar sind. Es sind damit sowohl kleinflächige Signaldioden für den Hochfrequenzbereich mit geringer Sperrschichtkapazität als auch großflächige Leistungsdioden herstellbar. Der Grundstoff für Flächendioden ist meistens Silizium. Sie sind damit im Gegensatz zu Germaniumdioden mit wesentlich größeren Stromstärken belastbar, und die zulässigen Sperrspannungen gehen bis zu einigen tausend Volt. Der Sperrstrom von Siliziumdioden ist wegen der geringeren Eigenleitfähigkeit wesentlich kleiner als bei Germaniumdioden.

Bei Silizium-Flächendioden kleinerer Leistung (auch *Signaldioden* genannt) befindet sich der pn-Übergang in einem ca. 0,2 mm dicken Silizium-Einkristallplättchen. Der Sperrschichtdurchmesser liegt zwischen 0,08 mm und 0,15 mm. Dabei betragen die Sperrschichtkapazitäten nur 1 pF bis 8 pF (siehe Bild 3.13).

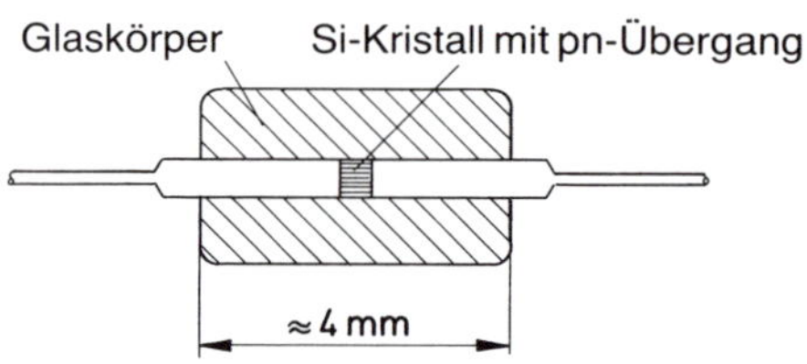

Bild 3.13 Aufbau einer Signaldiode als Flächendiode

Für den Zweck der Gleichrichtung großer Ströme und damit Erzielung großer Leistung werden heute fast ausschließlich Silizium-Flächendioden verwendet. In einigen Sonderfällen und in älteren Anlagen sind noch gelegentlich Selenzellen zu finden.

Silizium-Flächendioden als *Leistungsdioden* besitzen im Vergleich zu den Signaldioden einen großflächigen pn-Übergang. Es werden sogenannte Siliziumtabletten mit Flächen in der Größenordnung cm^2 bei hohen Strömen verwendet. Man hält so die Stromdichten in Grenzen. Diese Stromdichten reichen jedoch häufig nicht aus. Zur Erzielung höherer zulässiger Stromdichten und damit hohen Wirkungsgraden von Gleichrichtern muß der Widerstand der Diode in Durchlaßrichtung herabgesetzt werden. Eine solche Erhöhung der Leitfähigkeit erreicht man durch hohe Dotierung der p- und n-Schicht. Als Folge einer derartigen Maßnahme nimmt beim Betrieb in Sperrichtung die Breite der Raumladungszone im Bereich des pn-Übergangs ab. Die zu einem Durchbruch führende Feldstärke in diesem Bereich wird bereits bei kleiner Sperrspannung U_R erreicht. Eine solche Herabsetzung der Sperrspannung ist bei der Anwendung von Gleichrichterdioden bei großen Leistungen unerwünscht. Der einfache pn-Übergang kann die Forderungen nach hoher Leitfähigkeit in Durchlaßrichtung und hoher Sperrspannung nicht erfüllen.

Das Einfügen eines schwach dotierten, dünnen p- oder n-Gebiets zwischen den hochdotierten p- und n-Zonen löst dieses Problem. Es entsteht eine sogenannte *P-S-N-Diode* (Bild 3.14). Beim Betrieb in Sperrichtung erstreckt sich die Sperrschicht über die schwach dotierte Zone. Die Feldstärke wird durch die größere Sperrschichtweite geringer, und die Spannung, die zum Durchbruch führt, liegt höher. In Durchlaßrichtung trägt die S-Schicht nicht wesentlich zur Erhöhung des Durchlaßwiderstandes bei, da sie von den beiden angrenzenden, stark dotierten Zonen mit Ladungsträgern überflutet wird.

Für die Belastbarkeit von Leistungsdioden ist neben der Kristallfläche auch die Ableitung der durch die Verlustleistung entstehenden Wärme von entscheidender Bedeutung. Gehäuseformen und -materialien sind sorgfältig ausgewählt und aufeinander abgestimmt. Bild 3.15 zeigt den Aufbau einer Leistungsdiode.

Siliziumdioden zeichnen sich durch geringe Sperrströme und niedrige Durchlaßspannung (0,8 V bis 1,5 V) aus.

Außerdem können heute Sperrspannungen von ca. 3 kV und hohe Ströme bis 1000 A erreicht werden.

Bild 3.14 Schichtenfolge einer PSN-Diode

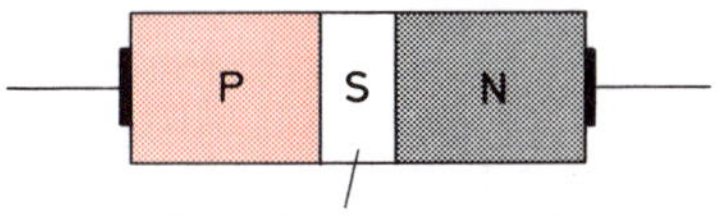

Bild 3.15 Schnittdarstellung einer Flächen-Leistungsdiode

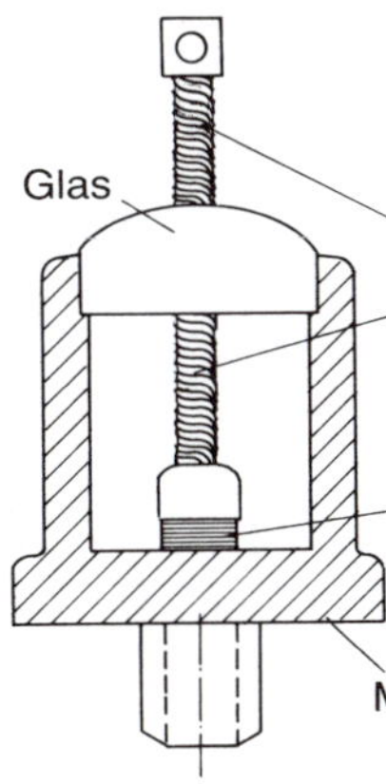

3.10.3 Schottky-Dioden

Zusätzlich zu den erwähnten Vorteilen weisen *Schottky-* (Schweizer Physiker, 1886 bis 1976) oder auch *Hot-carrier-Dioden* genannt, günstige Hochfrequenzeigenschaften auf. Es handelt sich hierbei um eine Diode mit einem *Metall-Halbleiter-Übergang*. Die Bildung einer Sperrschicht erfolgt ähnlich einer Spitzendiode zwischen einem n-dotierten Siliziumkristall und einer Metallelektrode. Die gute Leitfähigkeit von Metall beruht in erster Linie darauf, daß die Dichte der freien Elektronen sehr hoch ist. Die Anzahl der Elektronen in dem n-dotierten Halbleiterkristall wird gewonnen durch das Einbringen von 5wertigen Fremdatomen, die als Donatoren wirken. Ohne angelegte äußere Spannung diffundieren bei einem engen Kontakt von Metall und Halbleiter Elektronen

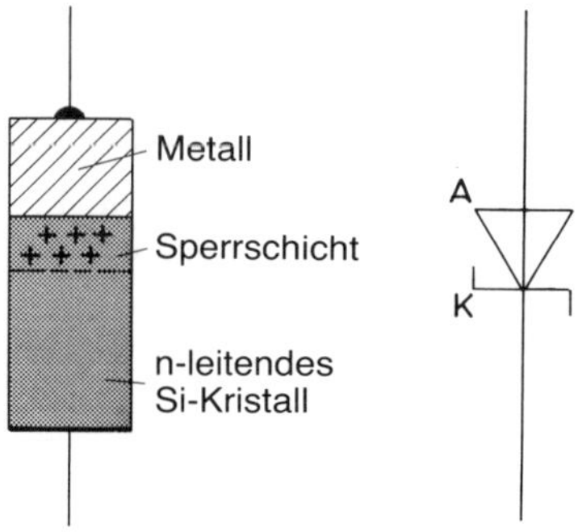

Bild 3.16 Schottky-Diode ohne äußere Spannung

vom Halbleiter in das Metall. Dieser Vorgang wird dadurch möglich, daß die Ladungsträger im Kristall einen wesentlich höheren Energiezustand besitzen als die Ladungsträger im Metall. Daher stammt die Bezeichnung «hot carrier» (= engl. heiße Ladungsträger). Bei der Diffusion bleiben im Halbleiter positive Ionen zurück. Es entsteht eine Raumladungszone. Die dabei wirksam werdende elektrische Feldstärke sorgt dafür, daß eine Spannungsbarriere entsteht und damit keine weitere Diffusion möglich ist. In Bild 3.16 ist eine Schottky-Diode ohne äußere Spannung dargestellt. Legt man den Pluspol einer Spannungsquelle an die Metallseite des Übergangs und den Minuspol an das Kristall, d.h. Polung in Durchlaßrichtung, so wird die durch Diffusion entstandene Spannungsbarriere abgebaut und es kann ein Elektronenstrom vom Halbleiter zum Metall fließen.

Im Halbleiter sind die Majoritätsträger am Strom in Durchlaßrichtung beteiligt.

Wird eine umgekehrte Polung vorgenommen, werden Elektronen aus dem Halbleiter abgezogen. Vom Metall werden keine weiteren nachgeliefert, da deren Energie zu gering ist, um die Potentialbarriere zu überwinden. Damit wird die Sperrschicht breiter. Ein geringer Sperrstrom ist dennoch möglich. Er ist jedoch höher als bei Siliziumdioden.

Bei Temperaturzunahme erreichen mehr Elektronen im Metall eine Energie, die ausreicht, die Sperrschicht zu überwinden, so daß auch bei Schottky-Dioden eine Temperaturabhängigkeit festzustellen ist. Ein starker Sperrstrom, bedingt durch eine hohe angelegte Spannung und die dadurch am Übergang entstehende Feldstärke, ist bei Schottky-Dioden ebenso anzutreffen wie bei einfachen pn-Übergängen, so daß die Kennlinie der der einfachen Diode ähnlich ist. Die Schwellspannung von Schottky-Dioden liegt bei $U_{Sch} \approx 0{,}3$ V. Der Einsatz von Schottky-Dioden im Bereich der Hochfrequenz und als schneller Schalter, z.B. auch in Schaltnetzteilen, wird ermöglicht durch die sehr geringe Speicherkapazität von Minoritätsträgern im Bereich des Übergangs.

Bei einer Umpolung von Durchlaßrichtung in Sperrichtung können keine Elektronen in umgekehrte Richtung zurück in das Kristall fließen. Es sind nahezu keine Minoritätsträger vorhanden.

4 Einsatz von Halbleiterdioden in Schaltungen

4.1 Gleichrichterschaltungen mit Halbleiterdioden

Die Übertragung elektrischer Energie geschieht aus Gründen der Wirtschaftlichkeit im wesentlichen durch Wechselstrom.

Zur Gewinnung von Gleichstrom aus dem im Energieversorgungsnetz zur Verfügung stehenden Wechselstrom verwendet man Dioden, die dann Gleichrichter genannt werden. Der elektrische Widerstand dieser Bauelemente hängt von der Polung der angelegten Spannung ab. Man kann eine Diode mit einem Ventil vergleichen.

4.1.1 Einwegschaltung (M1, Tabelle 4.1)

Die einfachste Art, das ausgeprägte Durchlaß- und Sperrverhalten einer Diode auszunutzen, ist die Reihenschaltung einer Diode mit einem Widerstand an eine Wechselspannungsquelle (Bild 4.1a). Zur Betrachtung der Funktion einer solchen *Einweg-Gleichrichterschaltung* wird hier eine sinusförmige Wechselspannung als Eingangsspannung u_I verwendet. Die Diode läßt in dieser Schaltung nur während der positiven Halbwelle, d.h., Punkt 1 liegt auf positivem Potential gegenüber Punkt 2, einen Stromfluß zu. Dieser Strom wird begrenzt durch den Lastwiderstand R_L und entspricht in seiner Form der positiven Halbwelle der angelegten Spannung.

Die Spannung u_Q am Ausgang der Schaltung ist als Spannungsabfall an R_L dem Strom direkt proportional (Bild 4.1b). Unter Vernachlässigung des Momentanwertes der Durchlaßspannung u_F an der Diode mit Werten von $u_F = 0$ V bis etwa 1 V wird während der positiven Halbwelle:

$$u_Q \approx u_I$$

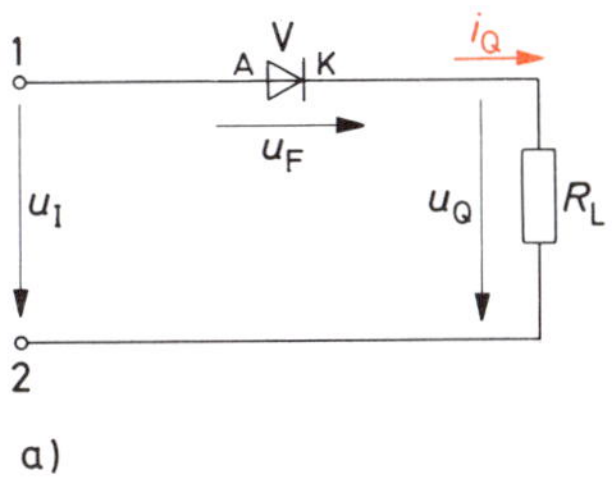

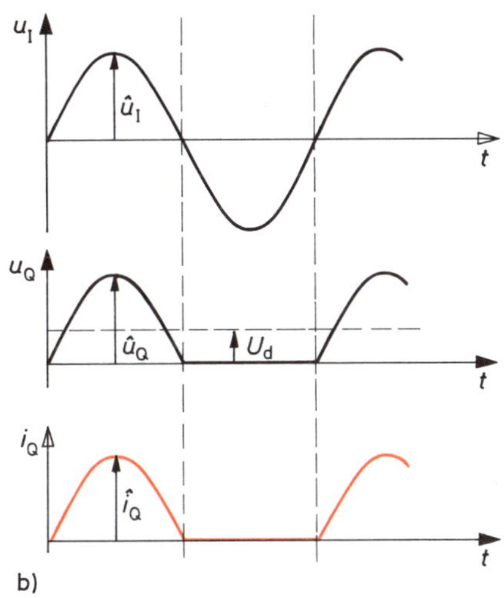

Bild 4.1
a) Einweggleichrichterschaltung
b) Kurvenverläufe von Eingangsspannung u_I, Ausgangsspannung u_Q und Strom i_Q

Dies gilt hinreichend genau für hohe Eingangsspannungen. Für den Fall kleiner Eingangsspannungen wird die Diodenspannung berücksichtigt:

$$u_Q = u_I - u_F$$

Hierbei ist u_F der Augenblickswert der Spannung zwischen Anode und Katode der Diode.

> Am Lastwiderstand wird beim Einweggleichrichter nur eine Halbwelle der angelegten Wechselspannung wirksam.

Während der negativen Halbwelle liegt Punkt 1 (siehe Bild 4.1a), d.h. die Anode der Diode auf negativem Potential gegenüber Punkt 2. Es kann kein Strom, mit Ausnahme eines geringen Sperrstroms, fließen. Die Spannung u_Q ist gleich Null, während die Sperrspannung u_R an der Diode gleich der Eingangsspannung u_I ist. Die maximal zulässige Sperrspannung U_{RRM} an der Diode muß mindestens dem Scheitelwert der Wechselspannung $\hat{u}_I$ entsprechen.

$$U_{RRM} \geqq \hat{u}_I \geqq \sqrt{2} \cdot U_I$$

Die Einweggleichrichterschaltung funktioniert in der beschriebenen Art, wenn der Durchlaßwiderstand der Diode klein ist gegenüber dem Belastungswiderstand und der Sperrwiderstand groß gegenüber dem Belastungswiderstand.

$$\text{Sperrwiderstand} > R_L > \text{Durchlaßwiderstand}$$

Die Eingangsspannung muß möglichst groß gegenüber der Schwellspannung der Diode sein.

Die durch die Einweggleichrichtung entstandene Gleichspannung u_Q ist eine pulsierende Gleichspannung. Eine Spannungsmessung über dem Lastwiderstand mit einem Drehspulmeßwerk zeigt den arithmetischen Mittelwert der Gleichspannung U_d an, der kleiner ist als der Spitzenwert der Eingangsspannung $\hat{u}_I$. Bild 4.1 b zeigt die Ermittlung des arithmetischen Mittelwertes der Augangsspannung U_d durch gleichmäßiges Verteilen der Fläche unter der Halbwelle auf die gesamte Periodendauer. Bei einer sinusförmigen Eingangsspannung ist:

$$U_d = \frac{\hat{u}_I}{\pi} = \frac{\sqrt{2} \cdot U_I}{\pi} = 0{,}45 \cdot U_I \qquad (\text{bei } U_F \ll \hat{u}_I)$$

darin ist:

U_d arithmetischer Mittelwert der Ausgangsspannung,
U_I Effektivwert der Eingangsspannung.

Der Effektivwert der Ausgangsspannung U_Q bei sinusförmiger Eingangsspannung läßt sich mit einem Dreheisenmeßwerk feststellen.

Da sich die Leistung an einem ohmschen Widerstand durch Vorschalten einer Diode halbiert, muß der Effektivwert der Spannung sich um den Faktor $\sqrt{1/2} = 1/\sqrt{2} = 0{,}707$ verringern.

Die Leistung am ohmschen Widerstand ist dem Quadrat der Spannung proportional:

$$P_{Gs} = \frac{P_{Ws}}{2}$$

Gs Gleichstrom
Ws Wechselstrom

$$\frac{U_Q^2}{R_L} = \frac{U_I^2}{2 \cdot R_L}$$

$$U_Q = \frac{U_I}{\sqrt{2}}$$

$$U_Q = 0{,}707 \cdot U_I$$

Die Effektivwerte für den Laststrom I_Q sowie für den Diodenstrom I_F sind einander gleich. Wie aus der Schaltung ersichtlich, sind beide auch gleich dem Effektivwert des Eingangsstroms I_I und abhängig vom Lastwiderstand R_L.

$$I_Q = I_I = \frac{U_Q}{R_L}$$

Die arithmetischen Mittelwerte vom Laststrom I_d und vom Diodenstrom I_{FAV} sind ebenfalls gleich und ergeben sich in Abhängigkeit vom Lastwiderstand R_L.

$$I_{FAV} = I_d = \frac{U_d}{R_L}$$

Zur Bestimmung des Verhältnisses von arithmetischem Mittelwert des Laststroms I_d zum Effektivwert des Eingangsstroms I_I gilt folgende Ableitung, ausgehend von dem konstanten Lastwiderstand R_L:

$$\frac{U_Q}{I_I} = \frac{U_d}{I_d}$$

$$\frac{I_d}{I_I} = \frac{U_d}{U_Q}$$

mit $\frac{U_Q}{U_I} = 0{,}707$ und $\frac{U_d}{U_I} = 0{,}45$ wird

$$\frac{U_d}{U_Q} = \frac{0{,}45}{0{,}707} = 0{,}636 = \frac{I_d}{I_I} = \frac{I_d}{I_Q}$$

Eine weitere wichtige Größe stellt das Verhältnis von Trafosekundärleistung S_{sec} zum arithmetischen Mittelwert der am Lastwiderstand zur Verfügung stehenden Leistung P_d dar.

$$S_{sec} = U_I \cdot I_I$$

Die Trafosekundärleistung S_{sec} muß um den Faktor 3,09 höher sein als P_d.

4.1.2 Mittelpunktschaltung (M2, Tabelle 4.1)

In der *Mittelpunkt-* oder auch *Zweiweg-Gleichrichterschaltung* (Bild 4.2a) werden im Gegensatz zur Einweg-Gleichrichterschaltung beide Halbwellen der sinusförmigen Wechselspannung ausgenutzt. Verfolgt man den Verlauf der durch die Eingangsspannung vorgegebenen Kurvenform, so kann die positive Halbwelle die Diode V1 in Durchlaßrichtung passieren, während V2 in Sperrichtung betrieben wird. Dagegen ist für die negative Halbwelle nur V2 durchlässig und V1 gesperrt. Am Verbraucher treten beide Halbwellen der Eingangsspannung aufgrund der Schaltung in gleicher Richtung auf. Damit erhält der Verbraucher eine pulsierende Gleichspannung (Bild 4.2b), wodurch sich ein gleichförmiger Strom ergibt.

Für die Ausgangsspannung u_Q wird sich die doppelte Frequenz gegenüber der Eingangsspannung u_I einstellen.

Im Vergleich zur Einwegschaltung erhält man bei der Mittelpunktschaltung am Verbraucher als arithmetischen Mittelwert der Lastspannung U_d den doppelten Wert:

$$U_d = \frac{2 \cdot \hat{u}_I}{\pi} = \frac{2 \cdot \sqrt{2} \cdot U_I}{\pi} = 0{,}9 \cdot U_I$$

U_I Effektivwert der Trafospannung einer Wicklungshälfte
U_d arithmetischer Mittelwert der Lastspannung

Der Effektivwert der Ausgangsspannung ist gleich dem Effektivwert der Eingangsspannung:

$$U_Q = U_I$$

Hierbei ist U_I der Effektivwert der Spannung an der Sekundärseite des Trafos, gemessen zwischen Mittelanzapfung und Wicklungsanfang bzw. -ende.

Aus der Schaltung ist ersichtlich, daß jede der beiden Dioden in Sperrichtung maximal mit der doppelten Trafospannung $\hat{u}_I$ belastet wird:

$$U_{RRM} \geqq 2 \cdot \hat{u}_I = 2{,}82 \cdot U_I$$

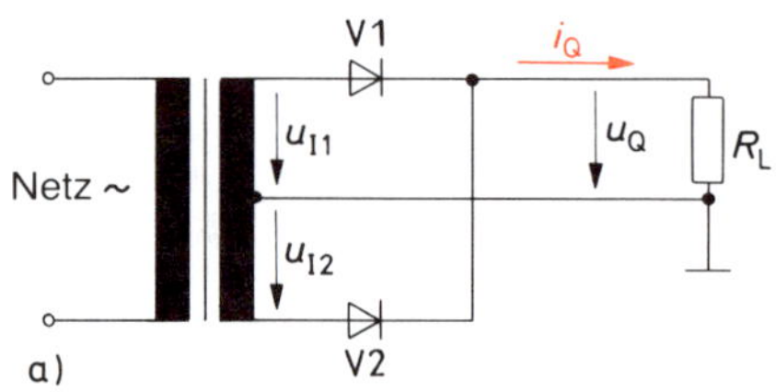

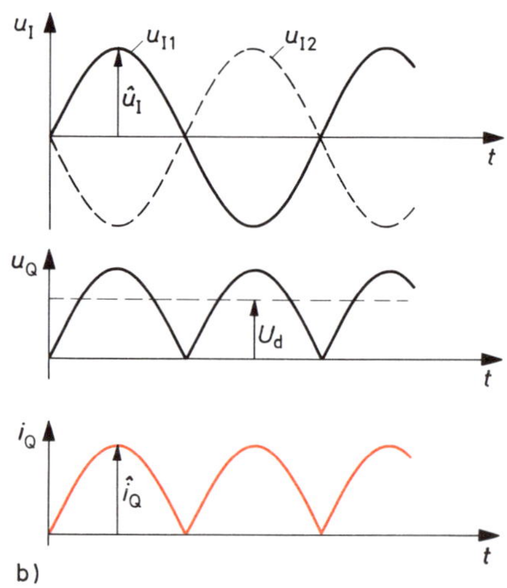

Bild 4.2
a) Mittelpunkt- oder Zweiweggleichrichter-schaltung
b) Kurvenverläufe von Eingangsspannung u_I, Ausgangsspannung u_Q und Strom i_Q

4.1.3 Brückenschaltung (B 2, Tabelle 4.1)

Die Vorteile eines einfachen Aufbaus in Verbindung mit der Ausnutzung beider Halbwellen des Wechselstroms läßt sich mit der *Brückenschaltung* verwirklichen. Zur Gewinnung von Gleichstrom aus Wechselstrom wird diese Schaltung am häufigsten angewandt. Hierzu werden vier Dioden benötigt, die zu einer Brücke verschaltet sind (Bild 4.3 a). Spannung und Strom am Verbraucher haben die gleiche Form wie bei der Mittelpunktschaltung. Die gesamte Sekundärwicklung eines Trafos liefert jedoch den Strom, so daß keine Mittelanzapfung benötigt wird.

Für den Fall, daß während der positiven Halbwelle der obere Wechselspannungsanschluß Punkt 1 der Brückenschaltung positiv gegenüber dem unteren Anschluß Punkt 2 ist, so kann über Diode V 2, den Verbraucher und Diode V 4 ein Strom zum Transformator zurückfließen. V 2 und V 4 sind in Durchlaßrichtung, V 1 und V 3 in Sperrichtung betrieben.

Wechselt die Richtung der Eingangsspannung u_I, so fließt der Strom über V 3, den Verbraucher und V 1 zurück zum Trafo, während V 2 und V 4 in Sperrichtung betrieben sind.

Die Spannung u_Q am Verbraucher R_L hat für beide Halbwellen wiederum die gleiche Richtung (Bild 4.3 b), so daß für den arithmetischen Mittelwert und den Effektivwert der Ausgangsspannung das gleiche gilt wie bei der Mittelpunktschaltung:

$$U_d = 0{,}9 \cdot U_I$$

$$U_Q = U_I$$

Innerhalb jedes Brückenzweigs ist stets eine Diode in Durchlaßrichtung und die andere in Sperrichtung betrieben. Im Vergleich mit der Mittelpunktschaltung müssen die Dioden der Brückenschaltung nur für mindestens die Hälfte der dort zulässigen Sperrspannung ausgelegt sein.

Der periodische Spitzenstrom I_{FM}, für den jede Diode der Brückenschaltung ausgelegt sein muß, ist gleich dem Scheitelwert des Stroms durch den Verbraucher $\hat{\imath}_L$.

$$I_{FM} \geqq \hat{\imath}_L \geqq \frac{\sqrt{2} \cdot U_I}{R_L}$$

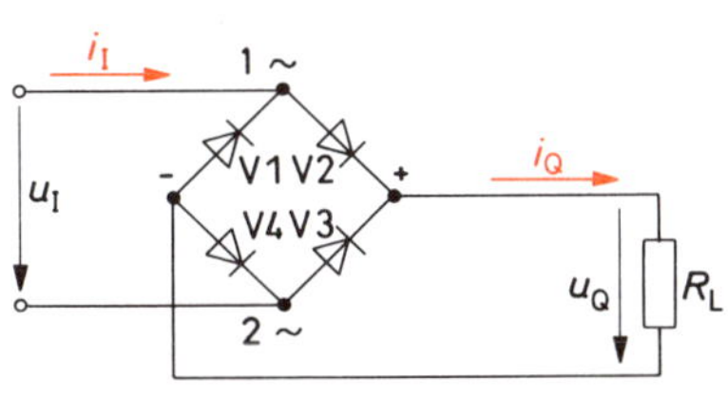

a)

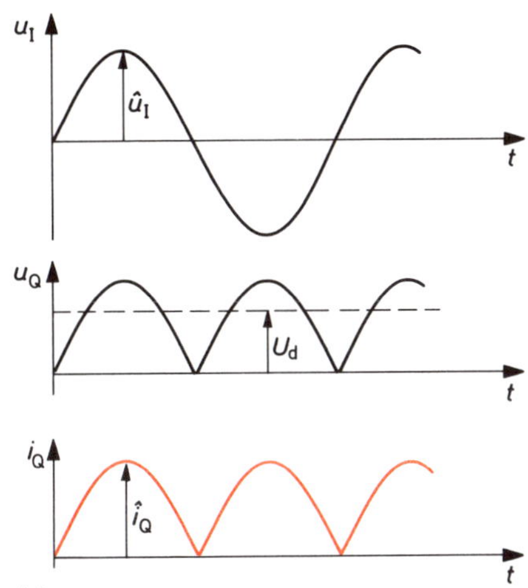

b)

Bild 4.3
a) Brückenschaltung
b) Kurvenverläufe von Eingangsspannung u_I, Ausgangsspannung u_Q und Strom i_Q

Der arithmetische Mittelwert des Stroms I_{FAV}, mit dem jede Diode belastet wird, beläuft sich, wie aus der Schaltung ersichtlich, im Mittel auf die Hälfte des Laststroms I_d.

$$I_{FAV} = 0{,}5 \cdot I_d$$

Das Verhältnis von arithmetischem Mittelwert des Laststroms I_d zum Effektivwert des Eingangsstroms I_I läßt sich über die bekannten Größen bestimmen.

$$U_d = I_d \cdot R_L = 0{,}9 \cdot U_I$$

mit $U_Q = U_I$ und $U_Q = I_Q \cdot R_L$ wird

$$I_Q \cdot R_L = \frac{I_d \cdot R_L}{0{,}9}$$

$$I_d = 0{,}9 \cdot I_Q$$

Der arithmetische Mittelwert der am Lastwiderstand zur Verfügung stehenden Leistung P_d in Abhängigkeit zur Leistung, die dann von der Schaltung aufgenommen wird, berechnet sich folgendermaßen:

$$S_{sec} = U_I \cdot I_I$$

Die Trafosekundärleistung S_{sec} muß um den Faktor 1,23 höher sein als P_d.

An den Ausgängen der bisher behandelten Gleichrichterschaltungen stehen pulsierende Gleichspannungen zur Verfügung. Man spricht von einer *Brummspannung*, die der Gleichspannung überlagert ist. Aufgrund der vorhandenen Welligkeit wird der Index w verwendet (u_w).

Bei der Einwegschaltung beträgt die Frequenz dieser Brummspannung: $f_w = f_{Netz}$, mit f_{Netz} als Frequenz der Eingangsspannung.

Durch die Ausnutzung beider Halbwellen einer Periode der Eingangsspannung hat die Grundfrequenz der Brummspannung, die der Ausgangsspannung bei der Mittelpunkt- und Brückenschaltung überlagert ist, den doppelten Wert der Frequenz der Eingangsspannung: $f_w = 2 \cdot f_{Netz}$.

4.2 Gleichrichterschaltungen mit Ladekondensator

Die pulsierende Gleichspannung, die bei den Gleichrichterschaltungen dem Verbraucher zur Verfügung steht, reicht meistens aufgrund der starken *Welligkeit* nicht aus.

Eine Möglichkeit zur *Glättung* bietet die Parallelschaltung eines Kondensators zum Lastwiderstand R_L. Dieser *Ladekondensator* C_L beeinflußt die Ausgangsspannung. Am Beispiel der Einweg-Gleichrichterschaltung soll gezeigt werden, wie ein Ladekondensator wirksam wird (Bild 4.4).

Die pulsierende Gleichspannung u_Q liegt am Ladekondensator C_L. Während der Halbwelle, die von der Diode durchgelassen wird, kann ein Strom fließen, der den Kondensator auflädt. Sinkt die Eingangsspannung unter den Wert der erreichten Kondensatorspannung, steht die aufgebrachte Ladung wie eine Spannungsquelle zur Verfügung und kann die Zeit, in der die Diode in Sperrichtung betrieben wird, überbrücken. Würde der Kondensator in dieser Zeit nicht entladen, so hätte die Ausgangsspannung ständig den Wert der maximalen Eingangsspannung:

$$U_Q = \hat{u}_I = 1{,}414 \cdot U_I$$

Tabelle 4.1 Zusammenfassung wichtiger Daten für Gleichrichterschaltungen

Schaltungen \ Verhältnis	$\frac{U_d}{U_I}$	$\frac{I_d}{I_I}$	$\frac{U_{RRM}}{U_I}$	$\frac{I_{FAV}}{I_d}$	$\frac{S_{sec}}{P_d}$	$\frac{f_w}{f_{Netz}}$	w in %
M1 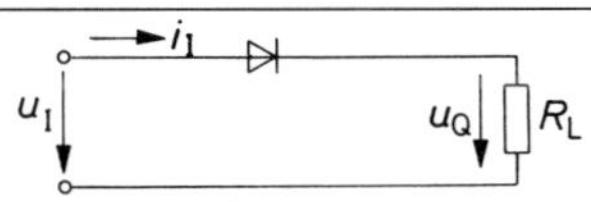	0,45	0,64	1,41	1	3,09	1	121
B2 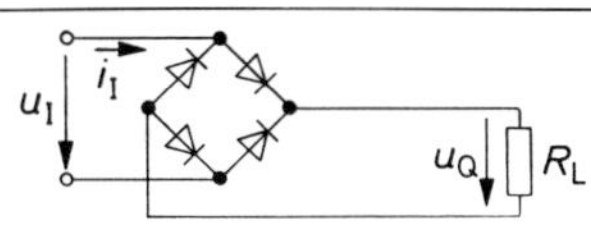	0,9	0,9	1,41	0,50	1,23	2	48,2
M3 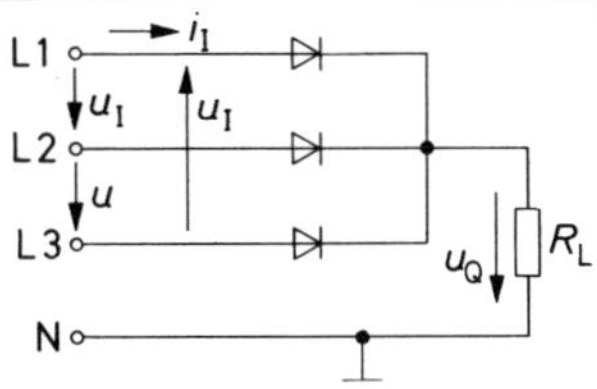	0,68	1,72	1,41	0,33	1,35	3	18,3
B6 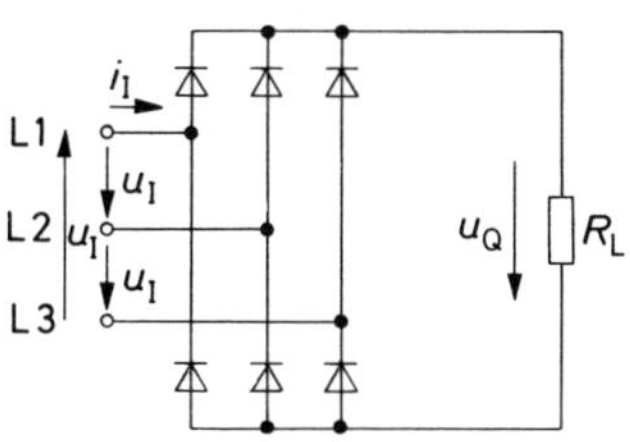	1,35	1,22	1,41	0,33	1,05	6	4,2
M1 mit C_L 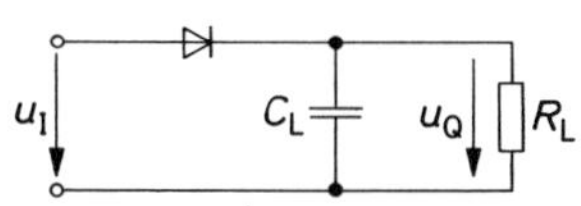	1,18	≈ 0,5	2,83	1,43	1,73	1	5
M2 mit C_L 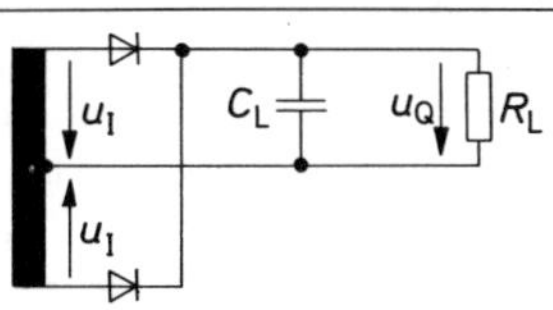	1,25	≈ 0,6	2,83	0,72	1,48	2	5
B2 mit C_L 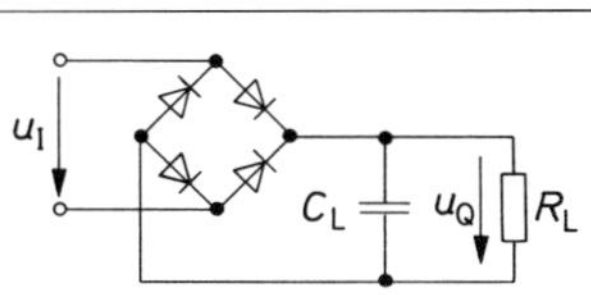	1,25	≈ 0,9	1,41	0,72	1,24	2	5

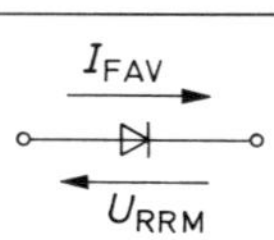

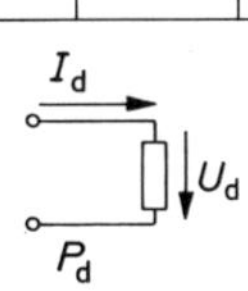

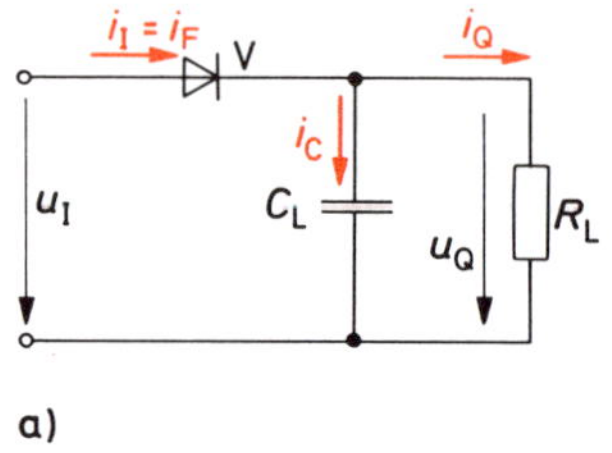

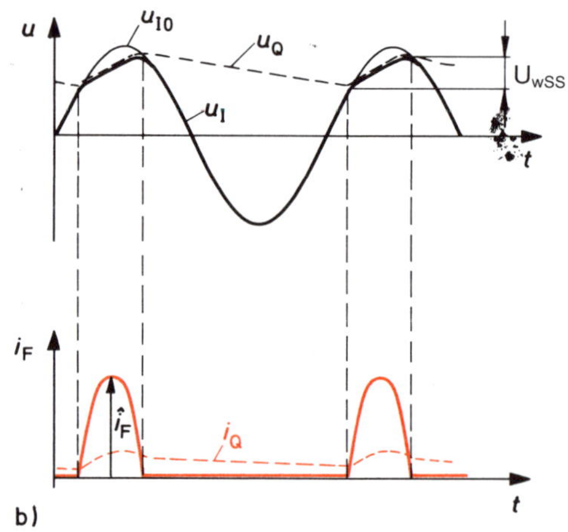

Bild 4.4
a) Einwegschaltung mit Ladekondensator
b) Kurvenverläufe von Eingangs- und Ausgangsspannung im Vergleich und vom Diodenstrom i_F

Dieser Leerlaufzustand stellt sich ein, wenn kein Lastwiderstand zugeschaltet ist.

Durch den Lastwiderstand R_L fließt während der Zeit, in der die Eingangsspannung unter der der Kondensatorspannung liegt, ein Strom, so daß der Kondensator entladen wird. Die Ausgangsspannung U_Q nimmt dabei exponentiell entsprechend der Zeitkonstanten $\tau = R_L \cdot C_L$ ab. Sobald die Eingangsspannung die Kondensatorspannung wieder überschreitet, führt der Gleichrichter erneut Strom, der sich auf den Ladekondensator und den Lastwiderstand aufteilt. Damit wird der Kondensator erneut geladen (Bild 4.4b). Die sich so ergebende Spannung am Ausgang hat einen Gleichstromanteil, dem die Brummspannung u_w überlagert ist. Sie ist abhängig von der Kapazität des Ladekondensators und dem Laststrom.

Das Verhältnis von Brummspannung zur Ausgangsgleichspannung bezeichnet man als Welligkeit:

$$w = \frac{\text{Effektivwert der Brummspannung}}{\text{arithmetischer Mittelwert der Lastspannung}} = \frac{U_w}{U_d}$$

Durch das Einschalten eines Ladekondensators wird die Diode anders belastet als ohne Kondensator. Für den Moment, in dem die negative Halbwelle der Eingangsspannung u_I ihr Maximum $\hat{u}_I$ erreicht, liegt an der Diode eine Spannung in Sperrichtung, die sich ergibt aus der Summe der Spannung am Kondensator, der ohne Last auf die Eingangsspitzenspannung $\hat{u}_I$ aufgeladen ist, und dem Wert der Eingangsspannung u_I, die zu diesem Zeitpunkt ebenfalls $\hat{u}_I$ beträgt. Somit muß die zulässige Diodensperrspannung U_{RRM} mindestens der doppelten Eingangsspitzenspannung $\hat{u}_I$ entsprechen.

$$U_{RRM} \geqq 2 \cdot \hat{u}_I$$

Eine weitere Belastung der Diode, bedingt durch den Ladekondensator, ist durch den Diodenstrom i_F gegeben. Wie bereits erwähnt, dient der Kondensator so lange als Spannungsquelle, wie die Eingangsspannung unter der Kondensatorspannung liegt. Die dabei abfließende Ladung wird in der übrigen Zeit dem Kondensator wieder zugeführt. Das bedeutet, daß – je nach Kapazität – die Ladung in sehr kurzer Zeit wieder aufgebracht werden muß. Somit erreicht der Ladestrom i_{FM}, der als periodisch auftretender Spitzenstrom sowohl die Diode als auch das Netz (Trafo) belastet, Werte, die erheblich größer als der Ausgangsstrom i_Q der Schaltung sein können (Bild 4.4b).

Im Einschaltzeitpunkt ist der Ladekondensator noch ungeladen. Er stellt somit für die Gleichrichterschaltung einen Kurzschluß dar. Der Einschaltstrom, der also zu berücksichtigen ist, wird nur begrenzt durch den Innenwiderstand der Eingangsspannungsquelle. Er ist wesentlich größer als der Strom durch die Diode im Dauerbetrieb.

Für die Brückengleichrichterschaltung sind die prinzipiellen Vorgänge beim Einsatz eines Ladekondensators die gleichen. Es ist lediglich die Ausnutzung der zweiten Halbwelle der Eingangswechselspannung zu berücksichtigen. Der Ladestrom des Kondensators und damit der Diodenstrom I_{FAV} wird geringer, da er in gleicher Zeit doppelt so häufig fließt wie bei der Einwegschaltung (Bild 4.5).

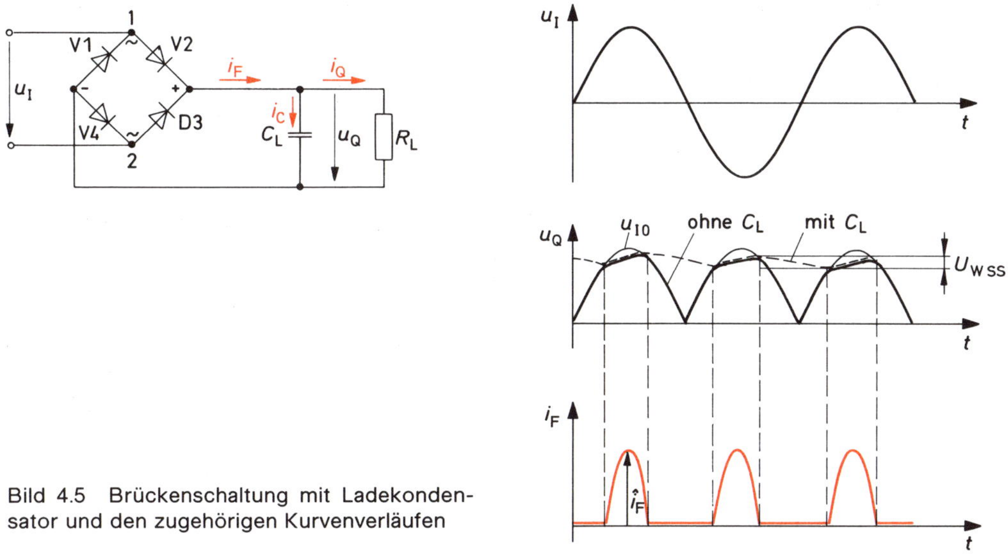

Bild 4.5 Brückenschaltung mit Ladekondensator und den zugehörigen Kurvenverläufen

Kennzeichnung von Brückengleichrichtern

Bei der technischen Ausführung von Brückengleichrichtern sind die vier Dioden bereits verschaltet in einem Gehäuse untergebracht. Darauf ist je nach Baureihe ein Aufdruck angebracht; z. B.:

B 40 C 1000.

Dabei bedeutet B = Brückenschaltung. Die folgende Zahl gibt den Effektivwert der empfohlenen Eingangsspannung U_I, hier 40 V, an. C steht für kapazitive Last, d. h., der Gleichrichter ist für eine Zusammenschaltung mit einem Ladekondensator vorgesehen. Die letzte Zahl nennt den Wert für den zulässigen arithmetischen Mittelwert des Ausgangsstroms I_d; hier 1000 mA = 1 A.

Sind für den Strom zwei Zahlen angegeben, so gilt die erste für eine Montage des Gleichrichters am Chassis und die zweite für eine freie Montage.

In Datenblättern zu derartigen Gleichrichtern sind gewöhnlich maximal zulässige *Kapazitätswerte* für Ladekondensatoren angegeben. Werden diese Werte im Zusammenhang mit den aufgedruckten Werten eingehalten, so ist gewährleistet, daß die Dioden durch den periodisch auftretenden Spitzenstrom nicht überlastet werden. Um einen Schutz vor dem hohen Einschaltstrom zu bieten, werden in Datenblättern Werte für *Strombegrenzungswiderstände* angegeben.

Berechnung der Kapazität von Ladekondensatoren
Die Auslegung der Kapazität eines Ladekondensators fordert zunächst die Festlegung der Welligkeit. Für folgende Formeln wird $w = 5\%$ gewählt.

$$w = \frac{U_w}{U_d} = 5\%$$

Die Brummspannung hat bei einer Einweg-Gleichrichterschaltung eine Frequenz $f_w = f_{Netz}$, jedoch keinen sinusförmigen Verlauf. Der Effektivwert der Brummspannung U_w läßt sich über den Spitze-Spitze-Wert $U_{w\,SS}$, der mit einem Oszilloskop ermittelt werden kann, wie folgt bestimmen:

$$U_w \approx \frac{U_{w\,SS}}{3}$$

Mit der Brummspannung U_w, der Frequenz f_w, dem Ausgangsstrom I_d und einer schaltungsspezifischen Konstanten 0,25 berechnet sich die Ladekapazität C_L für eine Einweggleichrichterschaltung über:

$$C_L \approx \frac{0{,}25 \cdot I_d}{U_w \cdot f_w} \quad \text{(Einwegschaltung)}$$

Bei der Mittelpunktschaltung und der Brückenschaltung hat die Brummspannung die doppelte Frequenz der Eingangsspannung: $f_w = 2 \cdot f_{Netz}$. Die Berechnung der Ladekapazität C_L unter o. a. Voraussetzungen verwendet die Konstante 0,2.

Damit wird:

$$C_L \approx \frac{0{,}2 \cdot I_d}{U_w \cdot f_w} \quad \text{(Brückenschaltung)}$$

4.3 Drehstrom-Sternschaltung (DS)

In der Industrie wird überwiegend mit Drehstrom gearbeitet. Zur Gewinnung von Gleichstrom finden Leistungshalbleiterdioden als Gleichrichter in Mehrphasensystemen Anwendung. Drehstrom ist ein System, bei dem sich drei um jeweils 120° phasenverschobene Wechselspannungen bzw. -ströme auf drei Leiter aufteilen.

Die einfachste *Drehstrom-Gleichrichterschaltung* ist die *Sternschaltung*. Man benötigt für jeden der Außenleiter L1, L2 und L3 eine Diode. Die Sternschaltung erfordert ein Drehstromsystem mit voll belastbarem Sternpunkt (Bild 4.6a). Man kann diese Schaltung als Parallelschaltung von drei Einweg-Gleichrichterschaltungen verstehen. Die Dioden sind abwechselnd an der Gleichrichtung beteiligt. Sie liefern in der Reihenfolge V1, V2, V3 den Strom durch den Belastungswiderstand. Innerhalb einer Periode der Grundfrequenz überlagern sich drei Teile von positiven Halbwellen. Dabei sinkt die Ausgangsspannung nicht mehr auf null ab (Bild 4.6b):

$$u_{Q\,min} = \hat{u}_Q \cdot \sin 30° = 0{,}5 \cdot \hat{u}_Q$$

Die dargestellte Sternschaltung ist für drei Außenleiter ausgelegt, was den üblichen Systemen entspricht. Dafür ergibt sich eine Ausgangsspannung:

$$U_d = 0{,}48 \cdot \hat{u}_I = 0{,}68 \cdot U_I = 1{,}17\ U_{Str}$$

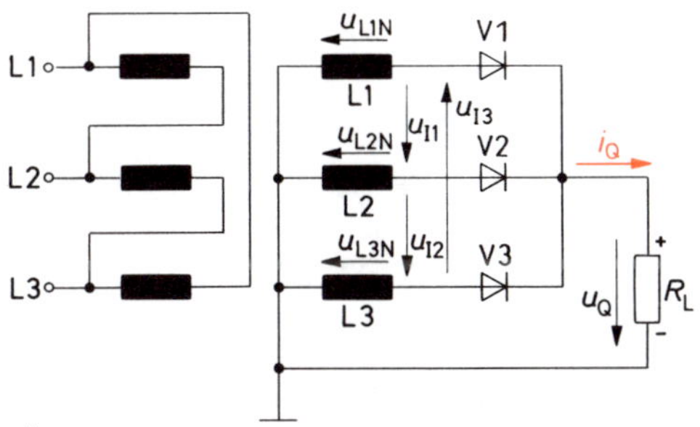

a)

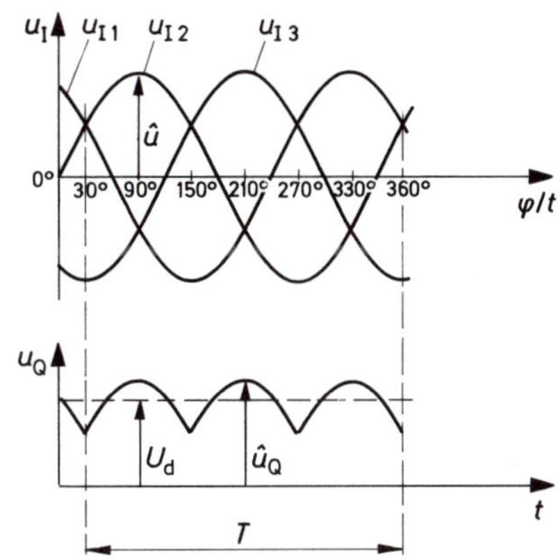

b)

Bild 4.6
a) Drehstrom-Sternschaltung (DS)
b) Kurvenverläufe der Eingangsspannungen u_{I1}, u_{I2}, u_{I3} und der Ausgangsspannung u_Q

Der Spitzenwert der Ausgangsspannung beträgt:

$$\hat{u}_Q = \hat{u}_I - U_F$$

wobei die Diodendurchlaßspannung U_F gewöhnlich gegenüber der Eingangsspannung vernachlässigt werden kann. Die maximale Sperrspannung U_{RRM}, für die jede Diode ausgelegt sein muß, wird dann erreicht, wenn beim Höchstwert der verketteten Spannung, also $\hat{u}_I$, eine Diode gesperrt und eine andere durchlässig ist:

$$U_{RRM} \geqq \hat{u}_I \geqq 1{,}41 \cdot U_I$$

Der maximale Strom I_{FM} für jede Diode muß mindestens gleich dem Spitzenstrom $\hat{i}_Q$ durch den Verbraucher sein:

$$I_{FM} \geqq \hat{i}_Q$$

während die Belastung sich im Mittel auf die drei Dioden verteilt. Damit wird der Diodenstrom I_{FAV} mindestens ein Drittel des Laststroms I_d.

$$I_{FAV} = \frac{I_d}{3}$$

4.4 Drehstrom-Brückenschaltung (DB)

Eine weitere *Drehstrom-Gleichrichterschaltung* ist die *Brückenschaltung*. Die Spannung am Belastungswiderstand ergibt sich aus der Überlagerung aller Halbwellen der drei verketteten Spannungen. Daher ist die Frequenz der Brummspannung das sechsfache der Netzfrequenz, so daß die Welligkeit sehr gering ist. Maßnahmen zur weiteren Glättung sind gewöhnlich nicht erforderlich (Bild 4.7). Der arithmetische Mittelwert der Ausgangsspannung U_d ist aus genannten Gründen sehr hoch:

$$U_d = 0{,}96 \cdot \hat{u}_I = 1{,}35 \cdot U_I = 2{,}34\ U_{Str}$$

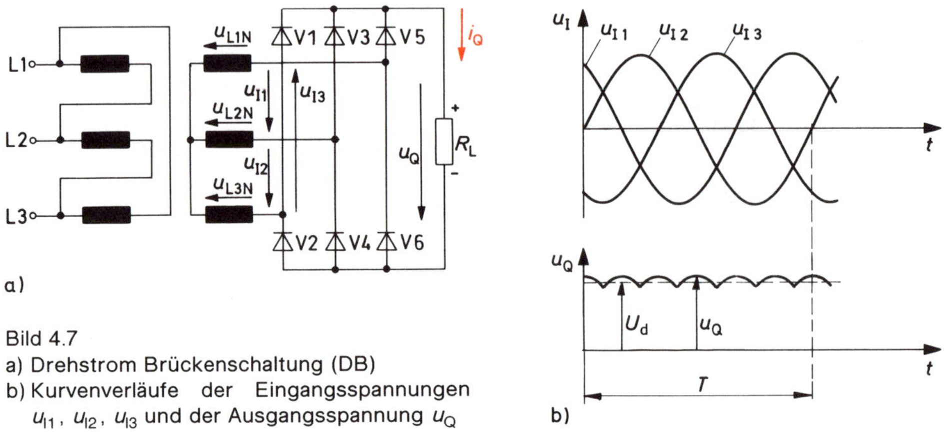

Bild 4.7
a) Drehstrom Brückenschaltung (DB)
b) Kurvenverläufe der Eingangsspannungen u_{I1}, u_{I2}, u_{I3} und der Ausgangsspannung u_Q

Wie bei der Sternschaltung, liegen auch hier jeweils zwei Dioden zwischen zwei Phasen der Sekundärspannung des Trafos. Daher beträgt die maximale Sperrspannung, für die jede Diode ausgelegt sein muß, ebenfalls:

$$U_{RRM} = 1{,}41 \cdot U_I$$

Der Strom durch den Verbraucher teilt sich im Mittel auf die drei Diodengruppen auf. Für den arithmetischen Mittelwert des Diodenstroms gilt:

$$I_{FAV} = \frac{I_d}{3}$$

während der Spitzenstrom durch eine Diode gleich dem Spitzenstrom des Verbrauchers ist:

$$I_{FAV} = \hat{\imath}_Q$$

4.5 Spannungsvervielfacherschaltungen

Spannungsvervielfacherschaltungen dienen dazu, aus einer vorhandenen Wechselspannung eine erheblich höhere Gleichspannung zu erzeugen. Das ist häufig in der modernen Elektronik wichtig, wo es darauf ankommt, hohe Spannungen zu erreichen bei sehr geringen Lastströmen, z.B. für Blitzlichtgeräte, Fernsehgeräte, Kernstrahlungsmeßgeräte.

Der besondere Vorteil liegt darin, daß zur Erzeugung einer Hochspannung ein Transformator mit einer geringeren Sekundärspannung Verwendung findet und damit Isolationsprobleme in Grenzen bleiben.

Bei der Einweg-Gleichrichterschaltung wurde gezeigt, daß der Ladekondensator auf den Scheitelwert der Eingangswechselspannung geladen wird und diesen Wert hält, wenn der Lastwiderstand nahezu unendlich ist. Die Ventilwirkung von Dioden wird auch bei der Spannungsvervielfachung ausgenutzt.

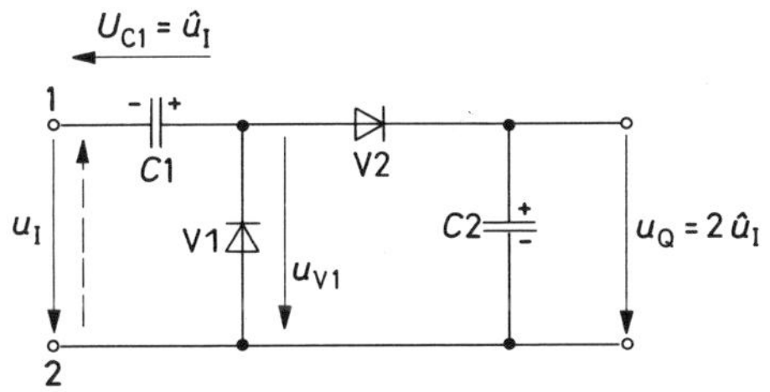

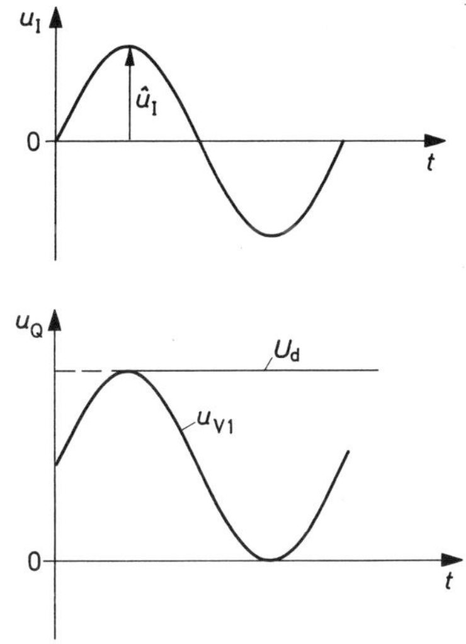

Bild 4.8 Spannungsverdopplerschaltung nach Siemens oder Villard

4.5.1 Spannungsvervielfachung nach Siemens und Villard

Eine verwertbare *Spannungsverdopplung* wird durch die einfache *Villard-* oder *Siemens*schaltung erreicht (Bild 4.8).

Der Kondensator C1 wird über die Diode V1 aufgeladen, solange Punkt 1 negativ gegenüber Punkt 2 ist (negative Halbwelle einer sinusförmigen Wechselspannung). Wird Punkt 2 negativ gegenüber Punkt 1 (positive Halbwelle), sperrt die Diode V1.

Jetzt ist Diode V2 leitend. Die Eingangsspannung u_I und der aufgeladene Kondensator C1 liegen also in Reihe. Damit wird C2 auf den doppelten Scheitelwert der Eingangsspannung aufgeladen:

$$U_Q = 2 \cdot \hat{u}_I$$

Da der Kondensator C2 stets in gleicher Richtung geladen wird, darf an dieser Stelle ein gepolter Kondensator verwendet werden.

Die besprochene Schaltung wird auch als *Kaskadenschaltung* bezeichnet, da sie erweiterungsfähig ist.

Eine nochmalige Verdopplung der Eingangsspannung ist erreichbar durch weitere zwei Dioden und zwei Kondensatoren (Bild 4.9).

Bild 4.9 Kaskadenschaltung von zwei Spannungsverdopplern nach Siemens oder Villard

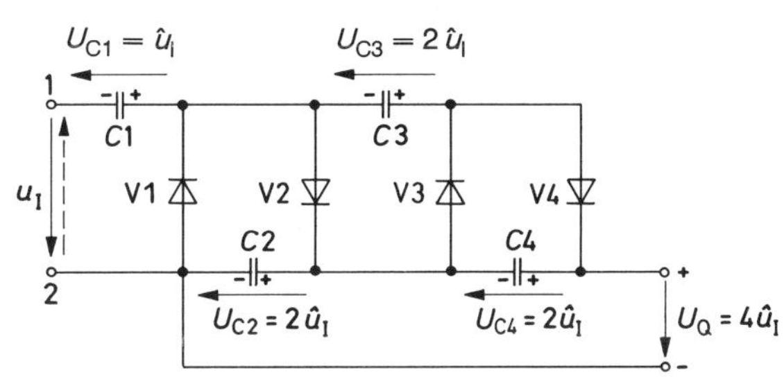

Die Kondensatoren C1 und C2 werden aufgeladen wie in der Verdopplungsschaltung: $U_{C1} = \hat{u}_I$; $U_{C2} = 2 \cdot \hat{u}_I$. Liegt Punkt 1 auf negativem Potential gegenüber Punkt 2, so ist V2 gesperrt. Für U_{C3} gilt damit:

$$U_{C3} = \hat{u}_I + U_{C2} - U_{C1}$$

$$U_{C3} = 2 \cdot \hat{u}_I$$

Liegt Punkt 1 auf positivem Potential gegenüber Punkt 2, so sind die Dioden V1 und V3 gesperrt. Man erhält die Spannung am Kondensator C4:

$$U_{C4} = \hat{u}_I + U_{C1} + U_{C3} - U_{C2}$$

$$U_{C4} = 2 \cdot \hat{u}_I$$

Die Ausgangsspannung U_Q ist die Summe der Kondensatorspannungen U_{C3} und U_{C4}

$$U_Q = U_{C3} + U_{C4}$$

$$U_Q = 4 \cdot \hat{u}_I$$

4.5.2 Spannungsverdopplung nach Greinacher und Delon

Das Prinzip, daß durch die Eingangsspannung mittels Dioden Kondensatoren so geladen werden, daß ihre Spannungen sich addieren, liegt auch dieser Schaltung zugrunde.

Die Spannungsverdopplung nach *Greinacher* oder *Delon* (Bild 4.10) arbeitet folgendermaßen:

Liegt Punkt 1 auf positivem Potential gegenüber Punkt 2, wird über Diode V1 der Kondensator C1 auf den Scheitelwert der Eingangsspannung $\hat{u}_I$ aufgeladen.

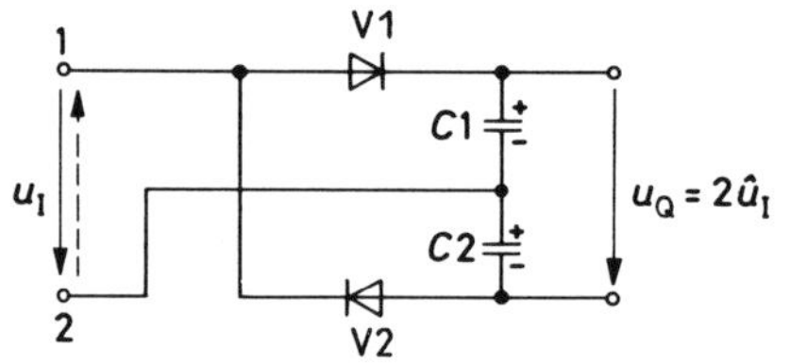

Bild 4.10 Spannungsverdopplerschaltung nach Greinacher oder Delon

Die nächste Halbwelle mit positivem Potential an Punkt 2 lädt über V2 den Kondensator C2 ebenfalls auf $\hat{u}_I$. Während dieser Zeit hält C1 seine Spannung, da V1 in Sperrichtung arbeitet. Danach sind beide Kondensatoren so geladen, daß die Gesamtausgangsspannung die Summe beider Kondensatorspannungen gleich dem doppelten Scheitelwert der Eingangsspannung ist:

$$U_Q = U_{C1} + U_{C2}$$

$$U_Q = \hat{u}_I + \hat{u}_I = 2 \cdot \hat{u}_I$$

Beispiel: Die sinusförmige Eingangsspannung einer Greinacher- oder Delon-Schaltung (nach Bild 4.10) hat den Effektivwert $U_I = 220$ V.

Wie groß ist die Ausgangsspannung im Leerlauf?

Lösung:

$$U_Q = 2 \cdot \hat{u}_I \quad \text{mit} \quad \hat{u}_I = \sqrt{2} \cdot U_I = \sqrt{2} \cdot 220\ \text{V} = 311\ \text{V}$$

wird $U_Q = 2 \cdot 311\ \text{V} = \underline{622\ \text{V}}$

Die berechneten Spannungen für Spannungsvervielfacherschaltungen gelten für Leerlauf — d.h., der Laststrom ist gleich Null — und unter Vernachlässigung der Schwellspannung.

4.6 Begrenzer- und Stabilisierungsschaltungen

Dioden werden häufig dazu benutzt, schwankende Eingangsspannungen zu stabilisieren bzw. zu begrenzen. Man nutzt dazu die verhältnismäßig konstante Schwellenspannung aus, die an einer in Durchlaßrichtung betriebenen Diode auftritt.

Eine einfache Anwenderschaltung besteht aus einem Widerstand und einer in Durchlaßrichtung gepolten Diode (Bild 4.11).

Der Widerstand ist erforderlich, um den Strom durch die Diode auf einen Wert zu begrenzen, der nicht zur Zerstörung führt. Ohne Widerstand würde bereits bei Spannungen um 1 V ein zu hoher Strom fließen, wie aus einer Durchlaßkennlinie ersichtlich ist. Die Berechnung des Vorwiderstandes erfolgt nach dem Ohmschen Gesetz. Dazu wird für die Diode ein Durchlaßstrom gewählt.

Es gilt:

$$R_V = \frac{U_I - U_F}{I_F}$$

Beispiel 1 (Bild 4.12): Anhand einer Diodenkennlinie lassen sich alle Werte bestimmen (Bild 4.14). Über den vorgegebenen Strom $I_F = 30$ mA erhält man die Spannung $U_F = 0{,}7$ V aus der Kennlinie im *Arbeitspunkt* A1.

Der Vorwiderstand wird damit:

$$R_V = \frac{4\ \text{V} - 0{,}7\ \text{V}}{30 \cdot 10^{-3}\ \text{A}} = 110\ \Omega$$

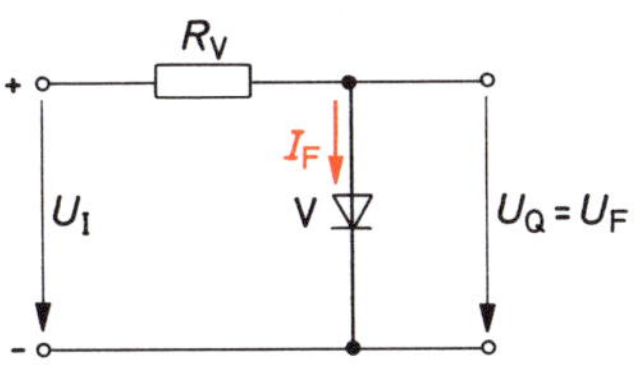

Bild 4.11 Einfache Spannungsbegrenzerschaltung

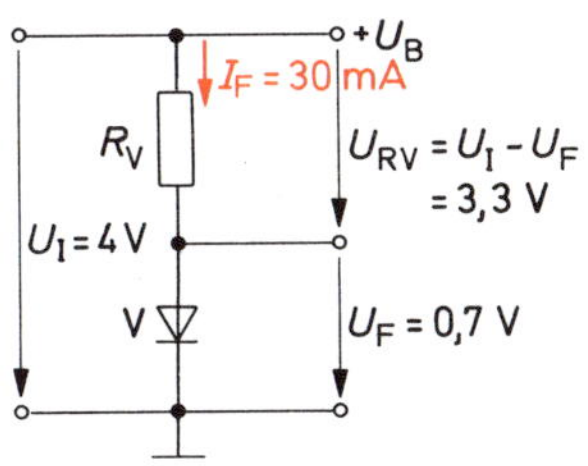

Bild 4.12 Berechnungsbeispiel von U_F für Arbeitspunkt A1 (Bild 4.14)

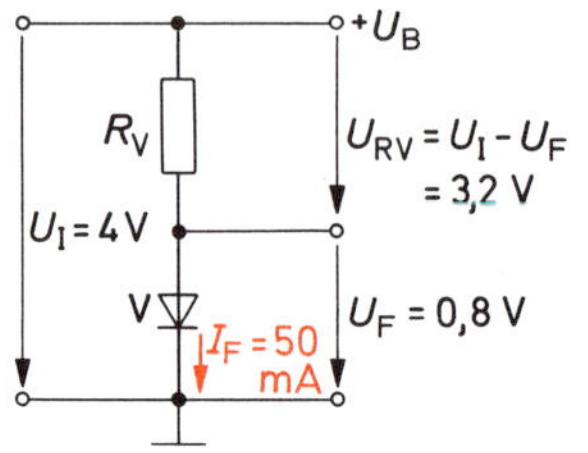

Bild 4.13 Berechnungsbeispiel zur Ermittlung von I_F, U_{RV} und U_F für Arbeitspunkt A2 (Bild 4.14)

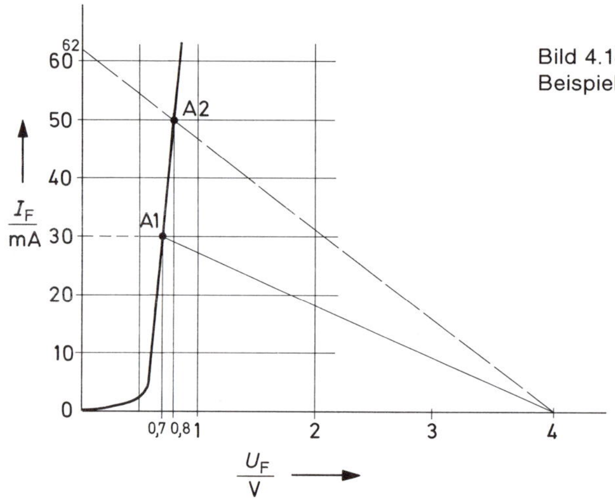

Bild 4.14 Kennlinie und Arbeitspunkte für die Beispiele (Bilder 4.12 und 4.13)

Beispiel 2 (Bild 4.13): Für eine vorgegebene Eingangsspannung $U_I = 4$ V und einen bekannten Vorwiderstand $R_V = 65\ \Omega$ sollen für die Reihenschaltung von R_V und V der Strom und die Teilspannungen ermittelt werden.

Für $I_F = 0$ liegt die Spannung 4 V an der Diode. Unter Vernachlässigung des Innenwiderstandes der Diode beträgt der maximal mögliche Strom

$$I = \frac{U}{R_V} = \frac{4\ \text{V}}{65\ \Omega} = 62\ \text{mA}$$

Durch diese beiden Punkte ist eine *Widerstandsgerade* festgelegt. Der Schnittpunkt dieser Geraden mit der Diodenkennlinie ergibt den Arbeitspunkt A2 (Bild 4.14). Auf der U_F-Achse und der I_F-Achse lassen sich die gesuchten Werte ablesen.

Will man nicht nur Gleichspannungen begrenzen, sondern auch z.B. einer Wechselspannung überlagerte Störimpulse beseitigen, so erreicht man dies durch eine *Antiparallelschaltung* von Dioden (Bild 4.15). In dieser Schaltung werden sowohl positive als auch negative Signale begrenzt. Die Berechnung des Vorwiderstandes R_V richtet sich nach dem maximal zulässigen Durchlaßstrom I_F der Dioden und nach dem höchsten zu erwartenden Wert der Eingangsspannung $\hat{u}_I$.

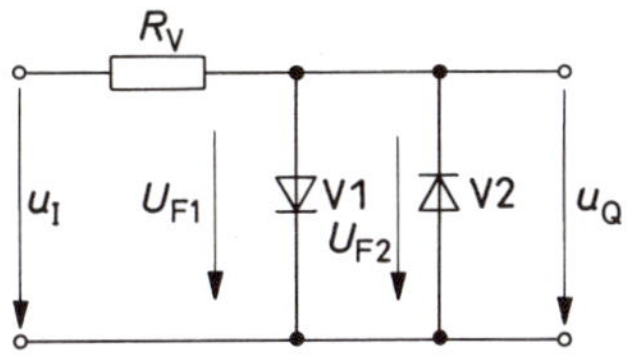

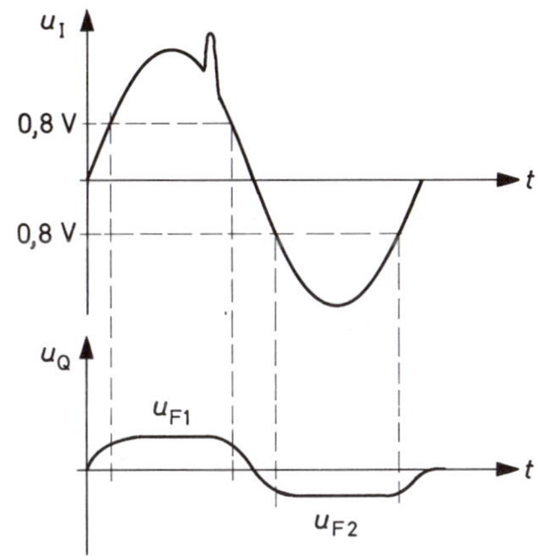

Bild 4.15 Antiparallelschaltung von Dioden zur Beseitigung von Störungen mit entsprechenden Kurvenverläufen

4.7 Dioden als Schalter

In der digitalen Datenverarbeitung wird in großem Umfang von der Diode als spannungsrichtungsabhängigem *Schalter* Gebrauch gemacht. Dabei bedeutet:
Spannung in Durchlaßrichtung = Schalterstellung EIN (Stromfluß)
Spannung in Sperrichtung = Schalterstellung AUS (kein Stromfluß)

Die *Schaltfähigkeit* einer Diode ist begründet durch den Auf- und Abbau der Sperrschicht am pn-Übergang, d.h., es sind beim Schalten einige Verzögerungserscheinungen zu berücksichtigen. Der Schaltvorgang läßt sich durch eine rechteckförmige Eingangsspannung hervorrufen (Bild 4.16).

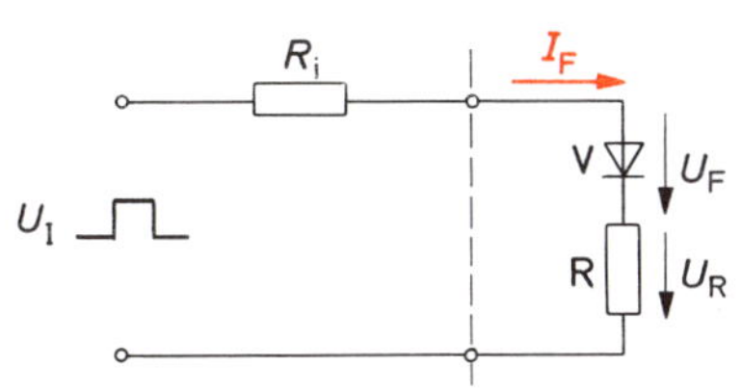

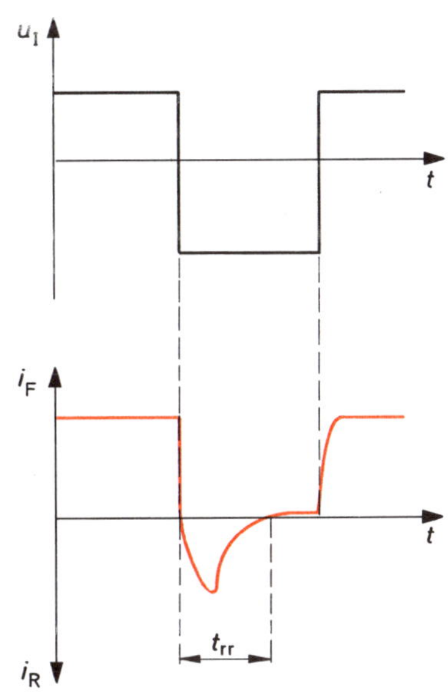

Bild 4.16 Schaltverhalten einer Diode bei rechteckförmiger Eingangsspannung u_I mit zugehörigem Stromverlauf

Beim *Ausschalten* befinden sich im pn-Übergang sehr viele Ladungsträger, da die Diode in Durchlaßrichtung beansprucht war. Wird die Eingangsspannung jetzt auf Null gelegt bzw. die Anode der Diode sogar negativ gegenüber der Katode, so vergeht bis zum endgültigen Sperren eine gewisse Zeit. Während dieser *Schaltzeit* oder *Sperrverzugszeit* t_{rr} fließen vorhandene Ladungsträger aus der Grenzschicht ab, so daß eine Sperrschicht wirksam werden kann. Nach dem Umschalten fließt daher ein Sperrstrom, der durch den Innenwiderstand der Spannungsquelle und den Widerstand R begrenzt wird. Dieser Vorgang ist vergleichbar mit dem Entladen eines Kondensators. Der Sperrstrom ändert sich nach einer e-Funktion.

Beim *Einschalten* wird die Diode durch die angelegte Spannung in den Durchlaßzustand gebracht. Der vorher von Ladungsträgern freie pn-Übergang wird nun in sehr kurzer Zeit durchlässig, so daß ein Strom fließen kann. Diese Verzögerung ist im Vergleich zur Schaltzeit t_{rr} vernachlässigbar (s. Datenblatt).

Wie man sieht, bestimmt die Sperrverzögerungszeit den Einsatz einer Diode als schnellen Schalter, z.B. in einem Digitalrechner. Diese Zeit ist abhängig von der Anzahl der Ladungsträger im Durchlaßzustand in der Grenzschicht des pn-Übergangs und damit von der Sperrschichtkapazität C_D.

Daher finden vorwiegend Schottky- oder Spitzendioden mit kleiner C_D Anwendung als Schalter für hohe Frequenzen. Das gilt ebenso für die Gleichrichtung hochfrequenter Signale.

In der Digitaltechnik werden Schaltdioden verwendet, um *Verknüpfungen* von Variablen mit zwei möglichen Zuständen vorzunehmen, H (high: hohes Potential); L (low: niedriges Potential).

Man ordnet z.B. dem *H-Pegel* einen Bereich bis zur Spannung 5 V zu und dem *L-Pegel* einen Bereich über 0 V (Bild 4.17). Zwischen beiden Bereichen befindet sich eine *unbestimmte Zone.*

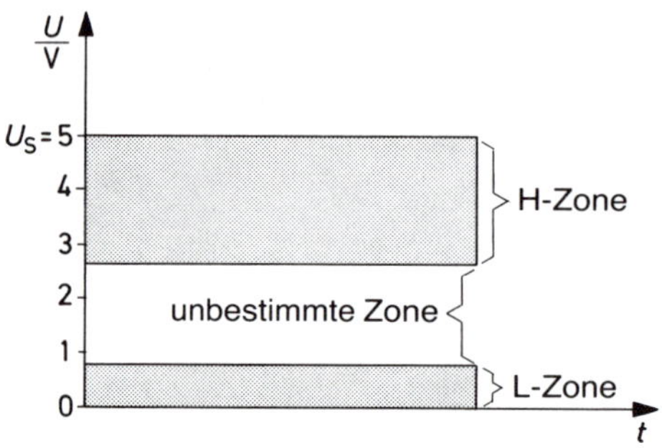

Bild 4.17 Beispiel einer Zuordnung von logischen Pegeln zur Spannung

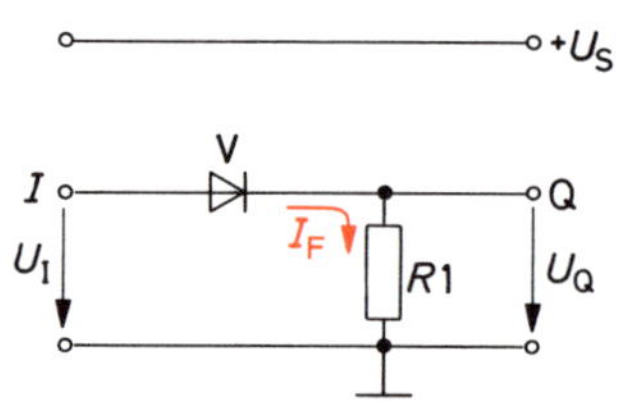

Bild 4.18 Diodenschalter mit Widerstand gegen Masse; unbelastet

Zunächst soll eine Diodenschaltung (Bild 4.18) betrachtet werden, deren Ausgang Q nicht belastet ist. Für den Fall, daß die Eingangsspannung $U_I = 0$ V ist, kann über die Diode und den Widerstand *R1* kein Strom fließen. Das bedeutet, der Wert der Spannung U_Q am Ausgang beträgt ebenfalls 0 V (Massepotential). Erst bei Überschreiten der Schwellspannung U_{Sch} der Diode ist ein Strom durch die in Durchlaßrichtung betriebene Diode möglich. Der dadurch an *R1* hervorgerufene Spannungsabfall bedingt die Ausgangsspannung U_Q. Diese hat den Wert der Eingangsspannung U_I abzüglich der Durchlaßspannung U_F der Diode.

$$U_Q = U_I - U_F$$

Diese Gleichung gilt dann für alle positiven Spannungswerte von U_I.

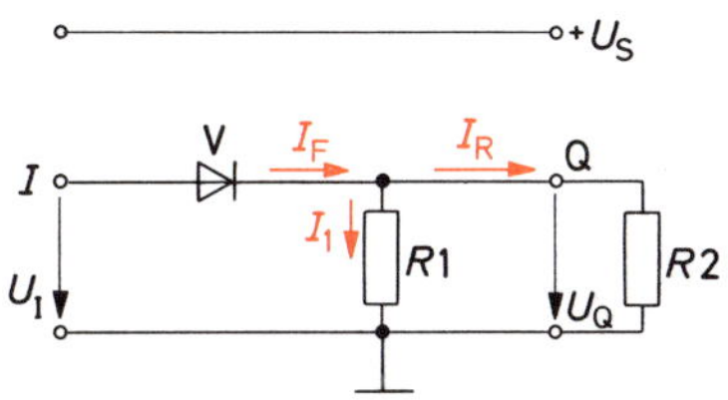

Bild 4.19 Diodenschalter mit Widerstand gegen Masse; belastet gegen Masse

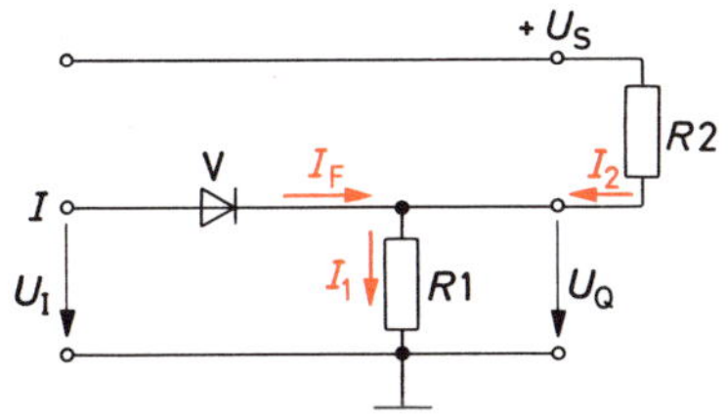

Bild 4.20 Diodenschalter mit Widerstand gegen Masse; belastet gegen Speisespannung U_S

Unter Berücksichtigung der vorgenommenen Zuordnung (Bild 4.17) dürfen als Ausgangsspannung nur Werte auftreten, die nicht im unbestimmten Bereich liegen. Denen entsprechen dann jeweils Eingangsspannungen nach obiger Gleichung.

In der Praxis sind derartige Schalter jedoch durch die Eingangswiderstände nachfolgender Schaltungen belastet. Dabei kann einmal eine Belastung gegen Masse als auch gegen Speisespannung U_S auftreten. Für beide Arten ist die Belastung bei H- und bei L-Pegel zu betrachten.

Bei einer Belastung des Ausgangs Q gegen Masse (Bild 4.19) fließt bei einer Eingangsspannung U_I oberhalb der Diodenschwellspannung ein Strom in die Schaltung hinein. Das kann sowohl bei H- als auch bei L-Pegel der Fall sein. Dieser Strom teilt sich auf in Abhängigkeit der Widerstände $R1$ und $R2$, ohne jedoch eine wesentliche Änderung der Ausgangsspannung, die sich entsprechend der Eingangsspannung einstellt, hervorzurufen. Es ist aber zu beachten, daß der zulässige Diodenstrom I_{FM} auch bei einer größtmöglichen Eingangsspannung nicht überschritten wird.

Liegt eine Belastung des Ausgangs gegen Speisespannung U_S vor (Bild 4.20), so fließt immer ein Strom in den Ausgang. Die Ausgangsspannung U_Q erreicht selbst bei 0-Potential am Eingang einen Wert, der vom Widerstandsverhältnis von $R1$ und $R2$ abhängt. Das bedeutet, es kann vorkommen, daß die Ausgangsspannung sich oberhalb der Zone des L-Pegels befindet. Je hochohmiger $R2$, desto geringer ist diese Spannung am Ausgang. Die Diode wird in Sperrichtung betrieben. Erreicht aber die Eingangsspannung einen Wert, der um die Schwellspannung der Diode höher als die durch die Widerstände eingestellte Ausgangsspannung U_Q liegt, so verhält sich die Schaltung, als sei sie unbelastet. Die Diode wird in Durchlaßrichtung betrieben.

Beispiel: Welche Spannung stellt sich am Ausgang ein mit

$$U_S = 5\ \text{V}, \quad R1 = 5\ \text{k}\Omega \quad \text{und} \quad R2 = 10\ \text{k}\Omega$$

$$U_I = 0\ \text{V}$$

Die Spannungen verhalten sich wie die zugehörigen Widerstände:

$$\frac{U_S}{R1 + R2} = \frac{U_Q}{R1}$$

$$U_Q = \frac{R1}{R1 + R2} \cdot U_s = \frac{5\ \text{k}\Omega}{5\ \text{k}\Omega + 10\ \text{k}\Omega} \cdot 5\ \text{V} = \underline{1{,}67\ \text{V}}$$

Eine Verknüpfung von z.B. zwei Eingangsvariablen mit den möglichen Pegeln H und L läßt sich anhand des behandelten Diodenschalters vornehmen, indem die Ausgänge zweier Schaltungen verbunden werden und über einen gemeinsamen Widerstand *R1* an Masse liegen (Bild 4.21).

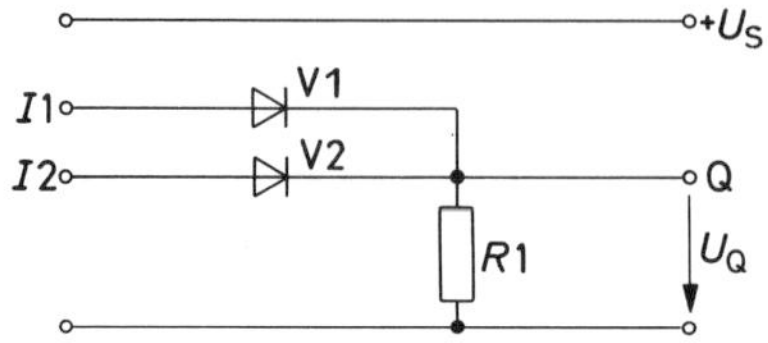

Arbeitstabelle

I2	I1	Q
L	L	L
L	H	H
H	L	H
H	H	H

Bild 4.21 Verknüpfung zweier Eingangspegel mit Diodenschaltern und zugehörige Arbeitstabelle

Wird ein Eingang mit H-Pegel und der andere mit L-Pegel beaufschlagt, so erscheint am Ausgang die Spannung des H-Pegels, verringert um die Durchlaßspannung U_F der Diode. Liegen beide Eingänge auf H-Pegel, so stellt sich die Ausgangsspannung ebenfalls entsprechend der größten Eingangsspannung ein.

$$U_Q = U_{I\,max} - U_F$$

Liegen beide Eingänge auf L-Pegel, so kann nur ein sehr geringer Strom fließen. Nach vorgegebener Gleichung wird U_Q nahezu gleich 0 V und befindet sich damit im L-Bereich. In dieser Schaltung ist die höchste Eingangsspannung vorherrschend. Bild 4.21 zeigt eine *Arbeitstabelle* dazu, mit H- und L-Signalen nach Zuordnung.

Eine weitere Möglichkeit eines Diodenschalters zeigt Bild 4.22. Im ersten, unbelasteten Fall wird die Diode immer in Durchlaßrichtung betrieben. Es fließt ein Strom von $+U_S$ über $R1$ und die Diode aus dem Eingang in die dort befindliche Spannungsquelle und weiter nach Masse. Der Stromfluß bleibt so lange erhalten, wie die Eingangsspannung U_I nicht größer als die Speisespannung U_S abzüglich der Schwellspannung U_{Sch} der Diode ist. Für die Ausgangsspannung ergibt sich:

$$U_Q = U_I + U_F$$

Dies gilt, solange die Eingangsspannung um U_{Sch} unter der Speisespannung U_S liegt.

Auch hier ist zu beachten, daß die Ausgangsspannung nicht in der unbestimmten Zone liegt (Bild 4.17).

Bei Belastung des Ausgangs dieser Schaltung gegen Masse und 0-Potential am Eingang (Bild 4.23) fließt ein Strom über $R1$. Der teilt sich auf. Ein Strom I_F fließt in Durchlaßrichtung über die Diode aus dem Eingang, und ein Strom I_2 fließt über $R2$ nach Masse. I_2 ist sehr gering, da die Diode in Durchlaßrichtung betrieben wird, und damit ist die Ausgangsspannung U_Q auf L-Pegel. Zu beachten ist, daß der Diodenstrom den zulässigen Wert I_{FM} nicht überschreitet.

Erhält der Eingang I den Spannungswert von U_S, so stellt sich entsprechend dem Verhältnis der Widerstände $R1$ und $R2$ am Ausgang eine feste Spannung ein. Die Diode wird in Sperrichtung betrieben.

Eine Belastung des Ausgangs Q gegen die Speisespannung U_S zeigt Bild 4.24.

Mit 0-Potential am Eingang addieren sich die beiden Ströme I_1 und I_2 zum Diodenstrom I_F (Achtung Überlastung möglich). Der Ausgangspegel bleibt in der L-Zone. Ändert sich der Eingang auf ein Potential im H-Bereich, so wird auch die Ausgangsspannung ihren Wert nach der angegebenen Gleichung ändern. Damit ist der Einfluß einer Belastung gegen Speisespannung vernachlässigbar.

Zur Verknüpfung von Eingangsvariablen mit H- und L-Pegeln wird auch hier die Zusammenschaltung zweier oder mehrerer Ausgänge der behandelten Schaltung über einen gemeinsamen Widerstand verwendet (Bild 4.25).

Bild 4.22 Diodenschalter mit Widerstand gegen Speisespannung; unbelastet

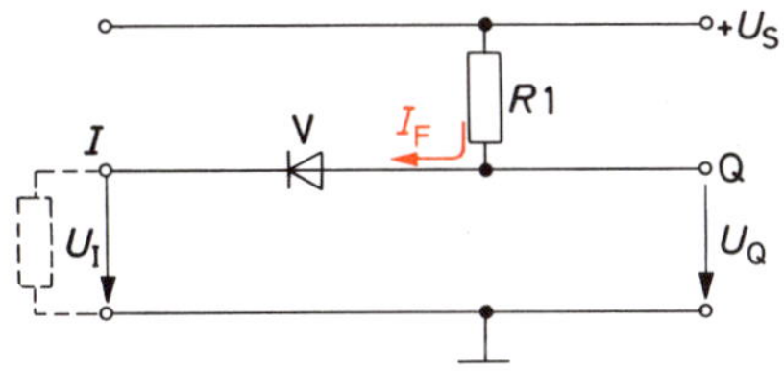

Bild 4.23 Diodenschalter mit Widerstand gegen Speisespannung; belastet gegen Masse

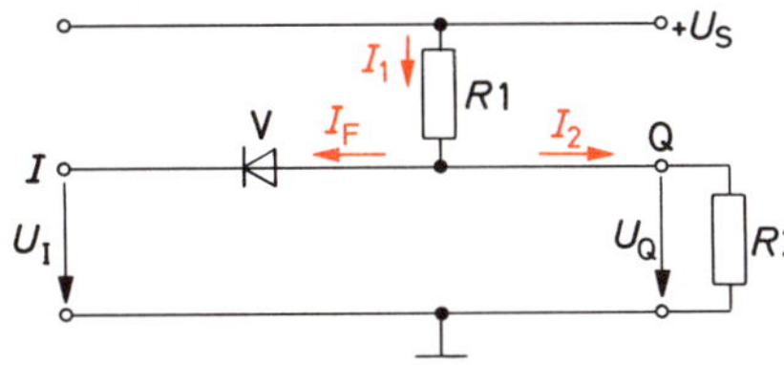

Bild 4.24 Diodenschalter mit Widerstand gegen Speisespannung; belastet gegen Speisespannung

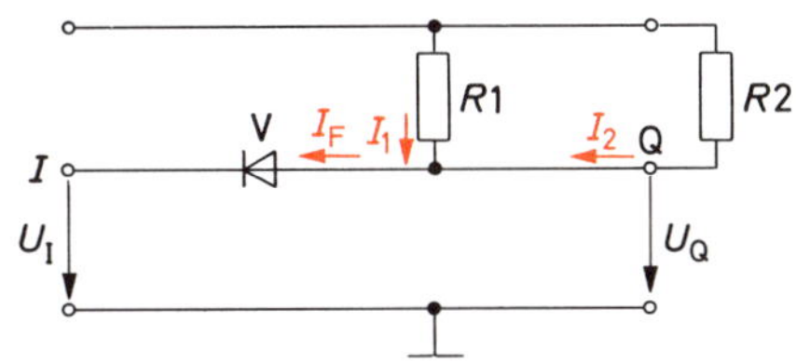

Liegt nur an einem der Eingänge H-Pegel, so ändert sich die Ausgangsspannung nicht, da weiterhin über die Diode ein Strom fließen kann, an deren Katode sich L-Signal befindet. Erst wenn an allen Eingängen H-Signal liegt, stellt sich eine Ausgangsspannung entsprechend der kleinsten Eingangsspannung $U_{I\,min}$, erhöht um die Durchlaßspannung U_F der Diode, ein.

Allgemein gilt:

$$U_Q = U_{I\,min} + U_F$$

In dieser Schaltung herrscht die niedrigste Eingangsspannung vor. Bild 4.25 zeigt eine Arbeitstabelle dazu, mit H- und L-Signalen nach Zuordnung.

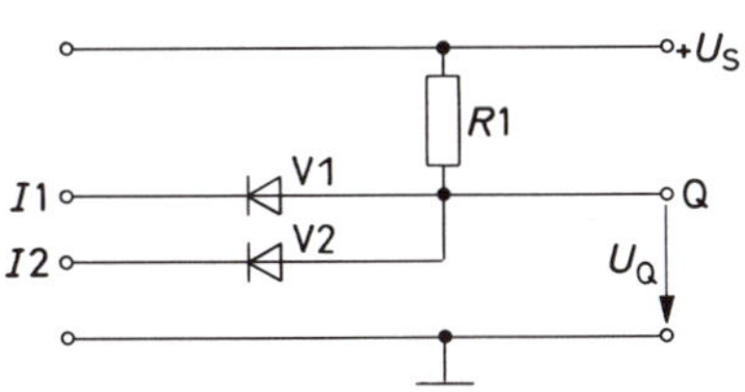

Arbeitstabelle

I2	I1	Q
L	L	L
L	H	L
H	L	L
H	H	H

Bild 4.25 Verknüpfung zweier Eingangspegel mit Diodenschaltern und zugehöriger Arbeitstabelle

5 Z-Dioden

Z-Dioden sind Siliziumdioden mit relativ niedriger Durchbruchspannung. Durch entsprechend höhere Dotierung sowohl der n- als auch der p-Zone der Diode werden Z-Dioden mit Durchbruchspannungen gezielt zwischen etwa 2,7 V und 200 V hergestellt. Sie werden in Stabilisierungs-,

Bild 5.1 Schaltzeichen der Z-Diode mit Anschlußbezeichnungen;
A = Anode,
K = Katode

Begrenzer- und Siebschaltungen eingesetzt. Das Schaltzeichen einer Z-Diode zeigt Bild 5.1. Aufbau, Gehäuseformen und Anschlußkennzeichnung (Ring- oder Farbkennzeichen = Katode) sind bei Z-Dioden die gleichen wie bei normalen Signal- oder Leistungsdioden.

5.1 Funktion und Kennlinien

In Vorwärtsrichtung (U_F, I_F) verhalten sich Z-Dioden wie normale Siliziumdioden (vgl. Bild 3.2b). Dieser Bereich ist beim Betrieb von Z-Dioden von untergeordneter Bedeutung, da sie im wesentlichen in Sperrichtung, und zwar im Durchbruchbereich, betrieben werden. Deshalb werden bei Z-Dioden — im Gegensatz zu anderen Dioden — die Durchbruchkennlinien meist im ersten Quadranten dargestellt und die zugehörigen Ströme und Spannungen nicht mit I_R und U_R, sondern hier mit Z-Strom I_Z und Z-Spannung U_Z bezeichnet.

In Bild 5.2 sind die Durchbruchkennlinien verschiedener Z-Dioden gezeigt. Die Zahl hinter der (Intermetall-)Typenbezeichnung «ZPD» gibt die jeweilige Nenndurchbruchspannung U_Z bei einem bestimmten Meßstrom I_Z (hier: 5 mA) an. Die mit «ZPD 1» bezeichnete Kennlinie ist die *Durchlaß*kennlinie einer normalen Siliziumdiode.

In Bild 5.2 unterscheidet sich deutlich der Verlauf der Kennlinien für $U_Z < 5$ V von dem für $U_Z > 5$ V. Dieser abweichende Kennlinienverlauf hat seine Ursache in dem unterschiedlichen inneren Mechanismus, mit dem der Durchbruch in der Sperrschicht erfolgt.

5.1.1 Zenereffekt

Durch die hohe Dotierung für Z-Dioden mit kleinen Durchbruchspannungen ($U_Z < 5$ V) ergeben sich sehr kurze Raumladungszonen am pn-Übergang (vgl. Abschnitt 2.1). Dadurch entstehen schon bei kleinen, in Sperrichtung angelegten Spannungen sehr hohe Feldstärken in der Sperrschicht (etwa 200 kV/cm). Diese hohen Feldstärkewerte reichen aus, Valenzelektronen aus ihren Bindungen im Halbleiterkristall zu reißen. Damit stehen bewegliche Ladungsträger in der Sperr-

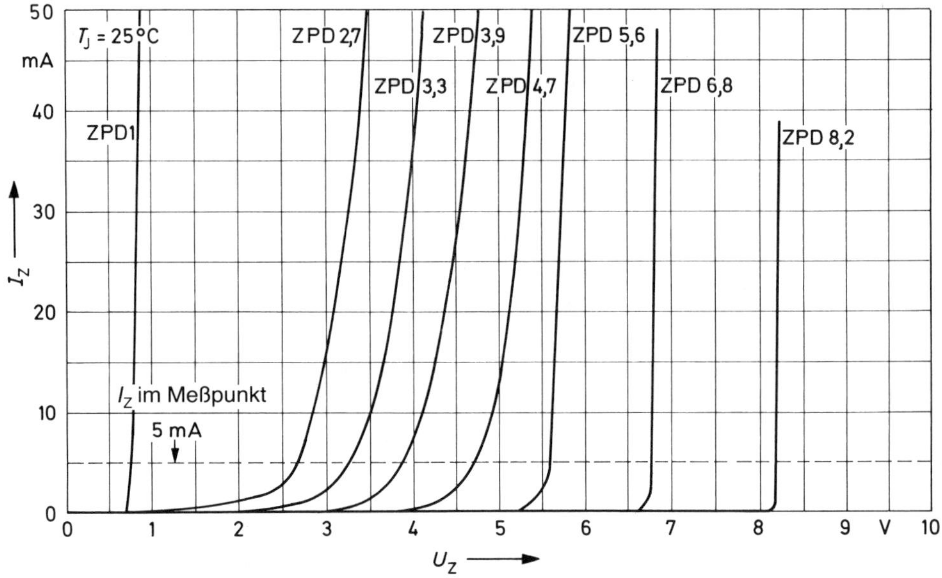

Bild 5.2 Durchbruchkennlinien verschiedener Z-Dioden der Baureihe ZPD (Intermetall)

schicht zur Verfügung, die Diode wird in Sperrichtung leitend. Die Zahl der Ladungsträger und mit ihr die elektrische Leitfähigkeit steigt bei Vergrößerung der Sperrspannung stark an. Es fließt ein Z-Strom I_Z.

Die Zusammenhänge dieses als «Innere Feldemission» bezeichneten Mechanismus (Losreißen von Valenzelektronen unter hohen Feldstärken) wurden schon in den dreißiger Jahren von C. Zener untersucht. Man spricht daher vom *Zenereffekt*.

Bei steigenden Temperaturen wirkt außer der Feldstärke zunehmend die Wärmeschwingung als Kraft auf die Valenzelektronen. Bei höheren Temperaturen wird die erforderliche Feldstärke zum Losreißen der Elektronen also geringer sein als bei niedrigeren Temperaturen. Die Durchbruchspannung U_Z wird — im Bereich des Zenereffekts — mit steigender Temperatur kleiner. Für die Z-Spannung liegt hier also ein negativer Temperaturkoeffizient α_{Uz} vor.

5.1.2 Avalanche-Effekt

Bei Spannungen $U_Z > 5$ V erfolgt aufgrund anderer Dotierung der Durchbruch zunehmend durch Stoßionisation nach dem Avalanche-Effekt (avalanche = engl. Lawine) wie bei normalen Dioden (vgl. Abschnitt 2.2) und auch in Gasen. Die lawinenartig ansteigende Zahl der zur Verfügung stehenden Ladungsträger bei diesem Durchbruchsmechanismus zeigt sich deutlich in dem viel schärferen Kennlinienknick bei $U_Z > 5$ V (vgl. Bild 5.2).

Der Avalanche-Effekt wird durch die Wärmeschwingung gestört (abnehmende Beschleunigungsstrecken bei zunehmender Temperatur). Die Durchbruchspannung U_Z steigt daher im Bereich des Lawinendurchbruchs bei zunehmender Temperatur an. Der Temperaturkoeffizient α_{Uz} für Z-Dioden mit $U_Z > 5$ V ist positiv.

Bild 5.3 Änderung der Z-Spannung in Abhängigkeit von der Sperrschichttemperatur. Bei $U_Z \approx 5$ V treten die geringsten Änderungen auf

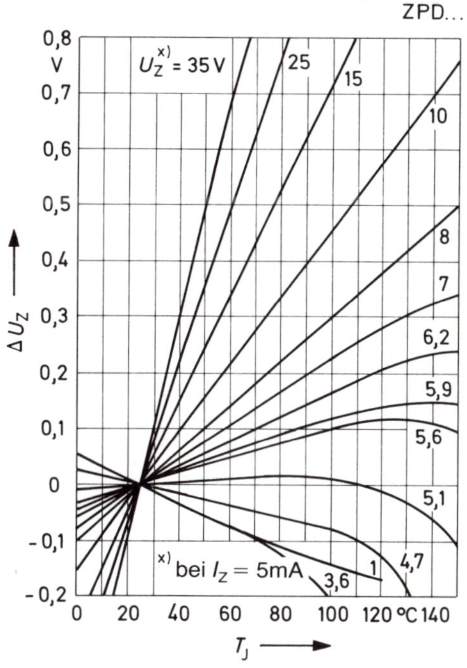

Mit steigenden Durchbruchspannungen U_Z tritt der Zener-Effekt (α_{Uz} negativ) gegenüber dem Avalanche-Effekt (α_{Uz} positiv) immer mehr in den Hintergrund. Im Bereich um $U_Z \approx 5$ V heben sich die Temperaturgänge dieser beiden Effekte nahezu auf (vgl. Bild 5.3).

$U_Z < 5$ V, Zenereffekt	α_{Uz} negativ
$U_Z \approx 5$ V, Zener + Avalanche	$\alpha_{Uz} \approx 0$
$U_Z > 5$ V, Avalanche-Effekt	α_{Uz} positiv

5.1.3 Differentieller Widerstand r_Z

Im praktischen Betrieb ist bei Z-Dioden die Steilheit der Durchbruchkennlinie von entscheidender Bedeutung. Ein Maß für diese Steilheit ist der differentielle Widerstand

$$r_Z = \frac{\Delta U_Z}{\Delta I_z}$$

(vgl. Abschnitt 3.1.1). Bei sehr steilen Kennlinien (vgl. Bild 5.2) ändert sich U_Z selbst bei großen Stromänderungen nur wenig:

$$\frac{\Delta U_Z\,(\text{klein})}{\Delta I_Z\,(\text{groß})} \rightarrow r_Z\,(\text{klein})$$

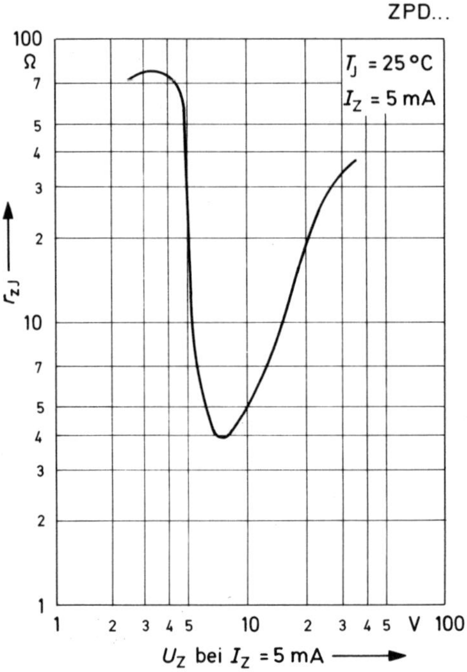

Bild 5.4 Abhängigkeit des differentiellen Widerstandes r_Z von der Spannung U_Z. Dioden mit $U_Z \approx 7{,}5$ V weisen den geringsten Widerstand auf

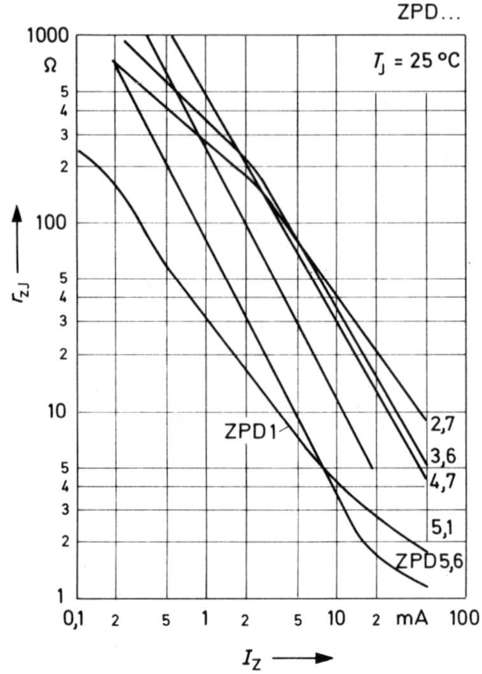

Bild 5.5 Abhängigkeit des differentiellen Widerstands r_Z vom Strom I_Z. Mit steigendem Strom wird der Widerstand kleiner

Für die technische Anwendung von Z-Dioden sollte der differentielle Widerstand r_Z so klein wie möglich sein. Bild 5.2 zeigt, daß das im Bereich des Zenereffektes ($U_Z < 5$ V) weniger gut gelingt als im Bereich des Avalanche-Effektes ($U_Z > 5$ V). Tatsächlich hängt der differentielle Widerstand r_Z neben der Z-Spannung (Bild 5.4) auch noch vom Arbeitspunkt (I_Z) ab (Bild 5.5). Außerdem überlagert sich diesem Effekt (Änderung von U_Z bei Änderung von I_Z) noch der Temperaturgang α_{Uz}: Wenn I_Z größer wird, nimmt auch die Verlustleistung

$$P_{VZ} = U_Z \cdot I_Z$$

und damit die Temperatur der Z-Diode zu. Bei positivem Temperaturkoeffizienten α_{Uz} erhöht sich dadurch U_Z noch weiter (ΔU_Z wird größer), was zu einer scheinbaren Vergrößerung von r_Z führt. Der in Datenblättern angegebene «inhärente differentielle Widerstand» wird bei konstanter Sperrschichttemperatur gemessen, hierin ist also der Erwärmungseffekt nicht enthalten. Die Meßbedingung «konstante Sperrschichttemperatur» läßt sich erreichen mit so kurzen Stromimpulsen Δi_Z, daß eine nennenswerte Erwärmung der Sperrschicht in dieser kurzen Zeit nicht erfolgt.

Beispiel: In einer Meßschaltung nach Bild 5.6 werden an einer Z-Diode folgende Werte gemessen:

$$U_{Z1} = 6{,}8 \text{ V} \quad I_{Z1} = 5 \text{ mA} \quad \vartheta_{J1} = 40\,°\text{C}$$

Von der Z-Diode sind folgende Daten bekannt:

$r_Z = 5\,\Omega, \quad \alpha_{Uz} = +6 \cdot 10^{-4}\,1/K$

Durch Vergrößern der Speisespannung U_0 erhöht sich der Strom auf $I_{Z2} = 50$ mA und die Sperrschichttemperatur auf $\vartheta_{J2} = 160\,°C$.

Zu bestimmen ist die neue Spannung U_{Z2}.

Bild 5.6 Meß- und Prüfschaltung für Z-Dioden

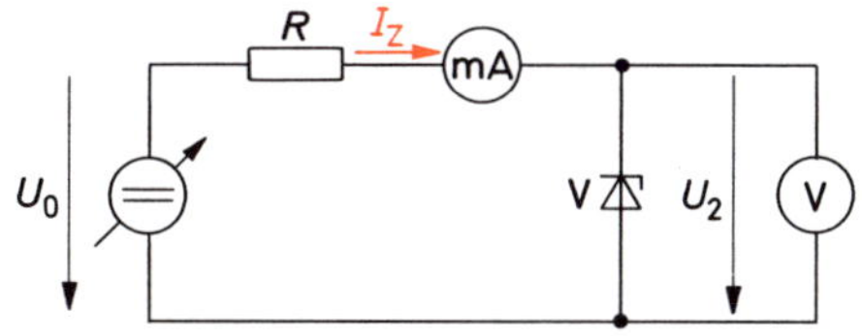

Lösung: Die Spannung U_Z erhöht sich zuerst nur um einen Betrag ΔU_{Zr} aufgrund des differentiellen Widerstandes (Steilheit der Kennlinie) und nach Erreichen der neuen Sperrschichttemperatur zusätzlich um einen Betrag $\Delta U_{Z\vartheta}$ aufgrund der Temperaturerhöhung (positiver Temperaturkoeffizient).

Der Wert von ΔU_{Zr} ergibt sich aus

$$r_Z = \frac{\Delta U_Z}{\Delta I_Z} \quad \text{zu} \quad \Delta U_{Zr} = r_Z \cdot \Delta I_Z$$

Mit den Zahlenwerten dieser Aufgabe wird

$$\Delta I_Z = I_{Z2} - I_{Z1} = 50\text{ mA} - 5\text{ mA} = 45\text{ mA}$$

und damit

$$\Delta U_{Zr} = r_Z \cdot \Delta I_Z = 5\,\Omega \cdot 45\text{ mA} = 225\text{ mV}$$

Die temperaturabhängige Spannungsänderung wird

$$\Delta U_{Z\vartheta} = \alpha_{Uz} \cdot \Delta\vartheta \cdot U_{Z1}$$

Die Temperaturänderung beträgt in dieser Aufgabe

$$\Delta\vartheta = \vartheta_{J2} - \vartheta_{J1} = 160\,°C - 40\,°C = 120\text{ K}$$

Wenn die vorliegenden Zahlenwerte eingesetzt werden, wird

$$\Delta U = 6 \cdot 10^{-4}\,1/K \cdot 120\text{ K} \cdot 6{,}8\text{ V} = 490\text{ mV}$$

Damit wird die Spannung

$$U_{Z2} = U_{Z1} + \Delta U_{Zr} + \Delta U$$

$$U_{Z2} = 6{,}8\text{ V} + 0{,}225\text{ V} + 0{,}49\text{ V} = \underline{7{,}515\text{ V}}$$

Tabelle 5.1 Datenblattauszug der Z-Dioden-Baureihe ZPD (Intermetall)

Silizium-Planar-Z-Dioden

Arbeitsspannungen gestuft nach der internationalen Reihe E 24 (5%-Reihe). Diese Dioden sind auch mit engeren Toleranzen der Arbeitsspannung lieferbar.

Grenzdaten Verlustleistung bei $\vartheta_U = 25\,°C$ Sperrschichttemperatur Lagerungstemperaturbereich	 P_{tot} ϑ_J ϑ_S	 500 175 −55 bis +175	 mW °C °C
Kenndaten bei $\vartheta_U = 25\,°C$ Wärmewiderstand Sperrschicht umgebende Luft	$R_{th\,U}$	<0,3	K/mW

Typ	Arbeitsspannung bei $I_Z = 5$ mA	inhär. differentieller Widerstand		Temperatur-Koeffizient der Arbeitsspannung bei $I_Z = 5$ mA	Sperrspannung bei $I_R = 100$ nA	zulässiger Arbeitsstrom	
		bei $I_Z = 5$ mA, $f = 1$ kHz	bei $I_Z = 1$ mA, $f = 1$ kHz			bei $T_U = 25\,°C$	bei $T_U = 45\,°C$
	U_Z V	r_{zj} Ω	r_{zj} Ω	α_{UZ} 10^{-4}/K	U_Z V	I_Z mA	I_Z mA
ZPD 1	0,7 bis 0,8	6,5 (<8)	<50	−26 bis −23	–	340	280
ZPD 2,7	2,5 bis 2,9	75 (<83)	<500	− 9 bis − 4	–	160	135
ZPD 3	2,8 bis 3,2	80 (<90)	<500	− 9 bis − 3	–	140	117
ZPD 3,3	3,1 bis 3,5	80 (<90)	<500	− 8 bis − 3	–	130	109
ZPD 3,6	3,4 bis 3,8	80 (<90)	<500	− 8 bis − 3	–	120	101
ZPD 3,9	3,7 bis 4,1	80 (<90)	<500	− 7 bis − 3	–	110	92
ZPD 4,3	4,0 bis 4,6	80 (<90)	<500	− 6 bis − 1	–	100	85
ZPD 4,7	4,4 bis 5,0	70 (<78)	<500	− 5 bis + 2	–	90	76
ZPD 5,1	4,8 bis 5,4	30 (<60)	<480	− 3 bis + 4	>0,8	80	67
ZPD 5,6	5,2 bis 6,0	10 (<40)	<400	− 2 bis + 6	>1	70	59
ZPD 6,2	5,8 bis 6,6	4,8 (<10)	<200	− 1 bis + 7	>2	64	54
ZPD 6,8	6,4 bis 7,2	4,5 (<8)	<150	+ 2 bis + 7	>3	58	49
ZPD 7,5	7,0 bis 7,9	4,0 (<7)	<50	+ 3 bis + 7	>5	53	44
ZPD 8,2	7,7 bis 8,7	4,5 (<7)	<50	+ 4 bis + 7	>6	47	40
⋮	⋮	⋮	⋮	⋮	⋮	⋮	⋮
ZPD33	31,0 bis 35,0	40 (<80)	<250	+ 8 bis +10	>25	12	9

5.2 Grenz- und Kennwerte

Ebenso wie bei normalen Dioden gelten die *Grenzwerte* P_{tot} für die höchste zulässige Verlustleistung und die Sperrschichttemperatur $\vartheta_{J\,max}$ als absolute Grenzwerte, die im Betrieb nicht überschritten werden dürfen.

Die wichtigsten *Kennwerte* sind Nennwert und Toleranz der Z-Spannung, der Wärmewiderstand, der differentielle Widerstand und der Temperaturkoeffizient. Tabelle 5.1 zeigt als Beispiel einen Datenblattauszug für die Z-Dioden-Baureihe ZPD... (Intermetall).

5.3 Funktionsprüfung

Die Messung der Spannung U_Z erfolgt in einer Schaltung nach Bild 5.6. Mit der Spannung U_0 und/oder dem Widerstand R läßt sich der Meßstrom I_Z einstellen. Mit dem Datenblatt vergleichbare Meßwerte erhält man nur, wenn gleichzeitig auch die Sperrschichttemperatur der Z-Diode den Meßbedingungen des Datenblatts entspricht.

Im allgemeinen beschränkt man sich auf eine Prüfung von Durchlaß- und Sperrvermögen der Z-Diode mit dem Ohmmeter, wie sie für normale Dioden in Abschnitt 3.5 beschrieben wurde.

5.4 Grundschaltung

Die Grundschaltung einer Stabilisierungsschaltung besteht nach Bild 5.7 aus einem Widerstand R_V, der Z-Diode V und der Last R_L. Aufgabe einer solchen Anordnung ist es, die Ausgangsspannung U_Q möglichst konstant zu halten, d.h., ΔU_Q soll möglichst klein sein bei Schwankungen der Eingangsspannung um ΔU_I und des Laststroms um ΔI_L.

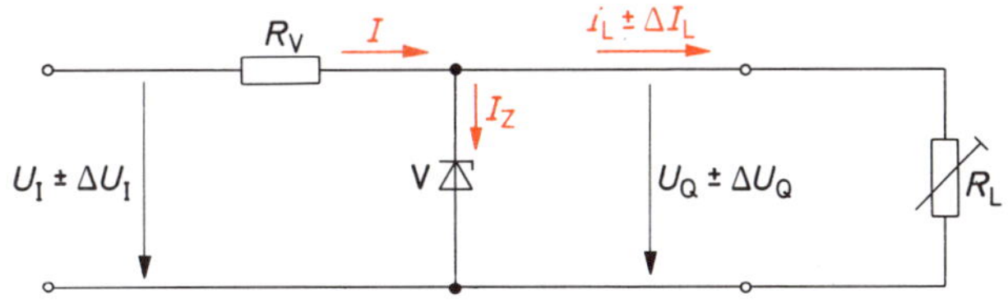

Bild 5.7 Z-Dioden-Grundschaltung zur Spannungsstabilisierung

5.4.1 Berechnungsgrundlagen

Nach Bild 5.8 ist der zulässige Arbeitsbereich auf der Z-Dioden-Kennlinie zu kleinen Strömen I_Z hin begrenzt durch den Kennlinienknick (stark ansteigender differentieller Widerstand), und zu großen Strömen hin durch die maximal zulässige Verlustleistung der Z-Diode. Die Schaltung nach Bild 5.7 ist daher so auszulegen, daß in keinem Betriebszustand der Arbeitsbereich nach Bild 5.8 über- oder unterschritten wird; denn

bei $I_Z < I_{Z\,min}$ ändert sich U_Z so stark, daß man von einer «stabilen Ausgangsspannung» nicht mehr reden kann, die Schaltung funktioniert also nicht mehr. Als Anhaltswert für $I_{Z\,min}$ wählt man häufig $I_{Z\,min} \approx 0{,}1 \cdot I_{Z\,max}$.

bei $I_Z > I_{Z\,max}$ ist die Z-Diode durch Überschreiten der zulässigen Sperrschichttemperatur gefährdet.

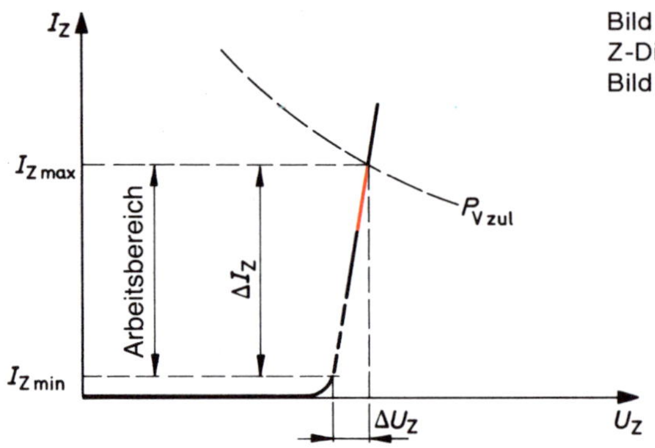

Bild 5.8 Der zulässige Arbeitsbereich auf der Z-Dioden-Kennlinie für eine Schaltung nach Bild 5.7

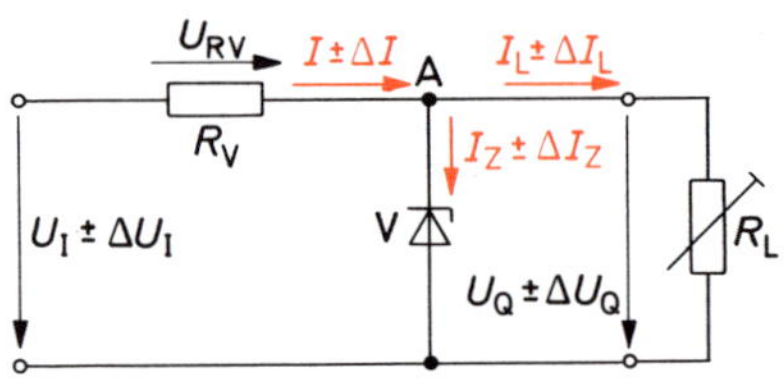

Bild 5.9 Änderungen des Stroms I_Z treten auf infolge von Eingangsspannungs- und von Laststromänderungen

Wenn in einer praktischen Anwendung nicht der gesamte zulässige Arbeitsbereich zum Betrieb erforderlich ist, sondern nur ein Teilbereich, dann wählt man hierfür einen Bereich mit kleinstmöglichen Strömen, in Bild 5.8 also den gestrichelt dargestellten Teilbereich der Kennlinie und nicht etwa den rot gekennzeichneten. Man vermeidet damit unnötig hohe Verlustleistungen (teurere Bauelemente, Erhöhung der Temperatur, Probleme mit der Wärmeabfuhr).

Bei der Berechnung geht man daher grundsätzlich vom untersten Arbeitspunkt ($I_{Z\,min}$) des zur Verfügung stehenden Arbeitsbereichs aus. Eine Kontrollrechnung muß belegen, daß der oberste Punkt ($I_{Z\,max}$, $P_{V\,zul}$) bei derartiger Auslegung nicht überschritten wird.

Aus der Schaltung Bild 5.9 ist zu entnehmen, von welchen Größen der Strom I_Z und damit der Arbeitspunkt abhängt: Der in die Schaltung hineinfließende Strom I hängt bei gegebenem Widerstand R_V und gegebener Ausgangsspannung $U_Q = U_Z$ von der Eingangsspannung U_I ab. Dieser Strom I teilt sich am Knotenpunkt A auf in den Z-Strom I_Z und den Laststrom I_L:

$$I_Z = I - I_L$$

I_Z wird also um so *größer*, je *kleiner* der Laststrom I_L und je größer der Strom I wird.

Zum unteren Arbeitspunkt in Bild 5.8 gehören daher die Werte

$$I_{Z\,min} \quad \text{bei} \quad U_{I\,min} \quad \text{und} \quad I_{L\,max}$$

und zum oberen Arbeitspunkt

$$I_{Z\,max} \quad \text{bei} \quad U_{I\,max} \quad \text{und} \quad I_{L\,min}$$

Beispiel: Für eine Stabilisierungsschaltung nach Bild 5.10 soll der Widerstand R_V nach Ohmwert (Reihe E12) und Leistung bestimmt werden. Die Daten der Z-Diode ZPD 6,8 sind dem Datenblatt Tabelle 5.1 zu entnehmen. Es ist mit $I_{Z\,min} = 5$ mA, $U_Z = 6{,}8$ V und $\vartheta_U = 65\,°C$ zu rechnen.

Bild 5.10 Stabilisierungsschaltung mit veränderlicher Last und veränderlicher Eingangsspannung

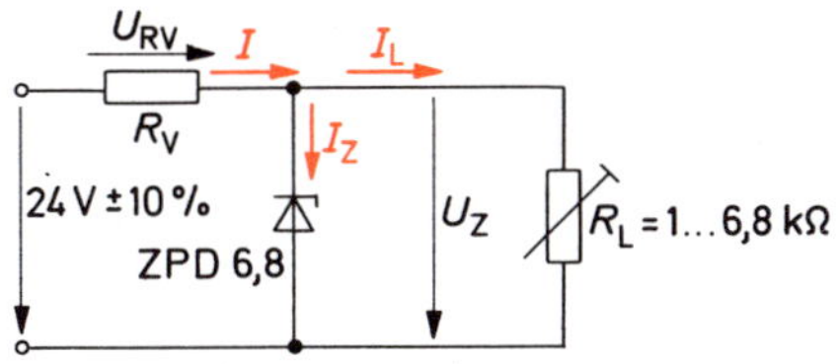

Lösung: Grundlage der Berechnung ist der Arbeitspunkt bei $I_{Z\,min}$. Der Widerstand R_V ist also so auszulegen, daß auch bei kleinster Eingangsspannung $U_{I\,min}$ und größtem Laststrom $I_{L\,max}$ der Strom $I_{Z\,min}$ nicht unterschritten wird.

$$U_{I\,min} = 24\ \text{V} - 10\% = 24\ \text{V} - 2{,}4\ \text{V} = 21{,}6\ \text{V}$$

$$I_{L\,max} = \frac{U_Z}{R_{L\,min}} = \frac{6{,}8\ \text{V}}{1\ \text{k}\Omega} = 6{,}8\ \text{mA}$$

Auch bei kleinster Eingangsspannung muß der Strom

$$I_{min} = I_{Z\,min} + I_{L\,max}$$

noch aufgebracht werden. Daher

$$R_{V\,max} = \frac{U_{RV\,min}}{I_{min}} = \frac{U_{I\,min} - U_Z}{I_{Z\,min} + I_{L\,max}} = \frac{21{,}6\ \text{V} - 6{,}8\ \text{V}}{5\ \text{mA} + 6{,}8\ \text{mA}} =$$

$$R_{V\,max} = 1{,}25\ \text{k}\Omega$$

Da dieses der größtzulässige Wert für R_V ist, muß als Normwert (Reihe E12) der nächst kleinere gewählt werden. Es ist dies:

$$\underline{R_V = 1{,}2\ \text{k}\Omega}$$

Aus der höchstmöglichen Spannung

$$U_{RV\,max} = U_{I\,max} - U_Z$$

läßt sich die maximale Verlustleistung für den Widerstand R_V berechnen:

$$P_{RV\,max} = \frac{(U_{RV\,max})^2}{R_V} = \frac{(26{,}4\ \text{V} - 6{,}8\ \text{V})^2}{1{,}2\ \text{k}\Omega} = \underline{320\ \text{mW}}$$

Eine Kontrollrechnung muß zeigen, daß mit $R_V = 1{,}2\ \text{k}\Omega$ die Z-Diode auch unter ungünstigsten Bedingungen nicht überlastet wird. Der zulässige Wert $I_{Z\,max}$ ergibt sich aus der höchsten Umgebungstemperatur der Diode (hier im Beispiel $\vartheta_U = 65\ °\text{C}$), der höchstzulässigen Kristalltemperatur der Diode (Datenblatt: $\vartheta_{J\,max} = 175\ °\text{C}$) und dem Wärmewiderstand (Datenblatt: $R_{thJU} < 0{,}3\ \text{K/mW}$). Nach Kapitel 22 ergibt sich aus diesen Werten zunächst die höchstzulässige Verlustleistung der Z-Diode zu:

$$P_{V\,zul} = \frac{\vartheta_{J\,max} - \vartheta_U}{R_{thJU}} = \frac{175\ °\text{C} - 65\ °\text{C}}{0{,}3\ \text{K/mW}} = 367\ \text{mW}$$

Aus $P_{V\,zul} = U_Z \cdot I_{Z\,max}$ ergibt sich

$$I_{Z\,max} = \frac{P_{V\,zul}}{U_Z} = \frac{367\ \text{mW}}{6{,}8\ \text{V}} = 54\ \text{mA}$$

Tatsächlich wird die Z-Diode in der Schaltung bei $U_{I\,max} = 24\ \text{V} + 10\% = 26{,}4\ \text{V}$ und $I_{L\,min} = 6{,}8\ \text{V}/6{,}8\ \text{k}\Omega = 1\ \text{mA}$ nur belastet mit

$$I_Z = I_{max} - I_{L\,min}$$

Dabei ist

$$I_{max} = \frac{U_{I\,max} - U_Z}{R_V} = \frac{26{,}4\ \text{V} - 6{,}8\ \text{V}}{1{,}2\ \text{k}\Omega} = 16{,}3\ \text{mA}$$

und damit

$$I_Z = 16{,}3\ \text{mA} - 1\ \text{mA} = 15{,}3\ \text{mA}$$

Dieser Wert liegt weit unter dem zulässigen Höchstwert $I_{Z\,max}$, die Diode ist in dieser Schaltung also nicht gefährdet.

5.4.2 Kurzschluß und Leerlauf bei der Grundschaltung

Die extremsten Belastungsfälle jeder Spannungsquelle sind

- □ Leerlauf ($I_L = 0$) und
- □ Kurzschluß ($U_Q = 0$).

Anhand der Z-Dioden-Grundschaltung nach Bild 5.9 zeigt sich, daß die höchste Beanspruchung der Z-Diode im Leerlauf erfolgt. Wenn I_L null wird, muß die Z-Diode den gesamten Strom I aufnehmen.

Im Kurzschlußfall ($U_Q = 0$) tritt an der Z-Diode keine Verlustleistung mehr auf, dafür ist jetzt der Widerstand R_V am höchsten beansprucht. Im Kurzschlußfall wird $U_{RV\,max} = U_{I\,max}$. Wenn Leerlauf und Kurzschluß im Betrieb der Stabilisierungsschaltung nicht ausgeschlossen werden können, müssen diese Betriebsfälle bei der Schaltungsauslegung berücksichtigt werden.

Beispiel: Eine Schaltung nach Bild 5.9 mit

$$U_I = 32\ \text{V}, \quad U_Z = 12\ \text{V}, \quad R_V = 470\ \Omega$$

soll kurzschluß- und leerlauffest aufgebaut werden. Welche zulässigen Verlustleistungen müssen der Widerstand R_V und die Z-Diode aufweisen?

Lösung:

a) Leerlauf: Höchstbeanspruchung der Z-Diode.

$$P_{VZ\,zul} = I \cdot U_Z = \frac{U_I - U_Z}{R_V} \cdot U_Z = \frac{32\ \text{V} - 12\ \text{V}}{470\ \Omega} \cdot 12\ \text{V} = \underline{\underline{510\ \text{mW}}}$$

b) Kurzschluß: Höchstbeanspruchung des Widerstandes R_V.

$$P_{VR\,zul} = \frac{U_I^2}{R_V} = \frac{(32\ \text{V})^2}{470\ \Omega} = \underline{\underline{2{,}18\ \text{W}}}$$

5.4.3 Glättungsfaktor *G*

In den vorangegangenen Abschnitten 5.4.1 und 5.4.2 wurde gezeigt, wie die Grundschaltung auszulegen und zu berechnen ist, damit kein Bauteil überlastet wird ($U_{I\,max}$, $I_{L\,min}$) und die Stabilisierungseigenschaften auch unter ungünstigsten Bedingungen ($U_{I\,min}$, $I_{L\,max}$) noch erhalten bleiben. Die Qualität der Schaltung, wie «gut» sie also die Ausgangsspannung $U_Q = U_Z$ stabil hält, blieb dabei zunächst unberücksichtigt. Im folgenden sollen die Einflüsse behandelt werden, die zu einer Änderung der Ausgangsspannung führen.

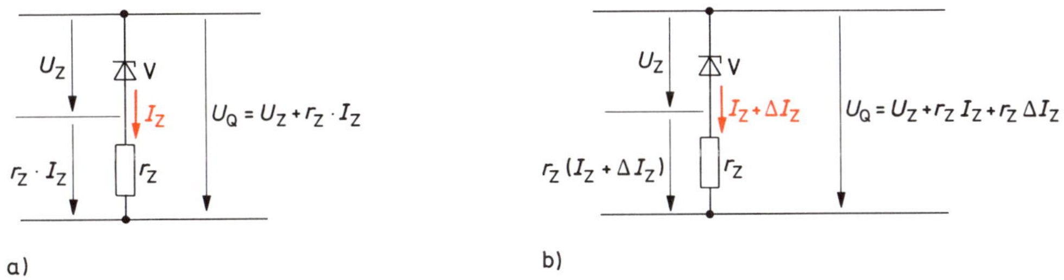

Bild 5.11 Die Ersatzschaltung einer Z-Diode (a). Eine Änderung des Stromes um ΔI_Z erzeugt eine Ausgangsspannungs-Änderung $\Delta U_Q = r_Z \cdot \Delta I_Z$ (b)

In Bild 5.11 ist eine (es gibt noch andere) Ersatzschaltung für die Z-Diode gezeigt. Sie besteht aus der Reihenschaltung einer idealen Z-Diode mit einem Widerstand r_Z. Die ideale Z-Diode V hat keinen differentiellen Widerstand (senkrechte Kennlinie $U_Z = f(I_Z)$), d.h., die Spannung U_Z bleibt auch dann konstant, wenn der Strom I_Z sich ändert. Am Widerstand r_Z, den eine wirkliche Z-Diode ja tatsächlich hat, fällt (Bild 5.11a) zusätzlich eine kleine Spannung $r_Z \cdot I_Z$ ab. Es wird also $U_Q = U_Z + r_Z \cdot I_Z$. Die Spannung $r_Z \cdot I_Z$ bleibt bei der allgemeinen Berechnung unberücksichtigt, weil sie meistens klein ist gegen U_Z, so daß allgemein mit $U_Q = U_Z$ gerechnet wird.

Wenn sich der Strom I_Z um einen Betrag ΔI_Z ändert (Bild 5.11b), dann ändert sich lediglich der Spannungsabfall an r_Z um den Betrag $\Delta U_Z = r_Z \cdot \Delta I_Z$. Um den gleichen Betrag ändert sich auch die Ausgangsspannung U_Q:

$$\Delta U_Q = r_Z \cdot \Delta I_Z$$

Eine — in einer Stabilisierungsschaltung selbstverständlich unerwünschte — Änderung der Ausgangsspannung hängt in der Z-Dioden-Grundschaltung also nur von der Größe des differentiellen Widerstandes r_Z und von der Stromänderung ΔI_Z ab. Der Wert von r_Z liegt bei einer gegebenen Z-Diode fest (Datenblatt) und ist durch Schaltungsauslegungen nicht zu ändern. Innerhalb des zulässigen Arbeitsbereichs sieht man bei der Berechnung den differentiellen Widerstand r_Z im allgemeinen als konstant an. Als Wert für r_Z setzt man den Garantiewert (obere Toleranzgrenze) aus dem Datenblatt ein, um auf der sicheren Seite zu liegen. Tatsächlich wird die typische Schaltung also bessere Eigenschaften besitzen als berechnet.

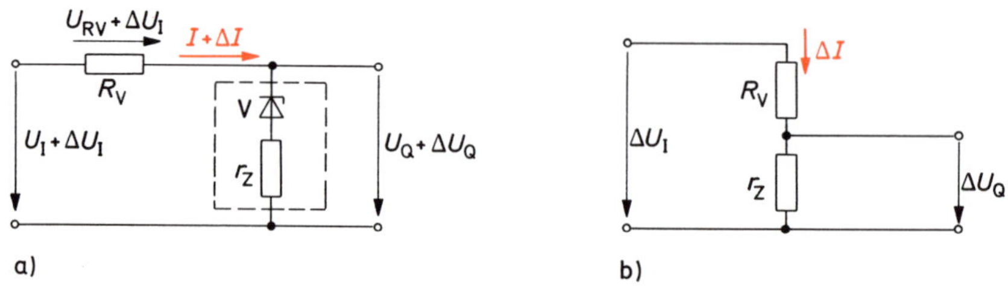

Bild 5.12 Ersatzschaltbild der Grundschaltung zur Berechnung der Spannungsänderung ΔU_Q

Für die Betrachtung der Spannungs*änderungen* läßt sich die Grundschaltung nach Bild 5.12a umzeichnen in eine Ersatzschaltung nach Bild 5.12b. Hieraus ist unmittelbar abzulesen (vgl. Grundlagenband, Spannungsteiler):

$$\frac{\Delta U_I}{\Delta U_Q} = \frac{R_V + r_Z}{r_Z} = \frac{R_V}{r_Z} + 1$$

Diese Gleichung gibt das Verhältnis der Eingangsspannungsänderung ΔU_I zur Ausgangsspannungsänderung ΔU_Q an. Dieses Verhältnis wird Glättungsfaktor G genannt. Der Glättungsfaktor gibt an, in welchem Verhältnis Spannungsänderungen am Eingang zu Spannungsänderungen am Ausgang stehen. Diese können bleibende (quasistatische) oder ständige (dynamische) Änderungen sein, wie sie durch die Welligkeit (z.B. Brummspannung) entstehen.

$$G = \frac{\Delta U_I}{\Delta U_Q} = \frac{U_{w1}}{U_{w2}} = \frac{R_V}{r_Z} + 1 \approx \frac{R_V}{r_Z} \qquad (R_V > r_Z)$$

Damit ergibt sich die Ausgangsspannungsänderung in Abhängigkeit von Eingangsspannungsänderungen also zu

$$\Delta U_Q \approx \frac{r_Z}{R_V} \cdot \Delta U_I$$

Um eine Ausgangsspannung mit möglichst geringer Welligkeit zu erhalten, muß R_V also möglichst groß gegen r_Z sein. Mit großem R_V wird allerdings auch der Spannungsverlust U_{RV} groß. Das führt dazu, daß man eine entsprechend große Eingangsspannung U_I braucht, die dann zum größten Teil in R_V verlorengeht. In Abschnitt 5.5 wird gezeigt, wie man durch Schaltungsänderung auch ohne sehr große Eingangsspannungen große Glättungsfaktoren erzielen kann.

Warum der Glättungsfaktor G über die Qualität einer Stabilisierungsschaltung nur wenig Auskunft gibt und deshalb oft durch den Stabilisierungsfaktor S ersetzt wird, ist ausführlich in Abschnitt 20.2 erläutert.

5.4.4 Innenwiderstand r_i

Die unerwünschten Ausgangsspannungsänderungen ΔU_Q haben zwei Ursachen:

- □ die Eingangsspannungsänderung ΔU_I, deren Einfluß auf U_Q sich mit dem Glättungsfaktor berechnen läßt, und
- □ die Laststromänderung ΔI_L.

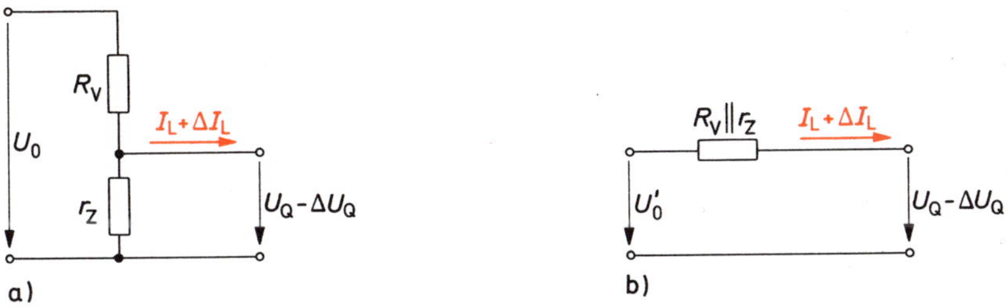

Bild 5.13 Das Ersatzschaltbild der Grundschaltung (a) stellt eine Spannungsquelle mit dem Innenwiderstand $r_i = R_V \| r_Z$ dar

Um den Einfluß der Laststromänderung auf U_Q näher zu untersuchen, zeichnet man die Spannungsquelle Bild 5.13a in eine Ersatzspannungsquelle nach Bild 5.13b um (vgl. Grundlagenband, Ersatzspannungsquelle). Daraus ergibt sich, daß die Z-Dioden-Grundschaltung eine Spannungsquelle mit dem (differentiellen) Innenwiderstand $r_i = R_V \| r_Z$ ist. Da im allgemeinen $R_V > r_Z$ ist (schon im Interesse eines großen Glättungsfaktors), ist R_V in der Parallelschaltung gegen r_Z zu vernachlässigen, und man erhält

$$\boxed{r_i \approx r_Z}$$

Damit ergibt sich die Spannungsänderung ΔU_Q in Abhängigkeit von Stromänderungen ΔI_L zu

$$\boxed{\Delta U_Q \approx r_Z \cdot \Delta I_L}$$

Ohne Berücksichtigung des Temperaturgangs der Z-Diode wird die gesamte Ausgangsspannungsänderung (Einfluß der Eingangsspannung *und* des Laststroms) damit

$$\Delta U_{Qges} = \frac{r_Z}{R_V} \cdot \Delta U_I + r_Z \cdot \Delta I_L$$

Beispiel: Für eine Z-Dioden-Stabilisierungsschaltung mit

$$U_I = 30\,\text{V} \pm 15\%; \quad I_L = 0 \text{ bis } 20\,\text{mA}; \quad U_Q = U_Z = 12\,\text{V};$$

$$r_Z = 10\,\Omega; \quad R_V = 680\,\Omega$$

sind Glättungsfaktor G, Innenwiderstand r_i und die größtmögliche Ausgangsspannungsänderung $\Delta U_{Q\,max}$ zu bestimmen.

Lösung:

$$G \approx \frac{R_V}{r_Z} = \frac{680\,\Omega}{10\,\Omega} = \underline{\underline{68}}$$

$$r_i \approx r_Z = \underline{\underline{10\,\Omega}}$$

$$\Delta U_{Q\,max} = \Delta U_{Qges} = \frac{r_Z}{R_V} \cdot \Delta U_I + r_Z \cdot \Delta I_L$$

Die Änderung ΔU_I beträgt $\pm 0{,}15 \cdot 30\ \mathrm{V} = \pm 4{,}5\ \mathrm{V}$, insgesamt (vom kleinsten bis zum größten Wert) also $\Delta U_I = 9\ \mathrm{V}$. Damit:

$$\Delta U_{Q\,max} = \frac{10\ \Omega}{680\ \Omega} \cdot 9\ \mathrm{V} + 10\ \Omega \cdot 20\ \mathrm{mA} = \underline{332\ \mathrm{mV}}$$

5.4.5 Temperaturgang *TK*

Der Temperaturgang *TK* (= Temperaturkoeffizient) einer Stabilisierungsschaltung beschreibt den Einfluß von Temperaturänderungen auf die Ausgangsspannung:

$$TK = \frac{\Delta U_Q}{\Delta \vartheta}$$

Um den Temperaturgang in einer Stabilisierungsschaltung gering zu halten, müssen alle Bauelemente, die einen Einfluß auf die Ausgangsspannung haben, einen geringen Temperaturkoeffizienten haben. Für Präzisionsspannungsquellen mit Z-Diode muß also sowohl der Widerstand R_V temperaturstabil sein (damit sich I_Z nicht mit der Temperatur ändert; man verwendet deshalb Metallschichtwiderstände an dieser Stelle) als auch die Spannung U_Z der Z-Diode.

Da die physikalischen Vorgänge in der Z-Diode selbst temperaturabhängig sind (vgl. Abschnitt 5.1), sich also nicht unterdrücken lassen, muß die temperaturbedingte Änderung ΔU_Z durch eine entsprechende Gegenspannung kompensiert werden. In vielen Fällen genügt es, Z-Dioden mit Durchbruchspannungen um 5 V zu verwenden, bei denen der negative Temperaturkoeffizient des Zenereffekts gerade etwa ebenso groß ist wie der positive Temperaturkoeffizient des Avalanche-Effektes (vgl. Datenblatt Tabelle 5.1). Wo das nicht möglich ist, kann man Reihenschaltungen nach Bild 5.14 verwenden. Man kompensiert z.B. nach Bild 5.14a den positiven Temperaturkoeffizienten einer Z-Diode mit dem negativen einer (oder ggf. mehrerer) normalen Siliziumdiode (vgl. Abschnitt 3.6), oder man kompensiert den negativen Temperaturkoeffizienten einer Z-Diode ($U_Z < 5$ V) mit dem positiven ($U_Z > 5$ V) einer anderen nach Bild 5.14b. Mit diesen Schaltungen läßt sich allerdings nur der Einfluß der Umgebungstemperatur kompensieren, nicht der Einfluß der Eigenerwärmung (wegen der unterschiedlichen Leistungsverteilung und damit unterschiedlichen Erwärmung der Bauelemente).

Es gibt aber sogenannte «temperaturkompensierte Z-Dioden» auf dem Markt, bei denen die Kompensation ähnlich der beschriebenen Reihenschaltung schon innerhalb des Bauelements auf einem einzigen Chip (gleiche Temperatur aller Bauelemente) vorgenommen wurde. Bei solchen Z-Dioden liegt der Temperaturkoeffizient über einen bestimmten Umgebungstemperatur- und Strombereich, z.B. bei (typisch) $-2 \cdot 10^{-5}$ 1/K (vgl. Tabelle 5.2).

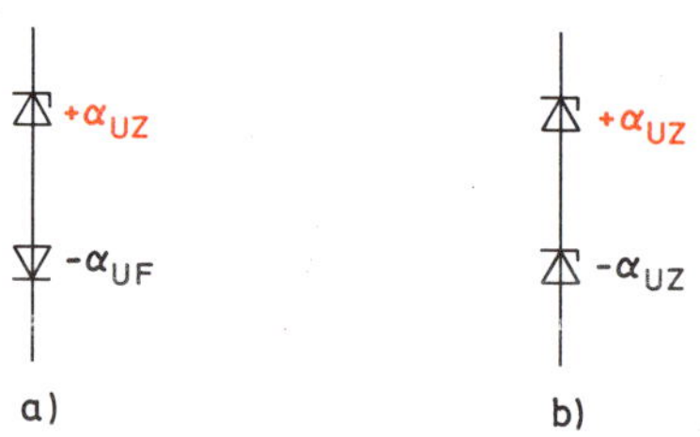

Bild 5.14 Schaltungen zur Kompensation des Temperaturkoeffizienten α_{Uz}

Tabelle 5.2 Datenblattauszug der temperaturkompensierten Baureihe ZTK (Intermetall)

Temperaturkompensierte Z-Dioden
Monolithisch integrierte Analogschaltungen mit extrem kurzer thermischer Einlaufzeit.

Typ	Arbeitsspannung bei $I_Z = 5$ mA U_Z V	inhär. different. Widerstand bei $I_Z = 5$ mA r_{zj} Ω	zulässiger Arbeitsstrom bei $T_U = 45$ °C I_Z mA
ZTK 6,8	6,5 bis 7,2	10 (<25)	36
ZTK 9	9 bis 10	10 (<25)	27
ZTK 11	10 bis 12	10 (<25)	19
ZTK 18	16 bis 20	11 (<25)	13
ZTK 22	20 bis 24	11 (<25)	10
ZTK 27	24 bis 30	12 (<25)	8
ZTK 33 (≈ TAA 550)	30 bis 36	12 (<25)	7

zulässige Sperrschichttemperatur	ϑ_J	150	°C
zulässige Lagerungstemperaturbereich	ϑ_S	−20 bis +150	°C
Temperaturkoeffizient der Arbeitsspannung bei $I_Z = 5$ mA ± 0,5 mA Im Bereich von $T_U = 20$ bis 60 °C	α_{UZ}	−2 (−10 bis +5)	10^{-5}/K
thermische Einlaufzeit	t_{th}	20	s
Wärmewiderstand	$R_{th\,U}$	<0,4	K/mW

5.5 Abwandlungen der Grundschaltung

Abwandlungen der Grundschaltung, die außer Widerständen und Z-Dioden noch andere Bauelemente (insbesondere Transistoren) verwenden, werden in Kapitel 20 ausführlich behandelt. Alle Abwandlungen haben das Ziel, die Eigenschaften der Grundschaltung zu verbessern:

- Verringerung des Temperaturgangs,
- Verringerung des Innenwiderstandes,
- Erhöhung des Glättungsfaktors,
- Verbesserung des Wirkungsgrades.

Von der Verringerung des Temperaturgangs war in Abschnitt 5.4.5 die Rede. Der Innenwiderstand läßt sich mit passiven Bauelementen nicht vermindern (vgl. Kapitel 20). Eine Erhöhung des Glättungs- und damit auch des Stabilisierungsfaktors (vgl. Kapitel 20) ist auf zwei Wegen zu erreichen:

- durch die Kaskadenschaltung und
- durch größere Widerstände R_V.

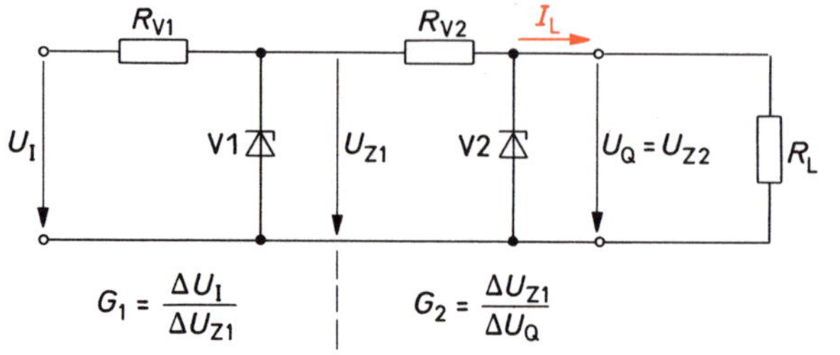

Bild 5.15 Kaskadenschaltung mit dem Glättungsfaktor $G_{ges} = G_1 \cdot G_2$

Das Prinzip der Kaskadenschaltung ist in Bild 5.15 gezeigt. Die Kaskadenschaltung besteht aus der Reihenschaltung von zwei (oder mehr) Grundschaltungen. Der Gesamtglättungsfaktor ergibt sich dabei als Produkt der Einzelglättungsfaktoren:

$$G_{ges} = \frac{\Delta U_I}{\Delta U_Q} = G_1 \cdot G_2$$

wie man leicht kontrollieren kann:

$$G_1 = \frac{\Delta U_I}{\Delta U_{Z1}} \qquad G_2 = \frac{\Delta U_{Z1}}{\Delta U_Q}$$

$$G_1 \cdot G_2 = \frac{\Delta U_I}{\cancel{\Delta U_{Z1}}} \cdot \frac{\cancel{\Delta U_{Z1}}}{\Delta U_Q} = \frac{\Delta U_I}{\Delta U_Q} = G_{ges}$$

Der Vorteil der Kaskadenschaltung liegt vor allem darin, daß man große Glättungsfaktoren erhält, ohne eine allzu große Eingangsspannung U_I zu benötigen, wie das folgende Beispiel zeigt.

Beispiel: Für eine Schaltung nach Bild 5.16a ist der Glättungsfaktor G_{ges} zu berechnen. Gegeben sind

$$I_L = 10\ \text{mA}; \quad I_{Z1} = I_{Z2} = 5\ \text{mA}; \quad r_{Z1} = 10\ \Omega; \quad r_{Z2} = 5\ \Omega$$

Mit gleichen Werten für I_L, I_{Z2} und r_{Z2} ist anschließend zu bestimmen, wie groß die Eingangsspannung U_I sein müßte, um mit der Grundschaltung nach Bild 5.16b den gleichen Glättungsfaktor zu erzielen wie in der Kaskadenschaltung nach Bild 5.16a.

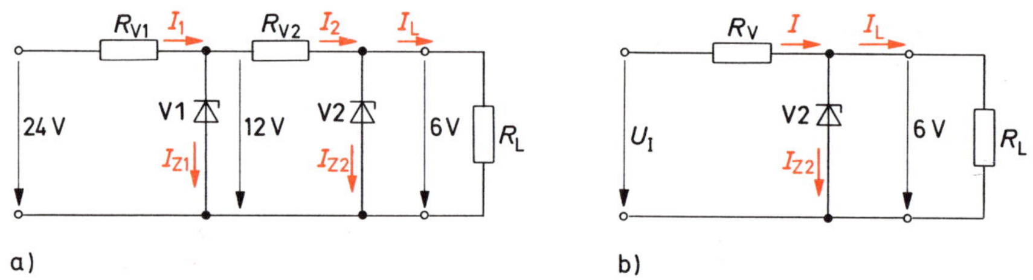

Bild 5.16 Eine Kaskadenschaltung (a) benötigt für einen gleichgroßen Glättungsfaktor bedeutend kleinere Eingangsspannungen U_I als die einfache Grundschaltung (b)

Lösung:

$$I_2 = I_{Z2} + I_L = 5\text{ mA} + 10\text{ mA} = 15\text{ mA}$$

$$R_{V2} = \frac{U_{Z1} - U_Q}{I_2} = \frac{12\text{ V} - 6\text{ V}}{15\text{ mA}} = 400\ \Omega$$

$$G_2 \approx \frac{R_{V2}}{r_{Z2}} = \frac{400\ \Omega}{5\ \Omega} = 80$$

$$I_1 = I_2 + I_{Z1} = 15\text{ mA} + 5\text{ mA} = 20\text{ mA}$$

$$R_{V1} = \frac{24\text{ V} - U_{Z1}}{I_1} = \frac{12\text{ V}}{20\text{ mA}} = 600\ \Omega$$

$$G_1 \approx \frac{R_{V1}}{r_{Z1}} = \frac{600\ \Omega}{10\ \Omega} = 60$$

$$G_{ges} = G_1 \cdot G_2 = 80 \cdot 60 = \underline{\underline{4800}}$$

Die Schaltung nach 5.16b soll den gleichen Glättungsfaktor bekommen:

$$G = \frac{R_V}{r_{Z2}} = 4800 \qquad R_V = 4800 \cdot r_{Z2} = 4800 \cdot 5\ \Omega = 24\text{ k}\Omega$$

Der Strom I wird: $I = I_L + I_{Z2} = 10\text{ mA} + 5\text{ mA} = 15\text{ mA}$.

Damit wird eine Eingangsspannung U_I erforderlich von

$$U_I = I \cdot R_V + U_Q = 15\text{ mA} \cdot 24\text{ k}\Omega + 6\text{ V} = \underline{\underline{366\text{ V}}}$$

Die für die Grundschaltung erforderliche Eingangsspannung ist also um mehr als das 15fache größer als bei der Kaskadenschaltung. Der Vorteil der Kaskadenschaltung wird noch deutlicher, wenn man die Verlustleistungen der beiden Schaltungen miteinander vergleicht. Dabei ist in beiden Fällen die in der Last umgesetzte Leistung

$$P_L = U_Q \cdot I_L = 6\text{ V} \cdot 10\text{ mA} = 60\text{ mW}$$

von der Eingangsleistung abzuziehen.

Damit ergibt sich für die Kaskadenschaltung

$$P_{VK} = 24\text{ V} \cdot I_1 - P_L = 24\text{ V} \cdot 20\text{ mA} - 60\text{ mW} = 420\text{ mW}$$

und ein Wirkungsgrad

$$\eta_K = \frac{P_L}{P_{ges}} = \frac{60\text{ mW}}{480\text{ mW}} = 0{,}125 = 12{,}5\%$$

Für die Grundschaltung ergibt sich

$$P_{VG} = U_I \cdot I - P_L = 366\text{ V} \cdot 15\text{ mA} - 60\text{ mW} = 5430\text{ mW}$$

bei einem Wirkungsgrad von

$$\eta_G = \frac{P_L}{P_{ges}} = \frac{60\ \text{mW}}{5490\ \text{mW}} = 0{,}011 = 1{,}1\%$$

Eine weitere Möglichkeit, mit kleiner Eingangsspannung sehr hohe Glättungsfaktoren zu erhalten, besteht darin, den Vorwiderstand R_V durch eine Konstantstromquelle ($r_i \rightarrow \infty$) zu ersetzen. Näheres hierüber ist in Kapitel 20 zu finden.

Da die meisten Schaltungen ohnehin aus dem Wechselstromnetz gespeist werden (Bild 5.17a), liegt es nahe, den Vorwiderstand R_V *vor* den Gleichrichter zu legen (Bild 5.17b). Dann ist es nämlich möglich, den ohmschen Widerstand R_V durch einen Blindwiderstand zu ersetzen, so daß an ihm praktisch keine Verlustleistung mehr auftritt. Wenn man die so entstandene Schaltung nach Bild 5.18 direkt an der Netzspannung von 220 V betreibt, hat man zudem den Vorteil einer

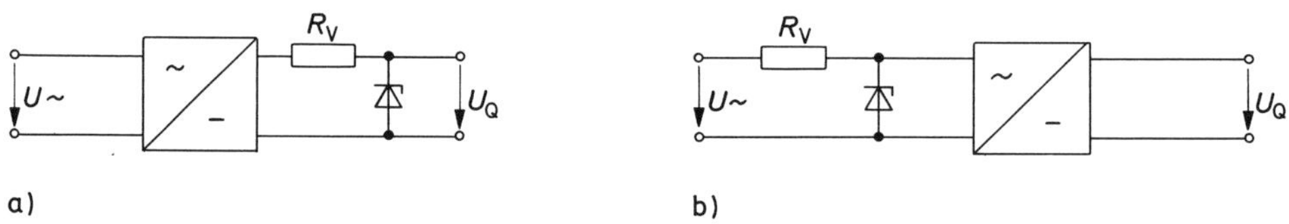

Bild 5.17 Bei Netzspeisung liegt die Stabilisierungsschaltung meistens auf der Gleichstromseite (a). Zur Vorstabilisierung wird auch die Schaltung (b) verwendet

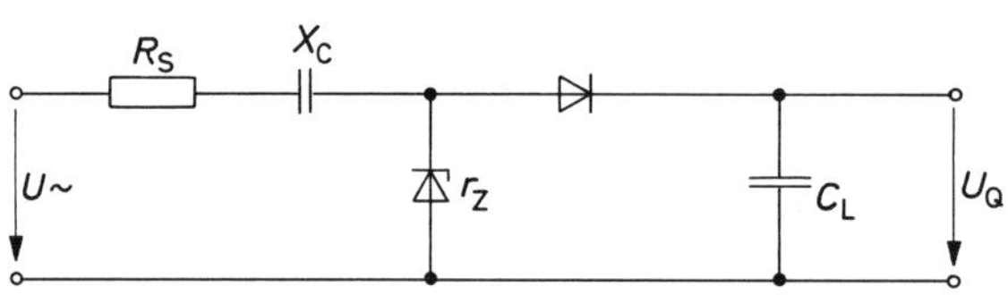

Bild 5.18 Ausführungsbeispiel für eine Schaltung nach Bild 5.17b

recht hohen Eingangsspannung, ohne einen miserablen Wirkungsgrad in Kauf nehmen zu müssen. Allerdings ist der große Glättungsfaktor $G \approx X_C/r_Z$ nur während der positiven Netzhalbwelle wirksam, in der negativen Halbwelle ist die Stabilisierungsschaltung stromlos. Die Last muß während der Zeit ausschließlich aus dem Ladekondensator C_L gespeist werden. Dadurch ergibt sich eine Brummspannung U_{Br}, so daß diese Schaltung nur als Vorstabilisierung zu gebrauchen ist. Der Widerstand R_S in der Schaltung nach Bild 5.18 dient lediglich zur Begrenzung von Einschaltstromstößen und verhindert eine Überlastung der beiden Dioden bei nadelförmigen Überspannungsspitzen auf der Netzspannung.

5.6 Reihenschaltung von Z-Dioden

Die Reihenschaltung von Z-Dioden ist ohne Schwierigkeiten möglich. Sie wird angewandt entweder zur Temperaturkompensation, wie in Abschnitt 5.4.5 beschrieben, oder auch, um U_Z-Zwischenwerte zu erhalten, die in der normalen Baureihe nicht enthalten sind. Bei der Reihenschaltung von Z-Dioden addieren sich die Z-Spannungen:

$$U_{Z\,ges} = U_{Z1} + U_{Z2}$$

Von erheblichem Nachteil bei der Reihenschaltung ist, daß sich auch die differentiellen Widerstände addieren:

$$r_{Z\,ges} = r_{Z1} + r_{Z2}$$

Der differentielle Widerstand einer Z-Dioden-Schaltung sollte im Hinblick sowohl auf einen großen Glättungsfaktor als auch auf einen kleinen Innenwiderstand so gering wie möglich sein. In dieser Hinsicht verschlechtert die Reihenschaltung von Z-Dioden die Eigenschaften einer Stabilisierungsschaltung.

Eine Parallelschaltung von Z-Dioden (z.B. um einen größeren zulässigen Gesamtstrom zu erhalten) ist nicht möglich, da es keine zwei absolut gleichen Z-Dioden gibt. Es würde nur (oder überwiegend) die Z-Diode mit der kleineren Spannung U_Z Strom führen, die andere Z-Diode bliebe unbelastet.

5.7 Anwendungsbeispiele

Neben der Anwendung zur Spannungsstabilisierung wird die Z-Diode in elektronischen Schaltungen zu zahlreichen anderen Zwecken eingesetzt, von denen einige im folgenden beschrieben werden. Die Grundschaltung (Strombegrenzungswiderstand R_V in Reihe mit der Z-Diode) wird dabei häufig auch als RZ-Glied bezeichnet.

5.7.1 RZ-Glied zur Siebung

Anstelle von RC- oder LC-Siebgliedern wird häufig zur Siebung und Glättung der aus Netzgleichrichtern gewonnenen Gleichspannungen ein RZ-Glied verwendet. Der Vorteil liegt in geringerem Bauvolumen und kleinerem Gleichstrom-Innenwiderstand, der Nachteil im schlechteren Wirkungsgrad. RZ-Glieder kommen deshalb nur bei relativ kleinen Lastströmen zum Einsatz (I_L = einige zehn Milliampere). Der Siebfaktor eines RC-Gliedes $S = \omega_{Br} \cdot R_S \cdot C_S$ ist frequenzabhängig, während der Glättungsfaktor $G \approx R_V/r_Z$ frequenzunabhängig ist.

Beispiel: Ein RZ-Siebglied nach Bild 5.19a hat folgende Daten:

$$U_I = 45\ \text{V}; \quad U_Q = 36\ \text{V}; \quad I_L = 10\ \text{mA}; \quad I_Z = 5\ \text{mA}; \quad r_Z = 10\ \Omega$$

Die Brummfrequenz beträgt $f_B = 50$ Hz. Wie groß werden R_S und C_S bei einem RC-Siebglied nach Bild 5.19b, damit die gleiche Glättung der Brummspannung erfolgt wie beim RZ-Glied? U_I und U_Q sollen die gleichen Werte behalten wie bei dem RZ-Siebglied.

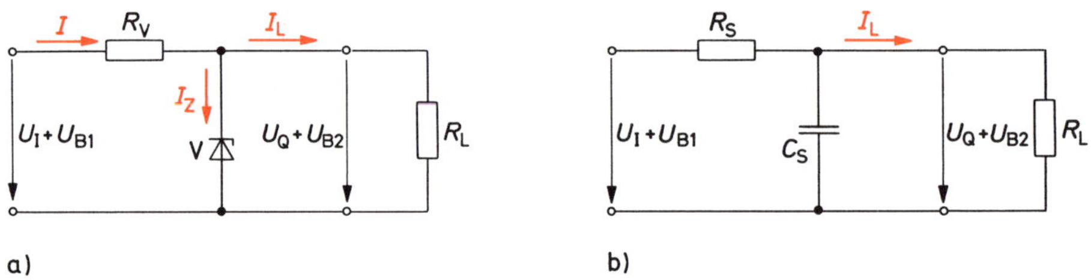

Bild 5.19 Ein RZ-Siebglied (a) kann ein herkömmliches RC-Siebglied (b) ersetzen

RZ-Siebglied

$$I = I_Z + I_L = 5\text{ mA} + 10\text{ mA} = 15\text{ mA}$$

$$R_V = \frac{U_I - U_Q}{I} = \frac{45\text{ V} - 36\text{ V}}{15\text{ mA}} = 600\ \Omega$$

$$G \approx \frac{R_V}{r_Z} = \frac{600\ \Omega}{10\ \Omega} = 60$$

RC-Siebglied

$$R_S = \frac{U_I - U_Q}{I_L} = \frac{45\text{ V} - 36\text{ V}}{10\text{ mA}} = \underline{\underline{900\ \Omega}}$$

$$S = 2 \cdot \pi \cdot f_B \cdot R_S \cdot C_S.\text{ Daraus}$$

$$C_S = \frac{S}{2 \cdot \pi \cdot f_B \cdot R_S}$$

mit $S = G = 60$.

$$C_S = \frac{60}{2 \cdot \pi \cdot 50\text{ Hz} \cdot 900\ \Omega} = \underline{\underline{212\ \mu\text{F}}}$$

Die Z-Diode ersetzt hier also einen Siebkondensator von 212 µF.

5.7.2 Z-Diode als Begrenzer

Als Begrenzer wird die Z-Diode vornehmlich als Überspannungsschutz bei Gleich- und Wechselspannungen eingesetzt. Bild 5.20 zeigt die Verwendung als Überlastungsschutz bei Spannungsmessern. Die Schaltung wird so ausgelegt, daß bei Überschreiten des Meßbereichs (Zeigervollausschlag) $I_m \cdot R_i = U_Z$ wird. Über den gesamten Meßbereich bleibt daher die Diode ohne Einfluß, begrenzt dann aber die Meßgerätespannung $I_m \cdot R_i$ auf den (annähernd konstanten) Wert U_Z.

In Bild 5.21a ist eine Schaltung zur Überspannungsbegrenzung für Wechselspannung gezeigt. Solange die Wechselspannungs-Amplitude kleiner als $U_Z + U_F$ (U_F = Vorwärtsspannung einer Z-Diode) bleibt, sind die Z-Dioden gesperrt, und die Wechselspannung bleibt unbeeinflußt. Gele-

Bild 5.20 Z-Diode als Überlastungsschutz in Meßgeräten

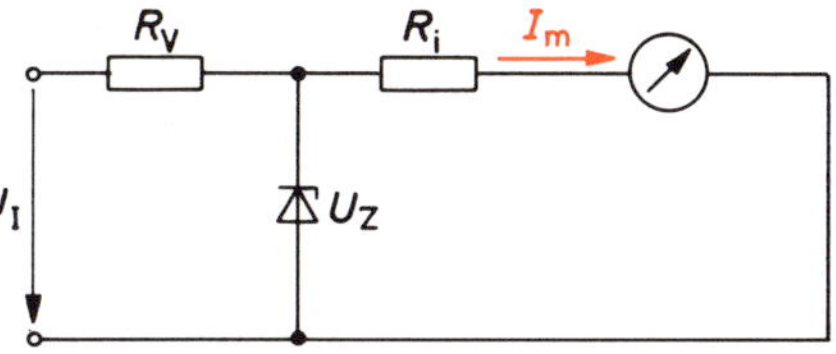

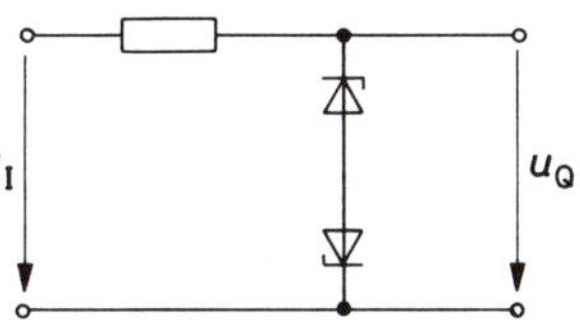

a)

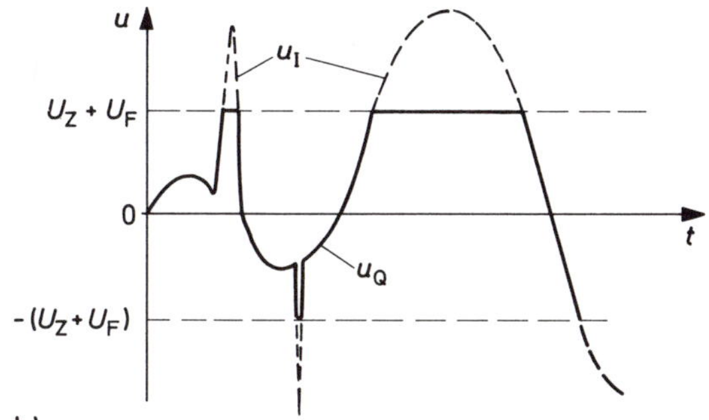

b)

Bild 5.21 «Clipper-Schaltung» (a) zur Begrenzung von Überspannungen (b)

gentliche Überspannungsspitzen, wie sie auf den Netzleitungen relativ häufig auftreten, oder dauernde Überspannungen werden begrenzt auf die Amplitude $U_Z + U_F$, wie Bild 5.21b zeigt: Die Überspannungen werden «abgeschnitten». Deshalb werden solche Anordnungen auch als «Clipper-Schaltungen» bezeichnet (to clip = engl. abschneiden).

5.7.3 Z-Dioden zur Potentialverschiebung

Bild 5.22 zeigt, wie das Potential einer Spannung u_I durch eine Z-Diode auf ein niedrigeres Potential $u_Q = u_I - U_Z$ verschoben wird. Eine Anwendung dafür ist die Anfangsbereichsunterdrückung bei Spannungsmessern (Bild 5.22b), die gelegentlich auch als Voltlupe bezeichnet wird.

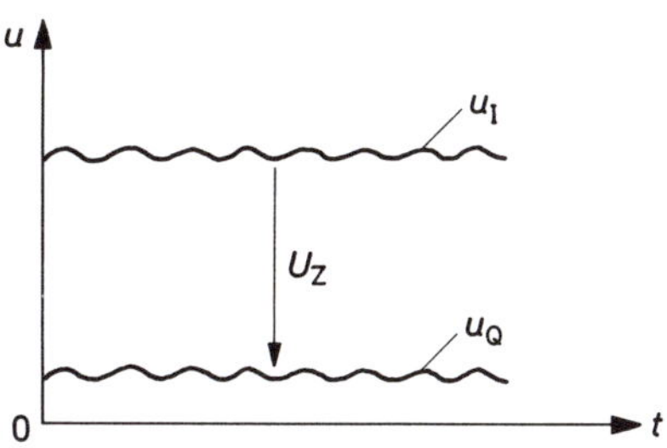

a)

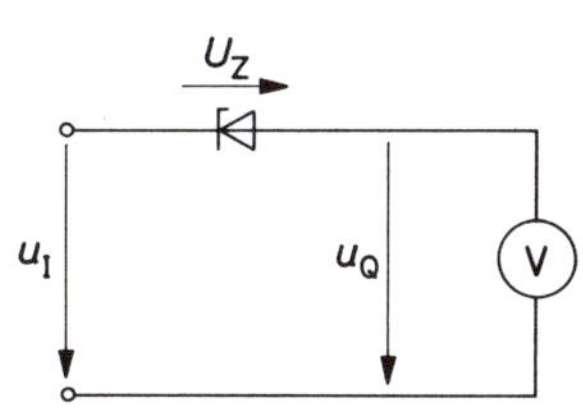

b)

Bild 5.22 Die Verschiebung eines hohen Potentials u_I auf ein niedrigeres $u_Q = u_I - U_Z$ (a) wird z.B. bei Spannungsmessern zur Nullpunkt-Unterdrückung verwendet (b)

Mit einem Spannungsmesser 0 bis 50 V und einer Z-Diode mit $U_Z = 200$ V erhält man z.B. einen (Gleichspannungs-)Anzeigebereich 200 bis 250 V, der über die ganze Skala des Meßgeräts gestreckt ist. Damit ist z.B. eine recht genaue Kontrolle bei Spannungsabweichungen von einem Sollwert (z.B. 225 V) möglich.

Mit einer zusätzlichen Hilfsspannung U_S ist auch eine Verschiebung zu höheren Potentialen möglich, wie Bild 5.23 zeigt. Von beiden Schaltungen (5.22 und 5.23) wird häufig Gebrauch gemacht bei der Kopplung zweier Stufen in Gleichspannungs- und Schaltverstärkern, z.B. zur Erhöhung des Störspannungsabstands bei digitalen Schaltungen (vgl. Kapitel 9).

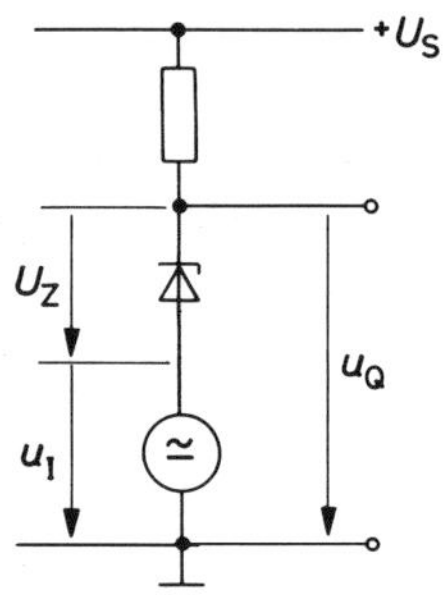

Bild 5.23 Verschiebung eines niedrigen Potentials u_I auf ein höheres Potential $u_Q = u_I + U_Z$

6 Kapazitätsdioden

Kapazitätsdioden sind spezielle Silizium-Halbleiterdioden, bei denen die Sperrschichtkapazität durch das Anlegen einer Spannung in Sperrichtung verändert wird. Sie werden vorwiegend zur Abstimmung von Hochfrequenz-Schwingkreisen eingesetzt.

6.1 Aufbau und Wirkungsweise

Der prinzipielle Aufbau von Kapazitätsdioden entspricht den Si-Flächendioden. Bereits in Kapitel 2 ist die Wirkungsweise des pn-Übergangs beschrieben worden. An dieser Stelle sei noch einmal an die wichtigsten Zusammenhänge erinnert: Die Sperrschicht bildet eine hochohmige Schicht zwischen den p- und n-leitenden Halbleiterzonen. Hier ist eine Analogie zu dem Aufbau eines Kondensators vorhanden (s. Grundlagenband, Elektrisches Feld und Kondensator), wobei die Sperrschicht dem Dielektrikum und die p- und n-leitenden Zonen den Belägen eines Kondensators entsprechen (Bild 6.1). Wird der pn-Übergang in Sperrichtung gepolt, verbreitert sich die Sperrschicht. Diese Änderung ist vergleichbar mit einer Vergrößerung des Plattenabstands eines Kondensators und bedeutet eine Kapazitätsverringerung. Damit kann die Kapazität durch eine Spannung gesteuert werden. Diese Kapazität des pn-Übergangs wird als Sperrschichtkapazität C_D bezeichnet.

Bild 6.1 pn-Übergang
a) ohne äußere Spannung
b) Spannung in Sperrichtung gepolt

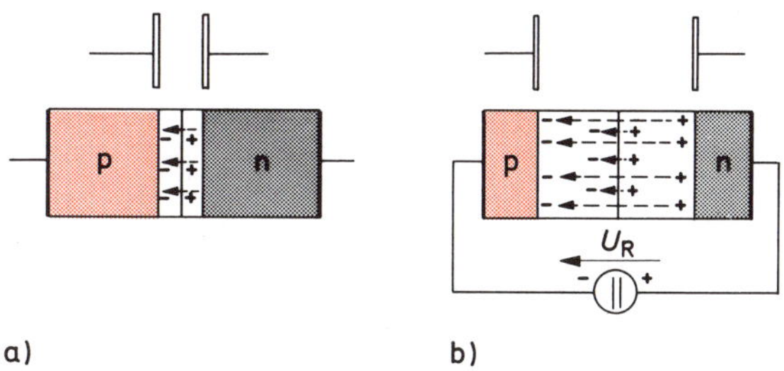

Das Verhalten der Sperrschichtkapazität C_D in Abhängigkeit der Sperrspannung U_R ist nicht linear. In Bild 6.2a sind die Kapazitätswerte von zwei Kapazitätsdioden (BB105 und BB109) und dazu im Vergleich einer Si-Flächendiode (BAY45) dargestellt. Bild 6.2b zeigt das Schaltzeichen einer Kapazitätsdiode.

Der Sperrstrom I_R einer Kapazitätsdiode ist sehr gering und für die meisten Anwendungen zu vernachlässigen. Er liegt in der Größenordnung einiger Nanoampere bis fünfzig Nanoampere. Aufgrund der Eigenleitfähigkeit nimmt der Sperrstrom bei Temperaturerhöhung zu (Verdopplung je 10 K Temperaturerhöhung).

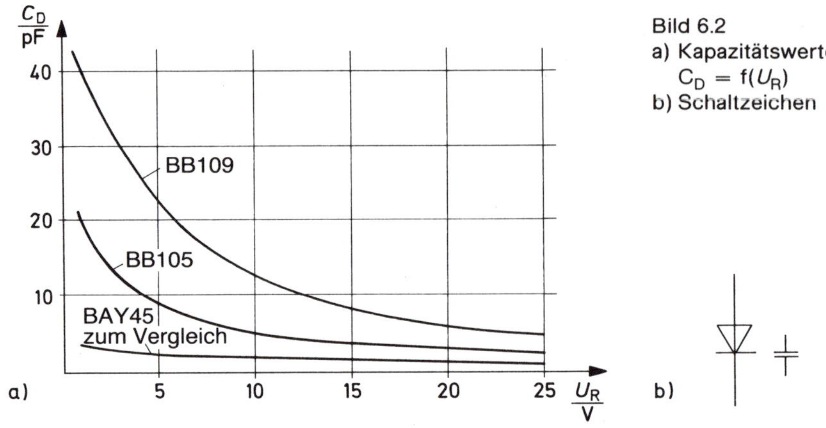

Bild 6.2
a) Kapazitätswerte einiger Dioden $C_D = f(U_R)$
b) Schaltzeichen

6.2 Kenn- und Grenzwerte

Ähnlich dem Kondensator treten auch bei Kapazitätsdioden während des Betriebs an Wechselspannung Verluste auf (siehe Grundlagenband, Verluste im Kondensator). Diese Verluste sind vergleichbar mit den dielektrischen Verlusten eines Kondensators. Ein vereinfachtes Ersatzschaltbild besteht deshalb aus einer Parallelschaltung eines ohmschen Widerstandes r_p und einer idealen Sperrschichtkapazität C_D (Bild 6.3a). Je hochohmiger r_p ist, desto geringer sind die Verluste. In den Datenblättern wird meistens der Serienwiderstand r_s angegeben. Selbstverständlich kann der hochohmige Parallelwiderstand r_p in einen entsprechend niederohmigen Serienwiderstand r_s umgerechnet werden (Bild 6.3b). Wie die Zeigerdiagramme zeigen, ergibt sich in beiden Ersatzschaltbildern der gleiche Winkel δ.

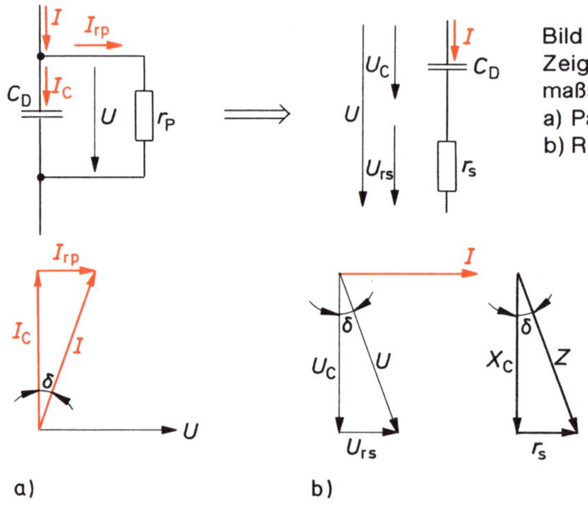

Bild 6.3 Vereinfachtes Ersatzschaltbild und Zeigerdiagramme einer Kapazitätsdiode (nicht maßstäblich)
a) Parallelschaltung
b) Reihenschaltung

Für den *Verlustfaktor* $\tan \delta$ gilt:

$$\tan \delta = \frac{r_s}{X_C}$$

r_s Serienwiderstand in Ohm
X_C kapazitiver Blindwiderstand in Ohm

Die *Güte* ist definiert als Kehrwert des Verlustfaktors:

$$Q = \frac{1}{\tan \delta} = \frac{X_C}{r_s}$$

$$Q = \frac{1}{2 \cdot \pi \cdot f \cdot C_D \cdot r_s}$$

Q Güte der Kapazitätsdiode
f Frequenz in Hertz = 1/s
C_D Sperrschichtkapazität in F = As/V

Die Güte sollte möglichst groß sein, dies ist aber nur bei kleinem Serienwiderstand r_s zu erreichen. Außerdem verringert sich die Güte — wie bei Kondensatoren — mit steigender Frequenz.

Die *Grenzfrequenz* f_c ist die Frequenz, bei der die Güte einer Kapazitätsdiode den Wert $Q = 1$ angenommen hat.

Beispiel: Dem Datenblatt der Kapazitätsdiode BB109 werden folgende Werte entnommen:

$C_D = 20\ \text{pF}$ bei $U_R = 5\ \text{V}$; $r_s = 0{,}9\ \Omega$

Gesucht: Q bei einer Frequenz von $f = 50\ \text{MHz}$

Lösung:

$$Q = \frac{1}{2 \cdot \pi \cdot f \cdot C_D \cdot r_s}$$

$$Q = \frac{1}{2 \cdot \pi \cdot 50 \cdot 10^6\ 1/\text{s} \cdot 20 \cdot 10^{-12}\ \text{As/V} \cdot 0{,}9\ \Omega} \qquad Q = \underline{\underline{177}}$$

Die Güte hängt auch von der Sperrschichttemperatur und der Sperrspannung ab. Sie nimmt mit steigender Sperrschichttemperatur ab und mit steigender Sperrspannung zu.

Das *Kapazitätsverhältnis* ist das Verhältnis der Kapazität bei kleiner Sperrspannung, bezogen auf die Kapazität bei oberer Sperrspannung. Bei der Kapazitätsdiode BB105 beträgt das Kapazitätsverhältnis

$$\frac{C_{D3V}}{C_{D25V}} = 5$$

mit der Sperrschichtkapazität von $C_D = 2{,}5\ \text{pF}$ bei $U_R = 25\ \text{V}$ ergibt sich bei $U_R = 3\ \text{V}$ die Sperrschichtkapazität:

$$C_{D3V} = 5 \cdot C_{D25V} = \underline{\underline{12{,}5\ \text{pF}}}$$

6.3 Datenblatt, Bauformen

Das Datenblatt stellt einen Auszug der Herstellerangaben der Firma Siemens dar.

Die zur Zeit erreichbaren Kapazitätswerte liegen bei den Kapazitätsdioden bei tausend Pikofarad.

Tabelle 6.1 Datenblattauszug Kapazitätsdioden (Siemens)

Typ	Anwendung	C_D (pF)	bei (U_R) (V)	$\frac{C_{D3V}}{C_{D30V}}$	r_S (Ω)	bei C_D (pF)
BB 103	UKW (FM)	27 bis 33	3	2,5 bis 2,8	0,3	30
BB 104	UKW (FM) Doppeldiode	34 bis 42	3	2,4 bis 2,8	0,3	30
BB 105A	UHF bis 790 MHz	2,3 bis 2,8	25	4 bis 5	0,6	9
BB 105B	UHF bis 800 MHz	2 bis 2,3	25	4,5 bis 6	0,7	9
BB 105G	VHF (CCIR)	1,8 bis 2,8	25	4 bis 6	0,9	9
BB 109G	VHF (OIRT; FCC)	4,3 bis 6	25	5 bis 6,5	0,4	12

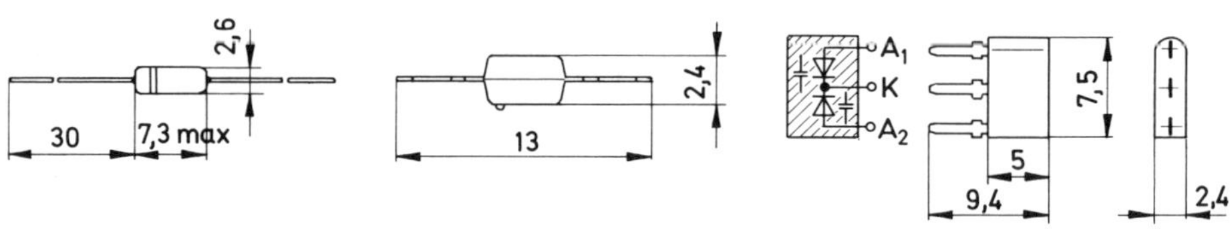

BB103 BB105/109 BB104

Bild 6.4 Bauformen

6.4 Anwendungen

Kapazitätsdioden werden überwiegend als spannungsgesteuerte Abstimmdioden in Schwingkreisen, z.B. in Kanalwählern von UKW- und Fernsehgeräten, eingesetzt. Damit entfallen im elektrisch besonders empfindlichen Teil eines Empfängers die relativ großen, mechanisch aufwendigen und teuren Drehkondensatoren.

In Bild 6.5 ist die Grundschaltung zur Abstimmung eines Parallelschwingkreises dargestellt. Mit dem Potentiometer $R1$ kann die Sperrspannung U_R der Kapazitätsdiode und damit die Kapazität C_D verändert werden. Der Kondensator $C2$ dient als Koppelkondensator, d.h., er hat die Aufgabe, einen Kurzschluß der Gleichspannung U_R durch die Spule L zu verhindern. Da die wirksame Kapazität des Schwingkreises möglichst von C_D bestimmt werden sollte, wählt man $C2$ wesentlich größer als C_D. Als Resonanzfrequenz f_0 ergibt sich in diesem Fall (s. Grundlagenband, Schwingkreise):

Bild 6.5 Grundschaltung einer Schwingkreisabstimmung mit Kapazitätsdiode

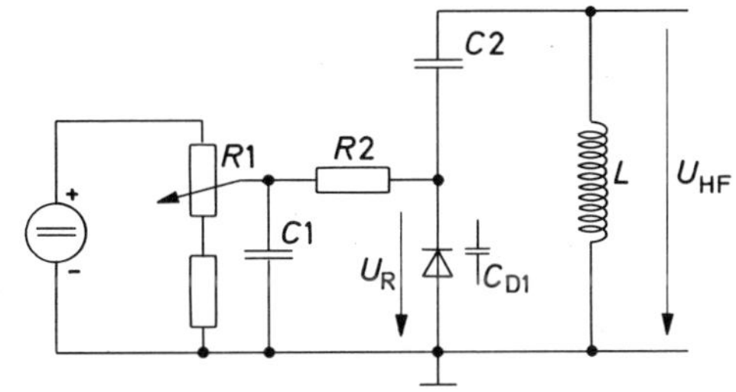

$$f_0 \approx \frac{1}{2 \cdot \pi \cdot \sqrt{L \cdot C_D}}$$

Voraussetzung: $C_D \ll C2$

f_0 Resonanzfrequenz in Hz = 1/s
L Induktivität in H = Vs/A
C_D Sperrschichtkapazität in F = As/V

Bei einer Vergrößerung der Spannung U_R verringert sich die wirksame Kapazität C_D, und die Resonanzfrequenz f_0 vergrößert sich.

Der Widerstand $R2$ sollte beträchtlich größer sein als der Resonanzwiderstand R_0 des Schwingkreises, da sonst eine zu starke Bedämpfung des Schwingkreises auftritt. Als Richtwert können hier etwa hundert Kiloohm angenommen werden. Der Kondensator $C1$ hat die Aufgabe, die hochfrequenten Spannungsanteile auf der Gleichstromseite kurzzuschließen.

Ein Nachteil der beschriebenen Grundschaltung besteht darin, daß sich durch das der Sperrspannung U_R überlagerte Hf-Signal Kapazitätsänderungen ΔC_D ergeben (Bild 6.6). Verändert sich aber die Kapazität C_D im Rhythmus der Hochfrequenzspannung, so ändert sich ebenfalls die Abstimmung, d.h. die Resonanzfrequenz des Schwingkreises. Dies führt zu unerwünschten Spannungsverzerrungen des Hf-Signals. Die Verzerrungen treten insbesondere bei kleinen Sperrspannungen U_R und großen Amplituden der hochfrequenten Spannung auf.

Bild 6.6 Kapazitätsänderung ΔC_D durch überlagerte Hf-Wechselspannung

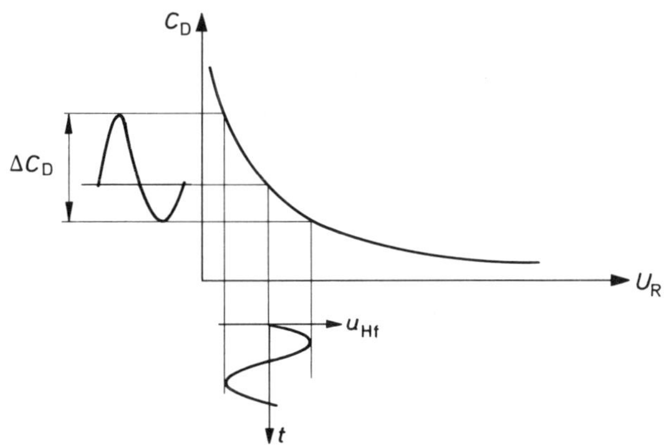

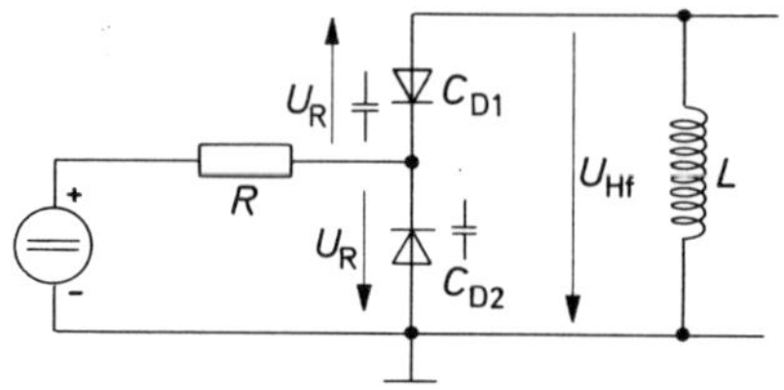

Bild 6.7 Verbesserte Schaltung zur Schwingkreisabstimmung

Um diese durch das Hf-Signal entstehenden Verzerrungen möglichst zu vermeiden, werden zwei Kapazitätsdioden antiseriell zusammengeschaltet (Bild 6.7). Für die Gleichspannung U_R sind die Kapazitäten C_{D1} und C_{D2} parallelgeschaltet, da die Induktivität L für die Gleichspannung als Kurzschluß wirkt. Es ergibt sich bei einer Veränderung von U_R auch eine gleichsinnige Veränderung beider Kapazitäten (C_{D1} und C_{D2}). Für die hochfrequente Wechselspannung sind die Kapazitätsdioden jedoch gegensinnig hintereinandergeschaltet. Erhöht sich z.B. der Augenblickswert der Wechselspannung, so vergrößert sich die Kapazität C_{D1}, während sich gleichzeitig die Kapazität C_{D2} verkleinert (Bild 6.8). Diese gegensinnige Kapazitätsänderung führt dazu, daß sich die gesamte Kapazität kaum verändert. Damit entfallen die Verzerrungen bei der Abstimmung des Schwingkreises weitgehend.

In Bild 6.9 ist die Prinzipschaltung einer Empfängerabstimmung angegeben. Soll der Sender eingestellt werden, so schaltet man mit den entsprechenden Schaltern S1 bis S3 eine Gleichspannung auf die Kapazitätsdioden C_{D1} und C_{D2}. Die Kapazitätsdioden nehmen eine der am Poti $R2$ bis $R4$ eingestellten Gleichspannung U_R entsprechende Kapazität an und stimmen den Schwingkreis auf die vorprogrammierte Frequenz ab. Die Dioden V1 bis V3 bewirken eine Entkopplung der Potentiometer.

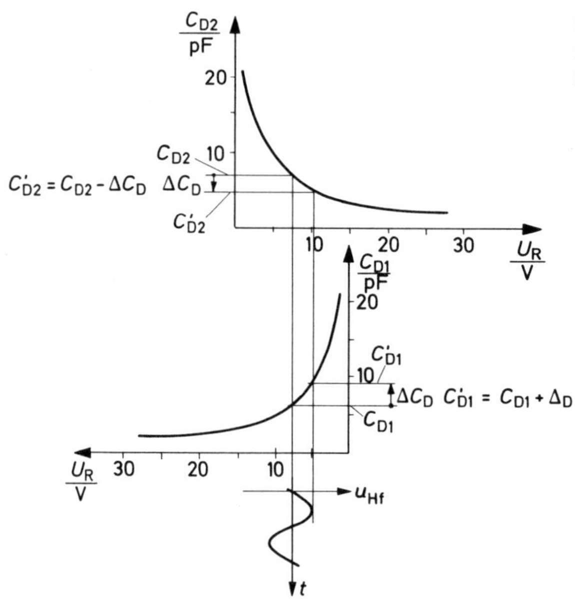

Bild 6.8 Grafische Darstellung der gegensinnigen Kapazitätsänderung durch die überlagerte Hf-Wechselspannung

Die Speisespannung U_S muß selbstverständlich sehr gut stabilisiert sein, da eine Veränderung von U_S sofort eine Verstimmung des Schwingkreises zur Folge hätte. Man verwendet hierfür temperaturkompensierte Z-Dioden (Kapitel 5).

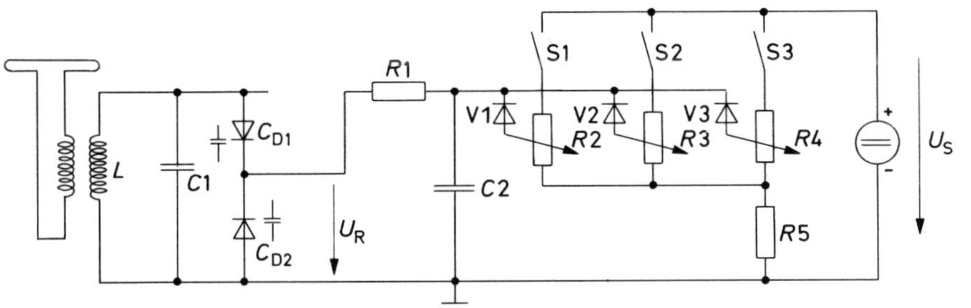

Bild 6.9 Abstimmung mit Kapazitätsdioden

7 Bipolare Transistoren

Bipolare Transistoren sind Halbleiter-Dreischicht-Bauelemente. Sie wurden 1948 in den USA entwickelt und sind heute auf fast allen Gebieten der Elektronik die Standardbauelemente zur Verstärkung kleiner Ströme und Spannungen. Vor der Entwicklung der Transistoren wurden diese Aufgaben von Vakuumröhren übernommen, die wesentlich größer, teurer und stoßempfindlich waren und zudem einen bedeutend schlechteren Wirkungsgrad aufwiesen: Die Katoden mußten geheizt werden, wozu allein einige Watt elektrischer Leistung erforderlich waren.

Bipolare Transistoren werden in zwei unterschiedlichen — zueinander *komplementären* — Schichtenfolge hergestellt: Als npn- bzw. als pnp-Typen. Dadurch lassen sich häufig sehr elegante und kostengünstige Schaltungskonzepte verwirklichen, die mit Röhren nicht möglich waren, weil die Bezugselektrode bei Röhren — die beheizte Katode — stets negativ zur Anode sein muß. Mit komplementären Transistoren stehen aber Bauelemente zur Verfügung, deren Bezugselektrode — hier Emitter genannt — positiv oder negativ zu den übrigen Elektroden sein kann.

Bipolare Transistoren werden heute überwiegend aus Silizium hergestellt. Die anfänglich viel verwendeten Germaniumtransistoren werden heute kaum noch eingesetzt. Vor allem wegen der um mehrere Größenordnungen geringeren Eigenleitfähigkeit des Siliziums gegenüber Germanium nimmt man die etwa dreimal so hohe Schleusenspannung in Kauf.

7.1 Aufbau

Der schematische Aufbau von bipolaren Transistoren ist in Bild 7.1a und 7.2a gezeigt. Der bipolare Transistor hat drei abwechselnd p- oder n-dotierte Schichten und damit jeweils zwei pn-Übergänge. Daraus ergibt sich die sogenannte Diodenersatzschaltung (Bild 7.1b und 7.2b). Man kann aber die Funktion eines Transistors nicht durch zwei Dioden nachbilden; denn der wirkliche Transistor besteht aus einem einzigen Kristall, der unterschiedlich dotiert ist, und nicht — wie die Dioden-Ersatzschaltung — aus zwei getrennten Kristallen.

Bild 7.1c und 7.2c zeigen das Schaltbild eines npn- und eines pnp-Transistors. Die hierin eingetragenen Anschlußbezeichnungen heißen E Emitter B Basis C Kollektor

Bild 7.1 npn-Transistor
E = Emitter,
B = Basis,
C = Kollektor

a) Schematischer Aufbau
b) Dioden-Ersatzschaltbild
c) Schaltzeichen

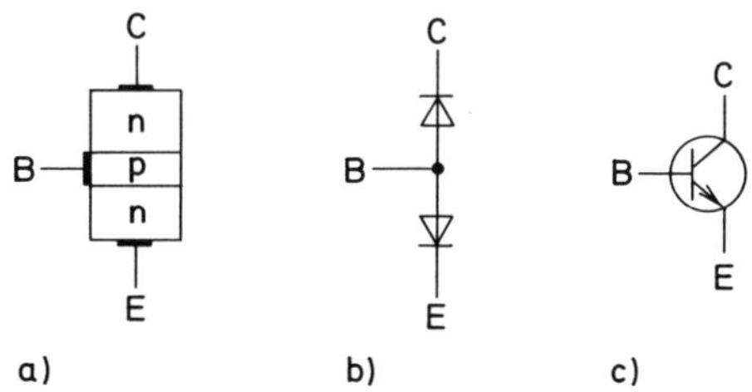

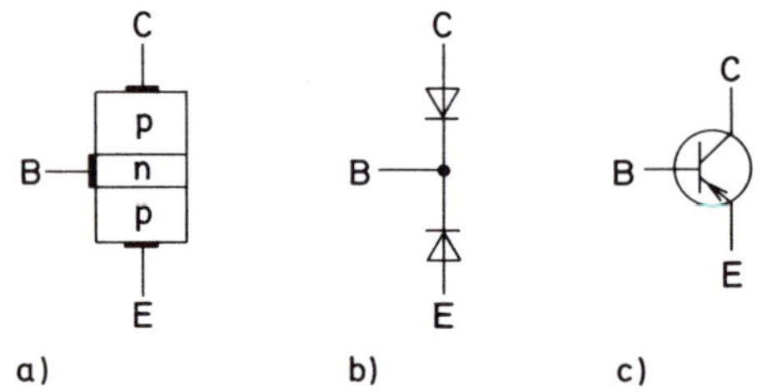

Bild 7.2 pnp-Transistor
E = Emitter,
B = Basis,
C = Kollektor

a) Schematischer Aufbau
b) Dioden-Ersatzschaltbild
c) Schaltzeichen

Dabei ist der Emitter die Bezugselektrode, gegen die üblicherweise alle Transistor-Betriebsspannungen gemessen werden.

Die Bilder 7.1a und 7.2a sind als Modellschema zu betrachten, an denen sich die Wirkungsweise des bipolaren Transistors erklären läßt. Der tatsächliche Aufbau richtet sich nach dem jeweiligen Herstellungsprozeß des Transistors und dieser wiederum nach den unterschiedlichen Einsatzgebieten. Man unterscheidet nach der Herstellungstechnik u.a. diffundierte, epitaktische, Planar- und Epibasistransistoren. Auf diese unterschiedlichen Herstellungsverfahren soll hier nicht näher eingegangen werden, da sie zum Verständnis der Transistorfunktion in diesem Rahmen nicht erforderlich sind.

7.2 Funktion

Die nachfolgende — stark vereinfachte — Funktionsbeschreibung bezieht sich zunächst auf npn-Transistoren. Legt man entsprechend Bild 7.3 eine Spannungsquelle U_C mit dem Pluspol an den Kollektor und mit dem Minuspol an den Emitter eines Transistors, so bildet sich am oberen pn-Übergang, also zwischen Kollektor und Basis, eine Sperrschicht.

Für diese Sperrschicht gilt hinsichtlich Leitfähigkeit (abhängig vom Halbleitermaterial und von der Temperatur), Stärke (abhängig von U_C) und elektrischer Feldstärke in ihr das gleiche wie bei Halbleiterdioden (vgl. Kapitel 2). Die Raumladung verursacht in der Sperrschicht eine elektrische Feldstärke (= Kraft auf Ladungen). Die positive (+) Raumladung bewirkt anziehende Kräfte auf Elektronen, also auch auf die aus dem Minuspol der Batterie U_C. Die gleich große negative (−) Raumladung bewirkt aber abstoßende Kräfte auf diese Elektronen, weshalb ein Stromfluß nicht zustande kommt.

Könnte man die negative Raumladung abbauen, so entfielen die abstoßenden Kräfte auf die Elektronen in der Emitterzone, und es könnte ein Elektronenstrom vom Emitter zum Kollektor

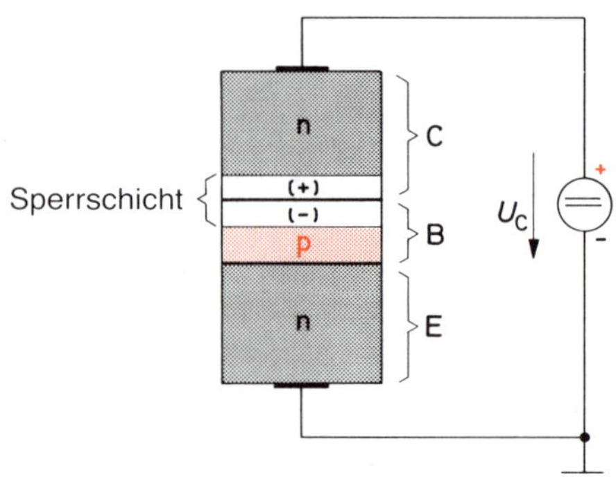

7.3 npn-Transistor:
Durch die äußere Spannung U_C (+ am Kollektor) bildet sich am Kollektor-Basis-pn-Übergang eine Sperrschicht

Bild 7.4 npn-Transistor:
Durch die äußere Spannungsquelle U_B (+ an Basis) wird die negative Raumladung in der Basiszone abgebaut. Dadurch wird der Weg frei für einen (Elektronen-)Strom vom Emitter zum Kollektor

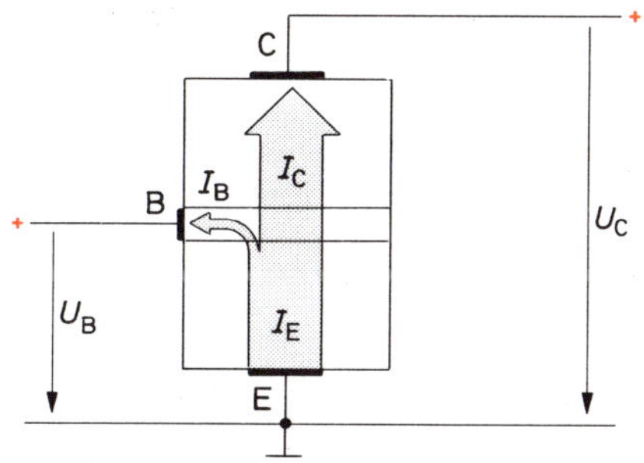

fließen. Nach Bild 7.4 legt man zum Absaugen der sperrenden, den Stromfluß verhindernden Elektronen in der Basiszone eine positive Spannung U_B an die Basis. Die Spannungsquelle U_B nimmt nur die wenigen sperrenden Elektronen auf und gibt damit den Weg frei für einen großen Elektronenstrom vom Emitter zum Kollektor. Die Sperrschicht wird dadurch also abgebaut.

Vergleichbar ist dieser Vorgang mit den relativ kleinen Kräften, die zum Anheben eines Stauwehres erforderlich sind, die damit aber die großen Kräfte eines ganzen Flusses steuern können. Wenn das Wehr nur ein wenig geöffnet wird (nur ein kleiner Basisstrom entnommen wird), fließt auch nur eine kleine Wassermenge des Flusses (des Emitter-Kollektor-Stroms) durch das Stauwerk. Der große Emitter-Kollektor-Strom läßt sich also durch den kleinen Emitter-Basis-Strom steuern: Je größer der Basisstrom, desto größer der Kollektorstrom.

Die sogenannte Stromverstärkung B gibt an, um wieviel größer der Kollektorstrom I_C gegenüber dem Basisstrom I_B ist:

$$I_C = B \cdot I_B$$

Wenn für einen Transistor die Stromverstärkung z.B. mit $B = 100$ angegeben wird, so heißt das, daß für 1 mA Basisstrom 100 mA Kollektorstrom fließen. Die Gleichung $I_C = B \cdot I_B$ sagt aber auch aus, daß für $I_B = 0$ der Kollektorstrom zu null wird, der Transistor also völlig gesperrt ist.

Nach Bild 7.4 ist es die Aufgabe der Spannungsquelle U_B, die negativen Ladungsträger aus der Sperrschicht «abzusaugen». U_B muß also einen Basisstrom vom Emitter zur Basis treiben, d.h. über einen pn-Übergang in Durchlaßrichtung hinweg. Dabei muß die Schleusenspannung des jeweili-

Bild 7.5 pnp-Transistor:
Eine Kollektor-Basis-Sperrschicht wird aufgebaut, wenn der Kollektor *negativ* ist. Zum Abbau der positiven Raumladungen in der Basiszone muß auch die Basis an eine *negative* Spannung gelegt werden

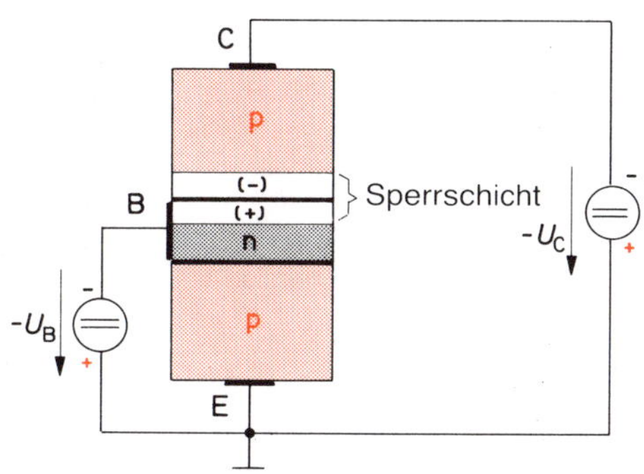

gen Halbleitermaterials, aus dem der Transistor gefertigt wurde, überwunden werden (vgl. Kapitel 2). U_B muß daher für Ge-Transistoren eine Spannung von etwa 0,3 V haben, für Si-Transistoren von etwa 0,6 V.

Damit sich auch in einem pnp-Transistor nach Bild 7.5 eine Sperrschicht zwischen Kollektor C und Basis B ausbildet, der pn-Übergang C—B also in Sperrichtung betrieben wird, muß hier die Spannungsquelle U_C umgekehrt wie beim npn-Transistor angeschlossen werden (vgl. Dioden-Ersatzschaltung Bild 7.2b). Beim pnp-Transistor muß der Kollektor also negativ (mit Bezug auf den Emitter) sein.

Um die Sperrschicht gesteuert abbauen zu können, müssen hier, wie Bild 7.5 zeigt, positive Raumladungen «abgesaugt» werden. Dazu ist eine negative Spannung an der Basis erforderlich.

Von der Funktion her unterscheiden sich npn- und pnp-Transistoren also lediglich durch die unterschiedliche Polung der Betriebsspannungsquellen. Daher funktioniert praktisch jede Schaltung, die z.B. mit npn-Transistoren aufgebaut ist, ebenso auch für pnp-Transistoren, wenn man die Betriebsspannungen umpolt (wobei dann natürlich auch alle anderen polungsabhängigen Bauelemente in der Schaltung umzupolen sind, wie z.B. Dioden und Elektrolytkondensatoren).

7.3 Bezeichnung der Ströme und Spannungen

In Bild 7.4 war zur Funktionserklärung die Elektronenstromrichtung angegeben. In Bild 7.6 sind die üblichen Bezeichnungen (positive Stromrichtung) am Beispiel eines npn-Transistors angegeben.

Die Ströme I_B und I_C fließen in den Transistor hinein und kommen als

$$I_E = I_B + I_C \quad \text{(1. Kirchhoffsches Gesetz)}$$

wieder heraus. Für die Spannungen gilt grundsätzlich der Emitter als Bezugselektrode, d.h., die Spannungspfeile sind zum Emitter hin gerichtet. Das gilt auch für den pnp-Transistor. Vergleicht man in Bild 7.7 die Spannungspfeile mit der tatsächlichen Polung der Betriebsspannungsquellen, so ergibt sich, daß beim pnp-Transistor für U_{CE} und U_{BE} negative Spannungen anzugeben sind (und in den Datenblättern dieser Bauelemente auch angegeben werden). Damit bekommen auch die Ströme I_B und I_C bei pnp-Transistoren negative Vorzeichen (vgl. Stromrichtung I_C und Polung der Betriebsspannungsquelle für U_{CE}).

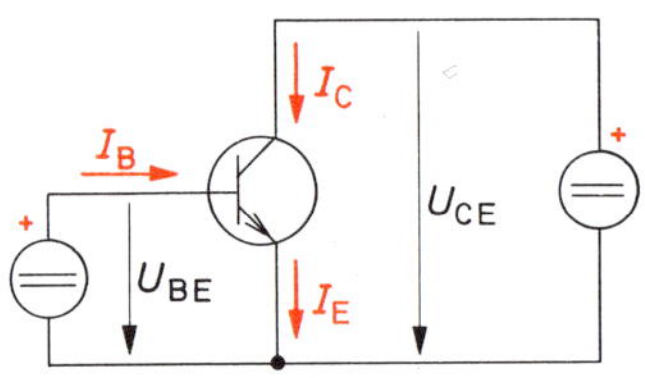

Bild 7.6 Bezeichnung der Ströme und Spannungen am npn-Transistor

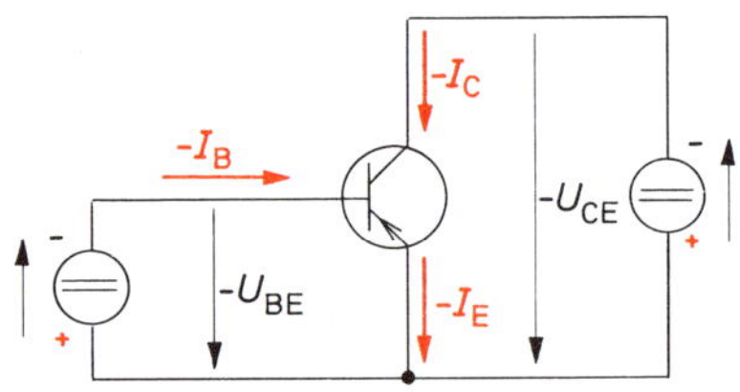

Bild 7.7 Bezeichnung der Ströme und Spannungen am pnp-Transistor

7.4 Funktionsprüfung

Will man an einem vorhandenen, aber unbekannten Bipolartransistor prüfen,

- □ an welchem der drei Anschlußbeine die Elektroden Kollektor, Emitter und Basis liegen,
- □ ob es sich um einen pnp- oder npn-Transistor handelt,
- □ ob es ein Silizium- oder Germaniumtransistor ist,
- □ ob der Transistor funktionsfähig ist, d.h., ob er noch eine Stromverstärkung zwischen Basis und Kollektor aufweist,

so genügt dazu das in jeder Werkstatt vorhandene Ohmmeter. Entsprechend der Prüfung von Halbleiterdioden (vgl. Kapitel 3) läßt sich mit Hilfe eines Ohmmeters und des Diodenersatzschaltbildes nach Bild 7.1b und 7.2b ohne Schwierigkeiten feststellen, ob

- □ ein npn- oder ein pnp-Transistor,
- □ ein Ge- oder ein Si-Transistor

geprüft wurde und

- □ ob beide pn-Übergänge noch in Ordnung sind (Kurzschluß: In beiden Richtungen Anzeige 0 Ω, Unterbrechung: In beiden Richtungen Anzeige ∞ Ω),
- □ an welchem Anschluß die Basis liegt (symmetrischer Widerstand zu beiden anderen Anschlüssen).

Zur Feststellung, welcher der verbleibenden zwei Anschlüsse der Kollektor (oder Emitter) ist, geht man nach Bild 7.8 (npn) oder Bild 7.9 (pnp) vor.

Hat man z.B. einen npn-Transistor nach Bild 7.8a an das Ohmmeter angeschlossen, so wird zunächst kein Strom durch den Transistor fließen, da die Basis nicht angeschlossen ist. Wenn kein Basisstrom fließt, fließt auch kein Kollektorstrom ($I_C = B \cdot I_B$), das Ohmmeter zeigt keinen Ausschlag (Anzeige: ∞). Wenn man jetzt den Basis- und Kollektoranschluß mit einem hochohmigen Widerstand R (notfalls auch einfach Überbrückung mit einem Finger = Hautwiderstand) überbrückt, kann ein kleiner Basisstrom fließen. Das Ohmmeter wird den um die Stromverstärkung B größeren Kollektorstrom durch einen deutlichen Zeigerausschlag anzeigen.

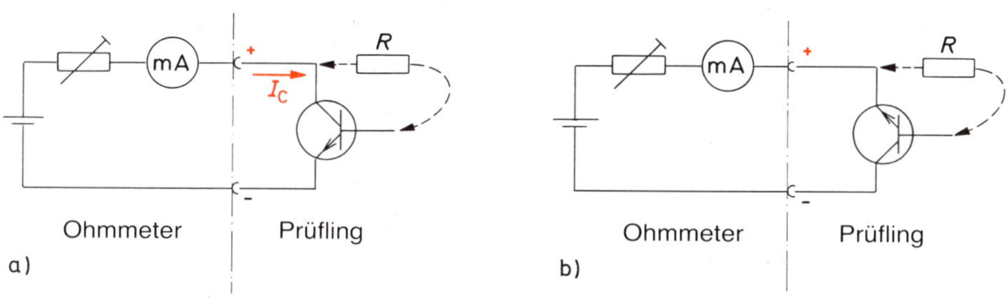

Bild 7.8 Funktionsprüfung eines npn-Transistors mit dem Ohmmeter
a) Transistor «richtig» gepolt
b) Transistor «invers» betrieben

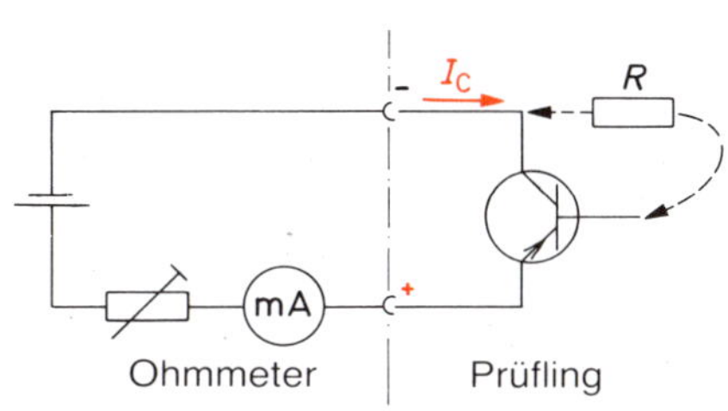

Bild 7.9 Funktionsprüfung eines pnp-Transistors mit dem Ohmmeter

Damit liegt fest,

- □ wo der Kollektoranschluß liegt (am Pluspol des Ohmmeters, d.h. an der mit (—) bezeichneten Klemme des Vielfachmessers),
- □ daß der Transistor in Ordnung ist (den Basisstrom «verstärkt»).

Sollte der Transistor nach Bild 7.8b falsch herum angeschlossen worden sein (man weiß ja noch nicht, wo der Kollektoranschluß liegt), so zeigt sich bei Überbrücken von Pluspol nach Basis mit einem hochohmigen Widerstand kaum ein größerer Ausschlag am Ohmmeter: Ein «invers» (= falsch gepolt) betriebener Transistor hat nur eine sehr geringe Stromverstärkung.

Wenn ein pnp-Transistor nach Bild 7.9 richtig angeschlossen ist, wird auch hier der Überbrükkungstest einen deutlichen Ohmmeterausschlag bewirken.

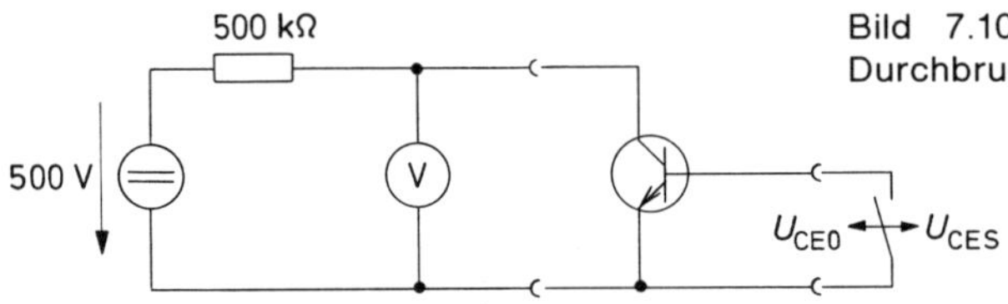

Bild 7.10 Messung der Kollektor-Emitter-Durchbruchsspannungen

Soll an einem Transistor mit einfachen Mitteln auch die maximale Durchbruchspannung $U_{CE\,max}$ (der Kollektor-Basis-Sperrschicht) festgestellt werden, so geht man nach Bild 7.10 vor. Man braucht lediglich eine Gleichspannungsquelle mit einer Spannung über der Durchbruchspannung, einen Widerstand und einen hochohmigen Spannungsmesser. Der Widerstand begrenzt den Strom, der durch den Prüfling fließen kann, auf einen für den Prüfling ungefährlichen Wert. Mit den Werten 500 V und 500 kΩ in Bild 7.10 kann dieser Strom höchstens 1 mA betragen. Die Spannung am Transistor wird bis auf die Durchbruchspannung ansteigen. Dieser gesuchte Wert wird vom Spannungsmesser angezeigt. Man wird zwei unterschiedliche Werte erhalten: einen etwas höheren U_{CES}, wenn die Basis mit dem Emitter verbunden ist (s = shorted = kurzgeschlossen), und den niedrigeren Wert U_{CEo} (o = open = offener Basisanschluß).

7.5 Grenz- und Kennwerte

Auch bei bipolaren Transistoren werden — wie bei allen anderen Bauelementen — Grenzwerte und Kennwerte angegeben. Grenzwerte sind Werte, die im Betrieb nicht überschritten werden dürfen, ohne eine Zerstörung des Bauelements zu riskieren. Hierbei sind auch Schwankungen der Betriebsspannung und Toleranzen anderer Bauelemente zu berücksichtigen. Ein einzelner Grenzwert darf auch dann nicht überschritten werden, wenn andere Grenzwerte nicht voll ausgenutzt sind.

Kennwerte sind Eigenschaften eines Bauelements, die sich mit entsprechenden Meßgeräten messen lassen. Sie werden je nach Bedarf angegeben als

- □ typische Werte; dann werden sie durch eine Zahl oder eine Kurve oder eine Kurvenschar ausgedrückt und sind Exemplarstreuungen unterworfen,
- □ Garantiewerte; dann steht vor der Zahl das Zeichen $<$ oder $>$, oder es sind zwei Zahlen als garantierte obere und untere Grenze des Streubereichs angegeben.

Bei Transistoren handelt es sich um nichtlineare Bauelemente. Ebenso wie bei nichtlinearen Widerständen gelten irgendwelche elektrischen Daten nur in einem bestimmten Arbeitspunkt. Genaue Auskunft über das Verhalten von nichtlinearen Bauelementen kann nur ein Datenblatt geben, in dem das Verhalten in allen erlaubten Arbeitspunkten als Kurve oder Kurvenschar dargestellt ist. Die auf solchen Bauelementen aufgedruckten Typenbezeichnungen sagen über das Betriebsverhalten fast nichts aus, sie geben lediglich Auskunft über das zugehörige Datenblatt. Dabei ist die Herstellerangabe ebenso wichtig wie die Typenbezeichnung. Von der inzwischen unübersehbar großen Zahl von Transistortypen werden nämlich nur sehr wenige von mehreren Herstellern unter der gleichen Typenbezeichnung gefertigt. Datenblätter bzw. Datenbücher werden von den Herstellern herausgegeben, enthalten dann aber auch nur die von diesem gefertigten Typen. Ehe man das Datenblatt eines bestimmten Transistortyps sucht, muß man also wissen, wer diesen Transistor herstellt, in wessen Datenbuch man diesen Typ findet.

Für die Typenbezeichnungen von Einzelhalbleitern haben auf dem europäischen Markt vor allem zwei Systeme Bedeutung:

- □ das amerikanische, das nur über die Zahl der Elektroden (= Anschlüsse) eines Bauelements etwas aussagt:
  1N... = Bauelement mit 2 Elektroden, z.B. Diode,
  2N... = Bauelement mit 3 Elektroden, z.B. Transistor,
- □ das europäische (Pro Electron), das Auskunft über das verwendete Halbleitermaterial und das mögliche Einsatzgebiet bzw. seine Funktion gibt (vgl. Kapitel 23).

Darüber hinaus sind andere Typenschlüssel gebräuchlich, insbesondere fernöstliche, firmeneigene und kundenspezifische. Allen Systemen ist gemeinsam: Sie können lediglich einen Hinweis auf die zugehörigen Datenblätter geben, nie das Betriebsverhalten eines Bauelements beschreiben.

Als Beispiel hierfür möge der npn-Transistor BC 170 dienen. Nach dem Pro-Electron-Typenschlüssel (Kapitel 23) kann man aus der Typenbezeichnung lediglich ersehen, daß es sich um ein Siliziumbauelement handelt (erster Buchstabe: B = Silizium), das als Verstärker kleiner Leistung eingesetzt werden kann (zweiter Buchstabe: C = Niederfrequenzverstärker, $R_{thJG} > 15$ K/W).

Erst aus dem zugehörigen Datenblatt Tabelle 7.1 läßt sich feststellen, daß es sich bei dem BC 170 um einen npn-Transistor handelt. Und nur hier findet man die zugehörigen Grenz- und Kennwerte.

Im einzelnen haben die Grenzwertangaben in diesem Datenblatt folgende Bedeutung:

$\boldsymbol{U_{CBo}}$: Grenzwert der Spannung vom Kollektor (positiv) zur Basis (negativ) bei offenem (o = offen), also nicht angeschlossenem Emitter. Da kein Basisstrom (von Basis nach Emitter) fließen kann, weil der Emitter nicht angeschlossen ist, bildet sich zwischen Kollektor und Basis eine Sperrschicht aus. U_{CBo} ist daher die höchstzulässige Spannung, bei der die Durchbruchspannung der Kollektor-Basis-Sperrschicht noch nicht erreicht wird.

$\boldsymbol{U_{CEo}}$: Grenzwert der Spannung zwischen Kollektor und Emitter bei offener Basis. Auch hierbei fließt kein Basisstrom, der Transistor ist also «gesperrt». Und ebenso wie bei einem offenen (= für den Stromdurchgang «gesperrten») mechanischen Schalter darf auch hier eine bestimmte Spannung U_{CEo} nicht überschritten werden, wenn ein Durchbruch vermieden werden soll. Gelegentlich wird in den Datenblättern zu U_{CEo} der Grenzwert U_{CEs} angegeben. s steht für «shorted», d.h. für einen Kurzschluß zwischen Basis und Emitter. Auch in diesem Betriebszustand kann kein Basisstrom fließen; denn dazu wäre eine Basis-Emitter-Spannung von etwa 0,6 V (bei Silizium) erforderlich, bei einem Kurzschluß zwischen Basis und Emitter ist diese Spannung aber null. Auch hier ist der Transistor also gesperrt, die zulässige Sperrspannung U_{CEs} liegt wegen der anderen Betriebsbedingungen meist etwas höher als U_{CEo}.

Im tatsächlichen Betriebszustand ist die Basis weder offen noch völlig kurzgeschlossen, sondern sie ist über einen Widerstand mit dem Rest der Schaltung verbunden. Man liegt daher immer auf

Tabelle 7.1 Datenblatt des Transistors BC 170 (Auszug, nach ITT-Unterlagen)

NPN-Silizium-Planar-Transistor
für Schalter- und Verstärkeranwendungen
Die Transistoren werden nach dem Kollektor-Basis-Stromverhältnis (Gleichstromverstärkung) *B* in die drei Gruppen A, B und C eingeteilt.

Schwarzes Kunststoffgehäuse
≈ JEDEC TO-92
kompatibel mit TO-18
Gewicht ca. 0,18 g
Gehäuse ist lichtundurchlässig
Maße in mm

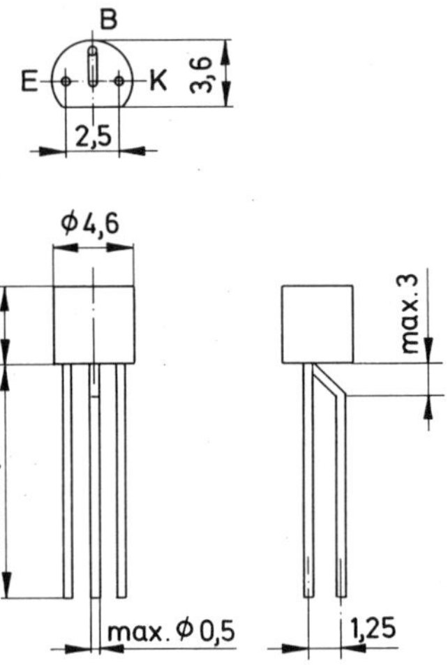

Grenzwerte			
Kollektor-Basis-Spannung	U_{CB0}	20	V
Kollektor-Emitter-Spannung	U_{CE0}	20	V
Emitter-Basis-Spannung	U_{EB0}	5	V
Kollektorstrom	I_C	100	mA
Verlustleistung bei $\vartheta_U = 25\,°C$	P_{tot}	300[1]	mW
Sperrschichttemperatur	ϑ_J	150	°C
Lagerungstemperaturbereich	ϑ_S	−55 bis +150	°C
Kennwerte bei $T_i = 25\,°C$	**BC 170 A**	**BC 170 B**	**BC 170 C**
Kollektor-Basis-Stromverhältnis			
bei $U_{CE} = 1$ V, $I_C = 1$ mA B	35 bis 100	80 bis 250	200 bis 600
bei $U_{CE} = 1$ V, $I_C = 30$ mA B	>30	>60	>150
Kollektor-Sättigungsspannung			
bei $I_C = 1$ mA, $I_B = 0{,}1$ mA	U_{CEsat}	<0,25	V
bei $I_C = 30$ mA, $I_B = 3$ mA	U_{CEsat}	<0,4	V
Basis-Sättigungsspannung			
bei $I_C = 1$ mA, $I_B = 0{,}1$ mA	U_{BEsat}	<0,7	V
Kollektorreststrom bei $U_{CB0} = 15$ V	I_{CB0}	<0,1	µA
Wärmewiderstand			
Sperrschicht – umgebende Luft	$R_{th\,U}$	<420[1]	K/W

[1] Dieser Wert gilt, wenn die Anschlußdrähte in 2 mm Abstand vom Gehäuse auf Umgebungstemperatur gehalten werden.

der sicheren Seite, wenn man bei der Schaltungsauslegung von dem (niedrigeren) Grenzwert U_{CEo} ausgeht. Sinngemäß gilt das gleiche für die beiden Werte U_{CBo} und U_{CBs}.

$\boldsymbol{U_{EBo}}$: Grenzwert der Basis-Emitter-Sperrspannung bei offenem Kollektor. Die Basis-Emitter-Diode liegt hierbei in Sperrichtung (vgl. Grundlagenband, Bezeichnung von Potentialdifferenzen). Aus technologischen Gründen liegt diese Spannung bei nahezu allen Transistoren bei etwa 5 V. Gelegentlich wird daher die Basis-Emitter-Strecke eines Transistors auch als 5-V-Z-Diode verwendet.

$\boldsymbol{I_C}$: Grenzwert des Kollektorstroms, der auch dann nicht überschritten werden darf, wenn die maximal zulässige Leistung und/oder Temperatur noch nicht erreicht ist.

$\boldsymbol{P_{tot}}$: Grenzwert der Verlustleistung, der auch dann nicht überschritten werden darf, wenn die maximal zulässige Sperrschichttemperatur noch nicht erreicht ist.

ϑ_J: Grenzwert der Sperrschichttemperatur (J: junction = engl. für pn-Übergang). Die Sperrschichttemperatur läßt sich aus dem Wärmewiderstand R_{th} und der Verlustleistung berechnen (vgl. Kapitel 22).

Kennwerte von Halbleiterbauelementen sind temperaturabhängig. Deshalb wird in Datenblättern grundsätzlich angegeben, bei welcher Temperatur die aufgeführten Kennwerte gelten (im Datenblatt Tabelle 7.1 bei Sperrschichttemperatur $\vartheta_J = 25\,°C$). Zu den stark temperaturabhängigen Kennwerten gehören vor allem die

Restströme (Bild 7.11). Sie haben ihren Ursprung in der Eigenleitfähigkeit (Minoritätsträger in der Sperrschicht, vgl. Kapitel 2) des verwendeten Halbleitermaterials. Die Kennzeichnung der Sperrströme erfolgt ebenso wie bei den Sperrspannungs-Grenzwerten durch drei Indizes: Die beiden ersten Buchstaben im Index geben an, zwischen welchen beiden Transistoranschlüssen (in Sperrichtung, vgl. Dioden-Ersatzschaltbild 7.1 bzw. 7.2) der Sperrstrom gemessen wurde, der dritte Buchstabe gibt an, wie der dritte Anschluß beschaltet ist:

Bild 7.11 Temperaturabhängigkeit des Kollektor-Basis-Reststroms I_{CBO} bei einem Si-Transistor (nach ITT-Unterlagen)

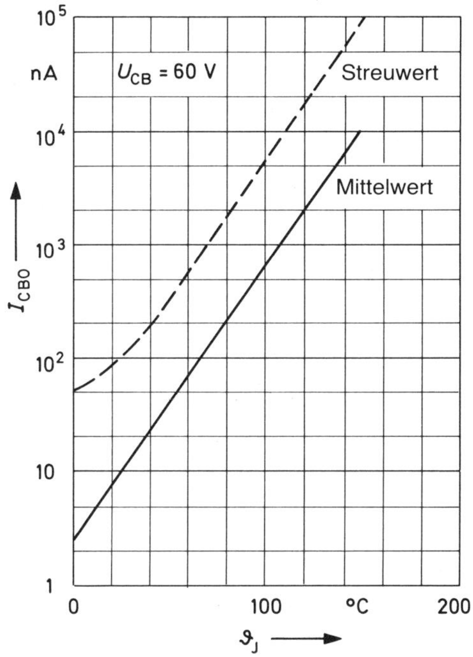

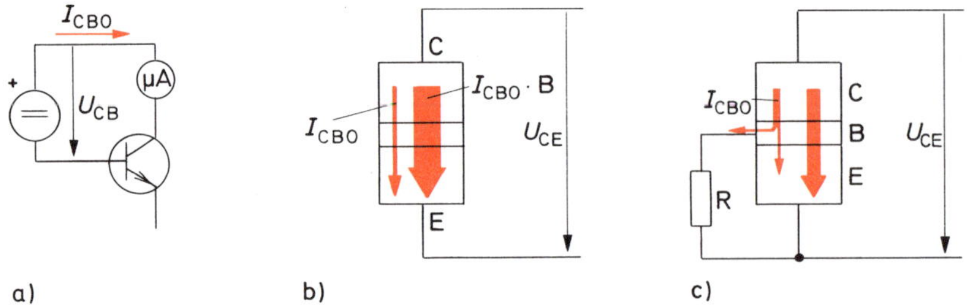

Bild 7.12
a) Messung des Kollektor-Basis-Reststroms I_{CBO}
b) Verstärkung des Kollektor-Basis-Reststroms I_{CBO} zum Kollektor-Emitter-Reststrom I_{CEO}
c) Ableiten eines Teils von I_{CBO} über einen Widerstand R führt zu dem kleineren Reststrom $I_{CER} < I_{CEO}$

o = «open» = offen
s = «shorted» = kurzgeschlossen
r = «resistor» = Widerstand vorgeschaltet
v = «voltage» = in Sperrichtung vorgespannt

Der bei offenem Emitter in Sperrichtung durch die Kollektor-Basis-Diode fließende Strom heißt demgemäß I_{CBo} (Bild 7.12a). Er ist relativ klein (vgl. Tabelle 7.1). Bei offener Basis wirkt dieser Reststrom für den Transistor wie ein interner Basisstrom (Bild 7.12b). Er wird auch ebenso wie ein (von außen zugeführter) Basisstrom verstärkt. Deshalb wird

$$I_{CEo} = B \cdot I_{CBo} + I_{CBo}$$

Dieser Reststrom kann störend große Werte annehmen. Vermindern kann man ihn, indem man den Kollektor-Basis-Reststrom teilweise (I_{CEr}, Bild 7.12c) oder fast vollständig (I_{CEs}) ableitet. Da die Restströme bei Germanium um Größenordnungen höher sind als bei Silizium (vgl. Kapitel 1), ist bei Ge-Transistoren häufig selbst der Reststrom I_{CEs} noch zu groß. Deshalb wurde insbesondere bei digitalen Schaltungen mit Ge-Transistoren vielfach vom Anlegen einer Gegenspannung Gebrauch gemacht, wodurch sich der sehr viel kleinere Reststrom I_{CEv} ergibt.

Bei der Herstellung von Halbleiterbauelementen ergibt sich ein großer Streu- oder Toleranzbereich der Kennwerte. Allein die Stromverstärkung B streut bei dem hier betrachteten Beispiel des Transistors BC 170 von $B = 35$ bis $B = 600$ (vgl. Tabelle 7.1). Da dieser Streubereich für viele Anwendungen zu groß ist, wird er beim BC 170 (und anderen Typen) in drei Verstärkungsklassen unterteilt und in der Typenbezeichnung mit A, B oder C als Schlußbuchstaben gekennzeichnet.

Die im Datenblatt Tabelle 7.1 angegebenen Streubereiche gelten für einen Kollektorstrom von $I_C = 1$ mA. Für größere Kollektorströme (hier 30 mA) wird die Stromverstärkung B als Garantiewert angegeben «$B > 30$» heißt, daß bei allen Exemplaren des Typs BC 170A bei $U_{CE} = 1$ V, $I_C = 30$ mA und $\vartheta_J = 25\,°C$ die Stromverstärkung mindestens 30 beträgt.

U_{CEsat}: Unter der Sättigungsspannung U_{CEsat} (saturation = engl. Sättigung) versteht man den Spannungsabfall zwischen Kollektor und Emitter bei voll leitendem Transistor. Da auch bei vollständigem Abbau der Kollektor-Basis-Sperrschicht der Widerstand zwischen Kollektor und Emitter nicht null werden kann, wird sich auch am leitenden Transistor (einem geschlossenen mechanischen Schalter vergleichbar) bei Stromdurchgang immer ein Spannungsabfall, die sogenannte Sättigungsspannung, ergeben. Dieser Spannungsabfall wird natürlich um so größer, je größer der durchfließende Strom I_C ist. Hier im Datenblatt des BC 170 ist die Sättigungsspannung für zwei unterschiedliche Kollektorströme als Garantiewert angegeben: <0,25 V für I_C = 1 mA bzw. <0,4 V für I_C = 30 mA.

Der Betriebszustand «Sättigung» (kleinstmögliche Kollektor-Emitter-Spannung) tritt auf, wenn der Transistor «übersteuert» wird, d.h., wenn der Basisstrom größer gemacht wird, als rechnerisch zur Erreichung des Kollektorstroms erforderlich wäre. Bei der Datenblattangabe $U_{CE\,sat}$ < 0,4 V ist für einen Kollektorstrom von I_C = 30 mA ein Basisstrom von I_B = 3 mA vorausgesetzt. Die

Tabelle 7.2 Datenblatt des Leistungstransistors 2N3055 (Auszug, nach ITT-Unterlagen)

Grenzdaten			
Kollektor-Basis-Spannung	U_{CB0}	100	V
Kollektor-Emitter-Spannung			
bei U_{BE} = −1,5 V	U_{CEV}	90	V
bei R_{BE} = 100 Ω	U_{CER}	70	V
bei I_B = 0	U_{CE0}	60	V
Emitter-Basis-Spannung	U_{EB0}	7	V
Kollektorstrom	I_C	15	A
Basisstrom	I_B	7	A
Verlustleistung bei ϑ_G = 25 °C	P_{tot}	115	W
Sperrschichttemperatur	ϑ_j	200	°C
Lagerungstemperaturbereich	ϑ_S	−65 bis +200	°C
Löttemperatur an den Sockelstiften, ca. 1 mm vom Gehäuseboden entfernt, max. 10 s	ϑ_L	235	°C
Kenndaten bei T_G = 25 °C			
Kollektor-Basis-Stromverhältnis			
bei U_{CE} = 4 V, I_C = 4 A	B	20 bis 70	
bei U_{CE} = 4 V, I_C = 10 A	B	>5	
Kollektor-Sättigungsspannung			
bei I_C = 4 A, I_B = 0,4 A	$U_{CE\,sat}$	<1,1	V
bei I_C = 10 A, I_B = 3,3 A	$U_{CE\,sat}$	<8	V
Basis-Emitter-Spannung	U_{BE}	<1,8	V
bei U_{CE} = 4 V, I_C = 4 A			
Kollektorreststrom			
bei U_{CE} = 100 V, U_{BE} = −1,5 V	I_{CEV}	< 5	mA
bei U_{CE} = 100 V, U_{BE} = −1,5 V, T_G = 150 °C	I_{CEV}	<30	mA
bei U_{CE} = 30 V, I_B = 0	I_{CE0}	<0,7	mA
Emitterreststrom bei U_{EB} = 7 V	I_{EB0}	<5	mA
Kollektor-Emitter-Durchbruchspannung			
bei I_C = 200 mA, I_B = 0	$U_{(BR)CE0}$	>60	V
bei I_C = 100 mA, $-U_{BE}$ = 1,5 V	$U_{(BR)CEV}$	>90	V
bei I_C = 200 mA, R_{BE} = 100 Ω	$U_{(BR)CER}$	>70	V
Kleinsignal-Stromverstärkung	h_{21e}	15 bis 120	
bei U_{CE} = 4 V, I_C = 1 A, f = 1 kHz			
Transitfrequenz bei U_{CE} = 4 V, I_C = 1 A	f_T	1,5 (>0,8)	MHz
Wärmewiderstand Sperrschicht-Gehäuse	$R_{th\,G}$	<1,5	K/W

kleinste Stromverstärkung bei $I_C = 30$ mA bei allen BC 170 beträgt aber $B = 30$ (siehe Datenblatt). Zur Erzielung eines Kollektorstroms von $I_C = 30$ mA wären also eigentlich höchstens

$$I_B = \frac{I_C}{B} = \frac{30 \text{ mA}}{30} = 1 \text{ mA}$$

erforderlich. Mit $I_B = 3$ mA fließt ein um mindestens (kleinste Stromverstärkung zugrunde gelegt!) dreimal größerer Basisstrom, als für $I_C = 30$ mA erforderlich wäre. Der Transistor wird hier mit einem *Übersteuerungsfaktor* $ü = 3$ betrieben, um sicher im Sättigungsbereich zu sein.

Mit der Basissättigungsspannung U_{BEsat} ist der Spannungsabfall an der Basis-Emitter-Strecke gemeint. Es handelt sich dabei praktisch um die Durchlaßspannung einer Siliziumdiode (vgl. Ersatzschaltbild Bild 7.1b).

In Tabelle 7.2 sind zum Vergleich Grenz- und Kennwerte eines npn-Leistungstransistors ($P_{tot} =$ 115 W) gezeigt. Die Daten von Leistungstransistoren unterscheiden sich außer durch den wesentlich geringeren Wärmewiderstand von Kleinleistungstransistoren vor allem durch eine kleinere Stromverstärkung und — wegen der höheren Betriebsströme — durch höhere Sättigungsspannungen U_{CEsat} und höhere Basis-Emitter-Spannungen U_{BE}.

7.6 Kennlinien

Die Zahlenangaben bei den Kennwerten im Datenblatt gelten immer nur für einen bestimmten Betriebszustand oder Arbeitspunkt, der jeweils mit angegeben ist. Wie sich diese Kennwerte ändern, wenn der Arbeitspunkt (z.B. die Temperatur, der Kollektorstrom, die Kollektor-Emitter-Spannung oder andere) verändert wird, kann man nur in Kennlinien darstellen. Die wichtigsten Transistorkennlinien sind die Ausgangs- und die Eingangskennlinien.

In den Ausgangskennlinien ist der Zusammenhang von Kollektorstrom I_C und Kollektor-Emitter-Spannung U_{CE} bei unterschiedlichen Basisströmen für einen bestimmten Transistortyp dargestellt. Der Name Ausgangskennlinien trifft hierfür genaugenommen nur zu für eine Schaltung, bei der die Kollektor-Emitter-Strecke tatsächlich Teil des Ausgangsstromkreises ist (Emitterschaltung). Näheres dazu in Abschnitt 8.3.1, Emitter-Grundschaltungen. Bild 7.13 zeigt ein Beispiel solcher Kennlinien für einen npn-Transistor BC 170.

Dabei handelt es sich um «mittlere» oder «typische» Kennlinien. Sie stellen das Verhalten eines «typischen» Transistors dar, dessen Kennwerte innerhalb des zugelassenen Streubereichs liegen. Aus der Kennlinie in Bild 7.13 ist z.B. zu entnehmen, daß bei $U_{CE} = 1$ V für einen Kollektorstrom von $I_C = 1$ mA ein Basisstrom von etwa $I_B = 8$ µA erforderlich ist. Daraus errechnet sich eine Stromverstärkung von

$$B = \frac{I_C}{I_B} = \frac{1000 \text{ µA}}{8 \text{ µA}} = 125$$

Nach dem Datenblatt in Tabelle 7.1 kann dieser Wert tatsächlich aber irgendwo zwischen 35 und 600 liegen. Entsprechend unterschiedlich sind daher natürlich auch die Kennlinien von verschiedenen Exemplaren des gleichen Transistortyps. Bei allen aus solchen typischen Kennlinien entnommenen Zahlenwerten muß man sich also darüber im klaren sein, daß diese Zahlenwerte innerhalb der Datenblattgrenzen streuen, d.h. von den abgelesenen Werten abweichen können.

Nach einem steilen Kennlinienstück bei kleinen Kollektorspannungen gehen die Ausgangskennlinien in einen flachen Verlauf mit sehr geringer Steigung über. Diese Steigung $\Delta I_C/\Delta U_{CE}$

Bild 7.13 Kennlinienfeld $I_C = f(U_{CE})$ des npn-Transistors BC 170 (nach ITT-Unterlagen)

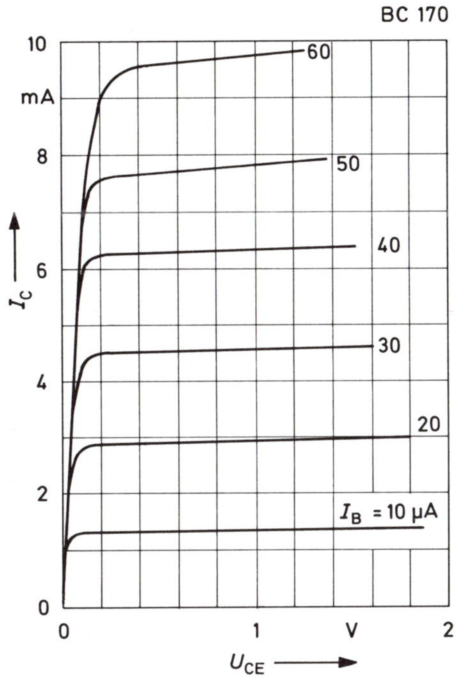

stellt ein direktes Maß für den differentiellen Leitwert dar. Ihr Kehrwert gibt also den differentiellen Widerstand an:

$$r_{CE} = \frac{\Delta U_{CE}}{\Delta I_C}$$

Ein flacher Verlauf (großes ΔU_{CE} bei kleinem ΔI_C) bedeutet also einen großen differentiellen Widerstand. Aus der Kennlinie $I_B = 20\ \mu A$ aus Bild 7.13 kann man z.B. folgende Werte entnehmen:

Wenn sich U_{CE} von 0,2 V bis 1,8 V ändert ($\Delta U_{CE} = 1{,}6$ V), ändert sich I_C von 2,9 bis 3 mA ($\Delta I_C = 0{,}1$ mA). Daraus ergibt sich für diese Kennlinie ein differentieller Widerstand von

$$r_{CE} = \frac{1{,}6\ \text{V}}{0{,}1\ \text{mA}} = 16\ \text{k}\Omega$$

Die Ausgangskennlinien zeigen, daß der Kollektorstrom fast nur vom Basisstrom I_B bestimmt wird und nahezu unabhängig von der Kollektor-Emitter-Spannung U_{CE} ist. Solange I_B konstant bleibt, bleibt auch der Kollektorstrom (annähernd) konstant. Die Gleichung $I_C = I_B \cdot B$ gilt genau also nur, wenn U_{CE} konstant bleibt. Kleine Änderungen von U_{CE} haben aber, wie man den Kennlinien entnehmen kann, nur sehr geringen Einfluß auf I_C. Für kleine Änderungen von U_{CE} kann man daher die Gleichung $I_C = I_B \cdot B$ mit ausreichender Genauigkeit verwenden.
Wenn die Stromverstärkung

$$B = \frac{I_C}{I_B}$$

im gesamten Kennlinienfeld konstant wäre, müßten die Kennlinien alle den gleichen Abstand zueinander haben: Je 10 µA Basisstromanstieg müßte immer den gleichen Zuwachs im Kollektorstrom I_C zur Folge haben. Man sieht aus den unterschiedlichen Abständen, daß die Stromverstärkung dieses Transistors mit zunehmenden Kollektorströmen abnimmt. Deshalb wird in den Datenblattkennwerten auch angegeben, bei welchem Kollektorstrom die Stromverstärkung gemessen wurde.

Schließlich geben die Kennlinien nach Bild 7.13 eine anschauliche Erklärung für die Sättigungsspannung $U_{CE\,sat}$. Der steile Anfangskennlinien-Verlauf zeigt, daß der Transistor hier sehr niederohmig ist. Für einen Kollektorstrom von $I_C = 7$ mA ergibt sich z.B. ein Spannungsabfall von $U_{CE} = 0{,}1$ V. Dieser niedrige «Bahnwiderstand» zwischen Kollektor und Emitter von 0,1 V/7 mA = 14,3 Ω, entsprechend dem steilen Anstieg der Kennlinie in ihrem Anfang, läßt sich auch durch größer werdende Basisströme nicht mehr verringern. Der voll leitende Transistor (Sperrschicht vollständig abgebaut, Sättigung) behält also zwischen Kollektor und Emitter noch diesen Widerstand und dementsprechend bei Stromdurchgang einen Mindestspannungsabfall $U_{CE\,sat}$.

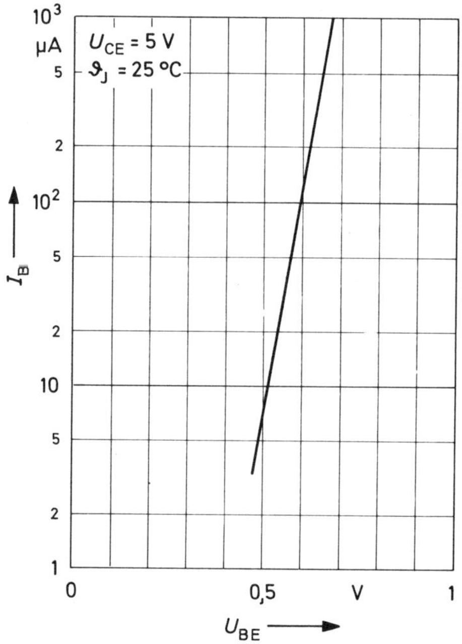

Bild 7.14 Kennlinie $I_B = f(U_{BE})$ des Transistors BC 170 bei $\vartheta_J = 25$ °C (nach ITT-Unterlagen)

Die Kennlinie $I_B = f(U_{BE})$ (= Eingangskennlinie bei Emitterschaltung) zeigt, welche Spannung U_{BE} jeweils für einen bestimmten Basisstrom I_B erforderlich ist. In Bild 7.14 ist hierfür ein Beispiel gezeigt. Es handelt sich um eine Diodenkennlinie (Basis-Emitter-Diode), wobei hier der Strom I_B im logarithmischen Maßstab dargestellt ist. Wesentliche Merkmale dieser Kennlinie sind die Schleusenspannung (hier etwa 0,6 V für 100 µA) und die große Steilheit: Schon bei geringen Änderungen der Basis-Emitter-Spannung ändert sich der Basisstrom sehr stark. Bei einer Änderung der Basisspannung um $\Delta U_{BE} = 0{,}1$ V steigt der Basisstrom bei diesem Transistor um das Zwanzigfache. Der differentielle Widerstand der Basis-Emitter-Strecke ist also klein:

$$r_{BE} = \frac{\Delta U_{BE}}{\Delta I_B}$$

Mit den Werten aus Bild 7.14 ergibt sich $r_{BE} = 100\ \text{mV}/200\ \mu\text{A} = 500\ \Omega$.

Die Zusammenhänge der vier Größen U_{CE}, I_C, I_B und U_{BE} lassen sich auch gemeinsam darstellen, wie in Bild 7.15 gezeigt ist. Dabei ergibt sich aus der Kennlinie $I_C = f(I_B)$ zusätzlich die Darstellung der Stromverstärkung. Die (nicht konstante) Steigung dieser Kennlinie nennt man die dynamische Stromverstärkung β:

$$\beta = \frac{\Delta I_C}{\Delta I_B}$$

In das Ausgangskennlinienfeld $I_C = f(U_{CE})$ in Bild 7.15 sind die Grenzwerte $P_{tot} = 300$ mW für diesen Transistor und $P_{V\,zul} = 200$ mW bei $\vartheta_U = 75\ °C$ zusätzlich eingetragen.

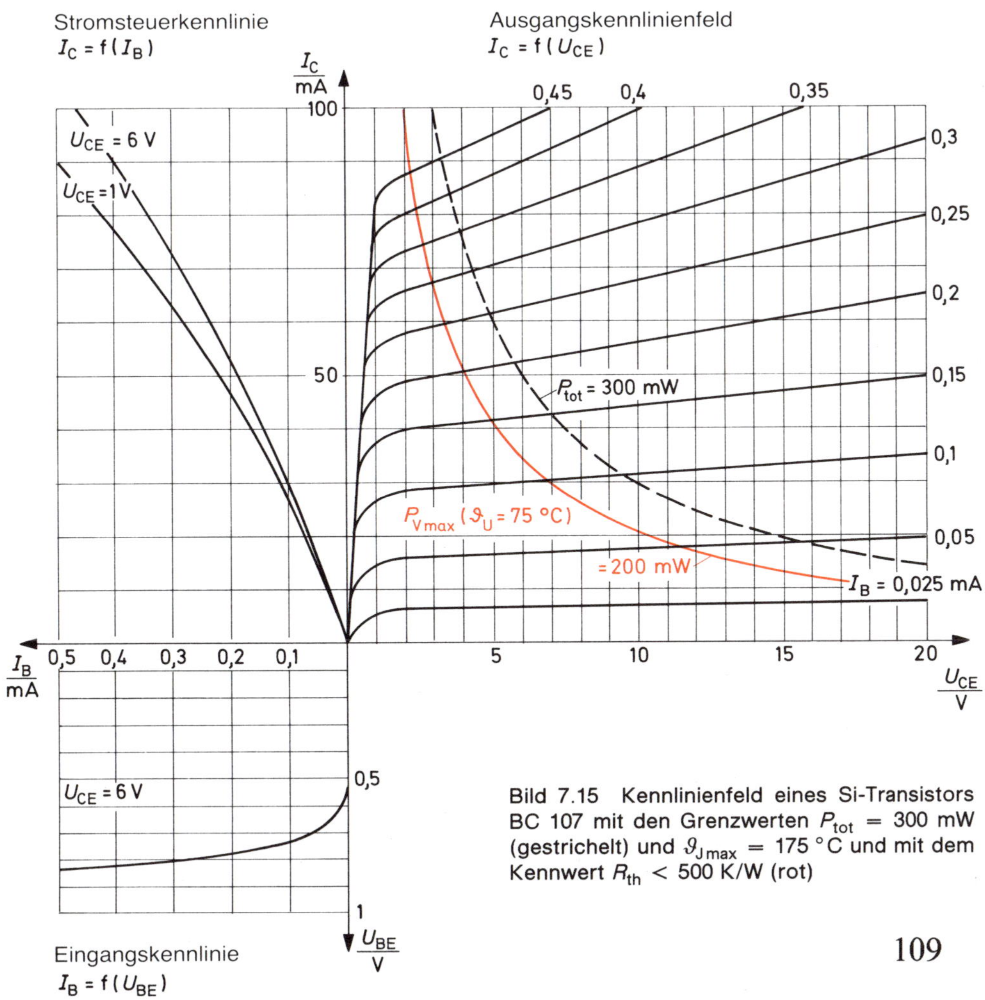

Bild 7.15 Kennlinienfeld eines Si-Transistors BC 107 mit den Grenzwerten $P_{tot} = 300$ mW (gestrichelt) und $\vartheta_{J\,max} = 175\ °C$ und mit dem Kennwert $R_{th} < 500$ K/W (rot)

8 Der bipolare Transistor als Verstärker

Eines der wesentlichen Einsatzgebiete des bipolaren Transistors ist seine Verwendung zur Verstärkung kleiner Ströme und Spannungen. In der Meß- und Regeltechnik werden z.B. die kleinen Spannungen, Ströme und Leistungen aus Meßbrücken, Thermoelementen, Lichtschranken, Hallgeneratoren und dergleichen durch Transistoren auf höhere Werte verstärkt, um andere elektrische Geräte, wie Magnetventile, Schreiber, Anzeigegeräte, Alarmgeräte usw., betätigen zu können. In der Unterhaltungselektronik werden z.B. die kleinen Spannungen und Leistungen, die der Tonabnehmer eines Plattenspielers liefert, durch Transistoren auf Leistungen verstärkt, die für den Betrieb eines Lautsprechers ausreichen.

Bild 8.1 Ströme und Spannungen an einem Verstärker

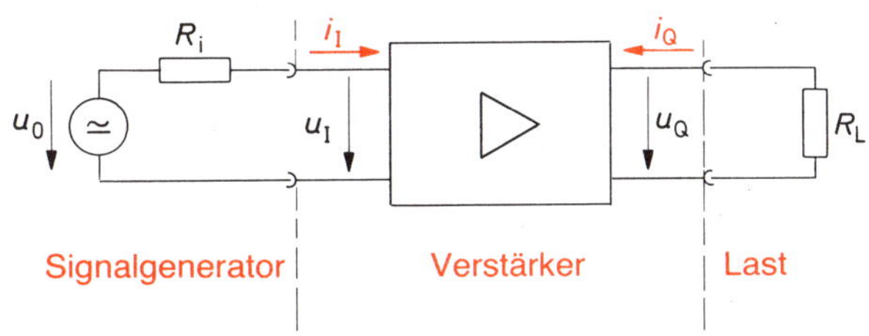

Nach Bild 8.1 wird der Verstärkereingang aus einem Signalgenerator (Tonabnehmer, Thermoelement usw.) gespeist und ist an seinem Ausgang mit einem Lastwiderstand (Magnetventil, Lautsprecher usw.) belastet. Die Größen u und i können dabei Gleich- (z.B. Thermoelement) oder Wechselgrößen (z.B. Tonabnehmer) sein. Man teilt dementsprechend die Verstärker gelegentlich auch in Gleich- und Wechselspannungsverstärker ein.

Als Verstärkung v bezeichnet man das Verhältnis von Ausgangsgröße zu Eingangsgröße. Die Stromverstärkung gibt also z.B. an, um wievielmal größer der Ausgangsstrom i_Q im Vergleich zum Eingangsstrom i_I ist. Also:

$$\text{Stromverstärkung } v_I = \frac{i_Q}{i_I}$$

$$\text{Spannungsverstärkung } v_U = \frac{u_Q}{u_I}$$

$$\text{Leistungsverstärkung } v_P = \frac{p_Q}{p_I} = \frac{u_Q \cdot i_Q}{u_I \cdot i_I} = v_U \cdot v_I$$

Ein guter Verstärker soll einen hohen Eingangswiderstand besitzen, um den Signalgenerator möglichst wenig zu belasten. Andernfalls ginge der größte Teil der Signalspannung u_0 am Generatorinnenwiderstand R_i verloren, und die Verstärkereingangsspannung u_I betrüge nur noch einen kleinen Bruchteil der Spannung u_0.

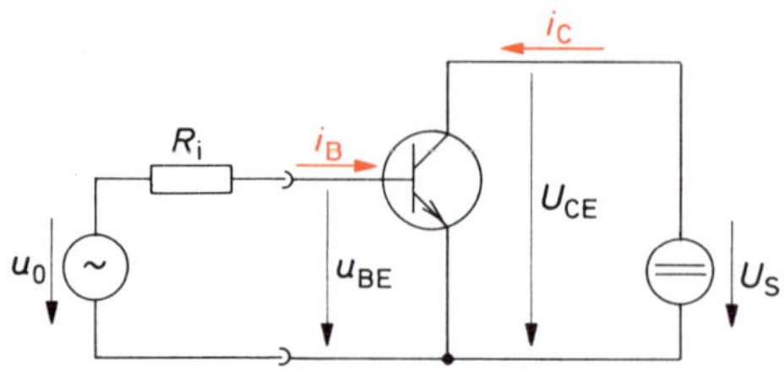

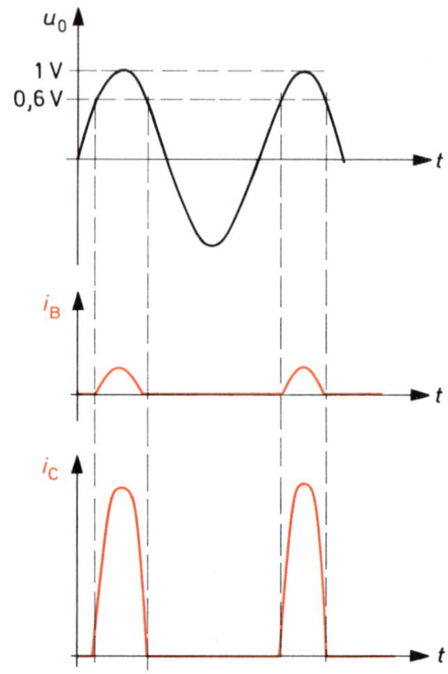

Bild 8.2 Ein npn-Transistor mit Wechselspannungs-Ansteuerung

Für den Lastwiderstand R_L stellt der Verstärker eine Spannungsquelle dar. Damit die Ausgangsspannung möglichst unabhängig vom Laststrom i_Q (und damit vom Lastwiderstand R_L) wird, sollte diese Spannungsquelle einen möglichst kleinen Innenwiderstand besitzen. Der Verstärkerausgang sollte also möglichst niederohmig sein.

Neben einem hohen Eingangs- und geringem Ausgangswiderstand wird von einem Verstärker gefordert, daß die Kurvenform der Ausgangsgröße möglichst exakt der Kurvenform der Eingangsgröße entspricht: Wenn am Verstärkereingang z.B. eine kleine sinusförmige Spannung liegt, sollte diese zu einer großen sinusförmigen Spannung am Ausgang verstärkt werden.

Da ein Bipolartransistor ein Gleichstrombauelement ist, kann man ihn nicht ohne weiteres zum Verstärken von Wechselströmen oder -spannungen verwenden: Der Transistor in Bild 8.2 soll ein npn-Silizium-Typ sein. Seine Kollektor-Emitter-Strecke liegt an einer Speisespannung U_S. Die Basis-Emitter-Strecke wird vom Signalgenerator mit u_0 und R_i gespeist. u_0 ist eine sinusförmige Spannung mit 1 V Spitzenwert, wie das Liniendiagramm in Bild 8.2 zeigt.

Ein Basisstrom I_B kann nur fließen, wenn die Spannung U_{BE} positiv ist und ihr Betrag die Schwellspannung von Silizium überschreitet. Wie das Diagramm für i_B zeigt, fließt ein Basisstrom daher nur während der Spitzen der positiven Halbwellen von u_0. Wenn u_0 kleiner als 0,6 V oder gar negativ wird, kann kein Basisstrom fließen, der Transistor bleibt während dieser Zeit gesperrt, es fließt also auch kein Kollektorstrom.

Faßt man diese Schaltung als Verstärker auf ($u_I = u_{BE}$, $u_Q = u_{CE}$, $i_I = i_B$, $i_Q = i_C$), so wird zwar der Eingangsstrom formgetreu verstärkt, aber die Kurvenform des Ausgangsstroms ist keineswegs mehr die gleiche wie die von u_0. Eine Spannungsverstärkung findet überhaupt nicht statt; denn die Ausgangsspannung U_{CE} bleibt konstant gleich U_S. In dieser Form ist der Transistor also als Verstärker noch nicht zu gebrauchen. Insbesondere muß eine Möglichkeit gefunden werden, auch die negativen Halbwellen der Signalspannungsquelle zu verstärken.

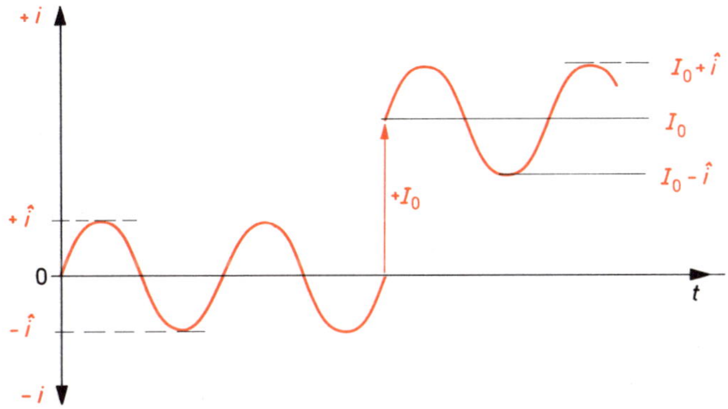

Bild 8.3 Addition eines Wechselstroms mit der Amplitude $\hat{i}$ und eines Gleichstroms der Größe I_0

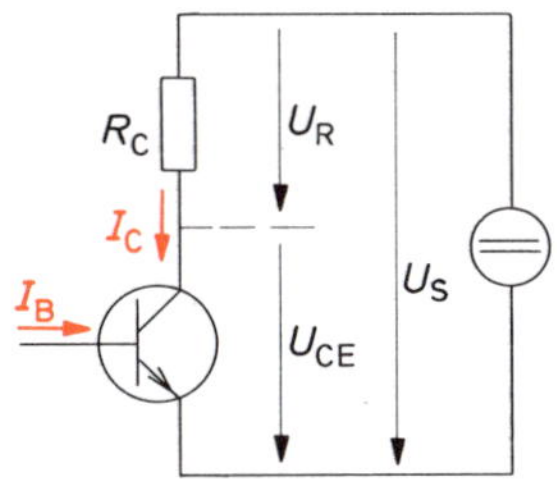

Bild 8.4 Kollektorwiderstand zur Umwandlung von Kollektorstromänderungen in Kollektorspannungsänderungen

Die Lösung dieses Problems zeigt Bild 8.3: Wenn man zu einem Wechselstrom mit der Amplitude $\hat{i}$ einen Gleichstrom I_0 hinzuaddiert, erhält man einen Gleichstrom, der seine Amplitude in den Grenzen $I_0 + \hat{i}$ und $I_0 - \hat{i}$ in gleicher Kurvenform verändert wie der ursprüngliche Wechselstrom. Dieser Strom bleibt aber immer positiv, d.h., es ist ein Gleichstrom, er ändert seine (Strom-) Richtung nicht, nur seine Größe.

Wenn dieser Strom I_0 der Basisstrom eines npn-Transistors ist, wird also immer ein Basisstrom in der «richtigen» Richtung fließen, mithin auch einen um B mal größeren Kollektorstrom erzeugen, der in der gleichen Form wie der Basisstrom seine Größe ändert.

Das Problem mit den negativen Halbwellen ist damit gelöst, indem man gewissermaßen die Null-Linie des Wechselstroms um I_0 in den positiven Bereich verschiebt. Für pnp-Transistoren gilt sinngemäß dasselbe, nur wird hier – weil ein negativer Basisstrom erforderlich ist – die Null-Linie ins Negative verschoben.

Auch eine kurvenformtreue Änderung des Ausgangsstroms $\Delta I_Q = \Delta I_C$ ist damit erreicht, weil ja $\Delta I_C = B \cdot \Delta I_B$ ist. Um auch eine kurvenformtreue Änderung der Ausgangsspannung $\Delta U_Q = \Delta U_{CE}$ zu erhalten, braucht nur noch ein Widerstand in die Kollektorleitung eingefügt zu werden: Wenn sich der Strom durch einen Widerstand ändert, ändert sich nach dem Ohmschen Gesetz auch der Spannungsabfall an diesem Widerstand proportional zum Strom.

Der Kollektorwiderstand R_C in Bild 8.4 dient also nur zur Umwandlung einer Kollektorstromänderung in eine Kollektorspannungsänderung. Wenn I_C größer wird, wird auch der Spannungsabfall an R_C größer, folglich die Spannung U_{CE} kleiner. Ein Zahlenbeispiel (Bild 8.5a) soll das verdeutlichen:

In den Transistor V mit der Stromverstärkung $\beta \approx B = 100$ fließt ein Basisstrom $I_B = 50\ \mu A$. Dadurch wird ein Kollektorstrom

$$I_C = I_B \cdot B = 50\ \mu A \cdot 100 = 5\ mA$$

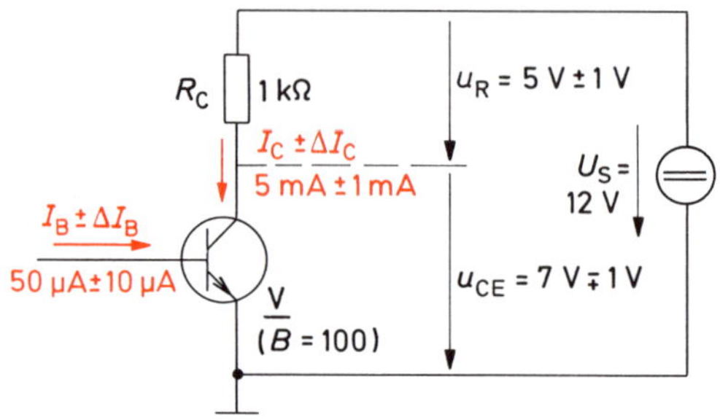

a)

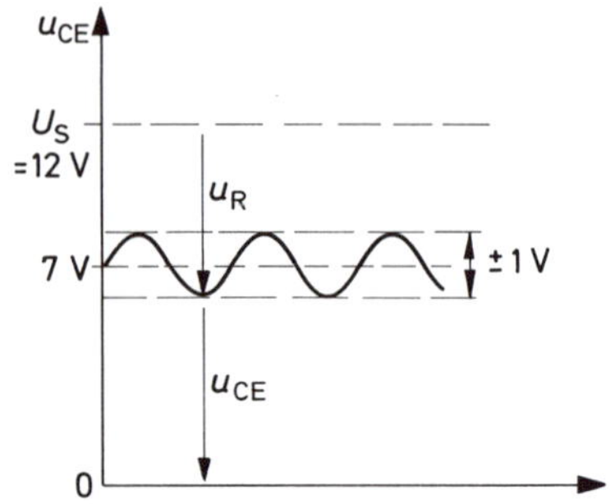

b)

Bild 8.5 Ein Ansteigen des Kollektorstroms I_C hat einen Abfall der Kollektor-Emitter-Spannung U_{CE} zur Folge

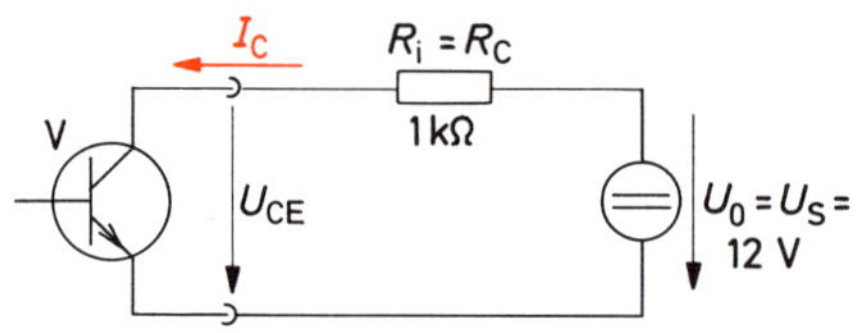

Bild 8.6 Transistor V als (nichtlinearer) Lastwiderstand an einer Ersatzspannungsquelle

erzeugt. Am Widerstand $R_C = 1\ \text{k}\Omega$ ergibt sich durch I_C ein Spannungsabfall

$$U_R = I_C \cdot R_C = 5\ \text{mA} \cdot 1\ \text{k}\Omega = 5\ \text{V}$$

Somit bleibt für die Spannung U_{CE}

$$U_{CE} = U_S - U_R = 12\ \text{V} - 5\ \text{V} = 7\ \text{V}$$

Wenn sich nun der Basisstrom um $\Delta I_B = \pm 10\ \mu\text{A}$ ändert, also in den Grenzen $50\ \mu\text{A} - 10\ \mu\text{A} = 40\ \mu\text{A}$ und $50\ \mu\text{A} + 10\ \mu\text{A} = 60\ \mu\text{A}$ schwankt, wird sich der Kollektorstrom um

$$\Delta I_C = \beta \cdot \Delta I_B = 100 \cdot (\pm 10\ \mu\text{A}) = \pm 1\ \text{mA} \qquad \left(\beta = \frac{\Delta I_C}{\Delta I_B}\right)$$

ändern. Der Spannungsabfall an R_C ändert sich dadurch um

$$\Delta U_R = R_C \cdot \Delta I_C = 1\ \text{k}\Omega \cdot (\pm 1\ \text{mA}) = \pm 1\ \text{V}$$

In Bild 8.5b ist dargestellt, wie sich die Speisespannung U_S in die beiden Teilspannungen u_R und u_{CE} aufteilt: Je größer der Spannungsabfall u_R wird, desto kleiner ist die Spannung, die für u_{CE} verbleibt. Wenn U_R also z.B. um 1 V *größer* wird, muß u_{CE} um 1 V *kleiner* werden und umgekehrt:

$$+\Delta U_R = -\Delta U_{CE} \quad \text{und}$$

$$-\Delta U_R = +\Delta U_{CE} \quad \text{oder}$$

$$\pm\Delta U_R = \mp\Delta U_{CE}$$

Ein größerer Spannungsabfall an R_C entsteht durch einen größeren Strom I_C. Folglich wird u_{CE} um so *kleiner*, je *größer* der Kollektorstrom I_C wird.

Nach dem Prinzip der Ersatzspannungsquelle kann man den Transistor V in Bild 8.6 auch als Lastwiderstand einer Spannungsquelle mit der Leerlaufspannung U_S und dem Innenwiderstand R_C auffassen. Dann läßt sich in das Kennlinienfeld des Transistors die Belastungskennlinie dieser Spannungsquelle eintragen (Leerlaufspannung $U_S = 12$ V, Kurzschlußstrom $U_S/R_C = 12$ mA), wie in Bild 8.7 gezeigt ist. Arbeitspunkte dieser Kombination von Spannungsquelle und Lastwiderstand (= Transistor) können nur auf der gestrichelt eingezeichneten Arbeitsgeraden (= Belastungskennlinie) liegen (vgl. Grundlagenband).

Die anhand von Bild 8.5 rechnerisch gefundene Lösung läßt sich damit in Bild 8.7 direkt ablesen: Mit einem Basisstrom von $I_B = 50\,\mu$A stellt sich der Arbeitspunkt A mit $U_{CE} = 7$ V und $I_C = 5$ mA ein. Wenn I_B um 10 µA auf 60 µA erhöht wird (Arbeitspunkt A1), steigt der Kollektorstrom auf 6 mA, und die Kollektor-Emitter-Spannung fällt um 1 V auf 6 V. Der Arbeitspunkt A2 zeigt, daß bei abnehmendem Basisstrom die Spannung U_{CE} ansteigt ($I_B = 40\,\mu$A, $U_{CE} = 8$ V).

Man kann also offenbar die Lösung solcher Aufgaben auf zwei Wegen finden: entweder durch eine Rechnung oder grafisch im Kennlinienfeld. Tatsächlich führt die Rechnung aber nur für

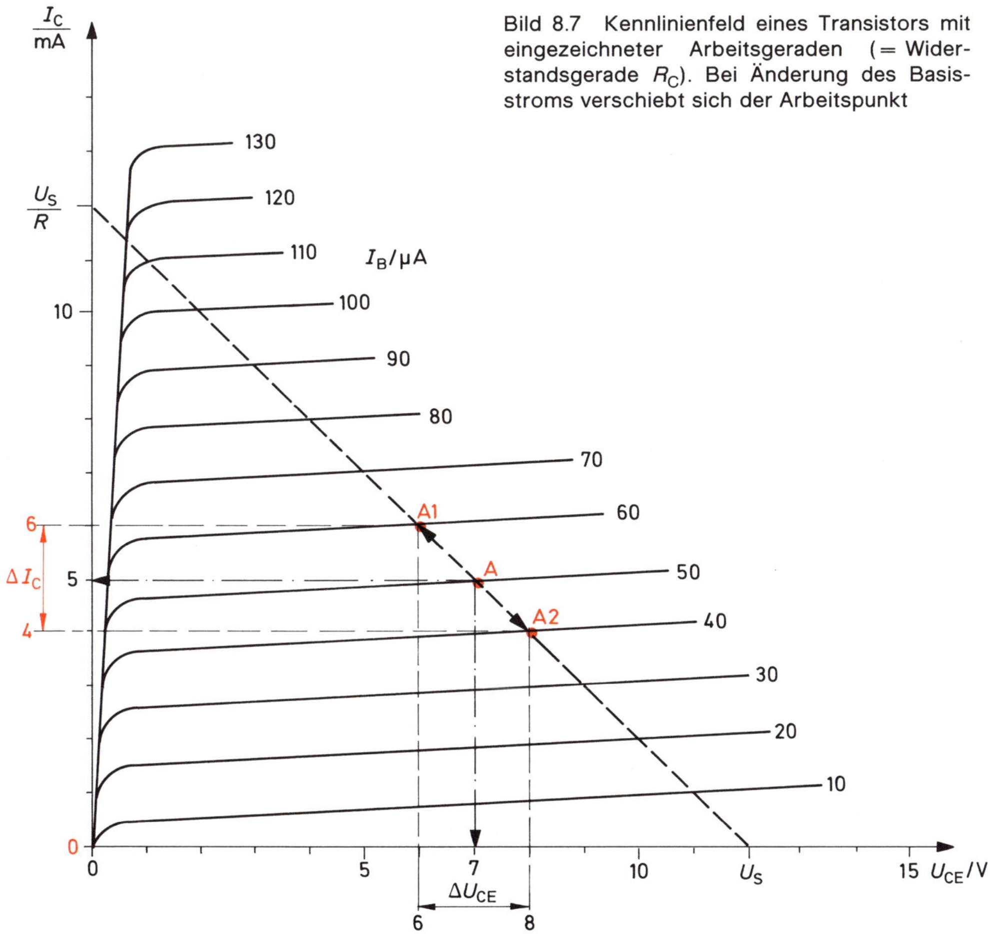

Bild 8.7 Kennlinienfeld eines Transistors mit eingezeichneter Arbeitsgeraden (= Widerstandsgerade R_C). Bei Änderung des Basisstroms verschiebt sich der Arbeitspunkt

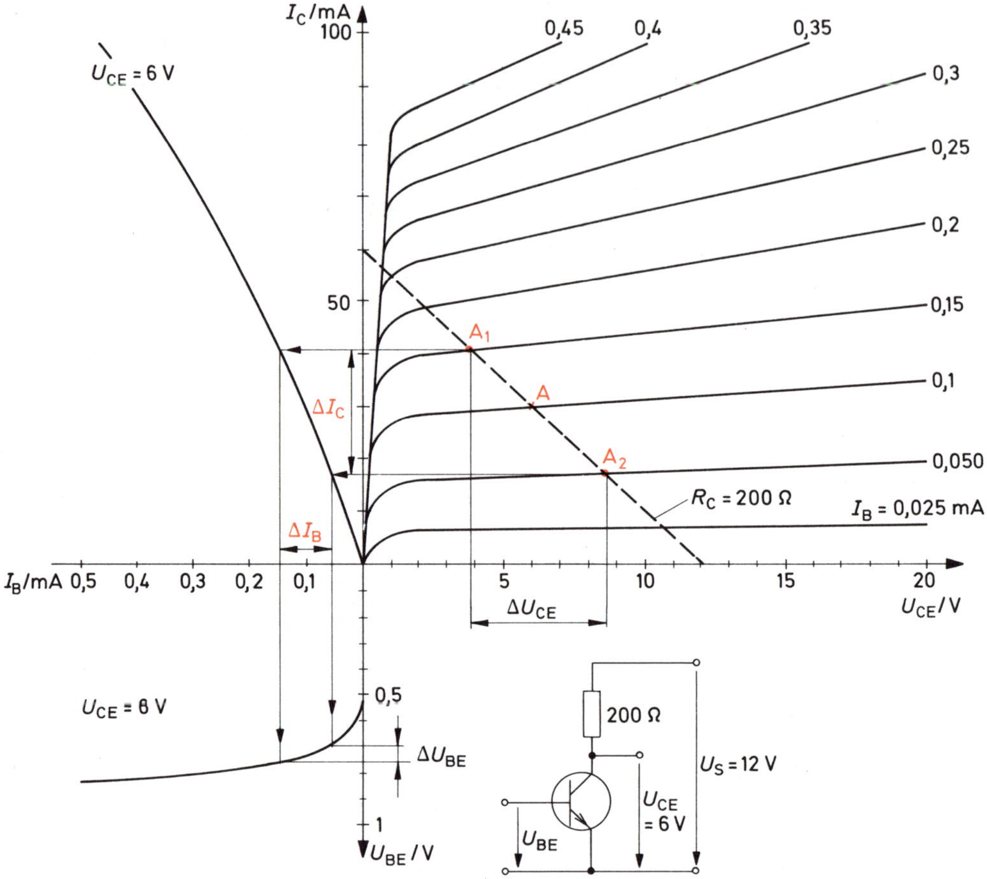

Bild 8.8 In der kombinierten Darstellung der Transistor-Kennlinien läßt sich auch die Spannungsverstärkung $v_U = \Delta U_{CE}/\Delta U_{BE}$ einer Schaltung grafisch ermitteln

kleine Änderungen zu einigermaßen brauchbaren und ausreichend genauen Lösungen. Nur für kleine Änderungen kann man nämlich insbesondere die Stromverstärkung β als konstant ansehen und dadurch mit einer konstanten Stromverstärkung rechnen.

Deutlicher wird das im Kennlinienfeld Bild 8.8. Hier sieht man, daß die $I_C = f(I_B)$-Kennlinie keine Gerade ist, B also nicht konstant ist, sondern von dem jeweiligen Arbeitspunkt abhängt. Kleine Kennlinienstücke (entsprechend kleinen Änderungen ΔI_B oder ΔI_C) kann man aber mit ausreichender Genauigkeit als «gerades Stück» (= konstante dynamische Stromverstärkung β in diesem kleinen Bereich) ansehen.

Das gleiche gilt für die $I_B = f(U_{BE})$-Kennlinie. Auch hier kann man nur für kleine Bereiche (kleine Änderungen ΔU_{BE} oder ΔI_B) die Kennlinie als Gerade ansehen. Die Steigung $\Delta U_{BE}/\Delta I_B$ dieser Kennlinie entspricht dem differentiellen Basis-Emitter-Widerstand r_{BE}. Auch dieser Wert ist also vom Arbeitspunkt abhängig.

Die rechnerische Lösung (Bild 8.5) wird also nur für kleine Änderungen ausreichend genau, man benutzt diesen Weg daher nur für sogenannte «Kleinsignalverstärker». Bei «Großsignalverstärkern», d.h. bei großen Änderungen ΔU_{BE}, ΔI_B, ΔI_C oder ΔU_{CE}, wo der Arbeitspunkt große Stücke der nichtlinearen Kennlinien durchläuft, benutzt man die zeichnerische Methode nach Bild 8.8.

Aus Bild 8.8 kann man auch die Verstärkungen einer Verstärkerstufe ablesen. Die Stromverstärkung ergibt sich hier zu

$$v_I = \frac{\Delta I_C}{\Delta I_B} = \frac{41\text{ mA} - 17\text{ mA}}{0{,}15\text{ mA} - 0{,}05\text{ mA}} = \frac{24\text{ mA}}{0{,}1\text{ mA}} = 240$$

Bei der Spannungsverstärkung hat man zu beachten, daß die größere Ausgangsspannung $U_{CE} = 8{,}6$ V zu der kleineren Eingangsspannung $U_{BE} = 0{,}7$ V gehört und umgekehrt:

$$v_U = \frac{\Delta U_{CE}}{\Delta U_{BE}} = \frac{8{,}6\text{ V} - 3{,}8\text{ V}}{0{,}7\text{ V} - 0{,}75\text{ V}} = \frac{4{,}8\text{ V}}{-0{,}05\text{ V}} = -96$$

Die Verstärkung gibt an, mit welchem Faktor die Eingangsgröße durch den Verstärker multipliziert wird:

$$\Delta U_{CE} = v_U \cdot \Delta U_{BE}$$

Wenn — wie hier — die Spannungsverstärkung v_U ein negatives Vorzeichen hat, so heißt das, daß aus einer positiven Änderung ΔU_{BE} eine negative Änderung ΔU_{CE} wird und umgekehrt. Dieser Zusammenhang ist in Bild 8.9 noch einmal verdeutlicht. Wenn die Spannung u_{BE} z.B. sinusförmig verläuft, würde auch die Spannung u_{CE} sinusförmig verlaufen, aber mit jeweils umgekehrtem Vorzeichen, d.h. als wäre sie um 180° in der Phase verschoben. Man bezeichnet solche Verstärkerstufen deshalb auch als Inverter (= Umkehrer).

Die Erklärung für diese Phasendrehung wurde schon in Bild 8.5 gegeben. Eine größer werdende Eingangsspannung U_{BE} hat auch einen größer werdenden Basisstrom I_B zur Folge. Damit steigt der Kollektorstrom I_C und dadurch auch der Spannungsabfall an R_C, d.h., die Spannung U_{CE} wird kleiner.

Bild 8.9 Positive Basis-Spannungsänderungen erzeugen negative Kollektor-Spannungsänderungen

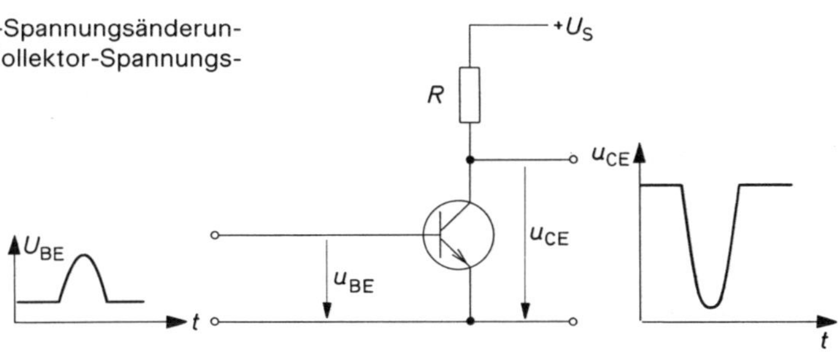

8.1 Arbeitspunkteinstellung

In Bild 8.10 ist die Grundschaltung eines Transistors gezeigt. Mit dem Trimmerwiderstand R_B lassen sich unterschiedliche Basisströme einstellen:

$$I_B = \frac{U_S - U_{BE}}{R_B}$$

Unterschiedliche Basisströme haben aber auch unterschiedliche Kollektorströme zur Folge:

$$I_C = B \cdot I_B$$

Wenn sich der Kollektorstrom ändert, ändert sich auch der Spannungsabfall an R_C und damit die Spannung U_{CE}:

$$U_{CE} = U_S - I_C \cdot R_C$$

Die Spannung U_{CE} kann höchstens den Wert der Speisespannung U_S annehmen. Das ist der Fall, wenn der Kollektorstrom null ist, der Transistor also vollständig gesperrt ist. Der kleinstmögliche Wert für U_{CE} ist U_{CEsat}. Diese Spannung ist sehr klein gegenüber der Speisespannung und soll bei der folgenden Betrachtung als null angesehen werden. Dann fällt die gesamte Speisespannung U_S am Widerstand R_C ab, und U_{CE} wird null (Transistor voll durchgesteuert). Dazu gehört der Kollektorstrom

$$I_C \approx \frac{U_S}{R_C}$$

Mit R_B kann also die Spannung U_{CE} nach Belieben in den Grenzen

$$0\,V < U_{CE} < U_S$$

eingestellt werden. Mit R_B kann daher der Arbeitspunkt der Schaltung eingestellt werden.

Wenn die Schaltung als Verstärker arbeiten soll, wird der Gleichspannung U_{CE} noch die Signalamplitude $\pm \Delta U_{CE}$ überlagert, wie das in Bild 8.11 für ein sinusförmiges Signal dargestellt ist. Legt man, wie in Bild 8.11a, den Arbeitspunkt U_{CE} zu hoch (zu dicht an U_S), so lassen sich nur kleine Signalamplituden unverfälscht (sinusförmig) wiedergeben. Bei größeren Signalamplituden wird die positive Halbwelle abgekappt: Der Verstärker wird «übersteuert», er «verzerrt» (die Kurvenform der Ausgangsspannung entspricht nicht mehr der hier im Beispiel gewählten Sinusform der Eingangsspannung). Für Kleinsignalverstärker wäre also ein U_{CE}-Arbeitspunkt wie in Bild 8.11a oder b vertretbar. Will man aber für einen Großsignalverstärker die größtmögliche unverzerrte Ausgangsamplitude erreichen, so ist der Arbeitspunkt auf $U_{CE} = U_S/2$ zu legen, wie Bild 8.11c zeigt.

Für einen Großsignalverstärker muß daher der Arbeitspunkt mit R_B so eingestellt werden, daß an R_C die halbe Speisespannung abfällt. Damit ergibt sich übrigens gleichzeitig die höchste Verlustleistung P_V am Transistor (Leistungsanpassung, vgl. Grundlagenband). Ein Zahlenbeispiel in Bild 8.12 soll diese Zusammenhänge verdeutlichen. Der Arbeitspunkt des Transistors soll mit R_B auf $U_{CE} = 10$ V eingestellt werden. Damit ergibt sich zunächst, daß eine Spannung von

$$U_R = U_S - U_{CE} = 24\,V - 10\,V = 14\,V$$

am Widerstand R_C abfallen muß. Nach dem Ohmschen Gesetz ergibt sich daraus

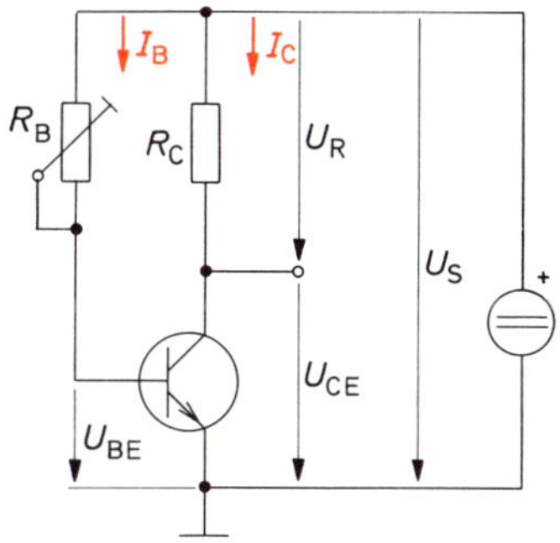

Bild 8.10 Mit dem Trimmer R_B läßt sich der Arbeitspunkt des Transistors einstellen

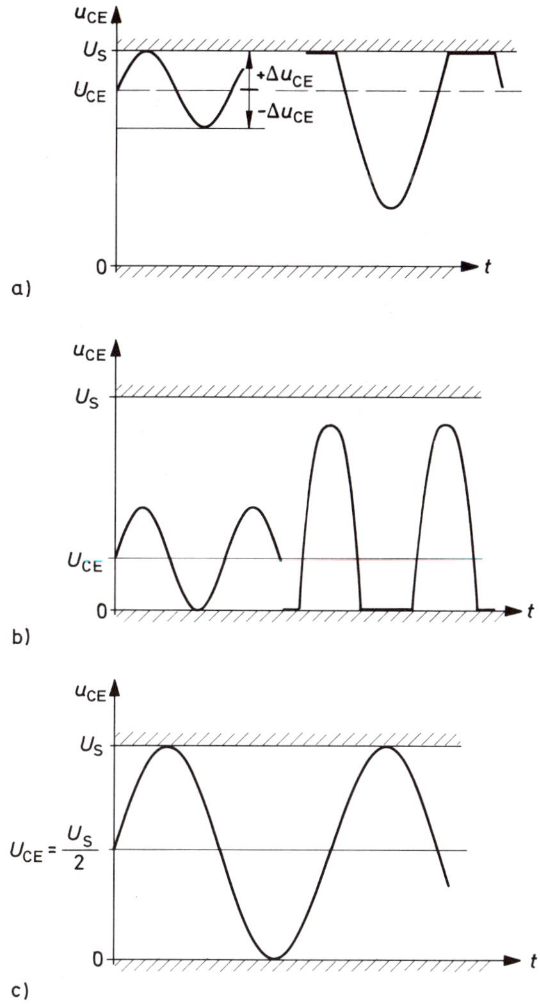

Bild 8.11 Wenn der Arbeitspunkt auf $U_{CE} = U_S/2$ eingestellt ist, ergibt sich der größte Aussteuerbereich einer Schaltung

Bild 8.12 Mit R_B wird der Arbeitspunkt dieser Schaltung auf $U_{CE} = 10$ V eingestellt

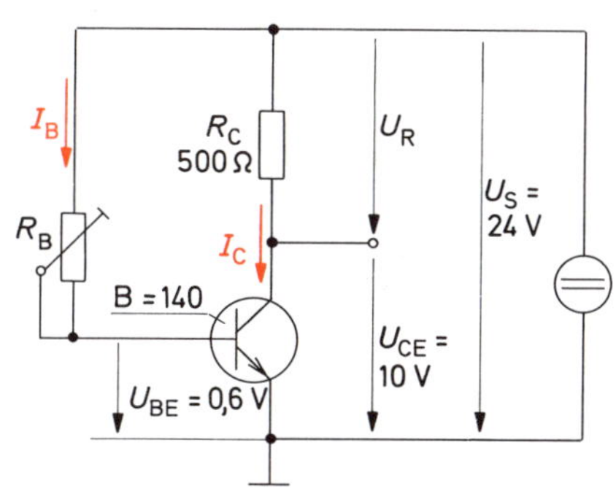

$$I_C = \frac{U_R}{R_C} = \frac{14\ \text{V}}{500\ \Omega} = 28\ \text{mA}$$

Die Stromverstärkung des Transistors ist mit $B = 140$ angegeben, so daß ein Basisstrom von

$$I_B = \frac{I_C}{B} = \frac{28\ \text{mA}}{140} = 0{,}2\ \text{mA}$$

erforderlich wird. Dieser Basisstrom wird über R_B geliefert, wobei R_B an der Spannung $U_S - U_{BE}$ liegt. Also

$$R_B = \frac{U_S - U_{BE}}{I_B} = \frac{24\ \text{V} - 0{,}6\ \text{V}}{0{,}2\ \text{mA}} = 117\ \text{k}\Omega$$

Für einen Arbeitspunkt $U_{CE} = 10$ V muß R_B also auf 117 kΩ eingestellt werden. Die dabei am Transistor auftretende Verlustleistung errechnet sich zu

$$P_V = U_{CE} \cdot I_C = 10\ \text{V} \cdot 28\ \text{mA} = 280\ \text{mW}$$

Die größtmögliche Verlustleistung am Transistor würde sich ergeben, wenn der Arbeitspunkt mit R_B eingestellt würde auf $U_{CE} = U_S/2$, d.h. auf $U_{CE} = 12$ V. Dann wird die Spannung U_R ebenfalls 12 V. Weil Transistor und Kollektorwiderstand vom gleichen Strom I_C durchflossen werden, ergeben sich damit auch gleiche Verlustleistungen an beiden Bauelementen (gleiche Spannung, gleicher Strom). Am einfachsten errechnet man daher die maximale Transistorverlustleistung aus der Leistung, die an R_C entsteht, wenn an ihm die halbe Speisespannung abfällt:

$$P_{V\max} = \frac{(U_S/2)^2}{R_C} = \frac{(12\ \text{V})^2}{500\ \Omega} = 288\ \text{mW}$$

Zu beachten ist, daß die maximale Verlustleistung am Widerstand R_C nicht wie beim Transistor bei $U_R = U_S/2$ auftritt, sondern bei voll durchgesteuertem Transistor, d.h. bei $U_R = U_S$. Die maximale Verlustleistung des Widerstandes R_C wird dann

$$P_{R\max} = \frac{(U_S)^2}{R_C} = \frac{(24\ \text{V})^2}{500\ \Omega} = 1{,}152\ \text{W}$$

also viermal größer als die maximale Verlustleistung am Transistor.

Um eine Schaltung nach Bild 8.12 als Verstärker verwenden zu können, muß an die Basis die Signalspannungsquelle angeschlossen werden können, ohne daß sich der mit R_B eingestellte Arbeitspunkt verändert. Bild 8.13 zeigt, daß die Signalspannungsquelle mit u_0 und R_i, deren kleine Wechselströme $\pm\Delta I$ verstärkt werden sollen, über einen Kondensator C_B an die Basis angeschlossen wird. Durch den Kondensator wird verhindert, daß ein Teil des Gleichstroms I_B über die Signalquelle abfließt und damit der Arbeitspunkt verändert würde.

Die Kapazität des Kondensators C_B wird so groß gewählt, daß er einen vernachlässigbar kleinen Widerstand für den Signalwechselstrom bietet.

Im allgemeinen ist $R_B \gg r_{BE}$; dann fließt nahezu der gesamte Strom i_I in die Basis des Transistors ($i_{Iss} \approx \Delta I_B$, vgl. Bild 8.14). Je nach Richtung des Wechselstroms i_I addiert sich der Signalstrom zu I_B ($i_B = I_B + \Delta I_B$, positive Halbwelle von i_I), oder er wird von I_B subtrahiert ($i_B = I_B - \Delta I_B$, negative Halbwelle von i_I). Das heißt, daß der Basisstrom i_B im Takt der Signalspannungsquelle größer und kleiner wird (Bild 8.14): $i_B = I_B \pm \Delta I_B$.

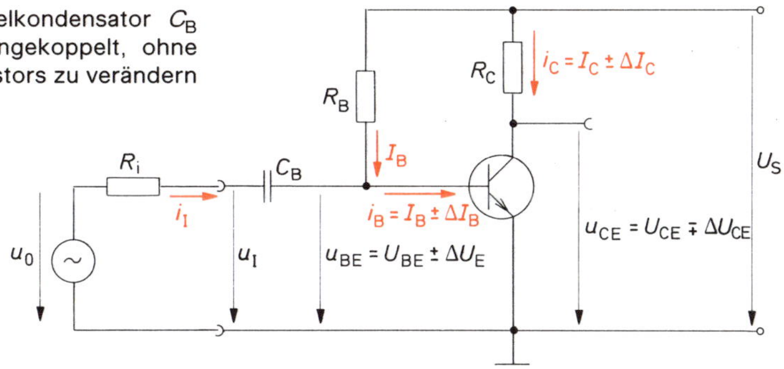

Bild 8.13 Über den Koppelkondensator C_B wird der Signalgenerator angekoppelt, ohne den Arbeitspunkt des Transistors zu verändern

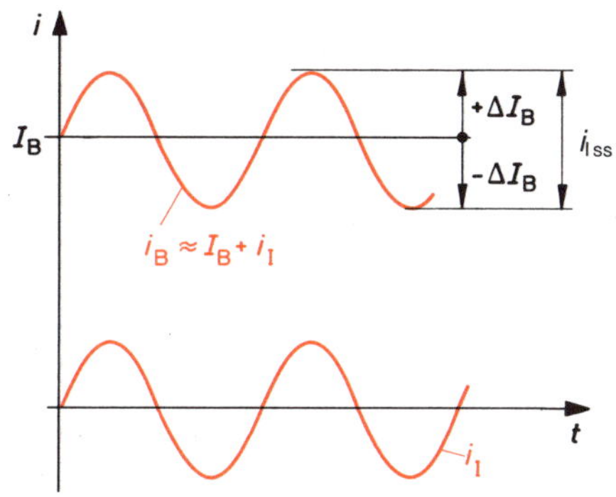

Bild 8.14 An der Basis wird der Signal-Wechselstrom i_I und der Basis-Gleichstrom I_B addiert

Das gleiche gilt für die Basisspannung u_{BE}. Unter Vernachlässigung des Spannungsabfalls an C_B addiert bzw. subtrahiert sich die Eingangsspannung u_I zu der Basis-Emitter-Gleichspannung U_{BE} zu $u_{BE} = U_{BE} \pm \Delta U_{BE}$, wobei $\Delta U_{BE} = r_{BE} \cdot \Delta I_{BE}$ ist.

Der sich ändernde Basisstrom i_B hat einen sich ändernden Kollektorstrom i_C zur Folge:

$$i_C = B \cdot I_B \pm \beta \cdot \Delta I_B$$

Angesichts der großen Datenstreuungen der Stromverstärkung B (vgl. Tabelle 7.1 und 7.2) ist der Unterschied zwischen statischer (B) und dynamischer (β) Stromverstärkung in der Praxis kaum von Bedeutung. Mit $B \approx \beta$ vereinfacht sich damit die Gleichung für den Kollektorstrom zu

$$i_C \approx B \cdot i_B \approx B\,(I_B \pm \Delta I_B) = B \cdot I_B \pm B \cdot \Delta I_B$$

Der Kollektorstrom i_C verändert sich also um

$$\pm \Delta I_C \approx \pm B \cdot \Delta I_B$$

das heißt, die (Kleinsignal-)Stromverstärkung dieser Verstärkerstufe (Bild 8.13) beträgt etwa

$$v_I \approx \frac{\Delta I_C}{\Delta I_B} \approx B$$

Der Kollektorwiderstand R_C verwandelt die Kollektorstromänderungen ΔI_C in Spannungsänderungen ΔU_{CE}:

$$\Delta U_{CE} = -\Delta I_C \cdot R_C$$

Mit

$$\Delta I_C \approx B \cdot \Delta I_B \quad \text{und} \quad \Delta I_B = \frac{\Delta U_{BE}}{r_{BE}}$$

ergibt sich daraus

$$\Delta U_{CE} \approx -R_C \cdot B \cdot \Delta I_B = -R_C \cdot B \cdot \frac{\Delta U_{BE}}{r_{BE}}$$

das heißt, die (Kleinsignal-)Spannungsverstärkung dieser Verstärkerstufe beträgt etwa

$$v_U \approx \frac{\Delta U_{CE}}{\Delta U_{BE}} \approx -\frac{R_C \cdot B}{r_{BE}}$$

Die Ausgangsspannungsänderung und damit die Spannungsverstärkung wird also um so größer, je größer der Kollektorwiderstand R_C ist. (Vgl. hierzu Bild 8.8: Bei konstanter Änderung ΔI_C wird ΔU_{CE} um so größer, je flacher die Arbeitsgerade verläuft, d.h., je größer der Widerstand R_C ist.)

Am Ausgang der Verstärkerstufe nach Bild 8.13 steht eine Gleichspannung U_{CE} zur Verfügung, die in ihrer Größe um $\pm \Delta U_{CE}$ schwankt. Nur diese Änderung ΔU_{CE} ist ein angenähert kurventreues, um 180° phasenverschobenes Abbild der Signalspannung u_I. Will man dieses verstärkte Wechselspannungssignal ΔU_{CE} von der überlagerten Gleichspannung U_{CE} befreien, so schaltet man auch in die Ausgangsleitung einen Kondensator, wie Bild 8.15 zeigt. Eine vollständige Verstärkerstufe für Wechselspannungen enthält dann die Bauelemente wie in Bild 8.16. Dabei haben diese Teile folgende Aufgaben:

- V Transistor zur Verstärkung kleiner Eingangsstromänderungen in größere Ausgangsstromänderungen ($\Delta I_C = B \cdot \Delta I_B$)
- R_C Umformung der Ausgangsstromänderungen in Ausgangsspannungsänderungen ($\Delta U_{CE} = \Delta I_C \cdot R_C$)
- R_B Arbeitspunkteinstellung

  $$\left(R_B = \frac{U_S - U_{BE}}{I_B}\right)$$

- C_B Verhindern, daß der Gleichstrom I_B über eine an den Eingang angeschlossene Signalspannungsquelle abfließt
- C_C Abtrennen des Gleichspannungsanteils U_{CE}, so daß am Ausgang wieder eine reine Wechselspannung u_Q zur Verfügung steht

Wenn die Verstärkung einer solchen Stufe nicht ausreicht, werden mehrere Stufen hintereinandergeschaltet. Die Ausgangsspannung u_Q der ersten Stufe ist dann die Eingangsspannung u_I der nächsten. Der Kondensator C_C der ersten Stufe ist gleichzeitig der Kondensator C_B der zweiten Stufe. Die Einzelstufenverstärkungen multiplizieren sich dabei. Werden also z.B. drei Verstärkerstufen mit je $v_U = -10$ hintereinandergeschaltet, so ergibt sich eine Gesamtverstärkung von

$$v_{Uges} = v_{U1} \cdot v_{U2} \cdot v_{U3} = -1000$$

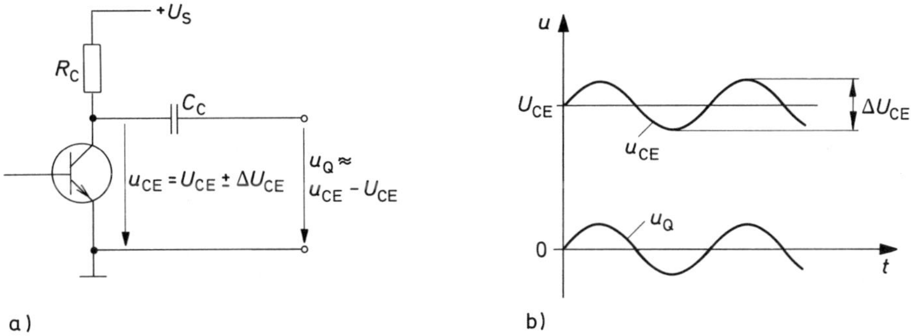

Bild 8.15 Durch den Koppelkondensator C_C wird die Gleichspannung U_{CE} von der Signalspannung abgetrennt (a), so daß am Ausgang eine reine Wechselspannung u_Q zur Verfügung steht (b)

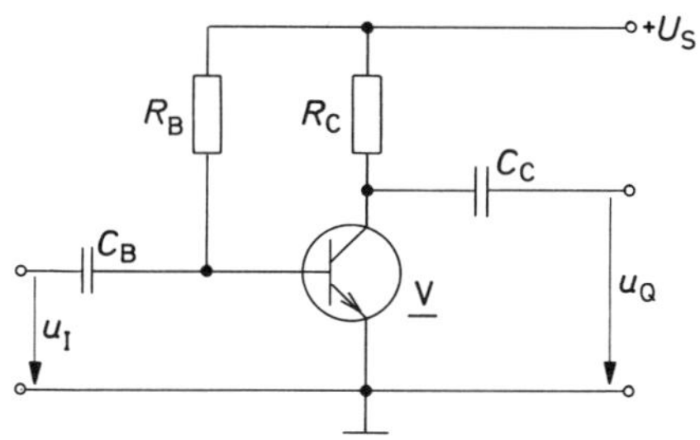

Bild 8.16 Prinzipschaltung einer Wechselspannungs-Verstärkerstufe

8.2 Arbeitspunktstabilisierung

Der Arbeitspunkteinstellung, wie sie in Bild 8.10 gezeigt wurde, haftet ein großer Nachteil an: Der gefundene Wert für den Widerstand R_B gilt nur für einen einzigen Wert der Stromverstärkung B des Transistors. Wenn ein bestimmter Kollektorstrom I_C für den Arbeitspunkt eingestellt werden soll, gehört dazu ein Basisstrom von $I_B = I_C/B$.

Für den gleichen Kollektorstrom werden also ganz unterschiedliche Basisströme und damit Basiswiderstände R_B gebraucht, wenn B verschiedene Werte hat. Anhand der Datenblattangaben wurde gezeigt, daß B bei einem Transistortyp in weiten Grenzen streut (vgl. Tabelle 7.1: $B = 35$ bis 600!). In einer Serienfertigung müßte für jeden Transistor entsprechend seiner jeweiligen Stromverstärkung der Arbeitspunkt mit R_B eingestellt werden. Wenn dieser Transistor bei einer Reparatur ausgetauscht wird, muß der Arbeitspunkt wieder neu eingestellt werden. Außerdem ist die Stromverstärkung auch noch temperaturabhängig. Ein einmal z.B. bei kaltem Transistor mit R_B richtig eingestellter Arbeitspunkt verändert sich dann aber bei Erwärmung.

Um all diesen Schwierigkeiten aus dem Weg zu gehen, verwendet man Schaltungen zur Arbeitspunktstabilisierung. Das sind Schaltungen, die den Arbeitspunkt selbsttätig auf den gewünschten Wert einstellen und festhalten, unabhängig von der jeweiligen Stromverstärkung des gerade verwendeten Transistors.

Je nach der Größe, die stabilisiert wird, unterscheidet man zwei Arten solcher «Gegenkopplungsschaltungen»:

Die Spannungsgegenkopplung, die wirksam wird, wenn die Spannung U_{CE} vom gewünschten Arbeitspunkt abweicht, und die Stromgegenkopplung, die den Emitterstrom I_E stabilisiert.

Das Wort *Gegenkopplung* wurde für diese Schaltungen gewählt, weil der Ausgang mit dem Eingang so verkoppelt (= verbunden) ist, daß einer unerwünschten Änderung am Ausgang (= Verstellen des Arbeitspunktes) über den Eingang *entgegen*gewirkt wird.

8.2.1 Arbeitspunktstabilisierung durch Spannungsgegenkopplung

Bild 8.17 zeigt eine Schaltung zur Arbeitspunktstabilisierung durch Spannungsgegenkopplung. Der einzige Unterschied zur unstabilisierten Schaltung besteht darin, daß der Widerstand R_B zur Arbeitspunkteinstellung nicht an die Spannung $+U_S$ gelegt ist, sondern an den Kollektor des Transistors. Die gegenkoppelnde, d.h. stabilisierende Wirkung besteht darin, daß bei einem Ansteigen von U_{CE}, bei einer unerwünschten Änderung des Transistorarbeitspunktes also, auch die Spannung U_{RB} ansteigt. Damit steigt aber auch der Basisstrom I_B an; denn

$$I_B = \frac{U_{CE} - U_{BE}}{R_B} = \frac{U_{RB}}{R_B}$$

Ein steigender Basisstrom hat aber einen steigenden Kollektorstrom zur Folge und damit einen größeren Spannungsabfall an R_C. Folglich wird die Spannung U_{CE} kleiner, der unerwünschte Anstieg von U_{CE} also größtenteils wieder kompensiert. Umgekehrt wird bei fallendem U_{CE} der Basisstrom verkleinert und dadurch der Spannungsabfall an R_C, wodurch U_{CE} wieder angehoben wird.

Wie genau der gewünschte Arbeitspunkt U_{CE} bei Veränderung der Transistordaten eingehalten und durch diese Schaltung stabilisiert wird, hängt vom Verhältnis der Widerstände R_C zu R_B und von der Stromverstärkung des Transistors ab. Jedenfalls reicht die Stabilisierung für Kleinsignal-Wechselstromverstärker bei weitem aus und wird daher auch häufig in Schaltungen der Unterhaltungselektronik verwendet. Bei der Dimensionierung einer solchen Schaltung geht man von der mittleren Stromverstärkung des vorgesehenen Transistortyps aus.

Beispiel: In einer Schaltung nach Bild 8.18 mit dem Transistor BC 170B soll der Widerstand R_B berechnet werden. Laut Datenblatt Tabelle 7.1 hat dieser Transistor bei $I_C = 1$ mA eine Stromverstärkung $B = 80$ bis 250, die mittlere Stromverstärkung beträgt also

$$B = \frac{80 + 250}{2} = 165$$

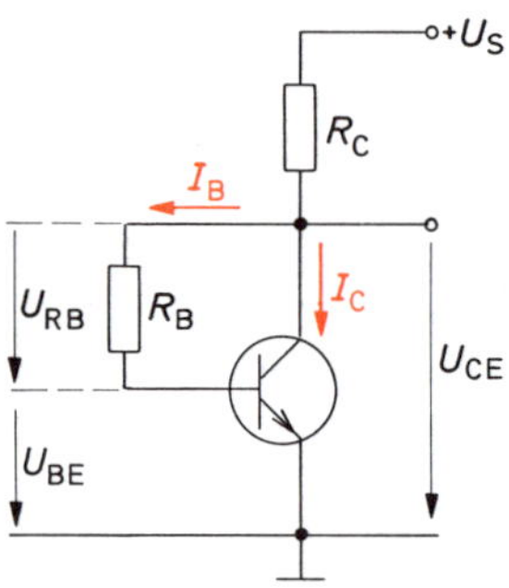

Bild 8.17 Prinzip der Arbeitspunktstabilisierung durch Spannungsgegenkopplung

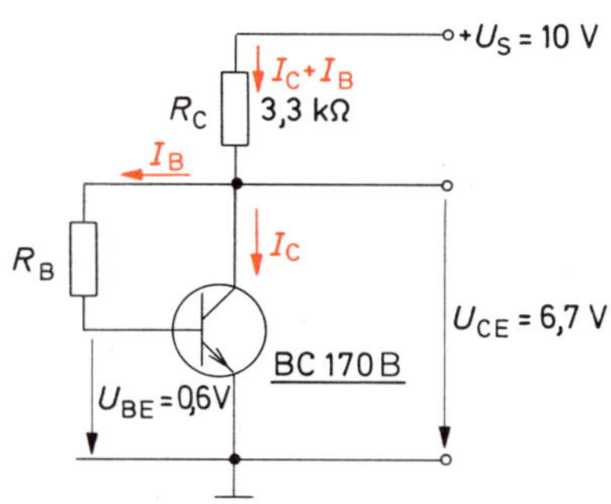

Bild 8.18 Transistorstufe mit Spannungsgegenkopplung

Bei einem gewünschten Arbeitspunkt $U_{CE} = 6{,}7$ V muß an $R_C = 3{,}3$ kΩ eine Spannung von $U_S - U_{CE} = 10\ \text{V} - 6{,}7\ \text{V} = 3{,}3$ V abfallen. Damit ergibt sich ein Strom durch R_C von

$$I_{RC} = \frac{3{,}3\ \text{V}}{3{,}3\ \text{k}\Omega} = 1\ \text{mA}$$

Dieser Strom I_{RC} setzt sich zusammen aus $I_C + I_B$. Weil die mittlere Stromverstärkung $B = 165$ ist, ist I_B aber im Mittel 165mal kleiner als I_C. Wenn man I_B gegenüber I_C vernachlässigt, ist der dadurch entstehende Fehler nur $^1/_{165}$ oder 0,6%. Im Vergleich zu den viel größeren Toleranzen der hier verwendeten Widerstände (üblicherweise bestenfalls ±5%) wäre es unsinnig, diesen zusätzlichen Fehler zu berücksichtigen. Ganz allgemein wird bei solchen Berechnungen der Basisstrom I_B gegenüber I_C vernachlässigt, wenn $B \geqq 100$. Damit bleibt der dadurch entstehende Rechenfehler $\leqq 1\%$.

Somit ergibt sich $I_C = 1$ mA und daraus

$$I_B = \frac{I_C}{B} = \frac{1\ \text{mA}}{165} = 6{,}06\ \mu\text{A}$$

Die Spannung an R_B beträgt 6,7 V − 0,6 V = 6,1 V. Damit ergibt sich der Wert für R_B zu

$$R_B = \frac{6{,}1\ \text{V}}{6{,}06\ \mu\text{A}} = 1\ \text{M}\Omega$$

Bild 8.19 zeigt eine vollständige Wechselspannungsverstärkerstufe mit Arbeitspunktstabilisierung durch Spannungsgegenkopplung. Wie alle vorhergehenden Schaltungen auch, läßt sich diese Stufe ebensogut mit einem pnp-Transistor aufbauen. Es muß dann lediglich eine negative Speisespannung U_S verwendet werden.

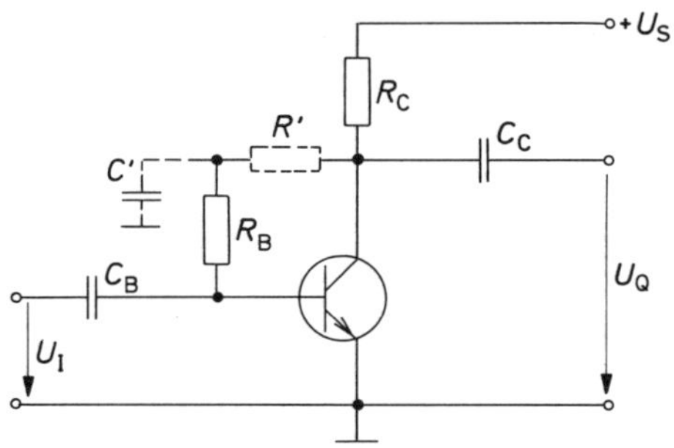

Bild 8.19 Wechselspannungs-Verstärkerstufe mit Arbeitspunktstabilisierung durch Spannungsgegenkopplung. Durch Einfügen des Tiefpasses $R' - C'$ wird die Gegenkopplung für Signalfrequenzen unwirksam

Für alle Gegenkopplungsschaltungen gilt, daß sie auch die Verstärkung herabsetzen, wenn nicht geeignete Maßnahmen dagegen unternommen werden. Die Schaltung soll ja dafür sorgen, daß die Spannung U_{CE} möglichst stabil, also unverändert bleibt. Dann wird sie natürlich auch bestrebt sein, die erwünschten Änderungen ΔU_{CE}, die durch die verstärkte Signalspannung entstehen, weitgehend zu unterdrücken. Wenn durch die Gegenkopplung ΔU_{CE} kleiner wird, wird aber auch die Spannungsverstärkung

$$v_U = \frac{\Delta U_{CE}}{\Delta U_{BE}} = \frac{\Delta U_Q}{\Delta U_I}$$

kleiner. Diese — oft unerwünschte — Wirkung ist leicht durch die Gegenphasigkeit von Ein- und Ausgangsspannung zu erklären: Eine ansteigende Eingangsspannung u_I hat eine abfallende Amplitude u_Q ($\varphi = 180°$!) zur Folge. Dieser Spannungsabfall u_Q wirkt über R_B aber zurück auf den Eingang und verkleinert damit die ansteigende Amplitude von u_I, wirkt also der Eingangsspannung entgegen (Gegenkopplung!).

Diesen Verstärkungsverlust kann man verhindern, wenn man den Gegenkopplungspfad vom Kollektor zur Basis als Tiefpaß (R' und C' in Bild 8.19) ausbildet: Für die Gleichspannung bleibt die Gegenkopplung und damit die stabilisierende Wirkung erhalten, für die Signalfrequenzen wird dieser Weg aber gesperrt. Hierfür sind ein weiterer Widerstand und ein zusätzlicher Kondensator erforderlich. Mit etwa gleichem Bauteileaufwand läßt sich aber die sehr viel wirkungsvollere Stromstabilisierungsschaltung aufbauen.

8.2.2 Arbeitspunktstabilisierung durch Stromgegenkopplung

Ziel der *Strom*gegenkopplung ist es, den Arbeitspunkt durch Stabilisierung des Kollektor*stroms* konstant auf dem gewünschten Wert zu halten, also möglichst weitgehend unabhängig zu machen von Temperatureinflüssen oder von unterschiedlichen Stromverstärkungen der verwendeten Transistoren. Bild 8.20 zeigt die zugehörige Schaltung.

Wesentliches Merkmal dieser Schaltung ist der Basisspannungsteiler aus $R1$ und $R2$. Die Widerstandswerte werden so gewählt, daß I_q groß ist gegen I_B ($I_q \approx 10 \cdot I_B$), dann ist die Spannung U_B annähernd unabhängig von Änderungen des Basisstroms I_B (vgl. Grundlagenband).

Die Spannung U_{BE} ist bei gleichen Transistortypen als gleich anzusehen, sie ist also innerhalb einer Schaltung konstant. Wenn aber U_B und U_{BE} konstant (unabhängig von I_B) sind, muß auch die Teilspannung $U_E = U_B - U_{BE}$ konstant sein. Die Spannung U_E entsteht als Spannungsabfall am konstanten Widerstand R_E:

$$U_E = I_E \cdot R_E$$

Dieser Spannungsabfall kann nur konstant sein, wenn I_E konstant ist. Da $I_E = I_C + I_B$ ist und I_B gegen I_C vernachlässigt werden kann (Fehler $< 1\%$ bei $B > 100$, siehe Abschnitt 8.2.1), muß also auch I_C konstant sein. Damit erfüllt die Schaltung die Forderung, den Kollektorstrom I_C unabhängig von der Stromverstärkung B des Transistors auf dem gewünschten Arbeitspunktwert festzuhalten.

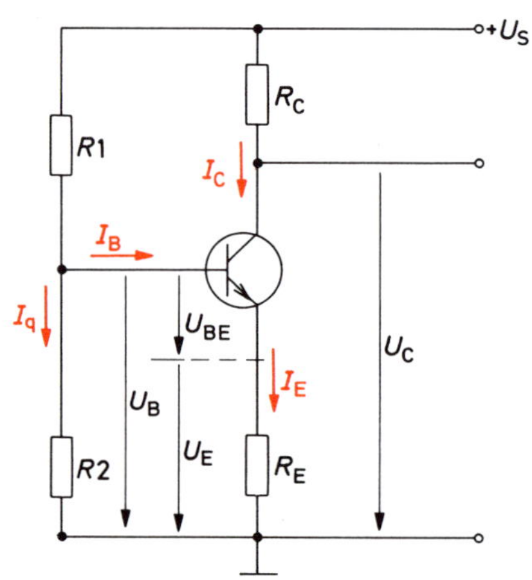

Bild 8.20 Prinzip der Arbeitspunktstabilisierung durch Stromgegenkopplung

Bild 8.21 Transistorstufe mit Stromgegenkopplung

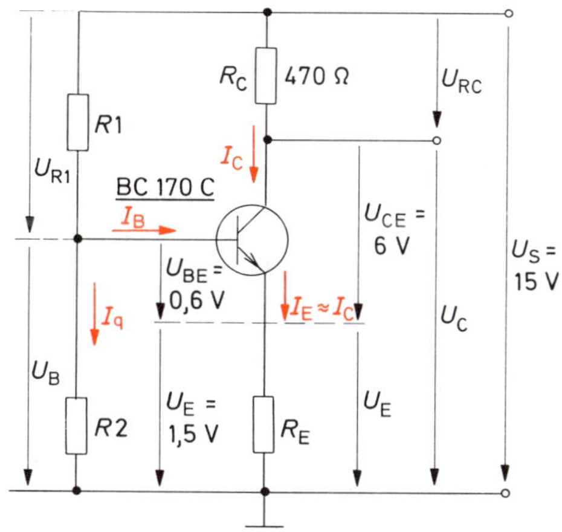

Die Funktion der Schaltung kann man sich klarmachen, wenn man annimmt, der Kollektorstrom I_C würde kleiner als der gewünschte Sollwert. Dann müßte zwangsläufig auch U_E kleiner werden. Weil U_B aber konstant ist (Bild 8.20), muß U_{BE} bei fallendem U_E größer werden. Eine geringe Erhöhung von U_{BE} hat aber eine erhebliche Vergrößerung von I_B zur Folge (siehe Kennlinie $I_B = f(U_{BE})$, Bild 8.8) und damit auch ein Ansteigen von I_C, womit der ursprüngliche Abfall kompensiert würde oder gar nicht erst stattfinden kann.

Beispiel: In einer Schaltung nach Bild 8.21 sollen die Widerstände $R1$, $R2$ und R_E bestimmt werden, wenn als Transistor ein BC 170C eingesetzt wird (Datenblatt Tabelle 7.1). Als Querstrom I_q des Basisspannungsteilers soll $I_q = 10 \cdot I_B$ gewählt werden, wobei von der mittleren Stromverstärkung des Transistors auszugehen ist. I_B ist gegen I_C zu vernachlässigen ($I_C \approx I_E$).

Lösung: Am Widerstand R_C fällt eine Spannung ab von

$$U_{RC} = U_S - U_{CE} - U_E = 15\text{ V} - 6\text{ V} - 1{,}5\text{ V} = 7{,}5\text{ V}$$

Damit muß der Kollektorstrom betragen

$$I_C = \frac{U_{RC}}{R_C} = \frac{7{,}5\text{ V}}{470\ \Omega} = 16\text{ mA}$$

Dieser Strom soll an R_E einen Spannungsabfall von $U_E = 1{,}5$ V erzeugen, also

$$R_E = \frac{U_E}{I_C} = \frac{1{,}5\text{ V}}{16\text{ mA}} = \underline{\underline{94\ \Omega}}$$

Die mittlere Stromverstärkung des BC 170C beträgt

$$B = \frac{200 + 600}{2} = 400$$

Damit ergibt sich ein Basisstrom von

$$I_B = \frac{I_C}{B} = \frac{16\text{ mA}}{400} = 40\ \mu\text{A}$$

Die Spannung an $R2$ beträgt

$$U_B = U_{BE} + U_E = 0{,}6\,V + 1{,}5\,V = 2{,}1\,V$$

Der Strom durch $R2$ soll $I_q = 10 \cdot I_B = 0{,}4$ mA sein, also

$$R2 = \frac{U_B}{I_q} = \frac{2{,}1\,V}{0{,}4\,mA} = \underline{\underline{5{,}25\,k\Omega}}$$

Durch $R1$ fließt der Strom $I_q + I_B = 10 \cdot I_B + I_B = 11 \cdot I_B = 0{,}44$ mA.

$$R1 = \frac{U_{R1}}{11 \cdot I_B} = \frac{U_S - U_B}{11 \cdot I_B} = \frac{15\,V - 2{,}1\,V}{0{,}44\,mA} = \underline{\underline{29{,}3\,k\Omega}}$$

Auch bei dieser Stabilisierungsschaltung vermindert die Gegenkopplung natürlich die Verstärkung. Um diese Wirkung aufzuheben, wird der Gegenkopplungswiderstand R_E für die Signalwechselspannung durch einen Kondensator C_E überbrückt. Dazu muß der Wechselstromwiderstand von C_E auch für die niedrigsten Signalfrequenzen wesentlich kleiner sein als R_E ($X_{CE} \approx 0{,}1 \cdot R_E$ für f_u, wobei f_u die niedrigste Signalfrequenz ist).

Mit $R_E = 94\,\Omega$ in der Schaltung nach Bild 8.21 wäre bei $f_u = 30$ Hz also zu rechnen

$$X_{CE} = \frac{1}{2 \cdot \pi \cdot f_u \cdot C_E} = 0{,}1 \cdot R_E = 0{,}1 \cdot 94\,\Omega = 9{,}4\,\Omega$$

$$C_E = \frac{1}{2 \cdot \pi \cdot f_u \cdot X_{CE}} = \frac{1}{2 \cdot \pi \cdot 30\,Hz \cdot 9{,}4\,\Omega} = 564\,\mu F$$

Eine vollständige Wechselspannungsverstärkerstufe mit Arbeitspunktstabilisierung durch Stromgegenkopplung zeigt Bild 8.22. Zu beachten ist bei dieser Schaltung, daß der Spannungsabfall U_E an R_E (Bild 8.21) für den Ausgangsspannungshub nicht mehr zur Verfügung steht.

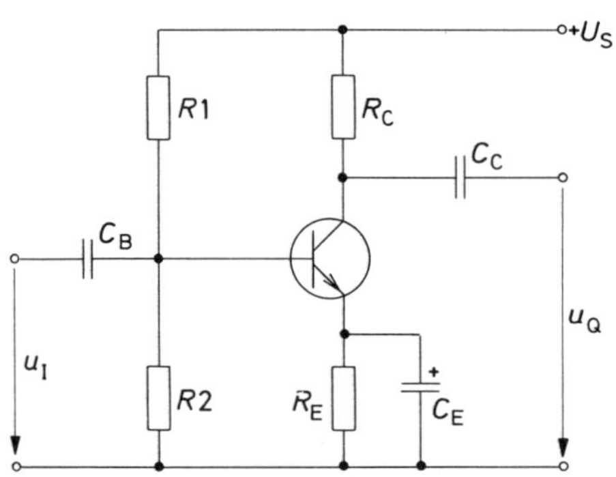

Bild 8.22 Wechselspannungsverstärker in Emitterschaltung mit Arbeitspunktstabilisierung durch Stromgegenkopplung

8.3 Verstärkergrundschaltungen

Ein Verstärker braucht für die Signalspannungen grundsätzlich vier Anschlüsse (Bild 8.1): zwei für die Eingangsspannung U_I und zwei für die Ausgangsspannung U_Q. Da der Transistor aber nur drei Anschlüsse (Basis, Emitter, Kollektor) hat, muß ein Transistoranschluß für die Signalspannungen jeweils gemeinsam für Ein- und Ausgang benutzt werden. Bei allen bislang behandelten Transistor-Verstärkerschaltungen (Bild 8.16, 8.19, 8.22) lag der Emitter an der gemeinsamen Leitung für Ein- und Ausgang. (Beachte: In der Schaltung nach Bild 8.22 liegt der Emitter wechselstrommäßig, d.h. für die Signalspannungen, über C_E an der gemeinsamen Masseleitung.)

Man kann aber auch die Basis oder den Kollektor (wechselstrommäßig) an die gemeinsame Masseleitung legen und erhält dadurch völlig unterschiedliche Verstärkereigenschaften. Man unterscheidet daher drei Grundschaltungen von Verstärkerstufen, die ihren Namen jeweils nach der Transistorelektrode erhalten, die für die Signalspannungen an der gemeinsamen Masseleitung liegen. Im folgenden werden diese drei Grundschaltungen am Beispiel von npn-Transistoren erklärt. Es sei aber auch an dieser Stelle noch einmal ausdrücklich darauf hingewiesen, daß sich alle Schaltungen ebensogut auch mit pnp-Transistoren ausführen lassen.

8.3.1 Emitter-Grundschaltung

Die Emitterschaltung (Bild 8.22) ist die meistverwendete Verstärkerschaltung für alle Einsatzgebiete wie Gleichstrom-, Niederfrequenz-(Nf-) und Hochfrequenz-(Hf-)Verstärker. In der Anwendung als Gleichstromverstärker müssen allerdings die drei Kondensatoren aus Bild 8.22 entfallen. Die Schaltung besitzt hohe Spannungs- und Stromverstärkung sowie eine sehr hohe Leistungsverstärkung ($v_P = v_U \cdot v_I$). Sie ist die einzige Grundschaltung, bei der die Ausgangs- gegen die Eingangsspannung um 180° phasenverschoben ist. Schaltet man zwei Emitterschaltungen hintereinander, wodurch die Phase der Signalspannung um $2 \cdot 180° = 360°$ gedreht wird, sind Ein- und Ausgangsspannung wieder in Phase.

Ein Nachteil dieser Schaltung, der bei vielen Anwendungen stört, ist der kleine Eingangs- und der hohe Ausgangswiderstand. Mit den Bezeichnungen von Bild 8.22 wird der Eingangswiderstand r_I gebildet aus der Parallelschaltung von R_1, R_2 (Innenwiderstand eines Spannungsteilers) und, weil der Emitter über C_E wechselstrommäßig an Masse liegt, der Basis-Emitter-Strecke mit dem differentiellen Widerstand r_{BE} (vgl. Abschnitt 7.6). Der Eingangswiderstand ergibt sich also zu

$$r_I = R1 \parallel R2 \parallel r_{BE}$$

Am Ausgang bildet der Transistor zusammen mit dem Kollektorwiderstand R_C einen Spannungsteiler mit dem Innenwiderstand

$$r_Q = R_C \parallel r_{CE}$$

Da der differentielle Ausgangswiderstand des Transistors r_{CE} (vgl. Abschnitt 7.6) im allgemeinen sehr groß ist gegen R_C, ergibt sich der Ausgangswiderstand für die Emitterschaltung zu

$$r_Q \approx R_C$$

Wenn der Emitterwiderstand R_E nicht durch einen Kondensator C_E überbrückt wird, bleibt seine Gegenkopplungswirkung voll erhalten. Dadurch wird die Spannungsverstärkung vermindert auf

$$v_U \approx -\frac{R_C}{R_E}$$

In dieser Gleichung sind die nichtlinearen Transistorparameter nicht mehr enthalten, die Spannungsverstärkung hängt (fast) nur noch vom Verhältnis linearer Widerstände ab. Damit ist eine (fast) kurvenformtreue Übertragung der Eingangsspannung u_I auf den Ausgang u_Q gewährleistet. Die Form der Ausgangsspannung wird gegenüber der Form der Eingangsspannung weniger verzerrt (= kleinere «nichtlineare Verzerrungen» = kleiner *Klirrfaktor* durch die Gegenkopplung mit R_E). Außerdem wird der (störend kleine) Eingangswiderstand r_{BE} des Transistors durch die Gegenkopplung erhöht auf $r_I \approx B \cdot R_E$.

8.3.2 Kollektorschaltung

Die Spannungsverstärkung der Kollektorschaltung (Bild 8.23) ist etwas kleiner als 1, die Ausgangsspannung u_Q ist also fast ebenso groß wie die Eingangsspannung u_I. Wechselstrommäßig an Masse liegt, wie der Name sagt, der Kollektor, und zwar über die Spannungsquelle U_S: Die Kollektorspannung ist konstant, am Kollektor treten keine signalfrequente Spannungsänderungen auf. Die Strom- und die Leistungsverstärkung der Schaltung sind groß.

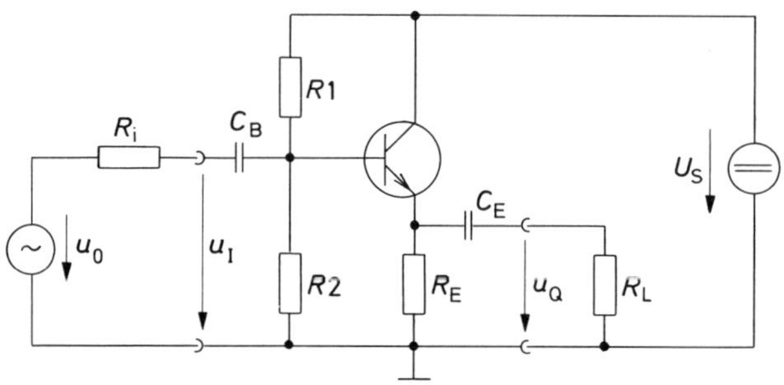

Bild 8.23 Wechselspannungsverstärker in Kollektorschaltung

Die Kollektorschaltung wird eingesetzt als Impedanzwandler. Sie dient damit zum Anpassen niederohmiger Lasten an hochohmige Signalquellen. Die Impedanzen auf der Eingangs-(Basis-) Seite werden mit dem Faktor $1/B$ auf die Ausgangsseite transformiert:

$$r_Q \approx \frac{R1 \parallel R2 \parallel R_i}{B} \quad \text{(Bild 8.23)}$$

Die Ausgangsimpedanzen werden mit dem Faktor B auf die Eingangsseite transformiert

$$r_I \approx (R_E \parallel R_L) \cdot B$$

Eine typische Anwendung ist in Bild 8.24 bis 8.26 gezeigt. Eine Konstantspannungsquelle (Bild 8.24), die mit R_V und einer Z-Diode aufgebaut ist, ist im allgemeinen nur mit einigen Milliampere belastbar und stellt eine Spannungsquelle mit einem Innenwiderstand $r_I \approx r_Z$ dar (Bild 8.24b). Der höchste Strom, der dieser Spannungsquelle entnommen werden kann, ohne daß die Stabilisierung aussetzt, ist

$$I_L = \frac{U_S - U_Z}{R_V} - I_{Z\,min} \quad \text{(vgl. Kapitel 5)}$$

Bild 8.24 Z-Dioden-Stabilisierung (a) und Ersatzschaltung dafür (b)

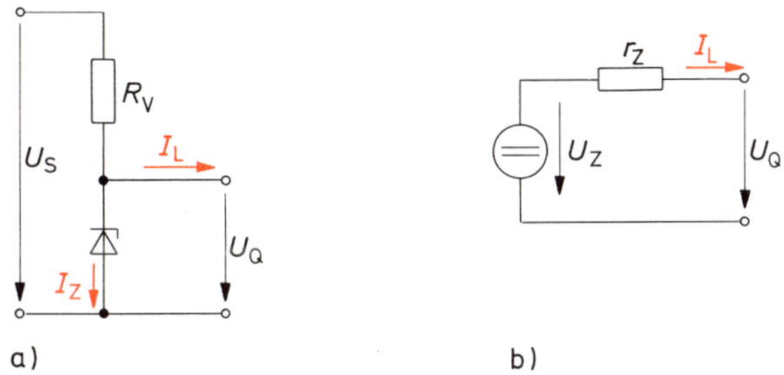

Bild 8.25 Z-Dioden-Stabilisierung mit nachgeschalteter Verstärkerstufe in Kollektorschaltung

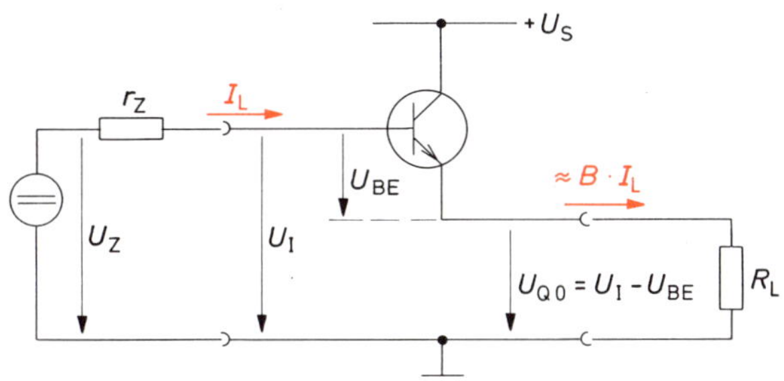

Bild 8.26 Ersatzschaltung für die Anordnung von Bild 8.25
a) von der Last aus «gesehen»
b) von der Z-Diode aus «gesehen»

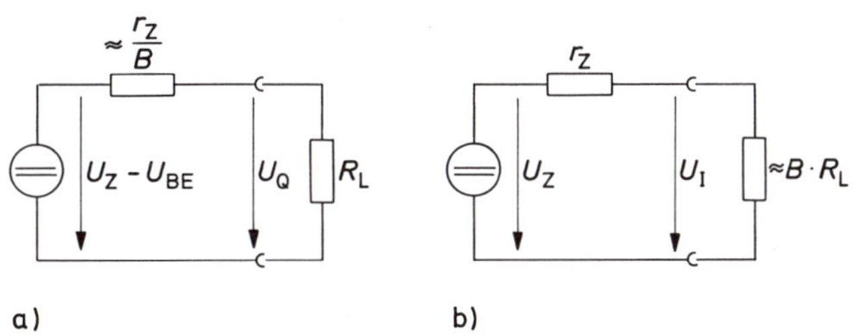

Schaltet man dieser Spannungsquelle eine Kollektorschaltung nach (Bild 8.25), so kann man an deren Ausgang wegen der Stromverstärkung des Transistors den um B mal größeren Strom $B \cdot I_L$ entnehmen, ohne daß die Stabilisierung aussetzt. Die Spannungsquelle ist also höher belastbar geworden.

An den Ausgangsbuchsen U_Q ergibt sich für die Last R_L eine Ersatzschaltung (Bild 8.26a) mit einem durch B verminderten Innenwiderstand r_z/B. Für die Z-Diode erscheint durch die Kollektorschaltung der Lastwiderstand R_L um den Faktor B vergrößert auf $B \cdot R_L$ (Bild 8.26b).

Ein weiteres Anwendungsbeispiel zeigt Bild 8.27. Der störend kleine Eingangswiderstand r_{BE} einer Emitterschaltung wird durch das Vorschalten einer Kollektorschaltung annähernd auf den Wert $B \cdot r_{BE}$ vergrößert. Dadurch kann dieser Verstärker auch an hochohmige Signalspannungsquellen (z.B. Kristall-Tonabnehmer od. dgl.) angeschlossen werden.

In Bild 8.28 wird eine Kollektorschaltung benutzt, um eine niederohmige Last R_L an den hochohmigen Ausgang einer Emitterschaltung anzupassen. Mit je einer Kollektorschaltung vor und hinter einer Emitterschaltung können deren Nachteile (kleiner Eingangs- und hoher Ausgangswiderstand) also ausgeglichen werden.

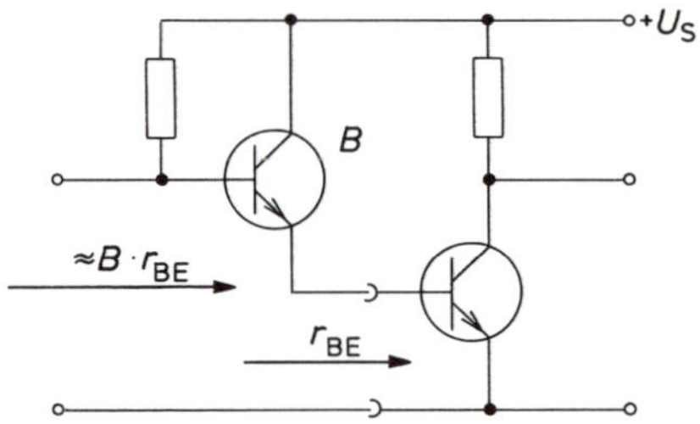

Bild 8.27 Der Eingangswiderstand r_{BE} einer Emitterschaltung wird durch eine zusätzliche Kollektorschaltung auf annähernd $B \cdot r_{BE}$ erhöht

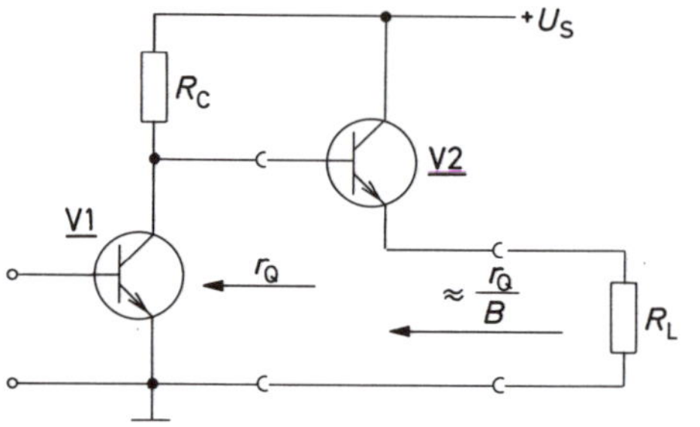

Bild 8.28 Der hohe Ausgangswiderstand r_Q einer Emitterschaltung V1 wird durch eine Kollektorschaltung V2 an eine niederohmige Last R_L angepaßt

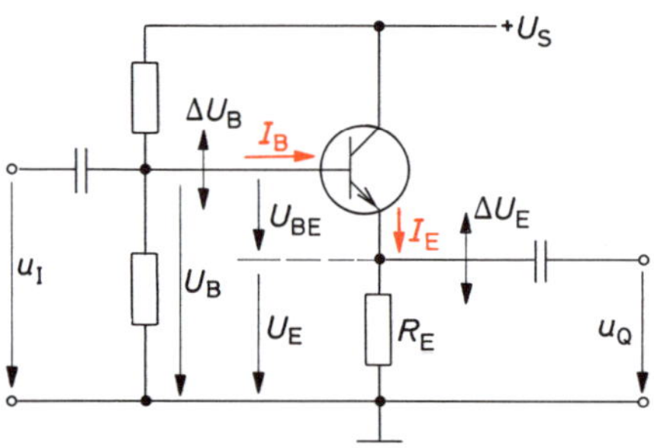

Bild 8.29 Die Spannung U_E folgt nach Betrag und Phase fast genau der Spannung U_B ($\Delta U_B \approx \Delta U_E$)

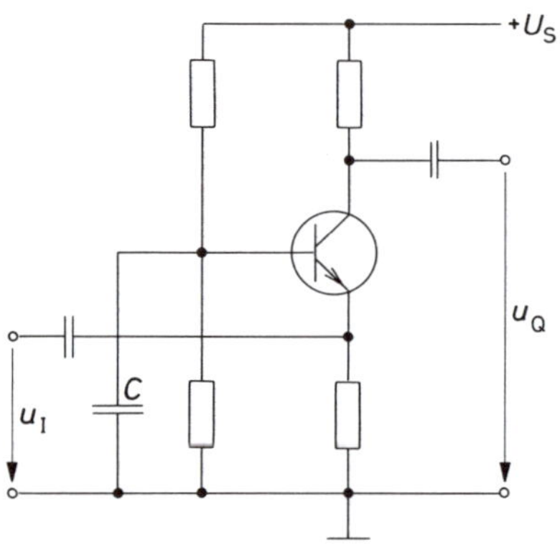

Bild 8.30 Prinzip der Basisschaltung. Die Basis liegt über den Kondensator C für die Signalwechselspannungen an Masse

Die Kollektorschaltung wird häufig auch als Emitterfolger bezeichnet (Bild 8.29), weil die Emitterspannung U_E jeder Basisspannungsänderung ΔU_B mit einer fast gleich großen Amplitude ΔU_E folgt. Daß die Spannungsverstärkung nicht ganz 1 ist (ΔU_E ist also etwas kleiner als ΔU_B) liegt daran, daß ein Ansteigen von U_E nur möglich ist durch einen größeren Strom I_E. Dazu muß aber auch I_B größer werden, d.h., die Spannung U_{BE} muß geringfügig ansteigen. Wenn man aber von dieser geringfügigen (im allgemeinen vernachlässigbar kleinen) Änderung von U_{BE} absieht, U_{BE} also als konstant ansieht, folgt der Emitter mit einem Gleichspannungsversatz von U_{BE} exakt allen Signalspannungsänderungen an der Basis.

8.3.3 Basisschaltung

Die Basisschaltung (Bild 8.30) hat nur für Hochfrequenzverstärker Bedeutung. Sie hat eine hohe Spannungs- und Leistungsverstärkung, die Stromverstärkung ist etwas kleiner als 1. Die Basis liegt für Signalfrequenzen über C_B an Masse und sorgt damit für eine (in der Hochfrequenztechnik häufig sehr wichtige) Entkopplung zwischen u_Q und u_I. Der Eingangswiderstand ist sehr niedrig, der Ausgang hochohmig.

Tabelle 8.1 Haupteigenschaften der drei Transistor-Grundschaltungen

	Emitterschaltung	Kollektorschaltung	Basisschaltung
Eingangswiderstand r_I	mittel $r_I \approx r_{BE}$ etwa 0,2 bis 5 kΩ	groß $r_I \approx B \cdot R_E$ etwa 20 bis 500 kΩ	klein $r_I \approx \frac{r_{BE}}{B}$ etwa 20 bis 50 Ω
Ausgangswiderstand r_Q	mittel $r_Q \approx R_C$ etwa 1 bis 100 kΩ	klein $r_Q \approx R_E \| \| \frac{R_i}{B}$ etwa 0,1 bis 1 kΩ	groß $r_Q \approx R_C$ etwa 10 kΩ
Stromverstärkung v_I	$v_I \approx B$ 10 bis 200	$v_I \approx B$ 10 bis 200	≈ 1
Spannungsverstärkung v_U	10^2 bis 10^4	≈ 1	10^2 bis 10^3
Phasendrehung $\frac{u_Q}{u_I}$	180°	0°	0°
Anwendung	NF- und HF-Verstärker	Impedanzwandler	UHF-Verstärker

8.4 Darlingtonschaltung

Da sehr häufig die Notwendigkeit besteht, den kleinen Eingangswiderstand r_{BE} eines Transistors durch Vorschalten einer Kollektorstufe zu erhöhen (Bild 8.27), hat diese Kombination von zwei Transistoren einen eigenen Namen bekommen, man nennt sie Darlingtonschaltung. Diese Anordnung (Bild 8.31) aus V1 und V2 wird auch im gemeinsamen Gehäuse mit drei Anschlüssen B, E, C als «Darlingtontransistor» (Bild 8.32) angeboten. Tatsächlich verhält sich eine Darlingtonschaltung wie ein normaler Transistor mit der Stromverstärkung $B = B_1 \cdot B_2$. Wenn man näherungsweise $I_C = I_E$ setzt, wird der Basisstrom I_{B1} durch V1 verstärkt zu $I_{E1} = I_{B1} \cdot B_1$. Dieser Emitterstrom bildet den Basisstrom von V2 und wird noch einmal verstärkt zu $I_{E2} = I_{E1} \cdot B_2 = I_{B1} \cdot B_1 \cdot B_2$.

Die Darlingtonschaltung benötigt etwa die doppelte Eingangsspannung ($2 \cdot U_{BE}$) als Schwellenspannung wie ein Einzeltransistor, verhält sich aber sonst ebenso wie ein Einzeltransistor, so daß auch die Darlingtonschaltung selbst in den drei Grundschaltungen eingesetzt werden kann.

In integrierten Darlingtontransistoren ist meist ein Widerstand R (Bild 8.32a) enthalten. Er verhindert, daß der Sperrstrom vom Transistor V1 weiterverstärkt wird vom Transistor V2. Der durch den Sperrstrom von V1 am Widerstand R erzeugte Spannungsabfall muß kleiner sein als die Schwellspannung U_{BE2}, dann fließt der Sperrstrom nur durch den Widerstand R und nicht in die Basis des Transistors V2. Außerdem verkürzt der Widerstand R beim Sperren die Ausräumzeit t_q (vgl. Kapitel 2) der Sperrschicht des Transistors V2.

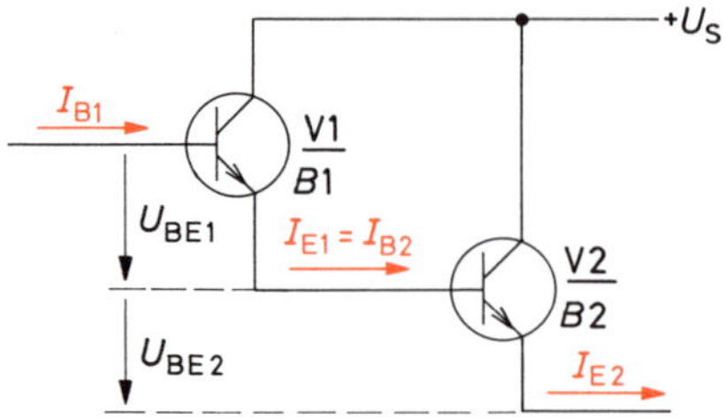

Bild 8.31 Prinzip der Darlingtonschaltung

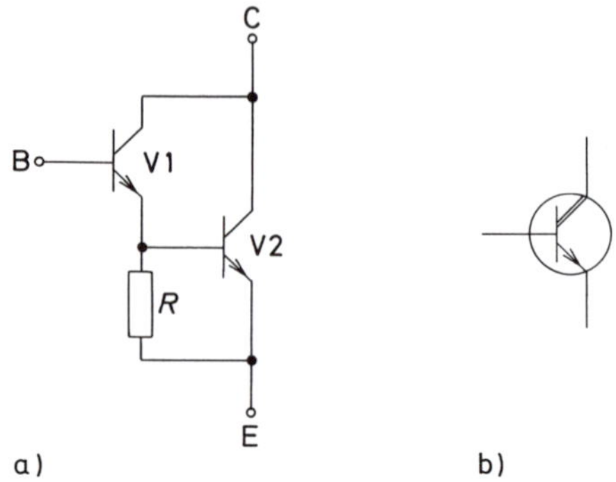

Bild 8.32 Darlingtontransistor
a) Innenschaltung
b) Schaltzeichen

Eine häufig unangenehme Eigenschaft von Darlingtontransistoren (Bild 8.32) ist zu beachten. Aus Bild 8.33a ist zu entnehmen, daß der Transistor V2 nicht bis in das Gebiet der Sättigung durchgesteuert werden kann. Weil die beiden Kollektoren von V1 und V2 verbunden sind, muß der Basisstrom für V2 aus der Kollektorspannung von V2 gewonnen werden. U_{CE2} kann also nicht kleiner werden als

$$U_{CE2\,min} = U_{CE\,sat1} + U_{BE2}$$

da sonst kein Basisstrom mehr fließen würde. Wenn man die Schaltung aus zwei Einzeltransistoren aufbaut (Bild 8.33b) und dadurch den Basisstrom I_{B2} direkt aus der Speisespannung $+U_S$ entnimmt, entfällt diese Beschränkung.

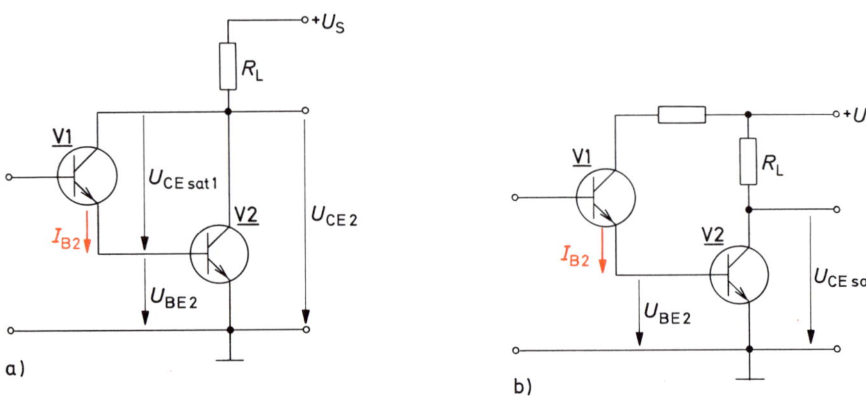

Bild 8.33 Wenn die Kollektoren von V1 und V2 verbunden sind, läßt sich V2 nicht in die Sättigung steuern

Der Unterschied im Verhalten der beiden Schaltungen liegt in den unterschiedlichen Verlustleistungen für den Transistor V2. Wenn z.B. $U_{CE sat} = 0{,}2$ V und $U_{BE2} = 0{,}8$ V betragen, wird die Verlustleistung für einen voll durchgesteuerten V2 nach Bild 8.33a:

$$P_{V2a} = I_C \cdot (0{,}8 \text{ V} + 0{,}2 \text{ V})$$

und nach Bild 8.33b:

$$P_{V2b} = I_C \cdot 0{,}2 \text{ V}$$

Das heißt, ein voll durchgesteuerter Transistor in Schaltung 8.33a müßte für eine fünffach höhere Verlustleistung ausgelegt sein als in Bild 8.33b.

8.5 Differenzverstärker

Gleichspannungs-, Präzisions- und kommerzielle Verstärker für die Meß-, Regel- und Rechentechnik werden überwiegend symmetrisch aufgebaut. Ihre Eingangsstufe besteht dann aus einem sogenannten Differenzverstärker. Das Prinzip einer solchen Differenzverstärkerstufe ist in Bild 8.34 gezeigt.

Die Bauelemente R_{C1}, R_{C2}, V1 und V2 bilden eine Brückenschaltung (vgl. Grundlagenband), die von der Spannung U_S gespeist wird. Die Ausgangsspannung U_Q wird in der Brückendiagonalen abgenommen. Der Vorteil solcher Brückenschaltung — und ihre deshalb bevorzugte Verwendung in Präzisionsgeräten — besteht darin, daß bei abgeglichener Brücke ($U_Q = 0$ V) weder Änderungen der Versorgungsspannung U_S noch Temperatureinflüsse auf die Bauelemente einen Einfluß auf die Ausgangsspannung U_Q haben. Voraussetzung für die Temperaturunabhängigkeit ist allerdings, daß die Transistoren V1 und V2 in ihren Daten absolut identisch sind und auch stets die gleiche Temperatur haben. Das gleiche gilt für die Kollektorwiderstände. Um das zu erreichen, sind zumindest die beiden Transistoren als Paar auf dem gleichen Halbleiterkristall hergestellt und befinden sich demgemäß auch in einem gemeinsamen Gehäuse. Meistens werden heute aber Schaltungen verwendet, bei denen der gesamte Verstärker mit allen seinen Bauteilen aus einem einzigen Kristall besteht (sogenannte «Integrierte Schaltung»), weil durch den gemeinsamen Herstellungsprozeß am besten die Gleichartigkeit (Symmetrie) aller Bauelemente und im Betrieb die gleiche Temperatur sichergestellt werden kann.

Unter der Voraussetzung, daß die beiden Transistoren in Bild 8.34 absolut gleich (symmetrisch) sind, fließen bei genau gleichen Basisströmen $I_{B1} = I_{B2}$ auch genau gleiche Kollektorströme $I_{C1} = I_{C2}$. Wenn außerdem auch beide Kollektorwiderstände gleich sind ($R_{C1} = R_{C2}$), müssen zwangsläufig die beiden Kollektorspannungen $U_{C1} = U_{C2}$ sein. Das heißt aber

$$U_Q = U_{C1} - U_{C2} = 0 \text{ V}$$

Bild 8.34 Prinzip des Differenzverstärkers

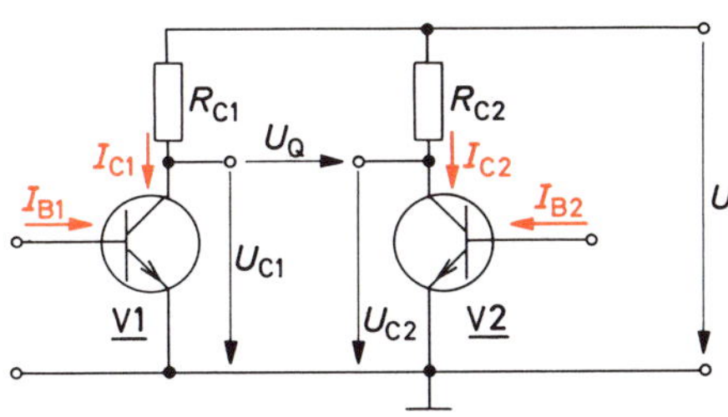

Selbst wenn z.B. durch Temperaturänderung beide Kollektorwiderstände sich ändern oder die Stromverstärkung der Transistoren oder die Speisespannung sich ändert, bleibt die Ausgangsspannung $U_Q = 0$ V (Prinzip der Brückenschaltung).

Nur wenn die Basisströme unterschiedlich groß gemacht werden, ändert sich die Ausgangsspannung, und zwar proportional zur Differenz ($I_{B2} - I_{B1}$) der Basisströme (daher der Name «Differenzverstärker»).

Die Spannung U_{C1} ergibt sich zu $U_{C1} = U_S - I_{C1} \cdot R_C$

$= U_S - I_{B1} \cdot B \cdot R_C$

Ebenso errechnet sich $U_{C2} = U_S - I_{B2} \cdot B \cdot R_C$

Die Ausgangsspannung U_Q ist die Differenz dieser beiden Spannungen, also

$$U_Q = (U_S - I_{B1} \cdot B \cdot R_C) - (U_S - I_{B2} \cdot B \cdot R_C)$$

Nach Auflösung der Klammern ergibt sich:

$$U_Q = B \cdot R_C \cdot (I_{B2} - I_{B1})$$

Diese Gleichung zeigt erstens, daß die Ausgangsspannung proportional zur Differenz der Eingangsströme ist, und dementsprechend zweitens, daß die Ausgangsspannung null ist, wenn die beiden Eingangsströme gleich groß sind (unabhängig davon, wie groß sie im einzelnen sind!).

Eine vollständige Differenzverstärkerstufe zeigt Bild 8.35. Sie wird von zwei massesymmetrischen Spannungsquellen $+U_S$ und $-U_S$ versorgt und ist gegenüber der Prinzipschaltung nach Bild 8.34 noch um eine Konstantstromquelle V3 ergänzt.

Die Funktion der Konstantstromquelle beruht darauf, daß U_B durch die Z-Diode konstant gehalten wird. Damit muß auch U_E konstant sein, weil U_{BE} konstant ist. Wenn aber die Spannung U_E konstant ist, muß der Strom I durch R_E konstant sein.

Dieser durch V3 konstant gehaltene Strom teilt sich als I_{E1} und I_{E2} auf V1 und V2 auf. Solange beide Transistoren exakt gleiche Eingangsspannung haben ($U_{I1} = U_{I2}$), teilt sich der Strom I auch genau hälftig auf die beiden Transistoren auf: $I_{E1} = I_{E2} = I/2$.

Wenn beide Spannungen U_{I1} und U_{I2} genau gleichmäßig steigen oder fallen (sogenannte «Gleichtaktansteuerung»), ändert sich an dieser genau hälftigen Aufteilung des Stroms auch

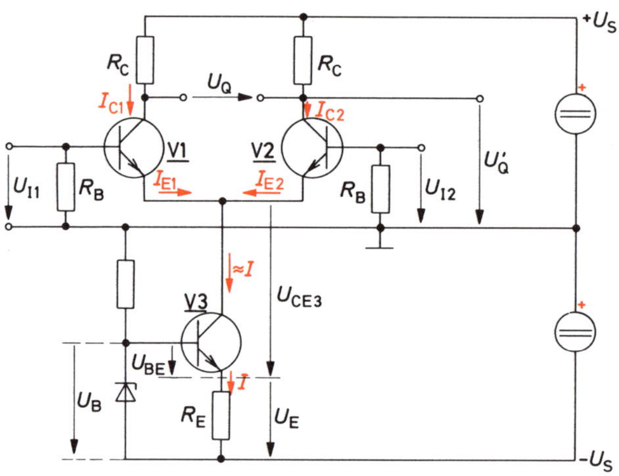

Bild 8.35 Differenzverstärker

nichts: Beide Kollektorströme bleiben $I/2$, obwohl beide Basisspannungen (gleichmäßig!) größer oder kleiner werden. Allein die Spannung U_{CE3} der Konstantstromquelle ändert sich im Takt der Gleichtaktansteuerung.

Der Vorteil dieser um eine Konstantstromquelle erweiterten Differenzverstärkerschaltung ist, daß durch die Gleichtaktansteuerung nicht nur U_Q (zwischen den beiden Kollektoren) konstant bleibt (das war auch für die einfache Schaltung nach Bild 8.34 der Fall), sondern daß hier auch die einzelne Kollektorspannung U'_Q konstant bleibt (weil I_C = konstant = $I/2$). Eine Änderung von U'_Q ergibt sich nur, wenn U_{I1} eine andere Größe als U_{I2} hat. Die Änderung von U'_Q wird dann proportional zur Differenz der Eingangsspannungen ($U_{I1} - U_{I2}$).

Weitere Verstärkerstufen brauchen also nicht mehr symmetrisch ausgelegt zu werden (mit jeweils zwei gegenläufigen Eingangsspannungen), sondern sie können als einfache Verstärkerstufen ausgeführt werden, die die Änderungen $\Delta U'_Q$ ggf. weiter verstärken.

8.6 Leistungsstufen

Wenn ein Verstärker größere Leistungen $p_Q = u_Q \cdot i_Q$ (einige Watt bis einige hundert Watt) abgeben soll, wird sein Ausgang als Leistungsstufe ausgeführt. Die Vorverstärkerstufen arbeiten als Spannungsverstärker und liefern damit eine ausreichend große Ausgangsspannung

$$u_Q = v_U \cdot u_I$$

Für die Leistungs- oder Endstufe geht es daher meist nur noch um eine große Stromverstärkung v_I, um auch ausreichend große Ausgangsströme bereitzustellen

$$i_Q = v_I \cdot i_I$$

Leistungsstufen sind daher häufig als Kollektorschaltung ausgeführt ($v_I \approx B$; $v_U \approx 1$). Sie erlauben damit auch eine Anpassung des meist niederohmigen Lastwiderstandes R_L an den oft hochohmigen Ausgang r_Q der Spannungsverstärkerstufen (vgl. «Impedanzwandler», Kollektorschaltung, Abschnitt 8.3.2). Um diese Anpassung zu unterstützen (den Eingang der Leistungsstufen hochohmiger zu machen), wird in den Endstufen häufig die Darlingtonschaltung verwendet (vgl. Abschnitt 8.4). Die im folgenden gezeigten Prinzipschaltungen bleiben unverändert, wenn anstelle der gezeichneten einfachen Transistoren Darlingtontransistoren eingesetzt werden. Lediglich die Schwellspannung steigt auf jeweils etwa den doppelten Wert.

8.6.1 Parallelschaltung von Bipolartransistoren

In Leistungsstufen treten häufig hohe Verlustleistungen an den Transistoren auf. Wenn zur Aufnahme dieser Verlustleistung ein Einzeltransistor nicht ausreicht, schaltet man mehrere Transistoren parallel. Um nach Bild 8.36 eine gleichmäßige Aufteilung des Laststroms I_L in die beiden Teilströme I_{C1} und I_{C2} (und damit eine gleichmäßige Verteilung der Verlustleistung auf beide Transistoren) zu erreichen, sind die Widerstände R_E erforderlich (vgl. Parallelschaltung von Dioden, Abschnitt 3.9).

Wegen der unvermeidlichen Exemplarstreuungen (auch bei «gepaart» ausgesuchten Transistoren) besonders der Basis-Emitter-Spannung U_{BE} und der Stromverstärkung B wird ohne die Emitterwiderstände der Transistor mit der größeren Stromverstärkung und dem größeren Basisstrom (bei gleicher Spannung U_{BE}) einen größeren Strom I_C übernehmen. Dadurch wird er wärmer als der andere Transistor, wodurch der Basisstrom I_B infolge des negativen Temperaturkoeffizien-

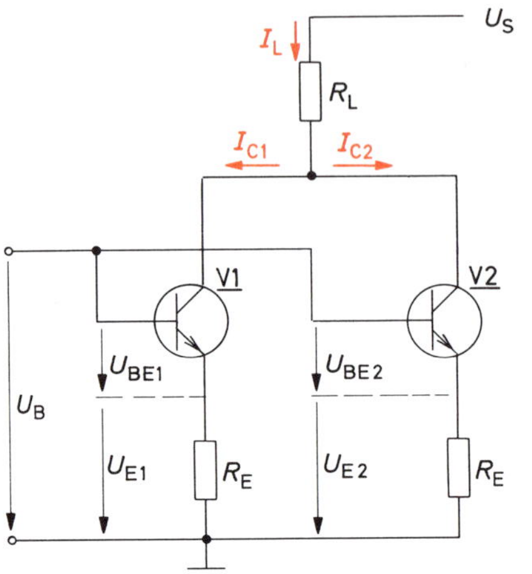

Bild 8.36 Bei der Parallelschaltung von Bipolar-Transistoren wird eine gleichmäßige Aufteilung des Laststroms durch die Emitterwiderstände R_E erreicht

ten der Schwellspannung und die Stromverstärkung B noch weiter steigen. Damit wird die Stromverteilung noch ungünstiger, was schließlich zur Zerstörung beider Transistoren durch Überlastung führen kann.

Durch die Gegenkopplungswirkung der Emitterwiderstände (siehe Arbeitspunktstabilisierung, Abschnitt 8.2.2) wird eine gleichmäßige Stromaufteilung $I_{C1} \approx I_{C2}$ erzwungen. Die Widerstände R_E sind so zu dimensionieren, daß die Exemplarstreuung

$$\Delta U_{BE} = U_{BE1} - U_{BE2}$$

klein ist gegen die Spannung U_B. Diese Schaltung ist beim Parallelschalten von Bipolartransistoren (auch bei Darlingtontransistoren) immer anzuwenden — gleichgültig, ob der Lastwiderstand R_L in der gemeinsamen Kollektor- oder der gemeinsamen Emitterleitung liegt.

8.6.2 A- und B-Betrieb

Man unterscheidet je nach Lage des Arbeitspunkts im Kennlinienfeld des Transistors zwischen Verstärkerstufen in A- oder B-Betrieb. Nach Bild 8.37 liegt der Arbeitspunkt bei A-Betrieb in der Mitte des Aussteuerbereichs, bei B-Betrieb bei $I_C = 0$. Im sogenannten AB-Betrieb fließt ein kleiner Ruhestrom I_{Co}.

8.6.3 Eintaktverstärker

Eintaktverstärker arbeiten im A-Betrieb. In Bild 8.38a ist ein Eintaktverstärker als Kollektorschaltung gezeigt. Um eine möglichst große Ausgangsamplitude der Signalspannung an der Last R_L zu erhalten, muß der Arbeitspunkt in der Mitte des zur Verfügung stehenden Aussteuerbereichs von $U_E = 0$ V bis $U_{E\,max} = U_S - U_{CE\,sat}$ liegen (Bild 8.37). Wenn man die Sättigungsspannung $U_{CE\,sat}$ als klein gegen die Speisespannung U_S vernachlässigt, liegt der Arbeitspunkt bei

$$U_E \approx \frac{U_S}{2}$$

Bild 8.37 Lage der Arbeitspunkte im Transistor-Kennlinienfeld bei A-, B- und AB-Betrieb

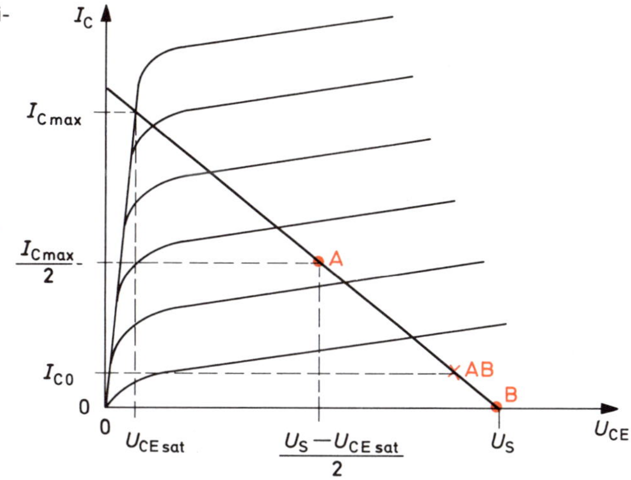

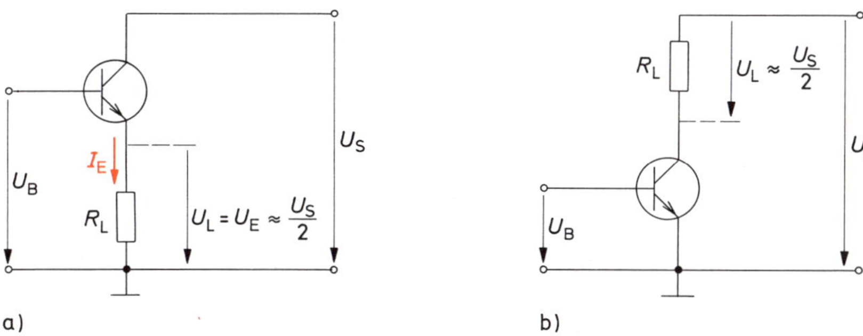

Bild 8.38 Arbeitspunkt einer Endstufe im A-Betrieb bei $U_L \approx U_S/2$

Dazu ist ein Emitterstrom von

$$I_E = \frac{U_E}{R_L} = \frac{U_S/2}{R_L}$$

erforderlich. Die von der Speisespannungsquelle zu liefernde Gleichstromleistung P_S zur Aufrechterhaltung dieses Arbeitspunkts beträgt daher

$$P_S = U_S \cdot I_E = U_S \cdot \frac{U_S/2}{R_L} = \frac{U_S^2}{2\,R_L}$$

Der Wirkungsgrad einer Verstärkerstufe ist definiert als das Verhältnis von abgegebener Signalleistung p_Q zu aufgenommener Gleichstromleistung P_S:

$$\eta = \frac{p_Q}{P_S}$$

Da die mittlere Gleichstromleistung P_S einer Verstärkerstufe im A-Betrieb annähernd konstant ist, ist der Wirkungsgrad annähernd proportional zu p_Q, das heißt, er wird sehr klein bei kleiner Ausgangsleistung ($\eta = 0$ bei $p_Q = 0$). Dabei ist es gleichgültig, ob die Stufe als Kollektorschaltung (Bild 8.38a) oder als Emitterschaltung (Bild 8.38b) aufgebaut ist.

Solange die Verlustleistungen klein sind (einige Milliwatt), spielt der Wirkungsgrad einer Verstärkerstufe kaum eine Rolle. Deshalb arbeiten die meisten Vorverstärkerstufen im A-Betrieb. Für eine Endstufe von z.B. $p_{Q\,max} = 50$ W und einem größten Wirkungsgrad von z.B. 50% kommt A-Betrieb praktisch nicht in Betracht: Der Speisespannungsquelle wird dabei ständig eine Leistung von $P_S = 100$ W entnommen – gleichgültig, ob sie angesteuert wird (Signalleistung abgibt) oder nicht. Ohne Ansteuerung wird diese Leistung vollständig in Wärme umgesetzt (zur Hälfte in der Last, zur anderen Hälfte im Transistor).

Die – meist unerwünschte – Gleichstrombelastung im Lastwiderstand R_L im A-Betrieb läßt sich vermeiden, wenn R_L über einen Kondensator an die Endstufe angekoppelt wird oder über einen Transformator (Ausgangsübertrager), der gleichzeitig für eine Leistungsanpassung zwischen Lastwiderstand R_L und Innenwiderstand r_i der Endstufe sorgt. Solche Übertrager sind relativ groß (wegen der Gleichstrom-Vormagnetisierung im A-Betrieb) und daher teuer. Sie schränken außerdem die Signalbandbreite erheblich ein. Übertrager werden deshalb in Endstufen kaum noch verwendet («eisenlose» Endstufe).

Wegen der Nachteile (Gleichstromvorbelastung und schlechter Wirkungsgrad bei kleiner Aussteuerung) werden Endstufen im A-Betrieb für Leistungen ab einigen Watt nicht verwendet.

8.6.4 Gegentaktverstärker

Gegentaktverstärker arbeiten im B- oder AB-Betrieb. Wegen der geringen Ruheströme ($I_{Co} = 0$ im B-Betrieb oder sehr kleiner Ruhestrom bei AB-Betrieb, vgl. Bild 8.37) ist die Ruheverlustleistung (ohne Ansteuerung) daher sehr klein. Damit bleibt der Wirkungsgrad auch bei kleinen Signalleistungen groß im Vergleich zu Verstärkern im A-Betrieb. Die aufgenommene Gleichstromleistung ist hierbei abhängig von der Signalleistung, das heißt, sie wächst mit der Aussteuerung.

Das Prinzip eines Gegentaktverstärkers in B-Betrieb zeigt Bild 8.39. Solange die für beide Transistoren gemeinsame Basisspannung $u_I = 0$ ist, sind beide Transistoren gesperrt ($i_{C1} = i_{C2} = 0$). Ohne Ansteuerung tritt daher keine Verlustleistung ($P_S = U_S \cdot I_C$) in der Endstufe auf.

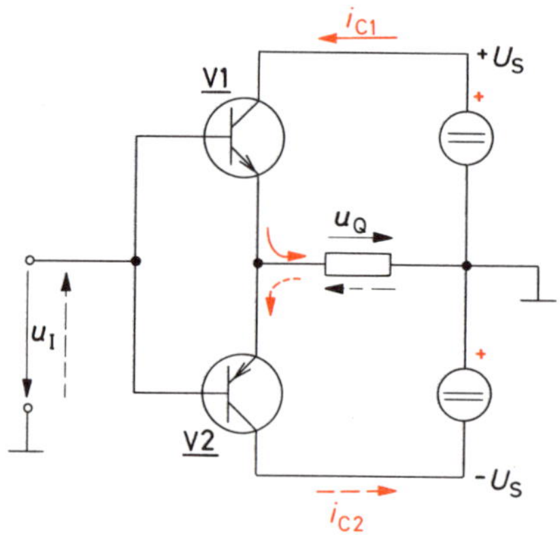

Bild 8.39 Prinzip einer Gegentakt-Endstufe mit Komplementärtransistoren

Bild 8.40 Gegentakt-Endstufe mit nur einer Speisespannungsquelle U_S

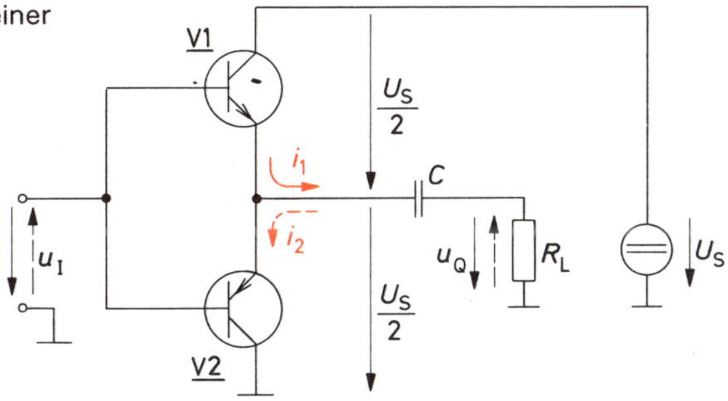

In der positiven Halbwelle der Eingangsspannung u_I (wobei $\hat{u}_I$ groß gegen die Schwellspannung der Transistoren sein soll), wird der *npn*-Transistor V1 angesteuert, der *pnp*-Transistor V2 bleibt jedoch gesperrt. Der Transistor V1 arbeitet als Emitterfolger ($v_U \approx 1$), die Spannung u_Q an der Last wird also die Größe $u_Q = u_I - U_{BE}$ annehmen. In der negativen Halbwelle der Eingangsspannung u_I leitet der *pnp*-Transistor V2 und erzeugt als Emitterfolger die negative Halbwelle der Ausgangsspannung u_Q. Während dieser Zeit bleibt V1 gesperrt.

Um gegenüber Bild 8.39 mit nur einer Speisespannungsquelle auszukommen, wird für Wechselstromverstärker häufig die Schaltung nach Bild 8.40 verwendet. Der Lastwiderstand ist über einen Kondensator C an den Ausgang des Gegentaktverstärkers angeschlossen. Dabei wird C so bemessen, daß sein Wechselstromwiderstand X_C vernachlässigbar klein gegen R_L bleibt

$$X_C = \frac{1}{2 \cdot \pi \cdot f_u \cdot C} \ll R_L$$

Während der positiven Signalhalbwelle von u_I fließt ein Ladestrom i_1 über V1 und den Kondensator C und erzeugt die positive Ausgangsspannungs-Halbwelle u_Q ($u_Q \approx u_I$, Kollektorschaltung). Während der negativen Signalhalbwelle fließt ein Entladestrom i_2 über V2 und C und erzeugt an R_L die negative Ausgangsspannungs-Halbwelle.

Da die Transistoren erst auf Eingangssignale ansprechen, die die Schwellspannungen überschreiten, entstehen bei kleiner Aussteuerung starke nichtlineare Verzerrungen (Übernahmeverzerrungen = Abweichung der Kurvenform des Ausgangssignals vom Eingangssignal, Bild 8.41). Um diese Verzerrungen zu vermindern, läßt man die Gegentaktstufen häufig im AB-Betrieb arbeiten,

Bild 8.41 *Übernahme*-Verzerrungen bei B-Betrieb im Nulldurchgang der Signalspannungen bei der Strom*übernahme* von V1 auf V2 und umgekehrt

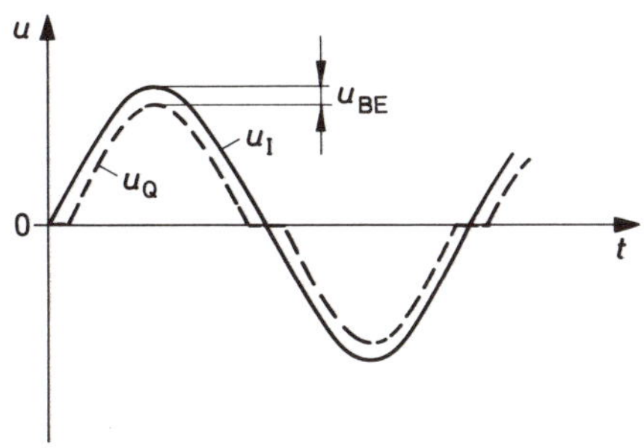

deren Prinzip in Bild 8.42 gezeigt ist. Mit dem Potentiometer R_P läßt sich ein Querstrom I_q einstellen, so daß beide Transistoren auch ohne Ansteuerung einen kleinen Ruhestrom I_{Co} führen (siehe Bild 8.37, Arbeitspunkt AB). Für kleine Signalspannungen arbeiten die Transistoren daher im (verzerrungsarmen) A-Betrieb, für große Signalspannungen ($u_I > U_{BE}$) im B-Betrieb.

Die beiden Dioden V3 und V4 im Basisspannungsteiler (Bild 8.42) sind thermisch mit den Transistoren V1 und V2 gekoppelt. Dadurch wird der Temperaturgang der Basis-Emitter-Spannungen der Transistoren kompensiert, so daß der Strom I_q auch bei Erwärmung der Transistoren annähernd konstant bleibt.

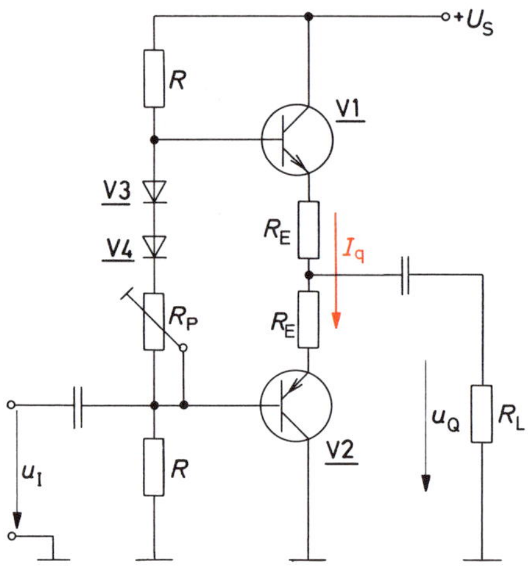

Bild 8.42 Prinzip einer Endstufe im AB-Betrieb

9 Bipolare Transistoren als Schalter

Transistoren können nicht nur als Linearverstärker, sondern auch als Schaltverstärker eingesetzt werden. Die Zahl der als Schalter betriebenen Transistoren ist um Größenordnungen höher als die von linear betriebenen Transistoren. In jedem Taschenrechner sind Tausende, in jeder Quarzuhr Hunderte von Transistoren als Schalter tätig. Ihre Zuverlässigkeit auf diesem Gebiet ist inzwischen über jeden Zweifel erhaben, wodurch der revolutionierende Fortschritt der elektronischen Digitaltechnik auf allen Gebieten der Technik und des Alltags überhaupt erst möglich wurde. Eben aufgrund der Zuverlässigkeit dieser Technik dringt sie zunehmend auch auf Gebiete vor, die bis vor kurzem noch ausschließliche Domäne der Verstärker-(Analog-)Technik waren, angefangen bei der Regel-, Meß- und Steuertechnik bis hin zur Ton- und Bildaufzeichnung selbst in der Unterhaltungselektronik.

Die elektrische Digitaltechnik beruht letztlich nur auf der Unterscheidung, ob ein elektrischer Schalter geöffnet (= gesperrt) oder geschlossen (= leitend) ist. Die ersten elektrischen Rechenmaschinen (Computer) arbeiteten tatsächlich mit Relais, also mit elektromechanischen Kontakten. Bild 9.1 zeigt sozusagen die historische Gegenüberstellung Relais—Transistor: Wenn an den Steuerkreis eines Relais eine ausreichend große Spannung U_I angelegt wird, betätigt die Spule über mechanische Teile einen Schalter, so daß ein Strom I_Q fließen kann. Wenn der Strom I_I unterbrochen wird, wird auch der Strom I_Q abgeschaltet. Für die Spannungen U_I und U_Q liegt eine Inverter- (= Umkehr-)Funktion vor: Wenn U_I vorhanden ist, wird U_Q zu null und umgekehrt.

Fast gleichartig verhält sich ein Transistor (Bild 9.1b): Auch hier kann mit einer ausreichend großen Spannung U_I ein Strom I_Q (und damit eine Last R_L) ein- oder ausgeschaltet werden. Auch hier liegt zwischen U_I und U_Q die Inverterfunktion vor, weshalb solche Schaltung auch als Inverter bezeichnet wird. Ein wesentlicher Unterschied (zum Nachteil des Transistors) wird aus Bild 9.1 deutlich: Steuer- und Laststromkreis sind beim Relais galvanisch getrennt, das ist bei dem Transistor nicht möglich: Über den Emitter sind beide Kreise miteinander verbunden. Ein weiterer Nachteil des Transistors: Ohne zusätzliche Bauelemente ist er nur zum Schalten von Gleichströmen geeignet. Außerdem ist der Spannungsabfall (und damit die Verlustleistung bei gleichgroßen Strömen) beim geschlossenen Transistorschalter ($U_{CE\,sat}$) mit einigen 100 mV sehr viel größer als beim mechanischen Schalter.

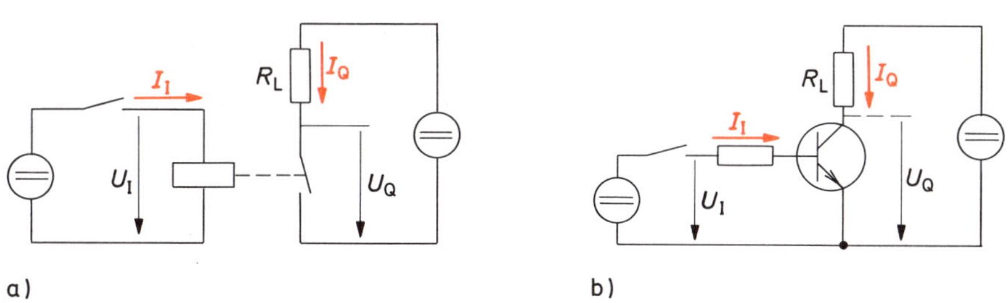

Bild 9.1 Inverterfunktion zwischen U_I und U_Q beim Relais (a) und beim Transistor (b)

Diese wenigen Nachteile macht der Transistor aber mehr als wett durch eine Fülle von Vorteilen. Geringeres Gewicht, Bauvolumen und Preis des Transistors machten viele Entwicklungen überhaupt erst möglich: Man stelle sich einen «Taschen»-Rechner mit mehreren 1000 Relais vor! Oder eine «Armbanduhr», die mehrere 100 Relais enthält.

Ein mechanischer Schalter braucht für die Betätigung (vom Anlegen der Spannung U_I bis zum Schließen des Relaiskontaktes) einige 10 ms, ein schneller Schalttransistor braucht dazu einige Nanosekunden: Bevor ein elektromechanischer Schalter auch nur einmal einschaltet, kann ein Transistor schon mehr als zehnmillionenmal ein- und ausschalten!

Der Transistor schaltet ohne Funken und Abbrand und ohne mechanischen Verschleiß und prellfrei. Ein mechanisches Schaltwerk hat eine Lebensdauer von etwa 1 Mio. Schaltspielen — eine Leistung, die der Transistor in weniger als einer zehntel Sekunde hinter sich bringen kann, und das, wenn es sein muß, jahrelang.

Dennoch werden selbstverständlich auch in der Zukunft beide Bauelemente nebeneinander ihre Aufgaben haben. Wo es aber um das zeitlich präzise, schnelle und häufige Schalten insbesondere kleinerer Ströme und Spannungen geht, hat der Transistor elektromechanische Bauelemente längst verdrängt.

9.1 Die Arbeitspunkte im Kennlinienfeld

Wenn ein Transistor als Schalter betrieben wird, arbeitet er nach Bild 9.2 entweder im Arbeitspunkt A (= Aus, gesperrt) oder E (= Ein, leitend). Das Umschalten von einem in den anderen Zustand hat schnell zu erfolgen, weil beim Durchlaufen der Arbeitsgeraden unter Umständen unzulässig hohe Verlustleistungen am Transistor auftreten können.

Die Verlustleistung im gesperrten Zustand (Punkt A) ist praktisch null, weil — insbesondere bei den heute fast ausschließlich verwendeten Siliziumtransistoren — der Sperrstrom I_{Co} vernachlässigbar klein ist. Die Verlustleistung im Punkt E ist wegen der unvermeidlichen Sättigungsspannung $U_{CE\,sat}$ nicht null. Die Schaltung muß so ausgelegt sein, daß dieser Arbeitspunkt unter allen Umständen unterhalb der zulässigen Verlustleistung $P_{V\,max}$ und unterhalb des zulässigen Höchststroms $I_{C\,max}$ liegt.

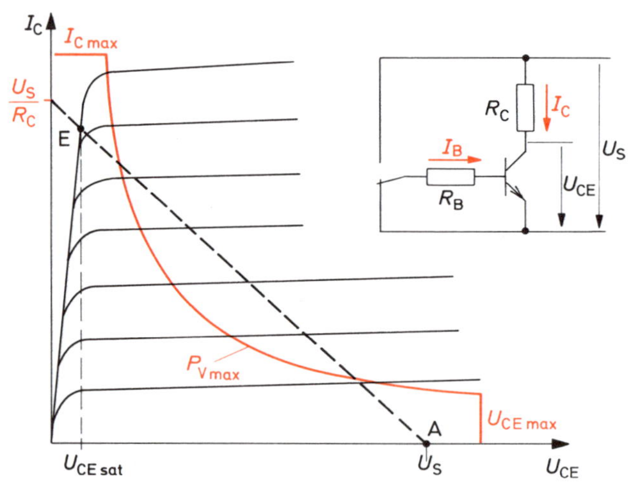

Bild 9.2 Im Schalterbetrieb gibt es für den Transistor nur zwei statische Arbeitspunkte; A = Aus und E = Ein

Bei der Berechnung des für die Sättigung (voll durchgesteuerter Transistor) erforderlichen Basisstroms I_B ist deshalb von der kleinstmöglichen Stromverstärkung des Transistors auszugehen. Der so ermittelte Mindestbasisstrom wird noch mit einem Übersteuerungsfaktor $ü$ (üblicherweise zwischen etwa 1,5 bis 3) multipliziert, um auf jeden Fall sicherzustellen, daß der Transistor mit der kleinstmöglichen Spannung $U_{CE\,sat}$ und damit der kleinstmöglichen Verlustleistung arbeitet.

Beispiel: In einer Schaltung nach Bild 9.2 mit $U_S = 24$ V, $R_C = 100\ \Omega$, $B_{min} = 120$, $U_{BE} = 0{,}8$ V, $U_{CE\,sat\,max} = 0{,}4$ V ist der höchstzulässige Basiswiderstand $R_{B\,max}$ für einen Übersteuerungsfaktor $ü = 2$ zu bestimmen. Außerdem soll die am Transistor und am Lastwiderstand R_L auftretende Verlustleistung im eingeschalteten Zustand P_{VT} und P_{VR} berechnet werden sowie die maximale Verlustleistung am Transistor $P_{VT\,max}$, die kurzzeitig am Transistor beim Umschalten auftritt.

Lösung: Bei der Berechnung des Kollektorstroms im eingeschalteten Zustand bleibt die Sättigungsspannung unberücksichtigt:

$$I_C = \frac{U_S - U_{CE\,sat}}{R_C} \approx \frac{U_S}{R_C} = \frac{24\ \text{V}}{100\ \Omega} = 240\ \text{mA} \qquad (U_{CE\,sat} \ll U_S)$$

Der dafür erforderliche Basisstrom ergibt sich zu

$$I_B = \frac{I_C}{B_{min}} = \frac{240\ \text{mA}}{120} = 2\ \text{mA}$$

Da der Übersteuerungsfaktor $ü = 2$ sein soll, wird ein Mindestbasisstrom von

$$I_{B\,min} = ü \cdot I_B = 2 \cdot 2\ \text{mA} = 4\ \text{mA}$$

benötigt. Am Basiswiderstand R_B liegt die Spannung $U_S - U_{BE}$, also wird der höchstzulässige Basiswiderstand

$$R_{B\,max} = \frac{U_S - U_{BE}}{I_{B\,min}} = \frac{24\ \text{V} - 0{,}8\ \text{V}}{4\ \text{mA}} = \underline{\underline{5{,}8\ \text{k}\Omega}}$$

Die Verlustleistungen betragen im eingeschalteten Zustand am Transistor: $P_{VT} = U_{CE\,sat} \cdot I_C = 0{,}4\ \text{V} \cdot 240\ \text{mA} = \underline{\underline{96\ \text{mW}}}$.

Die Steuerverluste (Verluste im Basiskreis des Transistors) werden im allgemeinen vernachlässigt:

$$P_{VSt} = U_{BE} \cdot I_B = 0{,}8\ \text{V} \cdot 4\ \text{mA} = 3{,}2\ \text{mW}$$

Bei der Berechnung der Verlustleistung am Kollektorwiderstand R_C wird die Spannung $U_{CE\,sat\,max}$ nicht berücksichtigt. Diese Spannung kann ja auch kleiner sein, womit die Leistung am Widerstand steigt. Setzt man sie in der Rechnung für P_{VR} mit 0 V ein, liegt man immer auf der sicheren Seite. Damit wird die Verlustleistung am Kollektorwiderstand

$$P_{VR} = U_S \cdot I_C = 24\ \text{V} \cdot 240\ \text{mA} = \underline{\underline{5{,}76\ \text{W}}}$$

Die — kurzzeitig beim Umschalten auftretende — maximale Verlustleistung am Transistor (vgl. Grundlagenband: Leistungsanpassung) beträgt

$$P_{VT\,max} = \frac{U_S}{2} \cdot \frac{I_{C\,max}}{2} = 12\ \text{V} \cdot 120\ \text{mA} = \underline{\underline{1{,}44\ \text{W}}}$$

9.2 Pegelbezeichnungen, Störspannungsabstand

Da bei der Schalteranwendung der Transistor nur in zwei Betriebszuständen

- □ gesperrt
- □ übersteuert

betrieben werden soll, sind auch nur zwei stationäre Spannungspegel U_Q an seinem Ausgang von Interesse (Bild 9.3):

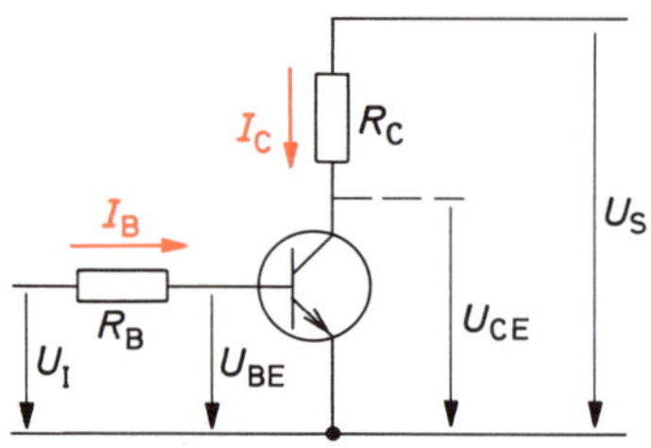

Bild 9.3 Einfachste Schaltung eines Bipolartransistors als Schaltverstärker

- □ ein hoher Spannungspegel U_{QH} (H von high = engl. hoch) bei gesperrtem Transistor. Bei unbelastetem Ausgang und vernachlässigbarem Sperrstrom I_{C_0} beträgt dieser in einer Schaltung nach Bild 9.3 $U_{QH\,max} = U_S$;
- □ ein niedriger Spannungspegel U_{QL} (L von low = engl. niedrig) mit $U_{QL\,min} = U_{CE\,sat}$ in einer Schaltung nach Bild 9.3.

Auch für die Eingangsspannung sind nur zwei Spannungspegel von Interesse:

- □ ein niedriger Pegel U_{IL}, bei dem der Transistor mit Sicherheit noch gesperrt ist, bei dem also $I_B = 0$ ist:

$$U_{IL} \rightarrow I_B = 0$$

- □ ein hoher Pegel U_{IH}, bei dem der Transistor mit Sicherheit bis in die Sättigung durchgesteuert ist. Dabei fällt unter Vernachlässigung der Sättigungsspannung $U_{CE\,sat}$ praktisch die gesamte Speisespannung am Kollektorwiderstand R_C ab. Dazu ist ein Kollektorstrom $I_C = U_S/R_C$ erforderlich, folglich:

$$U_{IH} \rightarrow I_B = \frac{I_C}{B} = \frac{U_S}{R_C \cdot B}$$

Für die Stromverstärkung B ist dabei von der kleinstmöglichen Stromverstärkung des gewählten Transistortyps auszugehen.

In der Übertragungsfunktion $U_Q = f(U_I)$ einer Inverterstufe (Bild 9.4) sind folgende Bereiche zu unterscheiden:

Bereich 1 = Sperrbereich: Es fließt kein Basisstrom, folglich auch kein Kollektorstrom: $U_Q = U_S$ bei unbelastetem Ausgang.

Bild 9.4 Übertragungsfunktion $U_Q = f(U_I)$ einer Inverterschaltung
1 Sperrbereich
2 Linearbereich
3 Übersteuerungsbereich

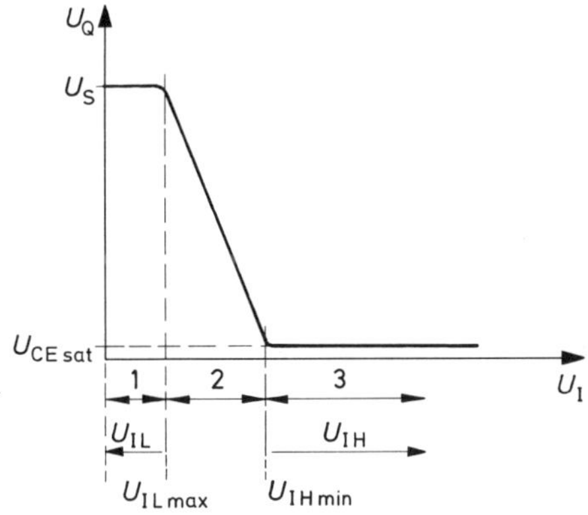

Bereich 2 = Linearer Bereich: In diesem Bereich wird der Transistor in der Anwendung als Linearverstärker betrieben. In der Anwendung als Schaltverstärker ist das ein «verbotener Bereich»; denn der Ausgang U_Q nimmt undefinierte Zwischenwerte (zwischen H und L liegend) an, die in nachfolgenden Stufen zu Fehlschaltungen führen können.

Bereich 3 = Übersteuerungsbereich: Der Transistor ist bis in die Sättigung übersteuert: $U_Q = U_{CE\,sat}$.

In einem einheitlichen Steuerungssystem steht im allgemeinen nur eine einzige Speisespannung U_S zur Verfügung. Diese Spannung wird positiv (gegen Masse) sein, wenn npn-Transistoren verwendet werden — wie in den hier gezeigten Beispielen —, oder negativ, wenn pnp-Transistoren verwendet werden; dann kehren sich auch die Bezeichnungen H und L um.

Innerhalb eines solchen Steuerungssystems («Schaltkreisfamilie») definiert man sogenannte Störspannungsabstände. Der Störspannungsabstand gibt an, wie groß Störspannungen auf der Verbindungsleitung zwischen zwei Elementen dieses Systems höchstens sein dürfen, ohne daß es zu Fehlschaltungen kommt.

Wenn in einem System aus Inverterstufen wie in Bild 9.5 der Ausgang der ersten Stufe auf U_{Q1} = L (low) liegt, muß dieser Pegel vom Eingang der zweiten Stufe auch eindeutig als L erkannt werden, und zwar auch dann noch, wenn sich zum Pegel U_{Q1} nie ganz zu vermeidende Störspannungen hinzuaddieren. Das gleiche gilt für den Pegel H (High). Die Störspannungsabstände bei L und H sind im allgemeinen nicht gleich.

Bild 9.5 Auch wenn Störspannungen auf der Verbindungsleitung zwischen beiden Stufen auftreten, muß Stufe 2 das Ausgangssignal Q1 noch eindeutig «erkennen»

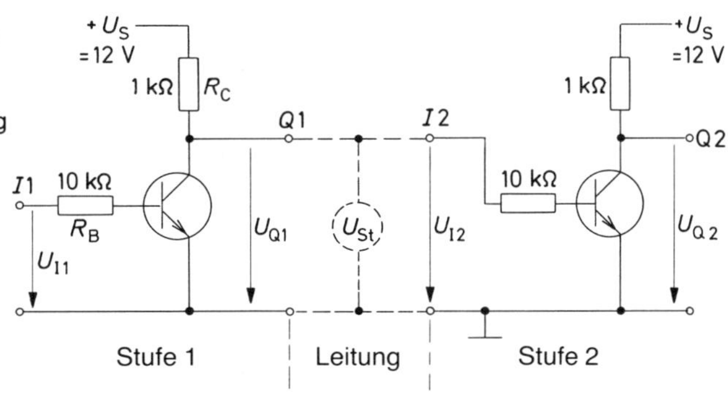

Innerhalb einer Schaltkreisfamilie gibt es Garantiewerte für Ein- und Ausgangspegel, die auch unter ungünstigsten Bedingungen (gesamter zulässiger Temperaturbereich, höchste Ausgangsbelastung, Bauelemente-Streuungen) nicht über- bzw. unterschritten werden. Für eine Schaltkreisfamilie, die aus Inverterstufen wie in Bild 9.5 aufgebaut ist, könnten zum Beispiel folgende Werte gelten:

$$U_{\mathrm{IL\,max}} = 0{,}5\ \mathrm{V} \qquad U_{\mathrm{QL\,max}} = 0{,}3\ \mathrm{V}$$
$$U_{\mathrm{IH\,min}} = 2{,}5\ \mathrm{V} \qquad U_{\mathrm{QH\,min}} = 6\ \mathrm{V}$$

Der Wert $U_{\mathrm{QH\,min}}$ wird dabei für die höchste zulässige Ausgangsbelastung (= Fan Out) angegeben. Wenn für dieses System ein Fan Out = 10 zulässig ist, so heißt das, daß jeder Ausgang mit bis zu zehn Eingängen von Elementen der gleichen Familie belastet werden darf, ohne daß der Wert $U_{\mathrm{QH\,min}}$ unterschritten wird.

Aus diesen Daten lassen sich die Störspannungsabstände für diese Schaltkreisfamilie ermitteln.

Störspannungsabstand Low: Im ungünstigsten Fall beträgt der Ausgangspegel der ersten Stufe in Bild 9.5 $U_{\mathrm{QL\,max}} = 0{,}3$ V. Dieser Wert wird vom Eingang I2 noch eindeutig als L erkannt, da $U_{\mathrm{IL\,max}} = 0{,}5$ V beträgt. Selbst wenn sich auf der Leitung zwischen Q1 und I2 Störspannungen mit $\hat{U}_{\mathrm{st}} = 0{,}2$ V überlagern, erkennt Stufe 2 dieses Signal noch als L, da die Summe beider Spannungen $U_{\mathrm{QL\,max}} + \hat{U}_{\mathrm{st}}$ noch im Bereich U_{IL} der Stufe 2 liegt. Allgemein ergibt sich also

$$\text{Störspannungsabstand Low} = U_{\mathrm{IL\,max}} - U_{\mathrm{QL\,max}}$$

Störspannungsabstand High: Mit dem gewählten Beispiel aus Bild 9.5 und den zugehörigen Daten ergibt sich zwischen dem niedrigsten Wert, den U_{QH} annehmen kann ($U_{\mathrm{QH\,min}} = 6$ V), und dem niedrigsten Wert, den die folgende Stufe schon als H erkennt ($U_{\mathrm{IH\,min}} = 2{,}5$ V), eine Differenz von 6 V − 2,5 V = 3,5 V. Im Übertragungszustand H dürfen Störspannungen also einen Wert bis zu $\hat{U}_{\mathrm{st}} = 3{,}5$ V annehmen, ohne das System zu stören. Mit anderen Worten: Auch wenn eine Störspannung mit einer Amplitude bis zu 3,5 V auf die Verbindungsleitung eingestreut wird, wird der Schaltzustand U_{Q} = H vom Eingang der nachfolgenden Stufe noch sicher als H erkannt:

$$\text{Störspannungsabstand High} = U_{\mathrm{QH\,min}} - U_{\mathrm{IH\,min}}$$

Es gibt eine Vielzahl von Schaltungsmöglichkeiten, um insbesondere den Störspannungsabstand L zu vergrößern, was z.B. für die Funktionssicherheit in Industriesteuerungen (hohe Störspannungspegel) erforderlich ist. Bild 9.6 zeigt einige Beispiele solcher Schaltungen.

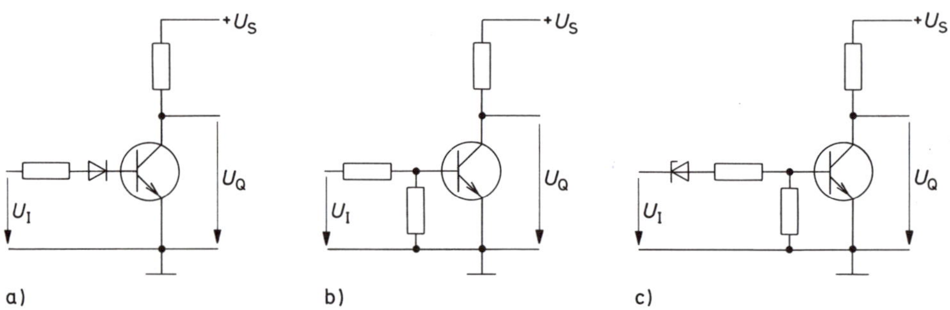

Bild 9.6 Verschiedene Schaltungen zur Erhöhung des Spannungs-Pegels $U_{\mathrm{IL\,max}}$

Bild 9.7 Inverter mit Eingangs-Spannungsteiler und und Ausgangsbelastung Fan Out = 10

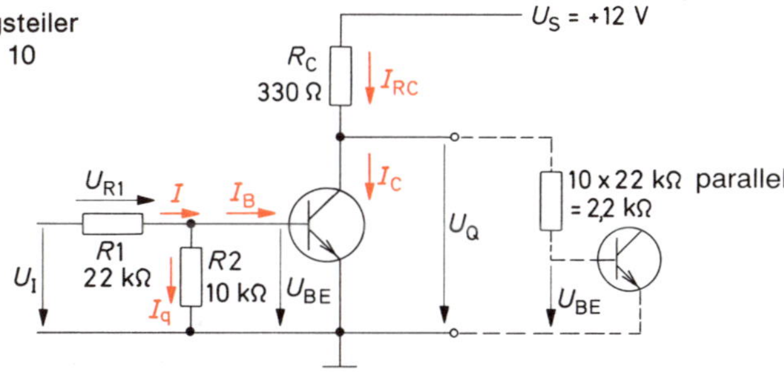

Beispiel: Für eine Schaltung nach Bild 9.7 ist der Störspannungsabstand Low und High für ein Fan Out = 10 zu berechnen. Für den Transistor gelten folgende Werte:
B_{min} = 120. Für Durchsteuerung bis in die Sättigung: U_{BE} = 0,8 V, U_{CEsat} = 0,2 V. Für den gesperrten Transistor $U_{BE} \leqq 0{,}5$ V.

Lösung: Für U_{ILmax} gilt $I_B = 0$. Also wird $I = I_q$ (Bild 9.7). Dabei ist U_{BEmax} = 0,5 V. Nach der Spannungsteilerformel ergibt sich (unbelasteter Spannungsteiler, da $I_B = 0$):

$$\frac{U_{ILmax}}{U_{BE}} = \frac{R1 + R2}{R2}$$

$$U_{ILmax} = \frac{(R1 + R2) \cdot U_{BE}}{R2} = \frac{(22\ \text{k}\Omega + 10\ \text{k}\Omega) \cdot 0{,}5\ \text{V}}{10\ \text{k}\Omega} = 1{,}6\ \text{V}$$

Mit $U_{QLmax} = U_{CEsat}$ beträgt der Störspannungsabstand Low:

$$U_{ILmax} - U_{QLmax} = 1{,}6\ \text{V} - 0{,}2\ \text{V} = \underline{\underline{1{,}4\ \text{V}}}$$

Für den Zustand U_{IH} gilt

$$I_B \geqq \frac{U_S}{B \cdot R_C} = \frac{12\ \text{V}}{120 \cdot 330\ \Omega} = 0{,}3\ \text{mA}$$

Da hierbei U_{BE} = 0,8 V ist, ergibt sich ein Querstrom

$$I_q = \frac{U_{BE}}{R2} = \frac{0{,}8\ \text{V}}{10\ \text{k}\Omega} = 0{,}08\ \text{mA}$$

Insgesamt ist also ein Strom $I = I_q + I_B$ = 0,08 mA + 0,3 mA = 0,38 mA erforderlich. Dadurch wird der Spannungsabfall am Widerstand $R1$:

$$U_{R1} = I \cdot R1 = 0{,}38\ \text{mA} \cdot 22\ \text{k}\Omega = 8{,}36\ \text{V}$$

Zum sicheren Durchsteuern des Transistors ist daher mindestens eine Spannung

$$U_{IHmin} = U_{R1} + U_{BE} = 8{,}36\ \text{V} + 0{,}8\ \text{V} = 9{,}16\ \text{V}$$

erforderlich.

Bei Fan Out = 10 wird der Ausgang belastet mit 10 Reihenschaltungen von $R1$ und einer Basis-Emitter-Diode. Dadurch wird der Strom durch den Kollektorwiderstand (bei gesperrtem Transistor!)

$$I_{RC} = \frac{U_S - U_{BE}}{R_C + R1/10} = \frac{12\,V - 0{,}8\,V}{330\,\Omega + 2{,}2\,k\Omega} = 4{,}43\,mA$$

und die Ausgangsspannung

$$U_{QH\,min} = U_S - I_{RC} \cdot R_C = 12\,V - 4{,}43\,mA \cdot 330\,\Omega = 10{,}54\,V$$

Der Störspannungsabstand High wird damit

$$U_{QH\,min} - U_{IH\,min} = 10{,}54\,V - 9{,}16\,V = \underline{\underline{1{,}38\,V}}$$

9.3 Unterschiedliche Belastungen des Schaltverstärkers

Bei der Auslegung einer Transistorschaltstufe muß die Art der Belastung berücksichtigt werden. Sehr häufig werden solche Schaltverstärker z.B. zur Betätigung von Schaltschützen, Relais oder Magnetventilen eingesetzt (ohmsch-induktive Lasten). Oft werden längere Leitungen an den Ausgang angeschlossen (Leitungstreiber: ohmsch-kapazitive Last), oder es werden Glühlampen damit geschaltet (geringer Kaltwiderstand gegenüber dem Nennwiderstand).

9.3.1 Ohmsch-induktive Last

Das Schalten ohmsch-induktiver Lasten ist in Bild 9.8 am Beispiel einer Relaisspule mit dem ohmschen Anteil R (Kupferwiderstand der Wicklung) und dem induktiven Anteil L (Wicklungsinduktivität) gezeigt. Der Arbeitspunkt folgt beim Umschalten einer in das Transistor-Kennlinienfeld gestrichelt eingezeichneten Linie. Im Schaltzustand «Aus» ist der Kollektorstrom I_C und damit der Strom durch die Last null. Eine Induktivität hat das Bestreben, einen sie durchfließenden Strom aufrechtzuerhalten: Der Strom folgt einer Spannungsänderung mit zeitlicher Verzögerung (Zeitkonstante $\tau = L/R$, vgl. Grundlagenband). Beim Durchschalten des Transistors (von «Aus» nach «Ein») bricht daher die Kollektor-Emitter-Spannung U_{CE} sofort zusammen, der Strom I_C behält wegen der Induktivität der Last zunächst noch kleine Werte. Der Strom steigt (zeitlich nach einer e-Funktion) bei kleiner Kollektor-Emitter-Spannung auf den Maximalwert $I_{C\,max} \approx U_S/R$ an. Hierbei (Einschalten) ist die Verlustleistung (Schaltverluste) am Transistor bedeutend kleiner,

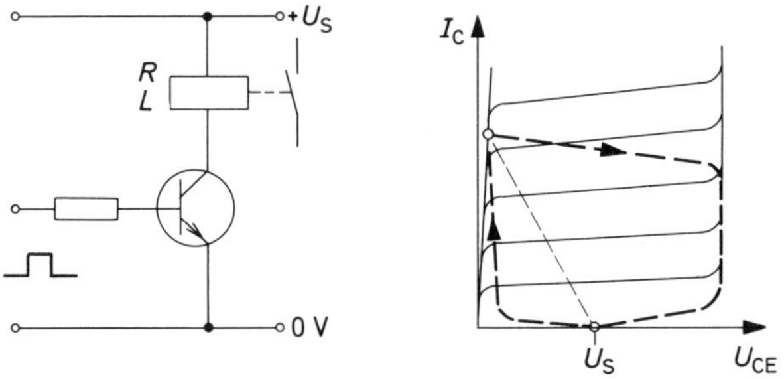

Bild 9.8 Beim Abschalten einer ohmsch-induktiven Last steigt die Kollektor-Emitter-Spannung U_{CE} bis zur Durchbruchspannung an

als wenn ein ohmscher Widerstand entsprechend dem ohmschen Anteil R der Last (= dünn gestrichelte Kennlinie in Bild 9.8) eingeschaltet würde.

Auch beim Ausschalten bleibt der ursprüngliche Strom im ersten Augenblick in gleicher Richtung und Größe erhalten. Das ist (bei jetzt gesperrtem Transistor) nur möglich, wenn die Kollektor-Emitter-Spannung U_{CE} durch die Induktionsspannung der Spule bis zur Durchbruchspannung erhöht wird (vgl. Bild 9.8). Der Transistor wird dabei leitend, das Magnetfeld der Induktivität wird abgebaut, und der Strom I_C wird schließlich null. Der Spannungsdurchbruch und die dabei auftretende hohe Transistorverlustleistung (hoher Kollektorstrom bei gleichzeitig hoher Kollektor-Emitter-Durchbruchspannung) kann zur Zerstörung des Transistors führen.

Abhilfe schafft eine sogenannte Freilaufdiode V in Bild 9.9. Der durch die Induktionsspannung erzeugte Abschaltstrom kann jetzt durch die Diode V fließen. Die Kollektor-Emitter-Spannung erhöht sich dadurch beim Abschalten nur noch um die Vorwärtsspannung U_F der Diode auf

$$U_{CE\,max} = U_S + U_F$$

Die Diode ist auszulegen für eine Sperrspannung $U_{RM} \geqq U_S$ und für einen Durchlaßstrom $I_F \geqq I_{C\,max} \approx U_S/R$.

Das Abklingen des Spulenstroms erfolgt nach einer e-Funktion mit der Zeitkonstanten $\tau = L/R$. Insbesondere bei Magnetventilen (wichtig z.B. in schnellen hydraulischen Steuerungen) wird die Abschaltzeit wegen der relativ hohen Induktivitäten L und kleinen Wicklungswiderständen R oft unzulässig groß. Man legt dann einen Widerstand R_D in Reihe zur Freilaufdiode (Bild 9.10), wodurch sich die Abschaltzeitkonstante auf

$$\tau_{Ab} = \frac{L}{R + R_D}$$

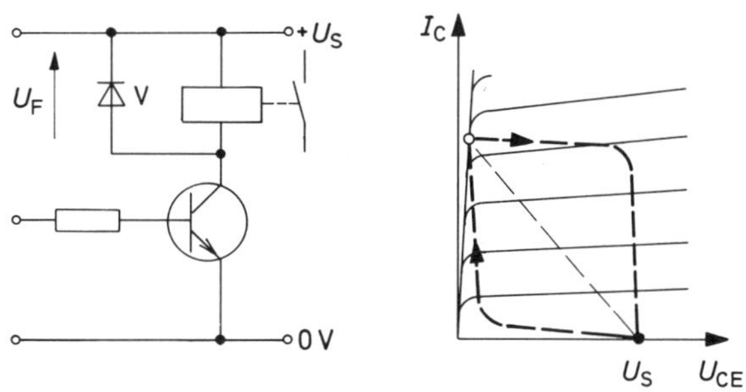

Bild 9.9 Eine Freilaufdiode V begrenzt den Spannungsanstieg auf $U_{CE\,max} = U_S + U_F$

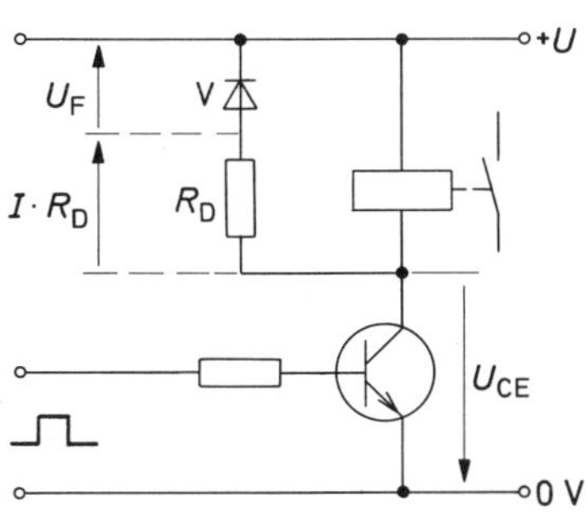

Bild 9.10 Durch einen Widerstand R_D wird die Abfallzeit des Relais verringert, aber die Kollektorspannung U_{CE} erhöht sich auf $U_S + U_F + I \cdot R_D$

verringert. Der Abschaltstrom erzeugt einen Spannungsabfall $R_D \cdot I$ an diesem Widerstand, wodurch die Kollektor-Emitter-Spannung beim Abschalten ansteigt auf

$$U_{CE\,max} = U_S + U_F + R_D \cdot I$$

Bei der Auswahl des Schalttransistors ist der Grenzwert $U_{CE\,max}$ bei dieser Schaltung daher besonders zu beachten.

9.3.2 Ohmsch-kapazitive Last

Die Verhältnisse beim Schalten einer ohmsch-kapazitiven Last (z.B. längere, insbesondere abgeschirmte Leitungen) zeigt Bild 9.11. Eine Kapazität hat das Bestreben, eine an ihr liegende Spannung aufrechtzuerhalten. Die Einschaltkennlinie (Bild 9.11) verläuft daher zunächst bei $U_{CE} = U_S$ bis zum höchstmöglichen Strom $I_{C\,max} = B \cdot I_B$. Dieser Kollektorstrom wird also um so höher, je höher der Übersteuerungsfaktor *ü* ist (vgl. Abschnitt 9.1). Erst wenn der Kondensator voll geladen ist ($t = 5\ \tau$, vgl. Grundlagenband), wird der statische Arbeitspunkt

$$I_C = \frac{U_S - U_{CE\,sat}}{R}$$

erreicht. Hier wird ein Gebiet relativ hoher Transistor-Verlustleistung also beim *Ein*schalten durchlaufen.

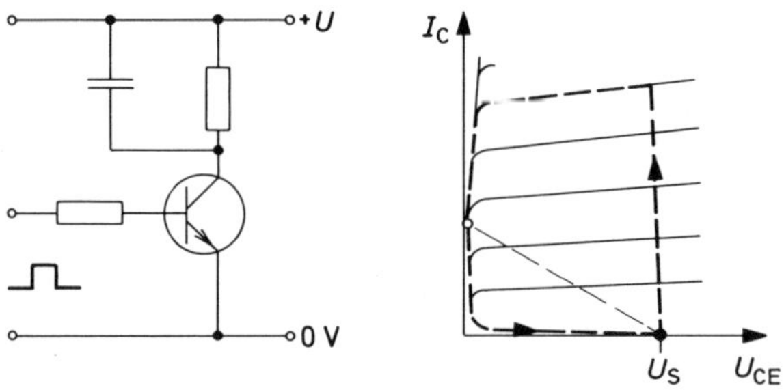

Bild 9.11 Beim Einschalten einer ohmsch-kapazitiven Last treten hohe Transistorverlustleistungen auf

Beim Ausschalten behält der Kondensator im ersten Augenblick seine volle Spannung, so daß Kollektorstrom I_C und Kollektorspannung U_{CE} sofort kleine Werte (≈ 0) annehmen. Die Kollektorspannung steigt dann durch die Entladung der Kapazität *C* über den Widerstand *R* zeitlich nach einer e-Funktion an (bei $I_C = 0$). Die *Aus*schaltverlustleistung am Transistor bleibt daher klein.

9.3.3 Glühlampenlast

Den Arbeitspunktverlauf beim Schalten von Glühlampen zeigt Bild 9.12. Der Leitwert einer kalten Glühlampe kann (je nach Typ) bis zu zehnmal höher sein als der Leitwert bei Nennspannung. Im Kennlinienfeld ergeben sich daher zwei Arbeitsgeraden: Eine (steilere) für den Kaltwiderstand und eine (flacher verlaufende) für den Warmwiderstand. Beim Einschalten (Kaltwiderstand) steigt der Kollektorstrom bis auf den durch den Basisstrom vorgegebenen Wert $I_{C\,max} = B \cdot I_B$ an und wandert mit zunehmender Erwärmung der Glühlampenwendel entlang der gestrichelten Kennlinie zum Arbeitspunkt I_N (Nennstrom der Lampe). Beim Einschalten treten daher relativ hohe Verlustleistungen am Transistor auf ($U_{CE} > U_{CE\,sat}$ und $I_{C\,max} = ü \cdot I_N$).

Bild 9.12 Beim Einschalten von Glühlampen treten wegen des geringen Kaltwiderstands hohe Verlustleistungen am Transistor auf

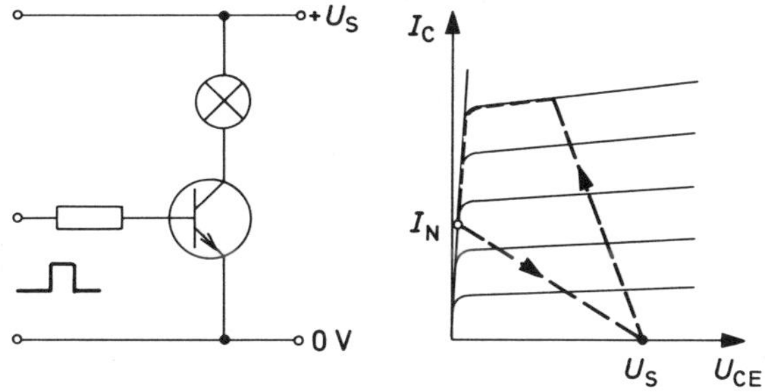

Bild 9.13 Die hohen Einschaltströme bei Glühlampen können durch einen Vorheizwiderstand R_V vermieden werden

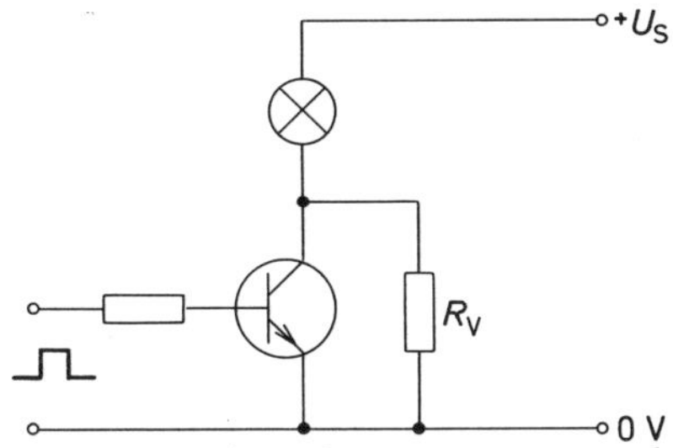

Abhilfe schafft ein Widerstand parallel zum Schalttransistor (Bild 9.13). Über diesen Widerstand wird die Glühlampe bei gesperrtem Transistor mit einem Strom, der die Lampenwendel noch nicht zum Glühen bringt, «vorgeheizt», so daß ihr Widerstand sich nur noch wenig vom Nennwiderstand unterscheidet. Damit vermeidet man die hohen Einschaltstromstöße, die beim Schalten einer kalten Lampe auftreten. Man muß dabei allerdings den zusätzlichen Stromverbrauch für das Vorheizen in Kauf nehmen.

Wenn zur Vermeidung von Einschaltstromstößen ein NTC-Widerstand mit der Glühlampe in Reihe geschaltet wird (Bild 9.14), muß die Speisespannung U_S um den Spannungsabfall U_R am (warmen) Heißleiter größer gewählt werden als die Nennspannung U_N der Lampe (U_{CE} vernachlässigt). Eine wirksame Unterdrückung der Einschaltstromstöße kann durch diese Schaltung nur erreicht werden, wenn vor erneutem Einschalten eine ausreichend lange Abkühlphase für den Heißleiter liegt. Diese Schaltung ist daher für schnelle Schaltfolgen im allgemeinen nicht geeignet.

Bild 9.14 Verhinderung von hohen Einschaltströmen bei Glühlampen durch Reihenschaltung eines Heißleiters

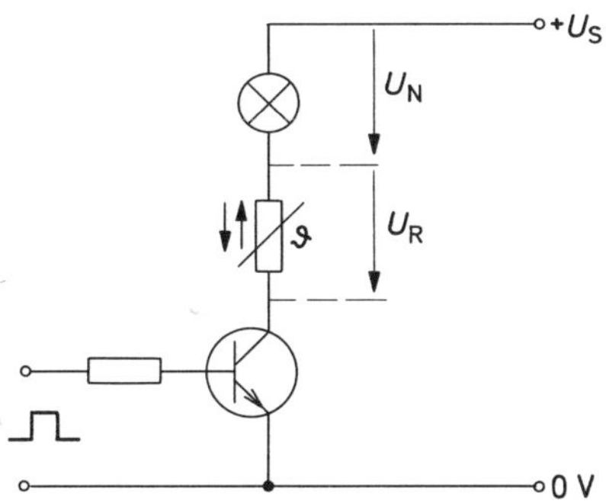

9.3.4 Last an Masse

In den Schaltbeispielen nach Bild 9.8 bis 9.14 liegt die Last jeweils an U_s. In den Fällen, in denen die Last – gleich welcher Art – an Masse liegen muß, bietet sich eine Komplementär-Schaltung gemäß Bild 9.15 an. Durch einen zusätzlichen Mitkopplungswiderstand *R* erhält sie Kippverhalten mit Hysterese (vgl. Kapitel 10).

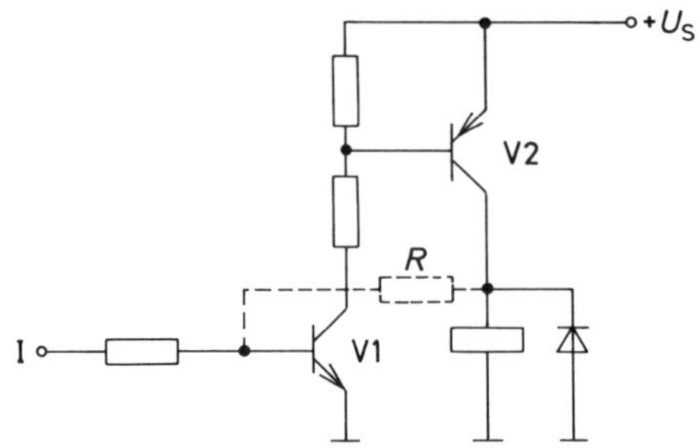

Bild 9.15 Zweistufiger Komplementär-Schaltverstärker

9.3.5 Umpolbare Last

Werden zwei Schaltungen nach Bild 9.15 verwendet, ergibt sich eine Brückenanordnung, wie in Bild 9.16 dargestellt, in deren Diagonale die Last (z. B. ein Motor) liegt. Durch eine positive Spannung am Eingang I 1 werden die Transistoren V 1 und V 2 durchgesteuert, durch eine positive Spannung an I 2 die Transistoren V 3 und V 4, wodurch der Strom durch die Last umgepolt wird.

Durch eine entsprechende Verriegelungsschaltung muß dafür gesorgt werden, daß nicht gleichzeitig beide Eingänge angesteuert werden (Kurzschluß!). Wenn der Zustand «Last stromlos» nicht erforderlich ist, läßt sich das z. B. erreichen, indem der Eingang I 2 mit dem Ausgang Q 1 verbunden wird.

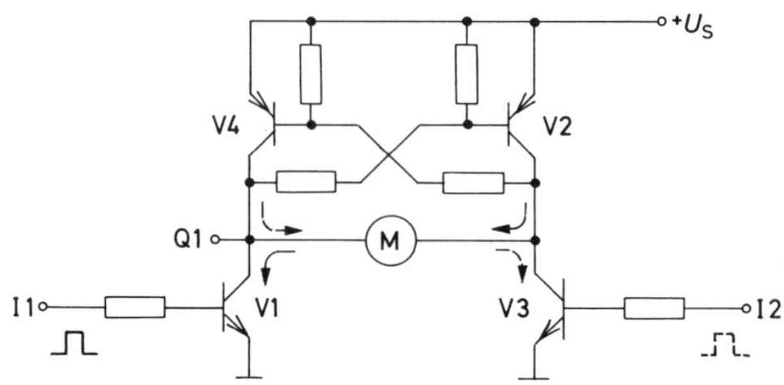

Bild 9.16 Brücken-Schaltverstärker zum Umpolen des Laststromes

10 Kippschaltungen mit bipolaren Transistoren

Unter Kippschaltungen versteht man Schaltungen, die selbsttätig dafür sorgen, daß die in ihnen enthaltenen Transistoren grundsätzlich nur in den beiden Schaltzuständen «gesperrt» oder «voll leitend» (= übersteuert, gesättigt) arbeiten und daß der Übergang von einem in den anderen Zustand in kürzester Zeit (schlagartiges Kippen) erfolgt.

In diesen Schaltungen werden die Transistoren also nur als Schalter verwendet. Da es eine sehr große Zahl verschiedener Schaltungsvarianten dieser Kippschaltungen gibt, soll im folgenden nur die grundsätzliche Wirkungsweise einiger weniger dieser Schaltungen dargestellt werden. Da Kippschaltungen in der modernen Steuer- und Rechentechnik in sehr großen Stückzahlen verwendet werden, werden sie heute in allen erforderlichen Ausführungen als integrierte Schaltungen angeboten. Nur in Ausnahmefällen baut man sie noch in diskreter Technik (= aus einzelnen Bauelementen) auf.

10.1 Schmitt-Trigger

Der Schmitt-Trigger (auch Schwellwertschalter) dient vornehmlich dazu, analoge Größen in Digitalwerte umzusetzen, er ist die einfachste Form eines Analog-Digital-Wandlers. Analoge Größen sind praktisch alle physikalischen Größen, wie Helligkeit, Temperatur, Frequenz, Spannung, Strom, Kraft, Druck usw., die ihren Wert stetig (nicht sprungartig) ändern. Digitale (ziffernmäßige) Werte ändern ihre Größe sprungartig von einer Ziffer zur nächsten. Wie groß diese Sprünge sind, hängt von der Auslegung des jeweiligen Systems ab (Auflösung).

Der Schmitt-Trigger setzt eine sich stetig ändernde (analoge) Eingangsspannung U_I in eine sprunghafte (digitale) Änderung von U_Q um, wenn U_I den Schwellwert (Triggerpunkt) der Schaltung erreicht. Bild 10.1a zeigt den zeitlichen Ablauf dieser Funktion, in Bild 10.1b ist die Übertragungsfunktion $U_Q = f(U_I)$ eines Schmitt-Triggers dargestellt.

Wichtig für solche Schwellwertschalter ist das Vorhandensein einer Schalthysterese (Bild 10.1). Wäre die Schalthysterese (= Unterschied zwischen Schwellwert «Ein» und Schwellwert «Aus») null, so würde das bedeuten, daß der Schalter bei Erreichen dieses Wertes dauernd ein- und ausschaltet, da der gleiche Eingangswert sowohl den Befehl für das Ein- wie für das Ausschalten auslöst.

Eine von vielen möglichen Schmitt-Triggerschaltungen ist in Bild 10.2 gezeigt. Typisch für diese Schaltung ist der gemeinsame Emitterwiderstand für beide Transistoren V1 und V2. Über diesen Widerstand R_E erfolgt die (positive Rück-)Kopplung von einem zum anderen Transistor, die dafür sorgt, daß die Umschaltung schlagartig erfolgt.

Solange die Eingangsspannung $U_I = 0$ V ist, ist V1 mit Sicherheit gesperrt ($I_{B1} = 0$). Dann erhält V2 Basisstrom über R_{C1} und R_{B2}, V2 ist also leitend. Wenn — wie üblich — die Basisströme als klein gegen die Kollektorströme angesehen und deshalb vernachlässigt werden ($I_C \approx I_E$), fließt durch den Emitterwiderstand R_E also nur der Strom I_{C2} (da V1 gesperrt ist, ist $I_{C1} = 0$) und erzeugt einen Spannungsabfall $U_E = I_{C2} \cdot R_E$.

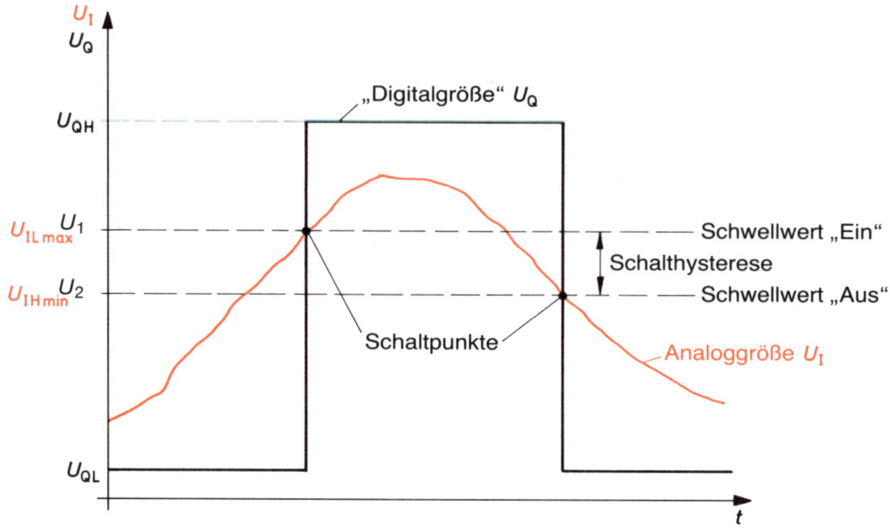

a)

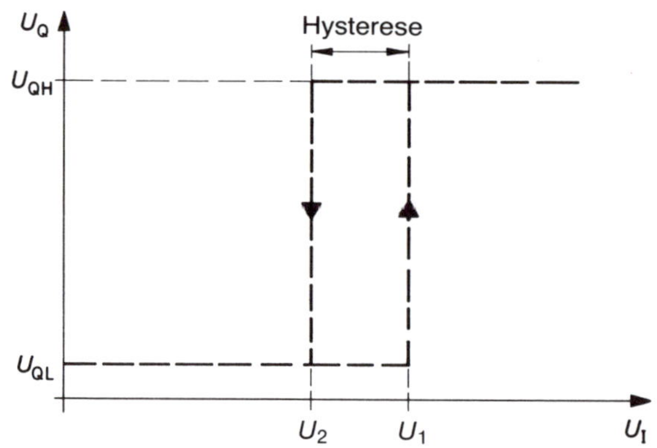

b)

Bild 10.1 Zeitverhalten (a) und Übertragungsfunktion (b) eines Schmitt-Triggers

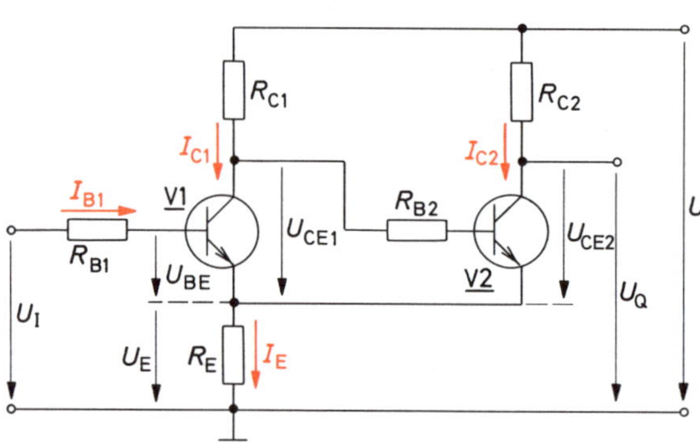

a)

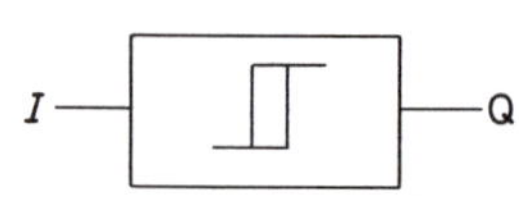

b)

Bild 10.2 Prinzipschaltung (a) und Schaltzeichen (b) eines Schmitt-Triggers

Die Ausgangsspannung ist hierbei $U_{QL} = U_E + U_{CE2\,sat}$. Der Low-Pegel der Ausgangsspannung kann je nach Größe von U_S, R_{C2} und R_E in der Größenordnung 0,5 bis 2 V liegen. Eine nachfolgende Schaltung, die diesen Pegel noch eindeutig als low erkennen soll, muß also einen ausreichend hohen Pegel $U_{IL\,max}$ haben.

Wenn die Schmitt-Trigger-Eingangsspannung U_I (Bild 10.2) ansteigt, ändert sich an diesem Zustand (V1 gesperrt, V2 leitend, U_Q = L) zunächst noch nichts. Erst bei $U_I = U_E + U_{BE}$ beginnt ein Basisstrom I_{B1} zu fließen. Bei weitersteigender Eingangsspannung U_I nimmt auch I_{B1} und damit I_{C1} zu. Durch R_E fließt weiterhin der Strom I_{C2}, zusätzlich aber der ansteigende Strom I_{C1}. Die Spannung U_E wird dadurch größer.

Mit steigendem I_{C1} wird die Spannung U_{CE1} kleiner. Wenn U_{CE1} die zum Durchsteuern von V2 erforderliche Spannung U_{BE2} unterschreitet, sinkt der Strom I_{C2} und damit auch die Spannung U_E. Ohne daß U_I weiter erhöht wird, wird wegen des Absinkens von U_E also die Spannung U_{BE1} größer und damit der Basisstrom I_{B1}: Der Kippvorgang hat eingesetzt.

Mit steigendem I_{B1} wird U_{CE1} noch kleiner, bis V2 schließlich vollständig gesperrt und V1 vollständig leitend ist. Da I_{C2} jetzt null ist, wird (bei unbelastetem Ausgang) $U_{QH} = U_S$. Durch R_E fließt nur noch der Strom I_{C1}. Wenn $R_{C1} > R_{C2}$ gemacht wird, dann wird $I_{C1} < I_{C2}$ und dadurch die Spannung U_E im eingeschalteten Zustand (U_I = H, U_Q = H, V1 leitend, V2 gesperrt) kleiner sein als im ausgeschalteten Zustand. Dadurch entsteht die Schalthysterese (Unterschied zwischen Ein- und Ausschaltpunkt). Die Größe der Hysterese ist in dieser Schaltung abhängig von dem Unterschied der beiden Kollektorwiderstände.

Bild 10.3 Schmitt-Trigger-Schaltung

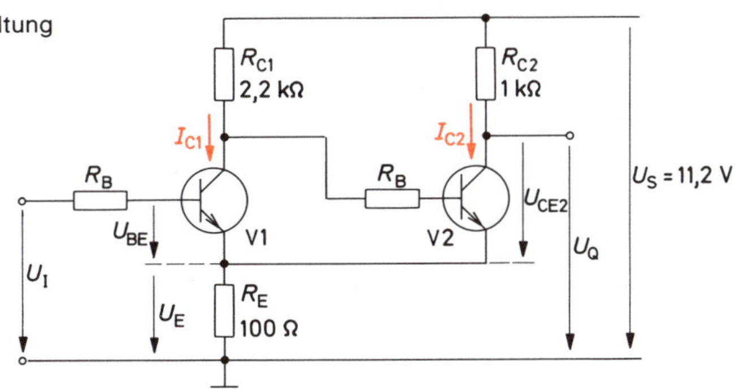

Beispiel: In einer Schaltung nach Bild 10.3 ist die Einschaltschwelle U_1 und die Ausschaltschwelle U_2 und die Größe der Schalthysterese zu bestimmen. Außerdem sind die Spannungen U_{QH} und U_{QL} für unbelasteten Ausgang anzugeben. Die Basisströme sollen als vernachlässigbar klein angesehen werden (und damit auch die Spannungsabfälle an R_B). Es ist mit $U_{BE} = 0{,}7$ V und $U_{CEsat} = 0{,}2$ V zu rechnen.

Lösung: Es wird ausgegangen von dem Zustand: V1 gesperrt, V2 leitend. Dann ist

$$I_{C2} = \frac{U_S - U_{CE\,sat}}{R_E + R_{C2}} = \frac{11{,}2\ \text{V} - 0{,}2\ \text{V}}{0{,}1\ \text{k}\Omega + 1\ \text{k}\Omega} = 10\ \text{mA}$$

Damit wird $U_{E2} \approx R_E \cdot I_{C2} = 100\ \Omega \cdot 10\ \text{mA} = 1\ \text{V}$. Daraus folgt

$$U_{QL} = U_{E2} + U_{CE\,sat} = 1\ \text{V} + 0{,}2\ \text{V} = \underline{1{,}2\ \text{V}}$$

Die Einschaltschwelle liegt bei

$$U_1 = U_{E2} + U_{BE} = 1\ \text{V} + 0{,}7\ \text{V} = \underline{1{,}7\ \text{V}}$$

Wenn V1 leitet, ist V2 gesperrt. Also $U_{QH} = U_S = \underline{11{,}2\ \text{V}}$.

Durch R_E fließt dann der Strom I_{C1} :

$$I_{C1} = \frac{U_S - U_{CE1\,sat}}{R_E + R_{C1}} = \frac{11{,}2\ \text{V} - 0{,}2\ \text{V}}{0{,}1\ \text{k}\Omega + 2{,}2\ \text{k}\Omega} = 4{,}78\ \text{mA}$$

Damit wird

$$U_{E1} = R_E \cdot I_{C1} = 100\ \Omega \cdot 4{,}78\ \text{mA} = \underline{0{,}48\ \text{V}}$$

Die Ausschaltschwelle (V1 wird gesperrt) liegt damit bei

$$U_2 = U_{E1} + U_{BE} = 0{,}48\ \text{V} + 0{,}7\ \text{V} = \underline{1{,}18\ \text{V}}$$

Die Schalthysterese ist

$$U_H = U_1 - U_2 = 1{,}7\ \text{V} - 1{,}18\ \text{V} = \underline{0{,}52\ \text{V}}$$

10.2 Bistabile Kippschaltung

Die bistabile Kippschaltung wird auch als Flipflop bezeichnet. Sie besteht in ihrer Grundschaltung aus zwei kreuzweise gekoppelten Transistoren V1 und V2 (Bild 10.4). Durch diese kreuzweise Kopplung (Basiswiderstand R_{B1} am Kollektor von V2 und umgekehrt) ist immer ein Transistor leitend und hält dadurch den anderen gesperrt. In welchen Zustand man das Flipflop (durch äußere Einflüsse) auch setzt, ob Q = H (V2 gesperrt, V1 leitend) oder rücksetzt: Q = L (V2 leitend, V1 gesperrt); *beide* Zustände sind stabil (daher der Name *bistabil*) und werden so lange aufrecht erhalten, wie keine Einflüsse von außen den einmal eingenommenen Zustand löschen.

Die bistabile Kippschaltung wird daher als Gedächtnis oder Speicher in großen Stückzahlen in Rechen- und Steuerschaltungen eingesetzt. Wenn man beim Taschenrechner z.B. eine Ziffer 3 eingibt, setzt man mehrere Flipflops, die die Ziffer 3 im Anzeigenfeld aufleuchten lassen. Auch wenn man die Zifferntaste losläßt, bleibt die Anzeige erhalten: Das Flipflop behält den Schaltzustand bei. Erst wenn die Löschtaste gedrückt wird, wird das Flipflop zurückgesetzt oder gelöscht.

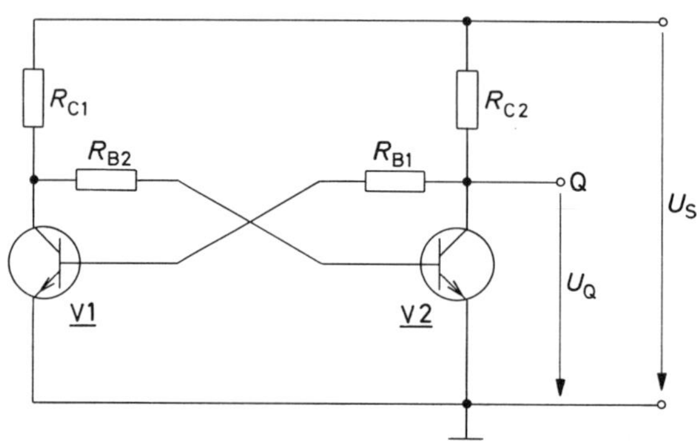

Bild 10.4 Prinzipschaltbild eines bistabilen Kippglieds

Weitere Anwendungen sind Zählschaltungen (die auch auf dem Gedächtnisprinzip beruhen), Frequenzteiler (z. B. in Digitaluhren), das Entprellen mechanischer Schalter und andere.

In Bild 10.5 ist gezeigt, wie man ein solches Flipflop durch einen Impuls am Eingang S setzen (Q = H) und durch einen Impuls an R rücksetzen (Q = L) kann. Ist z. B. Q = L (Flipflop gelöscht = rückgesetzt), dann ist V2 leitend. Damit bekommt V1 keine Basisspannung (Q = L), V1 ist also gesperrt, sein Kollektor folglich H, d. h., die Basis von V2 liegt über R_{C1} und R_{B2} an der vollen Spannung U_S. Damit erhält V2 Basisstrom und bleibt leitend und hält damit V1 gesperrt. Dieser Zustand ist stabil, d. h., er hält sich selbständig aufrecht: V2 sorgt ständig dafür, daß V1 keine Basisspannung erhält und gesperrt bleibt, V1 sorgt durch seine Sperrung ständig dafür, daß V2 Basisstrom bekommt und leitend bleibt.

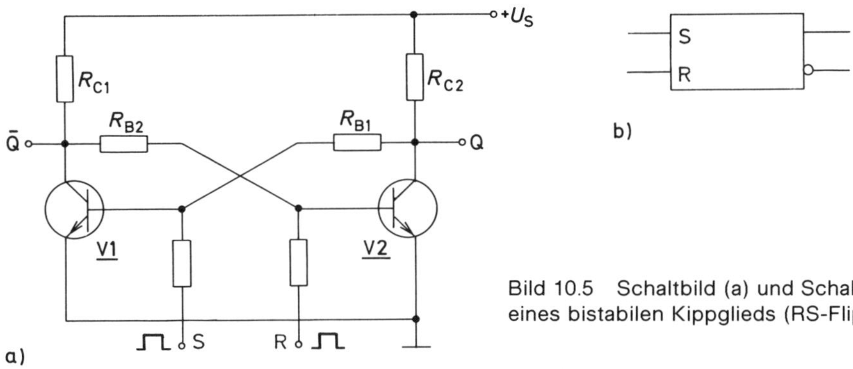

Bild 10.5 Schaltbild (a) und Schaltzeichen (b) eines bistabilen Kippglieds (RS-Flipflop)

In den anderen Zustand kippen (das Flipflop setzen nach Q = H) kann man die Anordnung durch einen positiven Impuls am Eingang S (von set = engl. setzen): V1 erhält durch den Impuls Basisstrom und schaltet durch, der Ausgang $\overline{Q}$ geht auf L. Dadurch wird über R_{B2} der Transistor V2 gesperrt, damit der Ausgang Q = H, d. h. das Flipflop wurde gesetzt.

Der umgekehrte Vorgang läuft ab bei einem positiven Impuls am Eingang R (von reset = engl. rücksetzen, löschen). Dieser Impuls schaltet V2 durch, womit der Ausgang Q auf L geht, das Flipflop folglich gelöscht oder rückgesetzt wird.

Wie aus Bild 10.5 zu entnehmen ist, steht bei allen derartigen Schaltungen ohne zusätzlichen Bauteileaufwand neben dem Ausgang Q auch der inverse (= umgekehrte) oder antivalente (= gegenwertige) Ausgang $\overline{Q}$ zur Verfügung. Der Ausgang $\overline{Q}$ nimmt immer den inversen oder antivalenten Zustand zu Q an. Bei Q = H ist folglich $\overline{Q}$ = L und umgekehrt.

10.3 Monostabile Kippschaltung

Die monostabile Kippschaltung wird auch Monoflop oder Single Shot (= engl. Einzelschuß) genannt. Anwendung finden monostabile Kippschaltungen vor allem in Zeitgliedern, zur Realisierung von Anzugs- oder Abfallverzögerungen (z.B. Treppenhausautomat) und überall dort, wo ein Spannungsimpuls konstanter Länge erzeugt werden soll, unabhängig von der Länge des Auslöseimpulses.

Wie der Name *monostabil* sagt, ist hier nur *ein* Schaltzustand der Ausgangsspannung Q stabil. In der Schaltung nach Bild 10.6 ist das der Zustand Q = L. Der Basiswiderstand R_{B2} liegt direkt an der Speisespannung U_S, der Transistor V2 erhält damit Basisstrom und schaltet durch, folglich wird Q = L und sperrt damit über R_{B1} den Transistor V1. Dieser Zustand ist stabil; denn ohne äußere Einflüsse bleibt V2 leitend und hält damit V1 gesperrt.

Von der bistabilen Kippschaltung in Bild 10.5 unterscheidet sich die monostabile Schaltung dadurch, daß einer der Koppelwiderstände (kreuzweise Kopplung) durch einen Kondensator C ersetzt ist. Außerdem sind in der bistabilen Schaltung zwei Betätigungseingänge erforderlich: Eine zum Setzen, eine zweite zum Rücksetzen. Die monostabile Schaltung braucht nur einen Betätigungseingang: die Taste S zum Setzen. Das Rücksetzen besorgt die Schaltung nach Ablauf einer bestimmten Zeit selbsttätig.

Wenn in der Schaltung nach Bild 10.6 ein kurzer Setzimpuls auf den Eingang S gegeben wird, erhält der Transistor V1 über den Widerstand *R* Basisstrom und schaltet durch. Der Ausgang $\bar{Q}$ geht daher von H nach L. Dieser Spannungssprung von + U_S nach annähernd 0 Volt wird über das Differenzierglied C – R_{B2} in voller Höhe auf die Basis von V2 übertragen, d. h., U_{BE2} wird um U_S negativer (vergleiche Bild 10.7). Damit wird der Transistor V2 gesperrt, der Ausgang Q geht auf H-Pegel und hält V1 über R_{B1} leitend. Dieser (instabile) Zustand bleibt so lange erhalten, wie die Basisspannung U_{BE2} negativ ist.

Der Kondensator C wird über R_{B2} und den durchgeschalteten Transistor V1 nach einer e-Funktion in Richtung $+U_S$ aufgeladen. Sobald U_{BE2} die Basis-Emitter-Schwellenspannung von V2 erreicht, beginnt ein Basisstrom I_{B2} zu fließen. Dadurch wird V2 leitend, Q wird kleiner und beginnt damit V1 zu sperren: Der Kippvorgang (= schlagartiges Umschalten) ist eingeleitet. Wenn nämlich V1 zu sperren beginnt, steigt $\bar{Q}$ und gibt dadurch einen positiven Spannungsimpuls über C auf die Basis von V2; damit schaltet V2 vollständig durch, und V1 wird vollständig gesperrt. Der ursprüngliche stabile Zustand ist selbsttätig wiederhergestellt.

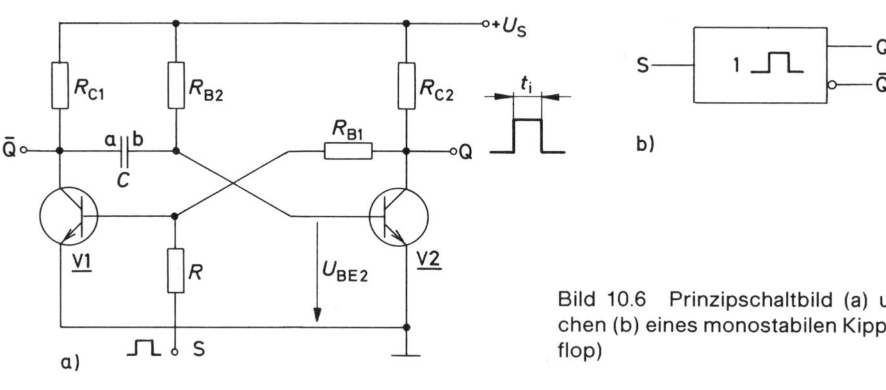

Bild 10.6 Prinzipschaltbild (a) und Schaltzeichen (b) eines monostabilen Kippglieds (Monoflop)

Bild 10.7 Verlauf der Basisspannung U_{BE2} nach dem Setzimpuls

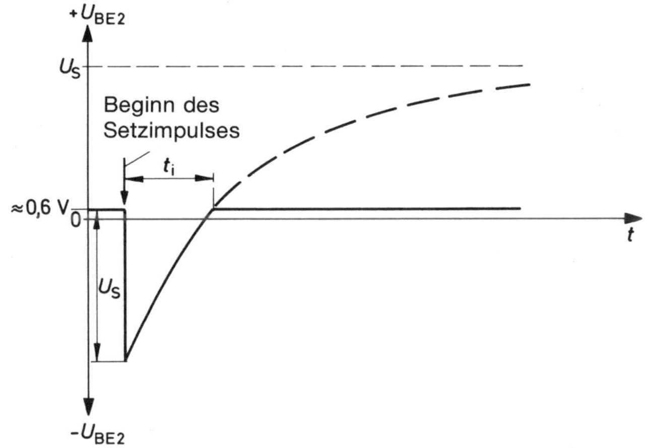

Aus Bild 10.7 ist zu entnehmen, wie lang die Zeit t_i ist. Das ist die Zeit, in der V2 gesperrt ist, damit also auch die Dauer des Ausgangsimpulses an Q: Die e-Funktion der Aufladung von C durch R_{B2} verläuft von etwa $-U_S$ bis $+U_S$. Bei 0 V ist der Kondensator also auf 50% dieser Spannung geladen. Unmittelbar danach (bei etwa 0,6 V) beginnt der Kippvorgang und damit das Ende der Pulsdauer t_i. Nach der e-Funktion gehört zu $U_C/U_0 = 0{,}5$ der Wert $t/\tau = 0{,}7$ (Grundlagenband), oder $t = 0{,}7\ \tau$.

Die Ladezeitkonstante τ wird (Bild 10.6) gebildet aus $\tau = R_{B2} \cdot C$. Die Impulsdauer t_i wird daher

$$t_i \approx 0{,}7 \cdot R_{B2} \cdot C$$

Aus dieser Gleichung ist zu entnehmen, daß die Impulsdauer t_i, die ein monostabiler Multivibrator als Antwort auf einen Eingangsimpuls abgibt, verändert oder eingestellt werden kann durch Verändern der Werte für R_{B2} und/oder C. Dabei sind für C praktisch keine Grenzen gesetzt. R_{B2} darf nicht kleiner werden, als für den maximal zulässigen Basisstrom von V2 erlaubt ist, und darf nur so groß gemacht werden, daß V2 vom Basisstrom durch R_{B2} noch sicher bis in die Sättigung gesteuert wird.

In der Prinzipschaltung nach Bild 10.6 wird vorausgesetzt, daß der Setzimpuls kürzer ist als die Impulsdauer t_i. In der Schaltung nach Bild 10.8 ist die Funktion durch das Differenzierglied $C_S - R_S$ unabhängig von der Tasten-Betätigungsdauer. Mit der Setztaste S wird zum Auslösen des Monoflops ein positiver Spannungsimpuls über die Diode V3 auf die Basis des gesperrten Transistors V1 gegeben. Die Dauer dieses Auslöseimpulses hängt nur noch von C_S und R_S ab, nicht aber von der Betätigungsdauer der Taste S. Durch Ansteuern des bis dahin gesperrten Transistors kann (auch beim Flipflop) der Kippvorgang ebenso ausgelöst werden wie durch Sperren des bis dahin leitenden Transistors. In Bild 10.8 wurde (gegenüber der Prinzipschaltung Bild 10.6) außerdem die Diode V4 eingefügt. Das ist immer dann erforderlich, wenn die Speisespannung U_S größer als der Grenzwert $-U_{BEmax}$ ist (während der Sperrphase liegt kurzzeitig fast die volle Spannung $-U_S$ an der Basis). Die Impulsdauer t_i ist in der Schaltung Bild 10.8 einstellbar durch umschaltbare Zeitkondensatoren C_t und durch einen veränderlichen zeitbestimmenden Widerstand R_t, der die Rolle von R_{B2} übernimmt.

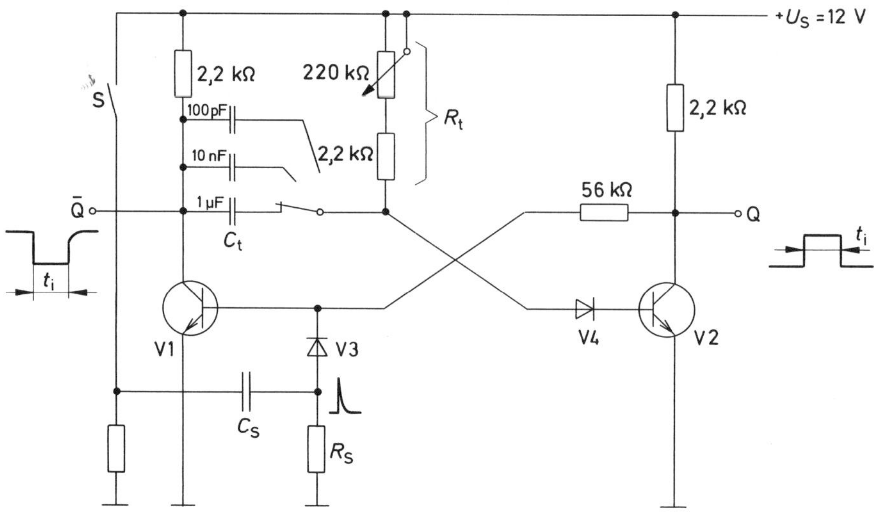

Bild 10.8 Monostabiles Kippglied mit einstellbarer Impulsdauer t_i

Beispiel: In welchen Grenzen $t_{i\,min}$ bis $t_{i\,max}$ ist die Impulsdauer der Schaltung nach Bild 10.8 einstellbar? Welche Stromverstärkung B muß der Transistor V2 mindestens haben (Diode: $U_F = 0{,}7$ V, Transistor: $U_{BE} = 0{,}7$ V)?

Lösung: $t_i \approx 0{,}7 \cdot R_t \cdot C_t$

$$t_{i\,min} \approx 0{,}7 \cdot R_{t\,min} \cdot C_{t\,min} = 0{,}7 \cdot 2{,}2\ \text{k}\Omega \cdot 100\ \text{pF} = \underline{154\ \text{ns}}$$

$$t_{i\,max} \approx 0{,}7 \cdot R_{t\,max} \cdot C_{t\,max} = 0{,}7 \cdot 222{,}2\ \text{k}\Omega \cdot 1\ \mu\text{F} = \underline{156\ \text{ms}}$$

Der für V2 erforderliche Kollektorstrom beträgt

$$I_C \approx \frac{U_S}{R_C} = \frac{12\ \text{V}}{2{,}2\ \text{k}\Omega} = 5{,}45\ \text{mA}$$

Der kleinste Basisstrom

$$I_{B\,min} = \frac{U_S - U_F - U_{BE}}{R_{t\,max}} = \frac{12\ \text{V} - 0{,}7\ \text{V} - 0{,}7\ \text{V}}{222{,}2\ \text{k}\Omega} = 48\ \mu\text{A}$$

Damit

$$B_{min} = \frac{I_C}{I_{B\,min}} = \frac{5{,}45\ \text{mA}}{48\ \mu\text{A}} = \underline{\underline{114}}$$

10.4 Astabile Kippschaltung

Bei der astabilen Kippschaltung (Bild 10.9) oder dem astabilen Multivibrator, wie die Schaltung auch genannt wird, ist keiner der beiden Zustände Q = H oder Q = L stabil. Beide Zustände bleiben nur eine bestimmte Zeit t_i bzw. t_p lang erhalten, dann kippt die Schaltung selbsttätig in den anderen Schaltzustand.

Astabile Kippschaltungen werden als Rechteckgeneratoren für die unterschiedlichsten Zwecke eingesetzt. Über die zeitbestimmenden Bauelemente $R_{t1} \cdot C_{t1}$ und $R_{t2} \cdot C_{t2}$ sind sowohl die Frequenz als auch das Impuls-Pausen-(Tast-)Verhältnis einstellbar.

Eine Ansteuerung von außen ist nicht erforderlich. Die Funktion der Zeitglieder $R_t \cdot C_t$ ist die gleiche wie bei dem monostabilen Kippglied. Für Speisespannungen größer als 5 V ($> -U_{BE\,max}$) sind auch hier Schutzdioden vor den Basisanschlüssen erforderlich.

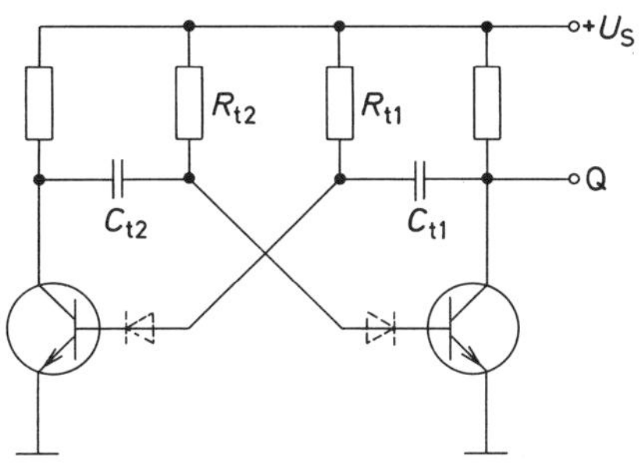

a)

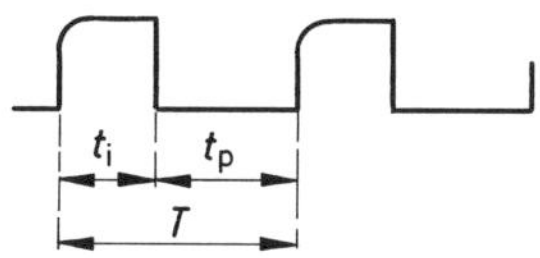

$t_i \approx 0{,}7 \cdot R_{t2} \cdot C_{t2}$
$t_p \approx 0{,}7 \cdot R_{t1} \cdot C_{t1}$

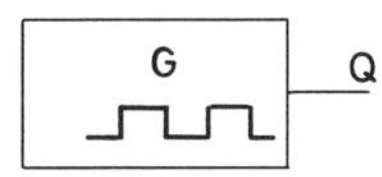

b)

Bild 10.9 Schaltbild (a) und Schaltzeichen (b) eines astabilen Kippglieds

Die verschliffenen Impulsecken bei den ansteigenden Flanken der Ausgangsspannung entstehen (hier wie auch am Ausgang $\overline{Q}$ in Bild 10.8) dadurch, daß beim Abschalten eines Transistors der zugehörige Kollektorwiderstand den Zeitkondensator laden muß. Dadurch steigt die Spannung nicht schlagartig, sondern nach einer e-Funktion mit der Zeitkonstanten $R_C \cdot C_t$ an. Es gibt zahlreiche Zusatzschaltungen, mit denen diese Erscheinung verringert oder ganz beseitigt werden kann. Wenn man Wert legt auf sehr steile Flanken, schaltet man dem astabilen Multivibrator am einfachsten einen schnellen Schmitt-Trigger nach.

Die Impulsdauer für die Schaltung nach Bild 10.9 errechnet sich ebenso wie für den monostabilen Multivibrator nach der Formel

$$t_i \approx 0{,}7 \cdot R_{t2} \cdot C_{t2}$$

und die Impulspause zu

$$t_p \approx 0{,}7 \cdot R_{t1} \cdot C_{t1}$$

Die Frequenz ergibt sich damit zu

$$f = \frac{1}{T} = \frac{1}{t_i + t_p} \approx \frac{1}{0{,}7 \cdot (R_{t1} \cdot C_{t1} + R_{t2} \cdot C_{t2})}$$

Von allen hier besprochenen Kippschaltungen gibt es zahlreiche Abwandlungen, insbesondere natürlich auch solche, die nicht mit bipolaren Transistoren arbeiten. Lange bevor es Transistoren

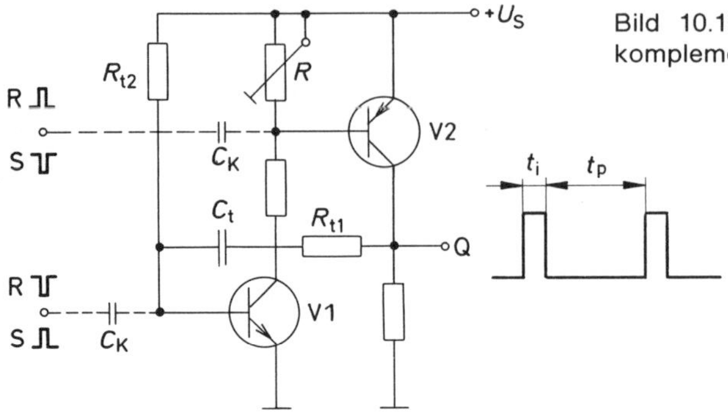

Bild 10.10 Prinzip einer Kippschaltung mit komplementären Transistoren

gab, waren z.B. sehr einfach aufgebaute bistabile, monostabile und vor allem astabile Kippschaltungen üblich, die mit Glimmlampen arbeiteten.

Anhand von Bild 10.10 soll lediglich gezeigt werden, daß auch Kippschaltungen mit bipolaren Transistoren völlig anders aufgebaut werden können, als in diesem Abschnitt beschrieben wurde. Es handelt sich um eine astibile Kippschaltung, die mit komplementären Transistoren und mit nur einem Zeitkondensator arbeitet. Die Impulsdauer t_1 wird im wesentlichen von $R_{t1} \cdot C_t$ bestimmt, die Impulspause t_2 von $R_{t2} \cdot C_t$. Hier sind die Transistoren nicht wechselseitig leitend, sondern während der Impulsdauer beide leitend und während der Impulspause beide gesperrt. Bei der Betriebsart *Astabiler Multirvibrator* steht der Trimmer R auf einem so kleinen Wert, daß zum Durchsteuern von V2 beide Teilströme als Basisstrom für V1 gebraucht werden: sowohl der Strom durch R_{t2} als auch der durch R_{t1}.

Wird der Widerstand R so groß gemacht, daß der Basisstrom durch R_{t2} allein ausreicht, um V1 und V2 voll durchzusteuern, so arbeitet die Schaltung als monostabiler Multivibrator, der — über einen kleinen Koppelkondensator — entweder mit positiven Impulsen an der Basis von V2 oder mit negativen Impulsen an der Basis von V1 ausgelöst werden kann.

Wird der Kondensator C_t überbrückt und R_{t2} weggelassen, arbeitet die gleiche Schaltung auch als bistabiler Multivibrator. Setzimpulse können entweder durch negative Impulse über einen Koppelkondensator der Basis von V2 zugeführt werden oder als positive Impulse der Basis von V1. Das gleiche, jedoch mit umgekehrter Polarität, gilt für die Rücksetzimpulse.

Solche Komplementärschaltungen werden häufig dort eingesetzt, wo es auf geringstmöglichen Stromverbrauch (z.B. bei Batteriebetrieb) ankommt. Wenn der sehr geringe Kondensatorladestrom über den hochohmigen Widerstand R_{t2} vernachlässigt wird, entnimmt die Schaltung nach Bild 10.10 nur während der kurzen Impulse t_i Strom aus der Speisespannungsquelle. Bei den symmetrischen Schaltungen nach Bild 10.5, 10.6 oder 10.9 ist dagegen — bei gleichen Kollektorwiderständen — die Stromaufnahme während der Impulspausen ebensogroß wie während der Impulsdauer.

11 Feldeffekttransistoren (FET)

Feldeffekttransistoren haben in den letzten Jahren durch den Einsatz hochintegrierter Schaltungen an Bedeutung gewonnen. Als Einzelelemente sind besonders die Leistungsfeldeffekttransistoren auf dem Vormarsch.

Der entscheidende Vorteil der Feldeffekttransistoren gegenüber den Bipolartransistoren liegt in dem hohen Eingangswiderstand und der damit verbundenen praktisch leistungslosen Ansteuerung.

Als Halbleitermaterial findet für Feldeffekttransistoren zur Zeit überwiegend Silizium Verwendung. Für die Hochfrequenzanwendung wird zunehmend mit Gallium-Arsenid (GaAs) gearbeitet.

> Im Feldeffekttransistor fließt der Laststrom durch einen Kanal aus dotiertem Halbleitermaterial, dessen Widerstand durch ein elektrisches Feld vom Eingangssignal gesteuert wird.

Nach der Art der Ladungsträger, die den Stromfluß im Kanal bewirken, unterscheidet man zwischen:
n-Kanal-FET, bei denen als Ladungsträger Elektronen auftreten (n-Leitung), und
p-Kanal-FET, bei denen als Ladungsträger Löcher oder Defektelektronen auftreten (p-Leitung).

Im Gegensatz zu den Bipolartransistoren sind für den Strom nur eine Art Ladungsträger, die Majoritätsträger, maßgebend. Der Strom muß keinen pn-Übergang überwinden. Feldeffekttransistoren sind daher *Unipolartransistoren.*

Eine weitere Unterteilung der Feldeffekttransistoren erfolgt bezüglich der Art der Isolation zwischen dem Kanal und dem Steueranschluß, in der das elektrische Steuerfeld erzeugt wird:
Sperrschicht-Feldeffekttransistoren, einfacher pn-FET oder JFET (Junction-FET), besitzen einen in Sperrichtung betriebenen pn-Übergang,
Isolierschicht-Feldeffekttransistoren, einfacher IG-FET (insulated-gate-FET), meist als *MOS-FET* (metal-oxide-semiconductor-FET), besitzen eine Oxidschicht als Isolation. Sperrschicht-FET sind grundsätzlich selbstleitend, d.h., es kann bereits bei einer Steuerspannung null ein Laststrom fließen. Isolierschicht-Feldeffekttransistoren müssen dagegen unterteilt werden in:
selbstleitende FET oder Verarmungstypen; der Widerstand des Kanals kann sowohl hochohmiger als auch niederohmiger gesteuert werden, und
selbstsperrende FET oder Anreicherungstypen, bei denen der Widerstand des Kanals durch die Steuerspannung verringert werden kann.

Jede der genannten Arten von Feldeffekttransistoren hat ein spezielles Symbol (Bild 11.11).

Die Anschlüsse von Feldeffekttransistoren heißen:

Source (Quelle) S: hier fließen die Ladungsträger in den Kanal (vergleichbar mit dem Emitter des Bipolartransistors)
Drain (Abfluß) D: hier fließen die Ladungsträger aus dem Kanal heraus (vergleichbar mit dem Kollektor des Bipolartransistors)
Gate (Tor) G: dies ist der Steueranschluß, über den der Widerstand des Kanals gesteuert wird

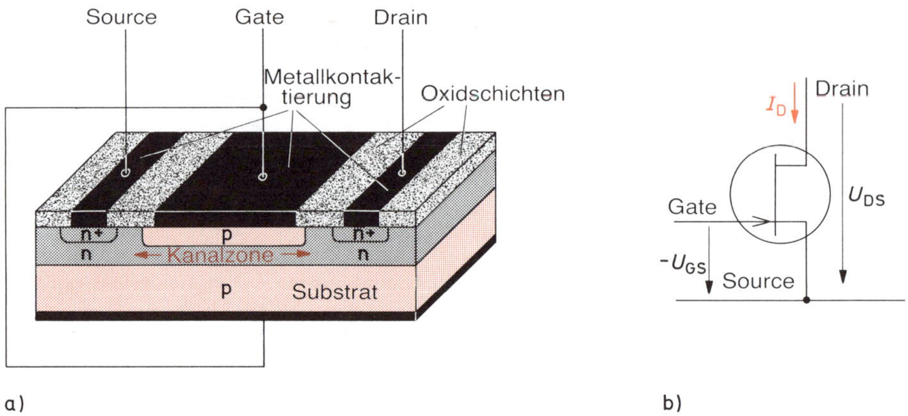

Bild 11.1 n-Kanal-Sperrschicht-Feldeffekttransistor a) Kristallstruktur b) Schaltzeichen

11.1 Sperrschicht-Feldeffekttransistoren, pn-FET

Die häufigste Form des pn-FET ist der n-Kanaltyp. Bild 11.1a zeigt die prinzipielle Struktur eines in Planartechnologie hergestellten n-Kanal-pn-FET. Der Kanal ist eine schmale, parallel zur Kristalloberfläche verlaufende n-leitende Zone. Er liegt zwischen dem p-leitenden Grundkristall (Substrat) und einer dünnen an der Kristalloberfläche eindotierten p-Schicht, der Gatezone. Die Gatezone ist durch aufgedampftes Metall kontaktiert und über den Metallboden mit dem Grundkristall zum Gateanschluß verbunden.

Anfang und Ende des Kanals sind an die Kristalloberfläche geführt und über stark n-dotierte Inseln (Kennzeichnung n^+) mit aufgedampftem Metall als Source- und Drainanschlüsse kontaktiert.

Im Schaltungssymbol des pn-FET (Bild 11.1b) zeigt der Pfeil am Gateanschluß die p-n-Richtung der Sperrschicht und läßt dadurch erkennen, daß hier ein n-Kanaltyp vorliegt. Die versetzte Anordnung des Gatepfeiles kennzeichnet außerdem den Sourceanschluß. Bei vollkommen symmetrischem Aufbau vieler Typen können Source- und Drainanschluß jedoch ohne Beeinflussung der Daten vertauscht werden.

Die Steuerstrecke des FET liegt zwischen der Gate- und der Source-Elektrode. Damit die isolierende Wirkung der Sperrschichten, die den Kanal gegen den Steueranschluß abgrenzen, erhalten bleibt, kann ein n-Kanal-pn-FET grundsätzlich nur mit negativer Spannung am Gate gegenüber Source angesteuert werden. Da die häufigste Grundschaltung des FET die Sourceschaltung ist, wird der Sourceanschluß als Bezugselektrode verwendet und die Steuerspannung mit $-U_{GS}$ bezeichnet.

11.1.1 Prinzipielle Wirkungsweise des pn-FET

Die Erklärung der inneren Vorgänge soll hier auf den n-Kanal-Typ beschränkt werden. Für den p-Kanal-FET gelten bei gegensinnigen Leitungsarten und Polaritäten der Spannungen die gleichen prinzipiellen Zusammenhänge.

Zunächst soll der Feldeffekttransistor ohne Steuerspannung, d.h. bei $-U_{GS} = 0$ V, betrachtet werden (Gate mit Source verbunden). Wird nun eine kleine Spannung, z.B. $U_{DS} \approx 0{,}1$ V an die Drain-Source-Strecke gelegt, fließt durch den Kanal vom Source- zum Drainkontakt ein Elektronenstrom. Durch die Anwendung der technischen Stromrichtung «fließt» der Strom in den Drainanschluß hinein, er wird daher mit I_D oder $+I_D$ bezeichnet. Der Drainstrom I_D ist der Drain-Source-Spannung U_{DS} bei kleinen Spannungswerten (bis zu wenigen Volt) nahezu proportional, man spricht daher vom ohmschen Bereich. Der Widerstand des Kanals liegt in der Größenordnung einige 10 bis 100 Ω und heißt ON-Widerstand R_{DSon}.

Durch eine negative Spannung am Gate $-U_{GS}$ wird der pn-Übergang, der die Kanalzone umgibt, in Sperrichtung betrieben. Die Sperrschicht dehnt sich in das Kanalgebiet hinein aus und verringert den Kanalquerschnitt (Bild 11.2a).

Durch eine negative Spannung am Gate wird der Widerstand des n-Kanal-pn-FET größer.

Eine Vergrößerung der Gatespannung auf einige Volt (je nach Typ 3 V bis 10 V) führt zu einer vollständigen Abschnürung des Kanals durch die Sperrschicht. Es kann praktisch kein Drainstrom I_D mehr fließen. Diejenige Gatespannung, die den FET (bei $U_{DS} \approx 0$) sperrt, heißt Gate-Sättigungsspannung U_{GSS} oder U_{GSoff}.

Bei genauer Betrachtung des Widerstandsverhaltens der Kanalzone genügt es nicht, sich auf die Steuerspannung zu beschränken, denn auch die Drainspannung wirkt auf die Sperrschichten am Kanalrand. Wird bei fehlender Gatespannung ($U_{GS} = 0$ V) eine Drainspannung U_{DS} an den Kanal gelegt, so entsteht auch hierdurch ein Potentialunterschied über dem pn-Übergang zwischen Gate und Kanalzone. Der Potentialunterschied nimmt vom Source- bis zum Drainanschluß von 0 V bis zur Drainspannung zu. Die Sperrschicht baut sich daher keilförmig auf, so daß der Kanal am Drainanschluß die engste Stelle aufweist (Bild 11.2b). Eine Vergrößerung der Drainspannung bis zur Drain-Sättigungsspannung U_{DSS} führt zur Abschnürung des Kanals. Eine weitere Erhöhung bewirkt dadurch praktisch keine weitere Steigerung des Drainstroms.

Der Drainstrom im Abschnürbereich bei $U_{GS} = 0$ V heißt Drain-Sättigungsstrom I_{DSS}. Er liegt je nach Typ und Exemplar zwischen einigen Milliampere und einigen hundert Milliampere. Der

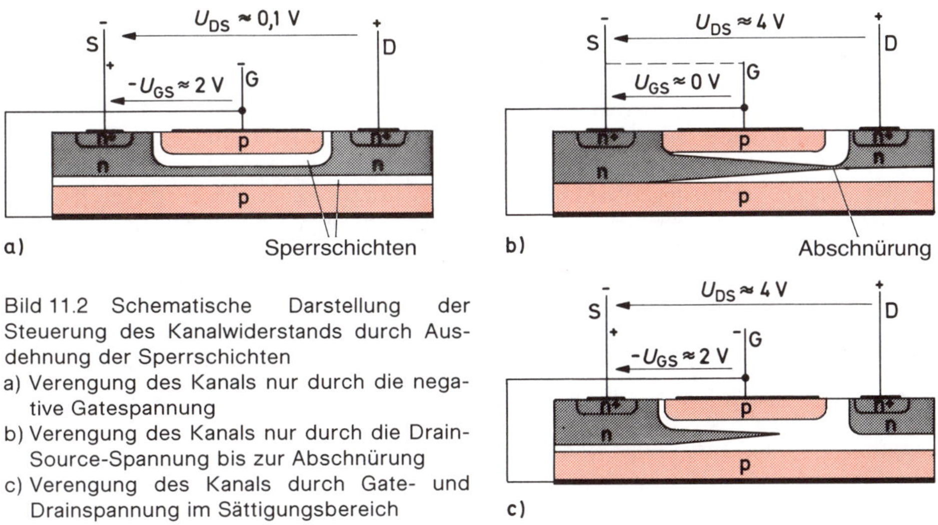

Bild 11.2 Schematische Darstellung der Steuerung des Kanalwiderstands durch Ausdehnung der Sperrschichten
a) Verengung des Kanals nur durch die negative Gatespannung
b) Verengung des Kanals nur durch die Drain-Source-Spannung bis zur Abschnürung
c) Verengung des Kanals durch Gate- und Drainspannung im Sättigungsbereich

FET arbeitet im Sättigungsbereich als Konstantstromquelle. Liegen nun gleichzeitig eine Drainspannung U_{DS} und Gatespannung $-U_{GS}$ am FET, so wird der Kanal durch $-U_{GS}$ auf der vollen Länge verengt und zusätzlich durch U_{DS} keilförmig zum Drainbereich (Bild 11.2c). Die Drainabschnürspannung wird um so mehr verkleinert, je höher die Gatespannung ist.

11.1.2 Kennlinien des Sperrschicht-FET

Die Abhängigkeit des Drainstroms I_D von der Drainspannung U_{DS} bei verschiedenen konstanten Gatespannungen $-U_{GS}$ zeigt das Ausgangskennlinienfeld $I_D = f(U_{DS})$ bei U_{GS} = konstant (Bild 11.3a). Die Abschnürgrenze hat etwa die Form einer Parabel und trennt den Widerstands- oder ohmschen Bereich vom Abschnür- oder Sättigungsbereich. Der Übergang erfolgt jedoch fließend, so daß keine eindeutige Grenze besteht.

Der Drainstrom ist im Abschnürbereich praktisch nur von der Gatespannung abhängig. Deshalb wird — bei konstanter Drainspannung im Abschnürbereich — der Drainstrom in Abhängigkeit von der Gatespannung aufgetragen. Diese Kennlinie heißt Steuerkennlinie oder Übertragungskennlinie $I_D = f(-U_{GS})$ bei U_{DS} = konstant (Bild 11.3b).

11.1.3 Grenz- und Kenndaten von Sperrschicht-FET

Zu den wichtigsten Grenzdaten des Sperrschicht-FET gehört die zulässige Sperrspannung der pn-Übergänge zwischen der Kanal- und der Gatezone sowie dem Substrat. Ihre Überschreitung führt zum Durchbruch und damit zu steilem Anstieg des Drainstroms. Diese Spannung darf weder zwischen Gate und Source noch zwischen Drain und Source oder Drain und Gate überschritten werden. Da bei angesteuertem FET das Gate negatives und Drain positives Potential führen, liegt die höchste Spannung zwischen Drain und Gate, sie heißt U_{DG} oder $-U_{GD}$. Bei den meisten pn-FET liegen die zulässigen Spannungen im Bereich $-U_{GS} = U_{DG} \approx 20$ V bis 40 V.

Die Angabe eines zulässigen Gatestroms I_G bezieht sich auf die Ansteuerung mit Gatespannung entgegengesetzter Polarität, d.h., wenn der pn-Übergang am Kanal in Flußrichtung übergeht. Er ist nur für besondere Schaltungen von Bedeutung.

Die zulässige totale Verlustleistung liegt im Bereich $P_{tot} \approx 200$ mW bis 500 mW bei einer Umgebungstemperatur von $\vartheta_u = 25\ °C$.

Kenndaten des pn-FET

Gate-Sättigungsspannung $-U_{GSS}$ oder $-U_{GSoff}$ ist die Gatespannung, die den FET sperrt. Sie unterliegt einer großen Exemplarstreuung.

Drain-Source-Sättigungsstrom I_{DSS} ist der Drainstrom bei höherer Drainspannung im Sättigungsbereich und geöffnetem Transistor bei $U_{GS} = 0$ V. Er unterliegt ebenfalls einer hohen Exemplarstreuung, die bei den meisten Typen eine Selektierung in drei Gruppen erfordert (Tabelle 11.1). Die drei Gruppen werden je nach Hersteller bzw. Typenschlüssel mit A, B und C (Pro-Elektron-Typenschlüssel) oder mit fortlaufenden Nummern versehen.

Gate-Sperrstrom $-I_{GS}$ ist der Eingangsstrom des FET bei einer Sperrschichttemperatur von $\vartheta_J = 25\ °C$. Bei höheren Temperaturen muß mit einer Verdoppelung des Sperrstroms je Temperaturerhöhung um ≈ 10 K gerechnet werden (Abschnitt 3.6).

R_{DSon} oder r_{DSon} ist der *ON-Widerstand* des Kanals bei leitendem FET ($U_{GS} = 0$ V) im Widerstandsbereich, d.h. bei geringer Drain-Source-Spannung (z.B. $U_{DS} = 0{,}1$ V). Er unterliegt ebenfalls einer höheren Exemplarstreuung und ist bei den Exemplaren am geringsten, die den höchsten Drain-Sättigungsstrom haben (Tabelle 11.1).

Drain-Reststrom I_{Doff} ist der Ausgangsstrom bei gesperrtem Transistor bei einer Gatespannung von z.B. $-U_{GS} = 10$ V.

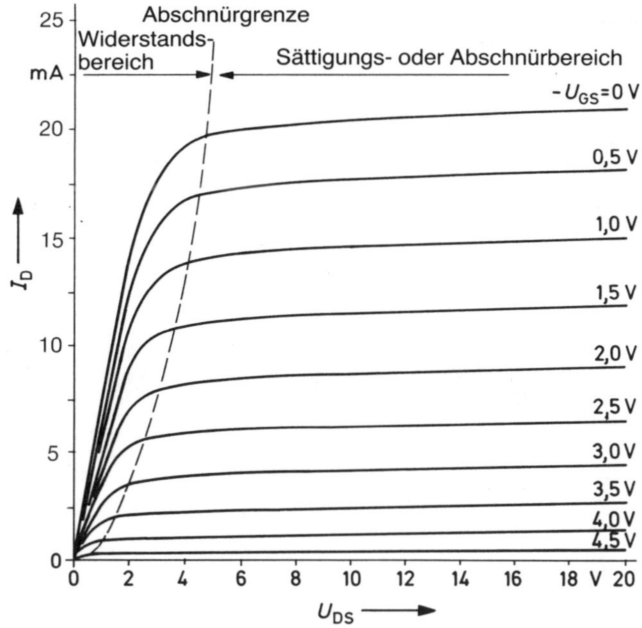

Bild 11.3 Kennlinien eines n-Kanal-Sperrschicht-FET (Typ: BF245 B)
a) Ausgangskennlinienfeld
$I_D = f(U_{DS})$ bei U_{GS} = konstant
b) Übertragungskennlinie
$I_D = f(U_{GS})$ bei U_{DS} = 10 V

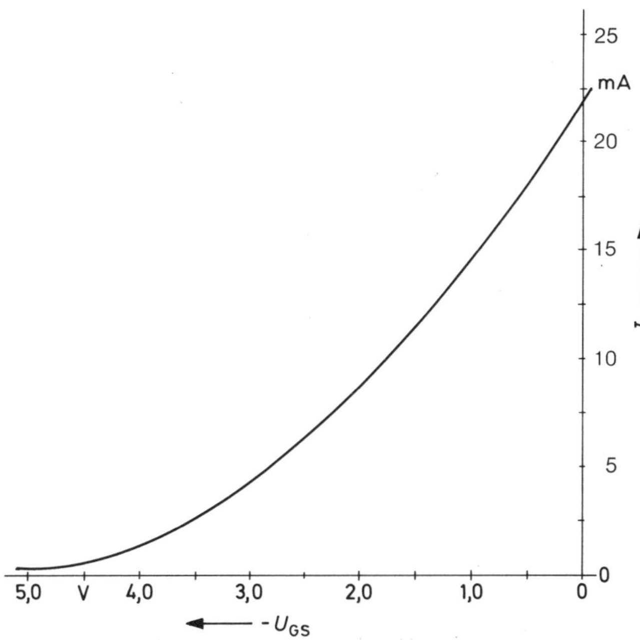

Tabelle 11.1 Datenblattauszug des n-Kanal-pn-FET BF 245 ≙ J111 bis J113 (Siliconix)

Grenzdaten				
Drain-Gate- oder Gate-Source-Spannung	$U_{DG} = -U_{GS} = 35$ V			
Gatestrom (in Durchlaßrichtung)	$I_G = 50$ mA			
Totale Verlustleistung	$P_{tot} = 360$ mW			
Arbeitstemperaturbereich	$\vartheta_{min} = -55$ °C bis $\vartheta_{max} = 135$ °C			
		BF245C J111	BF245B J112	BF245A J113
Kenndaten				
Gate-Sperrstrom ($-U_{GS} = 15$ V)	$-I_{GSS}$	≤ 1 nA	≤ 1 nA	≤ 1 nA
Gate-Sättigungsspannung ($U_{DS} = 5$ V)	$-U_{GSS}$	3 V bis 10 V	1 V bis 5 V	0,5 V bis 3 V
Drain-Sättigungsstrom ($U_{DS} = 15$ V; $U_{GS} = 0$ V)	I_{DSS}	≥ 20 mA	≥ 5 mA	≥ 2 mA
Drain-Reststrom ($-U_{GS} = 10$ V; $U_{DS} = 5$ V)	I_{Doff}	≤ 1 nA	≤ 1 nA	≤ 1 nA
ON-Widerstand ($-U_{GS} = 0$ V; $U_{DS} = 0{,}1$ V)	$R_{DS\,on}$	$\leq 30\ \Omega$	$\leq 50\ \Omega$	$\leq 100\ \Omega$
Anschlußbelegung	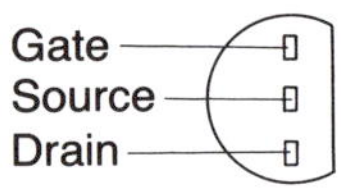			

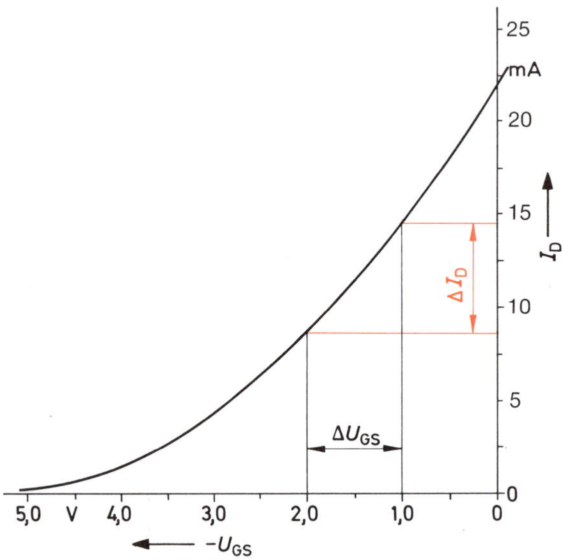

Bild 11.4 Ermittlung der Steilheit aus der Steuerkennlinie

Steilheit oder Vorwärtssteilheit S oder g_{fs} stellt ein Maß für die Verstärkung des FET dar. Die Steilheit läßt sich als Steigung aus der Steuerkennlinie $I_D = f(U_{GS})$ entnehmen (Bild 11.4), sie ist das Verhältnis einer Drainstromänderung ΔI_D zur zugehörigen Gate-Spannungsänderung ΔU_{GS} bei konstanter Drainspannung U_{DS}. Die Steilheit stellt somit einen differentiellen Leitwert (g) dar, der in Siemens (S) bzw. Millisiemens (mS) angegeben wird:

$$S = g_{fs} = \frac{\Delta I_D}{\Delta U_{GS}} \quad \text{bei } U_{DS} = \text{konstant}$$

Die Steilheit liegt je nach Typ und Exemplar im Bereich $S = 5$ mS bis 15 mS.

Differentieller (dynamischer) Ausgangswiderstand r_{DS} im Abschnür- oder Sättigungsbereich ist das Verhältnis einer Drain-Spannungsänderung ΔU_{DS} zur zugehörigen Drainstromänderung ΔI_D.

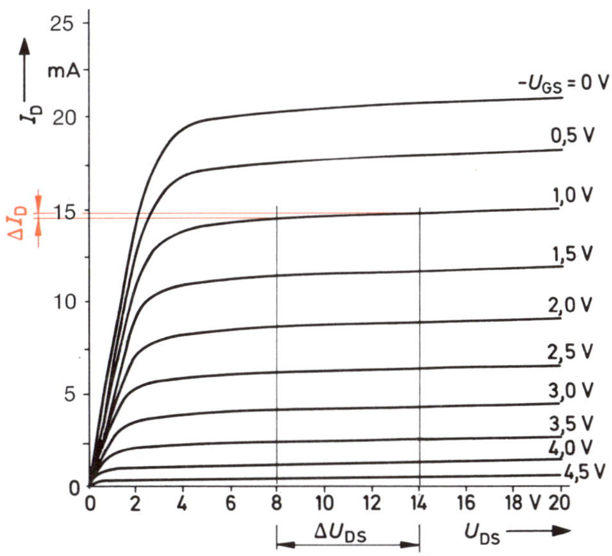

Bild 11.5
Ermittlung des differentiellen Ausgangswiderstands aus dem Ausgangskennlinienfeld bei $-U_{GS} = 1$ V

Aufgrund des flachen Verlaufs der Kennlinien im Sättigungsbereich des Ausgangskennlinienfeldes (Bild 11.5) liegt der differentielle Ausgangswiderstand in der Größenordnung 100 kΩ.

$$r_{DS} = \frac{\Delta U_{DS}}{\Delta I_D} \quad \text{bei } U_{GS} = \text{konstant}$$

Sperrschicht-Feldeffekttransistoren zeichnen sich durch geringe innere Kapazitäten aus, die jedoch spannungsabhängig sind. Die Eingangskapazität zwischen Gate und Source C_{GS} und die Rückwirkungskapazität zwischen Drain und Gate C_{DG} liegen in der Größenordnung einiger Pikofarad. Sperrschicht-FET besitzen daher besonders günstige Hochfrequenzeigenschaften. Sie sind daher häufig als Hochfrequenztransistoren kleiner Leistung klassifiziert und mit dem Zweitbuchstaben F im Pro-Elektron-Typenschlüssel gekennzeichnet (z.B. BF 245). FET sind oft nicht von Bipolartransistoren an der Bezeichnung unterscheidbar.

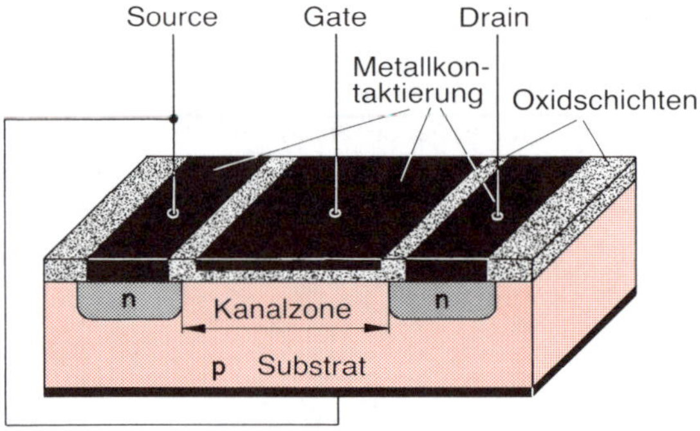

a)

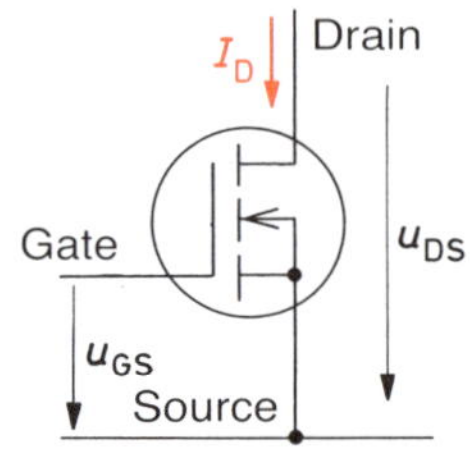

b)

Bild 11.6 Selbstsperrender n-Kanal-MOS-FET
a) Kristallstruktur
b) Schaltzeichen

11.2 MOS-Feldeffekttransistoren

Im Gegensatz zum Sperrschicht-Feldeffekttransistor ist beim MOS-Feldeffekttransistor die Gate-Elektrode vom Kanal nicht durch die Sperrschicht in einem pn-Übergang, sondern durch eine dünne Oxidschicht elektrisch isoliert. Die Bezeichnung MOS resultiert aus der Folge der in Planartechnologie hergestellten Schichten auf dem Halbleiterkristall über dem Kanalgebiet: Metall-(metal-)Oxid-(oxide-)Halbleiter (semiconductor).

Die aufgedampfte Metallschicht bildet die Gate-Elektrode (Bild 11.6a). Die darunter liegende isolierende Oxidschicht ist nur etwa 0,1 μm dick. Wegen der hervorragenden Isolationseigenschaften von Siliziumdioxid (SiO_2) ist der Eingangs- oder Gatestrom des MOS-FET um Größenordnungen kleiner als beim Sperrschicht-FET. Der Eingangswiderstand liegt im Bereich 10^{14} Ω bis 10^{16} Ω. Einen weiteren Vorteil ergibt die Unabhängigkeit der Isolation von der Polarität der Gatespannung. Beim Anlegen einer Gatespannung von wenigen Volt entsteht in der dünnen Oxidschicht ein starkes elektrisches Feld, das auf die Ladungsträger im Halbleiterkristall Kräfte ausübt (elektrostatische Influenz). Je nach Art der Dotierung des Kristalls und der Polarität der Gatespannung kann die Kanalzone unterschiedlich beeinflußt werden:

a) Verringerung des Widerstandes durch Anreicherung mit Ladungsträgern infolge von Anziehungskräften ungleicher Ladungen
b) Vergrößerung des Widerstandes durch Verarmung von Ladungsträgern infolge abstoßender Kräfte gleicher Ladungen

Entsprechend dieser beiden Möglichkeiten müssen MOS-FET eingeteilt werden in:

a) selbstsperrende oder Anreicherungstypen (enhancement- oder normally-off-type),
b) selbstleitende oder Verarmungstypen (depletion- oder normally-on-type).

Außerdem ist die Unterteilung in die komplementären Typen n-Kanal und p-Kanal erforderlich.

Das Schaltzeichen des MOS-FET ist an der vom Kanal getrennten Darstellung der Gate-Elektrode erkennbar. Während der Kanal beim selbstleitenden MOS-FET durchgehend gezeichnet wird, ist er beim selbstsperrenden unterbrochen (Bild 11.11).

Die Isolation des Kanalgebiets gegenüber dem Grundkristall übernimmt auch beim MOS-FET ein pn-Übergang. Dieser ist im Symbol durch eine Pfeilspitze gekennzeichnet, aus der die Art der Leitfähigkeit des Kanals hervorgeht. Die rückseitige Kontaktierung mit dem Grundkristall ist bei den meisten MOS-FET intern mit der Source-Elektrode verbunden (Bild 11.6a und b). Ist der Anschluß am Kristallboden jedoch als vierte Elektrode ausgeführt, trägt er die Bezeichnung B (von bulk — engl. Masse).

11.2.1 Selbstsperrender MOS-FET

Die größte Bedeutung hat heute der selbstsperrende MOS-FET, der überwiegend als n-Kanaltyp verwendet wird. Die Erklärung der inneren Vorgänge soll daher auf diesen beschränkt werden.

Der Grundkristall des n-Kanal-MOS-FET besteht aus p-dotiertem Silizium (Bild 11.6a), in das zwei n-leitende Inseln dotiert sind. Eine ist mit dem Source- und die andere mit dem Drainanschluß kontaktiert. Oberhalb des Kanalgebiets zwischen den n-Inseln befindet sich die Oxidschicht mit der Gatekontaktierung.

Liegt am Drainanschluß gegen Source eine positive Spannung, wobei das Gate mit Source verbunden ist ($U_{GS} = 0$ V), kann sich noch kein leitender Kanal zwischen den n-Inseln ausbilden. Diese sind gegen das p-Substrat durch eine Sperrschicht isoliert (Bild 11.7a). Der Transistor ist gesperrt, sein Ausgangswiderstand $R_{DS\,off}$ liegt in der Größenordnung Gigaohm.

Bild 11.7 Schematische Darstellung der Schichten im selbstsperrenden n-Kanal-MOS-FET bei Ansteuerung
a) Bei fehlender Gatespannung ist kein leitender Kanal vorhanden
b) Durch eine positive Gatespannung wird ein leitender Kanal gebildet

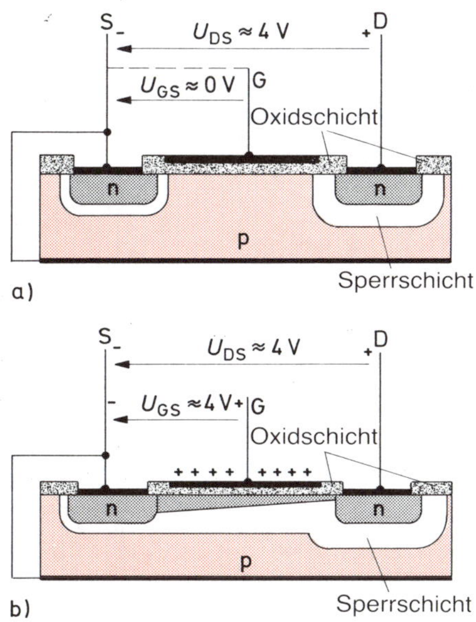

Wird nun eine positive Spannung U_{GS} von einigen Volt an das Gate gelegt, so übt das in der Oxidschicht entstandene elektrische Feld Anziehungskräfte auf Elektronen (Minoritätsträger) im Kristall aus, während Löcher abgedrängt werden. Die Schicht an der Oberfläche wird in eine n-leitende Zone umgekehrt, man nennt sie daher Inversionsschicht. Diese n-leitende Schicht stellt eine Verbindung zwischen den n-Inseln her. Es kann ein Elektronenstrom vom Source- zum Drainanschluß fließen (Bild 11.7b).

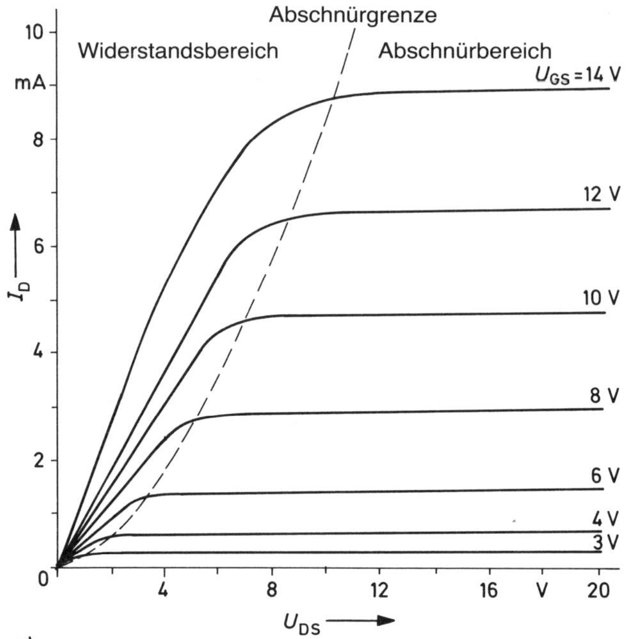

a)

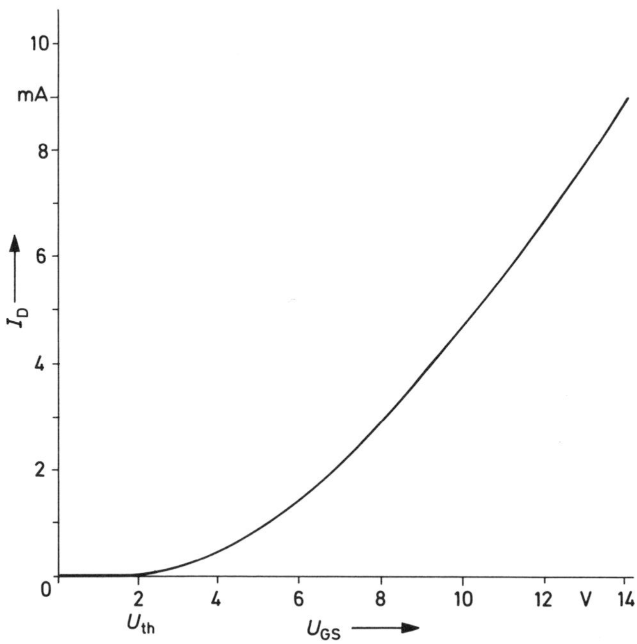

b)

Bild 11.8 Kennlinien eines selbstsperrenden n-Kanal-MOS-FET
a) Ausgangskennlinienfeld
$I_D = f(U_{DS})$ bei U_{GS} = konstant
b) Übertragungskennlinie
$I_D = f(U_{GS})$ bei U_{DS} = 12 V

Der selbstsperrende n-Kanal-MOS-FET wird durch eine positive Gatespannung U_{GS} leitend.

Der Drainstrom nimmt bei steigender Gatespannung weiter zu.

Die Steuerkennlinie $I_D = f(U_{GS})$ (Bild 11.8b) zeigt, daß der Drainstrom erst nach Überschreitung einer Schwellspannung ansteigt, die mit U_{th} (threshold) oder U_P (pinch off) bezeichnet wird. Die Ursache dieser Schwellspannung liegt darin begründet, daß erst bei einer bestimmten elektrischen Feldstärke die p-Schicht an der Oberfläche in eine n-Schicht umkippt. Die Höhe der Schwellspannung ist materieabhängig, sie liegt meist bei etwa $U_{th} \approx 1{,}5$ V bis 3 V.

Neben der Gatespannung übt auch die Drainspannung eine Wirkung auf den Widerstand des Kanals aus. Wird z.B. bei $U_{GS} = 4$ V die Drainspannung von $U_{DS} = 0$ V bis auf ≈ 4 V vergrößert, nimmt im Drainbereich der Potentialunterschied zur Gate-Elektrode bis auf 0 V ab. Der Kanal wird im Bereich der Draininsel abgeschnürt. Weitere Erhöhung der Drainspannung bewirkt praktisch keine Erhöhung des Drainstroms. Die Ausgangskennlinien $I_D = f(U_{DS})$ bei $U_{GS} =$ konstant verlaufen im Abschnürbereich nahezu waagerecht (Bild 11.8a).

Der selbstsperrende p-Kanal-MOS-FET zeigt wiederum prinzipiell das gleiche Verhalten bei negativer Drainspannung $-U_{DS}$ und negativer Gatespannung (Bild 11.11).

Grundsätzlich hat die Gatespannung, die notwendig ist, um den selbstsperrenden MOS-FET aufzusteuern, die gleiche Polarität wie die Drainspannung.

Dies ist ein wesentlicher Vorteil gegenüber den anderen Typen, der für die Anwendung als Schalter in der Digitaltechnik von entscheidender Bedeutung ist.

11.2.2 Selbstleitender MOS-FET

Der selbstleitende MOS-FET besitzt bereits ohne Gatespannung ($U_{GS} = 0$ V) einen leitenden Kanal, der Drain und Source miteinander verbindet.

Beim n-Kanal-Typ sind die beiden n-Inseln durch eine dünne n-leitende Schicht verbunden. Nach dem Anlegen einer positiven Drainspannung U_{DS} fließt ein Drainstrom bereits bei $U_{GS} = 0$ V.

Eine negative Gatespannung drängt die Elektronen aus dem n-Kanal ab, so daß der Widerstand zunimmt. Der Transistor arbeitet im Verarmungsbereich (Bild 11.9b). Eine positive Gatespannung erhöht dagegen die Tiefe der Kanalzone durch Anziehen von Elektronen. Der Widerstand nimmt ab, der Transistor arbeitet im Anreicherungsbereich.

Das Ausgangskennlinienfeld zeigt den gleichen typischen Verlauf wie beim selbstsperrenden MOS-FET (Bild 11.9a). Die Kennlinie für $U_{GS} = 0$ V liegt jedoch etwa in der Mitte des nutzbaren Arbeitsbereichs.

Der selbstleitende p-Kanal-MOS-FET zeigt wiederum komplementäres Verhalten, d.h., er benötigt eine negative Drainspannung und wird hochohmiger bei positiver und niederohmiger bei negativer Gatespannung.

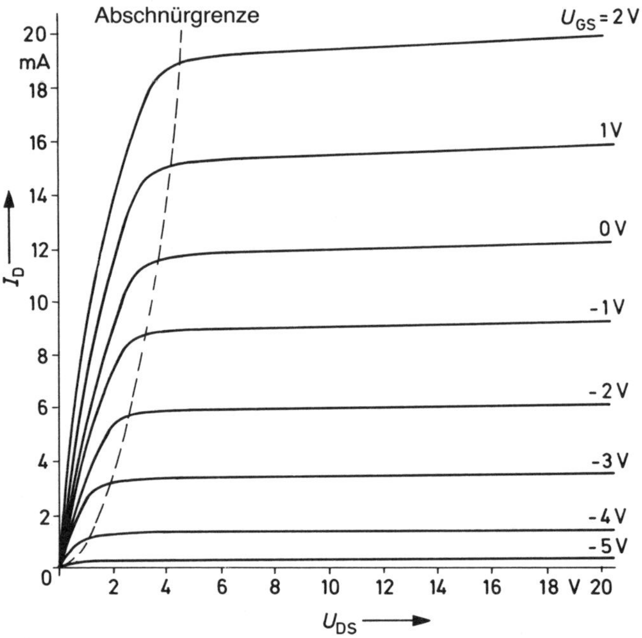

a)

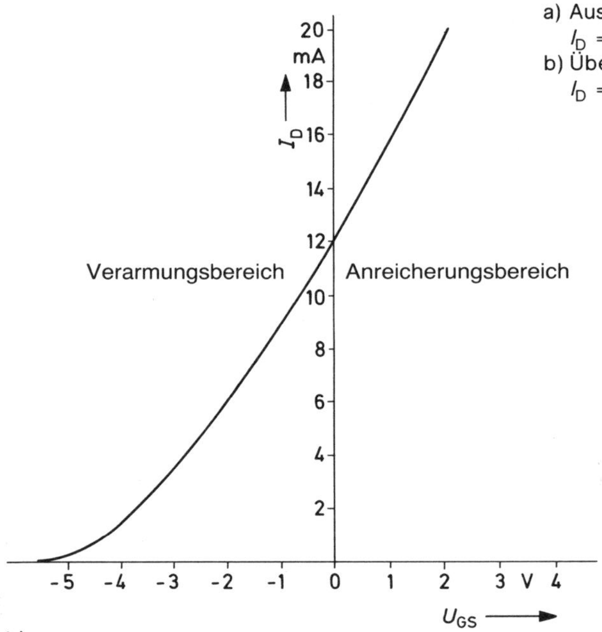

b)

Bild 11.9 Kennlinien eines selbstleitenden n-Kanal-MOS-FET

a) Ausgangskennlinienfeld
$I_D = f(U_{DS})$ bei U_{GS} = konstant

b) Übertragungskennlinie
$I_D = f(U_{GS})$ bei U_{DS} = 10 V

11.2.3 Kenn- und Grenzwerte von MOS-Feldeffekttransistoren

Ein wichtiger Grenzwert aller MOS-Transistoren ist die zulässige Gatespannung beliebiger Polarität. Die Gate-Durchbruchspannung, bei der die Isolationsschicht unwiderruflich zerstört wird, liegt bei 50 V bis 100 V. Bei der geringen Isolationsdicke von nur $\approx 0{,}1$ µm ergibt sich bereits bei einer Gatespannung von z.B. 10 V eine elektrische Feldstärke von:

$$E = \frac{U}{d} = \frac{10\ \text{V}}{0{,}1 \cdot 10^{-6}\ \text{m}} = 100 \cdot 10^{6}\ \text{V/m} = 1000\ \text{kV/cm}$$

Die Gefahr der Zerstörung von MOS-Transistoren über den Gatedurchbruch besteht hauptsächlich beim Umgang mit ihnen, solange sie noch nicht in eine Schaltung eingebaut sind. Schon geringste elektrische Ladungen, die durch Reibung am Verpackungsmaterial oder Berührung eines Anschlußdrahtes mit dem Finger übertragen werden können, führen aufgrund der geringen Gatekapazität zur Zerstörung. Als Schutzmaßnahmen werden vom Hersteller z.B. Ringe aus leitendem Gummi über die Anschlüsse gestreift. Die Ringe sollen erst nach dem Einlöten in eine Schaltung entfernt werden.

Bei manchen MOS-Transistortypen ist eine Z-Diode parallel zur Gate-Source-Strecke in den Kristall integriert, die die Gatespannung auf unschädliche Werte begrenzt. Nachteilig kann sich jedoch die Verringerung des Eingangswiderstandes durch den Sperrstrom der Z-Diode auswirken.

Einen weiteren Grenzwert bildet die zulässige Spannung zwischen Drain und Source U_{DS}, bei deren Überschreitung der pn-Übergang zwischen Draininsel und Substrat in den Durchbruch geht. Typische Werte liegen bei 20 bis 50 V.

Der maximale Drainstrom liegt bei $I_D = 50$ mA.

Die zulässige Verlustleistung beträgt 150 mW bis 400 mW bei zulässigen Kristalltemperaturen von $\vartheta_J = 150\ °C$.

Kennwerte:

Gate-Reststrom I_{GSS} von z.B. $I_{GSS} \approx 0{,}5$ nA bei $\vartheta_J = 25\ °C$, aus dem der hohe Eingangswiderstand von $R_{GS} \approx 10^{10}\ \Omega$ resultiert.

Der Drain-Sperrstrom I_{Doff} liegt bei $\vartheta_J = 25\ °C$ in der Größenordnung $I_{Doff} = 100$ pA.

Die Vorwärtssteilheit S oder g_{fs} liegt etwa im Bereich 3 mS bis 12 mS und hat damit ähnliche Werte wie bei Sperrschicht-Feldeffekttransistoren.

Der differentielle Ausgangswiderstand r_{DS} liegt in der Größenordnung 10 kΩ bis 100 kΩ.

11.3 MOS-Leistungs-Feldeffekttransistoren

Der grundsätzliche Vorteil der Feldeffekttransistoren gegenüber den Bipolartransistoren — der hohe Eingangswiderstand — ist lange Zeit auf den Bereich der Kleinsignaltransistoren mit Strömen bis ca. 50 mA und Spannungen bis 50 V beschränkt gewesen. In den letzten Jahren wurden durch neue Technologien die Möglichkeiten geschaffen, MOS-Leistungstransistoren wirtschaftlich herzustellen.

Der Grund für die geringe Strombelastbarkeit der herkömmlichen MOS-Transistoren liegt in der Geometrie der Kanalzone begründet. Der Kanal liegt parallel zur Kristalloberfläche, er ist daher relativ lang und dünn (lateraler MOS-FET).

11.3.1 Aufbau von MOS-Leistungstransistoren

Durch veränderte Geometrie der Schichtstrukturen ist es möglich, den Kanal mit großem Querschnitt bei geringer Länge auszubilden, indem er senkrecht zur Kristalloberfläche verläuft. Die Drainkontaktierung liegt bei MOS-Leistungstransistoren an der Kristallunterseite, so daß der Drainstrom vertikal statt parallel zur Oberfläche verläuft. Dieser Vertikalstruktur verdankt diese Technologie die Bezeichnung Vertikal-MOS oder VMOS.

VMOS-Feldeffekttransistoren sind selbstsperrend, sie werden in zwei verschiedenen Technologien hergestellt. Die Erklärungen sollen wiederum auf den häufigeren n-Kanal-Typ beschränkt bleiben.

Beim V-Kerben-MOS-FET liegt der p-dotierte Bereich (body), der im gesperrten Zustand Drain und Source trennt, waagerecht zwischen der n-leitenden Source-Insel und dem n-leitenden Grundkörper (Substrat) mit dem Drainkontakt. Ein V-förmiger Einschnitt trennt die Schichten auf (Bild 11.10a). Die Gatekontaktierung auf den Innenflanken der Kerbe ist wieder durch eine Oxidschicht elektrisch isoliert.

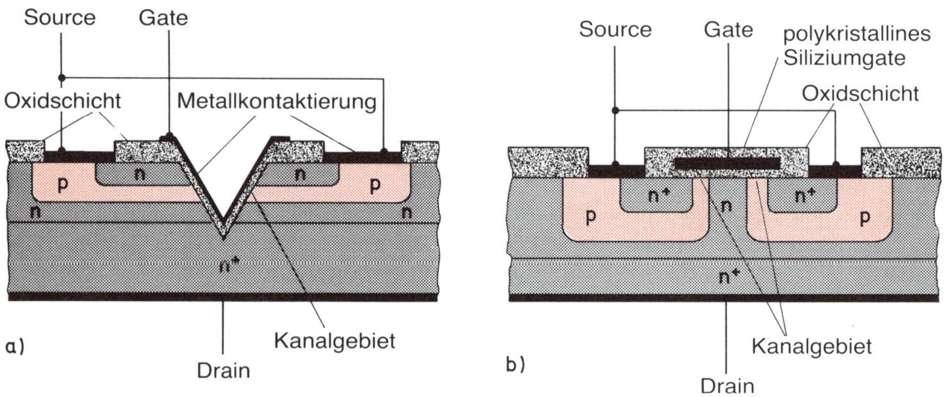

Bild 11.10 Kristallstrukturen von VMOS-Leistungstransistoren

a) V-Kerben-Transistor
b) Einzelner Transistor eines VMOS-Transistors aus vielen Einzelelementen

Liegt am Gate eine positive Spannung gegen Source, die höher als die Schwellspannung U_{th} ist, wird die schmale p-Zone auf beiden Seiten längs der Kerbe mit Elektronen angereichert. Es bildet sich ein n-leitender Kanal zwischen Source und Drain. Durch Parallelschaltung mehrerer derartiger, nebeneinander liegender Strukturen, d.h. durch die Länge der Kerben, läßt sich ein kleiner Kanalwiderstand erzielen.

Bei der anderen VMOS-Technologie umgeht man die V-Kerbe zur Erreichung eines größeren Kanalquerschnitts durch die Parallelschaltung vieler einzelner Elemente, die auf einem Kristall integriert sind. Jeder einzelne VMOS-Transistor besteht aus einer p-leitenden Insel, in die wiederum eine n-leitende Source-Insel dotiert ist (Bild 11.10b). Das Gate besteht aus polykristallinem Silizium, das vollkommen in Siliziumoxid eingebettet ist. Aufgrund der besonderen Dotierung durch doppelte Diffusion verwenden einige Hersteller die Bezeichnung DMOS-Leistungstransistor. Nach diesem Prinzip ist auch der SIPMOS-(Siemens-) oder TMOS-(Motorola-)Leitungstransistor hergestellt.

11.3.2 Grenz- und Kenndaten von MOS-Leistungs-FET

Die Leistungsfähigkeit von MOS-Leistungstransistoren wird durch neue Technologien ständig gesteigert. Derzeit sind hochsperrende MOS-Leistungstransistoren für Spannungen bis U_{DS} = 1000 V bei Drainströmen bis I_D = 5 A oder für hohe Ströme von I_D = 60 A bei Spannungen bis U_{DS} = 50 V verfügbar.

Wichtige Kenndaten für die Schalteranwendung sind: Der *ON-Widerstand* R_{DSon}, der zwischen 15 mΩ (bei Typen für hohe Ströme) und 5 Ω (bei hochsperrenden Typen) liegt.

Der *Drain-Reststrom* I_{DSoff} im gesperrten Zustand liegt in der Größenordnung 100 nA bei einer Temperatur von 25 °C.

Für die Schalteranwendung bei hohen Leistungen und hoher Schaltfrequenz, z.B. in Schaltnetzteilen, sind die Schaltzeiten von besonderer Bedeutung, denn während des Umschaltvorgangs tritt eine hohe Verlustleistung auf. Einschaltzeit t_{on} und Ausschaltzeit t_{off} liegen in der Größenordnung einiger 10 ns bis zu einigen 100 ns.

Ein Vorteil gegenüber Bipolartransistoren ist der positive Temperaturbeiwert des Drain-Source-Widerstandes, der zu erhöhter thermischer Stabilität beiträgt. MOS-Leistungstransistoren können daher ohne besondere Maßnahme (im Gegensatz zu Bipolartransistoren, Abschnitt 8.6.1) parallelgeschaltet werden.

Für die Anwendung als Linearverstärker ist die Steilheit S oder g_{fs} besonders wichtig, die bei einigen Typen bis 20 S erreicht.

Tabelle 11.2 Datenblattauszug Leistungs-MOS-FET (Motorola)

	Typ	MTM475	MTM1225
Grenzdaten			
Drain-Sourcespannung	U_{DS}	500 V	100 V
Gate-Sourcespannung	U_{GS}	±20 V	±20 V
Drainstrom	I_{DAV}	4 A	12 A
Drainstrom gepulst	I_{DM}	8 A	30 A
Verlustleistung	P_{tot}	75 W	75 W
Arbeitstemperaturbereich	ϑ_l	−65 °C bis 150 °C	−65 °C bis 150 °C
Thermischer Widerstand	$R_{th\,JG}$	1,67 K/W	1,67 K/W
Kenndaten (ϑ_G = 25 °C)			
Drain-Reststrom (U_{GS} = 0V)	$I_{DS\,off}$	≤250 nA	≤250 nA
Gate-Reststrom (U_{GS} = 20 V)	I_{GS}	≤500 nA	≤500 nA
Einwiderstand	$R_{DS\,on}$	≤2,25 Ω	≤0,25 Ω
Schwellspannung	U_{th}	1,5 V bis 4 V	1,5 V bis 4 V
Vorwärtssteilheit	S	≥1,5 S	≥3 S
Einschaltzeit	t_{on}	≤150 ns	≤150 ns
Ausschaltzeit	t_{of}	≤300 ns	≤300 nS
Eingangskapazität (f = 1 MHz)	C_{GS}	1200 pF	1200 pF

Anschlußbelegung
MTM475 und MTM1225 im Metallgehäuse

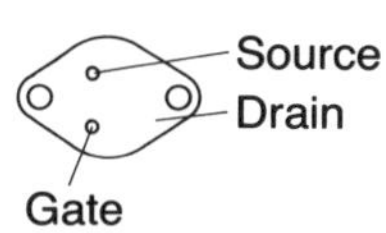

MTP475 und MTP1225 im Plastikgehäuse

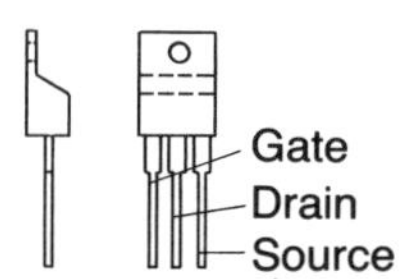

12*

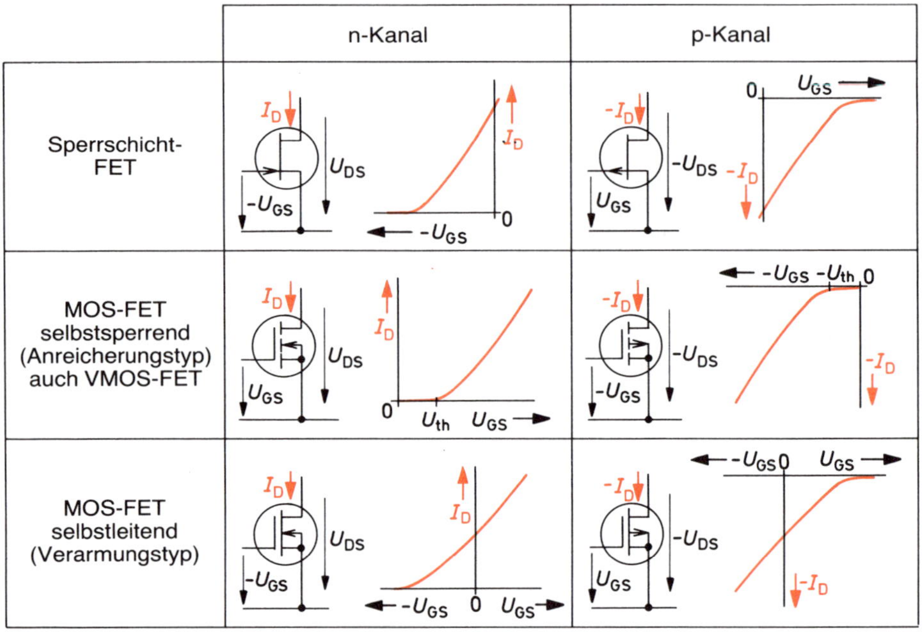

Bild 11.11 Zusammenstellung der verschiedenen Feldeffekttransistor-Symbole mit den Übertragungskennlinien

12 Linearverstärker mit Feldeffekttransistoren

Im Linearverstärker hat der Feldeffekttransistor die Aufgabe, eine kleine Spannungsänderung am Eingang mit Hilfe der Speisespannung in eine möglichst große Stromänderung umzuwandeln. Eingangs- und Ausgangsgrößen sollen dabei in einem möglichst linearen Zusammenhang stehen. Wird eine verstärkte Ausgangsspannung gefordert, formt ein Widerstand die Stromänderung in eine Spannungsänderung um.

Der Hauptvorteil des Feldeffekttransistors gegenüber dem Bipolartransistor liegt dabei im hohen Eingangswiderstand. Es liegt eine reine Spannungssteuerung vor.

Wie bei den Bipolartransistoren, müssen auch bei Feldeffekttransistoren drei Grundschaltungen unterschieden werden:
Sourceschaltung (entspricht der Emitterschaltung),
Drainschaltung (entspricht der Kollektorschaltung),
Gateschaltung (entspricht der Basisschaltung).

Die wichtigste Grundschaltung ist die Sourceschaltung. Die Drainschaltung wird nur bei Forderung nach geringem Ausgangswiderstand verwendet (Impedanzwandler). Die Gateschaltung soll hier nicht weiter betrachtet werden, da ihre Bedeutung gering ist.

12.1 Sourceschaltung

Um eine Wechselspannung verstärken zu können, muß der Transistor sowohl auf positive als auch auf negative Spannungsänderungen reagieren können. Da der Sperrschicht-FET selbstleitend ist und nur auf negative Eingangssignale (n-Kanal-Typ) reagiert, indem er hochohmiger wird, muß ein Arbeitspunkt im mittleren aktiven Bereich eingestellt werden.

12.1.1 Wirkungsweise der Sourceschaltung mit Sperrschicht-FET

Der pn-FET benötigt am Gate eine Vorspannung mit einer Polarität, die der Drainspannung entgegengerichtet ist. Im folgenden wird der n-Kanal-Typ betrachtet. Zur Erzeugung der negativen Gatevorspannung wird zunächst eine negative stabile Hilfsspannung $-U_H$ verwendet, die über den Gatewiderstand R_G an das Gate gelangt (Bild 12.1). Der Gatewiderstand wird möglichst hochohmig gewählt, damit er den Eingangswiderstand des Verstärkers nicht zu sehr verringert. Er muß jedoch den Gate-Sperrstrom ohne nennenswerten Spannungsabfall ableiten können. Ist z.B. der Gate-Sperrstrom bei $\vartheta_J = 25\ °C$ mit $I_{GS} \leq 1\ nA$ angegeben (BF245), muß — wegen der Verdopplung je 10 K Temperaturerhöhung — bei $\vartheta_J = 85\ °C$ mit $I_{GS} = 65\ nA$ gerechnet werden. Der Spannungsabfall am Gatewiderstand beträgt dann höchstens bei $R_S = 1\ M\Omega$:

$$U_{RG} = I_{GS} \cdot R_G = 65 \cdot 10^{-9}\ A \cdot 1 \cdot 10^6\ \Omega = 65\ mV$$

Somit ist die Gatevorspannung praktisch gleich der Hilfsspannung:

$$-U_{GS} \approx U_H = 2\ V$$

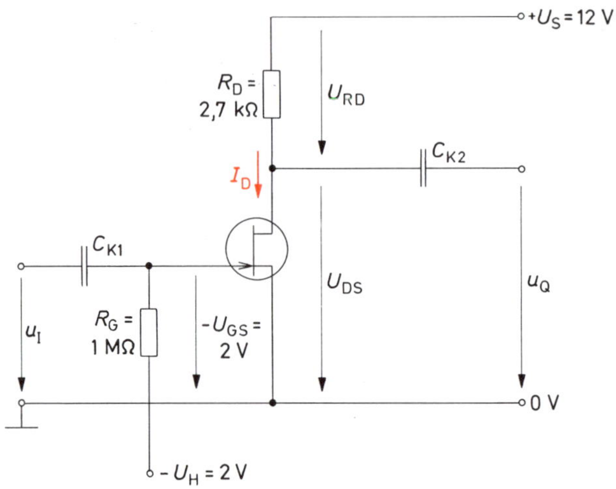

Bild 12.1 Sourceschaltung mit negativer Hilfsspannung (bei $u_I = 0$ V)

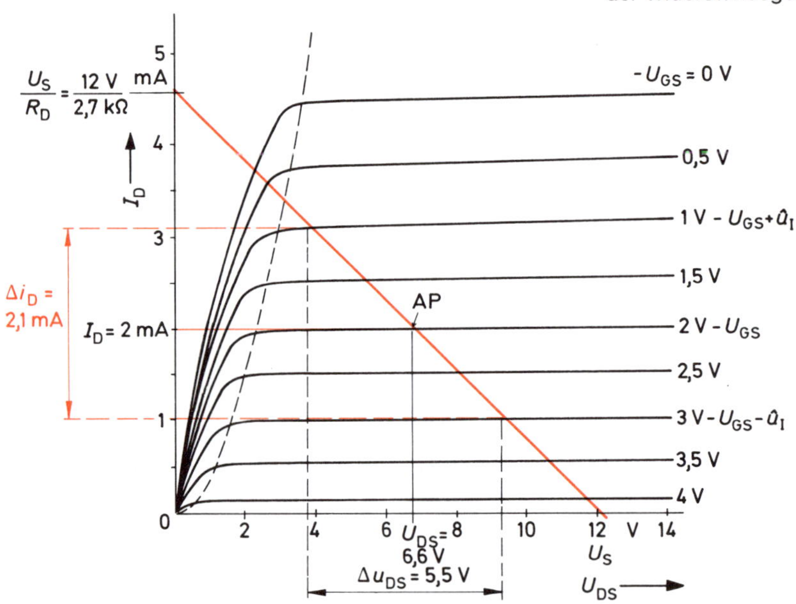

Bild 12.2 Ausgangskennlinienfeld mit der Widerstandsgeraden

Der Arbeitspunkt liegt auf der durch den Drainwiderstand $R_D = 2{,}7$ kΩ und der Speisespannung $U_S = 12$ V festgelegten Widerstandsgeraden im Ausgangskennlinienfeld (Bild 12.2). Der Schnittpunkt mit der Kennlinie $-U_{GS} = 2$ V liefert den Arbeitspunkt bei $I_D = 2$ mA und $U_{DS} = 6{,}6$ V.

Wird nun von einer Signalquelle eine Wechselspannung mit einer Amplitude von z.B. $\hat{u} = 1$ V geliefert, so wird diese über den Koppelkondensator C_{K1} der Gatevorspannung überlagert:

Die positive Signalhalbwelle $+\hat{u}$ verringert die Spannung am negativ vorgespannten Gate auf

$$u_{GS} = U_{GS} + \hat{u} = -2\text{ V} + 1\text{ V} = -1\text{ V}$$

Der FET steuert weiter auf (Bild 12.2), so daß die Drainspannung sinkt.
Die negative Halbwelle vergrößert die negative Gatespannung

$$u_{GS} = U_{GS} - \hat{u} = -2\text{ V} - 1\text{ V} = -3\text{V}$$

Der FET steuert weiter zu, so daß die Drainspannung steigt. Der Koppelkondensator C_{K2} am Ausgang trennt wiederum die Wechselspannung von der im Ruhezustand am FET liegenden Drain-Gleichspannung ab. Betrachtet man die Richtung der Spannungsänderungen am Gate und am Drain, so ergibt sich die Phasenbeziehung zwischen Eingangs- und Ausgangssignal:

Bei der Sourceschaltung ist die Ausgangsspannung zur Eingangsspannung gegenphasig, d.h., es tritt eine Phasendrehung von 180° auf (wie bei der Emitterschaltung).

Die Spannungsverstärkung v_u kann durch Ablesen der Drainspannungsänderung aus dem Ausgangskennlinienfeld ermittelt werden:

$$v_u = \frac{\hat{u}_Q}{\hat{u}_I} = \frac{\Delta u_{DS}}{\Delta u_{GS}} = \frac{5{,}5\text{ V}}{2\text{ V}} = 2{,}75$$

Die Ausgangsspannungsänderung kann auch über die Drainstromänderung und den Drainwiderstand errechnet werden:

$$\Delta u_Q = \Delta u_{DS} = \Delta i_D \cdot R_D$$

Die Drainstromänderung des FET läßt sich auch über die Steilheit S und die Gatespannungsänderung näherungsweise errechnen:

$$\Delta i_D \approx \Delta u_{GS} \cdot S \approx \Delta u_I \cdot S \qquad \text{mit} \qquad S = \frac{\Delta i_D}{\Delta u_{GS}}$$

Durch Einsetzen erhält man:

$$\Delta u_Q \approx \Delta u_I \cdot S \cdot R_D$$

Die Spannungsverstärkung ist damit:

$$v_u = \frac{\Delta u_Q}{\Delta u_I} \approx S \cdot R_D$$

Es handelt sich hierbei um eine Näherungsformel für die Kleinsignalverstärkung, die voraussetzt, daß der Drainwiderstand R_D klein gegenüber dem differentiellen Drainwiderstand r_{DS} ist. Unter Berücksichtigung von r_{DS} ergibt sich:

$$v_u = S \cdot (R_D \,||\, r_{DS}) = S \cdot \frac{1}{\frac{1}{R_D} + \frac{1}{r_{DS}}}$$

Der Ausgangswiderstand r_Q der Sourceschaltung ist der Parallelersatzwiderstand aus dem Drainwiderstand R_D und dem differentiellen Ausgangswiderstand r_{DS} des FET:

$$r_Q = R_D || r_{DS} = \frac{1}{\frac{1}{R_D} + \frac{1}{r_{DS}}}$$

Näherungsweise ergibt sich:

$$r_Q \approx R_D \quad \text{wenn} \quad R_D < r_{DS}$$

Die Spannungsverstärkung ist direkt dem Drainwiderstand R_D verhältnisgleich, da an einem größeren Drainwiderstand auch eine größere Spannungsänderung auftritt. Die Widerstandsgerade verläuft um so flacher im Ausgangskennlinienfeld, je höher der Drainwiderstand ist. Da der Drainwiderstand jedoch den Ausgangswiderstand der Schaltung bestimmt, muß seine Größe dem Eingangswiderstand der belastenden Schaltung angepaßt werden.

12.1.2 Automatische Arbeitspunkteinstellung bei der Sourceschaltung mit pn-FET

Der Nachteil der im vorigen Abschnitt beschriebenen Schaltung ist die Arbeitspunkteinstellung mit Hilfe einer zusätzlichen negativen Hilfsspannung. Außerdem fehlt eine Stabilisierung des Drainstroms gegen Temperatureinfluß des FET.

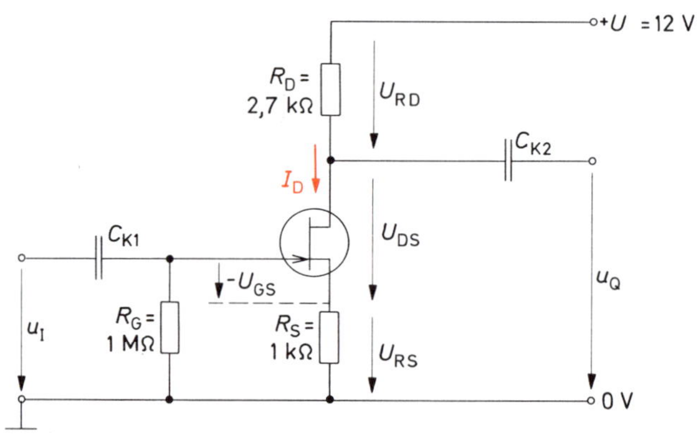

Bild 12.3 Sourceschaltung mit Sourcewiderstand

Die negative Gatevorspannung läßt sich aus der positiven Speisespannung gewinnen, indem das Gate auf 0 V und der Sourceanschluß auf ein positives Potential gelegt wird. Das positive Sourcepotential bewirkt ein Widerstand R_S in der Sourceleitung (Bild 12.3), an dem der Drainstrom den Spannungsabfall $U_{RS} = I_D \cdot R_S$ hervorruft. Da der Gatewiderstand das Gate auf Bezugspotential hält ($U_{RG} \approx 0$ V), ist der Sourceanschluß um den Spannungsabfall U_{RS} positiver als das Gate bzw. das Gate negativer als die Source-Elektrode:

$$-U_{GS} \approx U_{RS} = I_D \cdot R_S \quad \text{oder} \quad R_S = \frac{U_{RS}}{I_D} \approx \frac{-U_{GS}}{I_D}$$

Im Beispiel (Bild 12.2) sollte der Arbeitspunkt bei einem Drainstrom von $I_D = 2$ mA auf der Kennlinie für $-U_{GS} = 2$ V eingestellt sein. Der Sourcewiderstand errechnet sich zu:

$$R_S = \frac{-U_{GS}}{I_D} = \frac{2\,\text{V}}{2 \cdot 10^{-3}\,\text{A}} = 1\,\text{k}\Omega$$

Die Drain-Source-Spannung ist allerdings infolge des Drainwiderstandes um den Spannungsabfall U_{RS} geringer.

Bei Ansteuerung des Gate mit einer Wechselspannung u_I wird diese wiederum der Gatevorspannung $-U_{GS}$ überlagert. In der positiven Halbwelle wird die negative Vorspannung verringert, der FET steuert auf, der Drainstrom steigt und damit auch der Spannungsabfall am Sourcewiderstand. Der Sourceanschluß versucht also dem Signal am Gate zu folgen. Das Signal gelangt somit nur zu einem geringen Teil an die Gate-Source-Strecke des FET.

> Der Sourcewiderstand bewirkt eine Stromgegenkopplung, die die Spannungsverstärkung erheblich mindert.

Wie grundsätzlich bei jeder Gegenkopplung, tritt durch den Sourcewiderstand eine Stabilisierung des Drainstroms gegen Temperatureinfluß und in geringerem Maße gegen Exemplarstreuungen ein.

Die durch die Gegenkopplung entstandene Abnahme der Verstärkung kann durch Kurzschließen der Wechselspannung am Sourcewiderstand aufgehoben werden (Bild 12.4). Diesen Kurzschluß bewirkt ein Kondensator C_S, dessen kapazitiver Widerstand X_{CS} bei der untersten Signalfrequenz oder Grenzfrequenz f_u möglichst klein gegenüber dem Sourcewiderstand R_S sein sollte:

$$X_{CS} < R_S \quad \text{bei} \quad f_u, \quad \text{d.h.} \quad C_S > \frac{1}{2 \cdot \pi \cdot f_u \cdot R_s}$$

(siehe auch Abschnitt 8.3.1 Verstärker mit Bipolartransistor)

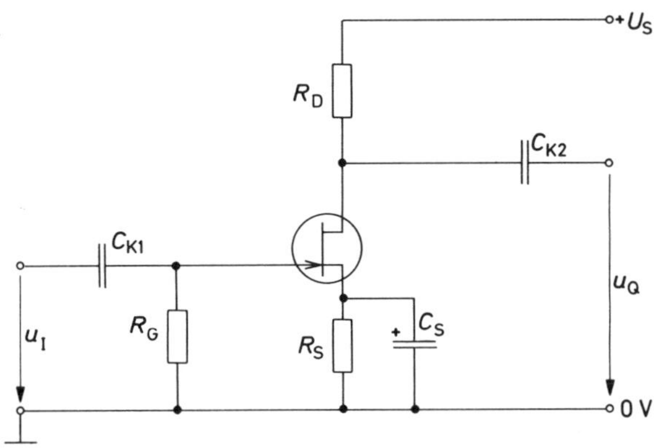

Bild 12.4 Sourceschaltung mit Sourcekondensator

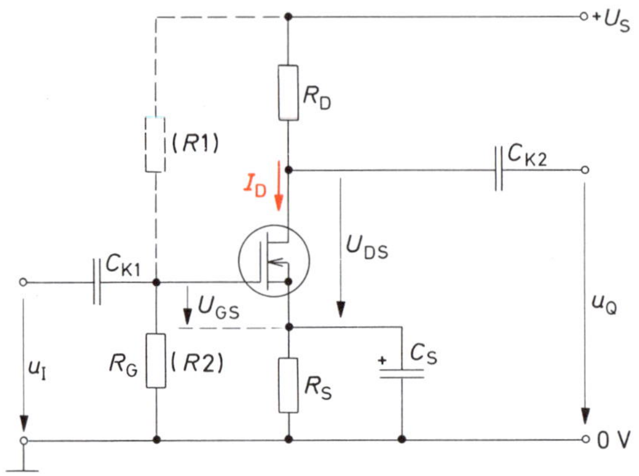

a)

Bild 12.5 Sourceschaltung mit selbstleitendem MOS-FET
a) Schaltbild
b) Übertragungskennlinie $I_D = f(U_{GS})$ mit Arbeitspunkt im Verarmungsbereich

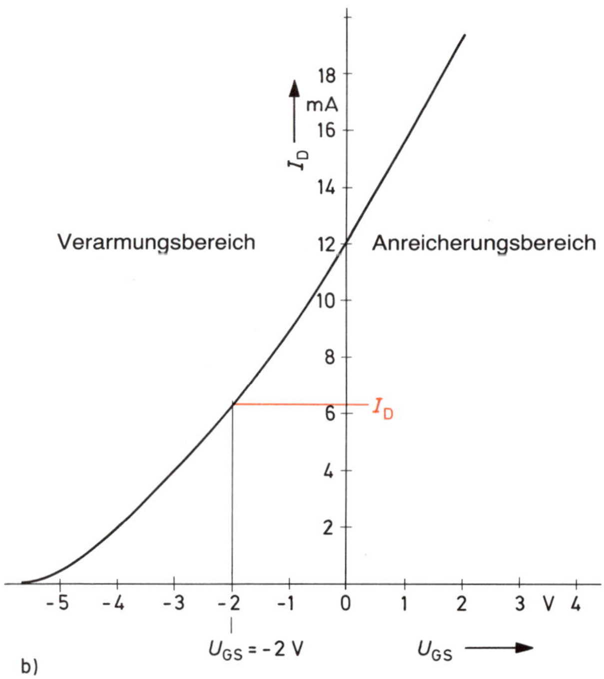

b)

12.1.3 Sourceschaltung mit MOS-FET

Die Verstärkerschaltungen mit MOS-FET gleichen prinzipiell denen mit pn-FET. Der selbstleitende MOS-FET könnte sogar ohne eine Gatevorspannung arbeiten, indem das Gate direkt mit Wechselspannung angesteuert wird. Der n-Kanaltyp würde durch die positive Signalhalbwelle in den Anreicherungsbereich, d.h. niederohmiger und durch die negative Halbwelle in den Verarmungsbereich, d.h. hochohmiger gesteuert werden. Wegen der Notwendigkeit einer Arbeitspunktstabilisierung sind jedoch auch hier ein Sourcewiderstand und Gatewiderstand oder Spannungsteiler erforderlich (Bild 12.5a). Wird das Gate gleichspannungsmäßig auf 0 V gelegt, so ist das Gate gegen Source negativ vorgespannt. Der FET arbeitet im Verarmungsbereich. Soll er bei höherem Drainstrom im Anreicherungsbereich arbeiten, muß an das Gate durch einen Spannungsteiler eine positive Vorspannung gelegt werden (Bild 12.5).

Beim selbstsperrenden MOS-FET muß das Gate stets durch einen Spannungsteiler positiv vorgespannt sein (Bild 12.6). Damit ein Drainstrom fließen kann, muß zunächst die Schwellspannung von z.B. $U_{th} \approx 1{,}5$ V durch die Vorspannung überwunden werden.

Bild 12.6 Sourceschaltung mit selbstsperrendem MOS-FET

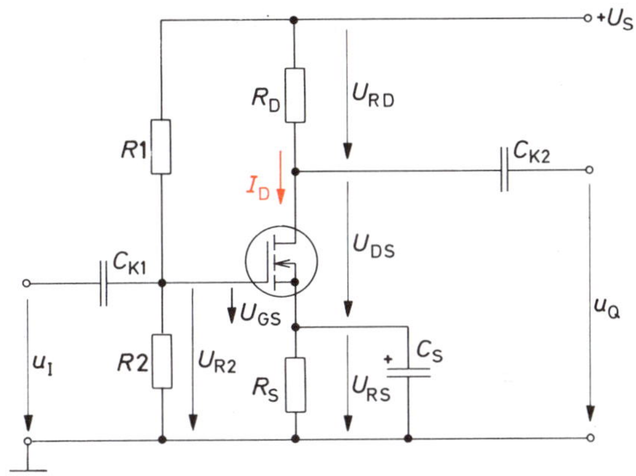

Bild 12.7 Drainschaltung oder Sourcefolger mit Sperrschicht-FET

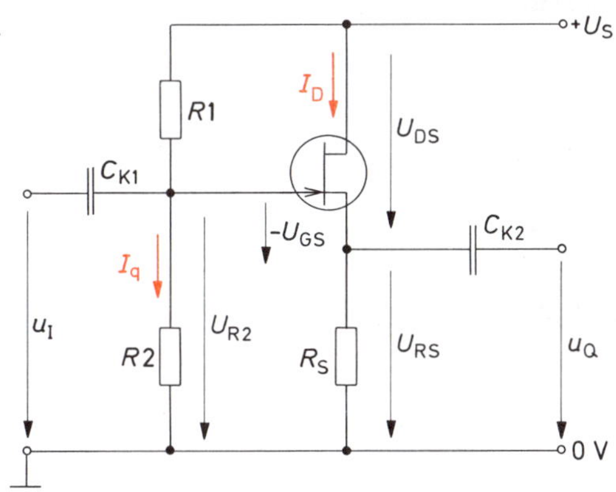

12.2 Drainschaltung

Bei der Drainschaltung bildet der Drainanschluß am Transistor signalmäßig das Bezugspotential. Er liegt fest an der Speisespannung $+ U_S$ (beim n-Kanaltyp). Der Sourcewiderstand ist der Arbeitswiderstand des Transistors (Bild 12.7), an ihm wird das Ausgangssignal ausgekoppelt. Der Sourcewiderstand bewirkt eine starke Stromgegenkopplung. Da das Sourcepotential dem Gatepotential folgt, sind Ausgangs- und Eingangssignal gleichphasig. Die Drainschaltung wird daher auch als

Sourcefolger bezeichnet. Das Ausgangssignal kann keine höhere Amplitude annehmen als das Eingangssignal, d.h., die Spannungsverstärkung ist kleiner als eins:

$$\Delta u_Q = \Delta u_I - \Delta u_{GS} \quad \text{bei } \Delta u_{GS} < \Delta u_I \quad \text{ist} \quad \Delta u_Q \approx \Delta u_I,$$

$$\text{also} \quad v_u = \frac{\Delta u_Q}{\Delta u_I} \approx 1$$

Die wichtigste Eigenschaft der Drainschaltung ist der geringe Ausgangswiderstand r_Q. Wird eine Änderung des Ausgangssignals um Δu_Q durch eine Änderung des Ausgangsstroms um Δi_Q erzwungen (bei u_I = konstant), wirkt Δu_Q auf die Gate-Source-Spannung zurück:

$$\Delta u_Q = \Delta u_{GS} \quad \text{bei} \quad u_I = \text{konstant}$$

Daher ist der FET bestrebt, die Laständerung durch Nachziehen des Drainstroms auszugleichen. Bei relativ hochohmigem Sourcewiderstand R_S entspricht die Laststromänderung etwa gleich der Drainstromänderung:

$$\Delta i_Q \approx \Delta i_D = S \cdot \Delta u_{GS} \approx S \cdot \Delta u_Q$$

Daraus ergibt sich durch Umstellung der Ausgangswiderstand der Drainschaltung zu:

$$r_Q = \frac{\Delta u_Q}{\Delta i_Q} \approx 1/S$$

Der Ausgangswiderstand der Drainschaltung ist näherungsweise gleich dem Kehrwert der Steilheit des FET.

Wird der Sourcewiderstand bei der Berechnung des Ausgangswiderstands berücksichtigt, ergibt sich:

$$r_Q = 1/S \,||\, R_S = \frac{1}{S + 1/R_S}$$

Beispiel: Der FET hat eine Steilheit S = 8 mS. Der Sourcewiderstand beträgt R_S = 2,2 kΩ. Wie groß ist der Ausgangswiderstand?

Lösung:

$$r_Q \approx 1/S = \frac{1\,\text{V}}{8 \cdot 10^{-3}\,\text{A}} = \underline{125\,\Omega}$$

Unter Berücksichtigung des Sourcewiderstandes ergeben sich:

$$r_Q = \frac{1}{S + 1/R_S} = \frac{1}{8 \cdot 10^{-3}\,S + \dfrac{1}{2{,}2 \cdot 10^3\,\Omega}} = \underline{\underline{118\,\Omega}}$$

Der Eingangswiderstand der Drainschaltung wird praktisch nur durch den Spannungsteiler für die Gatevorspannung bestimmt. Wegen des extrem kleinen Gatestroms kann dieser sehr hochohmig ausgelegt werden. Da die Gatevorspannung U_G — zugunsten einer weiteren Aussteuerbarkeit der Stufe — auf etwa halber Speisespannung liegen sollte, besteht der Spannungsteiler oft aus zwei gleichen Widerständen.

Beispiel: Würde man den Querstrom I_q im Spannungsteiler auf den zehnfachen Wert des Gatesperrstroms von

$$I_{GS} \leqq 65\ \text{nA} \qquad \text{bei} \qquad \vartheta_J = 85\ °\text{C}$$

legen, so dürften die Widerstände bei einer Speisespannung von $U_S = 12$ V folgende Werte annehmen:

$$I_q = 10 \cdot I_{GS} = 10 \cdot 65\ \text{nA} = 650\ \text{nA}$$

$$R1 \approx R2 \approx \frac{U_S}{2 \cdot I_q} = \frac{12\ \text{V}}{2 \cdot 650 \cdot 10^{-9}\ \text{A}} = 9{,}23 \cdot 10^6\ \Omega = 9{,}23\ \text{M}\Omega$$

Wählt man nun zwei Widerstände von $R1 = R2 = 10\ \text{M}\Omega$, so ergäbe sich immer noch ein Eingangswiderstand von:

$$r_I \approx R1 \,||\, R2 = \frac{10\ \text{M}\Omega}{2} = \underline{5\ \text{M}\Omega} \qquad (\text{bei } R1 = R2)$$

In der Drainschaltung kann der Sperrschicht-FET auch durch einen MOS-FET ersetzt werden. Der selbstsperrende MOS-FET benötigt lediglich am Gate ein um die Schwellspannung U_{th} positiveres Ruhepotential, das beim Spannungsteiler berücksichtigt sein muß.

12.3 Kombinationen von Feldeffekt- mit Bipolartransistoren

Feldeffekttransistoren lassen sich in Verstärkerschaltungen sinnvoll mit Bipolartransistoren kombinieren. Der FET bildet dabei die Eingangsstufe, er sorgt für einen hohen Eingangswiderstand, und der Bipolartransistor sorgt für einen geringen Ausgangswiderstand.

Eine häufig verwendete Schaltungsvariante stellt die Drain-Emitter-Schaltung dar (Bild 12.8). Der FET arbeitet als Impedanzwandler, er paßt eine hochohmige Signalquelle an den relativ

Bild 12.8 Zweistufiger Nf-Verstärker mit Feldeffekttransistor in Drainschaltung und Bipolartransistor in Emitterschaltung

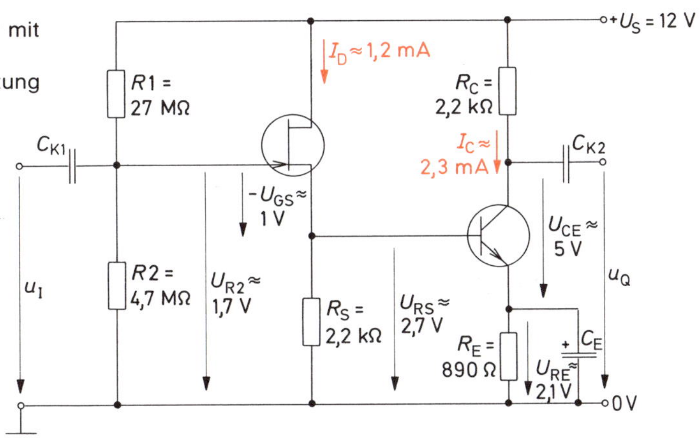

geringen Eingangswiderstand des Bipolartransistors an. Der Bipolartransistor bewirkt die Spannungs- und im wesentlichen die Leistungsverstärkung. Beide Stufen sind galvanisch gekoppelt, d.h., der Ruhestrom des Bipolartransistors wird vom Feldeffekttransistor und damit vom Spannungsteiler $R1$, $R2$ mitbestimmt. Da der FET ohne Spannungsverstärkung arbeitet und nur mit kleinen Signalen angesteuert wird, muß sein Arbeitspunkt nicht im mittleren Bereich liegen. Sein Drainpotential ist an die Ruhespannung an der Basis des Bipolartransistors angepaßt.

Der Eingangswiderstand der Schaltung beträgt:

$$r_I \approx R1 \,||\, R2$$

und der Ausgangswiderstand:

$$r_Q = R_C \,||\, r_{CE} \approx R_C \qquad \text{bei} \qquad R_C < r_{CE}$$

Die Spannungsverstärkung der Bipolarstufe ist relativ hoch.

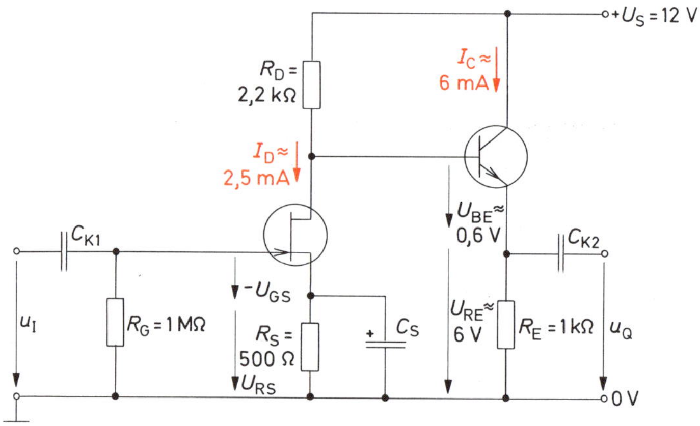

Bild 12.9
Zweistufiger Verstärker mit Feldeffekttransistor in Sourceschaltung und Bipolartransistor in Kollektorschaltung

Wird dagegen in erster Linie Wert auf einen sehr kleinen Ausgangswiderstand gelegt, ist die Source-Kollektor-Schaltung (Bild 12.9) vorzuziehen. Die Spannungsverstärkung übernimmt nun der FET und der Bipolartransistor die Herabsetzung des Ausgangswiderstandes auf ($B \approx 200$ angenommen):

$$r_Q = \frac{R_D}{B} \,||\, R_E \approx \frac{R_D}{B} = \frac{2{,}2 \cdot 10^3\ \Omega}{200} = 11\ \Omega \qquad \text{(Abschnitt 8.3.2)}$$

Der Eingangswiderstand beträgt:

$$r_I \approx R_G = 1\ \text{M}\Omega$$

Die Spannungsverstärkung durch den FET und damit etwa der gesamten Schaltung beträgt (Abschnitt 12.1.1):

$$v_u \approx S \cdot R_D$$

12.4 Feldeffekttransistor als spannungsgesteuerter Widerstand

Bei kleinen Spannungswerten — im ohmschen Bereich — besteht zwischen dem Drainstrom I_D und der Drain-Source-Spannung U_{DS} ein angenähert linearer Zusammenhang (Abschnitt 11.1.2 und Bild 11.3a). Der Ohmwert des Drain-Source-Widerstandes ist von der Gate-Source-Spannung U_{GS} abhängig. Er wird beim Sperrschicht-FET mit steigender Spannung U_{GS} kleiner. Diese Eigenschaft des Feldeffekttransistors wird z.B. in Schaltungen der Niederfrequenz- oder Hochfrequenztechnik zur Steuerung und Regelung von Signalpegeln mit ausgenutzt.

Bild 12.10 Steuerbarer Spannungsteiler mit FET

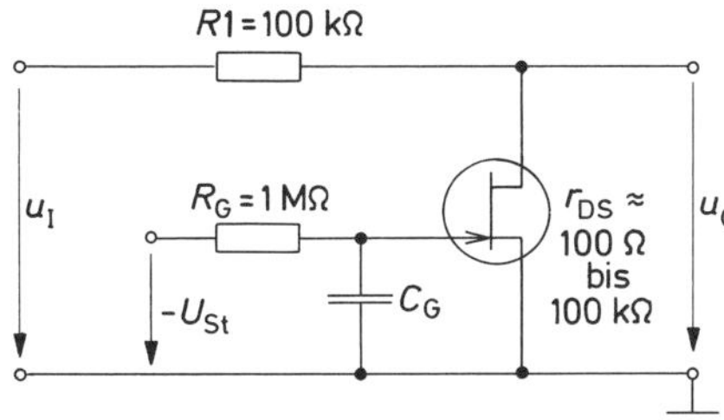

Bildet ein n-Kanal-pn-FET den Querzweig eines Spannungsteilers (Bild 12.10), ist die Dämpfung im leitenden Zustand des FET bei $U_{St} = U_{GS} = 0$ V am größten. Sie beträgt z.B. bei einem Längswiderstand von $R1 = 100$ kΩ und einem Drain-Source-Widerstand von z.B. $r_{DS} = 100\ \Omega$ etwa

$$\frac{u_I}{u_Q} = \frac{R1 + r_{DS}}{r_{DS}} = \frac{100\ \text{k}\Omega + 0{,}1\ \text{k}\Omega}{0{,}1\ \text{k}\Omega} = 1000 \mathrel{\hat{=}} 60\ \text{dB}$$

Wird der Steuereingang mit einer negativen Gleichspannung von einigen Volt angesteuert, steigt der Drain-Source-Widerstand des FET in die Größenordnung 100 kΩ. Die Ausgangsspannung steigt auf etwa $u_Q \approx u_I/2$, wenn dem Dämpfungsglied ein hochohmiger Verstärker nachgeschaltet ist.

Verstärker, die mit stark schwankenden Pegeln angesteuert werden, wie z.B. Antennensignale oder Nf-Signale aus Mikrofonen, sind mit einer Amplitudenregelung ausgestattet. Bei steigendem

Bild 12.11 Verstärker mit Verstärkungsregelung durch FET als veränderbarer Widerstand in der Gegenkopplung

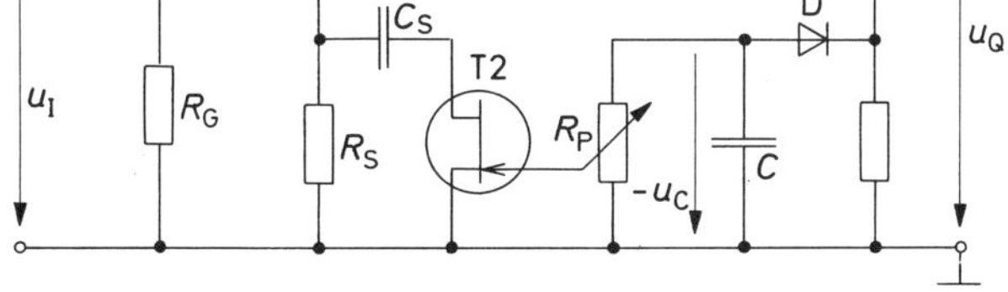

Signalpegel muß die Verstärkung so weit reduziert werden, daß die Ausgangsamplitude nahezu konstant bleibt. Der pn-FET (T2 in Bild 12.11) verändert als steuerbarer Widerstand die Gegenkopplung der Sourceschaltung (T1). T2 ändert mit seinem steuerbaren Drain-Source-Widerstand r_{DS} den Sourcewiderstand des Verstärkers. Der Sourcekondensator C_S sorgt dafür, daß der Gleichstromwiderstand konstant bleibt (R_S), damit der Arbeitspunkt des Verstärkers sich beim Regeln nicht verschiebt.

Steigt aufgrund einer höheren Eingangsamplitude das Ausgangssignal, lädt sich der Kondensator C über die Diode D auf eine höhere Gleichspannung $-u_C$ auf. Infolge der damit steigenden negativen Gatespannung von T2 wird sein Drain-Source-Widerstand r_{DS} größer. Durch die Erhöhung des Widerstandes in der Sourceleitung von T1 nimmt die Gegenkopplung des Verstärkers zu, d.h., die Verstärkung sinkt. Die Ausgangsamplitude ändert sich dadurch in einem wesentlich geringerem Maße als die Eingangsamplitude.

Die Zeitkonstante aus dem Kondensator C und dem Widerstand des Potentiometers ($\tau = R_P \cdot C$) bestimmt die Verzögerung, mit der die Verstärkung bei fehlendem Eingangssignal oder bei kleiner werdender Eingangsamplitude wieder zunimmt.

13 Feldeffekttransistor als Schalter

Wie Bipolartransistoren, werden auch Feldeffekttransistoren wesentlich häufiger im Schaltbetrieb als im Linearbetrieb eingesetzt. Von den verschiedenen Arten von Feldeffekttransistoren hat für den Schaltbetrieb praktisch nur der selbstsperrende MOS-FET Bedeutung. Der selbstleitende MOS-FET sowie der Sperrschicht-FET benötigen zum Sperren eine zur Speisespannung gegenpolige Steuerspannung. Dieses würde zu aufwendigeren Ansteuerschaltungen führen, da im Schaltbetrieb kein Sourcewiderstand einsetzbar ist.

Digitale Schaltungen werden heute, abgesehen von Leistungsstufen, fast nur noch mit integrierten Schaltungen aufgebaut. Hierbei kommt der MOS-Technologie große Bedeutung zu, da sie wegen der geringen Abmessungen des MOS-Transistors besonders für die Hochintegration geeignet ist. Wegen der praktisch leistungslosen Ansteuerung und des höheren Widerstandes im eingeschalteten Zustand R_{DSon} sind MOS-Schaltungen hochohmiger aufgebaut als Bipolarschaltungen. Dieses führt zu wesentlich geringerer Verlustleistung je Schaltfunktion. Die unvermeidbaren Kapazitäten (Substratkapazitäten), in Verbindung mit hochohmigeren Schaltungskomponenten, ergeben jedoch längere Schaltzeiten. Im Vergleich zwischen Standardtechnologien sind Bipolarschaltungen z.Z. noch etwa zehnmal schneller als MOS-Schaltungen.

13.1 Schaltstufen mit n- oder p-Kanal-MOS-FET

Eine Schaltstufe mit einem selbstsperrenden MOS-FET besteht im einfachsten Fall aus dem Transistor und einem Drainwiderstand (Bild 13.1). Ist das Gate nicht angesteuert ($U_{GS} = 0$ V), sperrt der Transistor, und die Ausgangsspannung wird durch den Widerstand in Richtung Speisespannung gezogen.

Um den Transistor aufzusteuern, muß das Eingangssignal U_I zunächst die Schwellspannung $U_{th} \approx 2$ V überschreiten. Dieser Schwellspannung verdankt die MOS-Schaltstufe einen relativ großen Sicherheitsbereich für L-Pegel am Eingang. Überschreitet das Eingangssignal die Schwell-

Bild 13.1 Schaltstufe mit selbstsperrendem MOS-FET

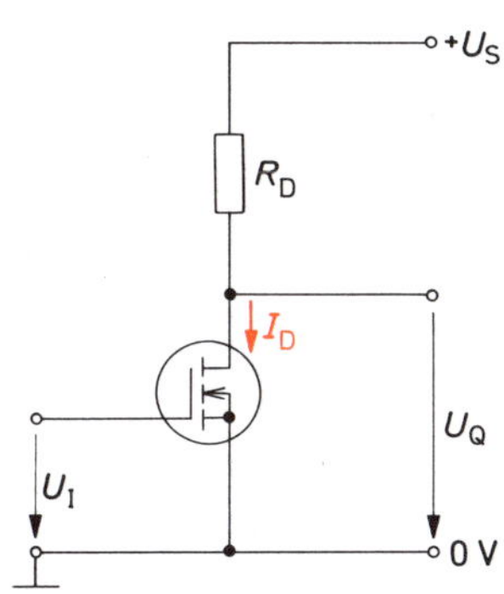

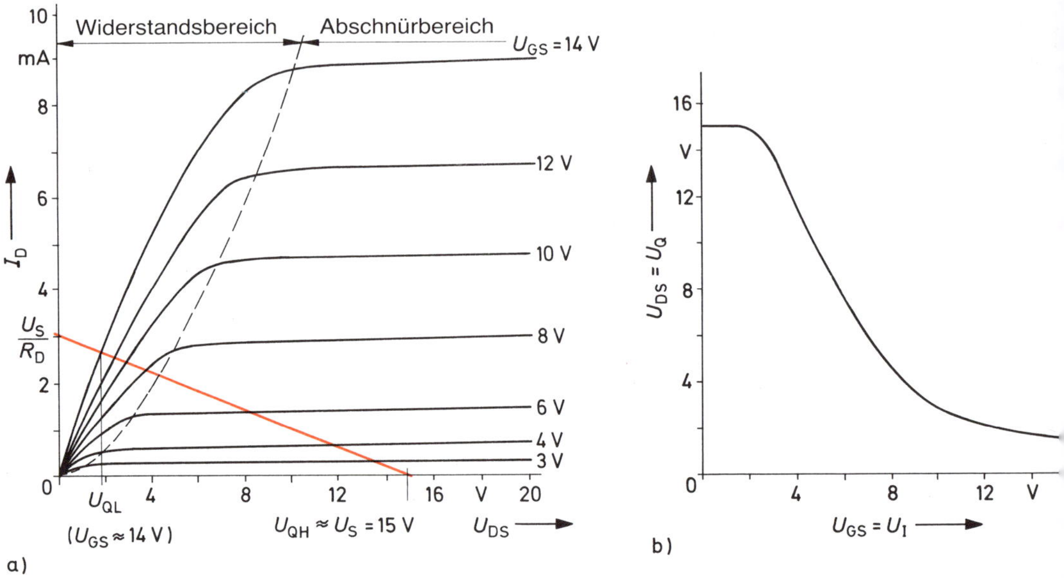

Bild 13.2 Kennlinien einer Schaltstufe mit selbstsperrendem MOS-FET bei einer Speisespannung von $U_S = 15$ V

a) Ausgangskennlinienfeld $I_D = f(U_{DS})$ mit der Widerstandsgeraden
b) Übertragungsfunktion $U_Q = f(U_I)$

spannung so weit, daß der Arbeitspunkt in den ohmschen oder Widerstandsbereich des FET steuert (Bild 13.2a), bildet der Drainwiderstand mit dem ON-Widerstand des FET $R_{DS_{on}}$ einen Spannungsteiler. Die Ausgangsspannung sinkt auf einen geringen Wert U_{QL} ab.

Die MOS-Schaltstufe stellt einen Inverter dar.

Die Übertragungsfunktion $U_Q = f(U_I)$ (Bild 13.2b) zeigt die Abhängigkeit der Ausgangsspannung von der Eingangsspannung einer Schaltstufe mit n-Kanal-MOS-FET. Der Ausgangs-L-Pegel liegt höher als die Sättigungsspannung von Bipolartransistoren.

In integrierten Schaltungen in n- oder p-Kanal-MOS-Technologie wird der Lastwiderstand R_D durch einen zweiten MOS-FET (V2, Bild 13.3) ersetzt, der ständig angesteuert ist. Bei leitendem Schalttransistor V1 arbeitet der Lasttransistor V2 als Konstantstromquelle im Abschnürbereich. Sein Kanalwiderstand ist aufgrund der Geometrie so hoch, daß die Spannung U_Q über V1 auf einen geringen Wert geht.

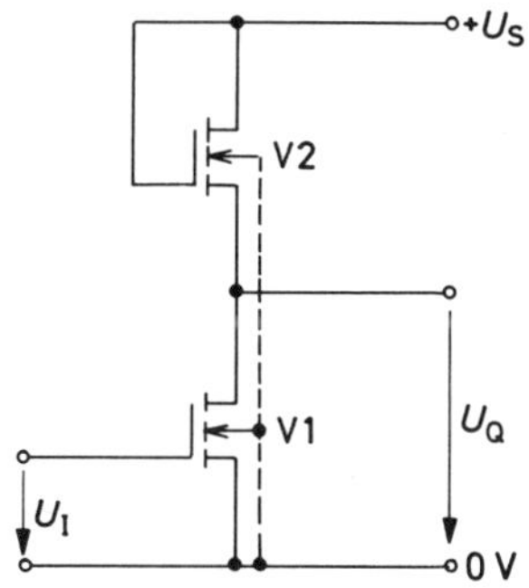

Bild 13.3 Schaltstufe in integrierten Schaltungen in n-Kanal-MOS-Technologie

13.2 Schaltstufe in CMOS-Technologie

Hochintegrierte Schaltkreise, wie z.B. Mikroprozessoren, werden heute überwiegend in CMOS-Technologie hergestellt.

Die CMOS-Schaltstufe besteht aus zwei komplementären selbstsperrenden MOS-Transistoren, deren Drainelektroden zusammengeschaltet den Ausgang ergeben (Bild 13.4). Die Gate-Elektroden bilden zusammen den Eingang. Im statischen Zustand, sofern das Eingangssignal im eindeutigen Bereich liegt, ist stets nur einer der Transistoren leitend.

> In der CMOS-Schaltstufe fließt in keinem der beiden Schaltzustände ein Ruhestrom (abgesehen vom Reststrom). Die extrem niedrige Verlustleistung ist eine der Voraussetzungen für die Hochintegration.

Der n-Kanal-FET (V1) zieht den Ausgang im leitenden Zustand in Richtung 0 V (L-Pegel). V1 leitet, wenn das Eingangssignal im Bereich der Speisespannung $+U_S$ (H-Pegel) liegt. Damit der p-Kanal-FET (V2) sperrt, muß seine Gate-Source-Spannung kleiner als die Schwellspannung U_{th} sein:

$$U_{IH\,min} \geqq U_S - U_{th} \approx U_S - 2\ \text{V}$$

Der p-Kanal-FET (V2) zieht den Ausgang im leitenden Zustand in Richtung Speisespannung (H-Pegel). V2 leitet, wenn sein Gate negativ gegen Source ist, also die Eingangsspannung im

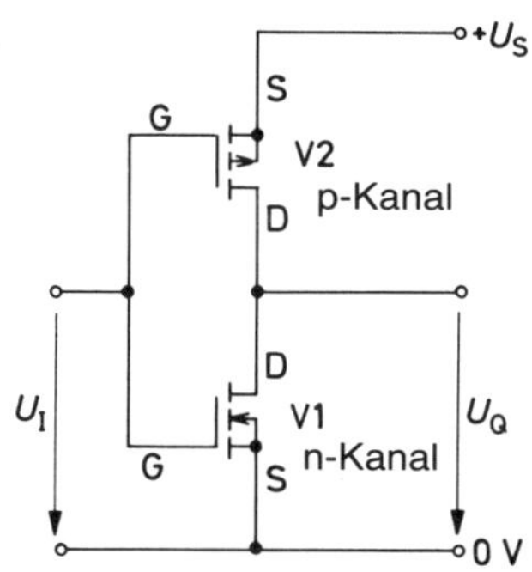

Bild 13.4 Schaltstufe in integrierten Schaltungen in CMOS-Technologie

Bereich 0 V (L-Pegel) liegt. Damit der n-Kanal-FET (V1) sperrt, muß seine Gate-Source-Spannung kleiner als die Schwellspannung sein:

$$U_{IL\,max} \leqq U_{th} \approx 2\ \text{V}$$

> Die CMOS-Schaltstufe stellt einen Inverter dar.

Nur während des Umschaltens, solange das Eingangssignal den verbotenen Bereich $U_{IH\,min} > U_I > U_{IL\,max}$ durchläuft, leiten beide Transistoren. Während des Schaltvorgangs fließt daher ein Strom über beide Transistoren. Die durch diesen Querstrom hervorgerufene mittlere Verlustleistung (dynamische Verlustleistung) ist im wesentlichen von der Schaltfrequenz und der Steilheit der ansteuernden Impulsflanken abhängig.

Ein weiterer Vorteil der CMOS-Technologie liegt in ihrem großen Speisespannungsbereich, der die Anpassung an Schaltkreise anderer Logikfamilien erleichtert (Kompatibilität). Die für eine einwandfreie Funktion erforderliche Speisespannung ist nach unten durch die Schwellspannung U_{th} und nach oben durch die zulässige Drain-Source-Spannung begrenzt und liegt z.B. zwischen $U_{S\,min} = 3$ V bis $U_{S\,max} = 15$ V. Da keine Widerstände vorhanden sind, steigt die Verlustleistung hier nicht im Quadrat mit der Speisespannung.

13.3 Schaltstufen mit VMOS-Leistungstransistoren

Leistungsschaltstufen an der Peripherie von digitalen Steuerungen, vor allem bei Mikrocomputern, werden zunehmend mit VMOS-Leistungstransistoren aufgebaut. Da am Ausgang der Steuerung (Schnittstelle) nur geringe Steuerleistung zur Verfügung steht, sind bei der Verwendung von Bipolar-Leistungstransistoren zum Schalten großer Ströme meist Treiberschaltungen erforderlich. VMOS-Transistoren benötigen dagegen praktisch keine Steuerleistung (abgesehen bei hoher Schaltfrequenz). Sie können direkt mit der Ausgangsspannung der Steuerung geschaltet werden.

Bei höheren Strömen, die von einem einzelnen VMOS-Transistor nicht übernommen werden können, lassen sich ohne weitere Maßnahmen mehrere Transistoren parallelschalten (Abschnitt 11.3.2). Während bei Bipolartransistoren im eingeschalteten Zustand zur Übersteuerung ein ausreichender Basisstrom zur Verfügung stehen muß, ist für VMOS-Transistoren eine ausreichende Steuerspannung erforderlich. Dem Ausgangskennlinienfeld eines VMOS-Transistors (Bild 13.5, Typ MTM1225 nach Tabelle 11.2) kann die für die Ansteuerung erforderliche Gatespannung entnommen werden.

Beispiel: Ein Leistungsschalter mit VMOS-Transistor (Typ MTM1225, von Motorola) soll einen Verbraucher schalten, der bei einer Betriebsspannung von $U_S = 36$ V einen Laststrom von $I_L = 20$ A aufnimmt.

a) Wie hoch ist die mindestens erforderliche Gatespannung?
b) Wie hoch ist der Eingangswiderstand $R_{DS\,on}$ bei $U_{GS} = 10$ V?
c) Wie hoch ist die Restspannung $U_{DS\,on}$ am Transistor und die Spannung an der Last U_L im eingeschalteten Zustand (bei $U_{GS} = 10$ V)?
d) Wie hoch ist die Verlustleistung des Transistors im eingeschalteten Zustand (bei $U_{GS} = 10$ V)?

Bild 13.5 Ausgangskennlinienfeld eines VMOS-Leistungs-Feldeffekttransistors (MTM1225) mit der Widerstandsgeraden

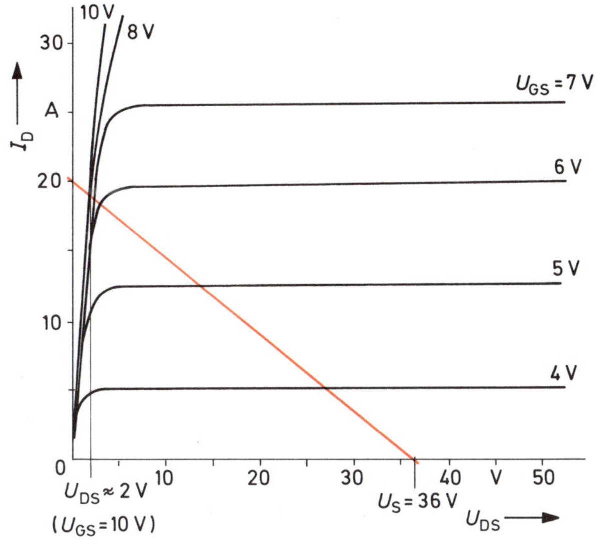

Lösung:

a) Einzeichnen der Widerstandsgeraden von

$U_{DS} = U_S = 36$ V bei $I_D = 0$ nach $I_D = I_L = 20$ A bei $U_{DS} = 0$.

Ablesen der Gatespannung, bei der der FET gerade bis in den Widerstandsbereich gesteuert ist:

$$U_{GS} = 6\ \text{V}$$

b) Ablesen der Spannung U_{DSon} auf der Kennlinie für $U_{GS} = 10$ V und der Widerstandsgeraden:

$$U_{DSon} \approx \underline{2\ \text{V}}, \quad R_{DSon} = \frac{U_{DSon}}{I_D} \approx \frac{2\ \text{V}}{20\ \text{A}} = \underline{0{,}1\ \Omega}$$

c) $U_{DSon} \approx \underline{2\ \text{V}}, \quad U_L = U_S - U_{DSon} \approx 36\ \text{V} - 2\ \text{V} = \underline{34\ \text{V}}$

d) $P_v = U_{DSon} \cdot I_D \approx 2\ \text{V} \cdot 20\ \text{A} = \underline{40\ \text{W}}\ (P_{tot} = 75\ \text{W})$

Der Transistor benötigt einen entsprechenden Kühlkörper (Kapitel 22). Der thermische Widerstand zwischen Sperrschicht und Gehäuse ist im Datenblatt (Abschnitt 11.3.2) mit $R_{thJG} = 1{,}67$ K/W angegeben.

13.4 Analogschalter mit Feldeffekttransistoren

In Schaltungen der digitalen Signalverarbeitung hat der Schalttransistor die Aufgabe, den Ausgang entweder auf ein möglichst hohes Potential ($U_{QH} \approx U_S$) oder ein niedriges Potential ($U_{QL} \approx 0$ V) zu legen. Auch in Schaltungen der analogen Signalverarbeitung werden Schaltstufen benötigt. Sie haben die Aufgabe, ein analoges Signal, das z.B. zwischen $U_{min} \geqq 0$ V und $U_{max} \leqq +U_S$ jeden Wert annehmen kann, niederohmig auf den Eingang einer Schaltung zu koppeln bzw. den Eingang hochohmig von der Signalquelle zu trennen. Bei der Forderung nach hohen Schaltfrequenzen

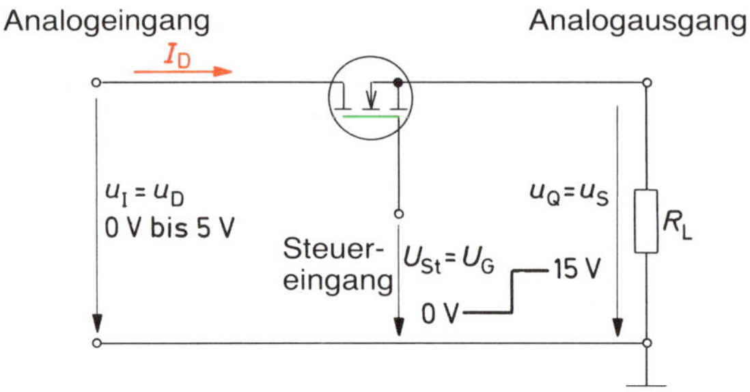

Bild 13.6 Analogschalter mit selbstsperrendem n-Kanal-MOS-FET

können solche Aufgaben nicht von elektromagnetischen Relais erfüllt werden, da diese stets mit Kontaktprellungen behaftet sind. Die Anwendung von Analogschaltern erfolgt z.B.:

a) in Meßstellenumschaltern
b) bei der Übertragung von Meßwerten im Zeitmultiplexverfahren, d.h. der zeitlich versetzten Übertragung verschiedener Analogsignale über eine Leitung
c) in Analog-Digital-Wandlern (AD-Wandler)
d) Meßzerhackern (chopper) zur Verstärkung kleiner Gleichspannungen
e) in Analogwertspeichern in Abtast- und Halteschaltungen (sample and hold)

Besonders der selbstsperrende MOS-FET ist als Analogschalter geeignet, da er einen geringen ON-Widerstand, einen hohen OFF-Widerstand (geringen Drain-Reststrom) und einen sehr hohen Eingangswiderstand für das Steuersignal hat.

Bei einem Analogschalter für positive Signale mit n-Kanal-FET stellt der Drainanschluß den Eingang und der Sourceanschluß den Ausgang dar (Bild 13.6). Das Gate bildet den Steueranschluß:

a) Liegt das Gate auf $U_{St} = 0$ V oder an negativem Potential, ist der FET hochohmig. Das Signal wird nicht durchgeschaltet.
b) Liegt das Gate an positivem Potential ($U_{St} > U_{I\,max}$), das in jedem Fall höher sein muß als das höchste Eingangssignal, schaltet der FET in den niederohmigen ohmschen Bereich durch. Ist der Lastwiderstand (Eingangswiderstand der angesteuerten Schaltung) hochohmig gegenüber dem ON-Widerstand des FET, steigt das Sourcepotential nahezu bis auf das Drainpotential:

$$\text{bei} \quad R_{DS\,on} \ll R_L \quad \text{ist} \quad U_Q \approx U_I$$

Da die Gate-Source-Spannung mit steigender Eingangsspannung U_I abnimmt ($U_{GS} = U_{St} - U_Q$), wird $R_{DS\,on}$ hochohmiger. Dadurch treten Nichtlinearitäten (Verzerrungen) im Zusammenhang zwischen Eingangs- und Ausgangssignal auf. Sie werden jedoch bei hochohmigem Lastwiderstand und hoher Steuerspannung gering gehalten.

14 Operationsverstärker

Operationsverstärker (operational amplifier) wurden ursprünglich in Analogrechnern eingesetzt, wo mit ihrer Hilfe mathematische Rechenoperationen, wie Addieren, Subtrahieren, Multiplizieren und Integrieren, durchgeführt wurden.

Es handelt sich um hochgenaue Gleichspannungsverstärker mit bestimmten Eigenschaften.

Aus der Zeit der ersten Anwendung hat dieser Verstärkertyp seinen Namen «Operations- bzw. Rechenverstärker» oder auch «Funktionsverstärker» erhalten (Abkürzung op amp, OP-Verstärker oder einfach OP).

Hatten die ersten Operationsverstärker in Analogrechnern als aktives Verstärkerbauteil noch die Elektronenröhre, so wurden diese bald danach mit Transistoren aufgebaut. Mit der Einführung der integrierten, monolithischen Schaltungstechnik wurde dieser Verstärkertyp dann ab 1964 als integrierter Schaltkreis auf einem Chip hergestellt. Durch diese preiswerte Massenherstellungsart und die Verbesserung seiner elektrischen Eigenschaften erhielt der Operationsverstärker seine jetzige große Bedeutung als sehr wichtiges, universelles «Bauteil» mit vielen Anwendungen überall in der Elektronik.

Neben der Analogrechentechnik wird der Operationsverstärker heute in der Meßtechnik, Regelungstechnik, Steuerungstechnik sowie Nachrichtentechnik, immer wenn es um analoge Signalverarbeitung geht, eingesetzt.

Verstärker und Übertragungsnetzwerke werden in der Elektrotechnik an vielen Stellen eingesetzt. Mit Hilfe des Operationsverstärkers können heute viele spezielle Schaltungen mit wesentlich weniger Einzelbauteilen aufgebaut werden. Ein zentraler, immer gleich aufgebauter linearer Schaltkreis — der *Operationsverstärker* — übernimmt nun die Signalverstärkung, während einige wenige passive Zusatzbauteile — die *Beschaltung* — der gesamten Schaltung ihre speziellen Übertragungseigenschaften verleihen.

Wenn der Operationsverstärker auch aus vielen einzelnen Transistorfunktionen besteht, so wird er doch als kleiner integrierter Schaltkreis als *aktives Bauteil* bezeichnet.

14.1 Aufbau, Wirkungsweise und Eigenschaften

Um den OP vielseitig einsetzen zu können, ist es erforderlich, ausreichende Kenntnis über charakteristische Daten, Eigenschaften und Unterscheidungsmerkmale des Verstärkers zu besitzen.

14.1.1 Schaltungsaufbau, Arten von Operationsverstärkern

Schaltzeichen, Eingänge und Ausgang

Operationsverstärker sind direktgekoppelte Gleichspannungsverstärker mit sehr hoher Spannungsverstärkung. Sie bestehen aus mehreren hintereinandergeschalteten Verstärkerstufen. Für den Anwender ist die genaue Kenntnis der Funktion der einzelnen Verstärkerstufen nicht von Bedeutung. Daher wird der gesamte OP in einem besonderen Schaltzeichen bzw. Schaltsymbol dargestellt. Bild 14.1 zeigt das Schaltsymbol mit den Anschlußbezeichnungen für Eingänge und

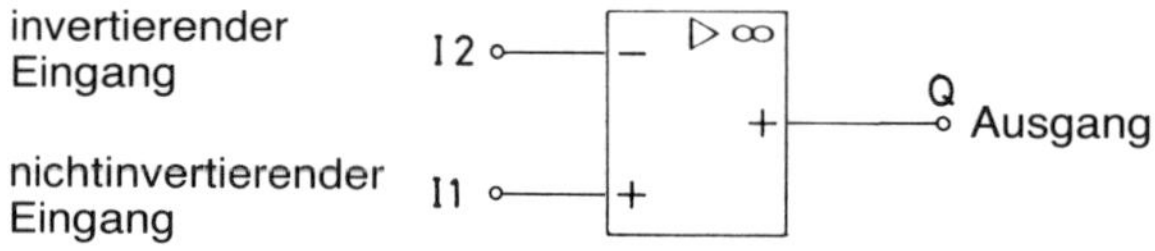

Bild 14.1 Schaltzeichen des Operationsverstärkers

Ausgang. Die Anschlüsse der Spannungsversorgung und eventuell weitere Hilfsanschlüsse werden üblicherweise nicht dargestellt, da es hier nur auf die Signalübertragung ankommt.

Der OP ist ein Differenzverstärker mit einem *Differenzeingang,* bestehend aus den Eingängen I1 und I2 und dem Ausgang Q. Die Spannungen an den Eingängen und am Ausgang beziehen sich auf einen zentralen Massepunkt, der durch die Spannungsversorgung gebildet wird. Der OP verstärkt die jeweilige Spannungsdifferenz zwischen den beiden Eingängen. Wird die Spannung am Eingang I1 positiver gegenüber Eingang I2, so wird die Spannung am Ausgang Q auch positiver. Wird dagegen die Spannung am Eingang I2 positiver gegenüber Eingang I1, so wird die Spannung am Ausgang Q negativer. Die Spannung am Ausgang ändert sich also gegensinnig zur Eingangsspannung an I2. Daher wird dieser Eingang I2 *invertierender Eingang* genannt und mit einem Minuszeichen versehen (—Eingang). Die Spannung am Ausgang ändert sich dagegen gleichsinnig zur Eingangsspannung an I1. Dieser Eingang wird *nichtinvertierender Eingang* genannt und erhält ein Pluszeichen (+Eingang).

Spannungsversorgung

Für viele Anwendungen in der Meß-, Steuer- und Regelungstechnik ist es erforderlich, daß der Verstärkerausgang sowohl in den positiven als auch in den negativen Spannungsbereich ausgesteuert werden kann. Hierfür wird eine symmetrische Spannungsversorgung benötigt, die aus zwei Spannungsquellen besteht. Die beiden Spannungen werden an die Speisespannungsanschlüsse des Operationsverstärkers angeschlossen. Der gemeinsame Massepunkt zwischen den beiden Quellen ist Bezugspunkt für alle Spannungen am Verstärker. Ein Anschlußpunkt für das Bezugspotential 0 V ist am Verstärker nicht erforderlich. Bild 14.2 zeigt die Grundschaltung der Spannungsversorgung. In der Praxis werden im allgemeinen zwei stabilisierte Netzgeräte verwendet. Es können jedoch auch Batterien eingesetzt werden.

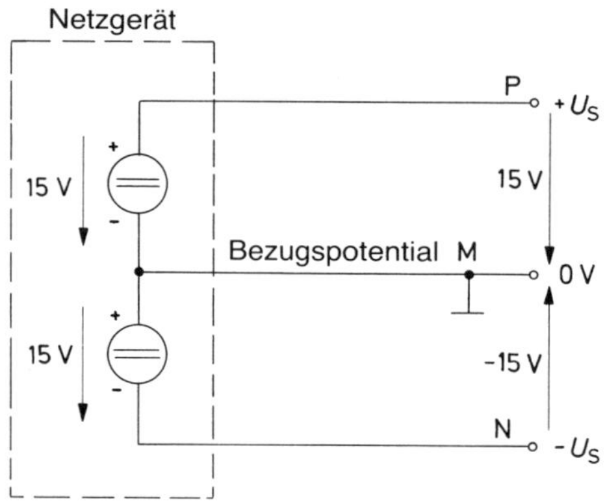

Bild 14.2 Symmetrische Spannungsversorgung ±15 V für Operationsverstärker. Es können Batterien oder eine stabilisierte Spannungsversorgung mit Netzgerät verwendet werden

Grundsätzlicher Schaltungsaufbau
Jeder OP läßt sich von der inneren Schaltung her in drei Teile gliedern. Es sind dies die Eingangsstufe, die Spannungsverstärkerstufe und die Endstufe. Die Eingangsstufe besteht aus einem oder mehreren symmetrisch aufgebauten Differenzverstärkern, die eine Spannungsverstärkung bewirken (siehe Abschnitt 8.5, Differenzverstärker). Die nachgeschaltete Spannungsverstärkerstufe soll neben der Aufgabe der weiteren Spannungsverstärkung auch als Anpassungsglied zur Endstufe dienen. Die Endstufe ist meistens als Gegentaktverstärker ausgeführt und soll am Verstärkerausgang die gewünschten hohen Spannungen und Ströme liefern können. Bild 14.3 zeigt das allgemeine Blockschaltbild vom Aufbau der üblichen Operationsverstärker.

Bild 14.3 Grundsätzlicher interner Aufbau des Operationsverstärkers

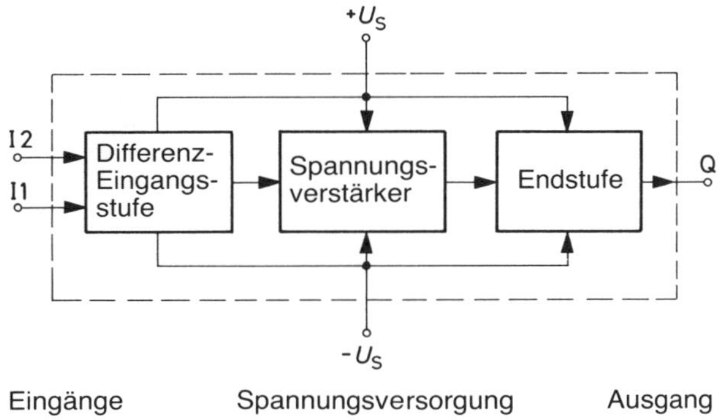

Arten von Operationsverstärkern
Je nach Anwendungsgebiet werden OP in unterschiedlicher Art hergestellt. Dies richtet sich nach den speziellen Eigenschaften und Kenndaten, die der Verstärker haben soll.

Die am häufigsten vorkommende Verstärkerart ist der monolithisch integrierte OP mit Bipolartransistoren, bei dem alle Bauelemente gemeinsam auf einem Halbleiterkristall integriert sind. Diese Verstärker werden in verschiedenen Gehäuseformen angeboten (siehe Kapitel 23). Wegen der Gleichmäßigkeit und der kurzen Verbindungen zwischen den Bauelementen ist der integrierte OP in der thermischen Stabilität und Zuverlässigkeit den früheren Verstärkern, die mit diskreten Bauteilen aufgebaut waren, weit überlegen. Auf einem Halbleiterkristall und in einem Gehäuse können auch mehrere gleichartige Operationsverstärker untergebracht sein (Bild 14.6).

Mit ihren Kenndaten genügen die Bipolar-Operationsverstärker den meisten Anforderungen in der Meß-, Steuerungs- und Regelungstechnik. In Bild 14.4 ist als Beispiel das Innenschaltbild eines häufig verwendeten Standard-OP dargestellt, der von mehreren Herstellern produziert wird.

Als weitere Möglichkeit gibt es die sogenannten hybriden Operationsverstärker – eine Kombination von integriertem Verstärker mit zusätzlichen Einzeltransistoren in einem Gehäuse. Andere hybride Operationsverstärker haben eine digitale programmierbare Verstärkungseinstellung. Sie enthalten zusätzlich integrierte Widerstandsnetzwerke und digitale Dekoder zur Verstärkungsumschaltung.

Eingangsstufe mit Feldeffekttransistoren
Eine Reihe von speziellen Verstärkern ist in der Differenz-Eingangsstufe mit Feldeffekttransistoren ausgeführt (BIFET- bzw. JFET-Eingang). Diese OP haben extrem hohe Eingangswiderstände (bis 10^{12} Ω) und sehr kleine Eingangsruheströme (bis unter 1 pA). Ihr Einsatz ist in der Meßtechnik erforderlich, wo es auf sehr geringe Belastung der Eingangssignalquelle ankommt.

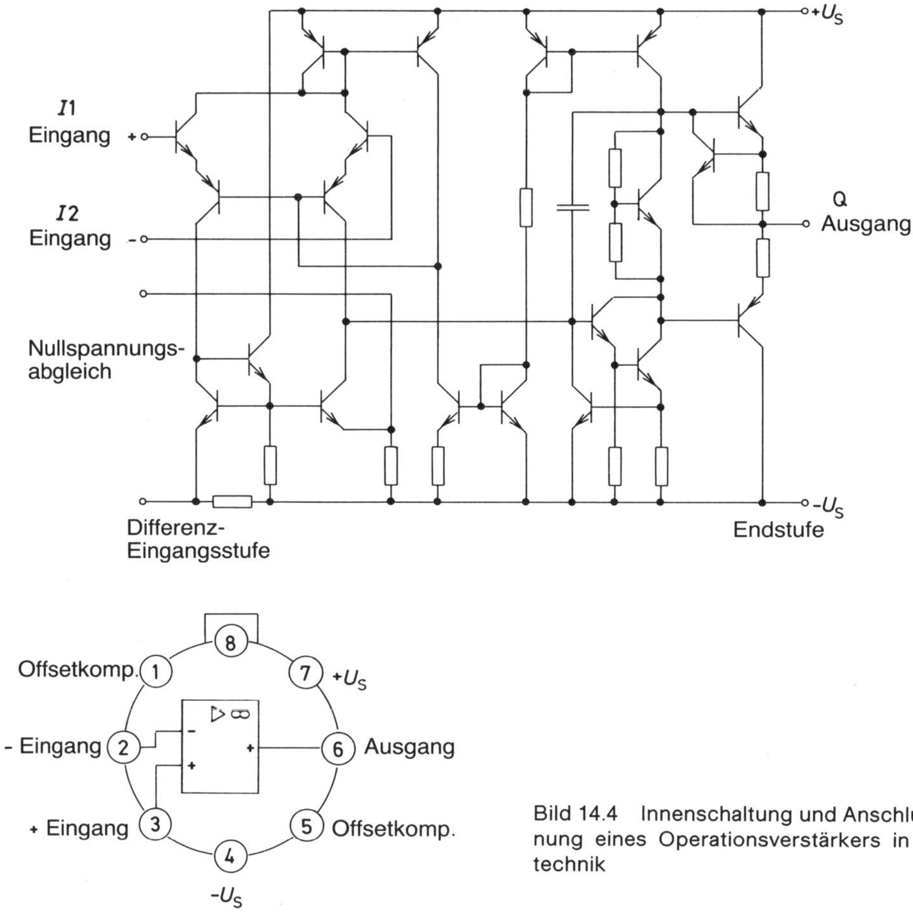

Bild 14.4 Innenschaltung und Anschlußanordnung eines Operationsverstärkers in Bipolartechnik

Verstärker mit Feldeffekttransistoren

Der Wunsch nach hohem Eingangswiderstand in Verbindung mit weiteren günstigen Eigenschaften hat dazu geführt, daß schließlich integrierte Verstärker entwickelt wurden, die vollständig mit Feldeffekttransistoren aufgebaut sind (komplementäre MOS-FET, CMOS-Technik). Neben dem hohen Eingangswiderstand und dem kleinen Eingangsstrom zeichnen sich diese Typen durch sehr geringe Verlustleistung aus. Sie können an sehr niedriger Speisespannung (bis 0,5 V) betrieben werden und eignen sich für die Meßtechnik und für Kleinst-Batteriegeräte, wie z.B. Hörgeräte und medizinische Geräte (Bild 14.5).

Operationsverstärker mit Leistungsendstufe

Übliche integrierte OP können am Ausgang einen maximalen Laststrom von 5 bis 20 mA führen. Soll vom Verstärker ein Verbraucher für höhere Lastströme angesteuert werden, so ist eine nachgeschaltete Leistungsendstufe erforderlich. Für die Ansteuerung von Motoren und Magnetventilen wurden Operationsverstärker entwickelt, die in ihrem Gehäuse diese Leistungstransistoren integriert enthalten. Sie sind für Ausgangsströme bis etwa 3 A geeignet.

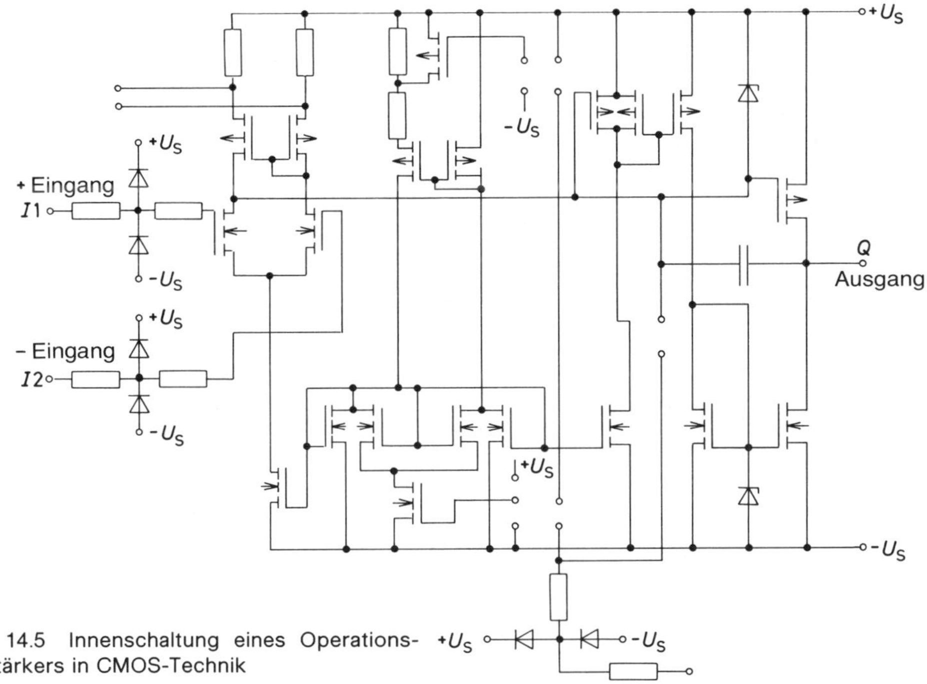

Bild 14.5 Innenschaltung eines Operationsverstärkers in CMOS-Technik

Für Schalt- und linearen Betrieb gibt es OP, die anstelle der Gegentaktendstufe einen einzelnen Ausgangstransistor haben, dessen Kollektoranschluß herausgeführt ist (offener Kollektor). Der Kollektorwiderstand muß außerhalb der integrierten Schaltung an $+ U_S$ angeschlossen werden. Im Schaltbetrieb dürfen diese Verstärker mit offenem Kollektor bis zu 70 mA Laststrom führen. Der Lastwiderstand darf auch an eine Speisespannung angeschlossen werden, die von der des OP abweicht. Bild 14.7 zeigt die beiden möglichen Arten von Endstufen.

14.1.2 Idealer und realer Operationsverstärker

Der Operationsverstärker wird so eingesetzt, daß er das Kernstück einer Schaltung mit ganz bestimmten Eigenschaften ist. Diese Gesamtschaltung besteht aus dem OP selbst und seiner sogenannten «äußeren Beschaltung». Diese ist in den meisten Fällen eine Gegenkopplung und enthält passive Bauteile wie Widerstände und Kondensatoren. Der völlig unbeschaltete OP ist allein nicht brauchbar, während der beschaltete Verstärker die vom Anwender gewünschten Eigenschaften hat.

Wenn die gewünschten Eigenschaften des unbeschalteten OP ausschließlich von der äußeren Beschaltung abhängen sollen, dann muß der unbeschaltete OP ideale Eigenschaften haben (Tabelle 14.1). Einen solchen idealen Verstärker, wie oben beschrieben, gibt es in der Praxis nicht. Die Hersteller müssen versuchen, den idealen Werten möglichst nahezukommen. Der reale, ausgeführte Standard-Operationsverstärker hat etwa die Werte in der rechten Spalte der Tabelle 14.1. Operationsverstärker für besondere Anwendungsfälle haben zum Teil günstigere Werte, so daß einige ihrer Daten dem idealen Verstärker noch näherkommen.

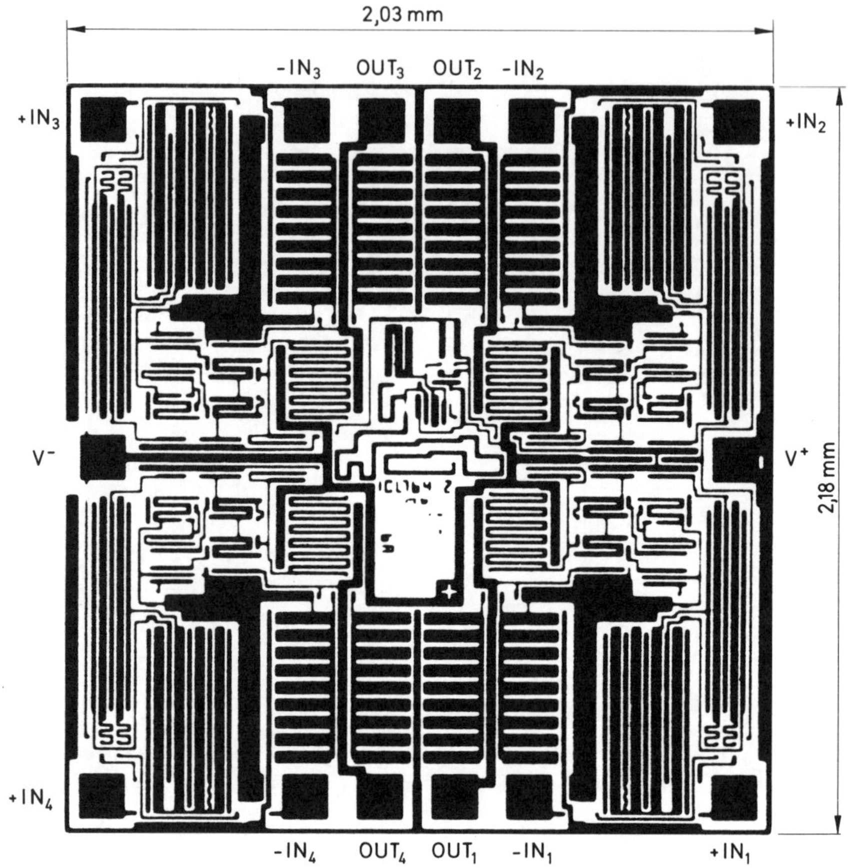

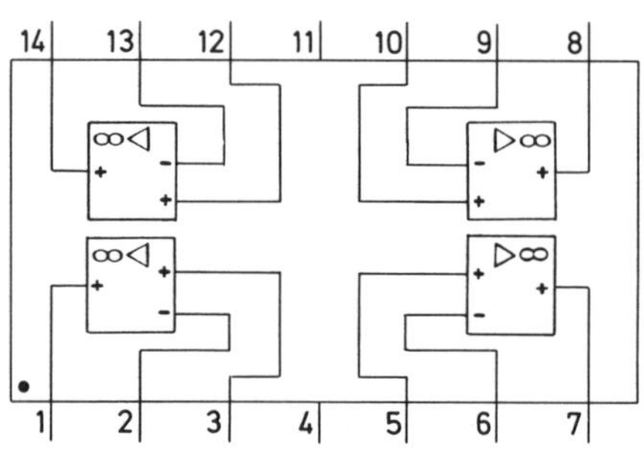

Bild 14.6 Mikroaufnahme und Anschlußanordnung eines Vierfach-CMOS-Operationsverstärkers

Bild 14.7 Leistungsendstufen
a) Gegentaktendstufe
b) Endstufe mit offenem Kollektor

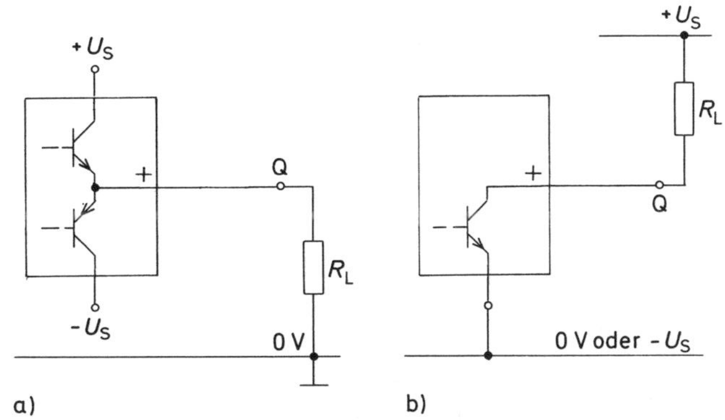

Tabelle 14.1 Eigenschaften des idealen und realen Operationsverstärkers
1. (Daten des Universalverstärkers vom Typ 741)

Eigenschaften	Der ideale Verstärker	Der reale Verstärker
Spannungsverstärkung	unendlich	100 000fach
Eingangswiderstand	unendlich	2 MΩ
Ausgangswiderstand	null	75 Ω
Gleichtaktunterdrückung	unendlich	30 000fach
obere zu übertragende Signalfrequenz	unendlich	1 MHz (bei Gegenkopplung und V = 1)

14.1.3 Kenndaten — Grenzdaten — Datenblatt

Der Anwender muß Kenntnis über die charakteristischen Daten eines Operationsverstärkers haben. Die wichtigsten Werte werden nachfolgend beschrieben. Die im Datenblatt angegebenen Kenndaten beziehen sich, wenn nicht anders vermerkt, auf eine Umgebungstemperatur von 25 °C.

Leerlauf-Spannungsverstärkung V_0
Die Leerlaufverstärkung V_0 ist der Faktor, um den eine Spannungsdifferenz U_D zwischen den Eingängen des OP bei niedrigen Frequenzen verstärkt wird (Bild 14.8). Für den realen Verstärker sollte V_0 möglichst hoch sein. Sie wird in den Datenblättern entweder als Faktor oder im logarithmischen Maß dB (Dezibel) angegeben (z.B. $V_0 = 10^5$ sind $20 \cdot \lg 10^5 = 100$ dB).

Bild 14.8 Spannungen am Operationsverstärker

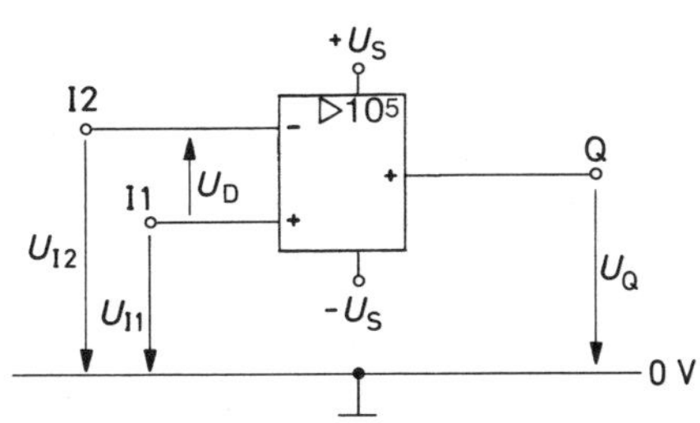

Die Leerlaufverstärkung ist großen Exemplarstreuungen unterworfen.

$$\boxed{V_0 = \frac{U_Q}{U_D}} \quad \text{mit} \quad U_D = U_{I1} - U_{I2}$$

oder

$$\boxed{V_0 = 20 \cdot \lg \frac{U_Q}{U_D}} \quad \text{in dB}$$

V_0 Leerlauf-Spannungsverstärkung
U_Q Ausgangsspannung in V
U_D Eingangs-Spannungsdifferenz in V
U_{I1} Eingangsspannung, nichtinvertierender Eingang in V
U_{I2} Eingangsspannung, invertierender Eingang in V

Die Ausgangsspannung U_Q ergibt sich aus der Größe der Spannungsdifferenz U_D und der Leerlaufverstärkung V_0 des unbeschalteten und unbelasteten Verstärkers:

$$\boxed{U_Q = V_0 (U_{I1} - U_{I2})}$$

Grafisch kann das Verstärkerverhalten mit der Übertragungskennlinie $U_Q = f(U_D)$ nach Bild 14.9 dargestellt werden. Die Kennlinie des idealen OP ohne Nullpunktfehler verläuft durch null. In der Praxis hat jedoch jeder Verstärker einen Spannungs-Nullfehler.

Operationsverstärker werden zu den *linearen Übertragungsgliedern* gezählt, denn die Ausgangsspannung hat eine etwa lineare Abhängigkeit zu den Eingangsspannungen und Eingangsströmen. Bei größerer Aussteuerung nehmen die Nichtlinearitäten jedoch zu, bis schließlich eine Übersteuerung und Sättigung eintritt. Dieser Übersteuerungseffekt wird in einigen Anwendungsfällen ausgenutzt (Abschnitt 14.2.8).

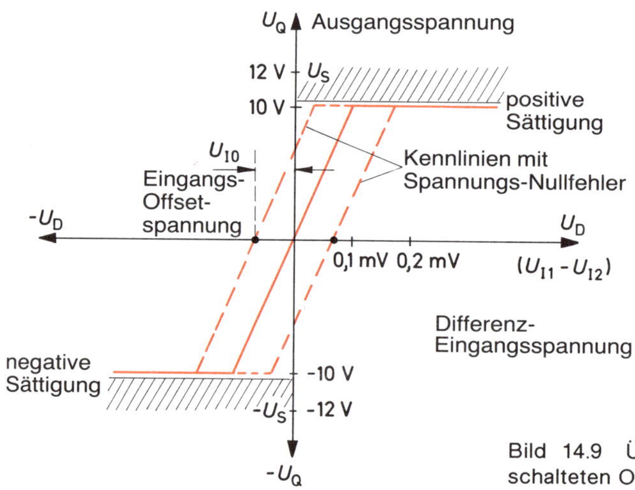

Bild 14.9 Übertragungskennlinie des unbeschalteten Operationsverstärkers, $U_Q = f(U_D)$

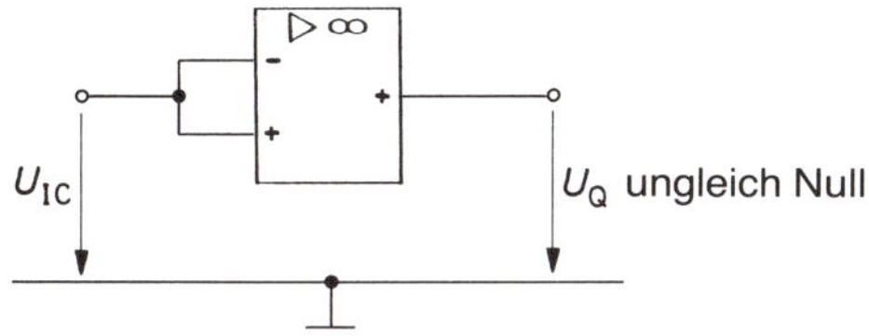

Bild 14.10 Gleichtaktansteuerung und Gleichtaktfehler

Gleichtakt-Spannungsverstärkung V_{CM}

Jeder Verstärkereingang darf an eine Spannung gelegt werden, die maximal etwa so groß ist wie die Versorgungsspannung. Liegen beide Eingänge an derselben Spannung, so wird der Verstärker im *Gleichtaktbetrieb* angesteuert (common mode CM). Da jetzt die Spannungsdifferenz $U_D = 0$ V ist, muß auch die Ausgangsspannung $U_Q = 0$ V betragen. Dies ist jedoch in der Praxis nicht vollständig zu erreichen. Der Verstärkerausgang führt im Gleichtaktbetrieb eine unerwünschte Spannung. Der Verstärker hat einen *Gleichtaktfehler* (Bild 14.10).

Das Verhältnis U_Q/U_{IC} bzw. $\Delta U_Q/\Delta U_{IC}$ ist die Gleichtakt-Spannungsverstärkung V_{CM} eines Operationsverstärkers

$$V_{CM} = \frac{U_Q}{U_{IC}}$$

V_{CM} Gleichtakt-Spannungsverstärkung
U_Q Ausgangsspannung in V
U_{IC} Eingangs-Gleichtaktspannung in V

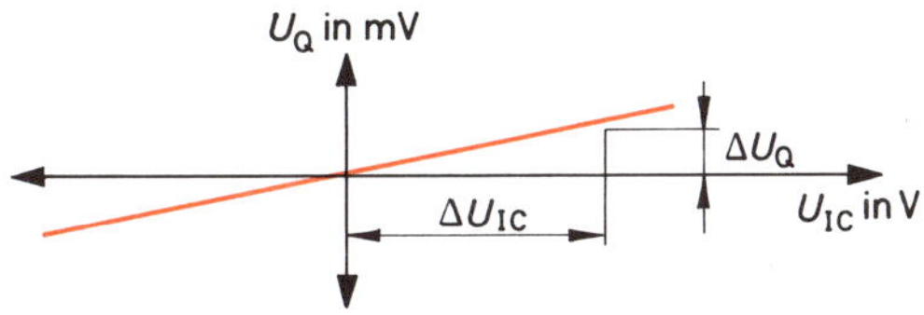

Bild 14.10b Übertragungskennlinie bei Gleichtaktansteuerung

Der Wert V_{CM} sollte beim idealen Verstärker null betragen. Der Eingangs-Gleichtakt-Spannungsbereich U_{IC} im Datenblatt gibt als Kennwert den Arbeitsbereich der möglichen Gleichtaktansteuerung an.

Der Gleichtaktbetrieb ist von Bedeutung, wenn der Verstärker mit bestimmten Gegenkopplungen betrieben wird.

Gleichtaktunterdrückung G

Die Gleichtaktunterdrückung G (common mode rejection ratio, CMRR) gibt das Verhältnis der Leerlaufverstärkung V_0 zur Gleichtaktverstärkung V_{CM} an. Sie wird häufig im logarithmischen Maß dB (Dezibel) angegeben.

$$\text{Gleichtaktunterdrückung} = \frac{\text{Verstärkung im Differenzbetrieb}}{\text{Verstärkung im Gleichtaktbetrieb}}$$

$$G = \frac{V_0}{V_{CM}}$$

oder

$$G = 20 \cdot \lg \frac{V_0}{V_{CM}} \quad \text{in dB}$$

Da V_0 sehr groß und V_{CM} sehr klein sein soll, ist G beim hochwertigen Verstärker sehr groß. Die Gleichtakt-Spannungsunterdrückung eines Operationsverstärkers ist ein wichtiger Genauigkeitskennwert, wenn bei hoher Gleichtaktansteuerung kleine Spannungsdifferenzen für meßtechnische Zwecke verstärkt werden sollen.

Eingangs-Nullspannung U_{IO}

Jeder Operationsverstärker hat infolge innerer Unsymmetrien beim Anlegen von 0 V an beide Eingänge einen *Spannungs-Nullfehler,* d.h., der Ausgang führt dann eine Spannung. Unter der Eingangs-Nullspannung U_{IO} (Eingangs-Offsetspannung) versteht man diejenige Spannungsdifferenz am Eingang, die erforderlich ist, um die Ausgangsspannung $U_Q = 0$ V zu erhalten (Bild 14.9).

Bei allen Verstärkern kann ein *Nullspannungsabgleich* durchgeführt werden. Hierfür haben viele OP besondere Hilfsanschlüsse, an die ein Abgleichtrimmer angeschlossen werden kann (Bild 14.11).

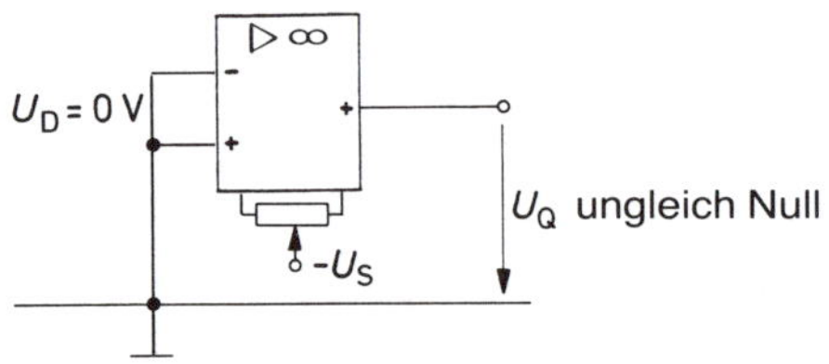

Bild 14.11 Spannungs-Nullfehler und Abgleichmöglichkeit (Operationsverstärker Typ 741)

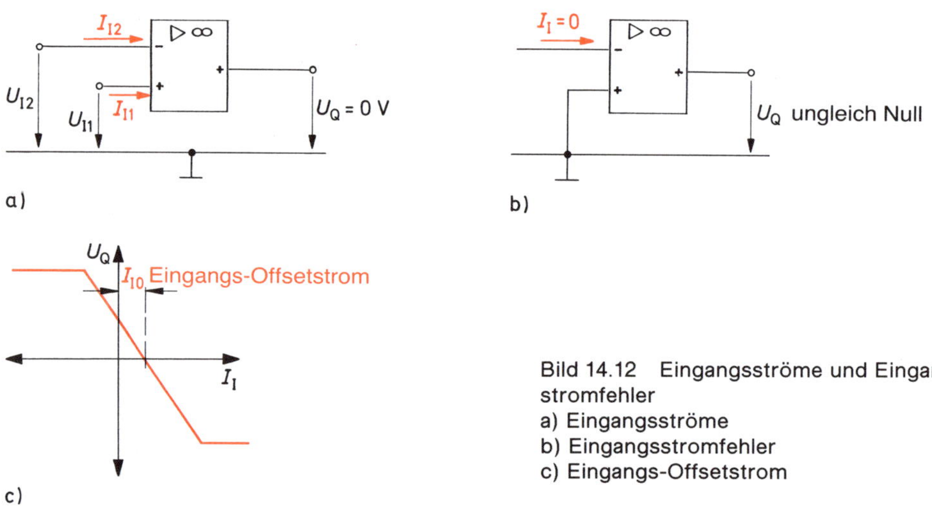

Bild 14.12 Eingangsströme und Eingangsstromfehler
a) Eingangsströme
b) Eingangsstromfehler
c) Eingangs-Offsetstrom

Eingangsstrom I_I

Zum Betrieb des Verstärkers sind in beiden Eingängen kleine Ströme erforderlich, die die Differenz-Eingangsstufe aussteuern. Der Eingangsstrom I_I ist der Mittelwert der beiden Ruheströme, die in die Eingänge hineinfließen, wenn die Ausgangsspannung $U_Q = 0$ V beträgt (Bild 14.12a).

$$I_I = \frac{I_{I1} + I_{I2}}{2}$$

Die Eingangsströme können im Betrieb des Verstärkers einen Fehler ergeben, der durch die äußere Beschaltung zum Teil kompensiert werden kann.

Eingangs-Nullstrom I_{IO}

Durch Unsymmetrie im Verstärkereingang sind die Ruheströme nie gleich groß. Jeder Verstärker hat dadurch einen *Eingangs-Stromfehler* (Bild 14.12b und c). Der Eingangs-Nullstrom I_{IO} (Eingangs-Offsetstrom) ist die Differenz der beiden Ruheströme. Er muß als zusätzlicher Strom in einem Eingang fließen, wenn die Ausgangsspannung $U_Q = 0$ V sein soll.

$$I_{IO} = I_{I2} - I_{I1}$$

Temperatureinflüsse

Die Eigenschaften des Operationsverstärkers hängen — wie bei allen Halbleiterbauteilen — von der Kristalltemperatur ab. Hierbei spielen hauptsächlich die Temperaturabhängigkeit der Eingangs-Offsetspannung, des Eingang-Offsetstroms und des Eingangsstroms eine Rolle. Im Datenblatt wird die Temperaturabhängigkeit (Temperaturkoeffizient, Temperaturdrift) der U_{IO}, angegeben als

$$\alpha_{UIO} = \frac{\Delta U_{IO}}{\Delta \vartheta} \quad \text{in } \mu\text{V/K}$$

und die Temperaturabhängigkeit des I_{IO} als

$$\alpha_{I_{IO}} = \frac{\Delta I_{IO}}{\Delta \vartheta} \quad \text{in nA/K}$$

Einflüsse der Versorgungsspannung

Auf symmetrische oder unsymmetrische Schwankungen der Versorgungsspannungen reagieren besonders die Eingangs-Offsetspannung, die Leerlaufverstärkung und die zulässige Gleichtakt-Eingangsspannung. Auch der Eingangs-Offsetstrom und der Eingangsstrom sind geringfügig betroffen. Die Spannungsabhängigkeit der U_{IO} wird im Datenblatt angegeben als

$$k_{SVR} = \frac{\Delta U_{IO}}{\Delta U_S} \quad \text{in } \mu\text{V/V}$$

Sie wird auch *Betriebsspannungsunterdrückung* genannt.

Arbeitsbereich der Spannungen

Hier unterscheidet man den Eingangs-Gleichtakt-Spannungsbereich U_{IC}, den Arbeitsbereich der Differenzeingangsspannung U_D und den Ausgangsspannungsbereich U_{QSS}. Diese Werte hängen alle von den äußeren Betriebsbedingungen und besonders von der Versorgungsspannung ab. Die Arbeitsbereiche dürfen nur so groß sein, daß die angegebene Gleichtaktunterdrückung sowie Linearität am Verstärker eingehalten werden und der Ausgang nicht in die Sättigung kommt. Die maximale Ausgangsspannung wird im Normalfall etwa 1 V bis 2 V kleiner als die Speisespannung sein.

Eingangswiderstand R_I und Ausgangswiderstand R_Q

Der *Eingangswiderstand* R_I im Datenblatt ist der Differenz-Eingangswiderstand zwischen den beiden Eingängen des OP, wenn einer von beiden auf Masse liegt. R_I errechnet sich aus einer Spannungsänderung am Eingang und der dabei auftretenden Eingangsstromänderung.

Der *Ausgangswiderstand* R_Q ist der Innenwiderstand am Verstärkerausgang, wenn dieser als Spannungsquelle betrachtet wird.

$$R_I = \frac{\Delta U_I}{\Delta I_I} \text{ in M}\Omega \qquad R_Q = \frac{\Delta U_Q}{\Delta I_Q} \text{ in } \Omega$$

Frequenzverhalten, Zeitverhalten

Der Operationsverstärker hat bei Gleichspannungssignalen und bei niedrigen Signalfrequenzen eine Leerlaufverstärkung von der Größe V_0. Infolge interner Sperrschichtkapazitäten auf dem Kristall ergeben sich Tiefpässe, durch die die Leerlaufverstärkung des offenen Verstärkers bei höheren Frequenzen abfällt. Auch die Phasenlage zwischen Eingangs- und Ausgangsspannung dreht sich mit zunehmender Frequenz. Im Interesse der *Frequenzstabilität* des später beschalteten Verstärkers muß dieses Frequenzverhalten vom Anwender aber häufig korrigiert werden. Bei vielen Operationsverstärkern ist dies durch äußere Beschaltung mit RC-Gliedern oder Kondensatoren auf einfache Weise über Hilfsanschlüsse möglich (externe Frequenzkompensation).

Bei einigen Verstärkern ist der *Frequenzgang* — die Abhängigkeit der Leerlaufverstärkung und Phasendrehung von der Frequenz — schon herstellerseitig so ausgeführt, daß er dem eines einfachen Tiefpasses entspricht (interne Frequenzkompensation). Ab einer oberen Grenzfrequenz fällt dann die Verstärkung konstant mit 20 dB pro Frequenzdekade ab (Typ 741, Bild 14.13). Das bedeutet, daß bei Verzehnfachung der Frequenz die Verstärkung jeweils um den Faktor 10 sinkt. Dabei steigt der Phasenwinkel mit zunehmender Frequenz auf $\varphi = -90°$. Damit ist der OP mit Gegenkopplung bei allen üblichen Beschaltungsarten frei von Schwingneigung.

Die *Grenzfrequenz* f_g ist die Frequenz, bei der die Leerlaufverstärkung um 3 dB gegenüber dem Wert V_0 abgesunken ist.

Die *Transitfrequenz* f_T ist die Frequenz, bei der die Verstärkung auf den Wert 1 abgesunken ist.

Neben Verstärkung und Phasenlage sind beim OP auch der Ausgangsspannungsbereich U_{QSS}, die Gleichtaktunterdrückung G und der Eingangswiderstand R_I von der Frequenzabhängigkeit betroffen.

Das Zeitverhalten der Ausgangsspannung auf eine sprungförmige Änderung der Eingangsspannung spielt als Kennwert ebenfalls eine Rolle. Hierbei ergibt sich eine begrenzte Anstiegsgeschwindigkeit der Ausgangsspannung. Die *Anstiegsgeschwindigkeit* $\Delta u_Q/\Delta t$ nach einem Eingangssprung wird im Datenblatt in V/µs angegeben, wobei der Verstärker mit Gegenkopplung betrieben wird.

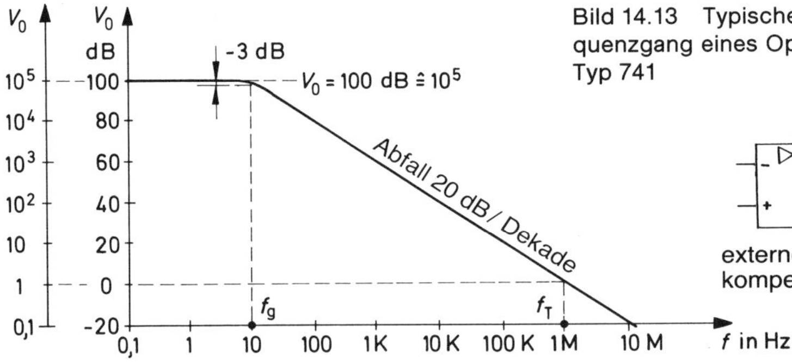

Bild 14.13 Typischer kompensierter Frequenzgang eines Operationsverstärkers vom Typ 741

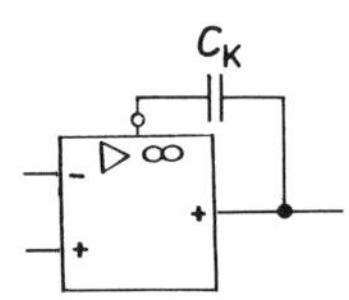

externe Frequenzkompensation mit C_K

Tabelle 14.2 Die wichtigsten Kenngrößen von Operationsverstärkern

V_0	Leerlauf-Spannungsverstärkung	open-loop voltage gain (large signal differential voltage amplification)
U_{IC}	Eingangs-Gleichtakt-Spannungsbereich	common mode voltage range
G	Gleichtaktunterdrückung	common mode rejection ratio (CMRR)
U_{I0}	Eingangs-Nullspannung	input offset voltage
I_I	Eingangsstrom	input bias current
I_{I0}	Eingangs-Nullstrom	input offset current
α_{UI0}	Temperaturkoeffizient der U_{I0}	input offset voltage drift
α_{II0}	Temperaturkoeffizient des I_{I0}	input offset current drift
$\frac{\Delta U_{I0}}{\Delta U_S}$	Betriebsspannungsunterdrückung	supply voltage rejection ratio (SVRR)
R_I	Eingangswiderstand	input resistance
R_Q	Ausgangswiderstand	output resistance
U_{QSS}	Ausgangsspannungsbereich	output voltage swing
f_T	Transitfrequenz	unity gain frequency
$\frac{\Delta U_Q}{\Delta t}$	Anstiegsgeschwindigkeit der Ausgangsspannung	slew rate

Zusammenfassung

In Tabelle 14.2 sind die wichtigsten Kenndaten von Operationsverstärkern zusammengefaßt. Wegen der großen Zahl ausländischer Datenblätter sind auch die englischen Bezeichnungen mit aufgeführt.

Der Operationsverstärker ist *Störgrößen und Fehlern* unterworfen. Einige Einflüsse können durch äußere Beschaltung kompensiert werden:

Spannungs-Nullfehler	kompensierbar
Temperaturdrift des Spannungs-Nullfehler	nicht kompensierbar
Eingangsstromfehler	bedingt kompensierbar
Frequenzgangkompensation	extern möglich oder intern berücksichtigt
Gleichtaktfehler	nicht kompensierbar
begrenzte Anstiegsgeschwindigkeit der Ausgangsspannung	nicht kompensierbar

Absolute Grenzwerte

Die Hersteller von Operationsverstärkern geben Grenzdaten für eine Reihe von Größen an. Bei Nichteinhaltung nur einer der angegebenen Grenzbedingungen ist die vom Hersteller garantierte einwandfreie Funktion des Verstärkers nicht mehr gegeben. Es kann zu einer Zerstörung oder bleibenden Schädigung führen. Die wichtigsten Grenzwerte sind:

Versorgungsspannung U_S,
Differenz-Eingangsspannung U_D,
Eingangsspannung U_I,
Ausgangsstrom I_Q, wenn keine interne Strombegrenzung vorhanden,
Kurzschlußdauer t_z, wenn nicht kurzschlußfest,
Gesamtverlustleistung P_{tot},
Kristalltemperatur ϑ_J,
Umgebungstemperatur ϑ_U,
Lagertemperatur ϑ_S.

Tabelle 14.3 Datenblattauszug für den Standard-Operationsverstärker Typ 741 (Siemens). Der Verstärker wird von mehreren Herstellern produziert.

		TBA 222; S1 Typ 741			
		min.	typ.	max.	
Kenndaten					
U_S = ±15 V, ϑ_U = 25 °C,					
Eingangsnullspannung	U_{IO}	−4		4	mV
Einstellbereich der Eingangsnullspannung	U_{IO}	6	±15	−6	mV
Eingangsnullstrom	I_{IO}	−100	±20	100	nA
Eingangsstrom	I_I		80	350	nA
Stromaufnahme	I_S		1,7	2,8	mA
positiver Ausgangskurzschlußstrom	I_{QS+}	15	20	25	mA
negativer Ausgangskurzschlußstrom	I_{QS-}	−25	−20	−15	mA
Eingangswiderstand	R_I	300	2000		kΩ
Eingangskapazität	C_I		1,4		pF
Ausgangswiderstand	R_Q		75		Ω
Ausgangsspannung (R_L ≧ 2 kΩ)	U_{Qss}	11	±13	−11	V
Eingangs-Gleichtakt-Spannungsbereich	U_{IC}	12	±13	−12	V
Spannungsverstärkung (U_{Qss} = ±10 V, R_L ≧ 2 kΩ)	A_{U0}	94	106		dB
Gleichtaktunterdrückung (R_G ≦ 10 kΩ)	k_{CMR}	80	90		dB
Betriebsspannungsunterdrückung	k_{SVR}		30	100	µV/V
Anstiegsgeschwindigkeit (R_L ≦ 2 kΩ)	$\frac{duq}{dtr}$		0,5		V/µs
Temperaturkoeffizient der U_{10}	α_{UIO}		3		µV/K
Temperaturkoeffizient des I_{10}	α_{IIO}		0,4		nA/K
			TBA 222		
Grenzdaten					
Speisespannung	U_S		±22		V
Eingangsspannung: U_S = ±4 bis ±15 V	U_I		±U_S		V
U_S ≧ 15 V	U_I		±15		V
Differenzeingangsspannung	U_{ID}		±30		V
Kurzschlußdauer*	t_z		∞		
Lagertemperatur	ϑ_S		−65 bis 150		°C
Sperrschittemperatur	ϑ_J		150		°C
Wärmewiderstände					
Systemgehäuse TBA 221/222	$R_{th\,SG}$		80		K/W
Systemumgebung TBA 221/222	$R_{th\,SU}$		190		K/W
Funktionsbereich					
Speisespannung	U_S		± 4 bis ± 22		V
Umgebungstemperatur	ϑ_U		−55 bis 125		°C

* Kurzschluß kann gegen $+U_S$, $-U_S$ oder 0 erfolgen, dabei dürfen die Grenzdaten wie ϑ_J nicht überschritten werden.

14.1.4 Grundsätzlicher Betrieb des Verstärkers

Aus Bild 14.8 geht hervor, daß der Operationsverstärker als Differenzverstärker im Eingang drei verschiedene Spannungen kennt. Abhängig davon, wie die beiden Eingänge I1 und I2 an Spannung gelegt werden, unterscheidet man in der Praxis drei grundsätzliche Betriebsarten des OP:
der *invertierende Betrieb,*
der *nichtinvertierende Betrieb* und
der *Differenzbetrieb.*
Bild 14.14 zeigt die drei Betriebsarten am offenen Verstärker ohne Rückführung.

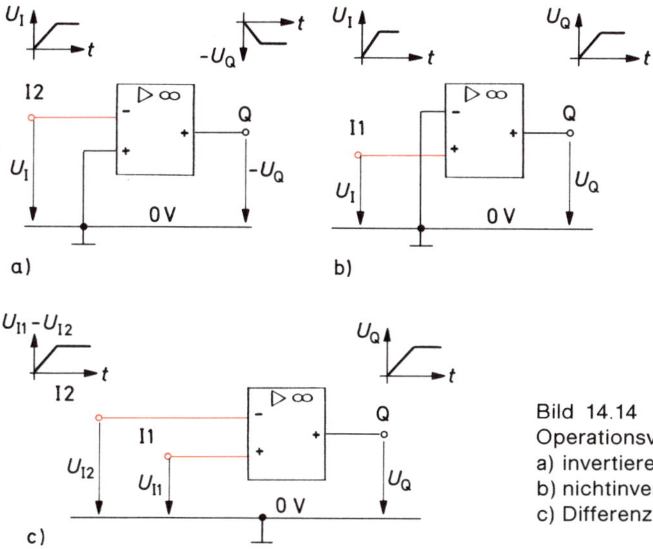

Bild 14.14 Grundsätzliche Betriebsarten des Operationsverstärkers
a) invertierender Betrieb
b) nichtinvertierender Betrieb
c) Differenzbetrieb

Liegt der nichtinvertierende Eingang auf Bezugspotential 0 V und wird der Verstärker durch eine Eingangsspannung U_I nur über den invertierenden Eingang I2 angesteuert, so ist dies der *invertierende Betrieb.* Ein Eingangssignal wird invertiert, d.h., die Ausgangsspannung U_Q führt in jedem Augenblick das entgegengesetzte Vorzeichen wie die Eingangsspannung U_I. Beide Spannungen ändern sich auch gegensinnig. Ist U_I eine Wechselspannung, so erscheint U_Q gegenphasig (um 180° gedreht) am Ausgang. Das Minuszeichen von U_Q soll dieses Verhalten wiedergeben (Bild 14.14a). Werden die beiden Eingänge umgekehrt wie im ersten Fall angeschlossen, so spricht man vom *nichtinvertierenden Betrieb.* Hier wird der invertierende Eingang auf Bezugspotential 0 V gelegt. Der Verstärker wird nur über den nichtinvertierenden Eingang I1 angesteuert. Ein Eingangssignal ergibt in jedem Augenblick eine Ausgangsspannung U_Q mit demselben Vorzeichen. Eingangs- und Ausgangsspannung ändern sich gleichsinnig. Bei Wechselspannungsansteuerung sind U_I und U_Q in Phase (Bild 14.14b).

Werden beide Eingänge an je eine Spannung gelegt, so liegt der *Differenzbetrieb* vor. Die Ausgangsspannung U_Q hängt jetzt nicht mehr allein von einer Spannung ab, sondern von der Spannungsdifferenz $U_D = U_{I1} - U_{I2}$. Dabei führt U_Q immer in jedem Augenblick dasselbe Vorzeichen wie die Differenz $U_{I1} - U_{I2}$. Es gilt die schon bekannte Verstärkerformel

$$U_Q = V_0 \cdot (U_{I1} - U_{I2})$$

Diese Betriebsart läßt sich in eine der beiden vorgenannten umwandeln, wenn U_{I1} oder U_{I2} zu null werden. Beim praktischen Betrieb entstehen normalerweise sowohl eine Differenz- als auch eine Gleichtakt-Eingangsspannung, die beide von der äußeren Beschaltung und der Ansteuerung abhängen. Solange der Verstärker nicht übersteuert wird, ist die Differenz-Eingangsspannung U_D klein und liegt im Millivoltbereich. Die Spannungen U_{I1} und U_{I2} sind Gleichtaktspannungen. Sie liegen im Voltbereich und sind bis auf Millivolt-Abweichungen gleich groß. Es ergibt sich eine Gleichtaktansteuerung des Verstärkers (Bild 14.14c).

Beispiel: Ein OP hat eine Leerlaufverstärkung $V_0 = 100$ dB. Welche Differenz-Eingangsspannung U_D ist erforderlich, wenn die Ausgangsspannung $U_Q = 10$ V betragen soll?

Lösung: $V_0 = 100$ dB entspricht $V_0 = 10^5$

$$V_0 = \frac{U_Q}{U_D}$$

$$U_D = U_{I1} - U_{I2} = \frac{U_Q}{V_0} = \frac{10\text{ V}}{10^5} = \frac{10\,000\text{ mV}}{100\,000} = \underline{0{,}1\text{ mV}}$$

Der Operationsverstärker braucht für alle Betriebsarten zum Aussteuern im linearen Bereich eine vernachlässigbar kleine Differenzspannung zwischen den Eingängen.

14.2 Der Operationsverstärker und seine Grundschaltungen

Die hohe Leerlaufverstärkung V_0 des offenen Operationsverstärkers läßt einen linearen Betrieb praktisch nicht zu. Er könnte bei dieser sehr großen Empfindlichkeit nur Bruchteile von Millivolt verstärken. Außerdem sind die Kenndaten des offenen Verstärkers großen Exemplarstreuungen und Temperatureinflüssen unterworfen. Sollen höhere Spannungen im Voltbereich als Eingangssignal linear verarbeitet bzw. verstärkt werden, so muß der Operationsverstärker mit einer *äußeren Beschaltung* versehen werden.

14.2.1 Rückkopplung — Gegenkopplung — Mitkopplung

Rückkopplung

Die Rückführung eines Teils der Ausgangsgröße eines Verstärkers auf seinen Eingang wird als Rückkopplung bezeichnet. Dabei kann es sich bei der rückgeführten Größe sowohl um eine Spannung als auch um einen Strom handeln.

Bei der Rückkopplung sind zwei Fälle zu unterscheiden:

1. Die rückgekoppelte Größe wirkt der Eingangsgröße *entgegen* bzw. sie verläuft *gegenphasig* zur Eingangsgröße (Phasenwinkel 180°).
   Diese Art der Rückkopplung heißt *Gegenkopplung.*
2. Die rückgekoppelte Größe wirkt *unterstützend* auf die Eingangsgröße bzw. sie ist *in Phase* mit der Eingangsgröße (Phasenwinkel 0°).
   Diese Art der Rückkopplung heißt *Mitkopplung.*

Gegenkopplung
Ein gegengekoppelter Verstärker wird von einem kleineren Signal als ursprünglich vorgegeben angesteuert. Dies bewirkt daher immer eine Verringerung der Verstärkung. In der elektronischen Schaltungstechnik spielt Gegenkopplung eine wichtige Rolle, weil ein Verstärker dadurch bessere Eigenschaften erhält.

Wird der Operationsverstärker mit einer Gegenkopplung betrieben, so kann er auf einfache Weise in bestimmten Grenzen mit einer beliebig gewünschten Verstärkung versehen werden. Die hohe Leerlaufverstärkung tritt durch die Gegenkopplung nach außen nicht mehr in Erscheinung. Der Anwender ist unabhängig von Exemplarstreuungen und Störeinflüssen des offenen Verstärkers. Die äußere Beschaltung (Eingangs- und Rückführbeschaltung) in Form einer Gegenkopplung besteht beim OP im einfachsten Fall aus ohmschen Widerständen. Soll der Verstärker ein bestimmtes frequenzabhängiges Verhalten zeigen, so kann die Beschaltung auch aus einer Kombination von Widerständen und Kondensatoren bestehen.

> Mit der Eingangs- und Rückführbeschaltung eines OP wird die Funktion und Eigenschaft der ganzen Schaltung festgelegt.

Aufgaben der Eingangs- und Rückführbeschaltung:

- □ konstanten Verstärkungsfaktor erreichen,
- □ Verstärkungsfaktor verändern können,
- □ bestimmtes Zeit- und Frequenzverhalten erreichen,
- □ Eingangs- und Ausgangswiderstand der Schaltung verbessern,
- □ vielfältige Anwendung erreichen.

In den folgenden Abschnitten soll der OP in seinen wichtigsten Grundschaltungen beschrieben werden. Wenn nicht anders angegeben, werden beim OP ideale Eigenschaften vorausgesetzt. Alle Schaltungen lassen sich in die Grundbetriebsart invertierender Verstärker oder nichtinvertierender Verstärker einordnen.

14.2.2 Invertierender Verstärker

Der invertierende Verstärker, auch *Umkehrverstärker* genannt, ist ein gegengekoppelter Operationsverstärker, der stets am Ausgang eine Spannung mit entgegengesetzter Polarität zur Eingangsspannung führt. Die Ausgangsspannung folgt der Eingangsspannung proportional. Bei Wechselspannungsansteuerung genügend weit unter der oberen Grenzfrequenz verlaufen Eingangs- und Ausgangsspannung gegenphasig.

Die äußere Beschaltung besteht aus dem Eingangswiderstand $R1$ und dem Rückführwiderstand $R2$ (Bild 14.15). Mit ihr wird die Verstärkung der Gesamtschaltung festgelegt.

Durch eine Eingangsspannung U_I wird der Verstärker über den invertierenden Eingang aufgesteuert. Die gegenphasige Ausgangsspannung U_Q bewirkt einen Rückführstrom I_R im Gegenkopplungszweig. Die Schaltung erreicht einen stabilen Betriebspunkt, wenn die Ausgangsspannung so groß geworden ist, daß der Rückführstrom I_R die Größe des vorgegebenen Eingangsstroms I_I angenommen hat und der Knotenpunkt A annähernd auf Potential 0 V liegt. Für den Abgleich sorgt der Operationsverstärker.

Ändert sich die Eingangsspannung U_I, so wird die Ausgangsspannung U_Q vom Verstärker so nachgeführt, daß eine Nullabweichung des Potentials am Punkt A sofort wieder korrigiert wird.

Der Knotenpunkt A wird vom Verstärker immer auf 0 V abgeglichen.
Eingangsstrom I_I und Rückführstrom I_R sind gleich groß.

Die Größe der jeweiligen Ausgangsspannung und der Verstärkungsfaktor lassen sich beim realen Verstärker nach Bild 14.15 ableiten:

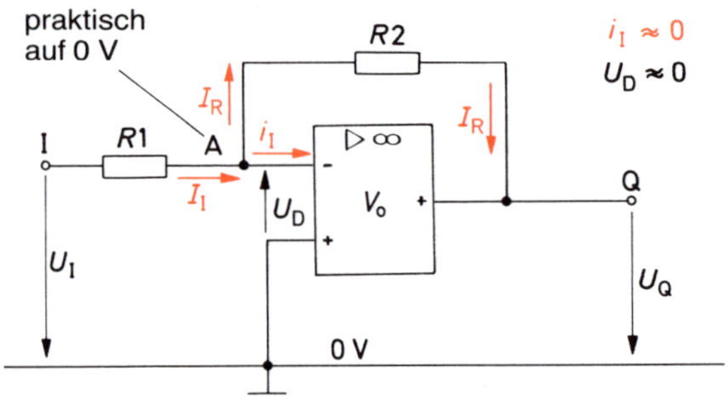

Bild 14.15 Invertierender Verstärker (Umkehrverstärker)

Am Knotenpunkt A fließen der Eingangsstrom I_I, der kleine Verstärkereingangsstrom i_I und der Rückführstrom I_R. Am Verstärkereingang liegt die kleine Differenz-Eingangsspannung U_D.
Am Punkt A gilt:

$$I_I = I_R + \cancel{i_I}$$

Der kleine Strom i_I, der den Verstärker aussteuert, darf gegen die viel größeren Ströme I_I und I_R vernachlässigt werden. Damit vereinfacht sich die Gleichung zu

$$I_I = I_R \qquad\qquad i_I \approx 0$$

Der nichtinvertierende Eingang ist fest auf Masse geschaltet. Da zum Aussteuern des Verstärkers nur ein U_D von weniger als 0,1 mV erforderlich ist, liegt der Punkt A praktisch auch an Potential 0 V. Dann gilt für die Ströme:

$$I_I = \frac{U_I}{R1} \qquad\qquad I_R = \frac{-U_Q}{R2}$$

und somit

$$\frac{U_I}{R1} = -\frac{U_Q}{R2}$$

Die Ausgangsspannung ergibt sich zu

$$\boxed{U_Q = -U_I \frac{R2}{R1}}$$

mit dem *Verstärkungsfaktor*

$$\frac{U_Q}{U_I} = -\frac{R2}{R1}$$

$$\boxed{V = -\frac{R2}{R1}} \qquad \text{Voraussetzung: } V \ll V_0$$

U_I Eingangsspannung in V
U_Q Ausgangsspannung in V
V Verstärkung mit Gegenkopplung
V_0 Leerlaufverstärkung

> Die Verstärkung des invertierenden Verstärkers wird durch das Widerstandsverhältnis der Beschaltung festgelegt. Eingangsspannung und Ausgangsspannung verlaufen gegenphasig.

Das Minuszeichen vor dem Bruchstrich gibt die Phasendrehung zwischen Eingang und Ausgang an.

Mit den Widerstandswerten der Beschaltung lassen sich auf einfache Weise Verstärkungsfaktoren von unter 1 bis etwa 1000 konstant festlegen.

Die Widerstände $R1$ und $R2$ haben keinen Einfluß auf die einwandfreie Funktion des Operationsverstärkers. Zwischen seinem Eingang und Ausgang herrscht immer noch die volle Leerlaufverstärkung V_0. Weil diese hohe Verstärkung wirksam und der Eingangswiderstand sehr hoch ist, dürfen die Eingangsgrößen i_I und U_D in der Rechnung vernachlässigt werden.

Beispiel: Ein Umkehrverstärker erhält die Beschaltung $R1 = R2 = 22\ \text{k}\Omega$

a) Wie groß ist die Verstärkung?
b) Wie hoch ist die Ausgangsspannung, wenn der Rückführwiderstand in $R2 = 100\ \text{k}\Omega$ geändert wird und eine Eingangsspannung von $U_I = 2$ V anliegt?

gegeben:

a) $R1 = 22\ \text{k}\Omega$
$R2 = 22\ \text{k}\Omega$
b) $R1 = 22\ \text{k}\Omega$
$R2 = 100\ \text{k}\Omega$
$U_I = 2$ V

gesucht: a) V
b) U_Q

Lösung a):

$$V = -\frac{R2}{R1} = -\frac{22\ \text{k}\Omega}{22\ \text{k}\Omega} = \underline{-1}$$

Lösung b):

$$V = -\frac{R2}{R1} = -\frac{100\ \text{k}\Omega}{22\ \text{k}\Omega} = -4{,}55$$

$$U_Q = -U_I \cdot V = -2\ \text{V} \cdot 4{,}55 = \underline{-9{,}1\ \text{V}}$$

Eingangs- und Ausgangswiderstand

Der Umkehrverstärker hat für eine Signalquelle und für eine angeschlossene Last einen anderen Eingangs- und Ausgangswiderstand als der unbeschaltete Operationsverstärker:

$$R_{ein} \approx R1$$

$$R_{aus} \approx R_Q \cdot \frac{V}{V_0}$$

R_{ein} Eingangswiderstand mit Gegenkopplung in kΩ
R_{aus} Ausgangswiderstand mit Gegenkopplung in Ω
R_Q Ausgangswiderstand des OP in Ω
$R1$ Beschaltungswiderstand im Eingang in kΩ
V Verstärkung mit Gegenkopplung
V_0 Leerlaufverstärkung

Durch die Gegenkopplung wird der Ausgangswiderstand stark verkleinert. Der Verstärker stellt so eine nahezu ideale Spannungsquelle für eine nachgeschaltete Last dar. Der Eingangswiderstand der Schaltung ist durch den Beschaltungswiderstand $R1$ festgelegt. Er bildet die Last für eine Signalquelle, da der Eingangsstrom I_I durch ihn zum Punkt A fließt.

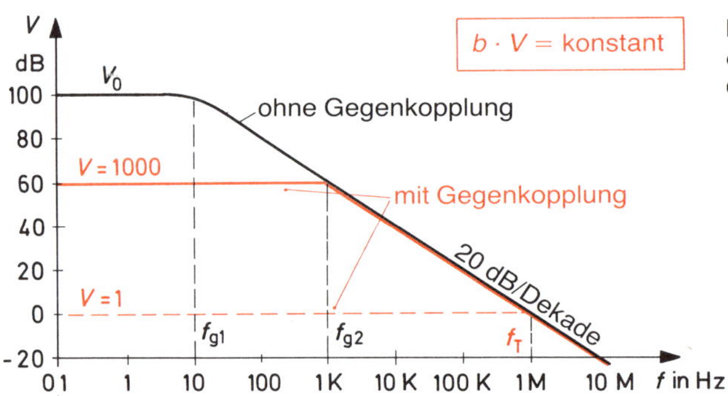

Bild 14.16 Frequenzgang des offenen und des gegengekoppelten Operationsverstärkers

Frequenzverhalten

Wie schon in Bild 14.13 gezeigt wurde, haben unbeschaltete Operationsverstärker eine hohe Verstärkung, aber eine niedrige Grenzfrequenz. Am Beispiel des Verstärkers Typ 741 ergibt der kompensierte Frequenzgang eine obere Grenzfrequenz von 10 Hz. Bei steigender Signalfrequenz fällt die Leerlaufverstärkung des offenen OP mit 20 dB je Frequenzdekade ab. Bei der sogenannten Transitfrequenz f_T = 1 MHz hat die zugehörige Verstärkung nur noch den Wert 1. Die Frequenzgangkurve verläuft hier durch den Verstärkungswert 0 dB, was gleichbedeutend mit 1 ist (Transitfrequenz = Durchtrittsfrequenz durch 0 dB). In Bild 14.16 wird dargestellt, wie der Frequenzgang des gegengekoppelten Verstärkers vom Typ 741 verläuft. Die Beschaltung als Gegenkopplung führt zu einer Verminderung der Verstärkung, die obere Grenzfrequenz erhöht sich jedoch. Die Bandbreite b wird größer. Sie ist abhängig von der Betriebsverstärkung. Bei einer Verstärkung von

$V_0 = 100$ dB beträgt die Bandbreite nur 10 Hz, bei $V = 60$ dB ist sie auf 1 kHz angestiegen, bei $V = 1$ beträgt sie 1 MHz und ist gleich der Transitfrequenz. Aus der Frequenzgangkurve des offenen Verstärkers läßt sich die obere Grenzfrequenz und damit die Bandbreite des gegengekoppelten Verstärkers einfach ermitteln, indem die Betriebsverstärkung in das Diagramm eingezeichnet wird. Der Schnittpunkt mit der Frequenzgangkurve ergibt dann die neue Grenzfrequenz der Schaltung. Beträgt der Verstärkungsabfall, wie in diesem Beispiel, 20 dB je Dekade, so läßt sich die Bandbreite mit Gegenkopplung auch berechnen, da das Produkt Bandbreite mal Verstärkung konstant ist:

$$b \cdot V = \text{konstant} = f_T \cdot 1$$

$$\boxed{b = \frac{f_T}{V}}$$

b Bandbreite in Hz
V Verstärkung mit Gegenkopplung
f_T Transitfrequenz in MHz

> Der gegengekoppelte Operationsverstärker hat eine höhere Grenzfrequenz und Bandbreite. Sie sind abhängig vom Verstärkungsfaktor.

Umkehrverstärker mit einstellbarer Verstärkung

Für Anwendungen in der Meß- und Regelungstechnik wird oft ein Verstärker gefordert, dessen Verstärkungsfaktor in gewissen Grenzen einstellbar sein muß. Dies kann nach Bild 14.17 durch ein Rückführpotentiometer R_P, das im Rückkopplungszweig liegt, erreicht werden. Dabei wird für den Rückführwiderstand $R2$ eine Teilausgangsspannung U_T am Potentiometer abgegriffen. Damit der vorgegebene Rückführstrom durch $R2$ fließen kann, muß der Verstärker eine höhere Ausgangsspannung erzeugen, als wenn $R2$ direkt an den Ausgang angeschlossen sein würde. Die Verstärkung erhöht sich also, wenn der Potentiometer-Schleifer in Richtung 0 V verstellt wird. Die Grundverstärkung, die durch die Widerstände $R2$ und $R1$ festgelegt ist, kann auf diese Weise noch um einen Faktor k erhöht werden:

$$\boxed{V = -\frac{R2}{R1} \cdot k} \qquad \text{mit} \qquad k = \frac{U_Q}{U_T} = \frac{R_P + 0{,}1\,R_P}{R_T}$$

Der Faktor k ergibt sich aus dem Spannungsteilerverhältnis am Potentiometer. Der Restwiderstand, der mit dem Potentiometer in Reihe liegt, verhindert, daß die Rückführung an 0 V gelegt wird, wodurch die Gegenkopplung unwirksam wird. Bei der angegebenen Dimensionierung in Bild 14.17 kann die Grundverstärkung $-R2/R1$ um den Faktor $k = 1$ bis 11 vergrößert werden ($V_{min} = -3$, $V_{max} = -33$).

Kompensation des Eingangsstromfehlers

Der in Bild 14.17 zwischen dem nichtinvertierenden Eingang und Masse liegende Widerstand $R3$ dient zur Kompensation des Fehlers, der durch die Eingangsruheströme in den Verstärkereingängen auftritt. Bei hohen Verstärkungsfaktoren macht sich dieser wenn auch geringe Fehler bemerk-

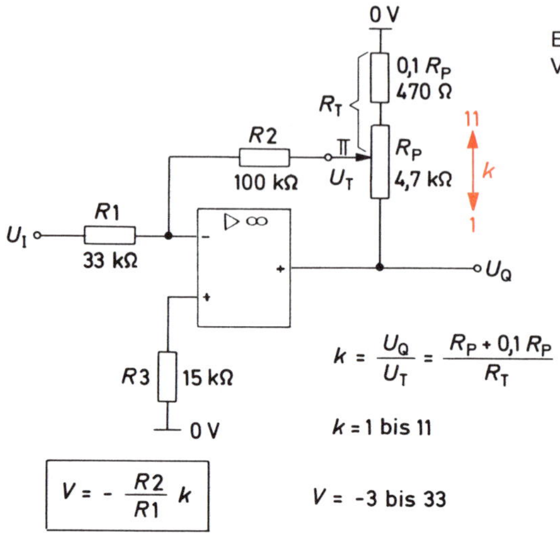

Bild 14.17 Umkehrverstärker mit einstellbarer Verstärkung

bar. Er kann in gewissen Grenzen beseitigt werden, wenn der Widerstand $R3$ so ausgelegt wird, daß er dem Ersatzwiderstand der parallelgeschalteten Beschaltungswiderstände $R1$ und $R2$ entspricht.

$$\text{Kompensationswiderstand } R3 \approx \frac{R1 \cdot R2}{R1 + R2}$$

Diese Auslegungsvorschrift gilt für alle invertierenden Verstärker, auch wenn kein Rückführpotentiometer vorhanden ist.

Anwendung des invertierenden Verstärkers

Dieser Verstärkertyp wird häufig in der Meß- und Regelungstechnik verwendet. Sein Vorteil ist die Möglichkeit, Verstärkungsfaktoren kleiner als eins zu erreichen. Der Operationsverstärker wird nicht im Gleichtaktbetrieb angesteuert, so daß sich keine hohen Anforderungen an die Gleichtaktunterdrückung ergeben. In Reglerschaltungen wird der invertierende Verstärker als Proportionalregler eingesetzt. Bei Erweiterung der Eingangsbeschaltung kann er als Summierverstärker betrieben werden (Abschnitt 14.2.5).

14.2.3 Nichtinvertierender Verstärker

Der nichtinvertierende Verstärker ist ein gegengekoppelter Operationsverstärker, der im Betrieb am Ausgang eine Spannung führt, die dasselbe Vorzeichen wie die Eingangsspannung hat. Bei Wechselspannungssignalen verlaufen Eingangs- und Ausgangsspannung in Phase.

Die äußere Beschaltung besteht auch hier nur aus den zwei Widerständen $R1$ und $R2$ und stellt die Gegenkopplung dar (Bild 14.18). Mit ihr wird die Verstärkung der Schaltung festgelegt.

Eine Spannung am nichtinvertierenden Eingang steuert den Verstärkerausgang in derselben Polarität auf. Die beiden Widerstände $R1$ und $R2$ bilden einen Spannungsteiler. Ein Teil der Ausgangsspannung U_Q wird über diesen Spannungsteiler zum invertierenden Eingang zurückgeführt. Die Schaltung erreicht einen stabilen Betriebspunkt, wenn die Ausgangsspannung so groß geworden ist, daß die rückgekoppelte Teilspannung U_1 die Größe der vorgegebenen Eingangsspannung U_I angenommen hat. Für den Abgleich sorgt der Operationsverstärker.

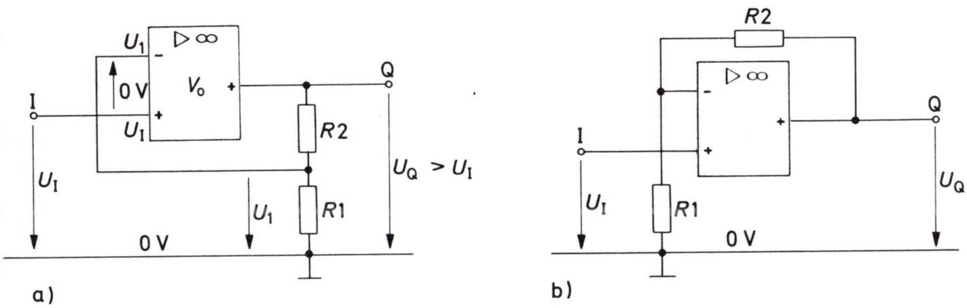

Bild 14.18 Nichtinvertierender Verstärker a) rückgeführte Teilspannung U_1
b) übliche Darstellung

Ändert sich die Eingangsspannung U_I, so wird die Ausgangsspannung U_Q gleichsinnig so nachgeführt, daß an den beiden Eingängen immer die Spannungsdifferenz 0 V erhalten bleibt. Der ideale OP braucht zum Aussteuern keine Differenzspannung zwischen den Eingängen. Der Operationsverstärker arbeitet also wie ein Spannungsregler, der über seinen Ausgang die zurückgeführte Teilspannung U_1 selbsttätig nachstellt und zwischen dem «Sollwert» U_I und dem «Istwert» U_1 Abgleich herbeiführt.

> Eingangsspannung U_I und Rückführspannung U_1 sind gleich groß.
> Die beiden Differenzeingänge führen immer dasselbe Potential.

Aus der Bedingung, daß die Potentialdifferenz immer null sein muß, läßt sich die Höhe der Verstärkung berechnen. Es gilt:

$$U_1 = U_I$$

Beide Spannungen führen dasselbe Vorzeichen. U_1 läßt sich über die Spannungsteilerformel mit $R1$ und $R2$ berechnen:

$$U_1 = U_Q \cdot \frac{R1}{R1 + R2}$$

Die Verstärkung der Schaltung ist

$$V = \frac{U_Q}{U_I} = \frac{U_Q}{U_1}$$

Für U_1 wird die Spannungsteilerformel eingesetzt:

$$V = \frac{U_Q\,(R1 + R2)}{U_Q \cdot R1}$$

$$V = \frac{R1 + R2}{R1} = 1 + \frac{R2}{R1}$$

Verstärkung des nichtinvertierenden Verstärkers

Die Ausgangsspannung ergibt sich zu

$$U_Q = V \cdot U_I$$

$$\boxed{U_Q = U_I\left(1 + \frac{R2}{R1}\right)}$$

U_Q Ausgangsspannung in V
U_I Eingangsspannung in V

Die Formel und Bild 14.18 zeigen, daß die Ausgangsspannung U_Q immer gleich oder größer als die Eingangsspannung U_I sein muß.

> Die Verstärkung des nichtinvertierenden Verstärkers wird durch das Spannungsteilerverhältnis der äußeren Beschaltung aus $R1$ und $R2$ festgelegt.
> Die Verstärkung kann nie kleiner als 1 sein.
> Eingangsspannung und Ausgangsspannung führen dasselbe Vorzeichen.

Durch entsprechende Dimensionierung der Widerstände $R1$ und $R2$ läßt sich die Verstärkung in weiten Grenzen von 1 bis etwa 1000 festlegen. Sind z.B. die Widerstandswerte gleich groß, so hat die Schaltung eine Verstärkung von 2.

Beispiel: Ein nichtinvertierender Verstärker erhält die Beschaltung $R1 = 22\ \text{k}\Omega$ und $R2 = 100\ \text{k}\Omega$.

a) Wie groß ist die Verstärkung?
b) Wie hoch ist die Ausgangsspannung bei einer Eingangsspannung von 2 V?

Gegeben: $R1 = 22\ \text{k}\Omega$ gesucht: a) V
$R2 = 100\ \text{k}\Omega$ b) U_Q

Lösung:

$$\text{a) } V = 1 + \frac{R2}{R1} = 1 + \frac{100\ \text{k}\Omega}{22\ \text{k}\Omega} = \underline{5{,}55}$$

$$\text{b) } U_Q = V \cdot U_I = 5{,}55 \cdot 2\ \text{V} = \underline{11{,}1\ \text{V}} \quad \text{(Bild 14.19)}$$

Das Zahlenbeispiel in Bild 14.19 zeigt, daß beide Eingänge des OP eine Spannung von 2 V führen. Bei höherer Aussteuerung steigt die Spannung an den Eingängen proportional mit an. Der Verstärker wird im Gleichtaktbetrieb angesteuert und muß neben einer möglichst hohen Leerlaufverstärkung auch eine möglichst hohe Gleichtaktunterdrückung haben, sonst ergibt sich ein Spannungsfehler am Ausgang, der durch die unerwünschte Gleichtaktverstärkung hervorgerufen wird.

> Der nichtinvertierende Betrieb mit Gegenkopplung ist nur fehlerfrei möglich, wenn der Operationsverstärker eine hohe Gleichtaktunterdrückung hat.

Bild 14.19 Verstärker mit V = 5,55

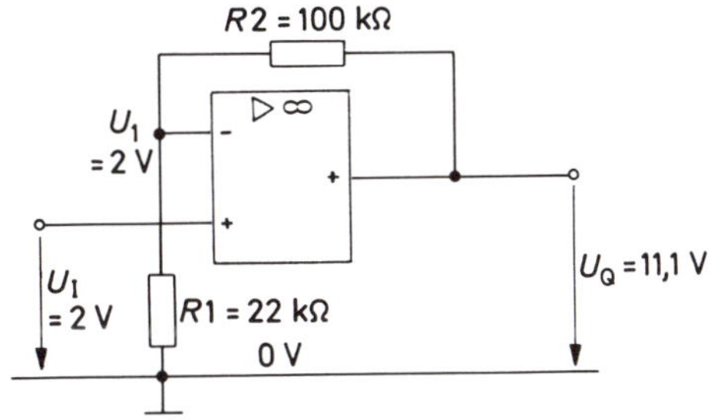

Eingangs- und Ausgangswiderstand

Diese Verstärkerschaltung bietet den häufig erwünschten Vorteil, daß der ohnehin schon hohe Eingangswiderstand R_I des Operationsverstärkers noch weiter vergrößert wird. Er erhöht sich um das Verhältnis Leerlaufverstärkung zu Betriebsverstärkung. Der Ausgangswiderstand der Schaltung ist sehr niedrig und erreicht gleiche Werte wie beim Umkehrverstärker.

$$R_{ein} \approx R_I \frac{V_0}{V}$$

$$R_{aus} \approx R_Q \frac{V}{V_0}$$

R_{ein} Eingangswiderstand der Schaltung in MΩ
R_{aus} Ausgangswiderstand der Schaltung in Ω
R_I Eingangswiderstand des OP in MΩ
R_Q Ausgangswiderstand des OP in Ω
V_0 Leerlaufverstärkung
V Verstärkung mit Gegenkopplung

Einstellbare Verstärkung

Ähnlich wie beim Umkehrverstärker kann auch dieser Verstärkertyp mit einer einstellbaren Verstärkung ausgeführt werden, indem das Spannungsteilerverhältnis in der Rückführung mit einem Potentiometer veränderbar gemacht wird. Bei der Schaltung in Bild 14.20 ergibt sich als kleinste Verstärkung $V_{min} = 1$ und als größte Verstärkung $V_{max} = 11$.

Bild 14.20 Nichtinvertierender Verstärker mit einstellbarer Verstärkung

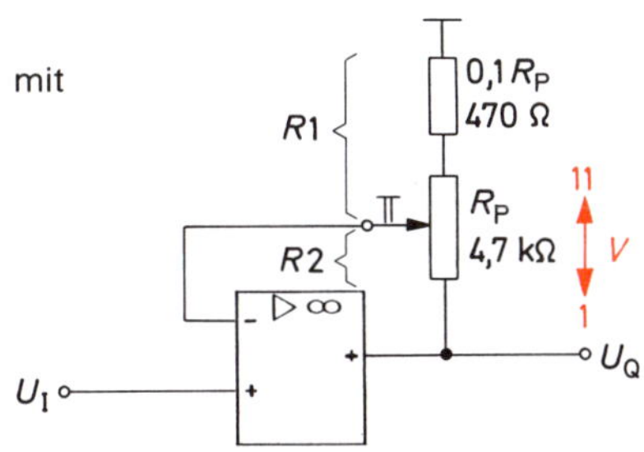

$$V = 1 + \frac{R2}{R1}$$

a) $R_2 = 0\,\Omega \quad V_{min} = 1$

b) $R_2 = 10 \cdot R1 \quad V_{max} = 1 + \frac{10\,R1}{R1} = 11$

Tabelle 14.4 Vergleich zwischen invertierendem und nichtinvertierendem Verstärker

	Invertierender Verstärker (Bild 14.15)	Nichtinvertierender Verstärker (Bild 14.18)
Verstärkung	$V = -\frac{R\,2}{R\,1}$	$V = 1 + \frac{R\,2}{R\,1}$
Phasendrehung	$\varphi = 180°$	$\varphi = 0°$
Gleichtaktansteuerung	nein	ja
Eingangswiderstand	$R_{ein} \approx R\,1$	$R_{ein} \approx R_I \frac{V_o}{V}$
Ausgangswiderstand	$R_{aus} \approx R_Q \frac{V}{V_o}$	$R_{aus} \approx R_Q \frac{V}{V_o}$
Grenzfrequenz (Bandbreite)	$f_g = b = \frac{f_T}{V}$	$f_g = b = \frac{f_T}{V}$
Übertragungskennlinie $U_Q = F(U_I)$	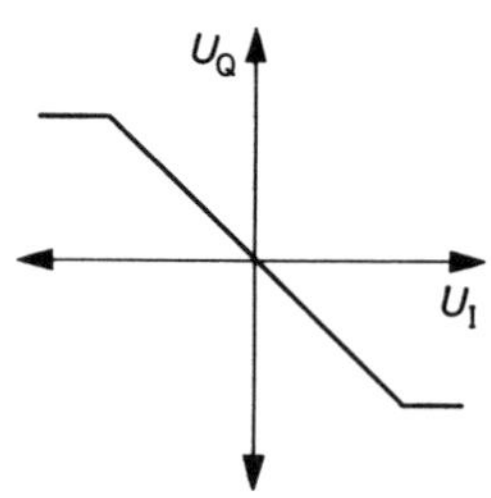	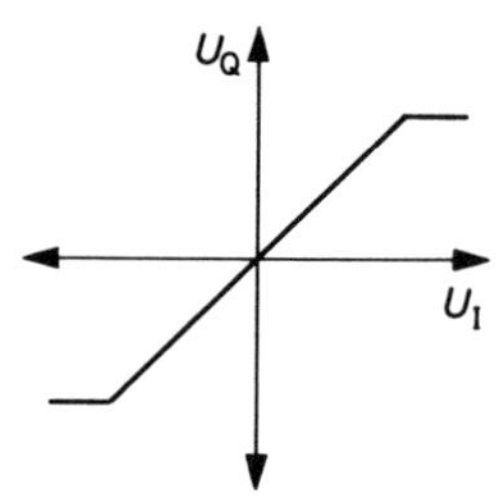

Anwendung des nichtinvertierenden Verstärkers

Dieser Verstärker wird hauptsächlich in der Meß- und Regelungstechnik, Industrieelektronik und NF-Technik verwendet. Sein Vorteil ist der sehr hohe Eingangswiderstand. Als Gleichspannungsverstärker wird er auch *Elektrometerverstärker* genannt. Eine Signalspannungsquelle wird praktisch nicht belastet. In geregelten Netzgeräten findet man ihn als Spannungsregler, da an seinen Differenzeingängen ein direkter Soll-Ist-Spannungsvergleich möglich ist. In der NF-Technik wird die Grundschaltung zum Aufbau von aktiven Frequenzfiltern eingesetzt.

14.2.4 Impedanzwandler

Eine Sonderform des nichtinvertierenden Verstärkers ist der Impedanzwandler, auch *Spannungsfolger* genannt (Bild 14.21). Die Schaltung hat eine Verstärkung von $V = 1$ ohne Vorzeichenumkehr.

Bild 14.21 Impedanzwandler (Spannungsfolger)

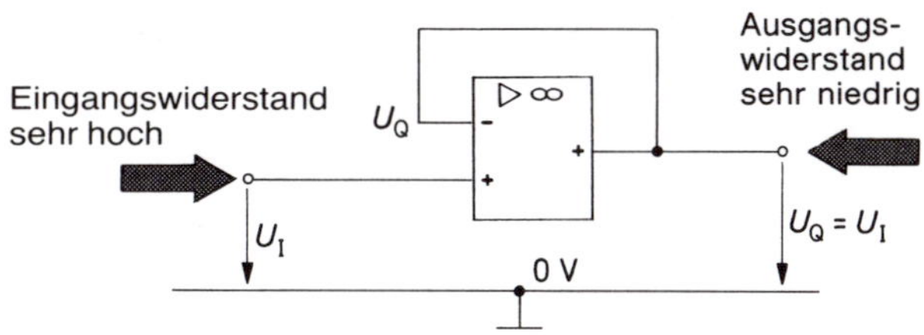

$$V = \frac{U_Q}{U_I} = 1$$

Die Beschaltung des Operationsverstärkers enthält keine Widerstände. Ohne Spannungsteilung wird hier die Ausgangsspannung direkt auf den invertierenden Eingang zurückgeführt. Dadurch ergibt sich eine hundertprozentige Gegenkopplung des Verstärkers. Die Ausgangsspannung U_Q muß dann immer den Wert der Eingangsspannung U_I annehmen, damit am Differenzeingang die geforderte Spannungsdifferenz 0 V erhalten bleibt. Das Ausgangssignal ist mit dem Eingangssignal identisch.

Die allgemeine Verstärkungsformel

$$V = 1 + \frac{R2}{R1}$$

des nichtinvertierenden Verstärkers vereinfacht sich zu

$$\boxed{V = 1}$$

da bei dieser Schaltung $R2 = 0\ \Omega$ und $R1 = \infty$ sind. Somit ergibt sich

$$\boxed{U_Q = U_I}$$

U_Q folgt immer U_I. Durch diese Eigenschaft hat die Schaltung den Namen Spannungsfolger.

Die Bezeichnung *Impedanzwandler* ergibt sich aus der weit wichtigeren Eigenschaft des Verstärkers. Durch die hundertprozentige Gegenkopplung werden Eingangswiderstand und Ausgangswiderstand des Operationsverstärkers zu extrem günstigen Werten hin verändert.

Der Impedanzwandler ist ein nichtinvertierender Verstärker mit $V = 1$. Die Schaltung hat einen sehr hohen Eingangswiderstand und einen sehr kleinen Ausgangswiderstand.

Nach den Formeln für Ein- und Ausgangswiderstand im vorigen Abschnitt erhält man für den *Eingangswiderstand* dieser Schaltung:

$$R_{ein} \approx R_I \cdot V_0 \qquad \text{z. B.} \quad R_{ein} \approx 2\,\text{M}\Omega \cdot 10^5 = 2 \cdot 10^{11}\,\Omega \text{ (Typ 741)}$$

und für den *Ausgangswiderstand*

$$R_{aus} \approx \frac{R_Q}{V_0} \qquad \text{z.B.} \quad R_{aus} \approx \frac{75\,\Omega}{10^5} = 0{,}75\,\text{m}\Omega \text{ (Typ 741)}$$

Als Impedanzwandler kann die Schaltung als Anpassungsstufe zwischen eine hochohmige Signalquelle und eine niederohmige Last geschaltet werden. Die Signalquelle, deren Klemmenspannung bei direktem Anschluß der Last zusammenbrechen würde, wird durch den sehr hochohmigen Eingang des Impedanzwandlers kaum belastet. Die Last sieht im Verstärkerausgang dagegen eine praktisch ideale Spannungsquelle mit Innenwiderstand nahe null.

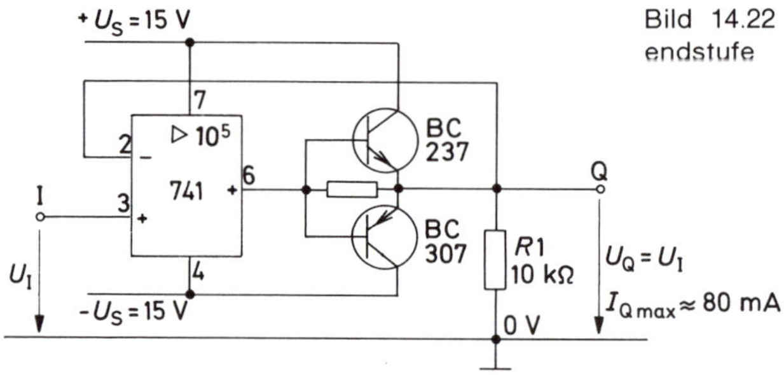

Bild 14.22 Spannungsfolger mit Gegentaktendstufe

Bild 14.22 zeigt einen Impedanzwandler bzw. Spannungsfolger als Leistungsverstärker mit zusätzlicher externer Gegentakt-Leistungsendstufe. Die rückgekoppelte Spannung wird am Ausgang der Endstufe abgenommen. Dadurch liegen die Basis-Emitter-Strecken der Leistungstransistoren mit im Gegenkopplungszweig. Die Schwellspannungen der Basis-Emitter-Dioden machen sich hierdurch nicht bemerkbar. Die Ausgangsspannung U_Q folgt direkt der Eingangsspannung U_I. Durch den Typ der Komplementärtransistoren wird der Ausgangsstrom der Schaltung festgelegt.

14.2.5 Summierverstärker

Der Summierverstärker ist ein gegengekoppelter Operationsverstärker, der aus zwei oder mehr Eingangsspannungen eine Summe bilden und gleichzeitig verstärken kann. Die Schaltung wird auch *Summierer* oder *Addierer* genannt. Die Ausgangsspannung hat das entgegengesetzte Vorzeichen der Spannungssumme an den Eingängen.

Die Schaltung stellt eine Erweiterung des invertierenden Verstärkers aus Abschnitt 14.2.2 dar. Gegenüber dem einfachen Umkehrverstärker ist hier die Eingangsbeschaltung auf zwei oder mehr Eingänge erweitert worden.

Bild 14.23 zeigt einen Summierverstärker mit drei Eingängen. Die Eingangsbeschaltung besteht aus den drei Widerständen $R11$, $R12$ und $R13$. Zusammen mit dem Rückführwiderstand $R2$ ergibt sich eine Gegenkopplung und für jede einzelne Eingangsspannung ein Verstärkungsfaktor.

Die Arbeitsweise der Schaltung geht weitgehend aus der schon in Abschnitt 14.2.2 beschriebenen Funktion des invertierenden Verstärkers hervor. Die Eingangsspannungen ergeben einen Eingangsstrom I_I, der den Verstärker ansteuert. Der Verstärker gleicht über seine Ausgangsspannung U_Q seinen Rückführstrom I_R immer auf die Größe des Summeneingangsstroms I_I ab. Dieser ist eine Summe aus den Eingangsströmen I_1 bis I_3. In der Schaltung werden also die Eingangsströme addiert. Die Stromsumme ergibt eine proportionale Ausgangsspannung U_Q.

Bild 14.23 Summierverstärker

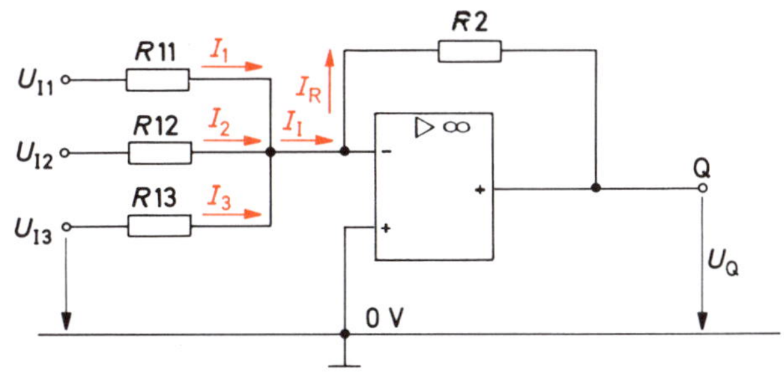

Die Größe der Ausgangsspannung läßt sich über die Ströme berechnen. Es muß gelten:

$$I_R = I_I \qquad \text{mit} \qquad I_I = I_1 + I_2 + I_3$$

$$I_R = I_1 + I_2 + I_3$$

Der Summierpunkt liegt als scheinbarer Massepunkt praktisch auf Potential 0 V. Dann kann für alle Ströme geschrieben werden:

$$-\frac{U_Q}{R2} = \frac{U_{I1}}{R11} + \frac{U_{I2}}{R12} + \frac{U_{I3}}{R13}$$

Nach Umstellung der Gleichung erhält man die Ausgangsspannung des Summierverstärkers:

$$-U_Q = \frac{R2}{R11}\,U_{I1} + \frac{R2}{R12}\,U_{I2} + \frac{R2}{R13}\,U_{I3}$$

Die Formel zeigt, daß jede Eingangsspannung mit einem Verstärkungsfaktor multipliziert wird und dann die Summe gegenphasig am Verstärkerausgang als U_Q erscheint. Der jeweilige Verstärkungsfaktor ergibt sich bei der einzelnen Spannung aus dem Verhältnis Rückführwiderstand zu Eingangswiderstand.

Die Formel vereinfacht sich, wenn die Eingangswiderstände dieselben Werte haben. Dann sind:

$$R11 = R12 = R13 = R1$$

Die Ausgangsspannung ist dann

$$-U_Q = \frac{R2}{R1}(U_{I1} + U_{I2} + U_{I3}) \qquad \text{mit} \quad \frac{R2}{R1} = V$$

$$\boxed{-U_Q = V(U_{I1} + U_{I2} + U_{I3})}$$

Wird der Rückführwiderstand gleich den Eingangswiderständen gewählt, so ist der gemeinsame Verstärkungsfaktor $V = 1$. Die Ausgangsspannung ist dann die direkte, gegenphasige Summe der Eingangsspannung:

$$\boxed{-U_Q = U_{I1} + U_{I2} + U_{I3}} \qquad R11 = R12 = R13 = R2$$

> Der Summierverstärker ist ein invertierender Rechenverstärker und bildet die Summe seiner Eingangsspannungen. Das Rechenergebnis erscheint gegenphasig am Verstärkerausgang.

Dabei spielt es keine Rolle, welches Vorzeichen die Eingangsspannungen führen. Der Summierer rechnet immer vorzeichenrichtig.

Die Schaltung kann beliebig viele Eingänge für Summanden haben.

Beispiel: Ein Summierer wird mit den Spannungen $U_{I1} = 1$ V, $U_{I2} = -4$ V und $U_{I3} = 10$ V angesteuert. Die Beschaltung besteht aus gleich hohen Widerständen von 33 kΩ. Wie hoch ist die Ausgangsspannung?

Gegeben: $U_{I1} = 1$ V $\qquad R11 = R12 = R13 = R2 = 33$ kΩ
$U_{I2} = -4$ V
$U_{I3} = 10$ V

Gesucht: Ausgangsspannung U_Q

Lösung: $V = \frac{R2}{R11} = \frac{R2}{R12} = \frac{R2}{R13} = \frac{33\ \text{k}\Omega}{33\ \text{k}\Omega} = 1$

$$-U_Q = V(U_{I1} + U_{I2} + U_{I3})$$

$$-U_Q = 1\ \text{V} - 4\ \text{V} + 10\ \text{V} = 7\ \text{V}$$

$$U_Q = \underline{-7\ \text{V}}$$

Anwendung des Summierverstärkers

Diese Grundschaltung als Summierer ist die älteste Anwendung des Operationsverstärkers in Analogrechnern. Mit zwei Eingängen wird der Summierer häufig in der Regelungstechnik (z.B. Antriebsregelungen) als Proportionalregler eingesetzt, wo an seinem Eingang der positive Sollwert mit dem negativen Istwert verglichen wird. Dabei können im Reglereingang auch Zusatzsignale als besondere Sollwerte über weitere Eingänge «dazuaddiert» werden.

Bild 14.24 Summierverstärker als Digital-Analog-Wandler. Umwandlung der Dualzahlen 0 bis $1111_{(2)}$ in eine analoge Spannung U_Q

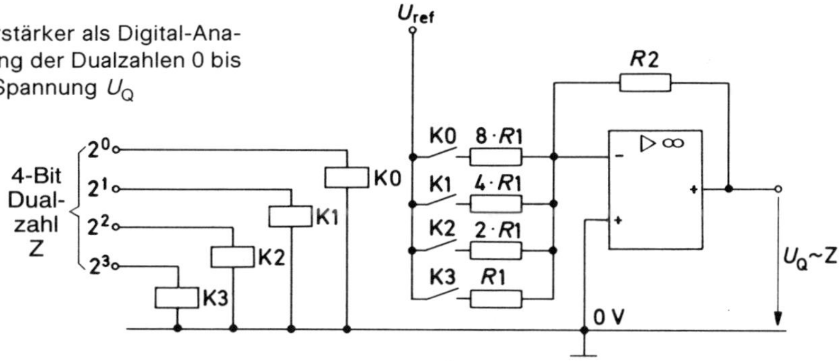

Die Schaltung bietet aber auch die Möglichkeit der Digital-Analog-Umwandlung von Signalen (D/A-Wandler). Für jede Binärstelle eines Digitalwortes hat der Verstärker einen getrennten Summiereingang. Die Bewertung der einzelnen Binärstellen wird durch die Abstufung der Eingangswiderstände erreicht. Am Ausgang erscheint eine analoge Spannung, die der Größe der aufgeschalteten Dualzahl entspricht (Bild 14.24).

14.2.6 Differenzverstärker

Der Differenzverstärker kann aus zwei angelegten Eingangsspannungen eine Differenz bilden. Die Schaltung wird auch *Subtrahierer* genannt.

Bild 14.25 zeigt die Grundschaltung des Differenzverstärkers. Die Ausgangsspannung U_Q ist der Spannungsdifferenz $U_{I1} - U_{I2}$ proportional. Mit den Beschaltungswiderständen kann zusätzlich zur Differenzbildung auch eine Verstärkung festgelegt werden.

Die Schaltung stellt eine Kombination aus invertierendem und nichtinvertierendem Verstärkerbetrieb dar. Die Eingangsspannung U_{I1} steuert den nichtinvertierenden Eingang des Operationsverstärkers an, die Eingangsspannung U_{I2} wirkt auf den invertierenden Eingang. Jede der beiden Spannungen möchte für sich den Verstärker aussteuern. Die Schaltung erreicht einen stabilen Betriebspunkt, wenn die Ausgangsspannung U_Q so groß geworden ist, daß an beiden OP-Eingängen gleich großes Potential herrscht, die OP-Differenzspannung also 0 V beträgt. Das Potential am nichtinvertierenden Eingang des OP ist in Größe und Vorzeichen durch die Eingangsspannung U_{I1} vorgegeben. Der Verstärker stellt über seine Ausgangsspannung dasselbe Potential am invertierenden Eingang her (Gleichtaktansteuerung). Ändert sich am Eingang die Spannungsdifferenz $U_{I1} - U_{I2}$, so wird die Ausgangsspannung U_Q so nachgeführt, daß am OP-Eingang die Spannungsdifferenz 0 V erhalten bleibt. Man kann auch sagen, der Operationsverstärker wandelt jede Spannungsdifferenz am Schaltungseingang in eine Spannungsdifferenz 0 V am OP-Eingang um.

Bild 14.25 Differenzverstärker

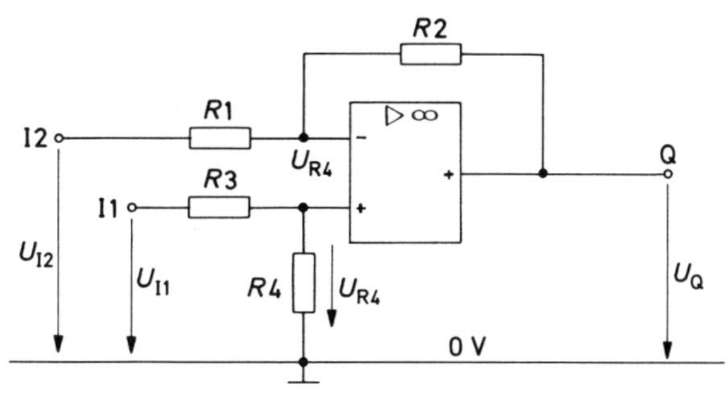

Die Größe der Ausgangsspannung läßt sich ableiten, wenn man zunächst die Ansteuerung über nur einen Eingang betrachtet:

Wird nur der Eingang I1 angesteuert und liegt der Eingang I2 auf Masse, so liegt der *nichtinvertierende Betrieb* vor. Wird dagegen der Eingang I2 angesteuert und liegt der Eingang I1 auf Masse, so bedeutet dies *invertierender Betrieb*.

Beide Betriebsarten *überlagern* sich, wenn beide Eingänge Spannung führen. Dann ergibt sich aus beiden Verstärkerformeln die Ausgangsspannung des Differenzverstärkers:

$$U_Q = \underbrace{\frac{R4}{R3 + R4} \cdot \frac{R1 + R2}{R1} U_{I1}}_{\text{nichtinvertierender Betrieb}} - \underbrace{\frac{R2}{R1} U_{I2}}_{\text{invertierender Betrieb}}$$

Die Widerstandsverhältnisse in der Formel sind Verstärkungsfaktoren, mit denen jede Eingangsspannung getrennt multipliziert wird. Die Ausgangsspannung U_Q ist die Differenz aus diesen beiden Signalen.

Die Formel vereinfacht sich, wenn jeweils zwei Widerstandspaare gewählt werden, was in der Praxis üblich ist:

$$R1 = R3 \quad R2 = R4 \quad \text{oder} \quad \frac{R2}{R1} = \frac{R4}{R3} = V$$

Die Ausgangsspannung ist dann

$$U_Q = \frac{R2}{R1}(U_{I1} - U_{I2}) \quad \text{mit} \quad \frac{R2}{R1} = V$$

$$U_Q = V(U_{I1} - U_{I2})$$

Eine Spannungsdifferenz wird um einen gemeinsamen Faktor V verstärkt und erscheint als U_Q am Ausgang.

Werden alle vier Widerstände gleich groß gewählt, so ist der gemeinsame Verstärkungsfaktor $V = 1$. Die Ausgangsspannung entspricht dann der direkten Differenz der Eingangsspannungen:

$$U_Q = U_{I1} - U_{I2} \qquad R1 = R2 = R3 = R4 \quad V = 1$$

Der Differenzverstärker bildet die Differenz aus zwei Eingangsspannungen. Das Rechenergebnis erscheint direkt oder verstärkt am Verstärkerausgang.

Wie auch beim Summierverstärker, können die Eingangsspannungen beliebiges Vorzeichen führen. Der Differenzverstärker rechnet immer vorzeichenrichtig.

Die Wirkungsweise des Subtrahierers läßt sich an zwei einfachen Zahlenbeispielen zeigen:

Bild 14.26 Subtrahierer mit Verstärkung 1

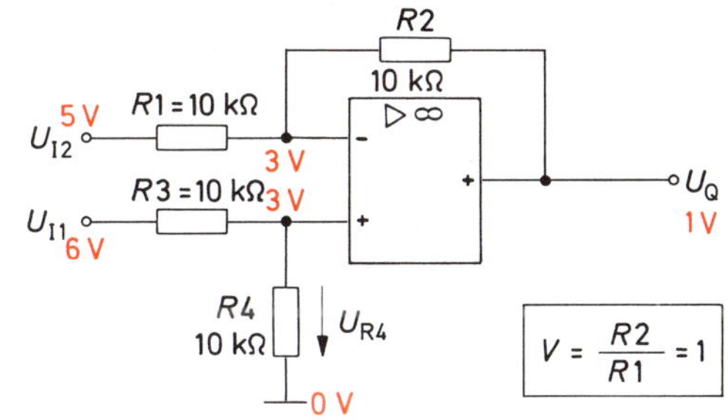

Beispiel 1: Die Beschaltung eines Subtrahierers besteht aus 4 gleich großen Widerständen von je 10 kΩ. An den Eingängen liegen die Spannungen $U_{I1} = 6$ V und $U_{I2} = 5$ V (Bild 14.26).

a) Wie groß ist die Ausgangsspannung U_Q?

b) Mit welcher Gleichtaktspannung wird der OP angesteuert?

Gegeben:
$R1 = R2 = R3 = R4 = 10$ kΩ
$U_{I1} = 6$ V
$U_{I2} = 5$ V

Gesucht:
a) Ausgangsspannung U_Q
b) Gleichtaktspannung $U_{IC} = U_{R4}$

Lösung a):

$$U_Q = V(U_{I1} - U_{I2}) \qquad V = \frac{R2}{R1} = \frac{R4}{R3} = \frac{10\ \text{k}\Omega}{10\ \text{k}\Omega} = 1$$

$$U_Q = 6\ \text{V} - 5\ \text{V} = \underline{1\ \text{V}}$$

Lösung b):

$$U_{R4} = U_{I1} \frac{R4}{R3 + R4} = 6\ \text{V} \frac{10\ \text{k}\Omega}{20\ \text{k}\Omega} = \underline{3\ \text{V}}$$

Durch $U_{I1} = 6$ V wird der nichtinvertierende Eingang mit 3 V angesteuert. Damit der invertierende Eingang auch auf 3-V-Potential liegt, muß am Widerstand $R1$ ein Potentialgefälle von 2 V entstehen. Weil die Widerstände $R1$ und $R2$ einen Spannungsteiler 1 : 1 bilden, muß am Widerstand $R2$ dasselbe Gefälle von 2 V sein. Dies geht nur, wenn der Verstärkerausgang auf $U_Q = 1$ V ausgesteuert wird.

Beispiel 2: Ein Differenzverstärker nach Bild 14.27 hat die Beschaltung $R1 = R3 = 10$ kΩ und $R2 = R4 = 100$ kΩ. An den Eingängen liegen die Spannungen $U_{I1} = 12$ V und $U_{I2} = 13$ V. Wie groß ist die Ausgangsspannung U_Q?

Bild 14.27 Subtrahierer mit Verstärkung 10

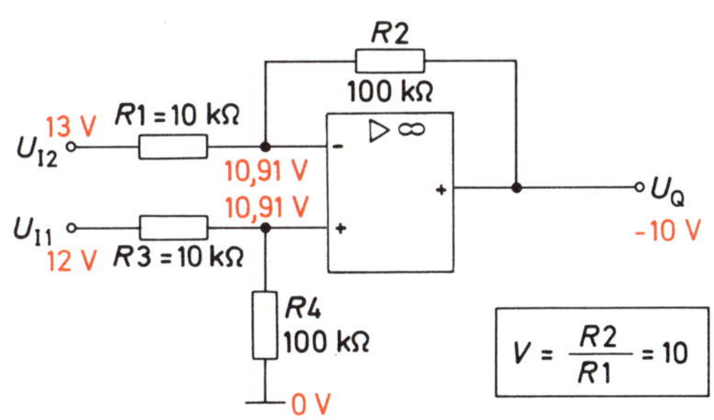

Gegeben:

$R1 = R3 = 10\ \text{k}\Omega$ $\quad U_{I1} = 12\ \text{V}$

$R2 = R4 = 100\ \text{k}\Omega$ $\quad U_{I2} = 13\ \text{V}$

Gesucht:

Ausgangsspannung U_Q

Lösung:

$$U_Q = V(U_{I1} - U_{I2})$$

$$U_Q = 10\,(12\ \text{V} - 13\ \text{V})$$

$$U_Q = \underline{-10\ \text{V}}$$

$$V = \frac{R2}{R1} = \frac{R4}{R3} = \frac{100\ \text{k}\Omega}{10\ \text{k}\Omega} = 10$$

Die Eingangsspannungsdifferenz ist in diesem Fall negativ und wird 10fach verstärkt. Die Gleichtaktspannung am OP-Eingang beträgt hier 10,91 V. Sie ist groß gegen die zu verstärkende Spannungsdifferenz von 1 V. An die Gleichtaktunterdrückung von Operationsverstärkern muß daher in dieser Grundschaltung hohe Anforderung gestellt werden, wenn kleine Spannungsdifferenzen (im mV-Bereich) verstärkt werden sollen. Andernfalls ergeben sich Fehler.

Anwendung des Differenzverstärkers

Diese Grundschaltung wird hauptsächlich in der Meßtechnik eingesetzt, wo kleine Spannungen im Brückenzweig einer Meßbrücke verstärkt werden müssen (Messung nichtelektrischer Größen). Am Verstärkerausgang steht damit eine Spannung ausreichender Höhe gegen Masse zur Verfügung, die für die Meßwertanzeige oder -aufzeichnung weiterverarbeitet werden kann (siehe Grundlagenband, Abschnitt 2.3, und Band Elektrische Meß- und Regeltechnik, Kapitel 6).

In Reglerschaltungen kann der Differenzverstärker als P-Regler eingesetzt werden. Die beiden Eingänge eignen sich für den Anschluß von Sollwert- und Istwertspannung. Die Regeldifferenz ermittelt der Verstärker.

14.2.7 Integrator

Der Integrator, auch *integrierender Verstärker* genannt, ist ein Operationsverstärker mit einer Beschaltung aus Eingangswiderstand R und Rückführkondensator C (Bild 14.28). Die Schaltung erhält durch diese Art der Gegenkopplung ein bestimmtes *Zeitverhalten*.

Die Wirkungsweise der Schaltung beruht auf der Funktion des invertierenden Verstärkers. Eine Eingangsspannung u_I steuert den invertierenden Eingang des OP an. Dieser sorgt über seine Ausgangsspannung u_Q dafür, daß der Strom i_C im Rückführzweig immer die Größe des am Eingang vorgegebenen Eingangsstroms i_I annimmt. Da der Strom i_C durch den Kondensator aber nur fließen kann, wenn sich die Kondensatorspannung ändert, muß sich die Ausgangsspannung u_Q ständig ändern, wenn die Schaltung über eine Eingangsspannung u_I angesteuert wird.

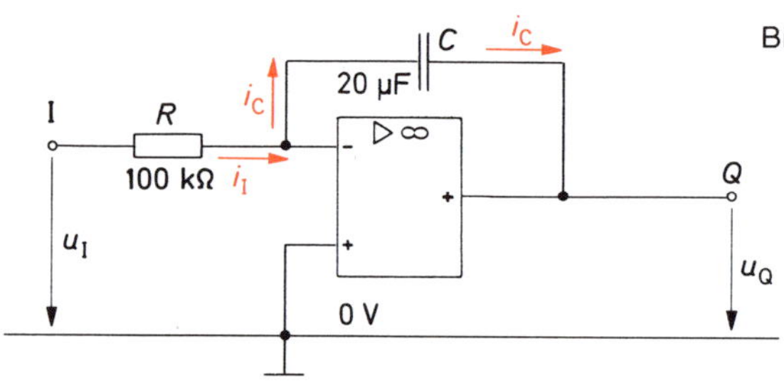

Bild 14.28 Integrator mit Integrierzeit $T_i = 2$ s

Für die Integratorschaltung nach Bild 14.28 gilt:

$$i_C = i_I$$

Da der Kondensator an der Ausgangsspannung u_Q liegt, kann die aufgenommene Ladungsmenge errechnet werden mit:

$$Q = i_C \cdot t = -u_Q \cdot C$$

Die Gleichung nach i_C umgestellt lautet dann:

$$i_C = \frac{-u_Q \cdot C}{t}$$

Für den Eingangsstrom i_I gilt am invertierenden Verstärker:

$$i_I = \frac{u_I}{R}$$

Da beide Ströme gleich groß sein müssen, gilt

$$\frac{-u_Q \cdot C}{t} = \frac{u_I}{R}$$

Die Ausgangsspannung des Integrators ergibt sich zu

$$\boxed{u_Q = -u_I \cdot \frac{1}{R \cdot C} \cdot t}$$

Dann ist die Änderung der Ausgangsspannung

$$\boxed{\Delta u_Q = -u_I \frac{1}{R \cdot C} \cdot \Delta t}$$

u_Q Ausgangsspannung in V
Δu_Q Spannungsänderung am Ausgang in V
u_I Eingangsspannung in V
R Eingangswiderstand in Ω
C Rückführkondensator in F
t Zeit in s
Δt Zeitabschnitt, in dem Δu_Q auftritt

> Die Ausgangsspannung eines Integrators ändert sich mit der Eingangsspannung u_I und der Zeit t.

Das Minuszeichen in der Formel gibt an, daß eine positive Eingangsspannung eine negative Änderung der Ausgangsspannung zur Folge hat und umgekehrt (invertierender Betrieb).

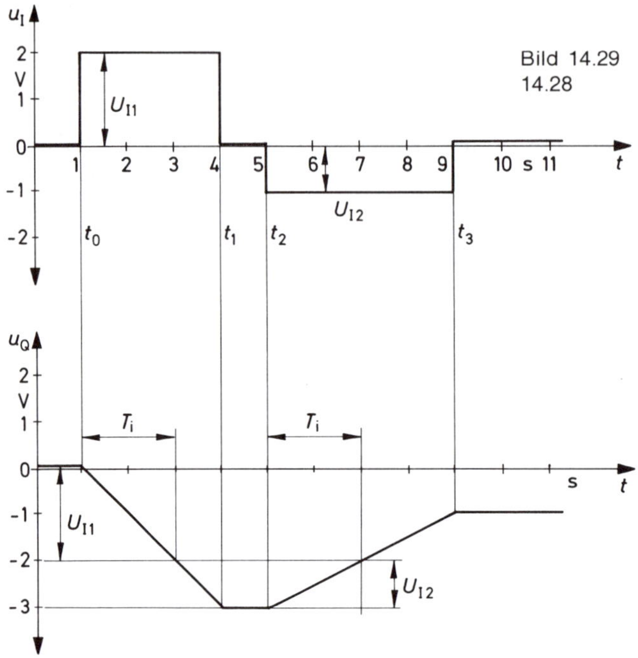

Bild 14.29 Spannungen am Integrator in Bild 14.28

Das *Produkt* $R \cdot C$ in der Formel liegt mit der Beschaltung des Verstärkers fest. Es ist die Integrationszeitkonstante oder *Integrierzeit* T_i des Integrators.

$$T_i = R \cdot C$$

Die Gleichung der Ausgangsspannung lautet dann:

$$u_Q = -u_I \frac{1}{T_i} \cdot t \qquad \text{bzw.} \qquad \Delta u_Q = -u_I \frac{1}{T_i} \cdot \Delta t$$

T_i Integrierzeit in s

Die Funktion des Integrators läßt sich deutlich zeigen, wenn die Schaltung mit einer *konstanten Eingangsspannung* U_I angesteuert wird (Bild 14.29):

Zur Zeit t_0 springt die Eingangsspannung von 0 V auf 2 V. Durch den Eingangswiderstand fließt ein konstanter Strom I_I, wodurch ein konstanter Rückführstrom I_C erforderlich wird. Die Ausgangsspannung u_Q muß daher *kontinuierlich* (linear) mit der Zeit ansteigen, damit ein konstanter Ladestrom für den Kondensator fließt. Die Steigung dieser «rampenförmigen» Ausgangsspannung liegt dabei mit Betrag und Vorzeichen von U_I und der Integrierzeit T_i fest.

Bei der angegebenen Beschaltung errechnet sich T_i zu

$$T_i = R \cdot C = 100\ \text{k}\Omega \cdot 20\ \mu\text{F} = 2000\ \text{ms} = 2\ \text{s}$$

Bei einem Spannungssprung von $U_I = 2$ V muß sich u_Q daher nach $T_i = 2$ s um 2 V geändert haben.

Allgemein gilt für jeden Integrator:

> Die Integrierzeit T_i ist diejenige Zeit, die vergeht, bis sich die Ausgangsspannung u_Q um den Betrag der konstanten Eingangsspannung U_I geändert hat.

Zur Zeit t_1 wird die Eingangsspannung auf $U_I = 0$ V zurückgeschaltet. Die Ausgangsspannung u_Q muß dann den zuletzt erreichten Wert von 3 V beibehalten, da kein Eingangsstrom I_I fließt und damit auch kein Kondensatorladestrom I_C fließen darf. Zur Zeit t_2 springt das Eingangssignal auf $U_I = -1$ V. Die Ausgangsspannung ändert sich wieder und wird positiver. Da die Eingangsspannung nur halb so groß wie im ersten Fall ist, ist jetzt auch die Steigung nur halb so groß. Zur Zeit t_3 muß die Ausgangsspannung wieder ihren gegenwärtigen Wert halten, da der Integrator nicht mehr angesteuert wird.

Bei ständig anstehender Eingangsspannung wird die Ausgangsspannung eines Integrators so lange ansteigen, bis die Sättigungsspannung des Verstärkers erreicht ist. Die Schaltung ist dann übersteuert. Ein Ablösen aus der Übersteuerung ist nur möglich, wenn eine Eingangsspannung entgegengesetzter Polarität angelegt wird.

In der Praxis hat jeder Integrator aufgrund des nicht idealen Operationsverstärkers einen Stromfehler, was zur Folge hat, daß sich die Ausgangsspannung auch bei $u_I = 0$ V ständig langsam ändert und nach einiger Zeit die Übersteuerungsgrenze erreicht. Dieses unbeabsichtigte «Weglaufen» der Ausgangsspannung im Ruhezustand kann verhindert werden, wenn dem Kondensator ein hochohmiger Widerstand parallelgeschaltet wird. Die Ausgangsspannung nimmt so einen definierten Wert an.

Anwendung des Integrators

Diese Grundschaltung wird in der Elektronik immer dann eingesetzt, wenn eine Spannung benötigt wird, die sich nach bestimmten Bedingungen linear mit der Zeit ändern soll. Dies ist z.B. bei Sägezahn- oder Dreiecksgeneratoren der Fall. In der Regelungstechnik wird der Integrator mit zwei Eingängen für Soll- und Istwert ausgeführt und als Integralregler (I-Regler) eingesetzt. In Analogrechnern kann die Schaltung die mathematische Rechenoperation «Integrieren» ausführen.

14.2.8 Differenzierer

Einen differenzierenden Verstärker, auch *Differenzierer* genannt, erhält man, wenn bei einem Integrator die Bauteile R und C vertauscht werden.

Der Wirkungsweise dieser Schaltung liegt die Funktion des invertierenden Verstärkers zugrunde (Bild 14.30). Im Verstärkereingang kann ein Strom i_I nur dann fließen, wenn sich die Eingangsspan-

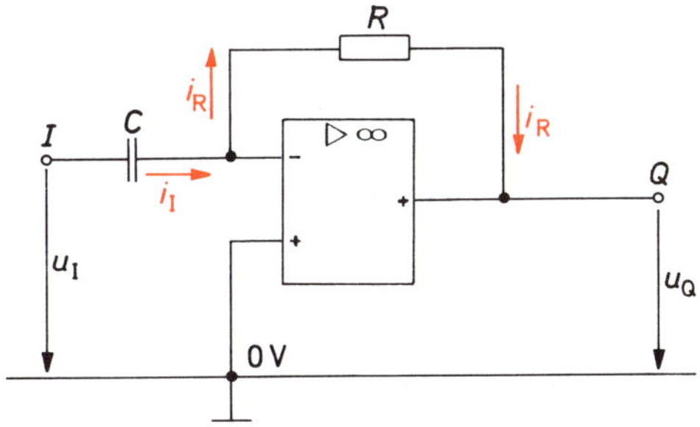

Bild 14.30 Grundschaltung des Differenzierers

nung u_I ändert, da der Kondensator C bei Gleichspannung sperrt. Ein auftretender Eingangsstrom i_I bewirkt über die Gegenkopplung R eine hierzu proportionale Ausgangsspannung u_Q, denn der invertierende Verstärker gleicht immer den Rückführstrom i_R auf die Größe von i_I ab. Ändert sich z. B. die Eingangsspannung u_I rampenförmig, so wird im Eingang ein konstanter Gleichstrom I_I fließen:

$$I_I = C \frac{\Delta u_I}{\Delta t}; \quad \text{es gilt} \quad I_I = I_R$$

Die Ausgangsspannung liegt dann fest mit

$$u_Q = -I_R \cdot R$$

$$\boxed{u_Q = -C \cdot R \frac{\Delta u_I}{\Delta t}}$$

u_Q	Ausgangsspannung in V
u_I	Eingangsspannung in V
Δu_I	Spannungsänderung am Eingang in V
C	Eingangskondensator in F
R	Rückführwiderstand in Ω
t	Zeit in s
Δt	Zeitabschnitt, in dem sich Δu_I ändert

Die Ausgangsspannung eines Differenzierers ist der Änderung seiner Eingangsspannung proportional.

Das Produkt $R \cdot C$ in der Formel liegt mit der Beschaltung des Verstärkers fest. Es ist die Differenzier-Zeitkonstante T_D des Differenzierers.

$$\boxed{T_D = R \cdot C} \qquad \boxed{u_Q = -T_D \frac{\Delta u_I}{\Delta t}}$$

T_D Differenzier-Zeitkonstante in s.

Mit $T_D = R \cdot C$ kann der Spannungshub am Ausgang, bezogen auf eine bestimmte Signaländerung am Eingang, festgelegt werden. T_D wirkt also wie ein Verstärkungsfaktor.

Die Formel für u_Q zeigt, daß ein idealer Spannungssprung als unendlich große Spannungsänderung am Eingang auch eine unendlich hohe Ausgangsspannung u_Q zur Folge haben müßte. Dies ist in der Praxis nicht möglich, da der Verstärker dann übersteuert ist.

Anwendung des Differenzierers

Der differenzierende Verstärker als aktives Differenzierglied wird eingesetzt, wenn die Änderung (Steigung) eines Eingangssignals benötigt wird. Dies kann z.B. bei Beschleunigungsmessungen von Antrieben oder Fahrzeugen der Fall sein. Bei Reglern wird mit dieser Grundschaltung ein Vorhalt (D-Anteil) für PD- oder PID-Regler realisiert. In der NF-Nachrichtentechnik bildet der Differenzierer die Grundschaltung für verschiedene Frequenzfilterarten mit Hochpaßverhalten.

14.2.9 Anwendung ohne Rückführung — Komparator

Die hohe Leerlaufverstärkung des OP bewirkt, daß schon Bruchteile eines Millivolt am Differenzeingang den Ausgang bis auf 10 V oder höher aussteuern. Diese grundsätzliche Eigenschaft führt zu einer besonderen Anwendung des offenen Verstärkers, des Operationsverstärkers ohne Rückführung. Hierbei wird die Leerlaufverstärkung V_0 benutzt, um den Verstärker bewußt zu übersteuern. Der OP kann im *Schaltbetrieb* eingesetzt werden. Die Grundschaltung heißt *Spannungsvergleicher* oder Komparator (to compare = engl. vergleichen).

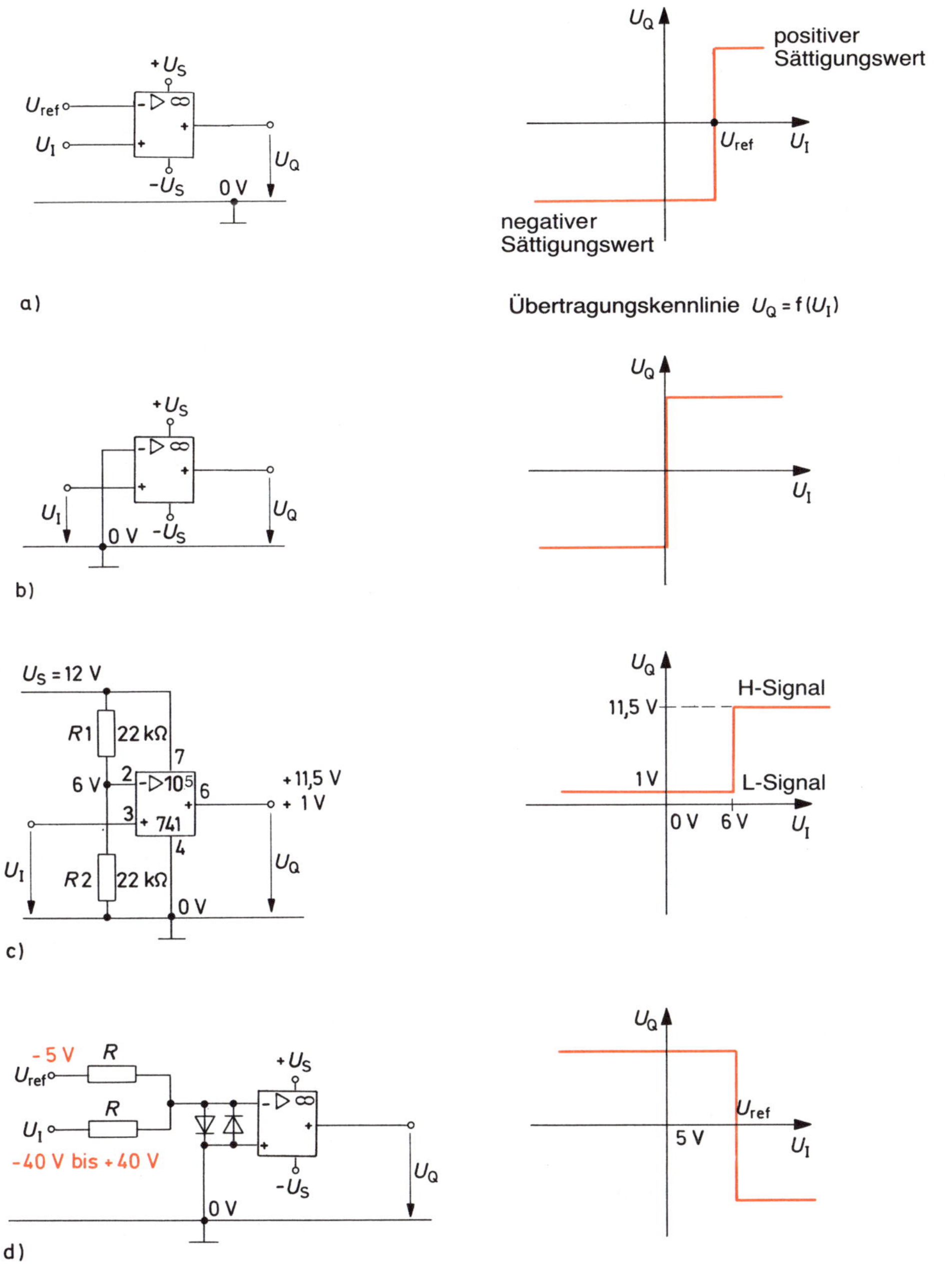

Bild 14.31 Betrieb des Operationsverstärkers ohne Rückführung — Komparatorschaltungen
a) Komparatorgrundschaltung
b) Komparator als Nulldetektor
c) 6-V-Komparator an unsymmetrischer Spannungsversorgung
d) Komparator für höhere Eingangsspannungen

Das Prinzip zeigt Bild 14.31a. Der Verstärker wird hier im Differenzbetrieb betrieben und vergleicht eine veränderliche Eingangsgleichspannung U_I (z.B. -10 V bis $+10$ V) mit einer festen Referenzspannung U_{Ref} (z.B. $+5$ V). Die zugehörige Übertragungskennlinie $U_Q = f(U_I)$ ist neben der Schaltung abgebildet. Die Ausgangsspannung U_Q kann entweder nur den positiven oder negativen Sättigungswert annehmen, weil der Verstärker schon bei der kleinsten Abweichung der Eingangsspannung vom Wert U_{ref} übersteuert ist. Das Vorzeichen von U_Q wird dabei vom Vorzeichen der Eingangsspannungsdifferenz $U_D = U_I - U_{Ref}$ bestimmt:

$U_I < U_{Ref}$ ergibt U_Q = negative Sättigungsspannung

$U_I > U_{Ref}$ ergibt U_Q = positive Sättigungsspannung

Der Operationsverstärker übernimmt die Funktion eines Schaltverstärkers, dessen Ausgang nur zwei Spannungszustände kennt (binäres Ausgangssignal). Somit kann über die Polarität von U_Q überwacht werden, ob die Eingangsspannung größer oder kleiner als die festgelegte Referenzspannung ist.

Bei der Schaltung in Bild 14.31b beträgt die Referenzspannung $U_{Ref} = 0$ V. Mit diesem Komparator kann eine Spannung U_I auf ihre Polarität überwacht werden (Nulldetektor). Der Operationsverstärker schaltet um, wenn U_I durch 0 V läuft.

In Bild 14.31c wird eine Spannung U_I mit der Referenzspannung $U_{Ref} = +6$ V verglichen. Ein Umschalten des Verstärkers erfolgt somit bei $U_I = +6$ V. Die Vergleichsspannung ist über einen Spannungsteiler $R1 = R2$ direkt von der Versorgungsspannung $U_S = 12$ V abgeleitet. Der negative Versorgungsanschluß des Verstärkers liegt an Masse. Hier kann der Verstärker also keine negative Ausgangsspannung annehmen. Die untere Sättigungsspannung ist etwa $+1$ V groß und kann als L-Signal bezeichnet werden, die positive Sättigungsspannung von etwa 11,5 V ist hier das H-Signal am Ausgang.

In allen drei vorgenannten Beispielen ist bei der Schaltungsauslegung darauf zu achten, daß am Verstärker die maximal zulässige Differenz-Eingangsspannung als Grenzwert nicht überschritten wird. Besteht die Gefahr des Überschreitens, so muß eine Schaltung nach Bild 14.31d verwendet werden. Eine Eingangsspannung von -40 V bis $+40$ V soll hier mit dem Referenzwert von $+5$ V verglichen werden. Die Eingangsschaltung wird so aufgebaut, daß ein Umschalten bei Potential 0 V an beiden Eingängen erfolgt. Die beiden Widerstände bilden einen Spannungsteiler 1 : 1. Wird $U_{Ref} = -5$ V gewählt, so liegt der invertierende Eingang auf Potential 0 V, wenn $U_I = +5$ V erreicht. Bei $U_I < +5$ V führt der Eingang negatives Potential, der Verstärkerausgang hat dann, weil dies der invertierende Betrieb ist, positive Sättigungsspannung. Bei $U_I > +5$ V führt der Eingang positives Potential, der Verstärkerausgang hat negative Sättigungsspannung. Die Differenz-Eingangsspannung kann nur die maximalen Werte $+17{,}5$ V (bei $U_I = 40$ V) oder $-22{,}5$ V (bei $U_I = -40$ V) annehmen. Ist auch das für einen bestimmten Verstärkertyp zu hoch, so können gegenparallele Si-Schutzdioden zwischen die Eingänge gelegt werden. Die Differenz-Eingangsspannung wird dann in beiden Richtungen auf die Schwellspannung von etwa $\pm 0{,}7$ V begrenzt, weil eine der beiden Dioden ab 0,7 V Potential am invertierenden Eingang immer leitend wird.

14.2.10 Betrieb mit Mitkopplung – Schmitt-Trigger

Die im vorigen Abschnitt beschriebenen Komparatoren schalten bei einer festgelegten Schaltschwelle in den Arbeitszustand ein und bei derselben Schaltschwelle in den Ruhezustand zurück. Dieses Verhalten kann Nachteile haben, da die Schaltung beim Verharren des Eingangssignals auf der Schaltschwelle oder beim langsamen Durchlaufen zu schwingen beginnt. Die Ausgangsspannung kann auch Werte zwischen der positiven und negativen Sättigungsspannung annehmen, weil aufgrund der endlichen Leerlaufverstärkung des OP kein ideales Kippverhalten vorliegt.

Legt man für das Ein- und Ausschalten getrennte Schaltschwellen fest, so wird dieses nachteilige Verhalten verhindert. Die Schaltung erhält ein *Hysterese- und Kippverhalten*. Aus dem einfachen Komparator wird ein Schmitt-Trigger.

Die grundsätzliche Wirkungsweise eines Schmitt-Triggers mit diskreten Bauteilen ist in Kapitel 10 beschrieben. Hier soll die Anwendung des OP als Schmitt-Trigger beschrieben werden. Dabei soll die 6-V-Komparatorschaltung aus Bild 14.31c herangezogen und erweitert werden.

Die Schmitt-Trigger-Schaltung zeigt Bild 14.32. Der einfache Komparator ist um den Eingangswiderstand $R3$ und den Rückführwiderstand $R4$ ergänzt worden. Mit dieser Zusatzbeschaltung liegen die *Ein- und Ausschaltschwelle* sowie die *Hysteresebreite* fest. Die Übertragungsfunktion $U_Q = f(U_I)$ des Schmitt-Triggers zeigt Bild 14.33.

Wirkungsweise

Die Widerstände $R1$ und $R2$ bilden einen Spannungsteiler, durch den der invertierende Eingang des OP fest auf 6-V-Potential liegt (Punkt 2). Die Widerstände $R3$ und $R4$ bilden einen zweiten Spannungsteiler, durch den der nichtinvertierende Eingang (Punkt 3) in seinem Potential U_3 vom Eingangs- und Ausgangssignal verändert werden kann. Der Operationsverstärker vergleicht die Potentiale an den Punkten 2 und 3 miteinander. Wenn die Eingangsspannung $U_I = 0$ V beträgt, befindet sich der Schmitt-Trigger im Ruhezustand. Punkt 3 hat etwa 0-V-Potential, Punkt 2 hat 6-V-Potential. Der Verstärker ist negativ übersteuert und führt eine Ausgangsspannung von

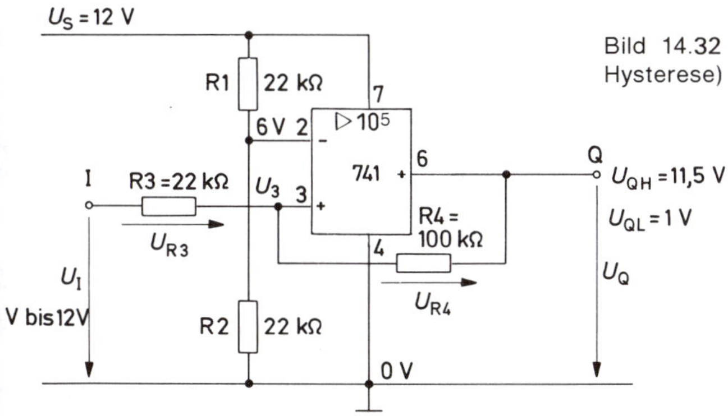

Bild 14.32 Schmitt-Trigger (Komparator mit Hysterese)

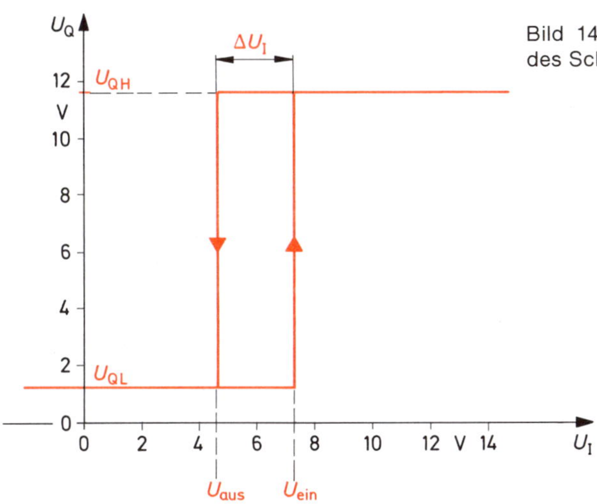

Bild 14.33 Übertragungsfunktion $U_Q = f(U_I)$ des Schmitt-Trigger in Bild 14.31

$U_{QL} = 1$ V. Bei positiv werdender Eingangsspannung U_I wird auch Punkt 3 positiver. U_I hat die Einschaltschwelle U_{ein} erreicht, wenn der Punkt 3 das Potential 6 V erreicht hat. Die Eingangsspannung muß dafür einen höheren Wert als 6 V annehmen. Ab jetzt kehrt sich die Spannungsdifferenz am OP-Eingang um, Punkt 3 wird positiver als Punkt 2, und die Ausgangsspannung steigt in Richtung $+U_S$. Der Verstärker schaltet auf $U_{QH} = 11{,}5$ V um. Der Umschaltvorgang stellt ein schnelles Kippen dar, denn die Rückführung über $R4$ bewirkt eine Mitkopplung. Das Potential an Punkt 3 wird durch Ansteigen von U_Q sehr rasch positiver, was den Umschaltvorgang beschleunigt. Eine hohe Spannungsdifferenz drückt den Verstärker voll in die positive Sättigung. Eine weitere Erhöhung von U_I ergibt nach dem Umschalten keine Änderung. Der Schmitt-Trigger befindet sich jetzt im Arbeitszustand.

> Die positive Rückkopplung löst einen Kippvorgang aus.

Wird die Eingangsspannung U_I abgesenkt, so erfolgt das Zurückkippen in den Ruhezustand nicht bei Erreichen der Einschaltschwelle U_{ein}, weil der Punkt 3 dann noch positiver als 6 V ist. U_I muß noch um ein bestimmtes ΔU_I weiter abgesenkt werden. Bei Erreichen der Ausschaltschwelle $U_I = U_{aus}$ hat Punkt 3 ein Potential von 6 V angenommen und wird danach negativer als Punkt 2. Die Ausgangsspannung kippt auf $U_{QL} = 1$ V zurück. Der Vorgang wird wieder durch Mitkopplung beschleunigt, denn Punkt 3 wird durch Umschalten von U_Q noch negativer. Ein weiteres Absenken von U_I ergibt keine Änderung. Der Schmitt-Trigger bleibt im Ruhezustand.

Berechnung der Ein- und Ausschaltschwelle

1. Einschaltschwelle:

Gegeben: $U_{QL} = 1$ V
Gefordert: $U_3 = 6$ V
Gesucht: $U_I = U_{ein}$

Lösung:
Spannung an $R4$:

$$U_{R4} = U_3 - U_{QL}$$
$$U_{R4} = 6\text{ V} - 1\text{ V} = 5\text{ V}$$

Spannung an $R3$:

$$\frac{U_{R3}}{U_{R4}} = \frac{R3}{R4}$$

$$U_{R3} = U_{R4}\frac{R3}{R4} = 5\text{ V}\frac{22\text{ k}\Omega}{100\text{ k}\Omega} = 1{,}1\text{ V}$$

Einschaltschwelle:

$$U_{ein} = U_3 + U_{R3} = 6\text{ V} + 1{,}1\text{ V} = \underline{7{,}1\text{ V}}$$

2. Ausschaltschwelle:

Gegeben: $U_{QH} = 11{,}5$ V
Gefordert: $U_3 = 6$ V
Gesucht: $U_I = U_{aus}$

Lösung:
Spannung an $R4$:

$$U_{R4} = U_3 - U_{QH}$$
$$U_{R4} = 6\text{ V} - 11{,}5\text{ V} = -5{,}5\text{ V}$$

Spannung an $R3$:

$$U_{R3} = U_{R4}\frac{R3}{R4}$$
$$= -5{,}5\text{ V}\frac{22\text{ k}\Omega}{100\text{ k}\Omega} = -1{,}2\text{ V}$$

Ausschaltschwelle:

$$U_{aus} = U_3 + U_{R3}$$
$$= 6\text{ V} - 1{,}2\text{ V} = \underline{4{,}8\text{ V}}$$

Hysterese:

$$\Delta U_I = U_{ein} - U_{aus}$$
$$= 7{,}1\text{ V} - 4{,}8\text{ V} = \underline{2{,}3\text{ V}}$$

15 Thyristoren

Unter dem Begriff Thyristor versteht man eine Reihe bistabiler Halbleiterbauelemente mit mindestens 3 pn-Übergängen, die von einem Sperrzustand in den Durchlaßzustand geschaltet werden können. Die Thyristoren sind neben den Leistungsdioden die zentralen Bauelemente der Leistungselektronik. Der Thyristor ist ein Bauelement, mit dem hohe Ströme und Spannungen, jedoch niedrige Frequenzen beherrscht werden. Deshalb liegt der überwiegende Anwendungsbereich in der Energietechnik.

In diesem Kapitel werden die Grundtypen der Thyristoren und ihre Anwendungen beschrieben. Der Vorgänger des Thyristors war das Thyratron und der Quecksilberdampfgleichrichter. Vom Thyratron (= griech. Stromtor) wurde der Begriff Thyristor abgeleitet.

Begriffe für Thyristoren sind in DIN 41786 festgelegt.

15.1 Rückwärtssperrende Thyristortriode (Thyristor)

Die *Thyristortriode* ist ein bistabiles Halbleiterbauelement mit 3 Anschlüssen: Anode, Katode und Gate. Dies ist der am häufigsten eingesetzte «Thyristor», und für dieses Bauelement kann auch die Kurzbezeichnung *Thyristor* allein verwendet werden, wenn Mißverständnisse ausgeschlossen sind. Der Entwicklungsstand auf dem Gebiet der Leistungsthyristoren ermöglicht heute die Herstellung von Thyristoren mit Kristalldurchmessern von 75 mm. Je Bauteil können elektrische Grenzwerte von 3 kV bis 5 kV Sperrspannung und Durchlaßströme im Kiloamperebereich erreicht werden (Stand 1988).

15.1.1 Aufbau und Wirkungsweise des Thyristors

Thyristoren bestehen aus einem Si-Kristall, das eine pnpn-Schichtung aufweist (Bild 15.1).

Je nach Steueranschluß unterscheidet man den katodenseitig und anodenseitig steuerbaren Thyristor (Bild 15.2). Der reale Aufbau von katodenseitig steuerbaren Thyristoren ist in Bild 15.3 dargestellt.

Zur Erklärung des Einschaltvorgangs, üblicherweise mit *Zündvorgang* bezeichnet, kann der Thyristor ersatzweise als eine Kombination von zwei komplementären Transistoren aufgefaßt werden (Bild 15.4).

Beim katodenseitig steuerbaren Thyristor wird zunächst der Transistor V2 mit einem positiven Impuls am Gate G bezogen auf die Katode K, durchgesteuert. Beim anodenseitig steuerbaren Thyristor wird der Transistor V1 mit einem negativen Impuls am Gate G, bezogen auf die Anode A, durchgesteuert. Im folgenden soll der Zündvorgang am katodenseitig steuerbaren Thyristor erläutert werden.

Der Thyristor bildet eine Reihenschaltung mit dem Lastwiderstand R_L. Bei geöffnetem Steuerkreis ist nach Anlegen der Speisespannung in Vorwärtsrichtung der Thyristor gesperrt — beide Transistoren sperren. Die Speisespannung U_S liegt am mittleren pn-Übergang (Bild 15.5a).

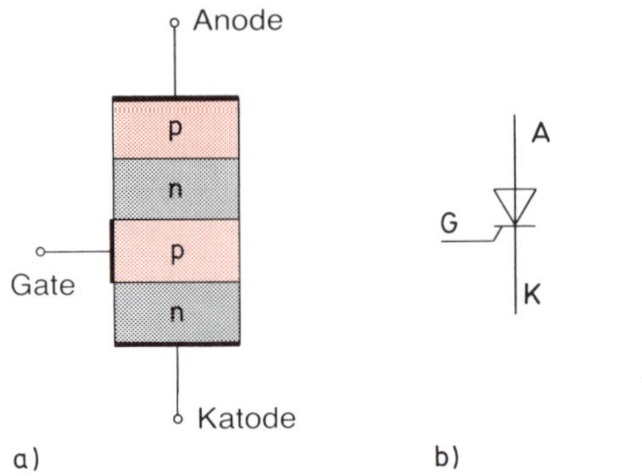

Bild 15.1
a) Schematische Kristallstruktur eines katodenseitig steuerbaren Thyristors
b) Schaltzeichen des katodenseitig steuerbaren Thyristors

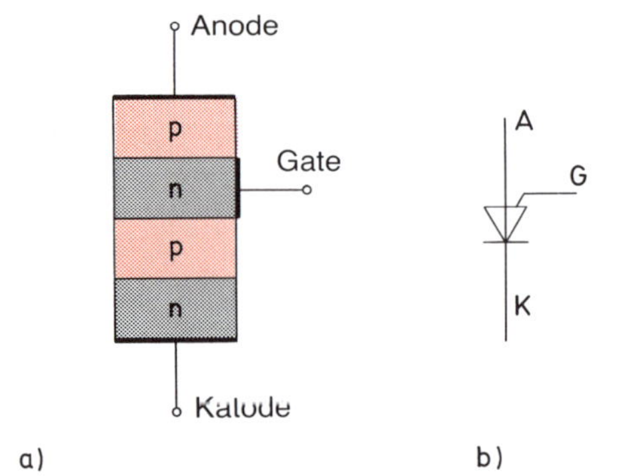

Bild 15.2
a) Schematische Kristallstruktur eines anodenseitig steuerbaren Thyristors
b) Schaltzeichen eines anodenseitig steuerbaren Thyristors

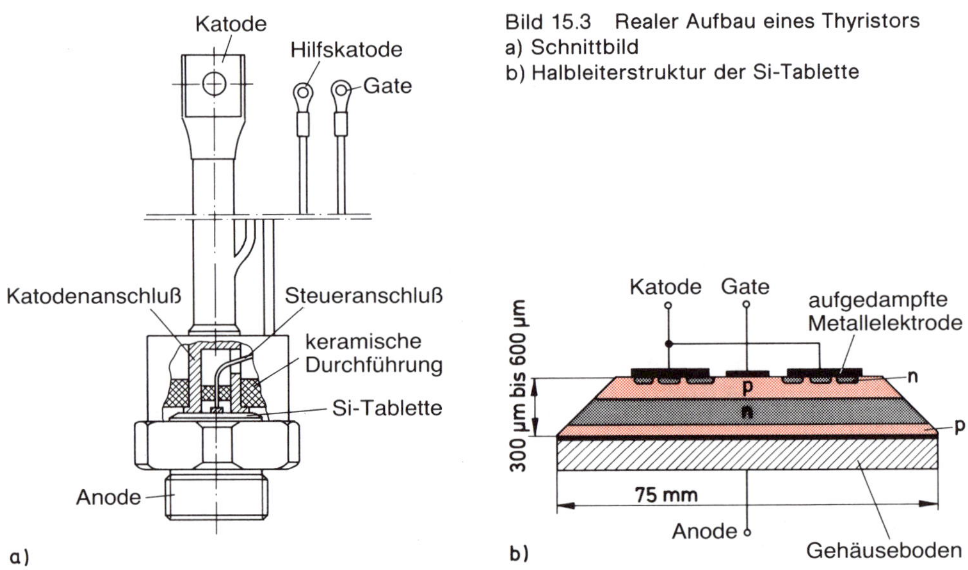

Bild 15.3 Realer Aufbau eines Thyristors
a) Schnittbild
b) Halbleiterstruktur der Si-Tablette

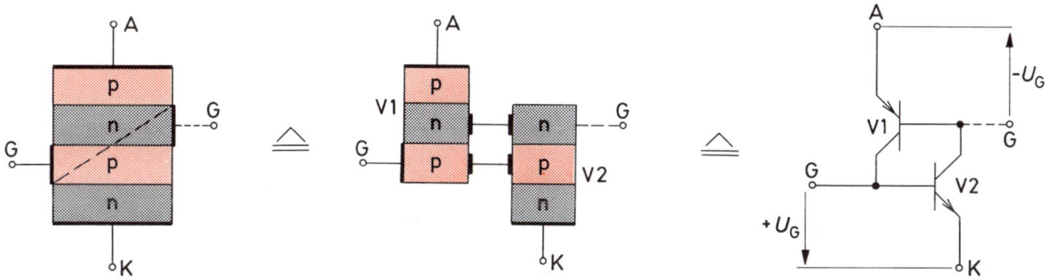

Bild 15.4 Halbleiteraufbau und Transistorersatzschaltbild

Bild 15.5 Sperrschichten im Thyristor
a) Polung in Vorwärtsrichtung
b) Polung in Rückwärtsrichtung

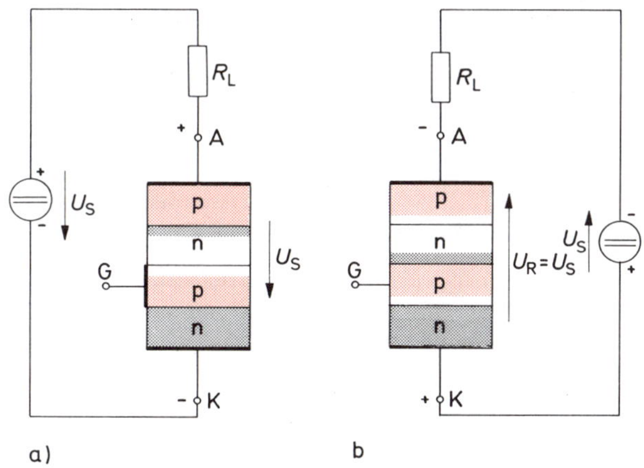

Bild 15.6 Zündvorgang des Thyristors (schematisch)

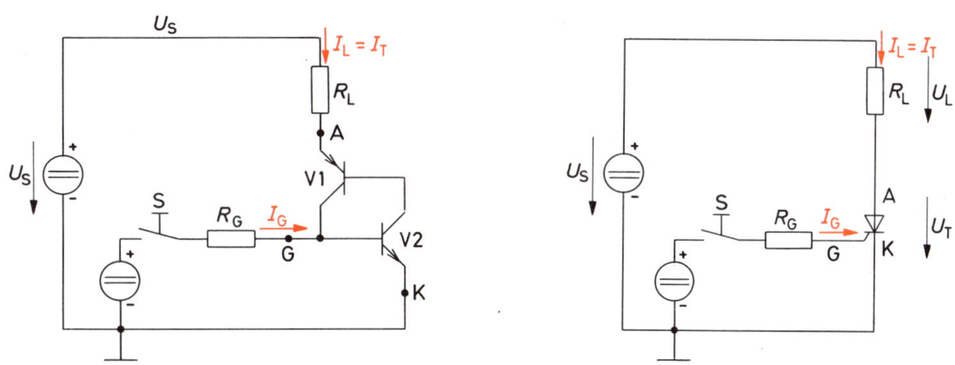

Zum Zünden (Bild 15.6), d.h., zum Auslösen des Kippvorgangs vom hochohmigen in den niederohmigen Zustand ist ein kurzer positiver Stromimpuls am Gate gegenüber der Katode K notwendig, Schalter S geschlossen. Damit fließt in den Transistor V2 ein positiver Basisstrom, V2 steuert durch, es fließt ein um die Stromverstärkung *B* größerer Kollektorstrom durch den Transistor V2. Der Kollektorstrom von V2 ist aber gleichzeitig Basisstrom des Transistors V1; daraus folgt, daß V1 ebenfalls durchsteuert. Der Kollektorstrom von T1 dient gleichzeitig als Basisstrom des Transistors T2. Da jetzt der Kreis im Inneren des Thyristors geschlossen ist, kann die Steuerspannung abgeschaltet werden. Das schnelle Ansteigen der Ströme kann nicht mehr verhindert werden. In kurzer Zeit sind beide Transistorsysteme übersteuert, d.h., das gesamte Kristallgebiet ist lawinenartig mit Ladungsträgern überschwemmt (Elektronen und Defektelektronen). Die Spannung zwischen Anode und Katode bricht auf Werte zwischen 1,2 V bis 2 V zusammen. Der Spannungsabfall am durchgeschalteten Thyristor wird mit U_T bezeichnet. U_T ist gegenüber der hohen Speisespannung U_S häufig vernachlässigbar. Der Laststrom wird also durch R_L begrenzt. *Der durchgeschaltete Zustand des Thyristors bleibt erhalten, solange der Haltestrom des Thyristors nicht unterschritten wird* (Abschnitt 15.1.2).

15.1.2 Kennlinien des Thyristors

Kennlinie des Hauptkreises

Die Kennlinie eines Thyristors (Bild 15.7) kann in drei Bereiche aufgeteilt werden:

1. den negativen Sperrbereich mit anschließendem Durchbruchbereich (Rückwärtsrichtung, Index R)
2. den positiven Sperr- oder Blockierbereich (Vorwärtsrichtung, Index D)
3. den positiven Durchlaßbereich (Vorwärtsrichtung, Index T)

Die negative *Sperrkennlinie* entspricht der Sperrkennlinie von Silizium-Leistungsdioden. Der größte Teil der Sperrspannung liegt am anodenseitigen pn-Übergang (Bild 15.5b). Unterhalb der Durchbruchspannung U_{BR} fließt ein Rückwärtsstrom (Sperrstrom) I_R von einigen Mikro- bis Milliampere. Beim Erreichen der Durchbruchspannung U_{BR} steigt der Sperrstrom steil an. Mit

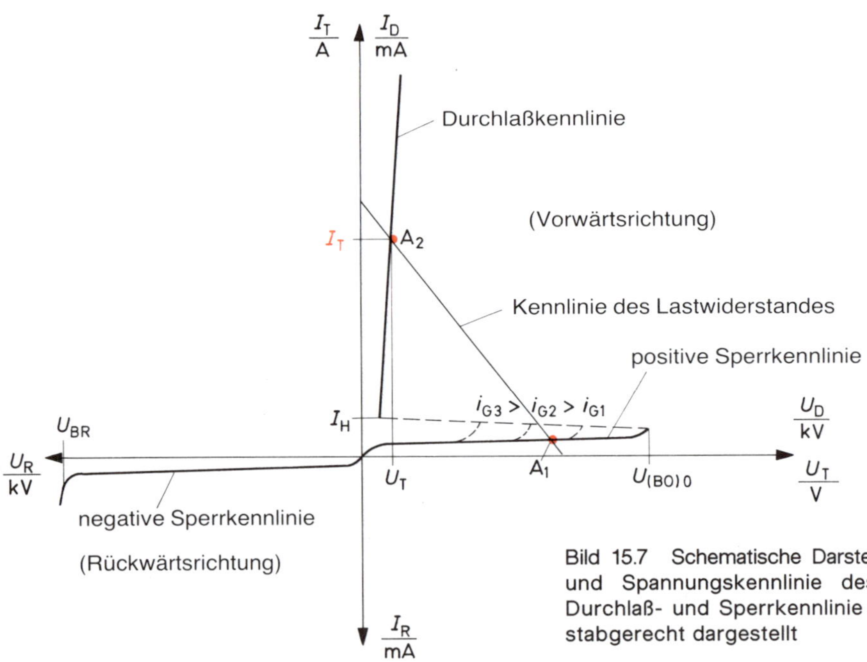

Bild 15.7 Schematische Darstellung der Strom- und Spannungskennlinie des Hauptkreises. Durchlaß- und Sperrkennlinie sind nicht maßstabgerecht dargestellt

steigendem Sperrstrom werden die Sperrverluste stark ansteigen und zu einer Zerstörung des Thyristors führen. Die Sperrkennlinie ist temperaturabhängig. Bei Erhöhung der Sperrschichttemperatur wird der Sperrstrom I_R bei konstanter Sperrspannung U_R exponentiell zunehmen.

Im *positiven Sperr- oder Blockierbereich* fließt unterhalb der Nullkippspannung $U_{(BO)0}$ ebenfalls ein positiver Sperrstrom I_D in der Größenordnung einiger Mikro- bis Milliampere. Beim Zünden des Thyristors fließt ein Steuerstrom I_G vom Gate zur Katode. Je größer der Gatestrom ist, desto kleiner ist die erforderliche Spannung zwischen Anode und Katode, bei der eine Zündung erfolgen kann. Die erforderlichen Gateströme unterliegen einer verhältnismäßig hohen Exemplarstreuung und sind außerdem in hohem Maße temperaturabhängig. Deshalb werden in der Praxis Thyristoren mit Impulsen gezündet, die den Gatekreis sicher übersteuern. Durch die Zündung schaltet der Thyristor auf die Durchlaßkennlinie um. Der Arbeitspunkt springt von A1 nach A2 (Bild 15.7). Die Durchlaßkennlinie entspricht der einer Siliziumdiode, jedoch beträgt die Durchlaßspannung U_T wegen der dickeren Si-Scheibe 1,2 V bis 2 V. Die Durchlaßspannung ist außerdem abhängig von der Sperrschichttemperatur. Der durchgeschaltete Thyristor ist bei hohen Strömen extrem niederohmig:

Zum Beispiel beträgt der statische Durchlaßwiderstand

$$R_T \text{ bei } I_T = 500\ \text{A und } U_T = 1{,}5\ \text{V}; \qquad R_T = \frac{U_T}{I_T} = \frac{1{,}5\ \text{V}}{500\ \text{A}} = 3\ \text{m}\Omega$$

Wird der Haltestrom I_H unterschritten, kippt der Thyristor wieder in den Blockierzustand zurück. Das Durchschalten eines Thyristors kann auch ohne Gatestrom auftreten, wenn z.B. die *Nullkippspannung* $U_{(BO)0}$ (Kippspannung bei Steuerstrom null) überschritten wird. Dieser Zündvorgang wird durch den Reststrom, der durch den Kristall fließt, hervorgerufen. Der positive Reststrom nimmt bei der Spannung $U_{(BO)0}$ Werte an, die ausreichen, um die beiden Transistorsysteme durchzusteuern. Diese Art des Durchzündens wird auch *Überkopfzünden* genannt. Das Einschalten eines Thyristors durch Überschreiten der Nullkippspannung ist in der Energietechnik unerwünscht und für den Thyristor gefährlich, da der schnelle Stromanstieg zu einer Überschreitung der kritischen Stromsteilheit (Abschnitt 15.1.4) und damit zur Zerstörung des Bauelements führen kann.

Kennlinie des Steuerkreises

Die Steuerstrecke des Thyristors besteht aus einem pn-Übergang. Die n-Zone der Katode ist sehr hoch dotiert, damit möglichst viele Ladungsträger in die mittleren, schwach dotierten Gebiete des Kristalls injiziert werden. Aufgrund dieser starken Dotierung ergibt sich jedoch eine sehr schmale Sperrschicht und eine kleine Durchbruchspannung von einigen Volt.

Der Verlauf der Durchlaßkennlinie ist in Bild 15.8 dargestellt.

Der Bereich I innerhalb des Streubandes ist begrenzt durch die Werte I_{GD} und U_{GD}. Innerhalb dieses Bereichs zündet der Thyristor mit Sicherheit nicht.

Der Bereich II ist der Bereich einer möglichen Zündung, d.h. ein Zündimpuls, der in den Bereich II hineinfällt, würde bei einigen Thyristoren des gleichen Typs zur Zündung führen, bei anderen nicht.

Werte im Bereich III führen mit Sicherheit zum Zünden, d.h. Durchschalten des Thyristors. Die Höhe und die Steilheit des Zündimpulses beeinflussen nur den zeitlichen Ablauf des Zündens. Am wirksamsten wird ein Thyristor mit einem kräftigen, steilen Zündimpuls eingeschaltet. In der Praxis beträgt die Höhe des Zündimpulses meist ein Vielfaches des statischen Zündstroms ($\hat{\imath}_G = I_{GT} \cdot 3$ bis $I_{GT} \cdot 10$). Mit dieser Übersteuerung liegt man also weit im Bereich der sicheren Zündung. Selbstverständlich muß dabei die maximale Verlustleistung des Steuerkreises beachtet werden. Kurzfristig kann diese erheblich überschritten werden.

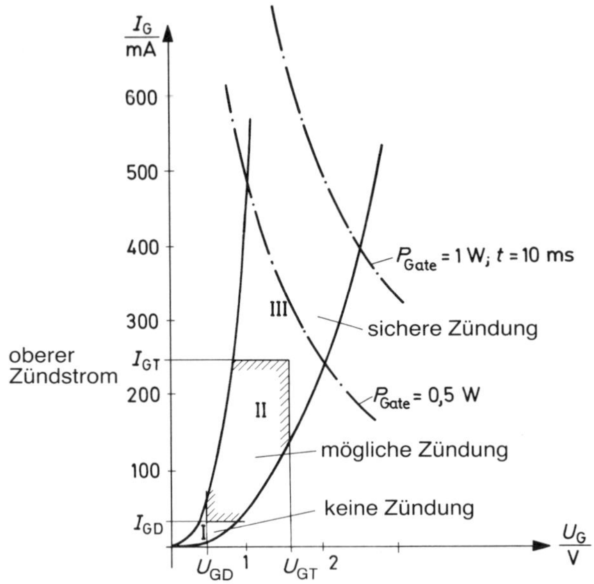

Bild 15.8 Steuerkennlinie eines Thyristors

Die Grenzdaten für die Verlustleistung können als Parameter für verschiedene Impulszeiten in der Steuerkennlinie angegeben werden (Bild 15.8). Außerdem kann die Impulsdauer des Steuerimpulses nicht beliebig kurz gewählt werden. Der Steuerstrom muß so lange fließen, bis sichergestellt ist, daß der Durchlaßstrom i_T mit Sicherheit über den Haltestrom I_H angestiegen ist. Dies ist insbesondere bei induktiven Lastwiderständen zu beachten, da hier der Strom wegen der Gegeninduktivität nur langsam ansteigen kann.

15.1.3 Schaltverhalten (dynamisches Verhalten)

Einschaltverhalten

Wird an einen Thyristor, der sich in gesperrtem Zustand befindet, ein Steuerimpuls genügender Größe und Zeitdauer gelegt, so schaltet der Thyristor in den leitenden Zustand (Bild 15.9). Nach dem sprungförmigen Anstieg des Steuerstroms vergeht die *Zündverzugszeit* t_{gd}, bevor der Strom i_T steigt und die Spannung u_D am Thyristor anfängt zu sinken. Innerhalb der sich anschließenden *Durchschaltzeit* t_{gr} fällt die Thyristorspannung u_D von 90% auf 10% ihres Anfangswertes. Die Anstiegszeit des Stroms i_T und des Spannungszusammenbruchs u_T hängt weitgehend von den äußeren Einsatzbedingungen ab, z.B. Größe der Ausgangsspannung, Höhe des Steuerimpulses, Impedanz des Lastkreises und der Sperrschichttemperatur.

Nach dem Zünden wird der Thyristor zunächst nur in unmittelbarer Umgebung der Steuerelektrode leitend. Der Laststrom fließt anfangs nur in einem kleinen Teil des Querschnitts im Thyristorkristall. Die dieses Gebiet umgebenden hochohmigen Kristallzonen müssen erst mit Ladungsträgern gefüllt werden. Die *Zündausbreitungszeit* t_{sp} ist die Zeit, die benötigt wird, bis sich der Laststrom über die gesamte Katodenfläche verteilt hat.

Die momentane *Einschaltverlustleistung* $p_{TT} = u_D \cdot i_T$ ist wesentlich größer als die stationäre Verlustleistung im eingeschalteten Zustand. Diese kann Augenblickswerte von mehreren Kilowatt erreichen. Diese Verluste führen im zuerst zündenden Gebiet zu hohen Stromdichten, die mit größerer Stromanstiegsgeschwindigkeit zunehmen. Deshalb darf die zulässige Stromsteilheit (Abschnitt 15.1.4) nicht überschritten werden, da sonst die Gefahr einer Zerstörung des Thyristors besteht. Durch Einfügen von Induktivitäten in den Lastkreis kann die Stromsteilheit begrenzt werden. Im allgemeinen können die Einschaltverluste bei netzfrequenten Anwendungen (50 bis 60 Hz) vernachlässigt werden, da die Durchschaltzeit im Vergleich zur Periodendauer kurz ist.

Wird ein Thyristor mit einer steil in Vorwärtsrichtung ansteigenden Spannung beansprucht, so kann er auch ohne Steuerimpuls und vor Erreichen der Nullkippspannung $U_{(BO)0}$ durchzünden. Dieses läßt sich wie folgt erklären: In Vorwärtsrichtung ist der mittlere pn-Übergang in Sperrichtung gepolt. Dieser pn-Übergang stellt eine spannungsabhängige Kapazität dar (Kapitel 6). Während des Spannungsanstiegs fließt neben dem statischen Sperrstrom noch kapazitiver Strom. Dieser kapazitive Strom wirkt wie ein von außen eingespeister Steuerstrom. Je steiler der Spannungsanstieg in Vorwärtsrichtung ist, desto größer wird der kapazitive Zündstrom, bis er schließlich Werte erreicht, die den Thyristor zünden. Dieser Zündvorgang kann ebenfalls zu einer Zerstörung des Thyristors führen und ist daher zu vermeiden. Aus dem Grund darf eine bestimmte Spannungssteilheit (Abschnitt 15.1.4) nicht überschritten werden. Eine Verbesserung dieses Verhaltens erreicht man dadurch, daß im Thyristorkristall niederohmige Nebenschlüsse (Widerstände), parallel zum Steuer-pn-Übergang, vorhanden sind. Über diese Widerstände wird ein großer Teil des kapazitiven Zündstroms abgeleitet. Diese im Kristall integrierten Widerstände bezeichnet man in der Fachliteratur auch als *shorted emitter*.

Bild 15.9 Einschaltverhalten eines Thyristors
t_{gd}: Zündverzug
t_{gr}: Durchschaltzeit
t_{sp}: Zündausbreitungszeit
p_{TT}: momentane Einschaltverlustleistung

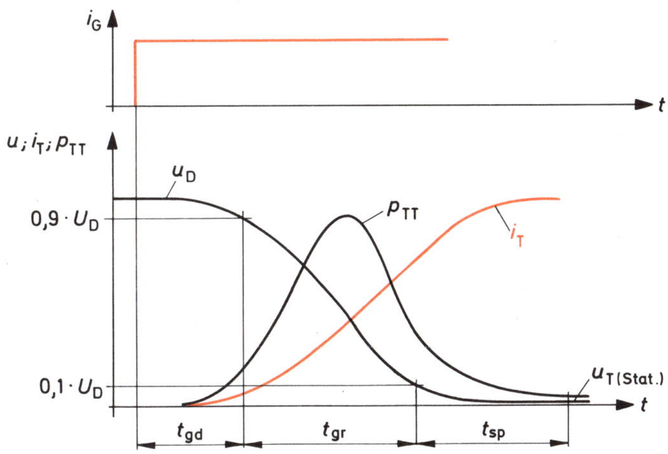

Ausschaltverhalten

Bei Betrieb des Thyristors an Wechselströmen folgt der positiven Halbwelle (Durchlaßrichtung) unmittelbar die negative Halbwelle (Sperrichtung). In der Sperrschicht des Thyristors sind im Stromnulldurchgang noch Ladungsträger gespeichert. Nach dem Nulldurchgang kehrt deshalb der Strom zunächst sein Vorzeichen um und fließt in Rückwärtsrichtung durch den Thyristor (Bild 15.10).

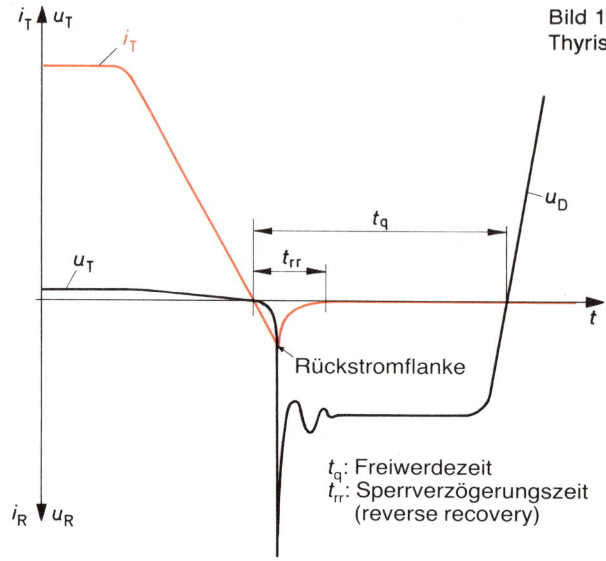

Bild 15.10 Ausschaltverhalten eines Thyristors

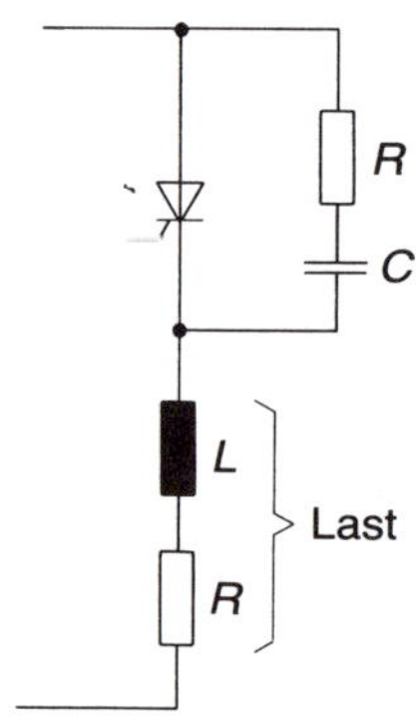

Bild 15.11 TSE-Beschaltung

Erst wenn die gespeicherte Ladungsmenge weit genug abgebaut ist, beginnt der Thyristor zu sperren, der Rückstrom reißt scharf ab und nähert sich exponentiell dem Sperrstrom. Die Zeit vom Stromnulldurchgang bis zum Abklingen des Rückstroms wird als *Sperrverzögerungzeit* t_{rr} (Rückwärts-Erholzeit) bezeichnet. In den Induktivitäten des Lastkreises erzeugt die scharfe Rückstromflanke (hohes $\Delta i/\Delta t$) hohe Spannungsspitzen. Diese Spannungsspitzen führen zu einer Gefährdung des Thyristors und werden mit parallelgeschalteten RC-Gliedern gedämpft (Bild 15.11).

Das für Thyristoren beschriebene typische Verhalten bei der Kommutierung (Stromwendung) in Sperrichtung wird mit dem Begriff *Trägerspeichereffekt* (TSE) bezeichnet. Die RC-Schutzbeschaltung des Thyristors heißt deshalb *TSE-Beschaltung* (Abschnitt 15.1.6).

Die Zeitdauer, in der die Ladungsträger ausgeräumt werden, ist mit *Freiwerdezeit* t_q bezeichnet. Polt während der Freiwerdezeit die Spannung am Thyristor um, so schaltet er wieder in den leitenden Zustand, d.h., der Thyristor hat während der Freiwerdezeit noch nicht seine volle Sperrfähigkeit in Vorwärtsrichtung erreicht.

Grundlegende Bedeutung hat die Freiwerdezeit t_q für die Art der Anwendung (Abschnitt 15.19). Deshalb wird unterschieden zwischen langsamen Netzthyristoren (N-Thyristoren) und schnelleren Frequenzthyristoren (F-Thyristoren).

N-Thyristoren: für netzfrequente Anwendungen im 50-Hz- bis 60-Hz-Bereich $t_q \approx 50\,\mu s$ bis $200\,\mu s$

F-Thyristoren: für höherfrequente Anwendungen $t_q \approx 3\,\mu s$ bis $40\,\mu s$

15.1.4 Kenn- und Grenzwerte

Die Kenn- und Grenzwerte werden durch verschiedene Indizes unterschieden, deren Bedeutung nach DIN 41785 wie folgt festgelegt sind (auszugsweise):

als 1. Index
D sperrend in positiver Richtung (Vorwärtsrichtung)
F Durchlaßzustand bei Gleichrichterdioden (forward)
T Durchlaßzustand bei Thyristoren, gezündet (trigger)
G Steueranschluß (gate)
H halten (hold)
R negative Sperrichtung, rückwärts (reverse)

als 2. Index
R periodisch (repetitive)
S Stoß, nicht periodisch (surge)
T gezündet (trigger)

allgemein
AV arithmetische Mittelwerte (*a*verage *v*alue)
RMS Effektivwerte, quadratische Mittelwerte (*r*oot — *m*ean — *s*quare)
M Scheitelwerte, Höchstwerte (maximum)

Grenzwerte

Periodische Spitzensperrspannung U_{DRM}/U_{RRM}

U_{DRM} ist der maximale Augenblickswert der Spannung, mit dem ein Thyristor periodisch in Vorwärtsrichtung beansprucht werden darf. U_{RRM} ist der maximale Augenblickswert der Spannung, die periodisch in Rückwärtsrichtung auftreten darf (Bild 15.12).

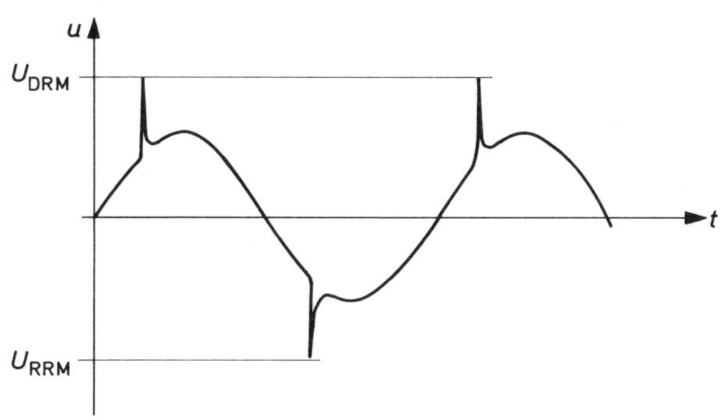

Bild 15.12 Periodisch auftretende Spitzenspannungen am Thyristor

Da die Spannungsspitzen U_{DRM} und U_{RRM} schwierig abzuschätzen sind, wird üblicherweise ein Sicherheitsfaktor berücksichtigt.

$$U_{DRM} = U_{RRM} \geqq 1{,}5 \cdot \hat{u}_{(Netz)} \text{ bis } 3 \cdot \hat{u}_{(Netz)}$$

Dauergrenzstrom I_{TAV}
Der Dauergrenzstrom I_{TAV} ist der höchste *arithmetische Mittelwert* des Stroms in Durchlaßrichtung.

Grenzeffektivstrom I_{TRMS}
Der Grenzeffektivstrom I_{TRMS} ist der höchstzulässige *Effektivwert* des Durchlaßstroms. Bei der Auslegung von Thyristoren dürfen sowohl der Dauergrenzstrom als auch der Grenzeffektivstrom nicht überschritten werden.

Stoßstromgrenzwert I_{TSM}
Höchstzulässiger Scheitelwert eines nicht periodisch auftretenden Stroms. Eine Belastung mit dem Stoßstromgrenzwert sollte nur im Störungsfall erfolgen. Sie darf frühestens nach einer Mindestpause von etwa 5 s, jedoch nicht periodisch wiederholt werdne.

Grenzlastintegral $\int i^2 \cdot dt$
Das Grenzlastintegral kennzeichnet das maximale Wärmeaufnahmevermögen des Halbleitermaterials des Thyristors. Die Wärmeenergie wird ausgedrückt durch die Summe aller i^2-Momentanwerte innerhalb eines bestimmten Zeitbereichs (10 ms). Bei der Auslegung von Sicherungen muß der Wert $\int i^2 \cdot dt$ der Sicherungen kleiner sein als der Wert $\int i^2 \cdot dt$ des Thyristors (Abschnitt 15.1.6).

$$\int i^2 \cdot dt_{(Sich)} < \int i^2 \cdot dt_{(Thyr)}$$

Kritische Spannungssteilheit $\frac{du}{dt}$; $\frac{\Delta u}{\Delta t}$
Überschreitet man die kritische Spannungssteilheit, so wird der kapazitive Zündstrom, der durch den Thyristorkristall fließen kann, so groß, daß ein Zünden des Thyristors erfolgt (Abschnitt 15.1.3).

Typische Grenzwerte der Spannungssteilheit liegen bei

$$S_{u\,krit} = 200 \text{ V/µs bis } 2000 \text{ V/µs}$$

Kritische Stromsteilheit $\frac{di}{dt}$; $\frac{\Delta i}{\Delta t}$
Dies ist die höchste Stromanstiegsgeschwindigkeit beim Durchschalten, die der Thyristor ohne eine Beeinträchtigung seiner Eigenschaften übersteht. Wird die maximale Stromanstiegsgeschwindigkeit überschritten, so kommt es aufgrund erhöhter Stromdichten innerhalb des Kristalls zur Zerstörung (Abschnitt 15.1.3). Typische Grenzwerte der Stromsteilheit liegen bei $S_{I\,krit} = 20$ A/µs bis 200 A/µs.

Kennwerte
Haltestrom I_H
Der Haltestrom ist der kleinste Wert des Durchlaßstroms. Unterschreitet man den Haltestrom, kippt der Thyristor in den hochohmigen Zustand zurück.

Oberer Zündstrom I_{GT}
Beim Zündstrom I_{GT} erfolgt eine sichere Zündung des Thyristors. In der Praxis wird der Zündstrom I_{GT} jedoch kurzfristig überschritten (Abschnitt 15.1.2).

Freiwerdezeit t_q
Die Freiwerdezeit t_q ist die Zeitdauer zwischen dem Nulldurchgang des Stroms in Vorwärtsrichtung und der wiederkehrenden positiven Spannung, die ein Thyristor verträgt, ohne in den Durchlaßzustand zu kippen.

15.1.5 Datenblatt, Bauformen

Im folgenden werden die Daten von Kleinthyristoren aufgeführt. Diese Daten stellen einen Auszug der Herstellerangaben der Fa. Siemens dar. Die im Datenblatt genannten Größen für den Dauergrenzstrom I_{TAV} und Grenzeffektivstrom I_{TRMS} beziehen sich auf sinusförmige Halbwellen (Stromflußwinkel 180°).

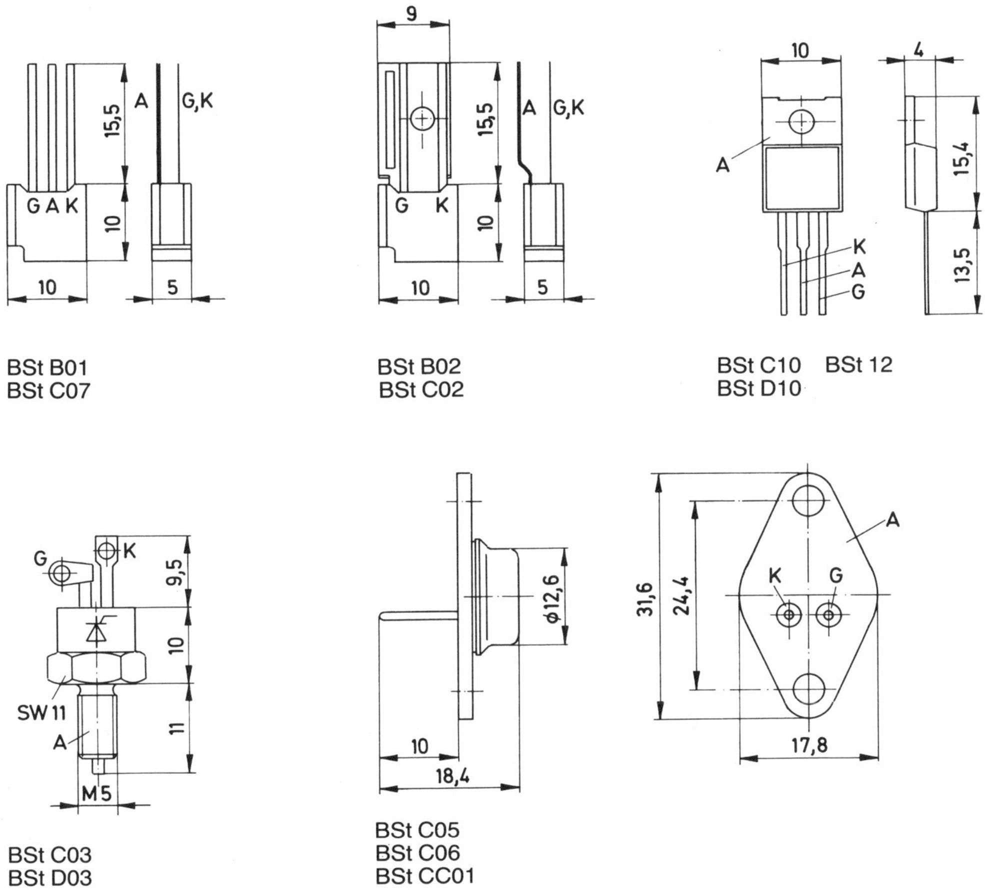

Bild 15.13 Bauformen von Thyristoren

Tabelle 15.1 Datenblattauszug Kleinthyristoren (Siemens)

Typ	Periodische Spitzensperrspannung U_{DRM}/U_{RRM} [V]	Dauergrenzstrom $I_{T\,AV}$ [A]	Grenzeffektivstrom $I_{T\,RMS}$ [A]	Stoßstromgrenzwert I_{TSM} ϑ_j = 25 °C 10 mS [A]	Oberer Zündstromgrenzwert I_{GT} $\vartheta_j = 25\,°C$ [mA]	Höchste zul. Sperrschichttemperatur ϑ_j [°C]	Wärmewiderstand $R_{th\,JC}$ [K/W]	Kritische Spannungssteilheit $(du/dt)_{CR}$ [V/µs]	Kritische Stromsteilheit $(di/dt)_{CR}$ [A/µs]	Freiwerdezeit t_q (typ) [µs]
Kunststoffgehäuse										
BSt B01	100 bis 700	0,8	1,25	34	1 bis 10	120	72[2]	5[4] bis 100	50	50
BSt C07	100 bis 700	0,9	1,45	70	5 bis 20	125	72[2]	20 bis 100	200	50
BSt B02	100 bis 700	3	4,7	34	3 bis 10	120	10	20 bis 100	50	50
BSt C02	100 bis 700	3,5	5,5	70	5 bis 20	125	10	20 bis 100	100	50
TO 66-Gehäuse[1]										
BSt CC01 (H, R)	400 bis 800	3,2	5	60	50	100	4,5	100 bis 700	200	(3)[3]
BSt C06 (H)	100 bis 800	3,2	5	60	50	100	4,5	100 bis 200	200	(3)[3]
BSt C05	100 bis 700	5	8	70	5 bis 20	125	4,5	20 bis 100	50	50
TO 220-Gehäuse; glaspassivierte Siliziumtablette										
BSt C12	200 bis 500	2	5	35	50	100	2,6	500	200	15[3]
BSt C10	400 bis 800	4	6,3	60	1,5 bis 25	115	2,6	10 bis 200	50	50
BSt C10 . . . M	400 bis 800	6	9,4	95	1,5 bis 25	115	2,6	10 bis 200	50	50
BSt D10	400 bis 800	8	12,5	130	1,5 bis 25	115	2,0	10 bis 200	100	50
BSt D10 . . . M	400 bis 800	10	16	160	1,5 bis 25	115	2,0	10 bis 200	100	50
Schraubgehäuse										
BSt C03	200 bis 1200	11,5	25	180	30	125	1,8	200	150	60
BSt D03	200 bis 1200	16	25	250	30	125	1,5	200	150	60

[1] In Spezialausführung sind in diesen Gehäusen auch Thyristoren für die Anwendung in Fotoblitzgeräten lieferbar. [2] $R_{th\,JA}$ [3] $t_{q\,max}$ [4] $R_{GK} \leqq 1\,k\Omega$

15.1.6 Schutzmaßnahmen gegen Überspannung und Überstrom

Überspannungsschutz

Der Überspannungsschutz begrenzt Überspannungen auf die für die Thyristoren zulässigen Werte. Überspannungen können durch das Schaltverhalten der Thyristoren selbst erzeugt werden (Abschnitt 15.1.3), sie können aber auch durch Schaltvorgänge im speisenden Netz und durch atmosphärische Einflüsse entstehen. Beim Einsatz von Halbleiterbauelementen in der Energietechnik ist zu beachten: *Siliziumdioden, Thyristoren und Leistungstransistoren können durch Überspannungen im Nanosekundenbereich zerstört werden!*

Ein wichtiges Mittel zur Begrenzung von Überspannungen ist die *TSE-Beschaltung*. Die TSE-Beschaltung dient als Überspannungsschutz gegen Überspannungen, die durch den Trägspeichereffekt entstehen (Abschnitt 15.1.3). Darüber hinaus bietet die TSE-Beschaltung noch folgenden Vorteil: sicheres Zünden des Thyristors in Verbindung mit Induktivitäten. Da der Laststrom wegen der Induktivität in der Last nicht schlagartig ansteigen kann, liefert der in der Sperrphase des Thyristors aufgeladene Kondensator sofort den zum Durchschalten erforderlichen Haltestrom. Ein parallelgeschalteter Kondensator hätte beim Entladen über den gezündeten Thyristor extreme Stromsteilheiten zur Folge, die den Thyristor gefährden. Deshalb setzt sich die TSE-Beschaltung aus der Reihenschaltung (Kondensator und Dämpfungswiderstand) zusammen. Die Nennwerte dieser Beschaltung werden von den Thyristorherstellern angegeben. Daneben werden Überspannungsableiter und -begrenzer eingesetzt.

Überspannungsableiter sind z.B. Schutzfunkenstrecken; ihre Ansprechverzögerung kann einige Mikrosekunden betragen.

Überspannungsbegrenzer sind Metalloxidvaristoren, Z-Dioden, symmetrische Avalanchedioden. Sie arbeiten nahezu trägheitslos, jedoch ist ihr Energieaufnahmevermögen begrenzt.

Überstromschutz

Thyristoren besitzen eine kleine Wärmekapazität, d.h., sie können die durch Überströme auftretende Verlustleistung nicht aufnehmen, ohne daß die zulässige Kristalltemperatur überschritten wird. Zum Schutz von Halbleiterbauelementen sind *superflinke Sicherungen* entwickelt worden. Wesentliches Kennzeichen dieser Sicherungen ist das Grenzlastintegral (Abschnitt 15.1.4). *Bei der Auslegung muß das Grenzlastintegral der Sicherung während der Ansprechzeit immer unterhalb des Grenzlastintegrals des zu schützenden Bauelements liegen.* Der Sicherungsnennstrom sollte etwa das 1,1- bis 1,4fache des tatsächlich fließenden Stroms betragen. Superflinke Sicherungen sind häufig mit einem gelben Ring und den Buchstaben FF gekennzeichnet. Daneben werden sie unter speziellen Firmennamen vertrieben, wie Silized, Ultrarapid usw. Superflinke Sicherungen gewährleisten nur einen reinen Kurzschlußschutz, d.h. Kurzzeitschutz. Soll ein Kurz- und Langzeitschutz erreicht werden, so ist dies möglich durch eine Kombination verschiedener Schutzorgane, z.B.:

- □ Einsatz von superflinken Sicherungen und thermischen Auslösern,
- □ Einsatz schneller speziell angepaßter Sicherungsautomaten mit magnetischen Auslösern,
- □ gleichzeitige Verwendung von superflinken Sicherungen, Schnellauslösern und thermischen Auslösern.

15.1.7 Prüfung von Thyristoren

Zum exakten Überprüfen aller statischen und dynamischen Eigenschaften von Thyristoren ist ein erheblicher Meßaufwand notwendig. Die Meßverfahren sind in der DIN 41784 festgelegt. Im Rahmen dieses Buches sollen einfache Schaltungen vorgestellt werden, mit denen eine schnelle Prüfung der wichtigsten Kennwerte möglich ist.

Kontrolle mit Durchgangsprüfer (Ohmmeter)

Die Kontrolle der Funktionstüchtigkeit mit einem Durchgangsprüfer läßt nur pauschale Aussagen über Durchlegierungsfehler und Kontaktunterbrechungen zu. Die Prüfung ist aber für den Praktiker häufig ausreichend.

Wie Bild 15.14 zu entnehmen, liegen bei der Prüfung — je nach Polarität des Durchgangsprüfers — ein oder zwei pn-Übergänge in Sperrichtung. *Der Durchgangsprüfer zeigt also bei einwandfreiem Thyristor bei beiden Polungen hohe Widerstandswerte an.*

Bei der Prüfung des Gate-Kreises ist zu berücksichtigen, daß bei beiden Polungen niedrige Widerstandswerte gemessen werden können (Shorted-Emitter-Widerstände). Es zeigt sich hier also nicht das von der Diodenprüfung her bekannte, stark unterschiedliche Verhalten in Sperr- und Durchlaßrichtung. *Ergibt die Messung bei beiden Polungen Kurzschluß, so kann davon ausgegangen werden, daß der Gatekreis durchlegiert ist. Wird in beiden Richtungen ein extrem hoher Widerstand gemessen, so deutet das auf eine Unterbrechung im Gatekreis hin.*

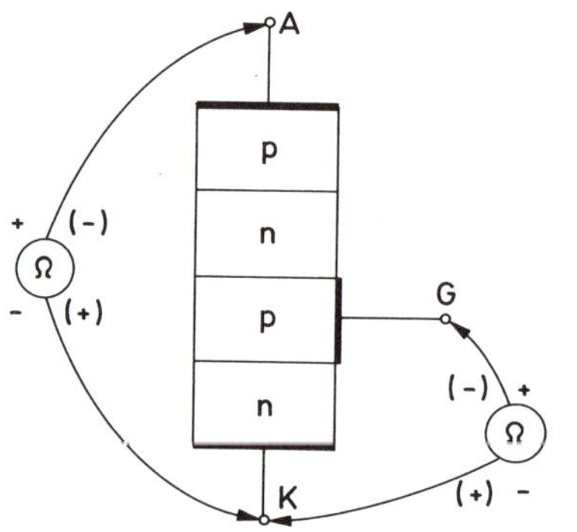

Bild 15.14 Prüfung eines Thyristors mit dem Durchgangsprüfer

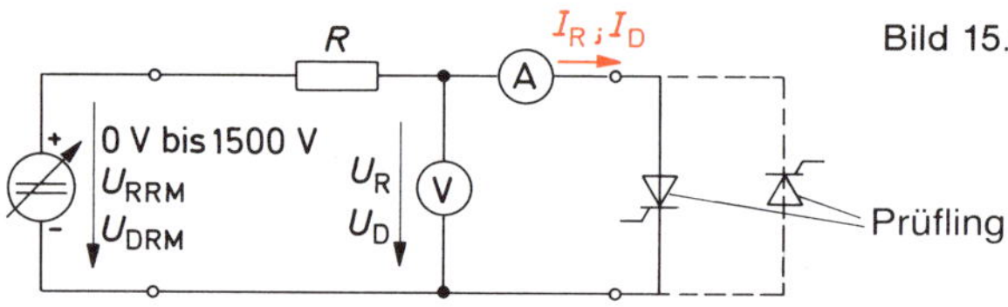

Bild 15.15 Kontrolle der Sperrfähigkeit

Kontrolle der Sperrfähigkeit

Für diese Messung wird eine von null bis zur maximalen Spitzensperrspannung des Thyristors einstellbare Spannungsquelle (Bild 15.15) benötigt.

Ein möglicher Kurzschlußstrom muß bei dieser Anordnung mit R auf etwa 50 mA bis 100 mA begrenzt werden. Unterhalb der maximalen Spitzensperrspannung dürfen bei der Messung in beiden Richtungen nur Sperrströme in der Größenordnung Mikroampere bis Milliampere fließen.

Bestimmung des Durchlaßverhaltens

Hierfür wird eine Spannungsquelle mit kleiner Ausgangsspannung und geringem Innenwiderstand benötigt. Bei der Prüfung von größeren Leistungsthyristoren müssen Ströme von einigen hundert Ampere fließen.

Bild 15.16 Kontrolle des Durchgangsverhaltens, des Zündstroms und der Zündspannung

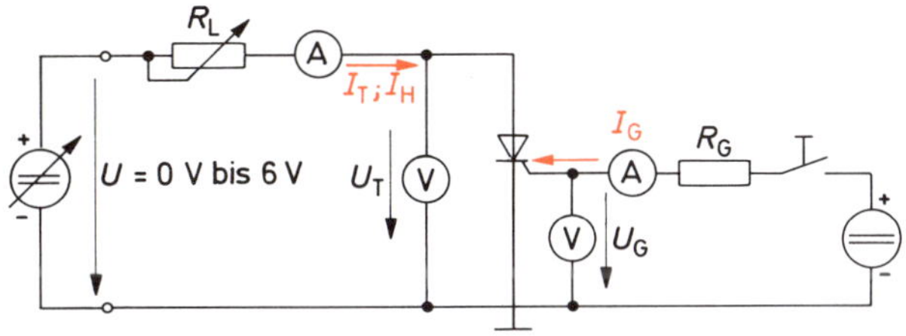

Als Zündeinrichtung dient (Bild 15.16) eine Gleichspannungsquelle. Mit den Meßgeräten im Lastkreis können Strom I_T und Spannung U_T im durchgeschalteten Zustand abgelesen werden. An den Instrumenten im Steuerkreis können Zündstrom und Zündspannung abgelesen werden. Zur Messung des Haltestroms I_H wird die Spannung U langsam verringert oder der Widerstand R_L langsam vergrößert, bis der Durchlaßstrom I_T plötzlich abbricht. Der letzte Meßwert von I_T vor dem Abbruch ist der Haltestrom I_H.

15.1.8 Anwendungen von Thyristoren am Wechselstromnetz

Thyristoren eignen sich als elektronische Leistungsschalter. Sie können mit Gleichströmen, Wechselströmen und Impulsen gezündet werden.

Prinzip der Gleichstromzündung

Bei der Gleichstromzündung wird dem Thyristor in der Einschaltphase ein Zünd-Gleichstrom eingespeist. Leitend ist er jedoch nur in der positiven Netzhalbwelle, d.h., die Spannung an der Anode muß positiv gegenüber der Katode sein (Bild 15.17).

Der Widerstand R_G dient zur Begrenzung des Zündstroms. Da der Thyristor am Wechselstromnetz betrieben wird, muß er bei jedem Stromnulldurchgang – Haltestrom wird unterschritten – wieder in den hochohmigen Zustand kippen.

Bild 15.17
Prinzip der Gleichstromzündung

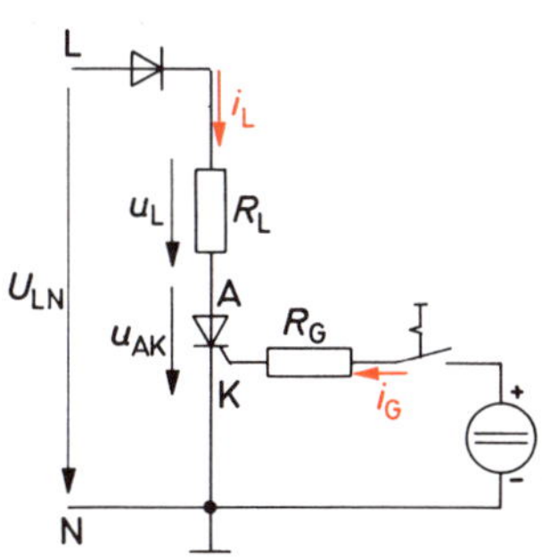

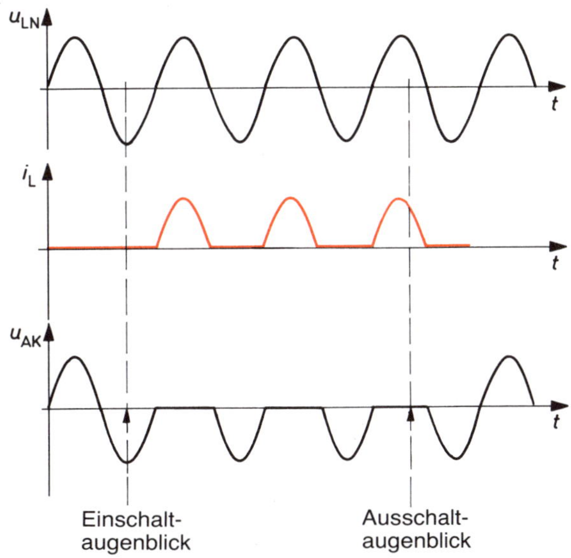

Ein Öffnen des Schalters während der Leitphase des Thyristors führt erneut zum Löschen des Thyristors beim nächsten Stromnulldurchgang. Die Diode hat die Aufgabe, einen erhöhten Sperrstrom während der Sperrphase bei fließendem Gatestrom (Schalter S geschlossen, negative Augenblickswerte der Netzwechselspannung) zu verhindern. Ein Steuerstrom während der Sperrphase bewirkt eine Erhöhung des Sperrstroms, der bei hohen Sperrspannungen zur Zerstörung des Thyristors führen kann.

Prinzip der Wechselstromzündung

Bei der Wechselstromzündung wird der Zündstrom (Gatestrom) direkt aus der Wechselspannungsquelle gewonnen (Bild 15.18).

Bei positiver Halbwelle der Netzwechselspannung fließt ein Zündstrom i_G über den Lastwiderstand R_L, der den Thyristor zündet. Der Verlauf des Laststroms bzw. der Lastspannung entspricht den Liniendiagrammen bei Gleichstromzündung (Bild 15.17). Die Diode im Gatekreis verhindert, daß bei der negativen Halbwelle der Netzwechselspannung eine negative Spannung am Gate auftritt.

Impulszündung

Die Zündung von Thyristoren erfolgt überwiegend mit Impulsen. Dies hat den Vorteil, daß der Zündzeitpunkt exakt festgelegt und bei der Phasenanschnittsteuerung beliebig verschoben werden kann (Bild 15.19).

Auf den Aufbau von Zündschaltungen wird in Kapitel 17 näher eingegangen. Wichtig ist, daß die Zündschaltungen von der Netzwechselspannung her synchronisiert werden. Diese Synchronisation ermöglicht es, daß die Zündimpulse immer mit einer konstanten Phasenverschiebung gegenüber dem Spannungsnulldurchgang der Netzwechselspannung auftreten.

Phasenanschnittsteuerung

Mit einer Phasenanschnittsteuerung besteht die Möglichkeit, die im Verbraucher umgesetzte Leistung nahezu verlustlos zu ändern. In diesem Abschnitt wird lediglich das Prinzip der Phasenanschnittsteuerung dargestellt. Komplette Phasenanschnittsteuerungen mit Impulsgeneratoren werden in Abschnitt 15.6.3 und 17.1 behandelt.

Typische Anwendungsgebiete der Phasenanschnittsteuerung sind:

> Drehzahlverstellung von Motoren und Helligkeitssteuerung von Lampen (Dimmerschaltung)

Bei der Phasenanschnittsteuerung werden als Leistungsschalter überwiegend Thyristoren und Triacs eingesetzt. Die Zündimpulse müssen mit der Frequenz der Netzwechselspannung synchronisiert und in ihrer Phasenlage verschiebbar sein. Damit kann der Laststrom innerhalb einer Netzhalbwelle zu einem beliebigen Zeitpunkt zwischen $\alpha = 0°$ und $\alpha = 180°$ eingeschaltet werden (Bild 15.20). Die Verschiebung des Zündimpulses gegenüber dem Nulldurchgang der Netzwechselspannung heißt *Zündverzögerungswinkel* α (Zündwinkel). Der elektrische Winkel, in dem das Bauelement leitend ist, d.h. den Laststrom führt, wird als *Stromflußwinkel* Θ bezeichnet (in einigen Datenblättern auch λ).

Der im Bild 15.20 dargestellte Stromverlauf entspricht dem einer Einweg- oder Halbwellenschaltung. Der Nachteil der Einwegschaltung besteht darin, daß der Thyristor nur innerhalb einer Halbwelle gezündet werden kann. Die Leistung läßt sich deshalb nur von $P/P_0 = 0\%$ bis 50%, bezogen auf den Betrieb an voller Wechselspannung, verändern. Wird der Thyristor z.B. im positiven Spannungsnulldurchgang geschaltet, so ergibt sich die maximale Leistung im Lastwiderstand. Der Zündverzögerungswinkel beträgt in dem Fall $\alpha = 0°$ und der Stromflußwinkel

Bild 15.18
Prinzip der Wechselstromzündung

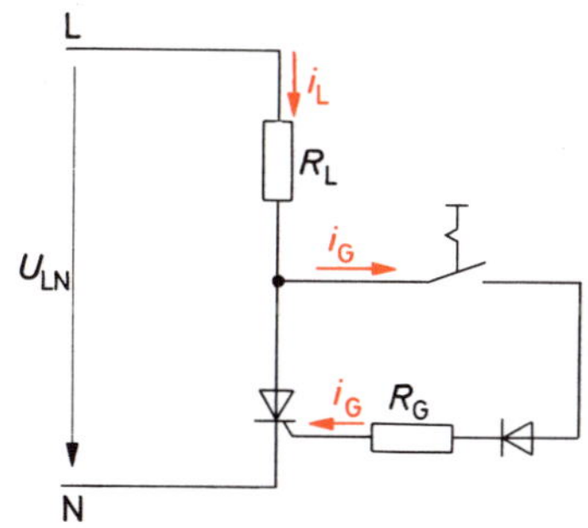

Bild 15.19
Prinzip der Impulszündung

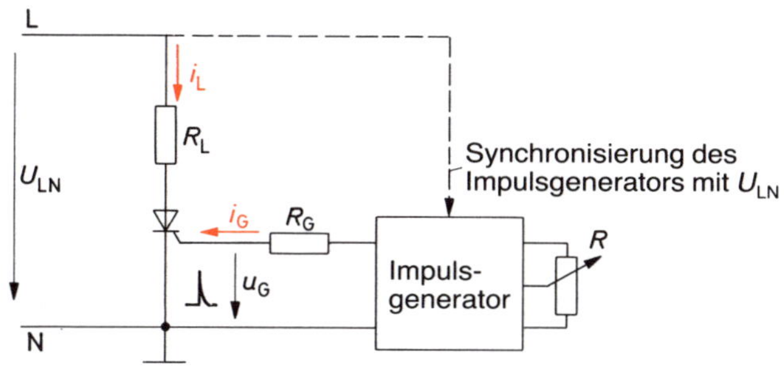

Bild 15.20
Prinzip der Phasenanschnittsteuerung bei einer Einweg- oder Halbwellenschaltung

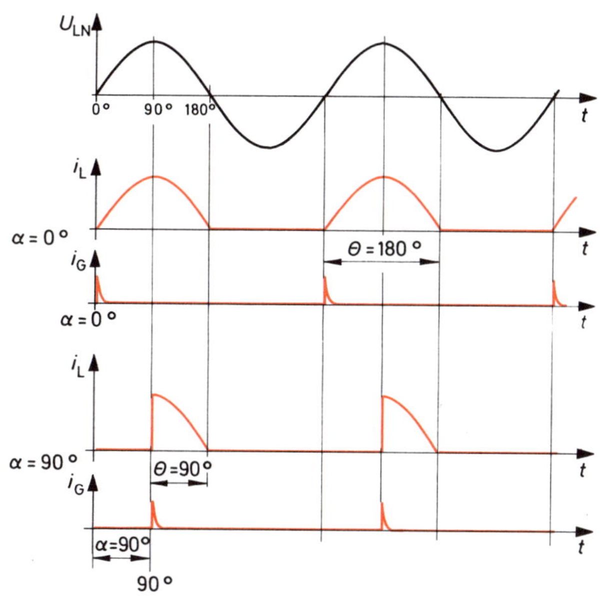

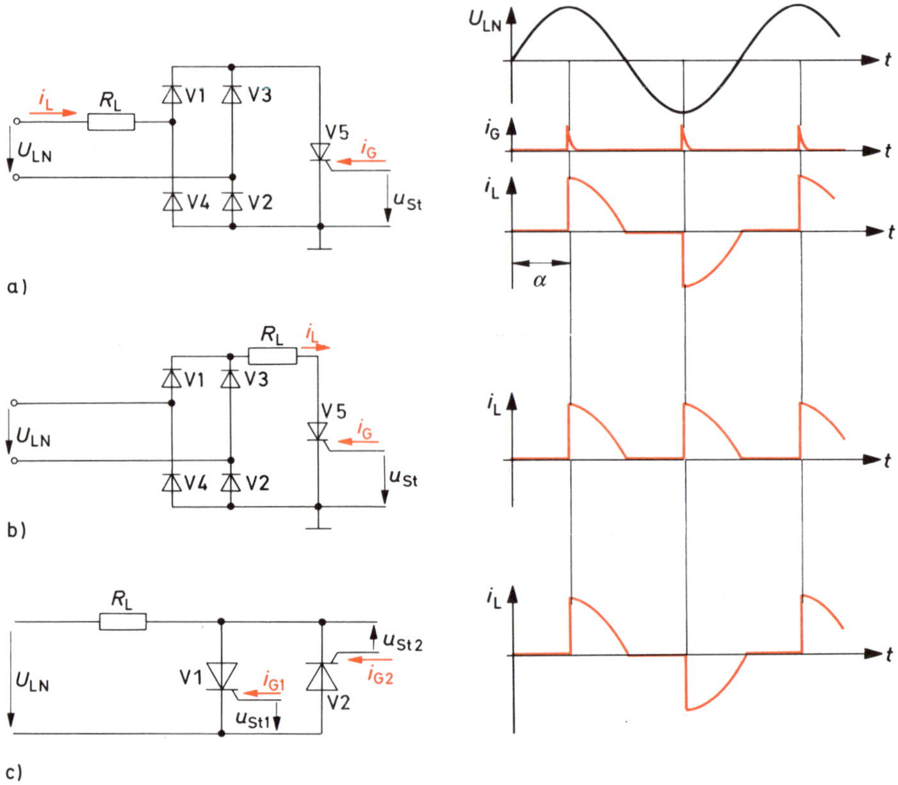

Bild 15.21 Verschiedene Lastkreise zur Realisierung einer Phasenanschnittsteuerung; angenommener Zündwinkel $\alpha = 90°$

$\Theta = 180°$. Wird der Zündverzögerungswinkel α vergrößert, zündet der Thyristor, bezogen auf den Spannungsnulldurchgang, später. Der Stromflußwinkel Θ verringert sich und damit die im Verbraucher umgesetzte Leistung. Beträgt z.B. der Zündverzögerungswinkel $\alpha = 180°$, so ist der Laststrom $I_L = 0$, und es wird keine Leistung im Verbraucher umgesetzt.

Soll die Leistung eines Verbrauchers von 0% bis 100% verändert werden, so kann dies in drei grundsätzlichen Arten von Lastkreisen geschehen (Bild 15.21).

Thyristor mit vorgeschalteter Diodenbrücke

Die Schaltung nach Bild 15.21a enthält zusätzlich eine Gleichrichter-Brückenschaltung. Damit wirken am Thyristor nur positive Spannungshalbwellen, der Thyristor kann also in jeder Halbwelle gezündet werden. Wird der Thyristor während der positiven Halbwelle der Netzwechselspannung gezündet, fließt der Laststrom durch die Diode V1, den Thyristor und die Diode V2. Bei der negativen Halbwelle fließt der Strom bei gezündetem Thyristor über die Diode V3, den Thyristor V5 und die Diode V4. Kennzeichnend für diese Schaltung ist also ein Wechselstrom durch den Lastwiderstand R_L, während die Brückenschaltung diesen Wechselstrom gleichrichtet, so daß am Thyristor nur positive Werte des Laststroms wirken. In der Schaltung Bild 15.21b liegt der Widerstand R_L vor dem Thyristor V5. Der Lastwiderstand wird von einem Gleichstrom durchflossen. Der Nachteil der vorgeschalteten Diodenbrücke besteht in dem zusätzlichen Spannungsabfall der Dioden und der damit verbundenen zusätzlichen Verlustleistung der Dioden. Hinzu kommt, daß bei dieser Schaltung zu keinem Augenblick eine negative Spannung zwischen Anode und Katode des Thyristors auftritt. Das bedeutet, daß nach dem Löschvorgang sofort wieder eine in Vorwärtsrichtung ansteigende Spannung am Thyristor liegt. Dies kann zum ungewollten Zünden des Thyristors durch Unterschreiten der Freiwerdezeit führen. Deshalb sollte diese Schaltung nur für kleine ohmsche Verbraucher bis zu einer Leistung von einigen hundert Watt eingesetzt werden.

Antiparallelschaltung

Bei der Schaltung nach Bild 15.21c arbeiten beide Thyristoren in einer Antiparallelschaltung. Der Thyristor V1 wird während der positiven Halbwelle und der Thyristor V2 während der negativen Halbwelle gezündet. Der Stromverlauf am Lastwiderstand R_L entspricht dem Verlauf der Schaltung a). Da bei dieser Schaltung Wechselströme gesteuert werden können, wird diese Schaltung auch *Wechselstromsteller* genannt. Wählt man bei dieser Schaltung einen Zündwinkel von $\alpha = 0°$, so kann diese Schaltung als elektronischer Wechselstromschalter eingesetzt werden. Dieses nutzt man bei elektronischen Schützen bzw. elektronischen Lastrelais aus (Abschnitt 17.4.1). Die Antiparallelschaltung benötigt im Vergleich zu den vorigen Schaltungen zwei Thyristoren, die mit zwei potentialmäßig voneinander getrennten Steuerimpulsen angesteuert werden. Die Zündschaltung ist also aufwendiger. Die Antiparallelschaltung wird bei Strömen über 30 A bevorzugt. Für Ströme unter 30 A setzt man häufig Triacs ein, da sie preiswerter und einfacher anzusteuern sind (Abschnitt 15.5).

Die Abhängigkeit der Leistung P vom Zündwinkel α ist nicht linear. Dieser Zusammenhang ist im Bild 15.22 für reine Widerstandslast dargestellt. Bild 15.22 kann ebenfalls die Abhängigkeit des Effektivwertes des Stroms und der Spannung vom Zündverzögerungswinkel entnommen werden.

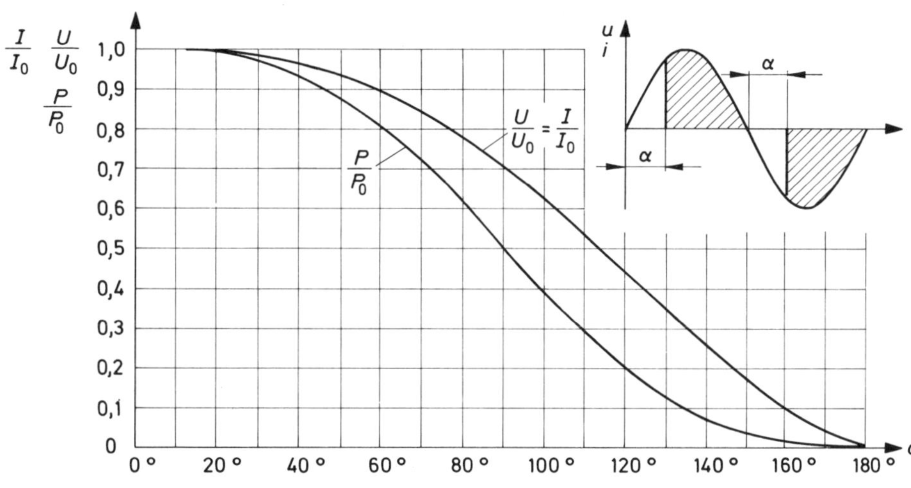

Bild 15.22 Steuerkennlinie der Schaltungen gemäß Bild 15.21a bis c bei reiner Widerstandslast

15.1.9 Thyristor am Gleichstromnetz, Gleichstromschalter

Sollen hohe Gleichströme bei großen Schaltspannungen kontaktlos geschaltet werden, baut man derartige Schalter mit Thyristoren auf. Der Thyristor bietet hier günstigere elektrische Grenzwerte als der Transistor. Als Nachteil muß jedoch gesehen werden, daß ein leitender Thyristor in einem Gleichstromkreis nicht ohne weiteres zu löschen ist. Deshalb muß der Strom beim Abschalten durch eine Gegenspannung unterbrochen werden. Als Energiespeicher kommen dafür Kondensatoren zum Einsatz (Bild 15.23). Diese Kondensatoren heißen *Lösch- oder Kommutierungskondensatoren* (Kommutierung = Stromwendung).

Bei den folgenden Betrachtungen sollen die Spannungsabfälle des leitenden Thyristors und der Innenwiderstand der Gleichspannungsquelle vernachlässigt werden.

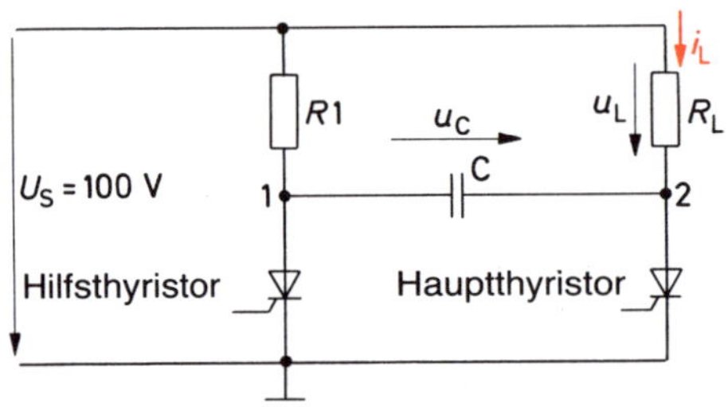

Bild 15.23 Thyristor-Gleichstromschalter

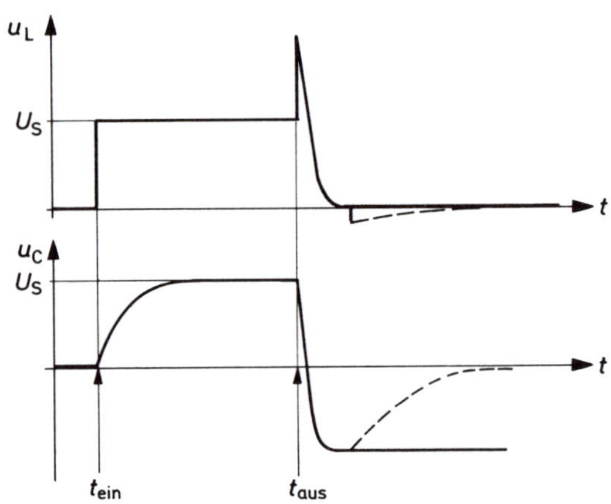

Bild 15.24 Spannungs- und Stromverlauf im Gleichstromschalter

Einschalten

Zum Zeitpunkt t_{ein} wird der Hauptthyristor gezündet (Bild 15.24). Der Lastwiderstand R_L liegt an der Spannung U_S. Da im ersten Moment der Kondensator C ungeladen ist, beträgt der Spitzenstrom durch den Hauptthyristor

$$\hat{i} = \frac{U_s}{R1 \,/\!/\, R_L}$$

Der Kondensator C lädt sich mit der Zeitkonstanten $\tau = R1 \cdot C$ auf U_s auf. Wenn $u_C = U_s$ ist, wird der Strom durch den Hauptthyristor nur von R_L bestimmt. Damit ist der statische Einschaltzustand erreicht. Der Kondensator hat die zur Löschung notwendige Polarität angenommen, wobei der Punkt 1 positiv gegenüber Punkt 2 ist.

Ausschalten

Im Augenblick t_{aus} wird der Hilfsthyristor gezündet. Zum Zeitpunkt t_{aus} liegt der positive Belag des Kondensators an der Katode und der negative Belag an der Anode des Hauptthyristors. Der Hauptthyristor ist in Sperrichtung gepolt, d.h., der Laststrom wird vom Kondensator und Hilfsthyristor übernommen. Betrachtet man im Augenblick t_{aus} die Spannungen, so ergibt sich:

$$u_L - u_C - U_S = 0$$

$$u_L = U_S + u_C$$

im Augenblick t_{aus} ist $u_C = U_S$

damit wird $u_L = 2 \cdot U_S$

An der Last tritt die doppelte Spannungs- und Stromspitze auf. Der Kondensator lädt sich durch den Laststrom mit der Zeitkonstanten $\tau = R_L \cdot C$ um, bis $u_c = -U_S$ ist. Mit gleicher Zeitkonstante gehen der Laststrom und die Lastspannung gegen null. Der Laststrom ist ausgeschaltet. Durch den Hilfsthyristor fließt ein Strom, der durch $R1$ begrenzt ist. Wird $R1$ so hochohmig gewählt, daß dieser Strom kleiner als der Haltestrom des Hilfsthyristors ist, sperrt der Hilfsthyristor, und der Kondensator entlädt sich über die Widerstände $R1$ und R_L (gestrichelter Kurvenverlauf von u_c). Damit ist nach der Entladung von C die gleiche Situation wie zum Zeitpunkt t_{ein} vorhanden, d.h., die Schaltung ist wieder einschaltbereit.

Häufig wird der Schalter aber auch so dimensioniert, daß nach Umladung von C der Haltestrom des Hilfsthyristors nicht unterschritten wird. Dabei bleiben der Hilfsthyristor eingeschaltet und der Kondensator auf $u_c = -U_S$ geladen. Wird nun der Hauptthyristor angesteuert, löscht — bedingt durch die Polarität des Kondensators — der Hilfsthyristor. Bei dieser zuletzt genannten Dimensionierung kann $R1$ niederohmiger gewählt werden; es verringert sich die Aufladezeitkonstante, und die Schaltfrequenz kann vergrößert werden.

Für die Dimensionierung des Kondensators ist die Freiwerdezeit t_q des Thyristors von grundlegender Bedeutung. Der Löschkondensator muß sicherstellen, daß die Zeit der negativen Spannung am Thyristor größer ist als die Freiwerdezeit t_q. Dadurch wird erreicht, daß alle Ladungsträger aus dem Thyristorkristall ausgeräumt sind und der Thyristor wieder seine volle Sperrfähigkeit in Vorwärtsrichtung erlangen kann. Daraus ergibt sich als Richtlinie für die Dimensionierung des Kondensators

$$C > \frac{I_L \cdot t_q}{U_S}$$

C Kapazität des Löschkondensators
t_q Freiwerdezeit des Thyristors
U_S Speisespannung

15.2 GTO-Thyristor (Abschaltthyristortriode)

GTO-(*G*ate *t*urn *o*ff-)Thyristoren können über einen Steueranschluß durch Steuerströme positiver Polarität gezündet und durch Steuerströme negativer Polarität gelöscht werden. Diese Thyristoren bezeichnet man auch als *Abschaltthyristoren.*

15.2.1 Aufbau und Wirkungsweise

Das Zünden des GTO erfolgt wie beim normalen Thyristor (Abschnitt 15.1.1). *Durch einen negativen Steuerimpuls wird der innere Ladungsträgerfluß des leitenden GTO unterbrochen, d.h., der Thyristor kippt in den Sperrzustand.* Der GTO kann selbstverständlich auch, wie der normale Thyristor, durch Absenken des Hauptstroms unter den Haltestrom gelöscht werden. Im einzelnen kann man den Löschvorgang am Zwei-Transistorersatzschaltbild erläutern (Bild 15.25). Beim Anlegen einer negativen Gatespannung fließt der Kollektorstrom des pnp-Transistors zum negativen Gatepotential hin. Damit wird der Basisstrom des npn- und des pnp-Transistors unterbrochen. Der Thyristor sperrt. Prinzipiell ist diese Abschaltmöglichkeit auch bei normalen Thyristoren gegeben. Die auf diese Weise abschaltbaren Ströme sind beim normalen Thyristor sehr gering. Man erreicht Werte, die etwas größer als der Haltestrom sind. Dies hängt unter anderem mit der durchgehenden Gatekontaktierung zusammen; es schalten bei negativer Steuerspannung nur Strombahnen in der Nähe des Gateanschlusses ab, während die zentralen Strombahnen leitend bleiben. Damit die genannten Effekte verringert werden, ist beim GTO kein durchgehender Gateanschluß vorhanden, sondern die Gate-Katoden-Anordnung ist in mehrere streifenförmige Kontaktierungen aufgeteilt (Bild 15.25). Dies hat außerdem den Vorteil, daß der Bahnwiderstand zwischen Gate und Katode verringert wird. Bei den zur Zeit gefertigten GTO ist der Steuerstrombedarf beim Abschalten verhältnismäßig groß (ca. 20% des Laststroms); hinzu kommt ein hoher Preis gegenüber konventionellen Thyristoren. Diese Nachteile haben dazu geführt, daß sich dieses interessante Bauelement bisher noch nicht auf breiter Basis durchsetzen konnte.

GTO-Thyristoren sind für Ströme bis zu einigen hundert Ampere und Sperrspannungen bis 2 kV erhältlich (Stand 1983).

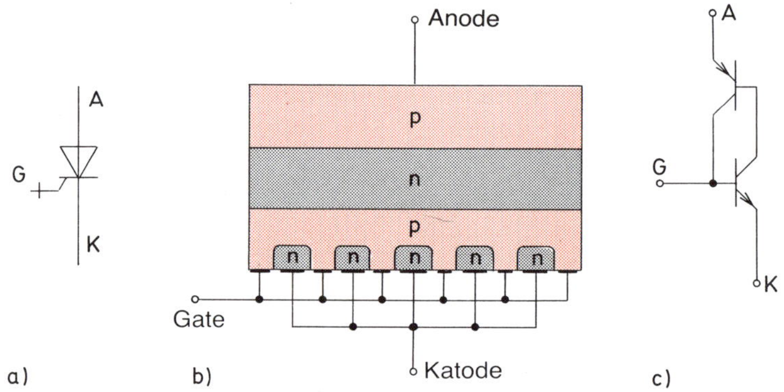

Bild 15.25 GTO-Thyristor
a) Schaltzeichen
b) Kristallaufbau (schematisch)
c) Transistorersatzschaltbild

15.2.2 Kenn- und Grenzwerte

GTO-Thyristor BT155 (Valvo)

Grenzwerte

Periodische Spitzensperrspannung	U_{DRM}/U_{RRM}	= 800 V
Dauergrenzstrom, Mittelwert	I_{TAV}	= 9,5 A
Grenzeffektivstrom	I_{TRMS}	= 15 A

Kennwerte

Durchlaßspannung bei I_T = 20 A	U_T	< 2,35 V
Haltestrom	I_H	< 200 mA
Zündstrom	I_{GT}	> 100 mA
Zündspannung	U_{GT}	> 2 V
Freiwerdezeit	t_q	< 12 µs

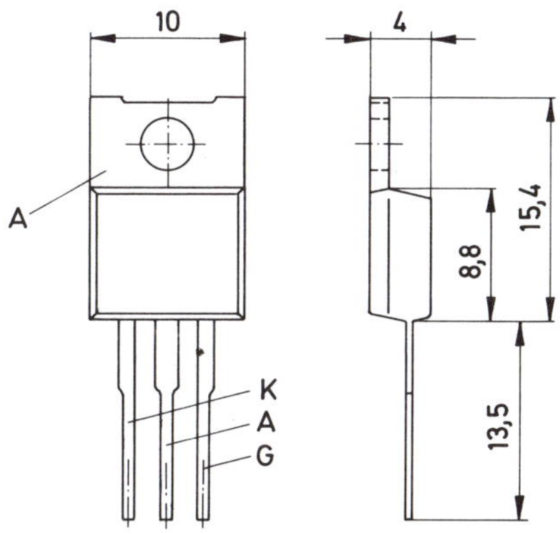

Bild 15.26 Bauform eines GTO

15.3 Thyristortetrode (PUT)

Die Thyristortetrode ist ein bistabiler, steuerbarer Halbleiterschalter, der über zwei Steuerelektroden wahlweise mit Strömen beider Polaritäten ein- und ausgeschaltet werden kann.

15.3.1 Aufbau und Wirkungsweise

Bei der Thyristortetrode (Thyristor-Vierpol) sind neben den Anschlüssen für Anode und Katode die beiden Steueranschlüsse herausgeführt. Der Kristallaufbau entspricht dem eines normalen Thyristors (Bild 15.27).

Bild 15.27 Thyristortetrode
a) prinzipieller Kristallaufbau
b) Transistorersatzschaltbild
c) Schaltzeichen

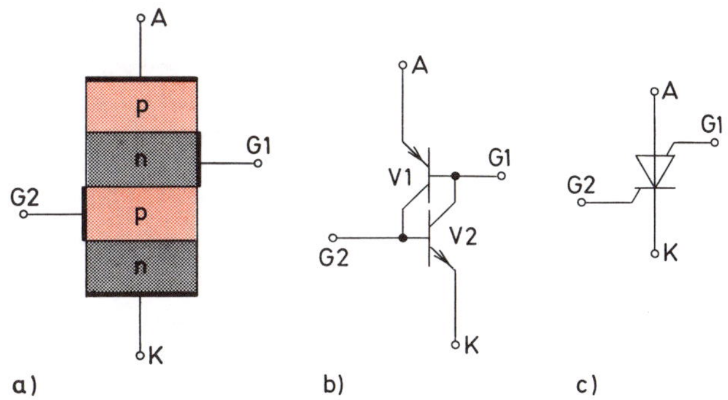

Bereits in Abschnitt 15.1.1 ist erwähnt worden, daß ein Thyristor sowohl katodenseitig als auch anodenseitig steuerbar ist. Aus dem Transistorersatzschaltbild ist zu erkennen, daß mit einem positiven Steuersignal am Gate 2, bezogen auf Katode, sowie mit einem negativen Steuersignal am Gate 1, bezogen auf Anode, das Bauelement gezündet werden kann. Die Löschung erfolgt durch Unterschreiten des Haltestroms — wie beim konventionellen Thyristor. Die Entwicklung und Anwendung von Thyristortetroden ist nur auf kleine Ströme $I_T < 1$ A beschränkt. Bei kleinen Strömen besteht außerdem die Möglichkeit, durch Steuersignale entgegengesetzter Polarität das Bauelement vom leitenden in den hochohmigen Zustand zu kippen.

15.3.2 Kenn- und Grenzwerte — Thyristortetrode BRY21

Grenzwerte

Spannung Steuerelektrode 1 — Katode	U_{G1K}	= 80 V
Spannung Steuerelektrode 1 — Anode	U_{G1A}	= 80 V
Dauergrenzstrom	I_{TAV}	= 500 mA
Sperrschichttemperatur	ϑ_J	= 125 °C

Kennwerte

Haltestrom/Talstrom	I_V	≈ 50 µA bis 150 µA
Durchlaßspannung bei I_T = 100 mA	U_T	< 1,3 V

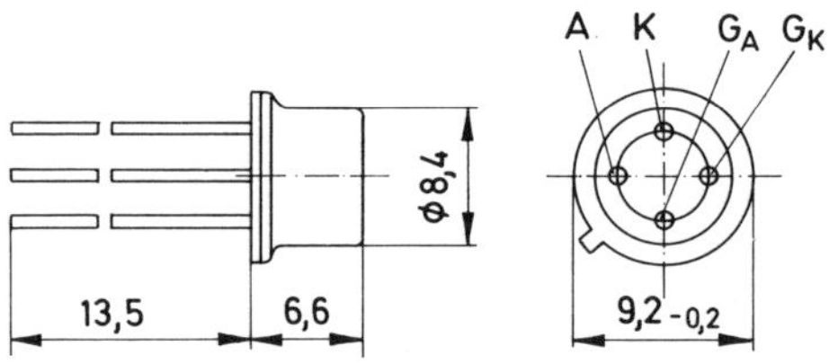

Bild 15.28 Bauform einer Thyristortetrode

15.3.3 Anwendungen

Thyristortetroden werden häufig zur Impulserzeugung eingesetzt. Die Grundschaltung als Impulsgenerator ist in Bild 15.29 dargestellt.

Nach dem Anlegen der Betriebsspannung U_S steigt die Spannung am Kondensator u_C nach einer e-Funktion. Sobald sie den Wert $u_C = U_{R2} + 0{,}6$ V erreicht, fließt ein Steuerstrom von A nach G1. Die Thyristortetrode kippt in den niederohmigen Zustand. Der Kondensator entlädt sich mit sehr kurzer Zeitkonstante, da $R4$ im Vergleich zu $R3$ wesentlich niederohmiger gewählt wurde. Während der Entladung von C tritt an $R4$ ein positiver Nadelimpuls auf. Der Widerstand $R3$ ist so hochohmig gewählt, daß der Haltestrom der Thyristortetrode mit Sicherheit unterschritten wird; damit kann das Bauelement wieder in den hochohmigen Zustand kippen. Der Ladezyklus von C beginnt erneut.

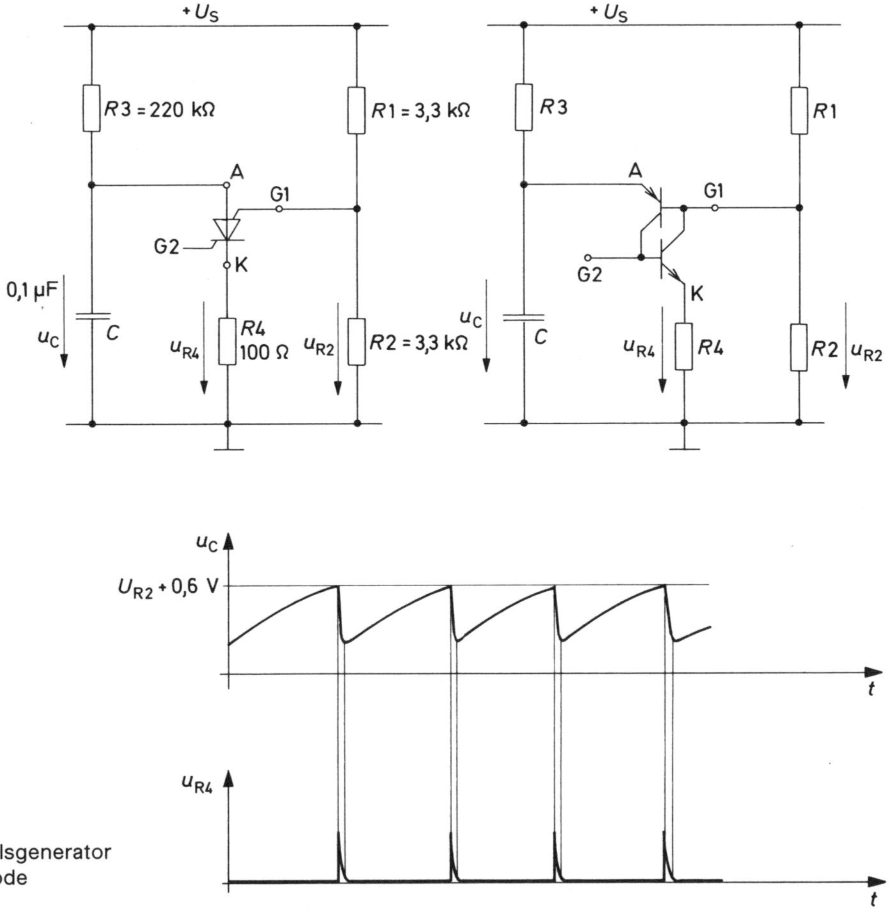

Bild 15.29 Impulsgenerator mit Thyristortetrode

15.4 Vierschichtdiode (rückwärtssperrende Thyristordiode)

Die Vierschichtdiode ist ein nicht steuerbarer Thyristor mit genau festgelegter Durchbruchspannung in Vorwärtsrichtung. Sie wird ebenfalls als *rückwärtssperrende Thyristordiode* bezeichnet.

15.4.1 Aufbau und Wirkungsweise

Die Vierschichtdiode entspricht in ihrem Aufbau dem Thyristor (Zonenfolge pnpn), es fehlt jedoch der Gateanschluß (Bild 15.30).

Der Durchschaltvorgang der Vierschichtdiode wird ausgelöst, indem die Spannung in Vorwärtsrichtung so weit erhöht wird, bis sie den Wert der Nullkippspannung $U_{(BO)0}$ erreicht hat. Damit entsteht ein Durchbruch im Bereich der Sperrschicht S2. Die Leitfähigkeit nimmt rasch zu, die Kristallzonen werden mit Ladungsträgern überschwemmt. Dieser Vorgang wird auch als Kippvor-

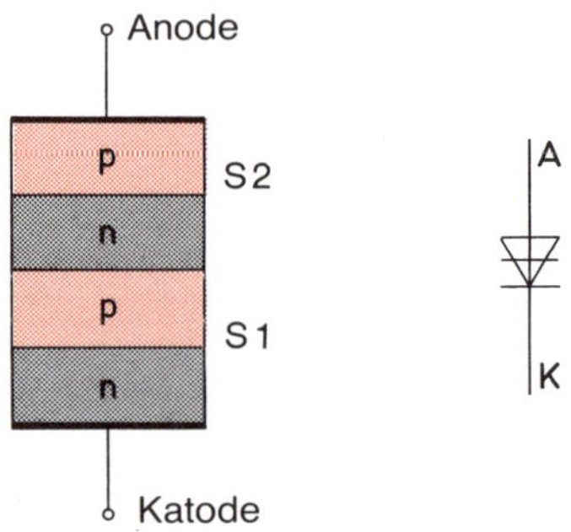

Bild 15.30 Schichtaufbau und Schaltzeichen der Vierschichtdiode

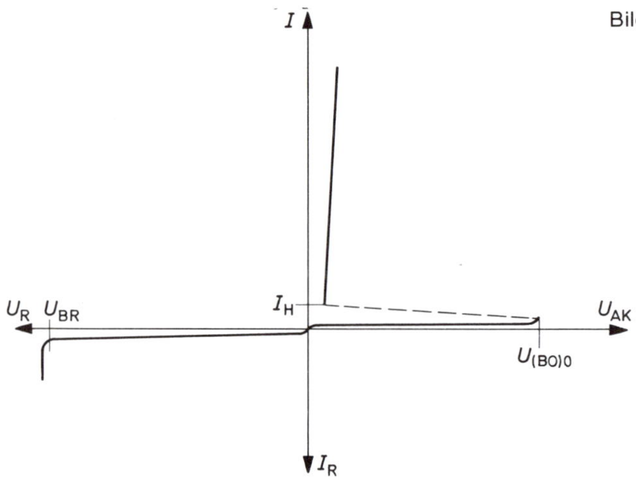

Bild 15.31 Kennlinie der Vierschichtdiode

gang oder Zündvorgang bezeichnet. Die Spannung zwischen Anode und Katode beträgt im durchgeschalteten Zustand $U_F \approx 1{,}5$ V (Bild 15.31).

Dieser durchgeschaltete Zustand bleibt so lange erhalten, bis der Haltestrom unterschritten ist.

15.4.2 Kenn- und Grenzwerte

Vierschichtdioden sind mit abgestuften Nullkippspannungen von 20 V bis zu einigen hundert Volt im Handel.

Daten der Vierschichtdiode 4E 20-8 (ITT):

Schaltspannung	$U_{(BO)0}$	= 20 V ± 4 V
Haltestrom	I_H	= 1 mA bis 15 mA
Sperrstrom	I_R	< 15 µA
Freiwerdezeit	t_q	= 20 µs
maximal zulässiger Dauerstrom	I_F	= 150 mA
maximal zulässige Verlustleistung	P_{tot}	= 150 mW
maximal zulässiger Impulsstrom (abhängig vom Tastverhältnis)	I_{FM}	< 10 A

15.4.3 Anwendung

Mit der Vierschichtdiode lassen sich Kippschaltungen aufbauen, die als Impuls- und Sägezahngenerator arbeiten (Bild 15.32).

Die Z-Diode sowie der Transistor V und die Widerstände *R*1, *R*2 stellen eine Konstantstromquelle (Kapitel 20) für den Kondensator C dar. Wird der Kondensator mit einem konstanten Strom I_c geladen, so steigt die Spannung u_c linear mit der Zeit an, bis die Schaltspannung der Vierschichtdiode erreicht ist. Der vorher hochohmige Widerstand der Vierschichtdiode (einige Megaohm) bricht auf kleine Werte zusammen, der Kondensator C entlädt sich rasch über die Vierschichtdiode und den niederohmigen Widerstand *R*3. Wird der Haltestrom der Vierschichtdiode unterschritten, so kippt sie wieder in den Sperrzustand, der Aufladevorgang des Kondensators beginnt erneut. Wichtig bei der Dimensionierung ist, daß der Konstantstrom I_c kleiner als der Haltestrom der Vierschichtdiode sein muß, da sie sonst nicht wieder in den Sperrzustand zurückkippen würde. Die Schaltung kann ebenfalls Nadelimpulse liefern, diese können am Widerstand *R*3 abgegriffen werden. Bild 15.33 zeigt den Zusammenhang zwischen der Ausgangsspannung u_Q und der Spannung u_{R3} als Funktion der Zeit.

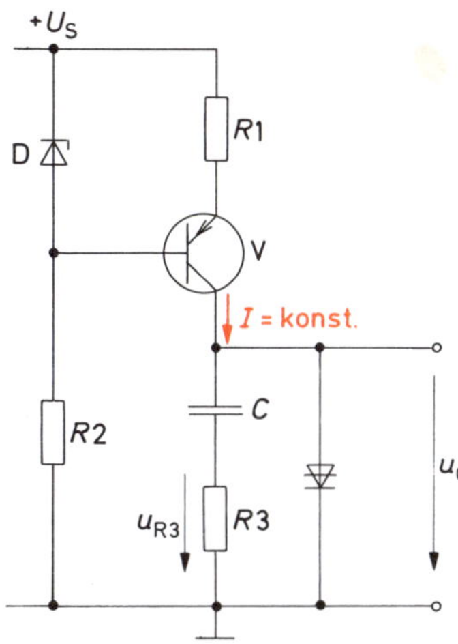

Bild 15.32 Sägezahngenerator mit Vierschichtdiode

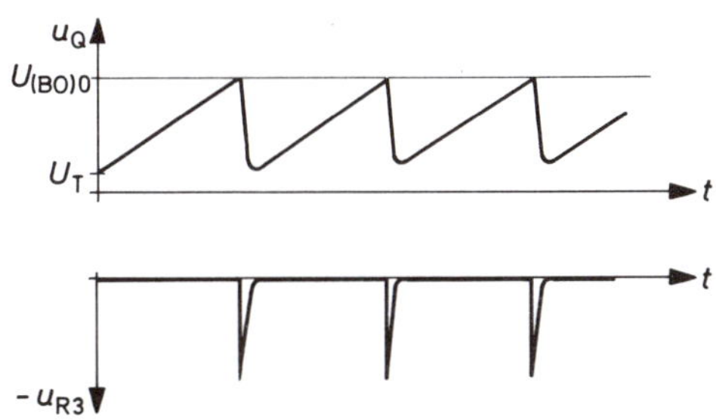

Bild 15.33 Spannungsverläufe des Impuls- und Sägezahngenerators mit Vierschichtdiode

15.5 Triac (Zweirichtungs-Thyristortriode)

Der Begriff *Triac* bedeutet: «*Tri*» — drei Anschlüsse und «*ac*» — engl. alternating current. Dieses Bauelement wird häufig auch als *Zweirichtungs-Thyristortriode* oder Zweiwegthyristor bezeichnet. Es ist ein Bauelement, mit dem Wechselströme geschaltet werden können. Triacs gehören zu den Thyristoren und stellen innerhalb dieser Gruppe eine Weiterentwicklung dar.

15.5.1 Aufbau und Wirkungsweise

In dem Siliziumkristall sind zwei antiparallel arbeitende Thyristoren integriert, von denen einer ein katoden- und der andere ein anodenseitiges Gate besitzt (Bild 15.34).

Bei der Halbleiterstruktur wird deshalb sowohl eine npnp- als auch eine pnpn-Zonenfolge benötigt. Beide Systeme müssen in geeigneter Weise mit einem Gateanschluß ansteuerbar sein (Bild 15.34). *Die Zündung des Triacs kann durch Steuerimpulse am Gate beliebiger Polarität, bezogen auf den Hauptanschluß A1, unabhängig von der Polung der äußeren Spannung erfolgen.*

Um den Zündvorgang besser verstehen zu können, kann man sich den Triac gedanklich in zwei Zweige aufgetrennt vorstellen. Der Halbleiterkristall besteht dabei aus einem *Normalthyristor,* der katodenseitig gezündet wird, für die positive Halbwelle der Netzwechselspannung und einem *Antithyristor,* der anodenseitig gezündet wird, für die negative Halbwelle der Netzwechselspannung (Bild 15.35). Es ergibt sich ein symmetrischer Kennlinienverlauf, wie er in Bild 15.36 dargestellt ist.

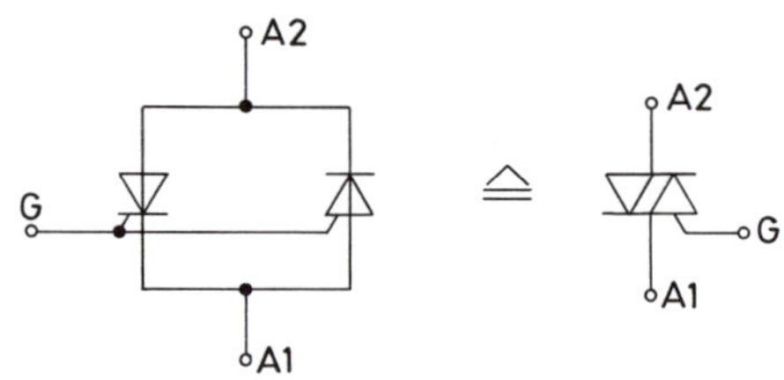

Bild 15.34
Thyristorersatzschaltbild und Schaltzeichen des Triac

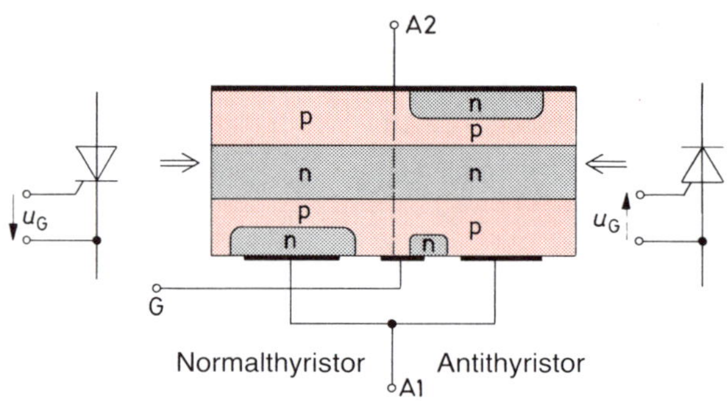

Bild 15.35 Halbleiteraufbau des Triac, schematisch

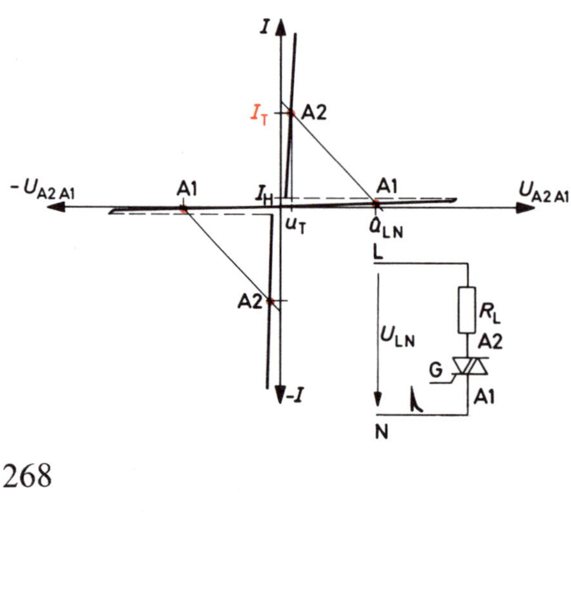

Bild 15.36 Kennlinie des Triac

Bild 15.37 Zündmöglichkeiten beim Triac (Zündquadranten)

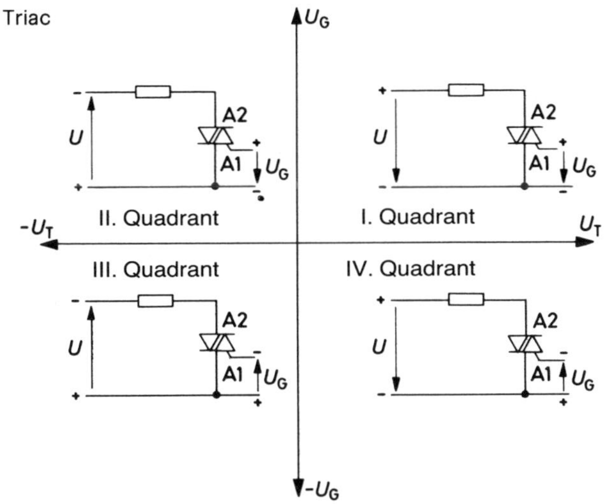

In die Kennlinie $I = f(U_{A2A1})$ ist ebenfalls die Arbeitsgerade des Lastwiderstands R_L eingetragen. Der Sperrzustand ist gekennzeichnet durch den Arbeitspunkt A1. Es fließt ein vernachlässigbar kleiner Sperrstrom. Die Netzspannung liegt am Triac. Durch Zünden des Triacs kippt das Bauelement vom hochohmigen in den niederohmigen Zustand, d.h., der Arbeitspunkt springt von A1 nach A2. Die Spannung am Triac bricht zusammen auf den Wert U_T = 1,2 V bis 2 V. Damit liegt die Netzspannung am Lastwiderstand R_L. Unterschreiten die Augenblickswerte des Laststroms den Haltestrom I_H, kippt der Triac wieder in den hochohmigen Zustand. Bei Wechselströmen tritt dies immer in der Nähe des Nulldurchgangs auf.

Beim Triac ergeben sich vier Möglichkeiten der Zündung, bezogen auf die Polarität der Steuer- und Hauptspannung (Bild 15.37).

Durch den Halbleiteraufbau des Triacs ist die Zündempfindlichkeit nicht in allen 4 Quadranten gleich. Bei Einsatzfällen mit gleichbleibender Zündspannungspolarität ist die Anwendung negativer Zündimpulse am zweckmäßigsten (III. und IV. Quadrant). Bei wechselnder Zündspannungspolarität ergeben sich im I. und III. Quadranten die günstigsten Anwendungen, d.h. die niedrigsten Zündströme.

15.5.2 Kenn- und Grenzwerte

Bedingt durch den inneren Aufbau des Triacs erhält man ungünstigere Kenn- und Grenzwerte gegenüber dem normalen Thyristor. Dies gilt insbesondere für folgende Werte:

Kritische Spannungssteilheit	du/dt
Freiwerdezeit	t_q
periodische Spitzensperrspannung	U_{DRM}/U_{RRM}

15.5.3 Datenblatt, Bauformen

Im folgenden werden die Daten von Triacs aufgeführt. Diese Daten stellen einen Auszug der Herstellerangaben der Fa. Siemens dar.

Tabelle 15.2 Datenblattauszug Triacs (Siemens)

Typ	Periodische Spitzensperrspannung U_{DRM}/U_{RRM} [V]	Grenzeffektivstrom I_{TRMS} [A]	Stoßstromgrenzwert I_{TSM} (Sinus-Vollwelle 50 Hz) [A]	Oberer Zündstromgrenzwert I_{GT} $\vartheta_j = 25\,°C$ [mA]	Höchste zul. Sperrschichttemperatur ϑ_j [°C]	Wärmewiderstand $R_{th\ JC}$ [K/W]	Kritische Spannungssteilheit $(du/dt)_{CR}$ [V/µs]	Kritische Spannungssteilheit nach der Kommutierung $(du/dt)_q$ [V/µs]
				Kunststoffgehäuse				
TX C03	100 bis 600	1	45	10 bis 75	120	93^3	50	2
TX C02	100 bis 600	3	45	10 bis 75	120	12	50	2
				TO 66-Gehäuse				
TX C01	100 bis 600	7,5	50	10 bis 75	120	3,9	50	2
				TO 220-Gehäuse; glaspassivierte Siliziumtablette				
TX C10	400 bis 800	4	40	25 bis 75	115	2,7	20	5
TX C10 . . . M	400 bis 800	6	55	25 bis 75	115	2,7	20	5
TX D10	400 bis 800	8	80	25 bis 75	115	2,0	20	5
TX D10 . . . M	400 bis 800	10	90	25 bis 75	115	2,0	20	5
TX D10 . . . P	400 bis 800	12	100	25 bis 75	115	2,0	20	5
				Schraubgehäuse				
TX D99	400 bis 500	10	90	50	100	2	50	4
TX D98	400 bis 500	15	90	50	115	2	50	4
TX E99	400 bis 500	25	230	50	115	1,8	25	5

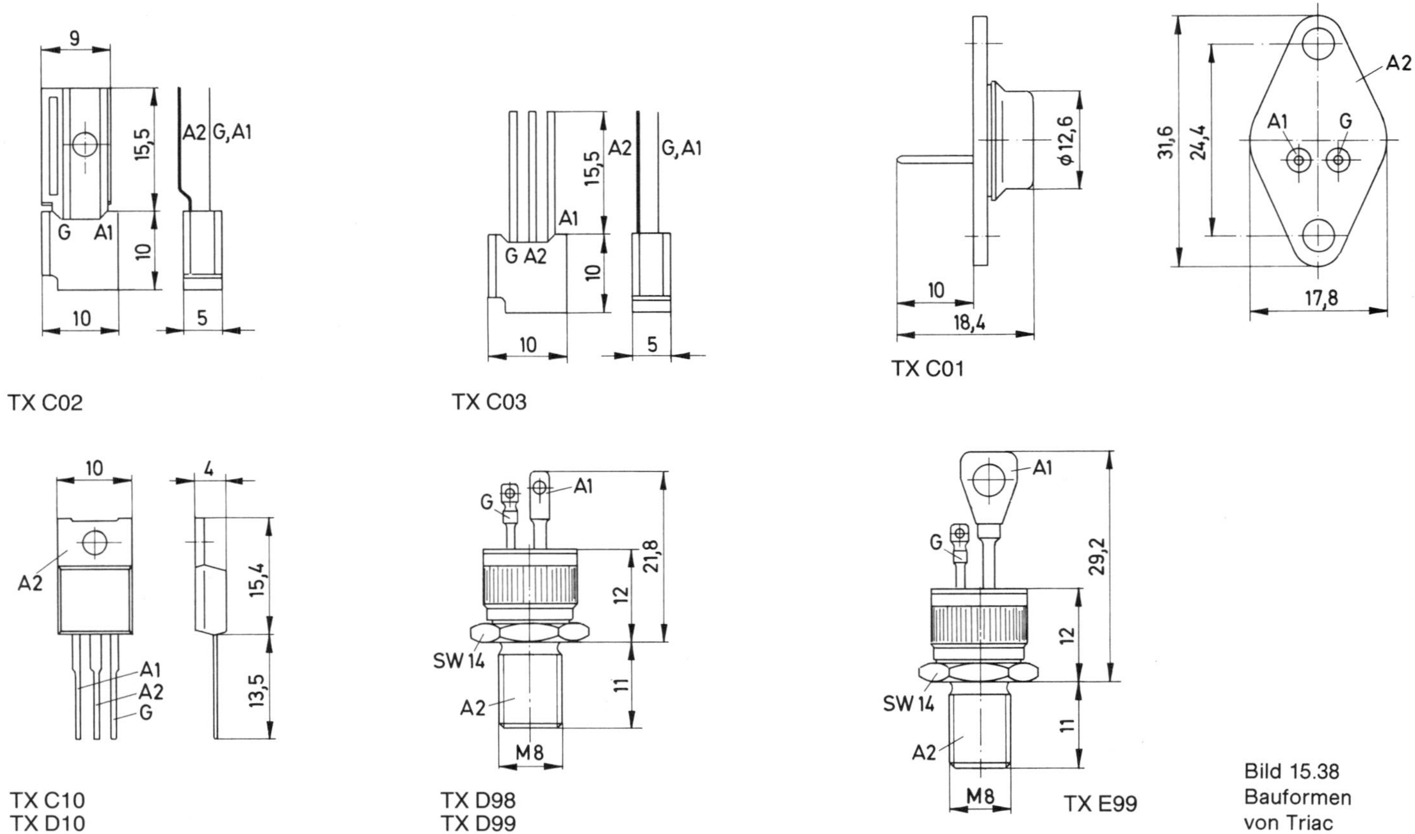

Bild 15.38
Bauformen
von Triac

15.5.4 Schutzbeschaltungen

Die Schutzbeschaltungen gegen Überspannungen und -ströme entsprechen denen des normalen Thyristors (Abschnitt 15.1.6). Eine *RC*-Reihenschaltung parallel zum Triac (ähnlich der TSE-Beschaltung) verhindert das Auftreten hoher Spannungssteilheiten. Diese Beschaltung ist insbesondere bei induktiven Lastwiderständen zu empfehlen, da es sonst — wegen der geringen kritischen Spannungssteilheit des Triacs — leicht zu Fehlzündungen kommen kann.

15.5.5 Prüfmethoden

Die Prüfmethoden des Triacs entsprechen denen des Thyristors, wie sie unter Abschnitt 15.1.7 beschrieben sind. Die Gate-Anode-1-Strecke ist in beiden Richtungen niederohmig.

15.5.6 Anwendungen

Durch den Triac wird der Schaltungsaufwand, bezogen auf eine Antiparallelschaltung von Thyristoren, erheblich vereinfacht (Abschnitt 15.1.8). Steuerimpulse beliebiger Polarität für beide Halbwellen liegen an einem Steueranschluß (Bild 15.39).

Der Einsatz des Triacs erfolgt als kontaktloser Wechselstromschalter bei Beleuchtungsanlagen, kleineren Motorantrieben und Heizungsanlagen mittlerer Leistung (Abschnitt 15.6.3 und 17.4).

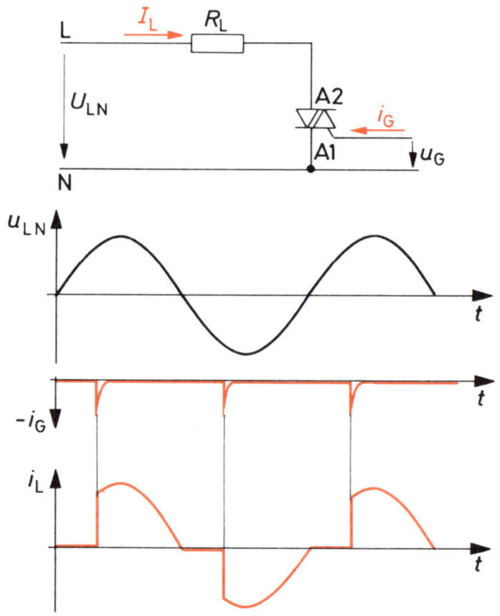

Bild 15.39 Phasenanschnittsteuerung mit Triac

15.6 Diac (Zweirichtungs-Thyristordiode)

Der Begriff *Diac* bedeutet: *D*iode *a*lternating *c*urrent switch, d.h. zweipolige Wechselstromschalter. Der Diac besitzt keinen Gateanschluß und ist nicht steuerbar.

15.6.1 Aufbau und Wirkungsweise

Der Diac entspricht im Aufbau der Antiparallelschaltung von 2 Vierschichtdioden (Bild 15.40). Daher ist auch der Begriff *Zweirichtungs-Thyristordiode* abzuleiten.

Der Kippvorgang vom hochohmigen in den niederohmigen Zustand ist sowohl in positiver als auch in negativer Spannungsrichtung möglich. Aus diesen Eigenschaften resultiert ein symmetrischer Verlauf der Kennlinie (Bild 15.41).

Eine wichtige Eigenschaft der Diacs ist die Symmetrie der Kennlinie. Die positive Schaltspannung U_{BO} sollte möglichst genausogroß sein wie die negative Schaltspannung $-U_{BO}$. Typische Werte für die Symmetrieabweichungen liegen bei ± 3 V.

Neben dem vorgenannten Diac mit fünf Schichten setzt man überwiegend *Diacs mit drei Schichten* ein (Bild 15.42). Sie werden häufig als Triggerelement in Verbindung mit einem Triac oder Thyristor verwendet (Abschnitt 15.6.3). Der Aufbau hat gewisse Ähnlichkeit mit dem eines Transistors. Der Halbleiterkristall besteht aus drei Schichten, die pnp-dotiert sind.

Je nach Polarität der angelegten Spannung ist entweder der pn-Übergang S1 oder S2 in Sperrichtung gepolt und damit das Bauelement hochohmig. Bei Überschreitung der Kippspannung U_{BO} werden als Folge des «Durchbruchs» Ladungsträger in die n-Schicht gelangen. Diese Ladungsträger bewirken eine zunehmende Leitfähigkeit der n-Schicht. Die Spannung $U_{A1\,A2}$ sinkt um $\Delta U \approx 8$ V (Bild 15.43).

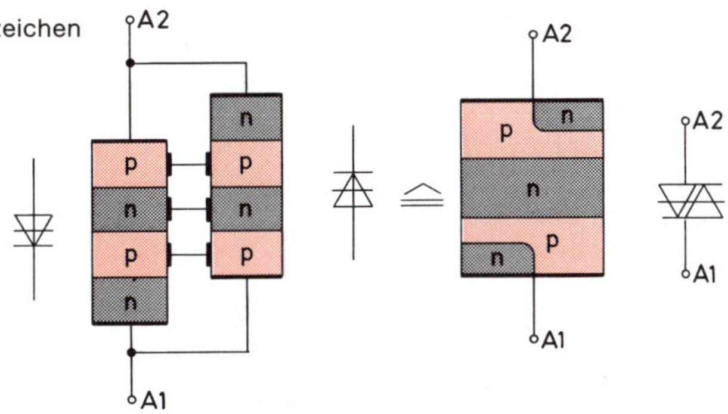

Bild 15.40 Halbleiteraufbau und Schaltzeichen des Diac in Fünfschichtaufbau

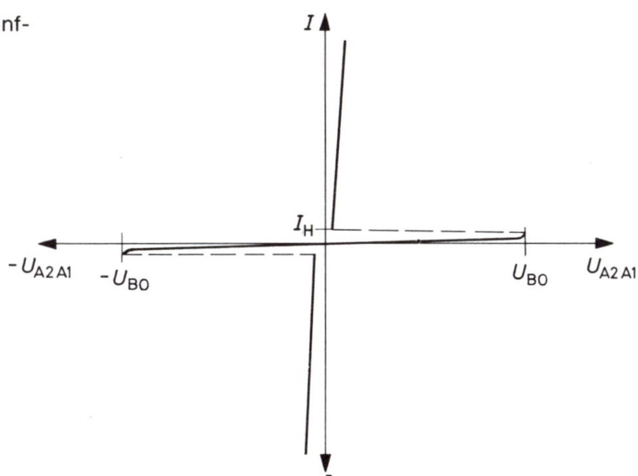

Bild 15.41 Kennlinie eines Diac in Fünfschichtaufbau

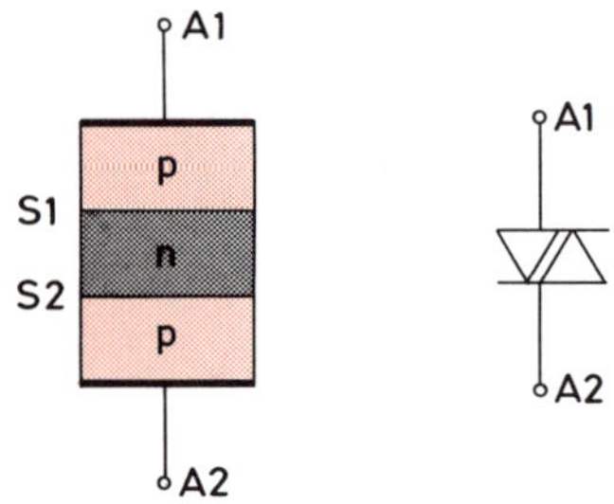

Bild 15.42 Halbleiteraufbau und Schaltzeichen des Diac in Dreischichtaufbau

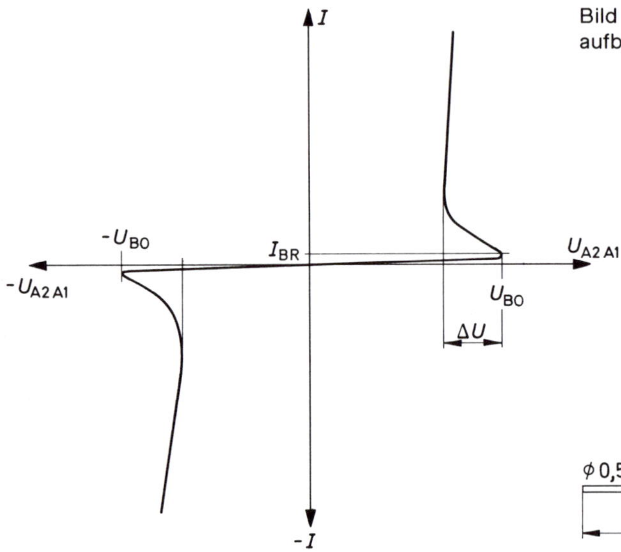

Bild 15.43 Kennlinie eines Diac in Dreischichtaufbau

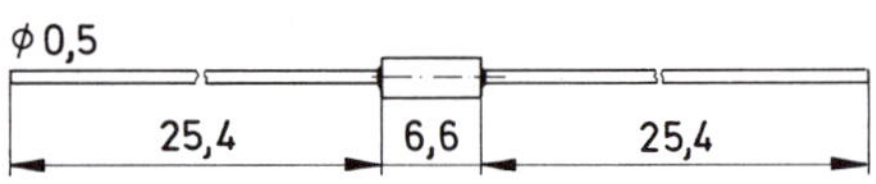

Bild 15.44 Bauform eines Diac

15.6.2 Datenblatt

Im Datenblatt (Tabelle 15.3) sind die Daten des Diacs A9903 der Fa. Siemens aufgeführt. Die Durchbruchspannung oder Schaltspannung handelsüblicher Diacs liegt bei $U_{BO} \approx 20$ V bis 40 V.

Tabelle 15.3 Datenblattauszug Diacs (Siemens)

Typ	Durchbruchspannung (symmetrisch) [V]	Temperaturkoeffizient [%/°C]	Durchbruchstrom I_{BrF}, I_{BrR} [mA]	Maximaler Spitzenstrom [A]	Mittlere Verlustleistung [mW]	Lagertemperatur [°C]	Rücklaufspannung ΔU (symmetrisch) [V]
A 9903	32 ± 4	0,1	0,4 typ. 1,0 max.	1	150	−50 bis +150	8 typ.

15.6.3 Anwendung von Diac und Triac als Phasenanschnittsteuerung

Die Kombination Diac und Triac ermöglicht den Aufbau einer Phasenanschnittsteuerung mit geringem Bauelementaufwand. Das Prinzip dieser Schaltung ist in Bild 15.45 dargestellt. Diese Grundschaltung kann zur Helligkeitssteuerung von Lampen oder zur Drehzahlsteuerung von elektrischen Haushaltsmaschinen eingesetzt werden.

Bild 15.45 Grundschaltung einer Phasenanschnittsteuerung (Dimmerschaltung) mit den prinzipiellen Spannungs- und Stromverläufen

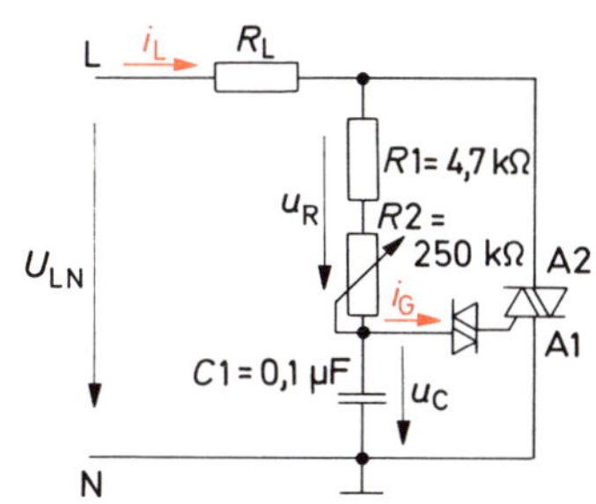

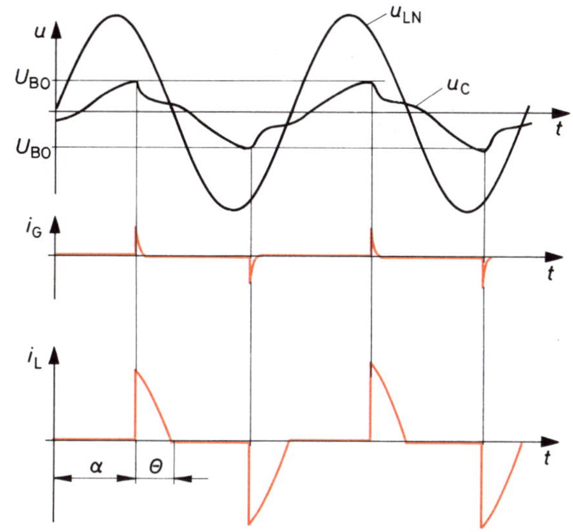

Wirkungsweise

Solange der Triac sperrt und durch den Lastwiderstand kein Strom fließt, liegt die Netzspannung U_{LN} am Triac und am *RC*-Glied (*R*1, *R*2, *C*1). Die sinusförmige Spannung U_c eilt der Netzspannung U_{LN} um den Winkel β nach und ist als Teilspannung kleiner als U_{LN} (Bild 15.46).

Im Zündstromkreis des Triacs liegt der Diac. Der Diac und der Triac können nur zünden, wenn der Scheitelwert der Spannung $\hat{u}_c$ am Kondensator den Kippspannungswert U_{BO} des Diacs erreicht hat (Bild 15.47).

Bild 15.46 Zeigerdiagramm eines Phasenschiebers

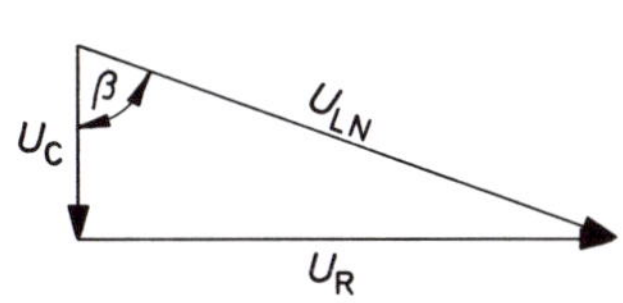

Bild 15.47 Phasen- und Zündwinkel der Dimmerschaltung

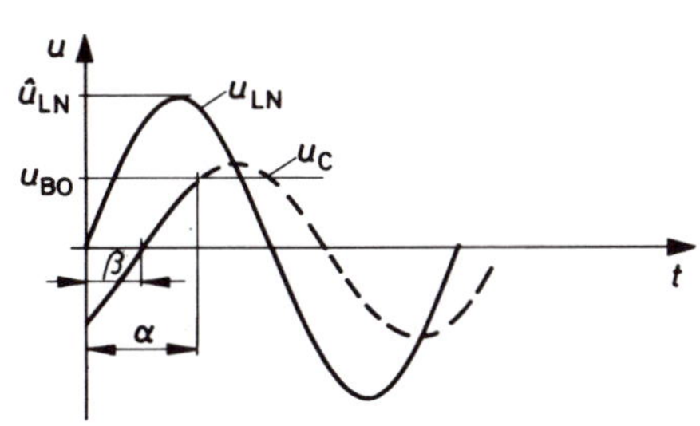

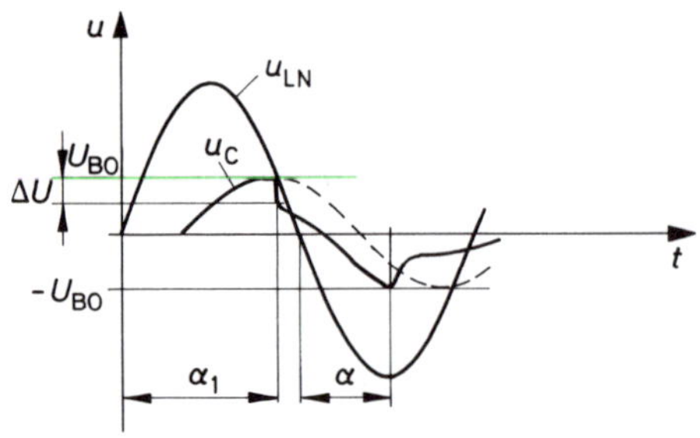

Bild 15.48 Spannungsverlauf in der Dimmerschaltung

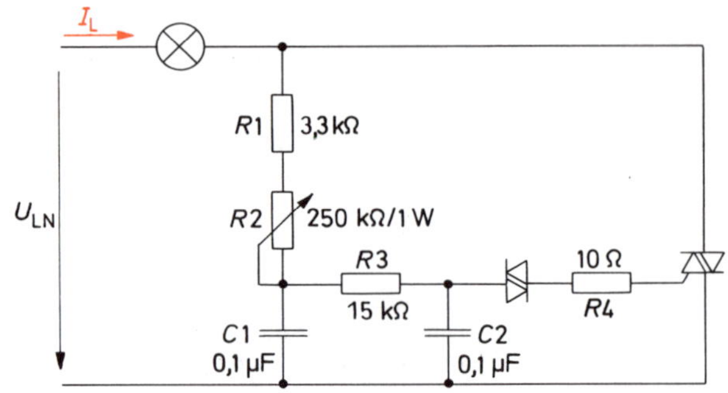

Bild 15.49 Phasenanschnittsteuerung mit kleiner Hysterese

Als Zündverzögerungswinkel α ergibt sich deshalb ein größerer Winkel als der Phasenschieberwinkel β. Außerdem kann ein Zündwinkel von $\alpha = 0°$ und $\alpha = 180°$ nicht erzielt werden. Vom Augenblick des Zündens bis zum Löschen des Triacs — beim Nulldurchgang des Stroms — fließt durch den Lastwiderstand Strom. Wird das Potentiometer $R2$ auf einen größeren Wert eingestellt, ergibt sich ein größerer Phasenschieberwinkel β. Der Zündwinkel α steigt, und die im Lastwiderstand umgesetzte Leistung verringert sich. Die prinzipiellen Spannungs- und Stromverläufe sind in Bild 15.45 dargestellt. Der Nachteil der Schaltung gemäß Bild 15.45 ist der Hysteresiseffekt, hierunter ist folgendes zu verstehen:

Verkleinert man das Potentiometer $R2$ vom Maximalwert ausgehend, erfolgt die erste Zündung beim Schnittpunkt der Spannungen u_{LN} und u_c (Bild 15.48). In diesem Moment bricht die Spannung u_c schlagartig um den Betrag ΔU des Diacs zusammen.

Der sinusförmige Verlauf der Spannung u_c ist gestört. Der Zündwinkel α_1 wird dadurch in der ersten Halbwelle größer sein als in den folgenden Halbwellen. Dies macht sich in der Praxis so bemerkbar, daß der Widerstandswert des Potentiometers $R2$ zunächst sehr weit verringert werden muß, bis eine erstmalige Zündung des Triacs eintritt. Ist diese Zündung erfolgt, liegt am Lastwiderstand eine Spannung, die dem Zündwinkel α entspricht ($\alpha_1 > \alpha$).

Nach dem Zünden des Triacs kann der Widerstandswert des Potentiometers so weit vergrößert werden, bis der maximale Zündwinkel und damit die kleinste Spannung am Lastwiderstand — vor dem Löschen des Triacs — erreicht ist. Der Unterschied zwischen den kleinsten einstellbaren Spannungswerten beim Zünden und beim Löschen heißt Hysterese. Mit einem zusätzlichen RC-Glied kann dieser Hysteresiseffekt vermindert werden (Bild 15.49).

Der Phasenschieber ($R1$, $R2$, $C1$) wird im Zündzeitpunkt nicht in dem Maße durch den Zündimpuls belastet, da der Kondensator $C2$ die notwendige Zündenergie liefert. Das bedeutet, der Zündwinkel α_1 in der ersten Halbwelle ist nicht wesentlich größer als die Zündwinkel α der folgenden Halbwellen.

Damit ein sicheres Zünden erfolgt, muß der Zündimpuls mindestens während der Zündverzugszeit t_{gd} des Triac wirksam sein. Der Widerstand $R4$ bewirkt eine ausreichende Verlängerung des Zündimpulses.

16 Unijunction-Transistor

Der Unijunction-Transistor *(UJT)* ist ein spezieller Silizium-Transistor mit Schalteigenschaften ähnlich der Vierschichtdiode.

16.1 Aufbau und Wirkungsweise

Der UJT besteht aus einem n-dotierten Kanal, in dem eine p-leitende Zone unsymmetrisch eindiffundiert ist (Bild 16.1). Der n-dotierte Kanal ist mit zwei Anschlüssen, den Basiselektroden B1 und B2, kontaktiert. Der Widerstand zwischen den Anschlüssen B2 und B1, der sich im Ersatzschaltbild (Bild 16.1b) aus der Summe R_{B1} und R_{B2} zusammensetzt, wird als *Interbasiswiderstand* R_{BBO} bezeichnet. Typische Werte sind:

$$R_{BBO} = 5\ \text{k}\Omega \text{ bis } 9\ \text{k}\Omega.$$

Bild 16.1
a) Aufbau des UJT
b) Ersatzschaltbild des UJT
c) Schaltzeichen des UJT

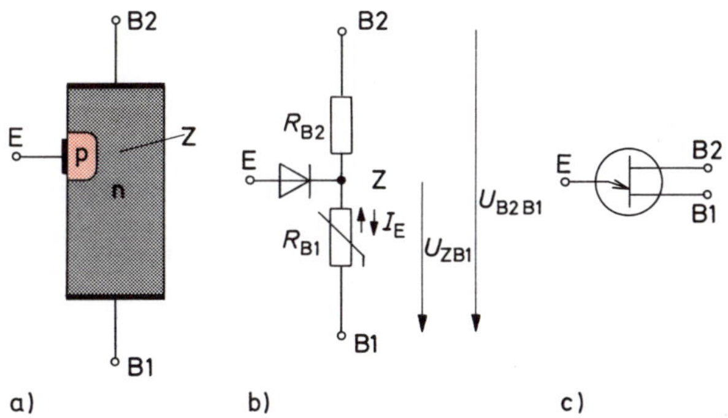

Wird die B2-B1-Strecke des UJT an Spannung gelegt, ergibt sich über der Kanallänge eine Spannungsteilung, die von den Widerständen R_{B1} und R_{B2} abhängt. Es gilt folgender Zusammenhang:

$$\frac{U_{ZB1}}{U_{B2B1}} = \frac{R_{B1}}{R_{B1} + R_{B2}}$$

$$\frac{U_{ZB1}}{U_{B2B1}} = \eta$$

$$\eta = \frac{R_{B1}}{R_{B1} + R_{B2}}$$

η inneres Spannungsverhältnis

Das innere Spannungsverhältnis bezeichnet man mit η. Dies ist ein wichtiger Kennwert des UJT ($\eta \approx 0{,}4$ bis 0,9). Um die Emitterdiode in Durchlaßrichtung zu schalten, muß das Potential am Emitter um den Schwellwert der Diode — etwa 0,6 V — höher liegen als das innere Potential U_{ZB1}. Der Spannungswert, bei dem die Diode leitend wird, heißt *Zündspannung* oder *Höckerspannung* U_P des UJT. Die Höckerspannung läßt sich mathematisch folgendermaßen ermitteln:

$$U_P = U_{ZB1} + 0{,}6\ \mathrm{V}$$

$$U_P = U_{B2\,B1} \cdot \eta + 0{,}6\ \mathrm{V}$$

U_P Höckerspannung in V
$U_{B2\,B1}$ Interbasisspannung in V
η inneres Spannungsverhältnis

Ist die Emitter-Basis-1-Strecke leitend, so sendet der Emitter Ladungsträger (Löcher) in die Z-B1-Kristallzone. Durch diese injizierten Ladungsträger nimmt der Widerstand R_{B1} stark ab, das Verhältnis der Widerstände R_{B1}/R_{B2} verkleinert sich; das bedeutet: Die Spannung U_{ZB1} sinkt, und der Strom I_E steigt, dadurch gelangen noch mehr Ladungsträger in die Z-B1-Kristallzone, der Widerstand R_{B1} wird noch niederohmiger.

Das nach dem Anlegen der Höckerspannung sehr rasch ablaufende Durchschalten der Emitter-Basis-1-Strecke wird als Kippvorgang bezeichnet.

16.2 Kennlinie

Im Kennlinienfeld ist der Zusammenhang zwischen dem Emitterstrom I_E und der Emitterspannung U_{EB1} angegeben, wobei als Parameter die jeweilige konstante Speisespannung $U_S = U_{B2\,B1}$ gewählt wird. Die Spannung $U_{B2\,B1}$ nennt man Interbasisspannung. Die Kennlinie kann mit der Schaltung gemäß Bild 16.2 aufgenommen werden.

Beträgt die Interbasisspannung $U_{B2\,B1} = 0$ V, wirkt zwischen den Anschlüssen Emitter und Basis 1 ein pn-Übergang; das bedeutet: Es ergibt sich die Charakteristik einer Diodenkennlinie in Vorwärtsrichtung (Bild 16.3).

Wird nun eine konstante Spannung $U_{B2\,B1} = 10$ V an die Anschlüsse B2, B1 gelegt, ergibt sich bei einem $\eta \approx 0{,}7$ im Innern eine Spannung $U_{ZB1} \approx 7$ V, damit liegt die Zündspannung oder Höckerspannung bei $U_P \approx 7{,}6$ V.

Beim Überschreiten der Höckerspannung wird der Widerstand R_{B1} sehr niederohmig, der Strom I_E steigt, und die Spannung U_{EB1} nimmt ab. Dieser Bereich ergibt einen negativen differentiellen

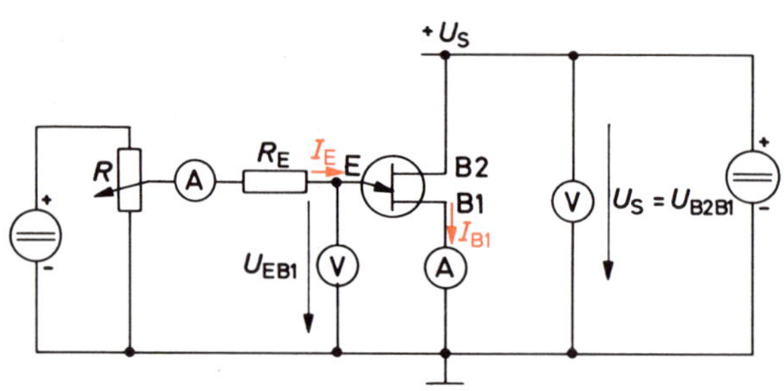

Bild 16.2 Schaltung zur Aufnahme der Kennlinie

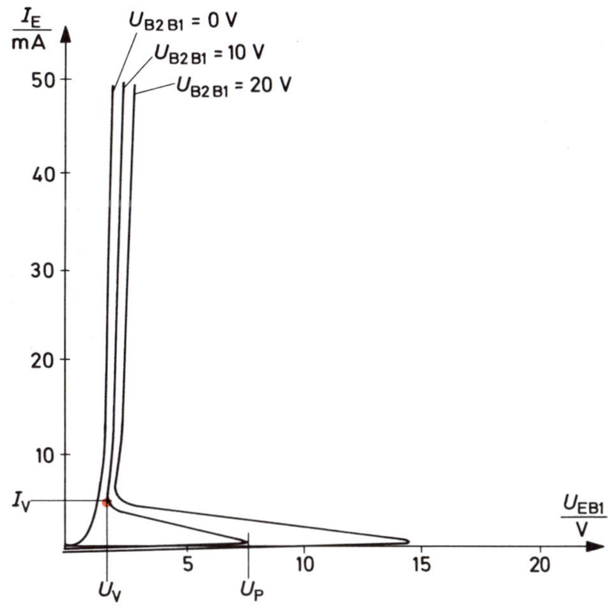

Bild 16.3
Kennlinienfeld des UJT; $I_E = f(U_{EB1})$

Widerstand und wird als Schaltstrecke ausgenutzt. Der kleinste Wert, der sich für U_{EB1} (U_{B2B1} = konstant) einstellen läßt, heißt *Talspannung* U_V und der dazugehörige Strom *Talstrom* I_V.

Steigert man den Emitterstrom weiter, so nimmt die Spannung U_{EB1} wieder geringfügig zu.

Beim Unterschreiten des Talstroms I_V wird R_{B1} wieder hochohmig. Die Diodenstrecke am Emitter geht in den Sperrzustand über.

Aus der Kennlinie (Bild 16.3) und dem Ersatzschaltbild (Bild 16.1b) ist auch ersichtlich, daß mit Veränderung der Interbasisspannung U_{B2B1} eine entsprechende Veränderung der Höckerspannung U_P eintreten muß.

16.3 Kenn- und Grenzwerte des Silizium-Unijunction-Transistors 2N2646

Grenzwerte

Verlustleistung	P_{tot}	= 300 mW
Emitterstrom Dauerwert	I_E	= 50 mA
Emitterspitzenstrom	I_{EM}	= 2 A
Sperrspannung der Emitterdiode	U_{ER}	= 30 V
Interbasisspannung	U_{B2B1}	= 35 V
Maximale Sperrschichttemperatur	ϑ_J	= 125 °C
Maximale Kapazität im Emitterkreis bei Verwendung in Impulsgeneratoren	C	= 10 µF

Kennwerte

Inneres Spannungsverhältnis	η	= 0,56 bis 0,75
Interbasiswiderstand	R_{BBO}	= 4,7 kΩ bis 9,1 kΩ
Sättigungsspannung bei U_{B2B1} = 10 V, I_E = 50 mA	$U_{EB1\,sat}$	= 2,5 V
Höckerstrom bei U_{B2B1} = 25 V	I_P	= 0,4 µA bis 5 µA
Talstrom bei U_{B2B1} = 20 V	I_V	= 4 mA bis 6 mA
Talspannung bei U_{B2B1} = 20 V	U_V	= 1,8 V

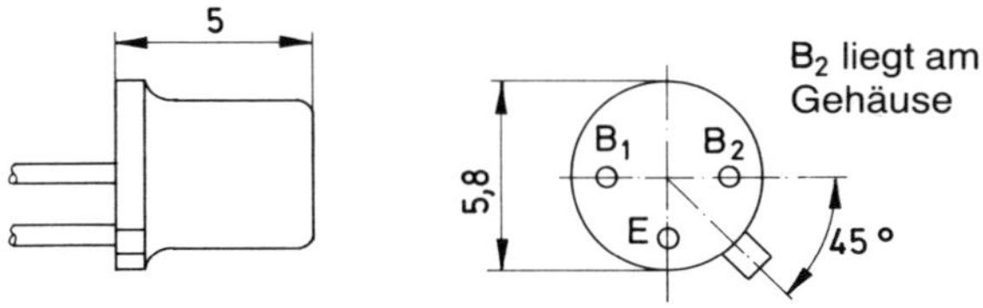

Bild 16.4 Bauform des UJT

16.4 Anwendungen

Der UJT wird zum Aufbau von Impuls- und Sägezahngeneratoren eingesetzt (Bild 16.5).

In dieser Schaltung lädt sich nach dem Anlegen der Betriebsspannung zunächst die Kapazität C auf. Die Spannung u_C am Kondensator steigt nach einer e-Funktion an (Bild 16.6). Erreicht u_C den Wert der Höckerspannung U_P, wird die Emitter-Basis-1-Strecke des UJT niederohmig (Zeitpunkt t_1), der UJT kippt in den leitenden Zustand. Damit bricht die Spannung U_{EB1} auf einen kleinen Wert zusammen $u_{EB1} \approx U_V$, die Spannung u_{B1} am Widerstand $R1$ steigt gleichzeitig auf den Scheitelwert $\hat{u}_{B1}$ an.

Der jetzt fließende Emitterstrom i_E entlädt die Kapazität C über die Basis-Emitter-Strecke und $R3$, bis die Talspannung U_V unterschritten wird (Zeitpunkt t_2). Der UJT kippt nun in den Sperrzustand, und der Aufladezyklus des Kondensators beginnt erneut.

Bei der Zeitbetrachtung der Spannung u_C kann davon ausgegangen werden, daß die Anstiegszeit t_r — Zeitbereich von t_0 bis t_1 — wesentlich größer als die Abfallzeit t_f — Zeitbereich von t_1 bis t_2 — ist. Damit kann zur Berechnung der Periodendauer der Kippfrequenz der Zeitbereich t_1 bis t_2 vernachlässigt werden, es wird:

$$f \approx \frac{1}{t_r}$$

f Kippfrequenz in Hz
t_r Anstiegszeit in s

Berechnungsbeispiel

Wie groß sind die Zündspannung U_P und der ungefähre Wert der Kippfrequenz des Sägezahngenerators gemäß Bild 16.5? Die Talspannung U_V des UJT soll unberücksichtigt bleiben.

Gegeben: U_S = 12 V; η = 0,65; $R1$ = 100 kΩ; C = 0,1 µF

Schwellspannung der Basis-Emitter-Diode U_{EB1} = 0,6 V

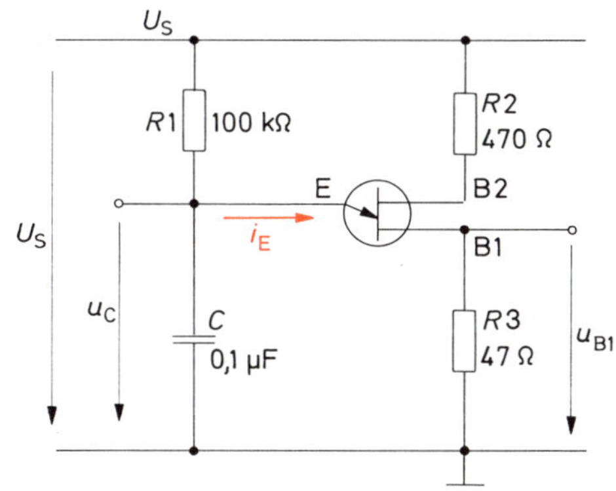

Bild 16.5 Impuls- und Sägezahngenerator mit UJT

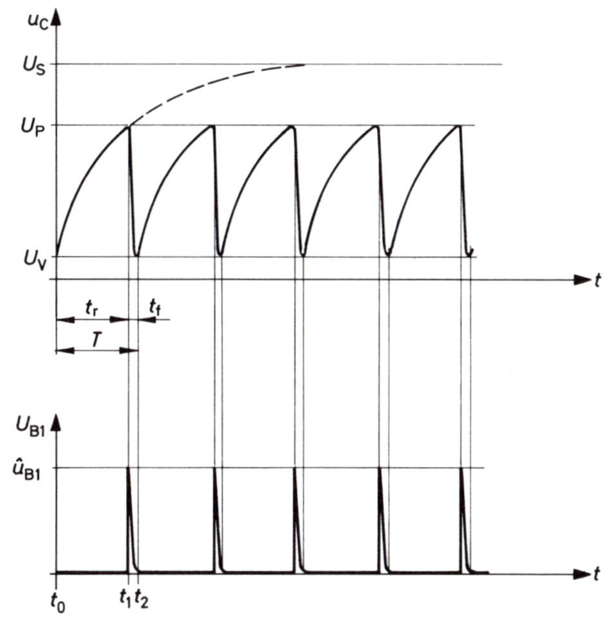

Bild 16.6 Spannungsverläufe des Impuls- und Sägezahngenerators: $u_C = f(t)$ und $u_{B1} = f(t)$

Lösung: $U_P = U_S \cdot \eta + 0{,}6\ \text{V} = 12\ \text{V} \cdot 0{,}65 + 0{,}6\ \text{V} = \underline{8{,}4\ \text{V}}$

allgemein gilt für u_C:

$$u_C = U_S \left(1 - e^{-\frac{t}{\tau}}\right)$$

die Zündspannung U_P des UJT ist erreicht bei

$$u_C = U_P$$

$$U_P = U_S \left(1 - e^{-\frac{t_r}{\tau}}\right)$$

Eine Umstellung der Formel nach t_r ergibt:

$$t_r = -\tau \ln \left(1 - \frac{U_P}{U_S}\right)$$

$$t_r = -100 \cdot 10^3 \text{ V/A } 0{,}1 \cdot 10^{-6} \text{ AS/V} \ln \left(1 - \frac{8{,}4 \text{ V}}{12 \text{ V}}\right)$$

$$t_r = 12 \text{ ms}$$

$$f \approx \underline{83 \text{ Hz}}$$

Mit dem Widerstand $R1$ (Bild 16.5) können Anstiegszeit t_r und Kippfrequenz beeinflußt werden. Bei der Dimensionierung des Widerstandswertes $R1$ sind zwei Grenzen zu beachten:

a) Der Widerstand $R1$ muß mindestens so hochohmig gewählt werden, daß nach Entladung der Kapazität C der Talstrom I_V unterschritten wird. Man erreicht damit, daß der UJT, nach der Entladung der Kapazität C, sicher in den hochohmigen Zustand zurückkippt.

$$R1_{min} \geqq \frac{U_S - U_P}{I_V}$$

$R1_{min}$ kleinster Wert des Ladewiderstandes

b) Parallel zum Kondensator C liegt die Emitter-Basis-1-Strecke des UJT. Ist $u_C = U_P$, so fließt ein Strom über die Emitter-Basis-1-Strecke $I_P \approx 1\ \mu A$. Damit sich der Kondensator überhaupt auf U_P aufladen kann, muß der Ladestrom über $R1$ größer als I_P sein.

$$R1_{max} \leqq \frac{U_S - U_P}{I_P}$$

$R1_{max}$ größter Wert des Ladewiderstandes

Beim Einsatz des UJT ist zu beachten, daß das innere Spannungsverhältnis großen Exemplarstreuungen unterworfen ist (Abschnitt 16.3). Mit einer Thyristortetrode kann ebenfalls ein Impulsgenerator aufgebaut werden (Abschnitt 15.3.3). Dabei bietet die Thyristortetrode gegenüber dem UJT den Vorteil, daß sich die Zündspannung mit einem Widerstandsverhältnis «vorprogrammieren» läßt, sie ist also nicht vom inneren Spannungsverhältnis η abhängig. Aus diesem Grund wird die Thyristortetrode auch als «programmierbarer UJT», abgekürzt PUT, bezeichnet.

17 Zündschaltungen für Thyristor und Triac

In diesem Kapitel werden einige grundlegende Schaltungen der Energietechnik mit Thyristoren und Triacs vorgestellt. Bei diesen Schaltungen besteht der Leistungsteil stets aus einer Reihenschaltung der Last mit dem Thyristor oder Triac. Durch verschiedene Ausführungen der Zündschaltung können unterschiedliche Aufgaben erfüllt werden.

17.1 Phasenanschnittsteuerung mit Thyristor und UJT

Mit wenig Aufwand lassen sich Phasenanschnittsteuerungen mit einem Thyristor und UJT aufbauen (Bild 17.1).

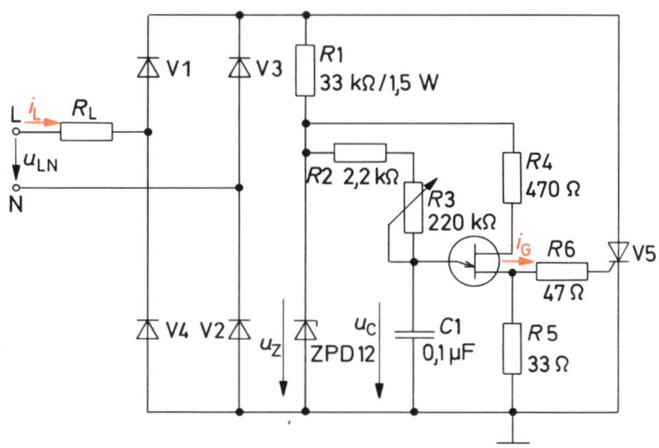

Bild 17.1 Phasenanschnittsteuerung mit Thyristor und UJT

Wirkungsweise der Schaltung

Die Brückenschaltung (Dioden V1 bis V4) dient zur Gleichrichtung der Wechselspannung. Die Spannungs- und Stromverläufe sind in Bild 17.2 dargestellt. Der Impulsgenerator, der die zur Ansteuerung des Thyristors notwendigen Impulse liefert, besteht aus den Widerständen *R*2 bis *R*5, dem Kondensator C1 und dem UJT. Die Spannung an der Z-Diode bildet die Betriebsspannung für den Impulsgenerator.

Erreicht die Kondensatorspannung u_C die Zündspannung des UJT, wird die E-B1-Strecke des UJT niederohmig. Der Kondensator entlädt sich sehr rasch über die E-B1-Strecke des UJT, den Widerstand *R*5 und parallel dazu über *R*6 und die G-K-Strecke des Thyristors. Der Thyristor zündet, und der Augenblickswert der Netzwechselspannung u_{LN} liegt am Verbraucher R_L (Schwellspannung der Dioden und des Thyristors vernachlässigt). Mit dem Zünden des Thyristors bricht die Spannung U_T auf sehr kleine Werte zusammen: $U_T \approx 1{,}2$ V. Daraus ergibt sich eine sehr kleine Spannung an der Z-Diode, so daß die Versorgungsspannung für den Impulsgenerator nahezu 0 V beträgt; es werden zunächst keine neuen Impulse erzeugt.

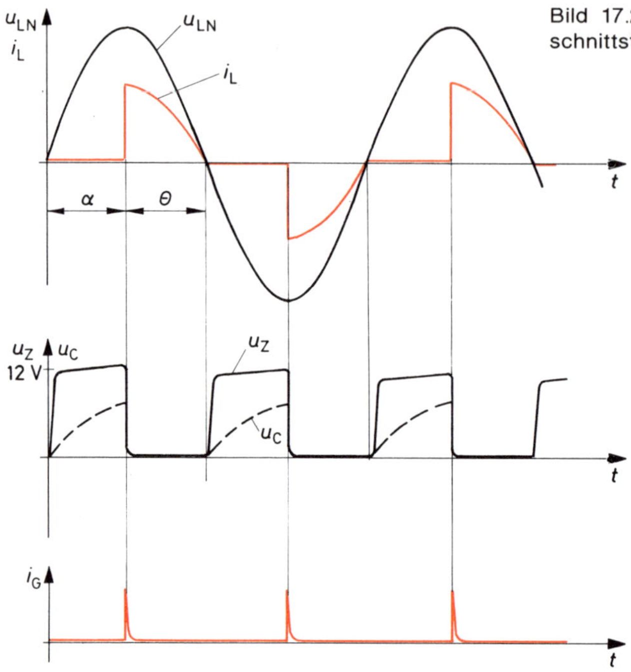

Bild 17.2 Spannungsverläufe der Phasenanschnittsteuerung

Mit dem Unterschreiten des Haltestroms sperrt der Thyristor, dies ist in der Nähe des Nulldurchgangs des Stroms der Fall. Nach dem Nulldurchgang steigen die Augenblickswerte der Spannung u_{LN} an; erreichen sie den Betrag der Z-Spannung, ergibt sich an der Z-Diode ein nahezu konstanter Spannungswert $U_Z \approx 12$ V, C1 lädt sich auf, und der Zündvorgang wiederholt sich. *Entscheidend ist, daß die Aufladung von C im Spannungsnulldurchgang der Netzspannung beginnt. Dadurch sind die Zündimpulse mit der Netzwechselspannung synchronisiert.* Mit dem Potentiometer R3 kann die Zeitkonstante der Anordnung verändert werden: Wird z.B. der Widerstand des Potentiometers R3 verringert, so lädt sich der Kondensator schneller auf, d.h., der Zündwinkel wird kleiner und der Stromflußwinkel größer. Die im Verbraucher umgesetzte Leistung steigt.

Mit der Schaltung lassen sich Glühlampen und kleinere Heizwicklungen betreiben.

17.2 Phasenanschnittsteuerung mit IC

Zündschaltungen werden heute kaum noch mit diskreten Bauelementen aufgebaut, da bei hochwertigen Schaltungen ein erheblicher Bauelementaufwand nötig wäre. Anstelle des diskreten Schaltungsaufbaus ist der integrierte Schaltkreis (IC) getreten. Hier soll eine Phasenanschnittsteuerung mit dem IC TCA 780 vorgestellt werden. In Bild 17.3 ist ein Blockschaltbild des TCA 780 dargestellt.

Die genaue Funktionsbeschreibung des IC würde den Rahmen dieses Buches sprengen, deshalb sollen hier nur einige grundlegende Merkmale zur Funktion des Blockschaltbilds betrachtet werden.

Fa. Siemens gibt dazu folgende Funktionsbeschreibung: «Die Synchronisierspannung wird über einen hochohmigen Widerstand von der Netzspannung abgeleitet (Pin 5). Ein Nulldetektor wertet

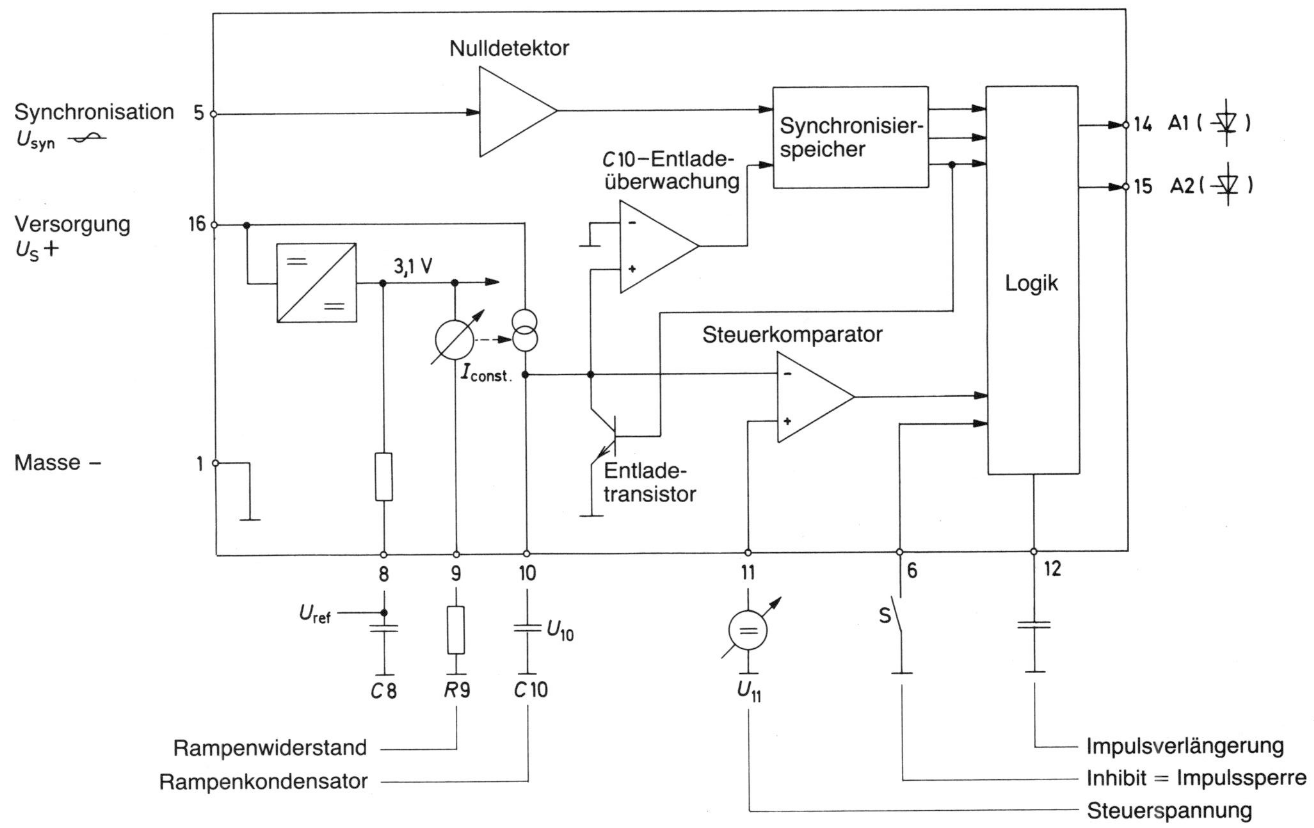

Bild 17.3 Blockschaltbild der integrierten Phasenanschnittsteuerung TCA 180

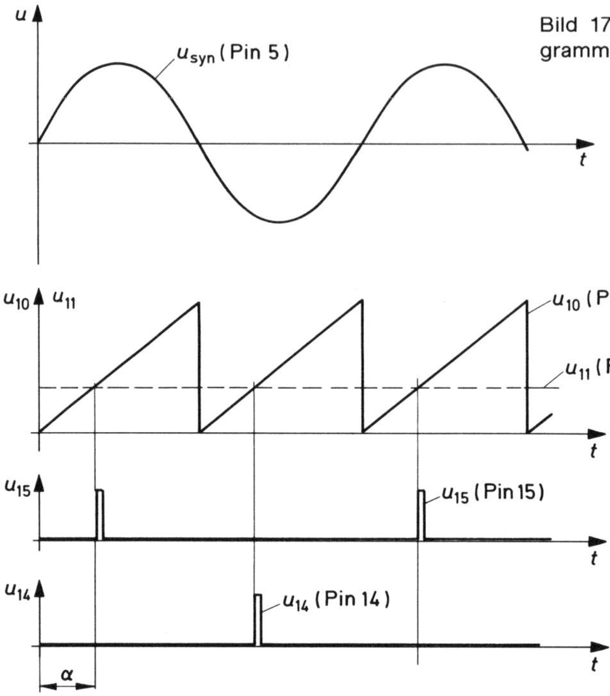

Bild 17.4 Spannungsverläufe und Impulsdiagramm des TCA 780

die Nulldurchgänge aus und führt sie dem Synchronisierspeicher zu. Dieser steuert einen Sägezahngenerator, dessen Kondensator $C10$ durch einen Konstantstrom (der durch $R9$ bestimmt ist) aufgeladen wird. Überschreitet die Rampenspannung U_{10} die Spannung U_{11}, wird ein Signal an die Logik weitergeleitet. Abhängig von der Größe der Spannung U_{11} kann der Schaltpunkt zwischen 0° und 180° verschoben werden. An den Ausgängen A1 und A2 erscheint für jede Halbwelle ein positiver Zündimpuls.»

Die an den Anschlüssen liegenden Spannungsverläufe sind in Bild 17.4 aufgetragen.

In Bild 17.5 ist ein Applikationsbeispiel der Fa. Siemens für eine Phasenanschnittsteuerung zur stufenlosen Leistungssteuerung eines ohmschen Verbrauchers angegeben; $R_{L\,min} = 25\ \Omega$.

17.3 Entstörung und Blindleistung bei Phasenanschnittsteuerungen

Da ein Thyristor oder Triac innerhalb einiger Mikrosekunden durchschaltet, steigt der Strom bei einem ohmschen Verbraucher sehr steil an. Eine Begrenzung dieses Stromanstiegs erfolgt nur durch die geringen Leitungsinduktivitäten. Derartige kurzzeitige Stromanstiegszeiten verursachen Hochfrequenzstörungen, die bis zu mehreren Megahertz reichen und stark den Lang-, Mittel- und Kurzwellenempfang beeinträchtigen. Fernsehempfang und UKW werden hiervon kaum berührt. Diese Hf-Störungen werden am wirkungsvollsten am Entstehungsort beseitigt, *deshalb ist für Phasenanschnittsteuerungen ein Entstörfilter notwendig.* Entstörfilter bestehen aus frequenzabhän-

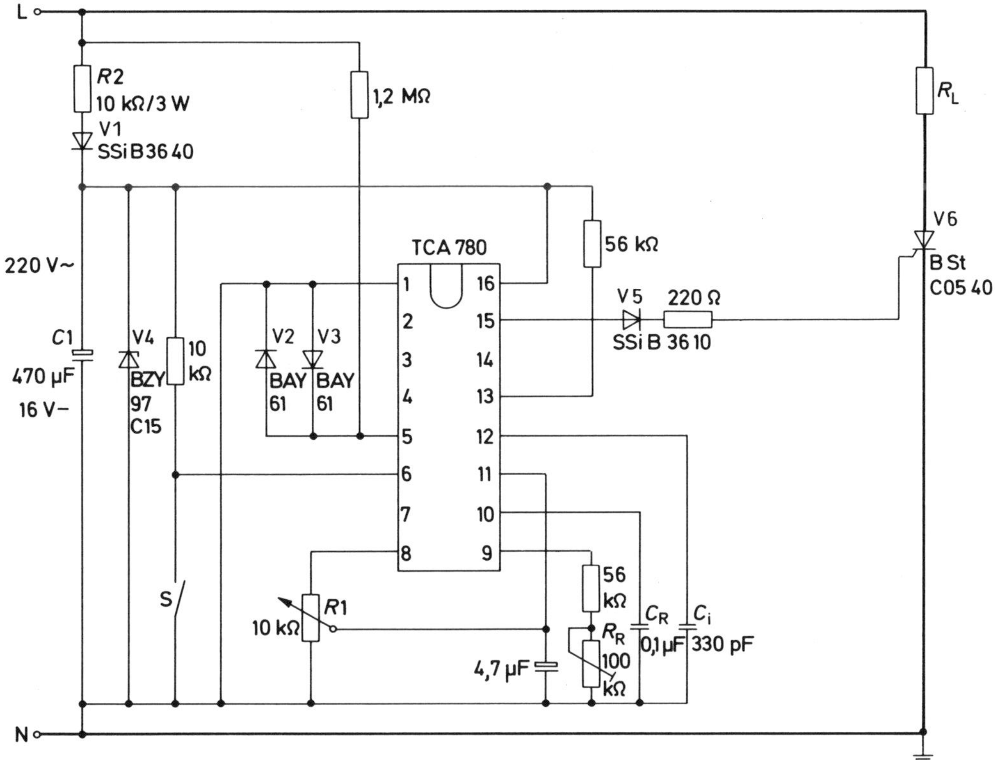

Bild 17.5 Phasenanschnittsteuerung mit TCA 780

Bild 17.6 Entstörfilter für Phasenanschnittsteuerung

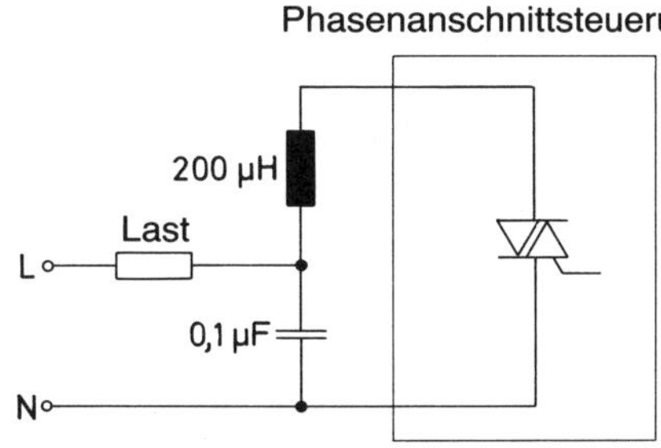

gigen Spannungsteilern (Drossel und Kondensator) mit Tiefpaßcharakteristik. In Bild 17.6 wird dazu eine prinzipielle Möglichkeit angegeben.

Bei der Auslegung der Drossel ist darauf zu achten, daß der Drahtquerschnitt für den vollen Laststrom ausgelegt sein muß. Außerdem darf der verwendete Eisenkern zu keinem Zeitpunkt in die Sättigung gehen. Von der Industrie werden fertige Entstörbausteine speziell für Phasenanschnittsteuerungen angeboten.

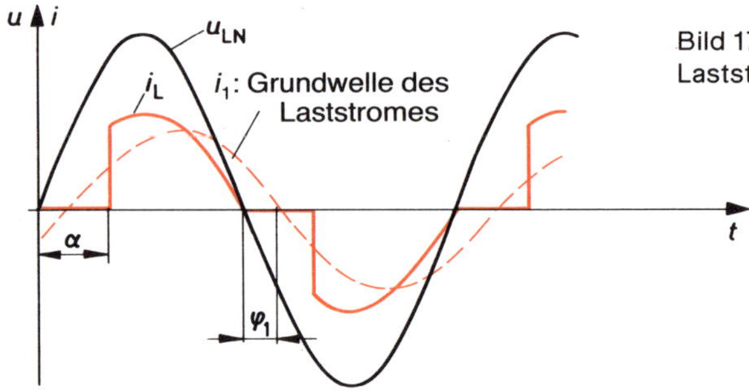

Bild 17.7 Phasenverschobene Grundwelle des Laststroms einer Phasenanschnittsteuerung

Phasenanschnittsteuerungen verursachen auch bei rein ohmscher Last eine Blindleistung.

Diese Blindleistung wird durch Oberschwingungsströme, die durch den nicht sinusförmigen Verlauf des Laststroms entstehen, hervorgerufen. Vereinfacht kann man diesen grundlegenden Zusammenhang durch die Betrachtung der Grundwelle des Laststroms (Bild 17.7) erkennen. Bei einem Zündwinkel $\alpha > 0°$ wird die Grundwelle des Laststroms und damit auch die Grundwelle des Netzstroms gegenüber der Netzspannung nacheilend verschoben.

Aus der Wechselstromtechnik ist bekannt (Grundlagenband Wechselstromtechnik), daß nacheilende Ströme eine Blindleistung verursachen. Mit zunehmendem Zündwinkel vergrößert sich der Phasenwinkel φ_1, und der Leistungsfaktor $\cos \varphi_1$ wird ungünstiger. Es sei noch darauf hingewiesen, daß der gesamte Blindleistungsbedarf nicht nur von der Grundwelle abhängt, sondern daß alle Oberschwingungsströme eine Blindleistung zur Folge haben. Deshalb ist der gesamte Blindleistungsbedarf größer als der Blindleistungsanteil, der sich durch die Grundwelle ergibt. Dies im einzelnen nachzuweisen, würde jedoch über den Rahmen dieses Buches hinausgehen.

17.4 Nullspannungsschalter

Beim Einschalten von Verbrauchern mit mechanischen Schaltern, z.B. mit Schützen, hängt der Einschaltaugenblick vom Zufall ab. Wird eine ohmsche Last bei $\varphi = 90°$ eingeschaltet, steigt der Strom in sehr kurzer Zeit auf seinen Maximalwert. Diese extremen Stromsteilheiten verursachen Hf-Störungen, die sich störend beim Empfang von Rundfunksendungen bemerkbar machen. Beim Einschalten von Glühlampen ergeben sich große Einschaltstromspitzen, die die Lebensdauer reduzieren. Es ist daher bei vielen Anwendungen wünschenswert, daß der Einschaltaugenblick möglichst im Spannungsnulldurchgang, unabhängig von der manuellen Betätigung, erfolgen sollte.

Schalter, die das ermöglichen, werden als Nullspannungsschalter bezeichnet (Bild 17.8). Im Leistungsteil dieser Schalter werden Thyristoren oder Triacs eingesetzt. Ihre Zündung darf erst unmittelbar nach einem Nulldurchgang erfolgen. Das Ausschalten erfolgt ohnehin in der Nähe des Nulldurchgangs beim Unterschreiten des Haltestroms. Eine einfache Möglichkeit eines Nullspannungsschalters ist in Bild 17.9 dargestellt.

Der Lastwiderstand ist eingeschaltet, wenn der Thyristor gezündet hat. Eine Zündung kann aber nur bei gesperrtem Transistor erfolgen, da sonst der Steuerstrom über den leitenden Transistor gegen Masse abgeleitet wird. Der Transistor ist so lange gesperrt, wie $U_{BE} < 0{,}6$ V, dies ist aber nur kurz vor oder kurz nach dem Spannungsnulldurchgang der Fall.

Das bedeutet: Bei Betätigung des Schalters S sperrt der Transistor nur in der Nähe des Nulldurchgangs, in diesem Zeitbereich fließt ein Gatestrom in den Thyristor. Der Thyristor zündet also nur bei Betätigung des Schalters und unmittelbar nach dem nächsten Nulldurchgang der Wechselspan-

Bild 17.8 Einschaltvorgang einer ohmschen Last, mit und ohne Nullspannungsschalter

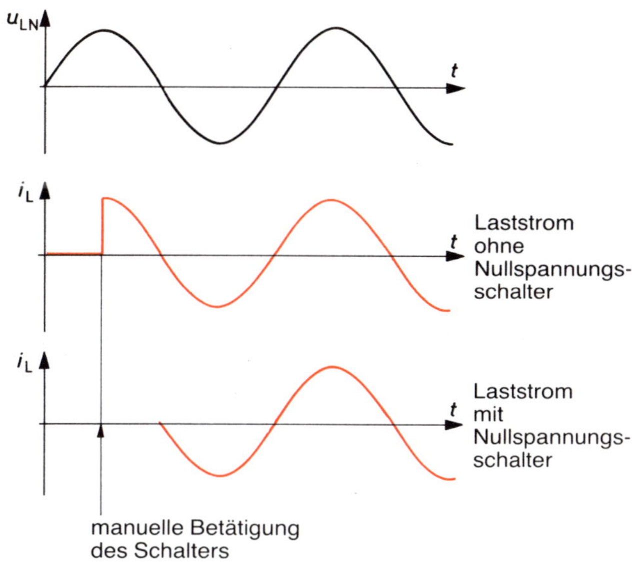

Bild 17.9 Ausführung eines einfachen Nullspannungsschalters

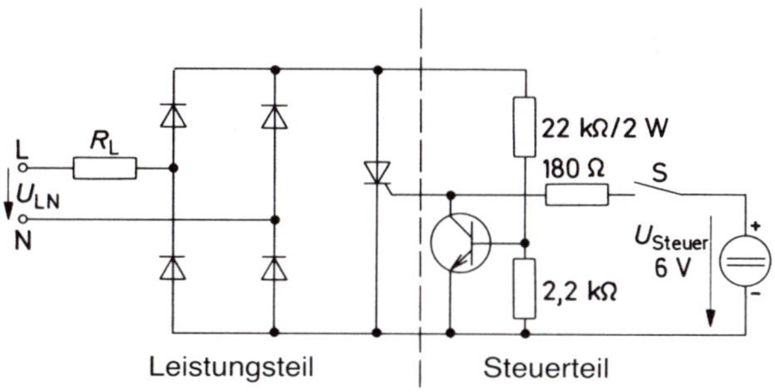

nung. Solange der Schalter S geschlossen bleibt, erfolgt nach jedem Nulldurchgang erneut eine Zündung des Thyristors.

Ein Nachteil dieses Nullspannungsschalters besteht darin, daß zwischen dem Steuerteil und dem Leistungsteil keine galvanische Trennung vorhanden ist. Werden Nullspannungsschalter universell, z.B. als elektronische Schaltgeräte, eingesetzt, so sollte der Steuerteil gegenüber dem Lastkreis eine galvanische Trennung aufweisen. Um eine galvanische Trennung zwischen Steuer- und Lastkreis zu erreichen, gibt es vier Möglichkeiten: Optokoppler, induktive Kopplung, Piezo-Zündkoppler und Relais. Dabei stellt die Relaisausführung keinen eigentlichen elektronischen Schalter dar, weil hier ja mechanisch bewegte Teile vorhanden sind.

17.4.1 Elektronische Lastrelais

Konventionelle Relais schalten die Last mit mechanischen Kontakten. *Elektronische Lastrelais (ELR) enthalten zum Schalten Thyristoren oder Triacs, mit deren Hilfe Wechsel- und Drehstromkreise geschaltet werden.*

Bei den ELR ist eine galvanische Trennung zwischen Steuer- und Leistungskreis vorhanden. Beim Schalten von überwiegend ohmschen oder leicht induktiven Lasten sind ELR mit einem Nullspannungsschalter ausgerüstet. Wesentliche Vorteile von elektronischen Schaltgeräten gegenüber elektromechanischen Schaltgeräten sind:

hohe Schalthäufigkeit,
extreme Lebensdauer,
hohe Zuverlässigkeit,
Geräuschlosigkeit,
Unempfindlichkeit gegen Umweltbedingungen,
Prellfreiheit.

Natürlich besitzen elektronische Schaltgeräte auch einige Nachteile gegenüber elektromechanischen Schaltgeräten. Die wichtigsten davon sind:

fehlende galvanische Trennung zwischen Last und Netz im ausgeschalteten Zustand,
relativ hoher Spannungsabfall — etwa 1,5 V — im eingeschalteten Zustand und damit höhere Verlustleistung,
kaum Stromüberlastbarkeit,
kleinere Spannungsüberlastbarkeit.

Die aufgeführten Vor- und Nachteile lassen erkennen, daß den ELR ganz bestimmte Anwendungsgebiete vorbehalten sind. Typische Anwendungen sind z.B.:

Schalt- bzw. Verstärkerglied in elektronik- oder rechnergesteuerten Industrieprozessen (Ansteuern von Schützen, Kupplungen, Ventilen, Motoren, Heizungen usw.),
Schalten von Lampen mit großer Schalthäufigkeit (Leuchtfeuer, Ampeln, Lauflichter usw.),
Schalten von Heizungen mit großer Schalthäufigkeit,
Schaltfunktionen in Büromaschinen und Computerperipheriegeräten,
Steuern von Leistungsstellgliedern in Be- und Verarbeitungsmaschinen (Wendemotoren hoher Taktzahl).

Im Rahmen dieses Buches soll die grundsätzliche Wirkungsweise eines ELR mit Optokoppler dargestellt werden (Bild 17.10).

Der Ausgang des ELR wird mit zwei antiparallelgeschalteten Thyristoren oder mit einem Triac realisiert. Zusätzlich — oder häufig bereits integriert — ist eine RC-Schutzbeschaltung erforderlich. Die Eingangssignale werden bei dem in Bild 17.10 betrachteten ELR mit Hilfe von Lichtsignalen auf den Leistungsteil übertragen. Im folgenden soll die Arbeitsweise eines ELR an einem Beispiel dargestellt werden (Bild 17.11).

Der Eingangskreis besteht aus dem Widerstand $R1$ sowie der Diode V5 und der LED V6. Die Diode V5 hat die Aufgabe, bei Verpolung der Eingangsspannung die LED zu schützen, da LED nur eine geringe Sperrspannungsfestigkeit besitzen. Durch die Dioden V1 bis V4 werden die Augenblickswerte der Netzwechselspannung gleichgerichtet und liegen zwischen Anode und Katode des Hilfsthyristors V7.

Ist am Eingang (Klemmen 3 und 4) keine Steuerspannung vorhanden, bleibt V8 gesperrt, es fließt bereits bei sehr kleinen Augenblickswerten der Netzspannung ein Basisstrom in V7, der Transistor V7 ist leitend — d.h., der Hilfsthyristor V9 zündet nicht. Liegt am Eingang eine Steuerspannung, wird der Fototransistor V8 niederohmig. An der Basis von V7 ergibt sich eine Spannung, die in der Nähe des Nulldurchgangs der Netzwechselspannung $U_{BE1} < 0{,}6$ V ist.

Bild 17.10 Blockschaltbild eines elektronischen Lastrelais (ELR)

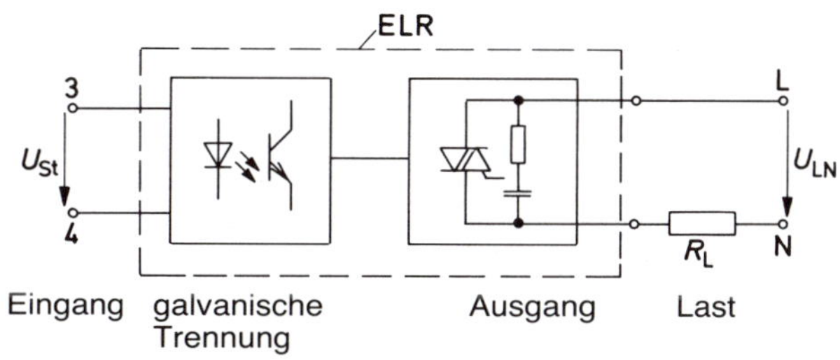

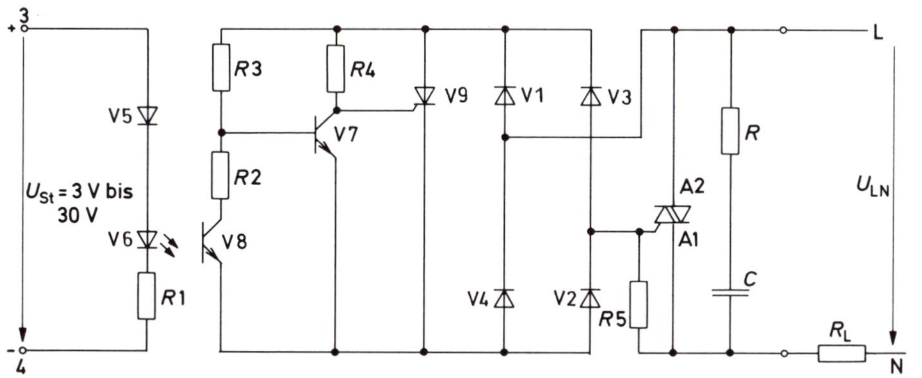

Bild 17.11 Innenschaltbild eines ELR

Bild 17.12 Schaltverhalten eines ELR

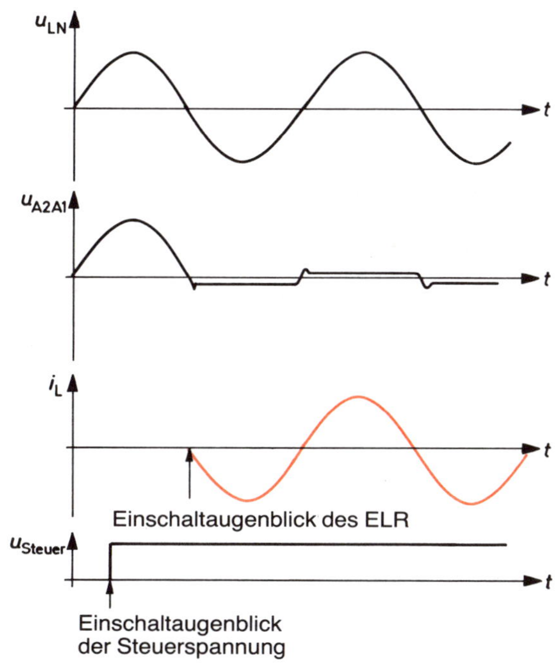

19*

Nur in diesem Bereich wird V7 gesperrt. Es kann ein Gatestrom in den Hilfsthyristor V9 fließen und diesen zünden. Ist der Hilfsthyristor gezündet, fließt ein entsprechend großer Gatestrom in den Triac, der seinerseits die Last einschaltet. Erfolgt das Einschalten der Steuerspannung nicht in der Nähe des Nulldurchgangs (z. B. Einschalten bei einem Augenblickswert von $u_{LN} = 50$ V), wird V7 leitend bleiben bis zum nächsten Nulldurchgang. Das bedeutet, daß das ELR erst beim nächsten Nulldurchgang einschaltet. Diese Einschaltverzögerung kann maximal bis zu einer Halbwelle betragen.

In Bild 17.12 ist das Schaltverhalten eines ELR dargestellt.

Aus den Liniendiagrammen (Bild 17.12) ist zu erkennen, daß der Triac bei eingeschalteter Steuerspannung in jeder Halbwelle neu gezündet wird.

17.4.2 Datenblatt eines ELR (Fa. BBC)

Tabelle 17.1 Datenblatt eines elektronischen Lastrelais (BBC)

Technische Daten	
Ausgangswerte	
Nennbetriebsspannung U_e	380 V~
Bereich der Betriebsspannung	100 bis 420 V~
Nennbetriebsstrom I_e	10 A
Nennbetriebsstrom ohne Kühlung	5 A
Stoßstrom, 10 ms	150 A
Grenzlastintegral, 10 ms	195 A^2 s
periodische Spitzensperrspannung	1600 V
max. Spannungsabfall	$\leqq$3,2 V~
max. Reststrom	$\leqq$8 mA~
Haltestrom	50 mA~
Spannungssteilheit $\frac{du}{dt}$	$\geqq$200 V/µs
Eingangswerte	
Steuerspannungsbereich	3 bis 32 V–
Low-Signal max.	1 V
Steuerstrom	3 bis 32 mA
Eingangsimpedanz	1 kΩ
Ansprechverzögerung	$\leqq$10 ms
Isolationsspannung Eingang—Ausgang	2500 V_{eff}
Isolationsspannung gegen Bodenplatte	2500 V_{eff}
Umgebungstemperaturbereich	−25 bis +70 °C

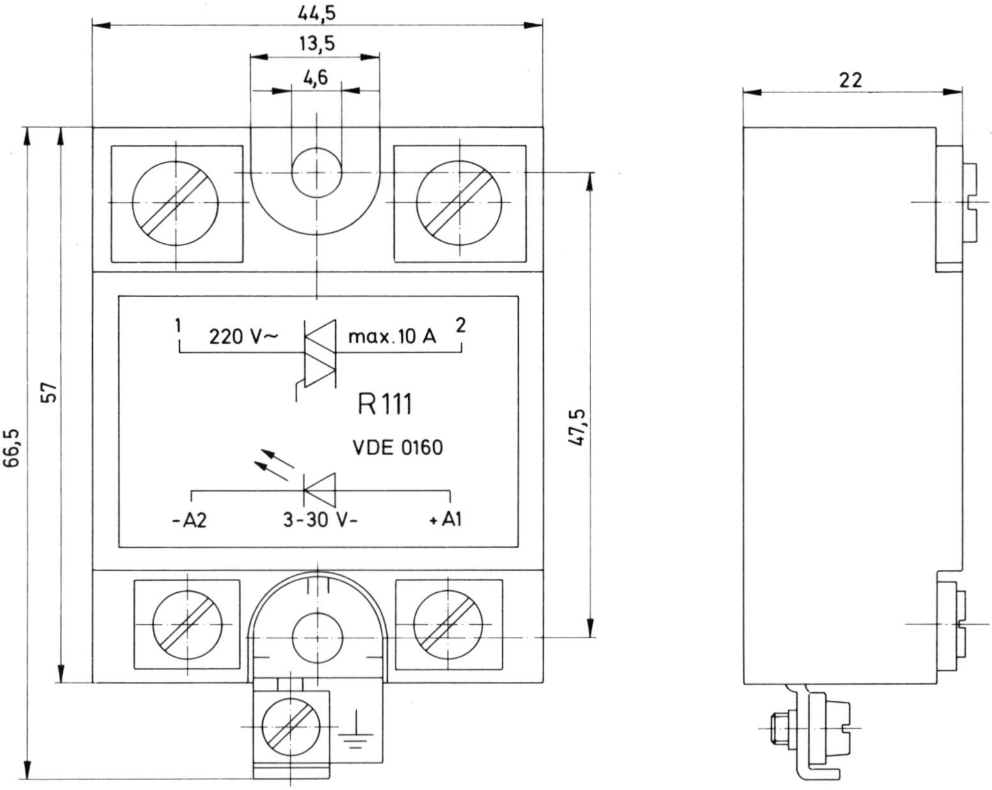

Bild 17.13 Bauform eines ELR

17.5 Schwingungspaketsteuerung

Eine Möglichkeit, die Leistung eines Verbrauchers zu steuern, bietet neben der Phasenanschnittsteuerung die Schwingungspaketsteuerung.

Grundsätzlich läßt sich eine Schwingungspaketsteuerung mit einem Nullspannungsschalter aufbauen, der durch einen Rechteckgenerator mit konstanter Periodendauer — aber in weiten Grenzen veränderlichem Impuls-Pausen-Verhältnis — angesteuert wird. Es ergibt sich an der Last der in Bild 17.14 dargestellte Spannungs- und Stromverlauf.

Die Vorteile der Schwingungspaketsteuerung gegenüber der Phasenanschnittsteuerung sind:

> Minimale Hf-Störungen, da nur im Nulldurchgang geschaltet wird, d.h., es ist kein Entstörfilter notwendig,
> nahezu keine Oberwellenbelastung des Netzes, weil der Laststrom sinusförmig bleibt;
> keine Beeinflussung anderer Geräte durch Spannungssprünge, somit keine Verschlechterung des Leistungsfaktors cos φ.

Der Einsatz von Schwingungspaketsteuerungen erfolgt vorzugsweise bei Heizungen und Öfen. Für die Steuerung der Helligkeit von Glühlampen und für die Ansteuerung von Motoren ist die

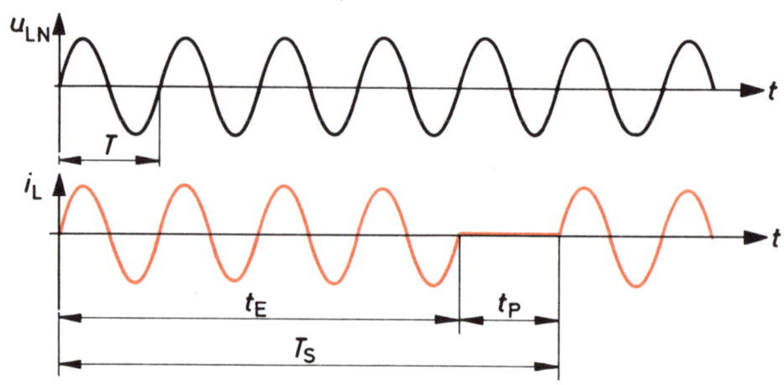

Bild 17.14 Strom- und Spannungsverlauf an einem ohmschen Verbraucher mit Schwingungspaketsteuerung

Schwingungspaketsteuerung nicht einsetzbar. Die Glühlampen würden deutlich flackern, und bei Motoren ergäben sich Momentenschwankungen.

In dem in Bild 17.14 dargestellten Fall beträgt — bei einer Netzfrequenz von 50 Hz — die Schaltperiode $T_S = 100$ ms, die Einschaltdauer $t_E = 80$ ms und die Pausendauer $t_P = 20$ ms. Es ergibt sich für diesen Fall eine mittlere Leistung von

$$P = \frac{t_E}{T_S} \cdot P_{max}$$

$$P = \frac{80 \cdot 10^{-3}\,\mathrm{s}}{100 \cdot 10^{-3}\,\mathrm{s}} P_{max}$$

$$P = 0{,}8 \cdot P_{max}$$

P mittlere Leistung in W
P_{max} maximale Leistung in W
t_E Einschaltzeit in s
T_S Schaltperiode in s

Durch Verändern der Einschaltzeit kann die mittlere Leistung vergrößert oder verkleinert werden.

In der Praxis wählt man jedoch nicht Schaltperioden von nur 100 ms, sondern T_S sollte stets mehrere Sekunden betragen, wobei sich genaue Werte von T_S nach der thermischen Zeitkonstanten der gesteuerten Heizung richten sollte.

Schwingungspaketsteuerungen dürfen gemäß DIN EN 50006/VDE 0838 nur dann eingesetzt werden, wenn sie symmetrisch arbeiten, am Verbraucher darf keine Gleichstromkomponente auftreten; d.h.: *Die Anzahl der positiven Halbwellen muß gleich der Zahl der negativen Halbwellen sein.*

18 Optoelektronik

Optoelektronische Bauelemente wandeln elektromagnetische Strahlung bestimmter Wellenlängenbereiche in elektrische Signale um *(Empfängerbauelemente)* oder wandeln elektrische Energie in elektromagnetische Strahlung um (Optoelektronische *Senderbauelemente).* Beide Arten dieser Bauelemente werden heute überwiegend aus Halbleitermaterial hergestellt. Durch die annähernd trägheitslose Umwandlungsmöglichkeit, geringe Baugröße und unterschiedliche Ansprechempfindlichkeit ergibt sich eine vielseitige Anwendung optoelektronischer Bauelemente im industriellen und privaten Bereich.

18.1 Physikalische Grundlagen

Unter elektromagnetischer Strahlung versteht man die Zusammenfassung von Strahlung gleicher physikalischer Art. Je nach Frequenz und Wellenlänge unterscheidet man hierbei die Bereiche Funkwellen, Infrarot-, Licht- und Röntgenstrahlung. Der sichtbare Bereich dieser Strahlung, das Licht, stellt einen sehr kleinen Ausschnitt aus dem großen Spektrum der elektromagnetischen Strahlung dar (Bild 18.1).

18.1.1 Entstehung von Lichtstrahlung

Elektromagnetische Strahlung entsteht, wenn in einem Stoff Elektronen in schnelle Schwingungen gebracht werden. Bild 18.2 veranschaulicht diesen Vorgang in einer vereinfachten Modellvorstellung. Durch von außen zugeführte Energie (Wärme, Stromfluß) kann ein Elektron aus seiner ursprünglichen Atomkreisbahn in eine höhere Bahn angehoben werden, ohne daß es seinen Atomverband verläßt. Es hat dabei Energie aufgenommen. Nach einigen Umläufen auf der höheren Bahn kehrt das Elektron in seine ursprüngliche Bahn zurück. Dies geschieht mit schnellen Schwingungen. Die vom Elektron vorher aufgenommene Energie wird hierbei in Form von elektromagnetischer Strahlung wieder frei, die sich vom Entstehungsort als sichtbare oder unsichtbare elektromagnetische Welle entfernt. Dieselbe Schwingung kann entstehen, wenn ein energiebehaftetes, freies Elektron von außen in eine Kreisbahn einschwingt (Rekombination in Halbleitern). Finden diese Vorgänge bei vielen Atomen statt, so leuchtet der Stoff. Die Frequenz und Wellenlänge und damit der Bereich der Strahlung hängt von der Höhe der umgesetzten Energie und der Art des Stoffes ab.

Atome können in einem Stoff durch Energiezufuhr zur Lichtabstrahlung angeregt werden. Licht besteht aus einer großen Anzahl kleiner Energieteilchen. Sie werden Lichtquanten oder Photonen genannt.

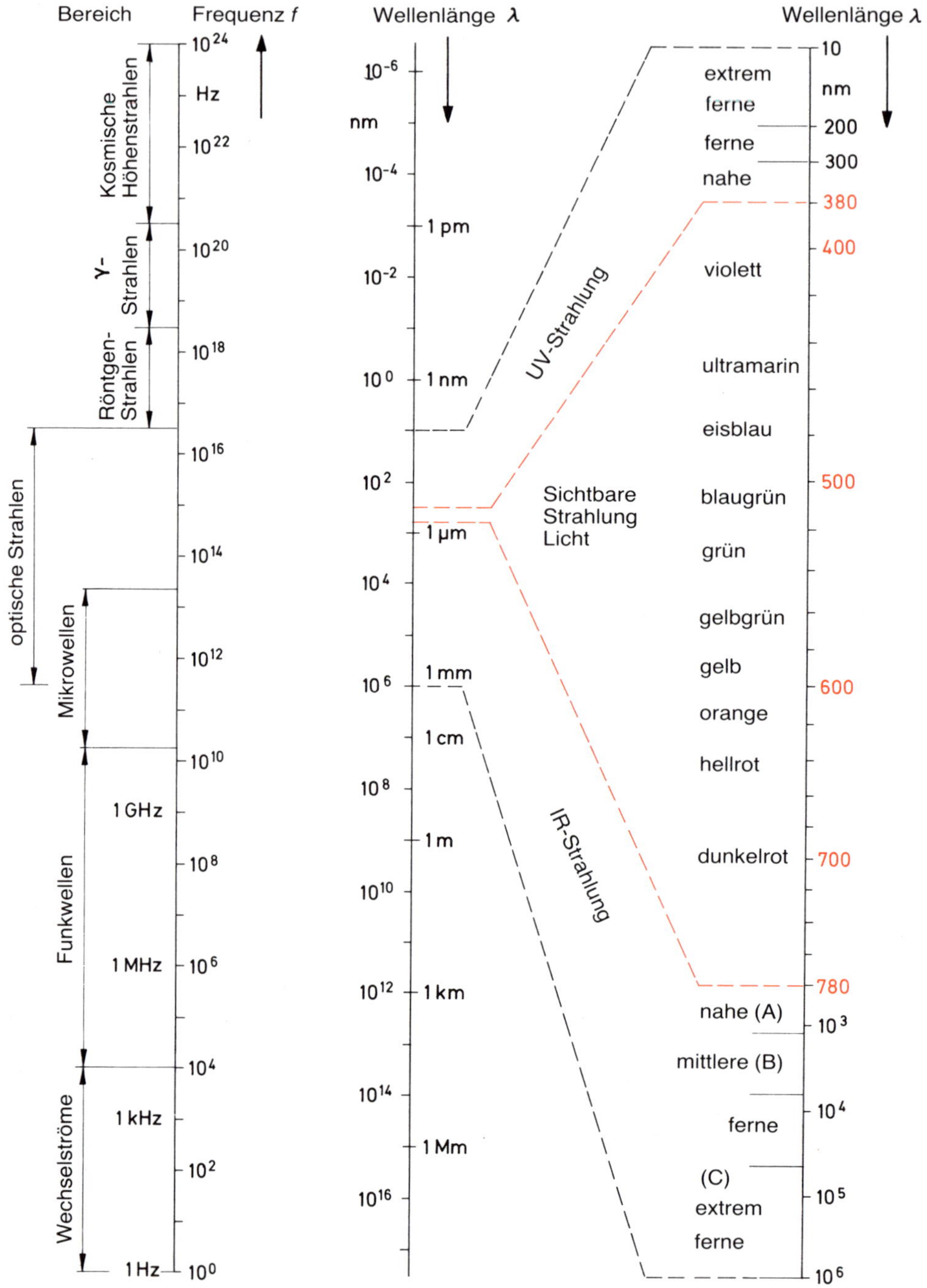

Bild 18.1 Spektrum elektromagnetischer Strahlung

Bild 18.2 Entstehung von elektromagnetischer Strahlung

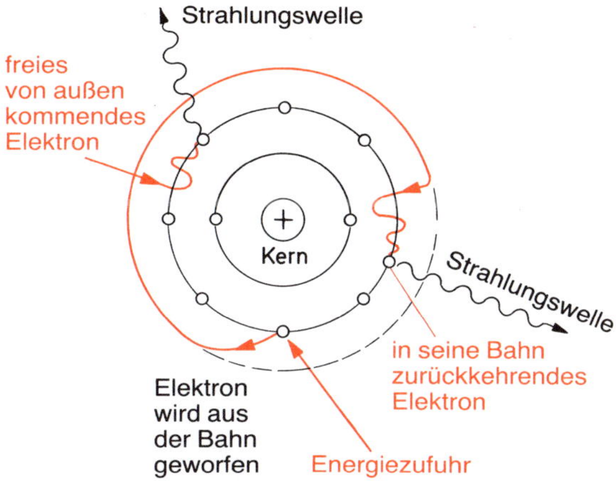

18.1.2 Frequenz und Wellenlänge

Elektromagnetische Schwingungen sind die Kombination eines sehr schnell schwingenden elektrischen und magnetischen Feldes. Sie breiten sich als Welle im Vakuum, näherungsweise auch in Luft, mit Lichtgeschwindigkeit aus. Die *Wellenlänge* dieser Schwingungen errechnet sich aus der Frequenz und der Lichtgeschwindigkeit:

$$\lambda = \frac{c}{f}$$

λ Wellenlänge in m
c Lichtgeschwindigkeit in m/s
f Frequenz in Hz

Die Lichtgeschwindigkeit beträgt in Luft $c \approx 3 \cdot 10^8$ m/s.

18.1.3 Optische Strahlung

Elektromagnetische Strahlung in einem Wellenlängenbereich von $\lambda = 10^1$ nm bis 10^6 nm wird als optische Strahlung bezeichnet. Dieser Bereich wird weiter unterteilt in

Die *Ultraviolettstrahlung (UV)* mit $\lambda =$ 10 bis 380 nm,
die *sichtbare Strahlung (Licht)* mit $\lambda =$ 380 bis 780 nm,
die *Infrarotstrahlung (IR)* mit $\lambda =$ 780 bis 10^6 nm.

Im sichtbaren Bereich wird die unterschiedliche Wellenlänge vom menschlichen Auge als unterschiedliche Farbe wahrgenommen. (Die Lichtstrahlung hat im Mittel etwa eine Million mal höhere Frequenz als die heute gebräuchlichen UHF-Fernseh-Funkwellen.) Die angrenzende UV- und IR-Strahlung wird nach DIN in die Unterbereiche Nah (A), Mittel (B) und Fern (C) eingeteilt.

> Optische Strahlung ist elektromagnetische Strahlung in einem bestimmten Frequenzbereich. Licht ist optische Strahlung im sichtbaren Bereich.

18.1.4 Empfänger- und Senderbauelemente

Als *optoelektronische Empfängerbauelemente* bezeichnet man strahlungsempfindliche Sensoren, mit deren Hilfe man optische Strahlung in elektrische Signale umwandeln kann. Je nach Halbleitergrundmaterial sprechen die Empfänger auf sichtbares Licht oder auf Infrarotstrahlung an. Zu diesen Empfängern gehören der *Fotowiderstand,* das *Fotoelement,* die *Solarzelle,* die *Fotodiode,* der *Fototransistor* und der *Fotothyristor.* Die hierfür verwendeten Halbleiterwerkstoffe sind Silizium, Germanium, Selen, Cadmiumsulfid, Cadmiumselenid und Bleisulfid. Die spektrale Empfindlichkeit einiger Empfängerwerkstoffe im Vergleich zum menschlichen Auge zeigt Bild 18.3.

Optoelektronische Sender sind strahlungsabgebende (emittierende) Halbleiterbauelemente. Sie wandeln elektrische Energie in sichtbares Licht oder in Infrarotstrahlung um. Zu diesen Bauelementen gehören die *Lumineszenzdioden* (LED) und *Infrarot-Lumineszenzdioden (IRED)* sowie die *Laserdioden.* Die hierfür verwendeten Halbleiterwerkstoffe sind Galliumarsenid, Galliumarsenidphosphid, Galliumaluminiumarsenid, Galliumphosphid und Galliumindium-Arsenidphosphid. Die spektrale Emission verschiedener Strahlungssender zeigt Bild 18.4.

Optoelektronische Koppelelemente sind Bauelemente, die Sender und Empfänger enthalten. Sie dienen der Übertragung elektrischer Signale bei gleichzeitiger galvanischer Trennung zwischen Eingang und Ausgang.

Zur Optoelektronik gehören außer den Einzelhalbleiterbauteilen auch Anzeigeeinheiten, Anzeigeröhren, Flüssigkristalle, Übertragungssysteme mit Glasfaser-Lichtwellenleitern und Lichtschranken.

Angewendet wird die große Zahl der optoelektronischen Bauelemente zum Messen, Überwachen, Wandeln, Modulieren von natürlichem und künstlichem Licht, zur Darstellung von Zahlen und Zeichen, zur Bildaufnahme und Bildwiedergabe.

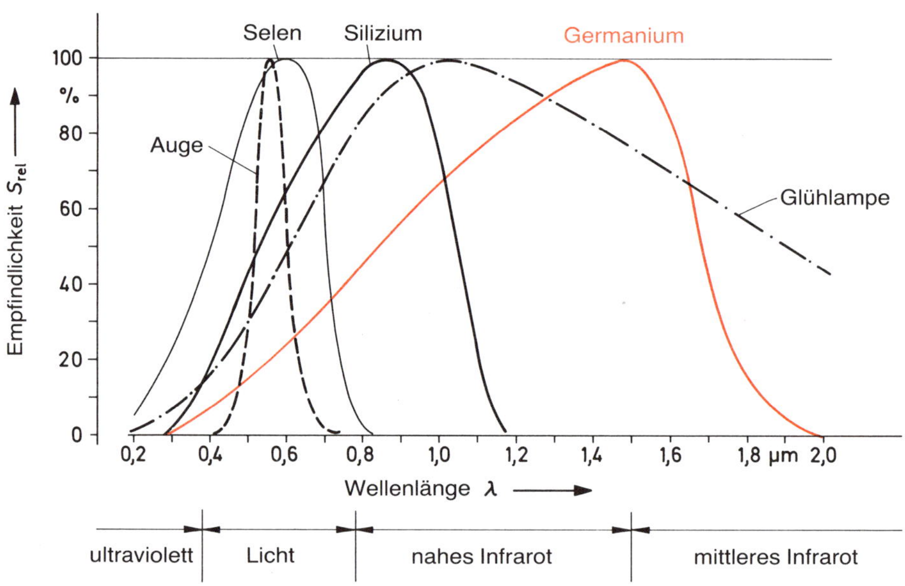

Bild 18.3 Relative spektrale Empfindlichkeit optoelektronischer Empfänger verschiedener Halbleiterwerkstoffe mit Augenempfindlichkeit und spektraler Verteilung des Glühlampenlichts

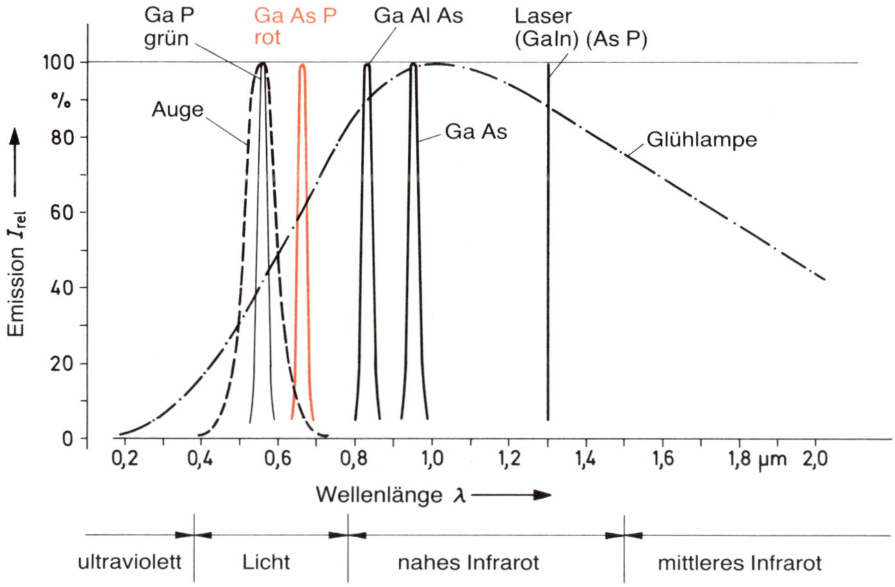

Bild 18.4 Relative spektrale Emission verschiedener Halbleiter-Strahlungssender im Vergleich zum Glühlampenlicht und zur Augenempfindlichkeit

18.1.5 Fotoelektrischer Effekt

Bei Empfängerbauelementen wird die Umwandlung von optischer Strahlungsenergie in elektrische Signale durch den fotoelektrischen Effekt bewirkt. Hierbei werden durch die Energie der Strahlung vorher gebundene Elektronen freigesetzt, oder schon freie Elektronen nehmen höhere Energie auf. Abhängig davon, ob diese Ladungsträger aus dem Material heraustreten oder im Kristall verbleiben, unterscheidet man den *äußeren* oder *inneren fotoelektrischen Effekt.*

Äußerer fotoelektrischer Effekt

Bei bestimmten Alkalimetallen oder -metallegierungen werden infolge Energiezufuhr durch Strahlung an der Oberfläche die Elektronen so stark mit Energie behaftet, daß sie aus dem Werkstoff austreten (Bild 18.5a). Dieser Vorgang ist vergleichbar mit der Elektronenemission an einer geheizten Röhrenkatode. Abhängig vom verwendeten Material, tritt der äußere fotoelektrische Effekt bei unterschiedlicher Wellenlänge der Strahlung auf.

> Unter dem äußeren fotoelektrischen Effekt versteht man den Austritt freier Elektronen aus bestimmten Materialien infolge Einwirkung optischer Strahlung.

Der äußere fotoelektrische Effekt wird bei bestimmten gasgefüllten oder Vakuumröhren genutzt. Sie werden Fotozellen genannt.

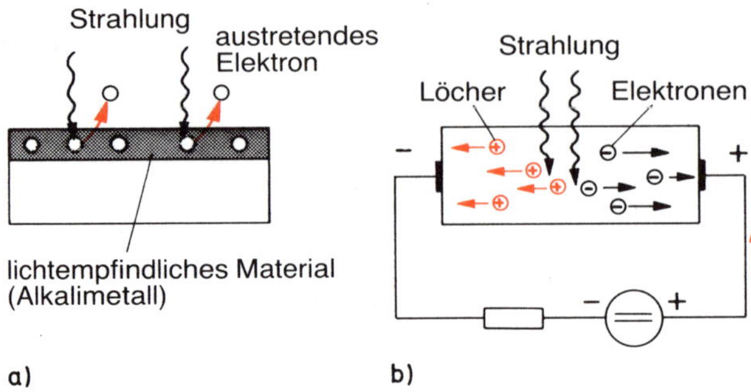

Bild 18.5 Fotoelektrischer Effekt
a) äußerer fotoelektrischer Effekt
b) innerer fotoelektrischer Effekt

Innerer fotoelektrischer Effekt
Bei Halbleiterkristallen werden durch eindringende elektromagnetische Strahlung im optischen Bereich Elektronen aus ihren Bindungen herausgelöst. Es entstehen so freie Ladungsträgerpaare. Jedes Trägerpaar besteht aus einem Elektron und einem Defektelektron (Loch). Die Elektronen verbleiben im Halbleitermaterial. Der Halbleiterkristall erhält durch die Bestrahlung eine erhöhte Leitfähigkeit (Bild 18.5b).

Außer in dem beschriebenen Kristall, der nur aus einer Halbleiterart besteht, kann der innere fotoelektrische Effekt auch im Bereich eines pn-Übergangs auftreten. Durch Strahlung entstandene Ladungsträgerpaare innerhalb der Raumladungszone des pn-Grenzgebiets erhöhen so die Leitfähigkeit eines gesperrten pn-Übergangs oder bewirken eine Ladungstrennung am pn-Übergang ohne äußere Spannung. Dieser Effekt wird z.B. bei der Fotodiode und beim Fotoelement genutzt.

> Unter dem inneren fotoelektrischen Effekt versteht man die Entstehung freier Ladungsträgerpaare im Halbleiter infolge optischer Strahlung. Die Ladungsträger verbleiben im Material. Dieser Effekt wird bei sperrschichtfreien Materialien und bei Halbleitern mit pn-Übergang genutzt.

18.2 Optoelektronische Empfängerbauteile

Optoelektronische Empfänger auf Halbleiterbasis nutzen den inneren fotoelektrischen Effekt, um Änderungen der elektromagnetischen Strahlung im Licht- oder Infrarotbereich in elektrische Signale umzuwandeln.

18.2.1 Fotowiderstand (LDR)

Der Fotowiderstand ist ein lichtabhängiger Widerstand (**l**ight **d**ependent **r**esistor — LDR), bei dem der innere fotoelektrische Effekt im Halbleitermaterial ausgenutzt wird.

Aufbau und Wirkungsweise des Fotowiderstandes
Das lichtabhängige Halbleitermaterial ist als dünne polykristalline Schicht auf eine meist keramische Trägerplatte aufgebracht. Die aktive Oberfläche beträgt bis zu einigen Quadratzentimetern. Sie ist mit fingerförmigen metallischen Streifen kontaktiert (Bild 18.6a).

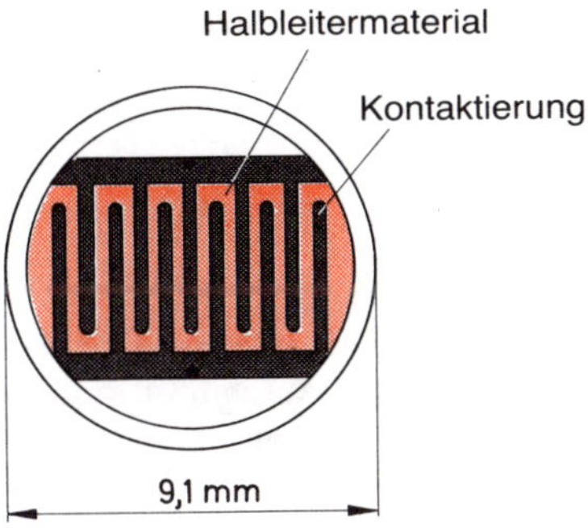

a)

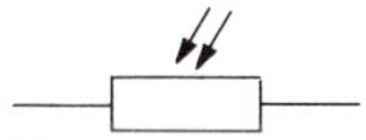

b)

Bild 18.6 Fotowiderstand
a) Bauform (Typ RPY 61)
b) Schaltzeichen

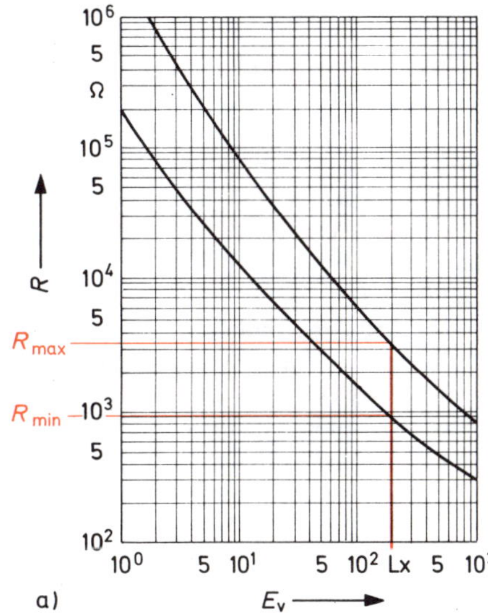

a)

Bild 18.7 Kennlinien eines Fotowiderstands (Typ RPY 61)
a) Widerstandskurve $R = f(E_v)$ mit Streubereich (Ablesebeispiel für $E_v = 200$ lx, $R = 900\ \Omega$ bis $3{,}3\ k\Omega$)
b) Strom-Spannungs-Diagramm $I = f(U)$ mit E_v als Parameter (eingetragene Widerstandsgerade für $U_S = 12$ V und $R_V = 2{,}2\ k\Omega$)
c) Relative spektrale Empfindlichkeit $S_{rel} = f(\lambda)$

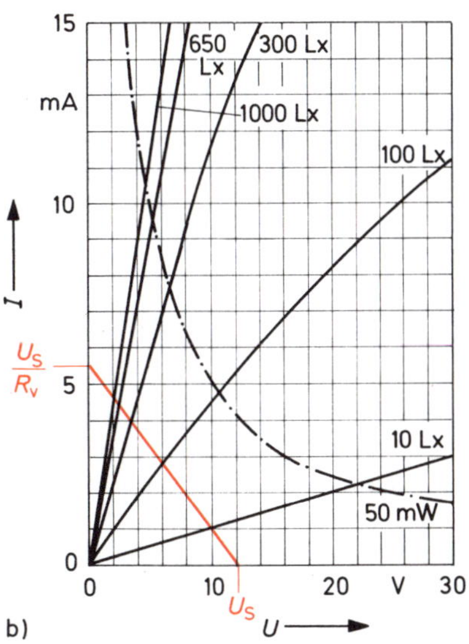

b)

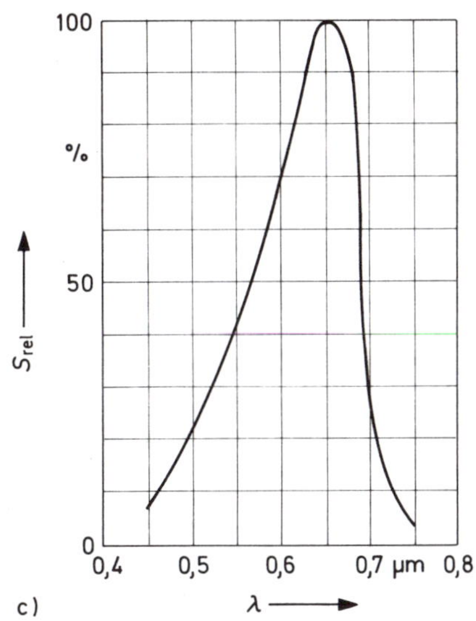

c)

Infolge des inneren fotoelektrischen Effekts durch Licht freigesetzte Ladungsträger vergrößern die Eigenleitfähigkeit des Halbleitermaterials.

Der elektrische Widerstand des LDR wird bei Beleuchtung geringer.

Die Widerstandsänderung erfolgt über mehrere Zehnerpotenzen. Da der Fotowiderstand keinen pn-Übergang enthält, ist der elektrische Widerstand von der Polarität der Anschlußspannung unabhängig (bipolar). Er kann daher auch an Wechselspannung betrieben werden.

Die *Spektralempfindlichkeit* von Fotowiderständen hängt von der verwendeten Halbleiterverbindung ab:

Cadmiumsulfid-(CdS-)Fotowiderstände kommen in ihrer Spektralempfindlichkeit der des menschlichen Auges sehr nahe. Das Maximum der Empfindlichkeit liegt etwa in der Mitte des sichtbaren Bereichs ($\lambda \approx 0{,}55$ bis 0,6 µm).

Cadmiumselenid-(CdSe-)Fotowiderstände erfassen neben den sichtbaren auch den nahen Infrarotbereich.

Bleisulfid-(PbS-)Fotowiderstände haben ihre höchste Empfindlichkeit im Infrarotbereich.

Die Lichtempfindlichkeit des Fotowiderstandes wird als Widerstandskurve $R = f(E_v)$ dargestellt, die den Widerstand in Abhängigkeit von der Beleuchtungsstärke in doppelt-logarithmischer Darstellung zeigt (Bild 18.7a). Der relativ große Streubereich deutet auf erhebliche fertigungsbedingte Exemplarstreuungen hin. Im Strom-Spannungs-Diagramm $I = f(U)$ mit E_v als Parameter ist zu erkennen, daß der Fotowiderstand bei konstanter Beleuchtungsstärke praktisch ein linearer Widerstand ist (Bild 18.7b). Die Leistungshyperbel für die zulässige Verlustleistung P_{tot} begrenzt den zulässigen Arbeitsbereich.

Kenndaten des LDR (Tabelle 18.1):

Tabelle 18.1 Daten eines Fotowiderstands (RPY 61 von Siemens)

Kenndaten		
Dunkelwiderstand (1 min nach Abdunklung)	R_0	$1 \cdot 10^6\ \Omega$
Hellwiderstand bei $E_v = 1000$ lx	R_{1000}	300 bis 800 Ω
Wellenlänge maximaler Empfindlichkeit	$\lambda_{S\,max}$	0,65 µm
Ansprechzeit für Abfall des Widerstands bei Beleuchtung	t_f	2 bis 6 ms
Grenzdaten		
Verlustleistung	P_{tot}	50 mW
Arbeitsspannung	U	50 V
Umgebungstemperatur	ϑ_U	−40 bis +75 °C

Dunkelwiderstand R_0: Ist der Widerstand, den der LDR in einer bestimmten Zeit (z.B. 1 min) nach Abdunklung angenommen hat. Die Wartezeit ist erforderlich, weil die Zahl der Ladungsträger nach der Abdunklung nicht spontan, sondern durch Rekombination erst allmählich abnimmt.
Ansprechzeit t_r: Ist ein Maß für die Trägheit der Widerstandsänderung bei plötzlicher Beleuchtung und die Abklingzeit t_f für die Trägheit bei plötzlicher Abdunklung. Sie liegen je nach Typ (Halbleitermaterial) im Bereich mehrerer Millisekunden.

Hellwiderstand R_{1000}: Es ist der Widerstand bei einer Beleuchtungsstärke von $E_v = 1000$ lx.
Wellenlänge der maximalen Fotoempfindlichkeit $\lambda_{S\,max}$: Sie zeigt, ob der Fotowiderstand seine höchste Empfindlichkeit im sichtbaren oder im Infrarotbereich hat. Aus der Kurve der relativen spektralen Empfindlichkeit $S_{rel} = f(\lambda)$ erkennt man, mit welchem Verlauf die Empfindlichkeit zu größeren und kleineren Wellenlängen abnimmt (Bild 18.7c).

Grenzdaten des LDR
Totale Verlustleistung P_{tot}: Die zulässige Verlustleistung bei einer Umgebungstemperatur von $\vartheta = 25\,°C$ und freier Montage.
Arbeitsspannung U: Die zulässige Spannung, an der der Fotowiderstand betrieben werden darf.
Umgebungstemperatur ϑ_u.

Anwendung von Fotowiderständen
Cadmiumsulfid-Fotowiderstände finden wegen ihrer Spektralempfindlichkeit in Belichtungsmessern z.B. für Fotoapparate Verwendung. Der Vorteil gegenüber den früher verwendeten Fotoelementen liegt in der wesentlich höheren Empfindlichkeit, die auch bei geringer Helligkeit einwandfreie Messungen erlaubt. Weitere Anwendungsbereiche sind Dämmerungsschalter und einfache Lichtschranken mit Glühlampen als Sender.

Fotowiderstände mit höherer Spektralempfindlichkeit im Infrarotbereich eignen sich als Flammenwächter in Heizungssystemen. Sie sind zum Schutz von einem Glaskolben umgeben.

Der Fotowiderstand bildet meist mit einem Lastwiderstand R_L einen lichtabhängigen Spannungsteiler (Bild 18.8). Soll das Ausgangssignal bei zunehmender Beleuchtung steigen, liegt der Vorwiderstand im Längszweig, d.h., die Ausgangsspannung wird am Lastwiderstand abgenommen (Bild 18.8a). Soll das Ausgangssignal bei Beleuchtung sinken, liegt der Fotowiderstand im Querzweig des Spannungsteilers (Bild 18.8b). Die Spannung am LDR kann durch Einzeichnen der Widerstandsgeraden in das I-U-Diagramm (Bild 18.7b) des Fotowiderstandes bei unterschiedlicher Beleuchtungsstärke bestimmt werden. Wegen der hohen Exemplarstreuungen muß neben dem Festwiderstand meist ein Trimmwiderstand verwendet werden.

Bild 18.8 Lichtabhängiger Spannungsteiler mit Fotowiderstand
a) U_Q steigt bei Beleuchtung
b) U_Q sinkt bei Beleuchtung

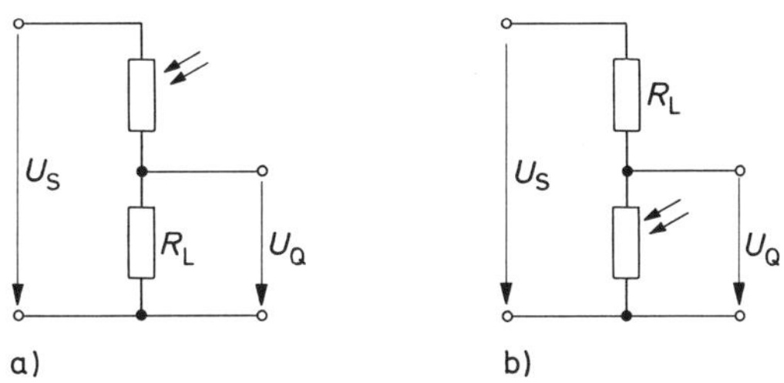

Beispiel: Die Ausgangsspannung des Spannungsteilers mit dem Fotowiderstand RPY 61 (Bild 18.9) soll bei einer Beleuchtungsstärke von $E_v = 200$ lx einen Betrag von $U_Q = 2$ V haben. Mit dem Trimmwiderstand soll gerade der Streubereich des Fotowiderstandes ausgeglichen werden können.
Gesucht: Vorwiderstand R_V und Trimmwiderstand R_{Tr}

Lösung: Abgelesen aus der Widerstandskurve $R = f(E_v)$ bei $E_v = 200$ lx (Bild 18.7b)

$$R_{LDR\,min} \approx 900\,\Omega$$
$$R_{LDR\,max} \approx 3{,}3\,k\Omega$$

Der Festwiderstand R_V errechnet sich mit dem unteren Wert des LDR:

$$\frac{R_V}{R_{LDR\,min}} = \frac{U_S - U_Q}{U_Q}$$

$$R_V = R_{LDR\,min} \cdot \frac{U_S - U_Q}{U_Q} = 900\,\Omega \cdot \frac{9\,V - 2\,V}{2\,V} = 3{,}15\,k\Omega \quad \text{gewählt } \underline{2{,}7\,k\Omega}$$

Der Trimmer errechnet sich mit dem oberen Wert der LDR:

$$\frac{R_{Tr} + R_V}{R_{LDR\,max}} = \frac{U_S - U_Q}{U_Q}$$

$$R_{Tr} = R_{LDR\,max} \cdot \frac{U_S - U_Q}{U_Q} - R_V = 3{,}3\,k\Omega \cdot \frac{9\,V - 2\,V}{2\,V} - 2{,}7\,k\Omega = 8{,}85\,k\Omega$$

gewählt $\underline{10\,k\Omega}$

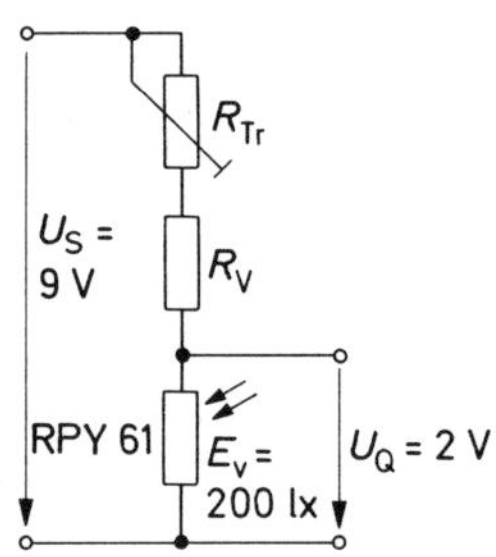

Bild 18.9 Lichtabhängiger Spannungsteiler mit Trimmerwiderstand (zum Beispiel)

18.2.2 Fotoelement und Solarzelle

Fotoelemente sind aktive Halbleiterbauelemente. Sie wandeln unter Ausnutzung des inneren fotoelektrischen Effekts Energie elektromagnetischer Wellen sowohl im sichtbaren als auch im Infrarotbereich in elektrische Energie um. Solarzellen sind speziell für die Stromversorgung aus Sonnenenergie (Solarenergie) mit großer aktiver Fläche konstruiert.

Aufbau und Wirkungsweise

Fotoelemente werden heute überwiegend auf Siliziumbasis in n-auf-p- oder p-auf-n-Technologie hergestellt. Bei Elementen der p-auf-n-Technologie befindet sich an der Oberfläche der n-leitenden monokristallinen Siliziumscheibe (Substrat) eine dünne p-leitende Zone (Bild 18.10). Bei großflächigen Elementen ist die Oberseite durch ein Gitter aufgedampfter schmaler Metallstreifen kontaktiert. Der Grundkristall befindet sich auf einer metallischen Unterlage, die die zweite Anschlußelektrode bildet.

In dem pn-Übergang, dicht unter der Oberfläche, bildet sich infolge der Ladungsträgerdiffusion eine Raumladungszone (Sperrschicht). Werden durch einfallendes Licht im Bereich der Raumladungszone Ladungsträger freigesetzt, so bewirkt das elektrische Feld die Trennung der Elektronen von den Löchern. Die Elektronen wandern zur n-Zone (Grundkristall) und die Löcher zur p-Zone

Bild 18.10 Fotoelement
a) Prinzipieller Aufbau im Querschnitt in p-auf-n-Technologie
b) Schaltzeichen

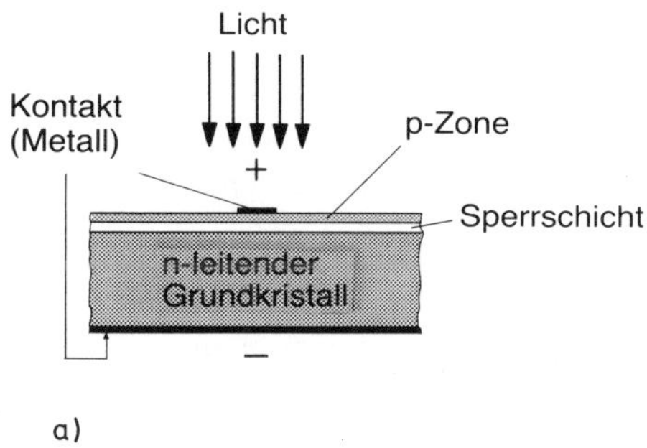

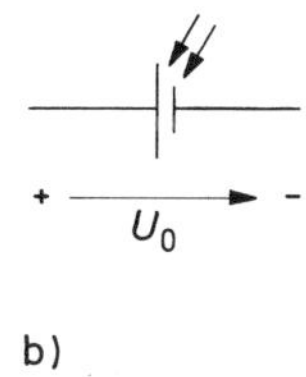

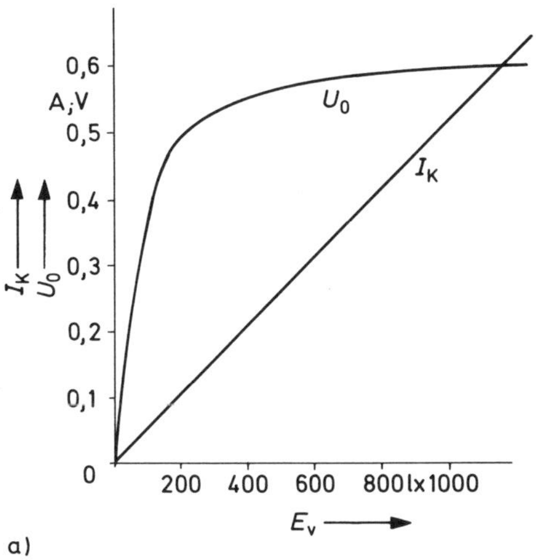

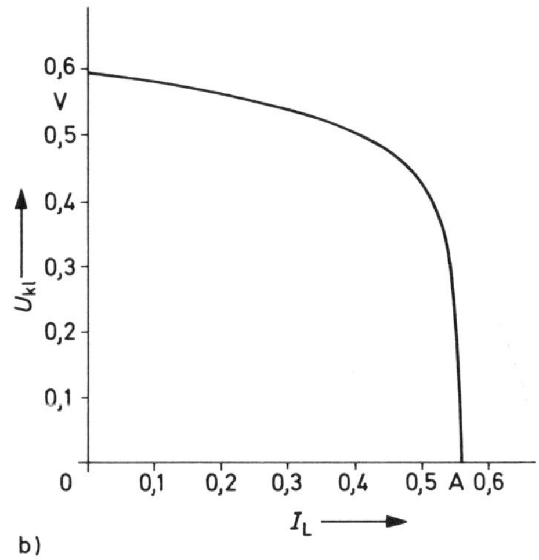

Bild 18.11 Kennlinien eines Silizium-Fotoelements ($D = 76$ mm)

a) Leerlaufspannung U_0 und Kurzschlußstrom I_K in Abhängigkeit von der Beleuchtungsstärke E_v

b) Belastungskennlinie $U_{Kl} = f(I_L)$ bei $E_v = 1000$ lx

an der Oberfläche. Der Kontakt an der Oberfläche erhält eine positive Spannung gegenüber dem Grundkontakt. Bei Elementen in n-auf-p-Technologie bildet die Deckschicht den Minuspol.

Die im Leerlauf von einem Fotoelement abgegebene elektrische Spannung steigt schon bei geringer Beleuchtungsstärke nahezu auf ihren Maximalwert, der kurz unterhalb der Diffusionsspannung liegt. Bei Silizium-Fotoelementen beträgt die Leerlaufspannung $U_0 \approx 500$ mV bis 600 mV (Bild 18.11a) und bei Selen-Fotoelementen $U_0 \approx 200$ mV bis 300 mV. Die Leerlaufspannung ist von der Größe des Elements unabhängig.

Eine für die Leistungsfähigkeit wichtige Kenngröße ist der Kurzschlußstrom I_K, der mit der Beleuchtungsstärke nahezu linear zunimmt (Bild 18.11a). Der Kurzschlußstrom ist direkt von der bestrahlten Fläche des Elements abhängig, denn eine größere aktive Fläche bedeutet eine Verringerung des Innenwiderstands.

Fotoelement zur Spannungsversorgung

> Großflächige Silizium-Fotoelemente, die mit möglichst hohem Wirkungsgrad für die Spannungsversorgung ausgelegt sind, heißen Solarelemente.

Sie können heute bis etwa 11% der einfallenden Sonnenenergie in elektrische Energie umformen. Zuerst wurden Solarzellen zur Spannungsversorgung in Satelliten außerhalb der Erdatmosphäre eingesetzt (extraterrestrische Solarzellen). Die Solarkonstante, das ist die auf eine Flächeneinheit bezogene, senkrecht einfallende Sonnenenergie, beträgt dort 1,35 kW/m^2. Auf Meereshöhe (im terrestrischen Bereich) beträgt die Solarkonstante bei senkrechtem Sonnenstand 1,06 kW/m^2. Großflächig mit Solarzellen beklebte Platten (Solarpanel) für den terrestrischen Bereich liefern eine elektrische Leistung von etwa 70 bis 80 W/m^2. Der Durchmesser der aus monokristallinem Silizium geschnittenen Solarelemente beträgt meist 76 mm (= 3 inch). Neben den monokristallinen Solarzellen werden heute polykristalline Zellen eingesetzt, die wesentlich preisgünstiger sind, jedoch einen geringeren Wirkungsgrad haben. Sie können als großflächige flexible Platten in Rechteckform (z.B. 10 cm × 10 cm) hergestellt werden und erlauben daher eine bessere Ausnutzung der Gesamtfläche.

Die wirtschaftliche Energieversorgung über Solarzellen, insbesondere im mitteleuropäischen Bereich, ist wegen der hohen Kosten der Solarzellen vorläufig nicht denkbar. Ein Solarelement müßte etwa 10 Jahre aktiv bei Sonnenbestrahlung arbeiten, um die für seine Herstellung benötigte Energie wieder bereitstellen zu können.

> Um einem Fotoelement die größtmögliche Leistung entnehmen zu können, muß der Lastwiderstand etwa so groß wie der Innenwiderstand sein, d.h., es muß Leistungsanpassung vorliegen:

$$R_L \approx R_i = \frac{U_0}{I_K}$$

R_L Lastwiderstand
R_i Innenwiderstand
U_0 Leerlaufspannung
I_K Kurzschlußstrom

Da der Kurzschlußstrom von der Beleuchtungsstärke abhängt, ändert sich auch mit dieser der Innenwiderstand R_i bzw. der optimale Lastwiderstand. Wegen der Nichtlinearität der Belastungskennlinie $I = f(U)$ für E_v = konstant (Bild 18.11b) kann die abgegebene Leistung nicht in der Weise berechnet werden, wie bei Spannungsquellen deren Innenwiderstand konstant ist. Man rechnet bei Fotoelementen daher näherungsweise mit einer maximalen Abgabeleistung von:

$$P_{Ab\,max} \approx 0{,}7 \cdot U_0 \cdot I_K \quad \text{bei} \quad R_I \approx R_L$$

Bild 18.12 Ansteuerung eines Bipolartransistors mit einem Fotoelement
a) U_Q sinkt bei Bestrahlung
b) U_Q steigt bei Bestrahlung

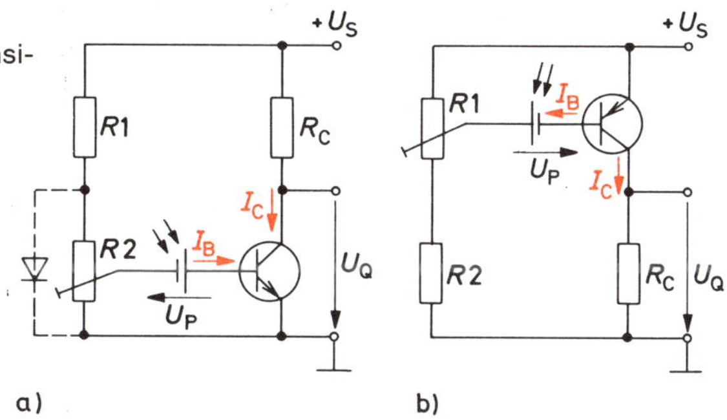

Fotoelement als Sensor

Fotoelemente sind als großflächige Sensoren für elektromagnetische Strahlung im Licht- oder nahen Infrarotbereich geeignet, wenn diese als Mittelwert über eine bestimmte Fläche erfaßt (integriert) werden soll.

Wegen ihrer hohen Sperrschichtkapazität, die eine Folge der großen Fläche ist, besitzen Fotoelemente eine relativ geringe Grenzfrequenz. Sie sind also nur begrenzt zur Erfassung spontaner Schwankungen der Strahlung geeignet.

Zur Lichtmessung in Belichtungsmessern von Fotoapparaten und in Lux-Metern verwendet man überwiegend Selen-Fotoelemente, da diese in ihrer Spektralempfindlichkeit der des menschlichen Auges recht nahekommen (Bild 18.3). Silizium-Fotoelemente müssen zur Lichtmessung mit Filtern versehen werden, die den Infrarotbereich unterdrücken. Das Silizium-Fotoelement eignet sich dagegen gut als Empfänger, wenn eine Glühlampe als Sender für die zu erfassende Strahlung dient.

Dient ein Fotoelement zur Strahlungsmessung, wird in erster Linie Wert auf einen linearen Zusammenhang zwischen dem abgegebenen Strom und der Strahlungsintensität gelegt. Der Lastwiderstand muß zu diesem Zweck möglichst niederohmig sein, so daß das Element in der Nähe des Kurzschlußbereichs arbeitet.

In Sensorschaltungen wird meist ein höherer Ausgangsstrom bzw. Spannungshub benötigt, als das Fotoelement liefern kann. Das Fotoelement steuert dann einen Bipolartransistor an, dessen Kollektor über den Lastwiderstand an der Versorgungsspannung liegt (Bild 18.12a). Da die Ausgangsspannung des Fotoelements allein nicht ausreicht, um die Schwellspannung des Siliziumtransistors zu überwinden, wird das Potential des Fotoelements durch einen Spannungsteiler um einige 100 mV angehoben. Bei Beleuchtung des Fotoelements wird der Transistor leitend, und die Ausgangsspannung U_Q über dem Transistor sinkt um den Spannungsabfall am Lastwiderstand. Durch Einsatz eines pnp-Transistors kann erreicht werden, daß die Ausgangsspannung bei Belastung steigt (Bild 18.12b). Die Diode über dem Trimmpoti dient zur Stabilisierung der Vorspannung. Sie ist nur bei nichtstabilisierter Speisespannung U_S erforderlich.

18.2.3 Fotodiode

Die Fotodiode ist ein Halbleiterbauelement, dessen pn-Übergang dicht unter der Oberfläche des Kristalls liegt. Die Sperrschicht ist dem Licht zugänglich. Im Gegensatz zum Fotoelement ist die beleuchtete Fläche einer Silizium-Planar-Fotodiode (Bild 18.13) erheblich kleiner.

Fotodioden werden in erster Linie als passive lichtabhängige Bauelemente an einer äußeren Spannung in Sperrichtung betrieben. Die durch elektromagnetische Strahlung in der Sperrschicht freigesetzten Ladungsträger bewirken eine Vergrößerung des Sperrstroms (Bild 18.14a).

Der Sperrstrom oder Fotostrom I_P erhöht sich linear mit der Beleuchtungsstärke E_v.

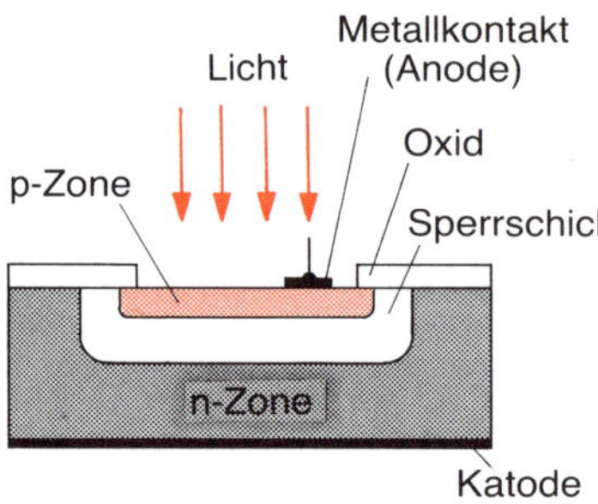

a)

Bild 18.13 Fotodiode

a) Prinzipieller Aufbau einer Si-Planar-Fotodiode im Querschnitt

b) Schaltzeichen

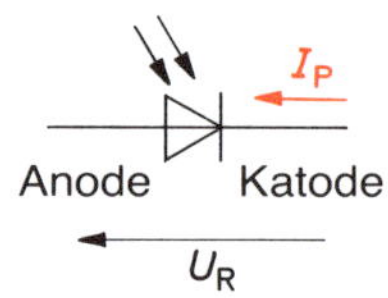

b)

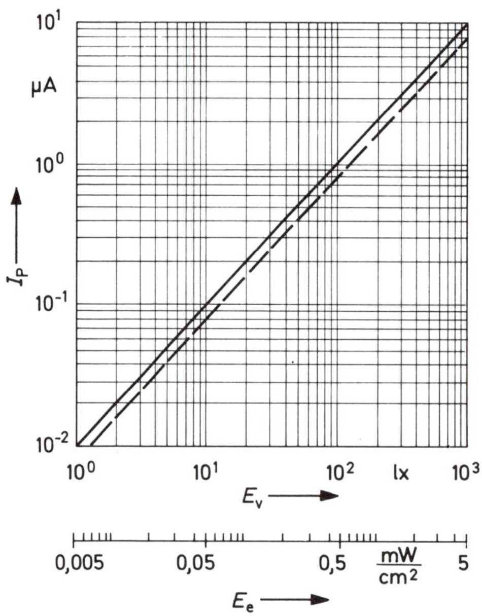

a)

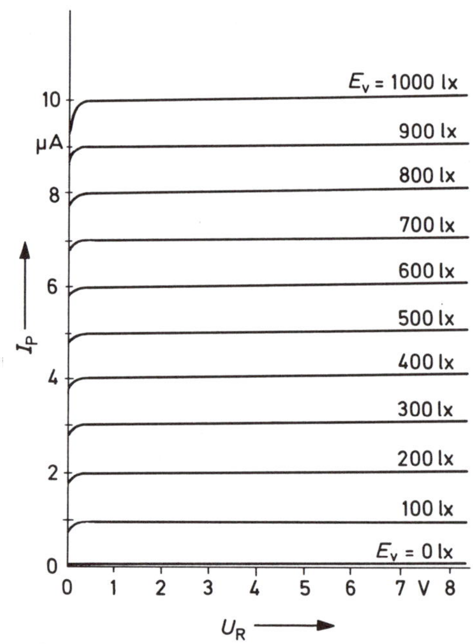

b)

Bild 18.14 Kennlinien einer Fotodiode

a) Fotostrom in Abhängigkeit von der Beleuchtungsstärke $I_P = f(E_v)$ bei U_R = konstant mit unterer Streugrenze

b) Fotostrom in Abhängigkeit von der Sperrspannung $I_P = f(U_R)$ mit E_v als Parameter

Schon bei geringer Sperrspannung ($U_R \geqq 1$ V) erreicht der Fotostrom seinen Sättigungswert, d.h., der Strom ist von der angelegten Spannung nahezu unabhängig. Er wird nur von der Beleuchtungsstärke bestimmt (Bild 18.14b).

Fotodioden können grundsätzlich auch im aktiven Bereich, d.h. als Fotoelement betrieben werden. Die Leerlaufspannung beträgt dabei jedoch nur $U_0 \approx 300$ bis 400 mV.

Die Spektralempfindlichkeit von Silizium-Fotodioden hat ihr Maximum im nahen Infrarotbereich und überdeckt den gesamten sichtbaren Bereich (Abschnitt 18.1.1, Bild 18.3). Für die Lichtmessung in fototechnischen Geräten werden Silizium-Fotodioden mit Filterglasfenster (V_λ-Filter) hergestellt, die die Strahlung im Infrarotbereich dämpfen. Die Spektralempfindlichkeit wird so dem Auge und dem Filmmaterial angepaßt.

Germanium-Fotodioden liegen mit dem Maximum ihrer Spektralempfindlichkeit im Bereich zwischen dem nahen und dem mittleren Infrarot ($\lambda \approx 1500$ nm). Im sichtbaren Teil ist die Empfindlichkeit gering.

Eine besondere *Richtcharakteristik* erhalten Fotodioden mit kleiner bestrahlungsempfindlicher Fläche durch eine in das Gehäuse integrierte Linse. Der Halbwinkel, in dem die Empfindlichkeit $\geqq 50\%$ der Empfindlichkeit bei senkrechter Einstrahlung ist, kann z.B. auf $\varphi = 30°$ verringert werden.

Die *Grenzfrequenzen* von Fotodioden sind hoch, d.h., sie sind in der Lage, schnelle Lichtschwankungen zu erfassen. Die normale PN-Fotodiode hat Anstiegs- und Abfallzeiten des Fotostroms bei spontaner Bestrahlungsänderung (von 10% auf 90% des Endwertes bzw. von 90% auf 10% des Anfangswertes) in der Größenordnung von Mikrosekunden.

Bei hohen Anforderungen an die Grenzfrequenz — bis zu einigen hundert Megahertz — werden *PIN-Fotodioden* verwendet. Zwischen der p- und der n-Zone befindet sich eine sehr schwach dotierte, praktisch eigenleitende Zone (Intrinsikzone), die die Sperrschicht erheblich verbreitert. Die Sperrschichtkapazität beträgt dadurch bei höherer Sperrspannung nur wenige Pikofarad.

Lawinen- oder *Avalanche-Fotodioden* zeichnen sich durch besonders hohe Grenzfrequenz im Gigahertzbereich (1 GHz = 10^9 Hz) aus. Sie werden z.B. als Empfänger bei der Informationsübertragung durch Lichtwellenleiter (Abschnitt 18.3.3) benötigt. Bei entsprechend hoher Sperrspannung ist die Feldstärke in der Sperrschicht so hoch, daß die durch Licht freigesetzten Ladungsträger durch Stoßionisation (Avalanche-Effekt) ein Vielfaches an Ladungsträgern freisetzen. Der Strom steigt jedoch nicht linear mit der Beleuchtungsstärke.

Grenz- und Kenndaten von Fotodioden (Tabelle 18.2)

Grenzdaten von Fotodioden enthalten in erster Linie die zulässige Sperrspannung U_R, Verlustleistung P_{tot} und Sperrschichttemperatur ϑ_J

Kenndaten beziehen sich hauptsächlich auf die strahlungsabhängigen Größen:

Fotoempfindlichkeit S: Da der Fotostrom linear mit der Beleuchtungsstärke steigt, kann die Fotoempfindlichkeit als Verhältnis des Fotostroms zur Beleuchtungsstärke angegeben werden:

$$S = \frac{I_P}{E_v} \quad \text{in nA/lx}$$

Wellenlänge maximaler Strahlungsempfindlichkeit $\lambda_{S\max}$: Silizium-Fotodioden ohne Filterglasfenster haben ihre höchste Empfindlichkeit im Bereich $\lambda_{S\max} = 800$ nm bis 900 nm. Die relative Spektralempfindlichkeit ist als Kennlinie $S_{rel} = f(\lambda)$ angegeben (Bild 18.3).

Dunkelstrom I_R: Aufgrund der Eigenleitfähigkeit des Halbleitermaterials fließt auch bei fehlender Bestrahlung ein kleiner Sperrstrom I_R, der in der Größenordnung Pikoampere (10^{-12} A), bzw.

Nanoampere (10^{-9} A) bei PIN-Dioden, bei einer Sperrschichttemperatur von $\vartheta_J = 25\,°C$ liegt. Der Dunkelstrom verdoppelt sich etwa je $\Delta\vartheta = 10$ K Temperaturerhöhung.

Dynamische Kenndaten sind die *Grenzfrequenz* und die *Anstiegszeit* t_r sowie die *Abfallzeit* t_f des Fotostroms bei spontaner Änderung der Bestrahlung. Die *Sperrschichtkapazität* verringert sich bei steigender Sperrspannung infolge der Verbreiterung der Sperrschicht. Sie ist daher z.B. bei $U_R = 0$ V als C_0 und bei $U_R = 3$ V als C_3 angegeben.

Tabelle 18.2 Grenz- und Kenndaten von Fotodioden
a) großflächige Fotodiode BPW 33
b) kleinflächige Fotodiode mit Linse BPX 63
c) schnelle PIN-Fotodiode BPX 65

		BPW 33	**BPX 63**	**BPX 65**
Grenzdaten				
Sperrspannung	U_R	7 V	7 V	50 V
Verlustleistung	P_{tot}	150 mW	200 mW	250 mW
Sperrschichttemperatur	ϑ_J	80 °C	90 °C	125 °C
Kenndaten				
Bestrahlungsempfindliche Fläche	A	7,6 mm²	1 mm²	1 mm²
Wellenlänge maximaler Fotoempfindlichkeit	$\lambda_{S\,max}$	800 nm	800 nm	850 nm
Anstiegs- und Abfallzeit des Fotostromes	t_r; t_f	1 µs	1 µs	0,5 ns
Grenzfrequenz	f_g			500 MHz
Sperrschichtkapazität ($U_R = 0$ V)	C_0	750 pF	120 pF	15 pF
Sperrschichtkapazität ($U_R = 3$ V)	C_3	330 pF	50 pF	7 pF
Halbwinkel	φ	45°	75°	30°
Dunkelstrom ($U_R = 1$ V)	I_R	20 pA	5 pA	1 nA
Fotoempfindlichkeit	S	50 nA/lx	10 nA/lx	10 nA/lx ($U_R = 20$ V)

Gehäuseabmessungen

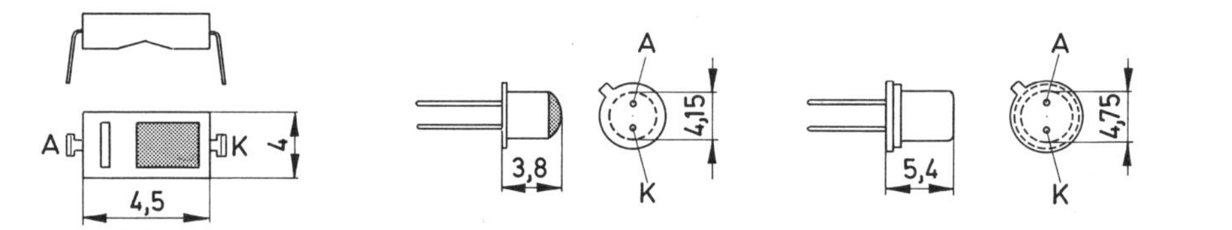

a) BPW 33 b) BPX 63 c) BPX 65

Schaltungen mit Fotodioden

Die Fotodiode wandelt Änderungen der Strahlungsintensität in verhältnisgleiche Stromänderungen um. Die Stromänderung wird meist mittels eines Widerstandes in eine Spannungsänderung umgesetzt (Bild 18.15). Wegen des geringen Fotostroms muß der Widerstand entsprechend hochohmig sein.

Bild 18.15 Fotodiode mit Lastwiderstand

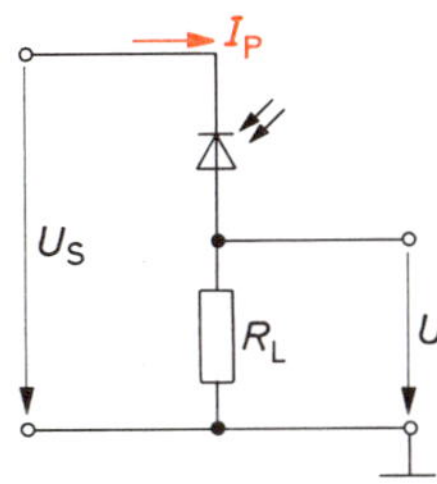

Bild 18.16 Fotodiode mit Bipolartransistor (Fotoverstärker)

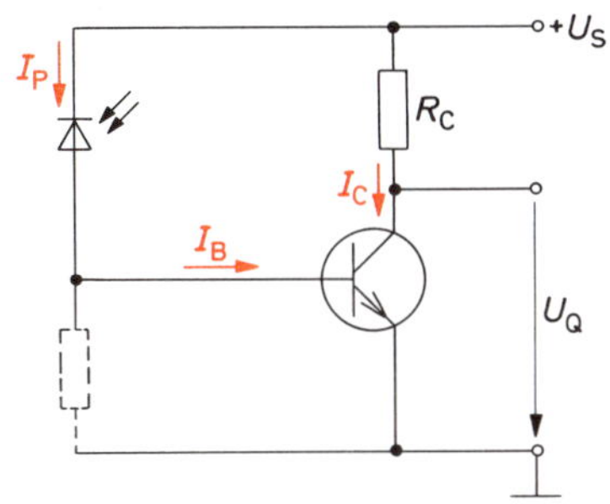

Beispiel: Für eine Fotodiode Typ BPX 63 (Tabelle 18.2) soll ein Lastwiderstand dimensioniert werden, an dem bei einer Beleuchtungsstärke von $E_v = 500$ lx eine Spannung von $U_Q = 4$ V abfällt (Bild 18.15). Die Speisespannung beträgt $U_S = 6$ V.

Lösung: Bei einer Fotoempfindlichkeit von $S = 10$ nA/lx ergibt sich ein Fotostrom von:

$$I_P = S \cdot E_v = 10\ \text{nA/lx} \cdot 500\ \text{lx} = 5000\ \text{nA} = 5\ \mu\text{A}$$

(Da der Dunkelstrom mit $I_R = 5$ pA klein gegen den Fotostrom ist, kann auf seine Berücksichtigung verzichtet werden.)

Der Lastwiderstand ergibt sich daraus zu:

$$R_L = \frac{U_Q}{I_P} = \frac{4\ \text{V}}{5\ \mu\text{A}} = 800\ \text{k}\Omega \qquad \text{gewählt } \underline{820\ \text{k}\Omega}$$

Wegen des hohen Innenwiderstandes der Schaltung muß der Fotostrom meist mittels eines Transistors verstärkt werden (Bild 18.16). Bei Verwendung eines npn-Transistors in Emitterschaltung ergibt sich eine Umkehrung der Abhängigkeit der Ausgangsspannung U_Q von der Beleuchtungsstärke. Steigende Beleuchtung vergrößert den Basisstrom. Damit steigen der Kollektorstrom und der Spannungsabfall am Kollektorwiderstand. Die Spannung über dem Transistor sinkt.

Differentialfotodioden bestehen aus zwei in geringem Abstand auf dem gleichen Substrat angeordneten Fotodioden (Bild 18.17a) mit gemeinsamer Katode. Durch den geringen Abstand (z.B. $l = 50\ \mu$m) sind mit Hilfe eines scharfen Lichtstrahls (Schlitzblende) exakte Nachlaufsteuerungen, Wegabtastungen und Kantensteuerungen möglich (Bild 18.17b). Die Differentialfotodiode bildet mit zwei Widerständen eine Brückenschaltung. Die Brücke ist abgeglichen, wenn die Schlitzblende beide Dioden mit gleicher Lichtmenge bestrahlt (Nullposition $\Delta l = 0$). Verschiebungen der Systeme um wenige Mikrometer gegeneinander rufen ein Ausgangssignal hervor, dessen Polarität von der Verschiebungsrichtung abhängt (Bild 18.17c).

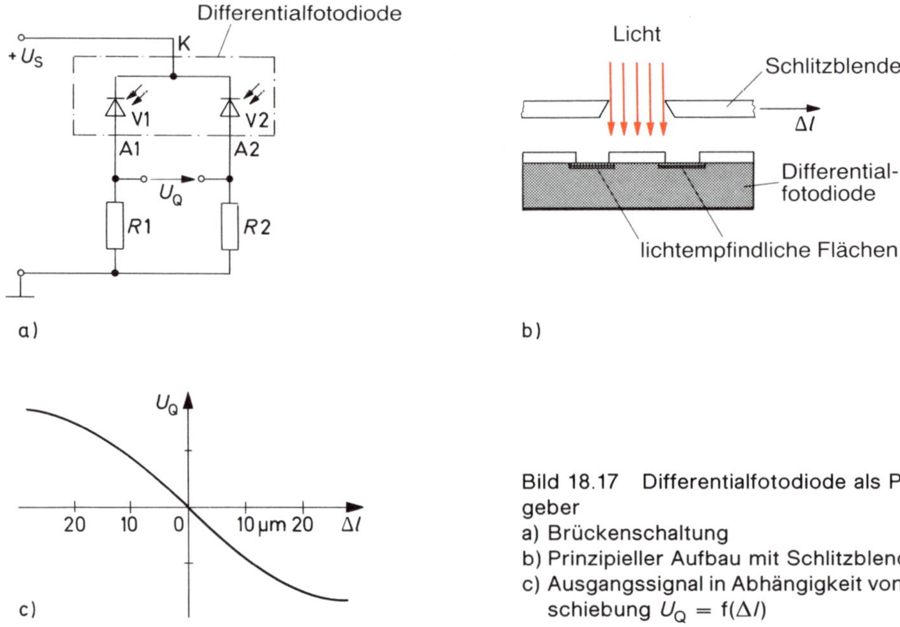

Bild 18.17 Differentialfotodiode als Positionsgeber
a) Brückenschaltung
b) Prinzipieller Aufbau mit Schlitzblende
c) Ausgangssignal in Abhängigkeit von der Verschiebung $U_Q = f(\Delta l)$

18.2.4 Fototransistor

Der Fototransistor besteht aus einer Fotodiode, die in einen Bipolartransistor als dessen Kollektordiode integriert ist. Durch die Stromverstärkung des Transistors ergibt sich eine wesentlich höhere Fotoempfindlichkeit als bei der Fotodiode.

Aufbau und Wirkungsweise

Fotodioden müssen wegen ihres geringen Fotostroms meist mit Transistoren kombiniert werden. Da die Kollektordiode eines Bipolartransistors in Sperrichtung arbeitet (wie eine Fotodiode), kann sie bei entsprechender Fläche und Anordnung an der Oberseite des Kristalls als Fotodiode ausgebildet werden (Bild 18.18a). Fototransistoren sind heute überwiegend Silizium-npn-Planartransistoren. Die beleuchtete Fläche ist klein ($A \approx 0{,}1\ \mathrm{mm}^2$ bis $0{,}5\ \mathrm{mm}^2$).

Bei Beleuchtung der Kollektorsperrschicht erhöht sich deren Sperrstrom. Dieser Strom hat die gleiche Wirkung wie ein Basisstrom, d.h., er löst aus dem Emitter weitere Elektronen heraus, womit die Stromverstärkung wirksam wird.

Die Spektralempfindlichkeit von Silizium-Fototransistoren entspricht der von Silizium-Fotodioden (Bild 18.3). Zur Lichtmessung werden Fototransistoren ebenfalls mit Filterglaslinsen hergestellt, die den Infrarotbereich bedämpfen.

Einige Typen von Fototransistoren sind zusätzlich mit einem Basisanschluß versehen (Bild 18.18d). Durch Parallelschaltung eines Widerstandes zur Basis-Emitter-Strecke verringert sich die Fotoempfindlichkeit, weil ein Teil des Fotostroms, den die Kollektordiode erzeugt, nicht über die Emitterdiode fließt. Die Schaltzeiten werden durch den externen Basis-Emitter-Widerstand verringert.

Wegen der großen Exemplarstreuungen — bezüglich der Fotoempfindlichkeit — sind Fototransistoren eines Typs meist in Gruppen unterteilt (Tabelle 18.3). Die einzelnen Gruppen sind durch

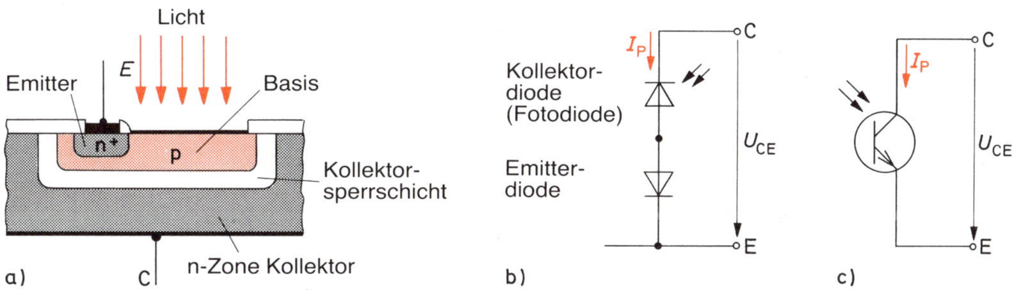

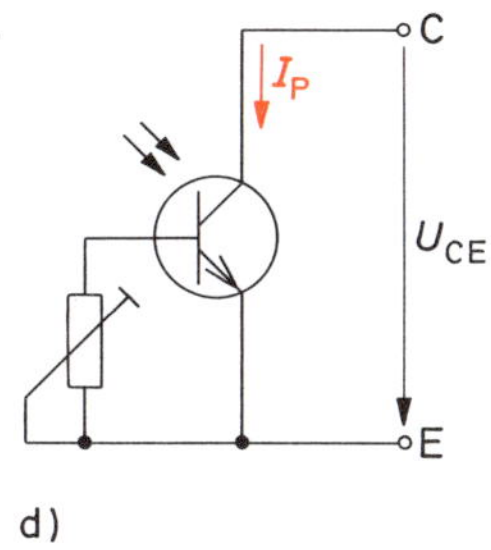

Bild 18.18 Fototransistor
a) Prinzipieller Aufbau eines Si-Planar-Fototransistors im Querschnitt
b) Dioden-Ersatzschaltbild
c) Schaltzeichen (ohne Basisanschluß)
d) Schaltzeichen mit Basisanschluß und externem Ableitwiderstand

Tabelle 18.3 Grenz- und Kenndaten eines Fototransistors Typ BP 103 B ohne Basisanschluß in 5-mm-Vollplastikgehäuse (klar)

Grenzdaten		
Kollektor-Emitterspannung	U_{CE}	35 V
Kollektorstrom	I_C	100 mA
Sperrschichttemperatur	ϑ_J	125 °C
Kenndaten		
Kollektor-Emitter-Reststrom	I_{CEO}	5 nA
Wellenlänge maximaler Fotoempfindlichkeit	λ	850 nm
Bestrahlungsempfindliche Fläche	A	0,12 mm²
Anstiegs- und Abfallzeit des Fotostroms	t_r; t_f	5 µs
Halbwinkel	φ	16°

Einteilung in Gruppen unterschiedlicher Fotoempfindlichkeit

Gruppe	I	II	III	IV
Fotostrom I_p in mA bei $U_{CE} = 5$ V, $E_v = 1000$ lx	1,6 bis 3,2	2,5 bis 5,0	4,0 bis 8,0	6,3 bis 12,6

römische Ziffern oder Buchstaben hinter der Typenbezeichnung in der Reihenfolge steigender Fotoempfindlichkeit gekennzeichnet.

Die Schaltzeiten von Fototransistoren liegen in der Größenordnung einiger Mikrosekunden, sie sind damit langsamer als kleinflächige Fotodioden. Wegen ihrer höheren Fotoempfindlichkeit werden in optoelektronischen Systemen, wie Optokoppler, Lichtschranken, Lichttaster, Lochstreifenleser usw., überwiegend Fototransistoren eingesetzt.

Foto-Darlingtontransistoren besitzen neben dem Fototransistor einen zweiten Transistor, der mit diesem in Darlingtonschaltung auf dem gleichen Substrat integriert ist (Bild 18.19). Foto-Darlingtontransistoren werden dort eingesetzt, wo in erster Linie ein hoher Kollektorstrom benötigt wird, wobei an den Dunkelstrom, die Schaltzeit und die Linearität keine besonderen Anforderungen gestellt werden.

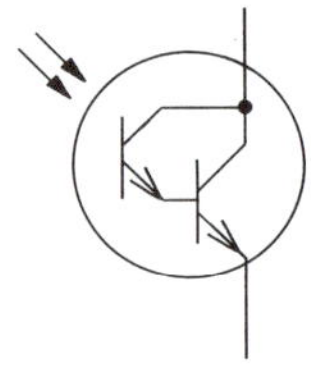

Bild 18.19 Foto-Darlingtontransistor

Grenz- und Kennwerte eines Fototransistors zeigt Tabelle 18.3.

Bezüglich der Erklärung der Grenz- und Kenndaten gilt sinngemäß das gleiche wie bei Fotodioden.

Schaltungen mit Fototransistoren

Schaltungen mit Fototransistoren sowie die zugehörigen Berechnungen entsprechen grundsätzlich denen mit Fotodioden. Wird nur ein Ausgangssignal gefordert, das bei Beleuchtung auf seinen Maximalwert steigt, kann meist auf einen zusätzlichen Transistor verzichtet werden (Bild 18.20a). Bei der Forderung nach höherem Ausgangsstrom, z.B. zur Ansteuerung eines Relais, ist ein zusätzlicher Transistor erforderlich, bzw. es wird ein Foto-Darlingtontransistor eingesetzt (Bild 18.20b).

Computer-Blitzgeräte enthalten meist einen Fototransistor zur Messung der vom angeblitzten Objekt reflektierten Lichtmenge. Der Blitz wird nach Erreichung der eingestellten Lichtmenge abgeschaltet. Der Kollektorstrom des Fototransistors lädt während der Blitzdauer einen Kondensator, der den Lastwiderstand ersetzt. Die Spannung an diesem Integrationskondensator ist der Ladungsmenge und damit dem Produkt aus Beleuchtungsstärke mal Zeit proportional.

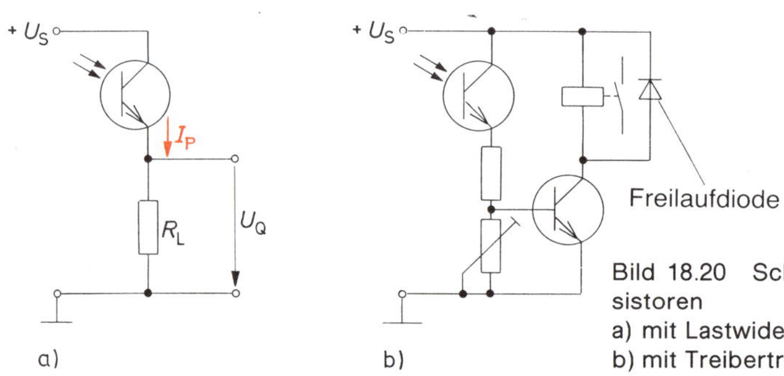

Bild 18.20 Schaltungsbeispiele mit Fototransistoren
a) mit Lastwiderstand
b) mit Treibertransistor und Relaisausgang

18.2.5 Fotothyristor

Fotothyristoren sind Thyristoren kleiner Leistung bzw. Thyristortetroden (Abschnitt 15.3), die durch elektromagnetische Strahlung im Licht- oder Infrarotbereich gezündet werden können. Beim Betrieb an einer Anodenspannung in Vorwärtsrichtung U_F bewirkt die Beleuchtung des in

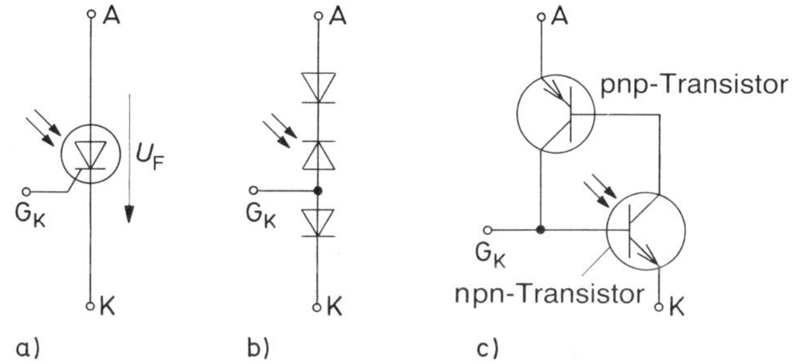

Bild 18.21 Fotothyristor
a) Schaltzeichen
b) Dioden-Ersatzschaltbild
c) Transistor-Ersatzschaltbild

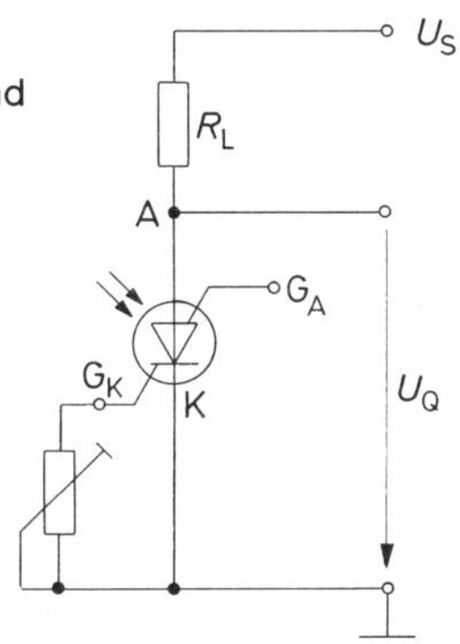

Bild 18.22 Foto-Thyristortetrode mit Lastwiderstand und Gate-Ableitwiderstand

Sperrichtung betriebenen mittleren pn-Übergangs einen Fotostrom (Bild 18.21b). Dieser wirkt wie ein Gatestrom, der den Thyristor zündet.

Das Transistorersatzschaltbild (Bild 18.21c) aus zwei komplementären Transistoren zeigt einen npn-Fototransistor und einen pnp-Transistor. Wird der Fototransistor durch Bestrahlung leitend, wird der pnp-Transistor aufgesteuert, der wiederum dem Fototransistor einen Basisstrom liefert. Der leitende Zustand bleibt dadurch auch bei fehlender Bestrahlung bestehen. Die Zündung kann, außer durch Licht, auch durch einen Gatestrom am Katodengate G_K (positiv gegen Katode) bzw. bei einer Thyristortetrode am Anodengate G_A (negativ gegen Anode) erfolgen.

Der hochohmige Zustand läßt sich wie bei einem normalen Thyristor nur durch Unterschreitung des Haltestroms bzw. durch Kommutierung wiederherstellen.

Die zur Zündung erforderliche Strahlungsintensität kann durch einen Gate-Ableitwiderstand am Katodengate erhöht, d.h. die Empfindlichkeit verringert werden (Bild 18.22).

Mit Fotothyristoren lassen sich z.B. Triggerschaltungen für Leistungsthyristoren mit galvanischer Entkopplung des Ansteuerkreises aufbauen. Durch einen Lichtblitz können auch mehrere Fotothyristoren bei völliger galvanischer Entkopplung gleichzeitig gezündet werden.

18.3 Optoelektronische Senderbauteile

Strahlung aussendende Bauelemente, auch Emitter genannt, sind Halbleiter-Lumineszenzdioden. Sie emittieren elektromagnetische Strahlung, wenn sie in Durchlaßrichtung betrieben werden. Nach der Art der Strahlung unterscheidet man zwei Gruppen: Lumineszenzdioden für den *sichtbaren Bereich* (Leuchtdioden, Abkürzung LED = light emitting diodes) und solche für den *Infrarotbereich* (Infrarotdioden, Abkürzung IRED = infrared emitting diodes).

18.3.1 Aufbau und Wirkungsweise

Als Materialien für LED und IRED werden Halbleitermischkristalle verwendet. Dioden für den sichtbaren Spektralbereich basieren auf dem Grundmaterial *Gallium-Arsenid-Phosphid* (GaAsP) für rotes und gelbes Licht sowie *Galliumphosphid* (GaP) für grünes Licht und *Siliziumkarbid* (SiC) für blaues Licht.

Lumineszenzdioden als Infrarotstrahler bestehen aus dem Grundmaterial *Galliumarsenid* (GaAs) und *Gallium-Aluminium-Arsenid* (GaAlAs). Die Wellenlänge der emittierten Strahlung wird in erster Linie durch das verwendete Grundmaterial und in zweiter Linie durch den Dotierungsstoff bestimmt. Um sichtbare oder Infrarotstrahlung zu erhalten, müssen zwei Voraussetzungen erfüllt werden:

a) Wahl des geeigneten Halbleitermaterials, bei dem Bindungsenergie als Strahlung der richtigen Wellenlänge frei wird. (Bei Silizium z.B. ist die Bindungsenergie zu gering.)

b) Die Strahlung muß aus dem Kristall herausgelangen können. Sie darf nicht sofort vom Gitter absorbiert werden.

Bei GaAsP wird die Farbe Rot-Orange-Gelb durch unterschiedliches Mischungsverhältnis zwischen As und P sowie durch das Dotierungselement Stickstoff (N) erzeugt. Bei GaP dotiert man mit den Fremdatomen Stickstoff und der Verbindung Zinkoxid (ZnO). SiC für die blauen LED erhält Aluminium und Stickstoff als Fremdatome. Infrarotdioden aus GaAs werden mit Silizium (Si) oder Zink (Zn) dotiert, um die gewünschte Wellenlänge zu erhalten. Bild 18.4 zeigt die relative spektrale Emission dieser Grundstoffe. Im Gegensatz zur Glühlampenlichtquelle ist das Strahlungsspektrum von LED und IRED auf einen sehr schmalen Wellenlängenbereich begrenzt. Das Licht ist nahezu einfarbig (monochromatisch).

> Lumineszenzdioden emittieren optische Strahlung, wenn sie in Durchlaßrichtung betrieben werden. Die Strahlung liegt im sichtbaren Bereich oder im Infrarotbereich.

Bild 18.23 zeigt den Kristallaufbau unterschiedlicher Diodensysteme. Werden die Dioden in Durchlaßrichtung betrieben, so gelangen freie, bewegliche Elektronen über den pn-Übergang in das p-Gebiet, wo sie mit Löchern rekombinieren. Bei diesem Vorgang wird Energie in Form von elektromagnetischer Strahlung frei. Die Strahlung verläßt den Kristall vom p-Gebiet durch die nahe Oberfläche. Strahlung, die sich im Inneren des Kristalls ausbreitet, wird je nach Aufbau

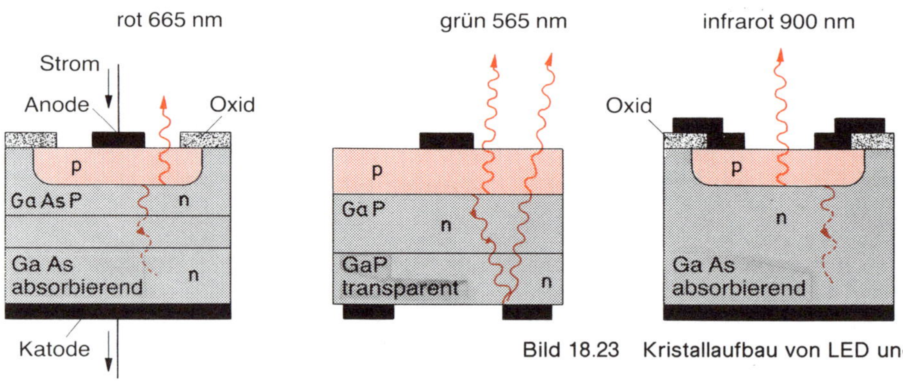

Bild 18.23 Kristallaufbau von LED und IRED

Bild 18.24 Schaltzeichen und Aufbau von Lumineszenzdioden
a) Schaltzeichen
b) Maßbild LED LR3160-DG (Siemens)
c) LED im Kunststoffgehäuse

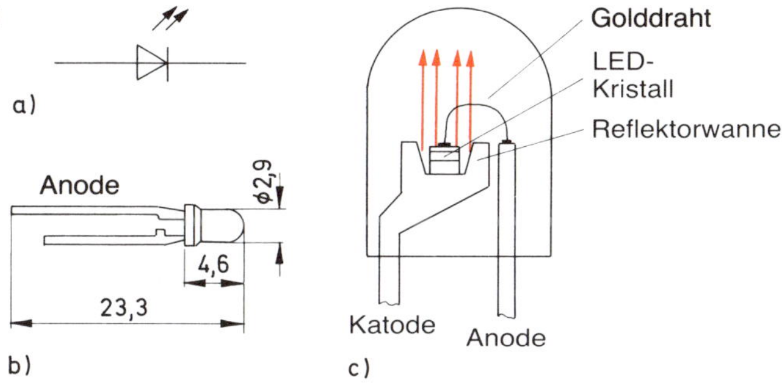

absorbiert oder am Boden reflektiert. Das Kristallsystem ist in einen Kunststoffkörper eingebaut, dessen Oberseite wie eine Linse die Abstrahlcharakteristik beeinflußt (Bild 18.24).

Neben der einfachen LED mit einem Kristallsystem sind auch Zweifarben-LED erhältlich. Sie enthalten zwei getrennte Systeme, für z.B. rote und grüne Strahlung. Einige Hersteller fertigen LED mit eingebautem Vorwiderstand. Sie können wie Lampen direkt an 5 V oder 12 V Gleichspannung angeschlossen werden. LED, die an variable Gleichspannung angeschlossen werden dürfen, enthalten eine integrierte Konstantstromschaltung. Für blinkende Anzeigen sind Lumineszenzdioden erhältlich, die in ihrem Gehäuse einen integrierten Taktgeber enthalten.

Für die optische Datenübertragung über Glasfaser-Lichtwellenleiter werden bestimmte *Hochleistungs-IRED* und *Halbleiter-Laserdioden* hergestellt. Das IRED-Gehäuse hat eine besondere Form, um die IR-Strahlung direkt in die Glasfaser einzukoppeln. Halbleiter-Laserdioden aus GaAlAs sind vom Kristall her so aufgebaut, daß sie mit dem Lichtwellenleiteranfang eine Einheit bilden. Der Halbleiterlaser stellt so mit der Glasfaser ein integriertes elektronisch-optisches System dar (LASER – Light amplification by stimulated emission of radiation). Im Gegensatz zur einfachen IRED tritt in der Laserdiode eine Lichtwellenverstärkung und Lichtresonanz ein. Dadurch wird nur eine einzige Strahlungswelle (kohärente Strahlung) mit hoher Strahlungsleistung in die Glasfaser eingekoppelt (siehe Abschnitt 18.4.3).

> Infrarotdioden (IRED) haben hohe Strahlungsintensität und sehr kurze Ansprechzeiten. Ihre Strahlung läßt sich modulieren.

18.3.2 Eigenschaften von LED und IRED

Die Helligkeit der emittierten Strahlung von LED ist abhängig vom Durchlaßstrom I_F. Sie erhöht sich im normalen Betriebsbereich linear mit dem Strom (Bild 18.25).

Die Durchlaßkennlinie $I_F = f(U_F)$ in Bild 18.26 zeigt, daß die Schwellspannung vom Halbleitermaterial abhängt. Durch die höhere Bindungsenergie ist sie größer als bei Si-Dioden. Sie liegt bei roten GaAsP-Dioden bei etwa 1,6 V, bei der grünen GaP-Diode bei etwa 2,0 V und bei blauen SiC-Dioden mit etwa 2,6 V am höchsten, IRED haben etwa 1,1 V Schwellspannung.

Im Laufe der Betriebsdauer nimmt die Strahlungsleistung einer Lumineszenzdiode ab. Diese Alterung tritt jedoch sehr langsam ein. Nach etwa 10^5 Stunden ist die anfängliche Strahlungsleistung auf den halben Wert zurückgegangen. Mit diesem Wert ist das Ende der Diodenlebensdauer erreicht.

Die hohe Beweglichkeit der Ladungsträger ergibt bei IRED eine sehr kurze Ansprechzeit von wenigen Nanosekunden. Dadurch kann die Strahlung über den Diodenstrom für Signalübertra-

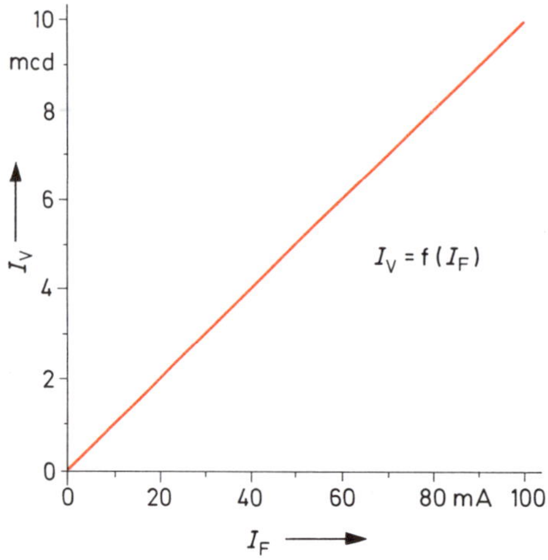

Bild 18.25 Abhängigkeit der Lichtstärke I_V vom Dioden-Durchlaßstrom I_F bei der LED (CQV 10, Siemens)

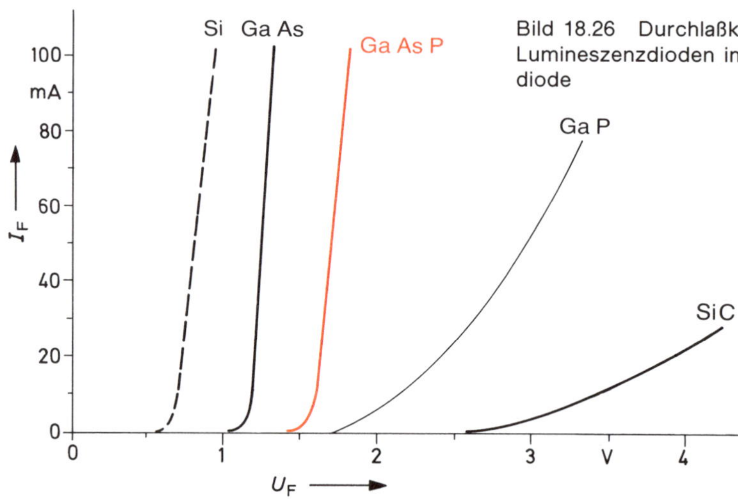

Bild 18.26 Durchlaßkennlinien $I_F = f(U_F)$ von Lumineszenzdioden im Vergleich zur Siliziumdiode

gungssysteme bis in den Gigahertzbereich hinein moduliert werden. Weitere Vorteile der Lumineszenzdioden sind ihre kleinen Abmessungen, die mechanische Robustheit und das monochromatische Licht. Sie können von Transistorschaltkreissystemen direkt angesteuert werden. Der bei Glühlampen auftretende hohe Einschaltstrom entfällt bei der LED.

18.3.3 Kenn- und Grenzdaten (Tabelle 18.4)

Kenndaten
Sie beziehen sich, wenn nicht anders angegeben, auf eine Umgebungstemperatur von 25 °C.

Wellenlänge λ_{peak}: Es ist die Wellenlänge der Strahlung mit der maximalen Emission.

Durchlaßspannung U_F: Vorwärtsspannung an der Diode bei bestimmtem Durchlaßstrom.

Tabelle 18.4 Datenblatt-Auszug der GaAsP-Lumineszenzdiode LR3160-DG (rotleuchtend, Fa. Siemens)

Kenndaten (ϑ_U = 25 °C)	
Wellenlänge des emittierten Lichts	λ_{peak} = 665 ± 15 nm
Öffnungskegel (Grenze für 50% der Lichtstärke I_V)	φ = 35°
Durchlaßspannung (I_F = 20 mA)	U_F = 1,6 (≦2) V
Sperrstrom (U_R = 5 V)	I_R = 0,01 µA
Lichtstärke (I_F = 20 mA)	I_v ≧ 1 mcd
Anstiegszeit	t_r = 5 ns
Abfallzeit	t_f = 5 ns
Kapazität (U_R = 0 V; f = 1 MHz)	C_O = 40 pF
Grenzdaten	
Sperrspannung	U_R = 5 V
Durchlaßstrom	I_F = 100 mA
Stoßstrom (Periodendauer ≦10 µs)	i_{FS} = 2 A
Lagertemperatur	ϑ_S = −55 bis +100 °C
Sperrschichttemperatur	ϑ_J = 100 °C
Verlustleistung (ϑ_J = 25 °C)	P_{tot} = 200 mW
Wärmewiderstand Sperrschicht/Luft	$R_{th\ JU}$ = 375 K/W

Sperrstrom I_R : Strom, der in Rückwärtsrichtung fließt, wenn die maximal zulässige Sperrspannung angelegt wird. Er beträgt weniger als 0,1 µA.

Anstiegszeit t_r : Die Zeit, die vergeht, bis nach einem sprunghaften Einschalten des Stroms I_F die Lichtstärke den Wert zwischen 10% und 90% durchläuft.

Abfallzeit t_f : Die Zeit, in der die Lichtstärke von 90% auf 10% abklingt, nachdem der Strom abgeschaltet wurde.

Lichtstärke I_v : Die bei einem Durchlaßstrom von I_F = 20 mA auftretende Lichtstärke, gemessen in Millicandela (mcd).

Grenzdaten
Sie dürfen nicht überschritten werden, andernfalls wird das Bauteil zerstört oder bleibend beschädigt.

Sperrspannung U_R : Es ist die in Rückwärtsrichtung maximal zulässige Diodenspannung. Sie ist bei Lumineszenzdioden gering und beträgt 2 V bis 5 V.

Durchlaßstrom I_F : Es ist der maximal zulässige Dioden-Dauerstrom in Vorwärtsrichtung.

Stoßstrom I_{FS} : Maximaler Stoßspitzenstrom, der innerhalb einer Periodendauer kleiner als 10 µs einmal auftreten darf.

Verlustleistung P_{tot} : Die maximal zulässige Verlustleistung $P_v = U_F \cdot I_F$ bei einer Umgebungstemperatur von 25 °C.

Sperrschichttemperatur ϑ_J: Die maximal zulässige Kristalltemperatur. Sie beträgt etwa 80 °C bis 100 °C.

Lagertemperatur ϑ_s: Temperaturbereich, in dem die Diode gelagert werden darf. Er beginnt bei etwa −55 °C und endet bei ϑ_J.

Wärmewiderstand R_{th}: Mindestens erforderliches Temperaturgefälle in K/W bei der Abkühlung des Bauteils. Bei LED wird der Wärmewiderstand von der Sperrschicht bis zur umgebenden Luft angegeben ($R_{th\,JU}$). Bei IRED mit Kühlkörper wird der Teilwärmewiderstand von der Sperrschicht bis zum Gehäuse angegeben ($R_{th\,JG}$).

18.3.4 Anwendung von Lumineszenzdioden

Dioden für den sichtbaren Bereich werden für rotes, orangenes, gelbes und grünes Licht als Signallampen eingesetzt. Sie haben kleine Glühlampen in vielen Anwendungsbereichen abgelöst und finden z.B. in Kraftfahrzeugen, Haushaltsgeräten und Geräten der Unterhaltungselektronik Verwendung. Werden mehrere LED nebeneinander angeordnet, ähnlich einer Thermometerskala, kann mit ihnen ein Leuchtband dargestellt werden. Dadurch ist eine quasi analoge Anzeige möglich. Für diese Funktion gibt es integrierte Ansteuerbausteine. Blaue LED werden als Eichlichtquellen in der TV- und Phototechnik eingesetzt.

Infrarotdioden emittieren die Strahlung mit viel höherer Intensität als LED. Sie werden als Sender in Fernsteuerungen, Lichtschranken und Lochstreifenlesern sowie in Optokopplern verwendet. Schnelle Infrarotstrahler dienen als Sender für Nachrichtenübertragung mit Glasfaser-Lichtwellenleiter in Fernmeldenetzen. Ihre Strahlung läßt sich mit Impulsen bis zu einer Bitrate von 140 MBit/s modulieren (siehe Abschnitt 18.4).

Grundschaltungen

Lumineszenzdioden können an Gleich- oder Wechselspannung betrieben werden. In jedem Fall muß der Durchlaßstrom I_F auf zulässige Werte begrenzt werden. Bei Anschluß an eine Wechselspannungsquelle ist außerdem darauf zu achten, daß in Rückwärtsrichtung die zulässige Sperrspannung U_R nicht überschritten wird.

Bei der LED in Bild 18.27, die an Gleichspannung betrieben wird, errechnet sich der erforderliche Vorwiderstand aus der Speisespannung U_S, der Durchlaßspannung U_F und dem Diodenstrom I_F.

$$R_V = \frac{U_{RV}}{I_F} = \frac{U_S - U_F}{I_F}$$

R_V Vorwiderstand in Ω
U_S Speisespannung in V
U_F Durchlaßspannung in V
U_{RV} Spannung am Vorwiderstand in V

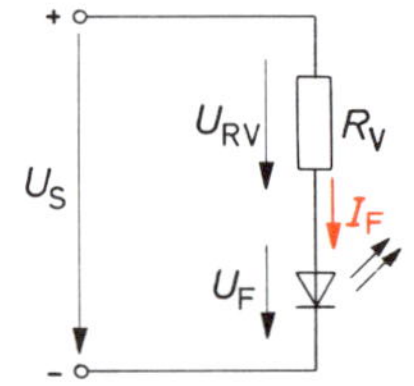

Bild 18.27 Grundschaltung der LED an Gleichspannung

Beispiel: Eine LED soll an $U_S = 12$ V mit $I_F = 30$ mA betrieben werden. Diodentyp CQV 10 mit $U_F = 1{,}6$ V, $P_{tot} = 200$ mW, rotleuchtend.

Gesucht: a) Wert des benötigten Vorwiderstandes R_V,
b) Verlustleistung der Diode und des Vorwiderstandes

Lösung:

a) $$R_V = \frac{U_S - U_F}{I_F} = \frac{12\,V - 1{,}6\,V}{30\,mA} = 0{,}347\,k\Omega = \underline{347\,\Omega}$$

Gewählt $R_V = 330\,\Omega/0{,}5\,W$

b) mit $R_V = 330\,\Omega$ ergibt sich ein Strom von

$$I_F = \frac{U_S - U_F}{R_V} = \frac{12\,V - 1{,}6\,V}{330\,\Omega} = 32\,mA$$

Leistung am Widerstand:

$$P_{RV} = I_F^2 \cdot R_V = 32 \cdot 10^{-3}\,A \cdot 32 \cdot 10^{-3}\,A \cdot 330\,\Omega = 0{,}338\,W = \underline{338\,mW}$$

Leistung an der Diode:

$$P_D = U_F \cdot I_F = 1{,}6\,V \cdot 32\,mA = \underline{51{,}2\,mW}$$

Soll die LED an Wechselspannung betrieben werden, so muß zum Schutz eine Si-Diode in Reihe geschaltet werden. In Rückwärtsrichtung übernimmt sie die Sperrspannung und schützt die LED vor dem Durchbruch (Lumineszenzdioden haben geringe Sperrspannungen zwischen 2 V und 5 V). Bei der Berechnung des Widerstandes ist darauf zu achten, daß der Strom wie beim Einweggleichrichter halbwellig ist und als arithmetischer Mittelwert eingesetzt werden muß. Bei der Berechnung der Widerstandsverlustleistung ist mit Effektivwerten zu rechnen (Bild 18.28).

$U_{RAV} \cong 0{,}45\,U_S$ (Sinusform; Diodendurchlaßspannungen vernachlässigt)

$U_{R\,eff} \approx 0{,}707\,U_S$

$$R_V = \frac{U_{RAV}}{I_{FAV}} = \frac{0{,}45\,U_S}{I_{FAV}}$$

$$P_{RV} = \frac{U_{R\,eff}^2}{R_V} = \frac{(0{,}707\,U_S)^2}{R_V}$$

R_V Vorwiderstand in Ω
I_{FAV} Diodenstrom, arithmetischer Mittelwert in A
U_{RAV} Spannung am Vorwiderstand, arithmetischer Mittelwert in V
$U_{R\,eff}$ Spannung am Vorwiderstand, Effektivwert in V
U_S Speisespannung, Effektivwert in V
P_{RV} Verlustleistung am Widerstand in W

Die Si-Schutzdiode kann bei Wechselspannungsbetrieb auch parallel zur LED geschaltet werden. Sie begrenzt dann die Rückwärtsspannung der LED während der negativen Netzhalbwelle auf etwa 0,7 V. Der Vorwiderstand R_V liegt an sinusförmiger Wechselspannung $U_R \approx U_S$. Durch jede Diode fließt pulsierender Gleichstrom (Bild 18.29).

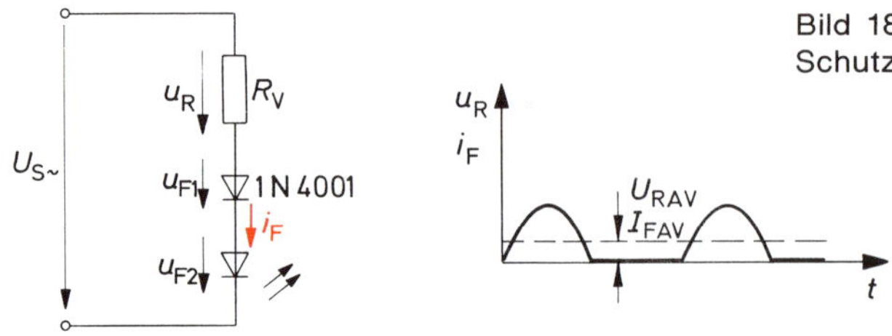

Bild 18.28 LED an Wechselspannung mit Si-Schutzdiode

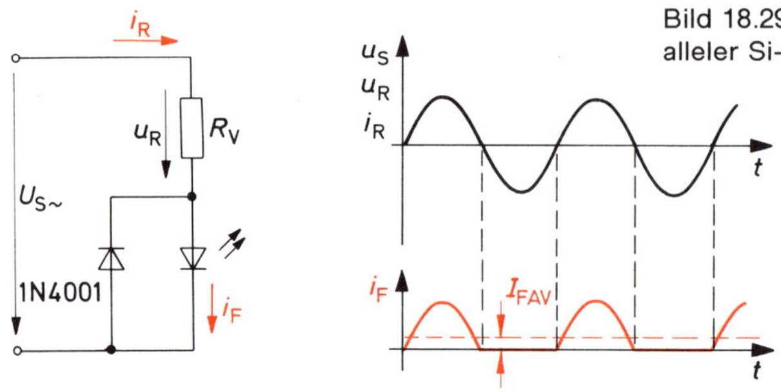

Bild 18.29 LED an Wechselspannung mit paralleler Si-Schutzdiode

Wechselstrom durch den Vorwiderstand:

$$I_R = 2{,}22\ I_{FAV} = \frac{I_{FAV}}{0{,}45} \quad \text{(Sinusform)}$$

$$U_R \approx U_S \quad \text{(Diodendurchlaßspannungen vernachlässigt)}$$

$$R_V \approx \frac{U_S}{I_R} = \frac{0{,}45\ U_S}{I_{FAV}}$$

$$P_{RV} \approx \frac{U_S^2}{R_V}$$

I_R Wechselstrom durch den Vorwiderstand, Effektivwert in A
I_{FAV} Diodenstrom, arithmetischer Mittelwert in A
U_S Speisespannung, Effektivwert in V
P_{RV} Verlustleistung am Widerstand in W

Der an Wechselspannung liegende Vorwiderstand kann auch durch einen Kondensator ersetzt werden, wodurch weniger Verluste entstehen.

Soll der Diodenstrom und damit die Lichtstärke der LED nicht von Schwankungen der Versorgungsspannung abhängig sein, so kann in der Diode ein eingeprägter Strom eingestellt werden. Bild 18.30 zeigt eine Konstantstromquelle mit Bipolartransistor. Das Basispotential des Transistors wird durch die Z-Diode fest vorgegeben. Die Stromgegenkopplung durch den Emitterwiderstand sorgt für einen konstanten Kollektorstrom, der durch die LED fließt.

$$I_F = I_C \approx I_E = \frac{U_{RE}}{R_E} \qquad U_{RE} = U_Z - U_{BE}$$

Erforderlicher Emitterwiderstand:

$$\boxed{R_E = \frac{U_{RE}}{I_E} \approx \frac{U_Z - U_{BE}}{I_F}}$$

Anstatt der Z-Diode können auch zwei in Reihe liegende Si-Dioden in die Schaltung eingesetzt werden.

Bild 18.30
LED in Konstantstromschaltung

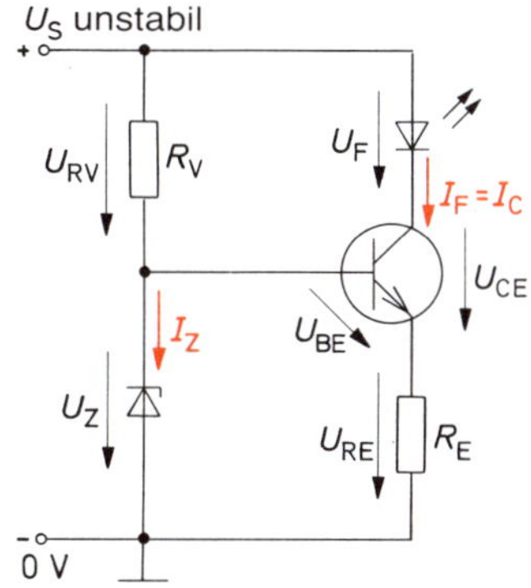

Beispiel: In einer Konstantstromschaltung soll eine rotleuchtende LED mit $I_F = 50$ mA und $U_F = 1{,}6$ V betrieben werden. Die Versorgungsspannung beträgt $U_S = 15$ V. Es wird eine Z-Diode ZPD 5,6 mit $I_Z = 10$ mA gewählt. Die Basis-Emitter-Spannung des Transistors BC 237 beträgt bei Aussteuerung $U_{BE} = 0{,}6$ V.

a) Welchen Wert müssen die Widerstände R_V und R_E in der Schaltung haben?

b) Wie hoch ist die Verlustleistung des Transistors?

Gegeben: $U_S = 15$ V
$U_Z = 5{,}6$ V
$I_Z = 10$ mA
$I_F = 50$ mA
$U_F = 1{,}6$ V
$U_{BE} = 0{,}6$ V

Gesucht: a) Vorwiderstand R_V
Emitterwiderstand R_E
b) Verlustleistung P_{VTr}

Lösung a):

$$R_V \approx \frac{U_{RV}}{I_Z} = \frac{U_S - U_Z}{I_Z} = \frac{15\text{ V} - 5{,}6\text{ V}}{10\text{ mA}} = \underline{940\ \Omega}\text{, gewählt } 1\text{ k}\Omega$$

$$R_E \approx \frac{U_Z - U_{BE}}{I_F} = \frac{5{,}6\text{ V} - 0{,}6\text{ V}}{50\text{ mA}} = 0{,}1\text{ k}\Omega = \underline{100\ \Omega}$$

Lösung b):

$$P_{VTr} = U_{CE} \cdot I_C = (U_S - U_F - U_{RE})\, I_F = (15\ \text{V} - 1{,}6\ \text{V} - 5\ \text{V})\ 50\ \text{mA}$$

$$P_{VTr} = \underline{420\ \text{mW}}$$

18.4 Optoelektronische Systeme mit Sender und Empfänger

Optoelektronische Systeme, die aus einem Sender und einem Empfänger für elektromagnetische Strahlung bestehen, verwenden im allgemeinen die Infrarotdiode (IRED) als Sender und den Silizium-Fototransistor oder die Fotodiode als Empfänger. Die IRED hat die größte Strahlungsleistung von den emittierenden Dioden, und der Silizium-Fototransistor bzw. die Fotodiode haben gerade im nahen Infrarotbereich, in dem die Strahlung der IRED liegt, die höchste spektrale Empfindlichkeit (Bild 18.3 und 18.4).

> Die Infrarotdiode ist bezüglich der Spektralempfindlichkeit und Strahlungsleistung optimal auf die Silizium-Fotodetektoren angepaßt.

18.4.1 Optoelektronisches Koppelelement (Optokoppler)

Optokoppler dienen der Übertragung von Signalen zwischen Systemen, bei denen eine galvanische Entkopplung der Stromkreise erforderlich ist.

Aufbau und Wirkungsweise

Der Optokoppler besteht aus einer Infrarotdiode als Sender und meist einem Silizium-Fototransistor als Empfänger. Beide sind in einem Gehäuse optisch miteinander gekoppelt, aber elektrisch gegeneinander isoliert. Das System ist gegen äußere Einstrahlung geschützt (Bild 18.31a).

Der Empfängertransistor ist bei einigen Bauformen mit Basisanschluß ausgeführt. Seine Empfindlichkeit und der Reststrom können dann durch einen äußeren Widerstand verringert werden (Abschnitt 18.2.4).

Die Gehäusebauform richtet sich in erster Linie nach der Höhe der Isolationsspannung zwischen Sender und Empfänger. Für geringere Isolationsspannungen (bis $U_{is} \approx 500$ V) werden Optokoppler in Metallgehäusen (TO 72, Bild 18.31b) hergestellt. Höhere Isolationsspannungen (bis $U_{is} \approx 4000$ V bei einigen Typen) gestattet das DIL-6-Gehäuse (dual inline mit sechs Anschlüssen, Bild 18.31c). Der Sender, die IRED, liegt an der einen Anschlußreihe (Pin 1 und 2) und der Empfänger, der Fototransistor, auf der anderen Seite (Pin 4, 5 und 6). Für hohe Isolationsspannungen (bis $U_{is} \approx 10$ kV) wird ein längeres Gehäuse mit größerem Isolationsabstand zwischen Sender- und Empfängeranschlüssen verwendet (18.31d). Die Infrarotstrahlung verläuft zwischen der IRED und dem Fototransistor durch einen Glaskörper (Bild 18.31e).

Grenz- und Kenndaten von Optokopplern (Tabelle 18.5)

Zu den wichtigsten *Grenzdaten des Gesamtsystems* gehört die **Isolationsspannung** U_{is}, sie ist die maximale Spannung, die zwischen dem Sender und dem Empfänger auftreten darf.

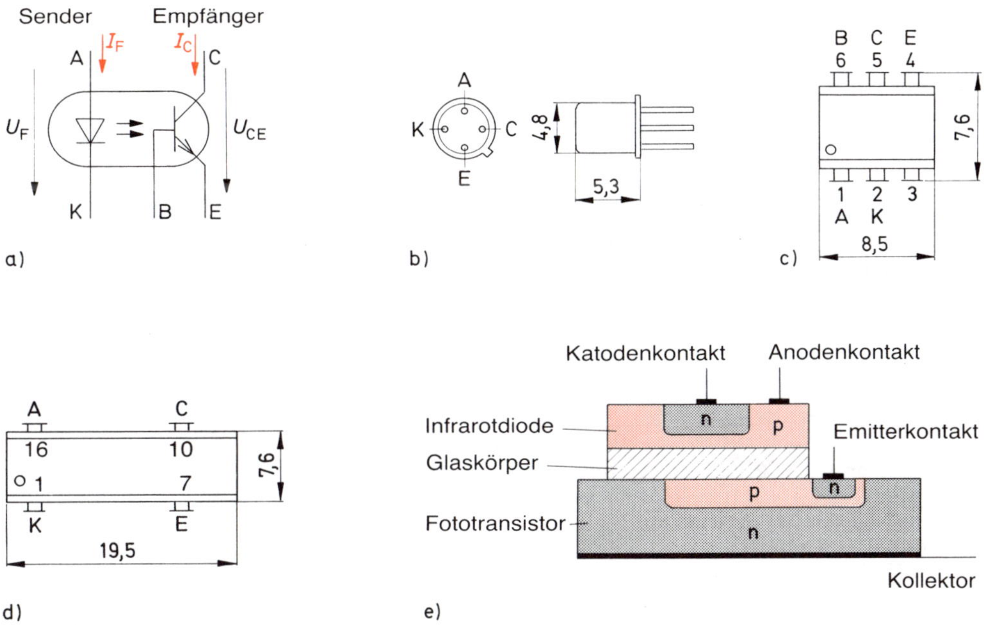

Bild 18.31 Aufbau und Gehäuse von Optokopplern
a) Schaltzeichen (Fototransistor mit Basisanschluß)
b) Metallgehäuse (TO 72)
c) DIL 6-Gehäuse
d) Kunststoffgehäuse DIL 16 für hohe Isolationsspannung
e) Prinzipieller Aufbau im Querschnitt

Grenzdaten des Senders
Durchlaßstrom I_F: der Strom, mit dem die IRED belastet werden darf.
Sperrspannung U_R: die Spannung, mit der die IRED in Sperrichtung betrieben werden darf.

Grenzdaten des Empfängers
Kollektor-Emitter-Spannung U_{CEO}: die Spannung, die der Empfängertransistor bei offenem Basisanschluß sperren kann.
Kollektorstrom I_C: der Strom, mit dem der Empfängertransistor dauernd belastet werden darf.
Verlustleistung P_{tot}.

Kenndaten des Senders
Durchlaßspannung U_F: Die Spannung an der IRED bei einem gegebenen Durchlaßstrom von z.B. $I_F = 10$ mA, sie beträgt $U_F \approx 1{,}5$ V.

Kenndaten des Empfängers
Reststrom I_{CEO}: Sperrstrom des Fototransistors bei unbeschalteter Basis. Ist der Basisanschluß ausgeführt, kann der Reststrom durch einen Basis-Emitter-Ableitwiderstand verringert werden.

Tabelle 18.5 Grenz- und Kenndaten eines Optokopplers, Typ CNY 17, Gehäuse: DIL 6 (Bild 18.31c)

Grenzdaten		
Sender (GaAs-Diode)		
Durchlaßstrom	I_F	60 mA
Durchlaßstoßstrom (t $\leq$ 10 µs)	I_{FM}	1,5 A
Sperrspannung	U_R	3 V
Verlustleistung	P_{tot}	100 mW
Empfänger (Si-Transistor)		
Kollektor-Emitter-Spannung	U_{CEO}	70 V
Kollektorstrom	I_C	50 mA
Kollektorstromimpuls ($t \leq 1$ ms)	I_{CM}	100 mA
Verlustleistung	P_{tot}	150 mW
Gesamtsystem		
Sperrschichttemperatur	ϑ_J	100 °C
Isolationsprüfspannung	U_{is}	4400 V
Kenndaten (ϑ_U = 25 °C)		
Sender		
Durchlaßspannung (I_F = 60 mA)	U_F	1,25 V ($\leq$ 1,65 V)
Wärmewiderstand	$R_{th\,JU}$	750 K/W
Empfänger		
Kollektor-Emitter-Reststrom	I_{CEO}	5 nA ($\leqq$ 100 nA)
Wärmewiderstand	$R_{th\,JU}$	500 K/W
Gesamtsystem		
Kollektor-Emitter-Sättigungsspannung (I_F = 10 mA; I_C = 2,5 mA)	$U_{CE\,sat}$	0,25 V ($\leqq$ 0,4 V)
Koppelkapazität	C_K	0,3 pF

Gleichstromübertragungsverhältnis, Koppelfaktor (I_F = 10 mA)

Gruppe	1	2	3	4
$k = I_C/I_F$	0,4 bis 0,8	0,63 bis 1,23	1,0 bis 2,0	1,6 bis 3,2

Kenndaten des Gesamtsystems

Koppelfaktor oder Gleichstromübertragungsverhältnis k: Es ist das Verhältnis des Kollektorstroms I_C des Fototransistors zum Durchlaßstrom I_F der IRED. Er wird bei einem Eingangsstrom von meistens I_F = 10 mA gemessen:

$$k = \frac{I_C}{I_F} \quad \text{oder} \quad k = \frac{I_C}{I_F} \cdot 100\%$$

Zwischen dem Ausgangsstrom I_C und dem Eingangsstrom I_F besteht kein linearer Zusammenhang. Der Kollektorstrom I_C steigt am Anfang überproportional mit dem Durchlaßstrom I_F der IRED an, d.h., der Koppelfaktor nimmt bei höheren Strömen zu. Dieses ist in erster Linie auf den nichtlinearen Zusammenhang zwischen Strahlungsleistung und Durchlaßstrom bei der Infrarotdiode zurückzuführen.

Der Koppelfaktor k unterliegt einer relativ großen Exemplarstreuung. Einige Typen sind daher in Gruppen unterschiedlicher Koppelfaktoren unterteilt (Tabelle 18.5).

Bei Optokopplern mit Foto-Darlingtontransistor als Empfänger (Abschnitt 18.2.4) liegt der Koppelfaktor höher (z.B. $k \geqq 3 \triangleq 300\%$ bei den Typen TIL 113 und TIL 119).

Anstiegszeit t_r und *Abfallzeit* t_f: In dieser Zeit steigt bzw. fällt der Ausgangsstrom bei einem Rechteckimpuls am Eingang von 10% auf 90% des Endwertes bzw. von 90% auf 10% des Anfangswerts. Bei Optokopplern mit Fototransistor als Empfänger liegen Anstiegs- und Abfallzeit in der Größenordnung einiger Mikrosekunden. Optokoppler mit Foto-Darlingtontransistor sind dagegen erheblich langsamer (z.B. $t_r \approx t_f \approx 50$ µs bei TIL 113 und TIL 119).

Koppelkapazität C_K: Die Kapazität zwischen dem Sender und dem Empfänger ist bei Optokopplern mit höherer Isolationsspannung wegen des relativ großen Abstands sehr gering.

Anwendung von Optokopplern

Die Hauptanwendung von Optokopplern liegt in der Übertragung von digitalen Signalen zwischen den Eingängen bzw. Ausgängen elektronischer Steuereinheiten, die z.B. mit Mikroprozessoren aufgebaut sind, und der Peripherie, die die Signale liefert bzw. verarbeitet.

Da außerhalb der Steuereinheit häufig längere Übertragungswege liegen und mit höheren Strömen und Spannungen gearbeitet wird, besteht der Wunsch nach einer galvanischen Trennung an den Schnittstellen. Die Ein- und Ausgabeschaltungen sowie die gesamte Steuereinheit würden bei fehlender Entkopplung durch Fremdspannungen im Fehlerfall zerstört werden. Auch durch induktive oder kapazitive Kopplung mit Energieleitungen sowie durch atmosphärische Störungen bei Leitungen können Fremdspannungen entstehen.

Liegt ein Optokoppler im Eingang einer Steuerung, kann keine höhere Spannung an die Bausteine gelangen. Lediglich die Senderdiode des Optokopplers könnte zerstört werden. Bild 18.32 zeigt ein Beispiel mit einem Optokoppler in einem Signaleingang. Der Optokoppler übernimmt neben der galvanischen Entkopplung die Aufgabe der Pegelanpassung an den TTL-Eingang der Steuerung.

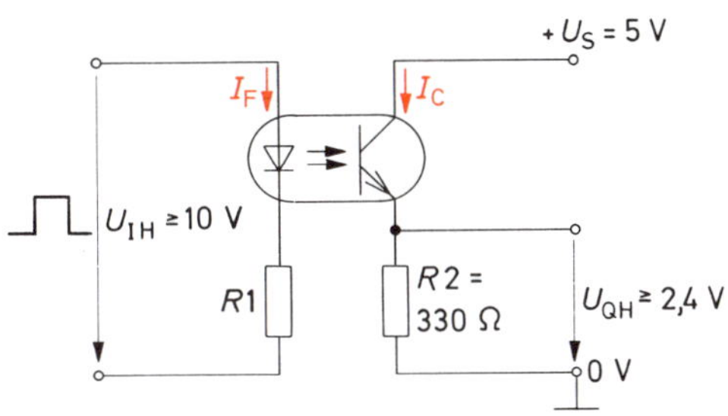

Bild 18.32 Optokoppler zur Anpassung einer Signalleitung an einen TTL-Eingang

Beispiel (Bild 18.32): Um an dem Emitterwiderstand $R_2 = 330\ \Omega$ im angesteuerten Zustand eine Spannung von $U_{QH} \geqq 2{,}4$ V zu erzeugen, muß der Empfängertransistor mindestens folgenden Kollektorstrom aufbringen:

$$I_C \geqq \frac{U_{QH\,min}}{R_2} = \frac{2{,}4\ \text{V}}{330\ \Omega} = 7{,}27\ \text{mA}$$

Bei einem Koppelfaktor von $k \geqq 0{,}5$ errechnet sich der erforderliche Strom I_F auf der Senderseite zu mindestens:

$$I_F \geqq \frac{I_C}{k} = \frac{7{,}27\ \text{mA}}{0{,}5} = 14{,}5\ \text{mA}$$

Bei einem Eingangssignal von z.B. mindestens $U_{IH} \geqq 10$ V ergibt sich der Widerstand R_1 zu:

$$R_1 \leqq \frac{U_{IH\,min} - U_F}{I_F} = \frac{10\text{ V} - 1{,}6\text{ V}}{14{,}5\text{ mA}} = 579\ \Omega \quad \text{gewählt, z.B. } \underline{560\ \Omega}$$

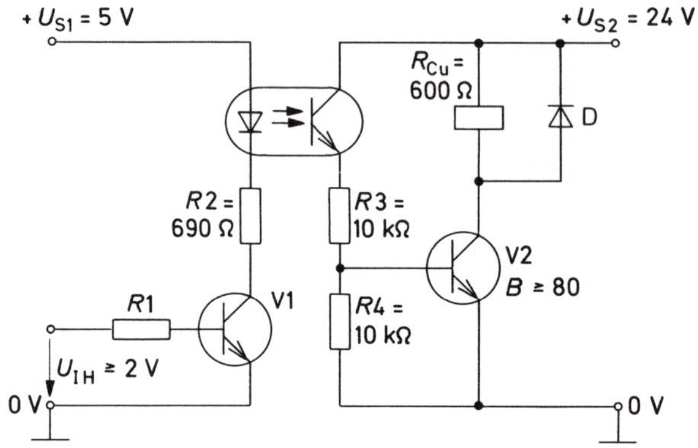

Bild 18.33 Optokoppler zwischen einem TTL-Ausgang und einem Treibertransistor

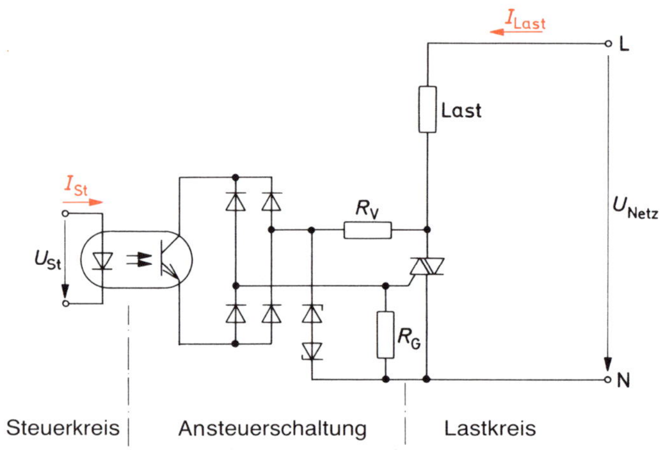

Bild 18.34 Ansteuerschaltung für einen Triac-Leistungsschalter mit Optokoppler (elektronisches Lastrelais = ELR)

Liegt ein Optokoppler am Ausgang einer Steuerung, stellt er eine absolut rückwirkungsfreie Verbindung dar, d.h., Störungen auf der Ausgangsseite des Kopplers können keine Wirkung auf die Eingangsseite ausüben. Bild 18.33 zeigt einen Optokoppler, der einen Leistungstransistor für ein Schütz oder einen Hubmagneten ansteuert.

Bei kontaktlosen Leistungsschaltern mit Thyristoren oder Triacs übernehmen Optokoppler häufig die Potentialtrennung des Steuerausgangs gegenüber dem Wechselstromnetz. Steht auf der Empfängerseite keine eigene Spannungsversorgung für den Steuerkreis zur Verfügung, muß der Ansteuerstrom für den Thyristor oder Triac direkt dem Netz entnommen werden. Da der Optokoppler weder in der Lage ist, einen Wechselstrom zu schalten, noch die hohe Netzspannung zu sperren, ist eine zusätzliche Gleichrichter- und Begrenzerschaltung erforderlich. Bild 18.34 zeigt eine Ansteuerschaltung mit Optokoppler für einen Triac. Der Triac wird mit Wechselstrom gezündet, sobald der Empfängertransistor leitet, der im Gleichstromzweig einer Diodenbrücke liegt. Der Vorwiderstand R_V begrenzt den Gatestrom. Bei gesperrtem Empfängertransistor begrenzen die beiden Z-Dioden die Spannung an der Diodenbrücke auf die zulässige Kollektor-Emitter-Spannung U_{CEO} des Optokopplers. Der Gate-Ableitwiderstand R_G leitet den Reststrom vom Empfängertransistor und den Dioden ab, um die Sperrfähigkeit des Triacs nicht zu mindern.

18.4.2 Optische Strahlschranken (Lichtschranken)

Optoelektronische Systeme mit Sender und Empfänger für elektromagnetische Strahlung, bei denen der optische Strahl durch Unterbrechung gesteuert wird, werden Strahlschranken oder allgemein Lichtschranken genannt. Meistens liegt die verwendete Strahlung im nahen Infrarotbereich. Nach der Anordnung von Sender und Empfänger sowie der von der Strahlung zu überbrückenden Distanz sind verschiedene Arten zu unterscheiden:

a) Gabelkoppler,
b) Reflexkoppler,
c) Direktstrahlschranken und
d) Reflexstrahlschranken

a) Gabelkoppler, optische Schlitzinitiatoren oder Gabellichtschranken

Beim Gabelkoppler sind Infrarotdiode als Sender und Silizium-Fototransistor als Empfänger in geringem Abstand (von z.B. 3 mm) in einem Gehäuse untergebracht (Bild 18.35). Der Aufbau entspricht dem des Optokopplers, jedoch befindet sich zwischen Sender und Empfänger ein Schlitz. Die elektrischen Grenz- und Kenndaten entsprechen denen von Optokopplern (Tabelle 18.5). Gabelkoppler dienen in elektromechanischen Systemen, beispielsweise als Sensoren für End- oder Referenzpositionen bewegter Teile, als Impulsgeber in Drehzahlmessern oder Positionsgebern mit Schlitzscheibe, Lochscheibe oder Lineal.

b) Reflexkoppler oder Lichttaster

Beim Reflexkoppler sind die als Sender dienende Infrarotdiode und der als Empfänger dienende Fototransistor in einer Ebene an der Sensorfläche angeordnet (Bild 18.36). Der Fototransistor

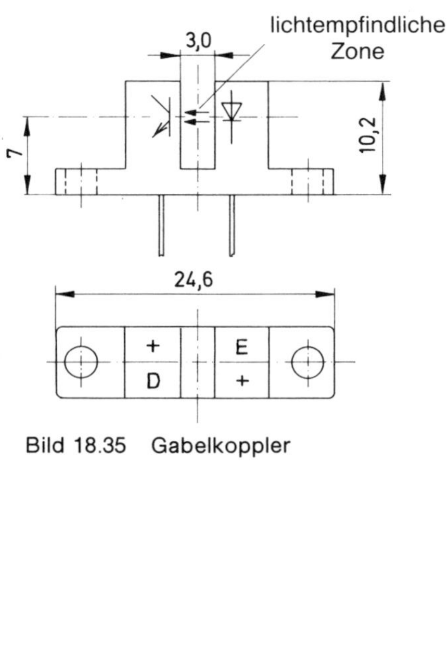

Bild 18.35 Gabelkoppler

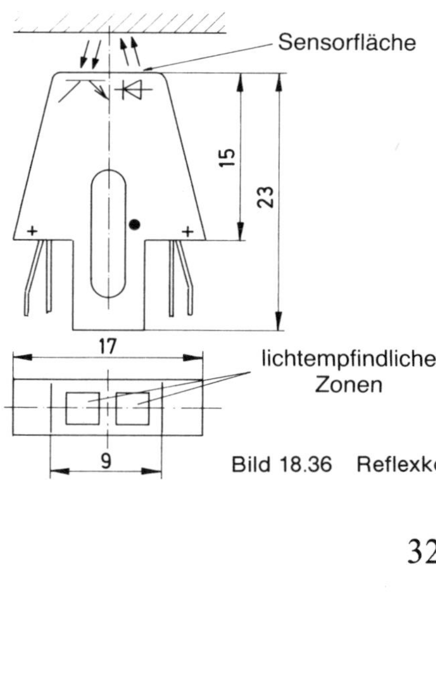

Bild 18.36 Reflexkoppler

erhält die von der IRED ausgesendete Strahlung nur dann, wenn sich wenige Millimeter vor der Sensorfläche ein reflektierender Gegenstand befindet. Anwendungsbereiche entsprechen denen der Gabelkoppler. Der Reflexkoppler benötigt keine eigene Steuerfahne, die den Strahl unterbricht, sondern nur einen reflektierenden Belag auf dem beweglichen Element, dessen Position erfaßt werden soll.

c) Direktstrahlschranken oder Lichtschranken

Sender und Empfänger sind zur Überbrückung größerer Entfernungen in getrennten Gehäusen untergebracht. Bei geringen Anforderungen — bezüglich Störanfälligkeit durch Fremdeinstrahlung — werden Strahlschranken mit unmodulierter Strahlung verwendet. Als Sender kann eine Glühlampe und als Empfänger z.B. ein Fotowiderstand oder ein Fotoelement dienen. Ein Lichttubus oder eine Optik können Fremdeinstrahlung bei der Überbrückung kurzer Distanzen weitgehend unterbinden.

Bei hohen Anforderungen, die ein Ansprechen auf fremde Lichtquellen nicht zulassen, und wenn der Strahl unsichtbar sein soll, werden Strahlschranken mit modulierter Infrarotstrahlung eingesetzt. Als Sender dient eine Infrarotdiode und als Empfänger ein Silizium-Fototransistor oder eine Fotodiode. Die Infrarotdiode wird mit Gleichstromimpulsen bei einer Frequenz in der Größenordnung einiger Kilohertz oder 10 kHz angesteuert. Dabei wird das Tastverhältnis $V_T = t_i/T$ so gering gehalten, daß die IRED mit hohen Stromamplituden betrieben werden kann, ohne daß der zulässige Mittelwert des Stroms I_{FAV} überschritten wird (Bild 18.37).

Beispiel: Die IRED darf mit einem Strom von $I_{FAV} = 200$ mA betrieben werden. Wie lang kann die Impulsdauer t_i gewählt werden, wenn eine Frequenz von $f = 10$ kHz und eine Impulsamplitude von $\hat{\imath}_F = 1$ A gefordert sind?

Lösung: Die Periodendauer beträgt:

$$T = \frac{1}{f} = \frac{1}{10 \cdot 10^3\ \text{Hz}} = 0{,}1\ \text{ms} = 100\ \mu\text{s}$$

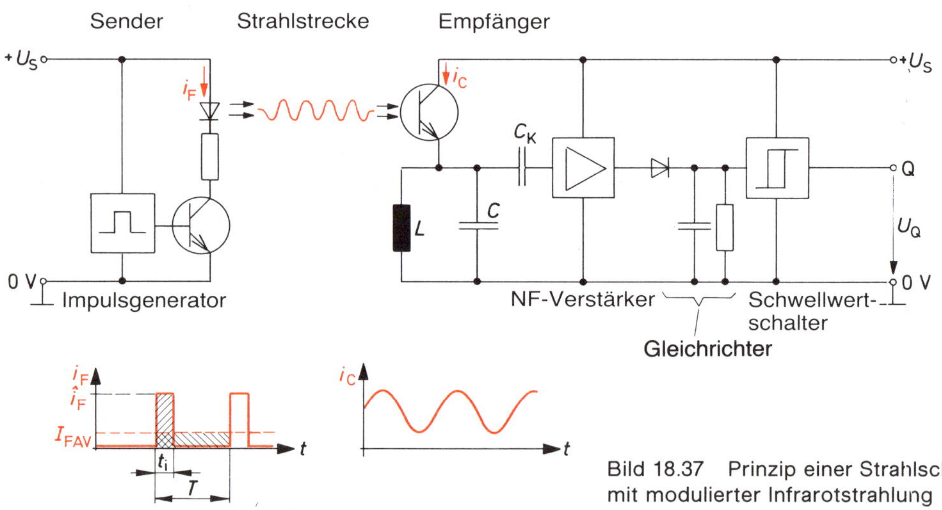

Bild 18.37 Prinzip einer Strahlschranke mit modulierter Infrarotstrahlung

Bei einem getakteten Gleichstrom errechnet sich der arithmetische Mittelwert aus dem Tastverhältnis und der Impulsamplitude zu:

$$I_{AV} = V_T \cdot \hat{\imath}$$

daraus errechnet sich das Tastverhältnis zu

$$V_T = \frac{I_{AV}}{\hat{\imath}} = \frac{200\ \text{mA}}{1\ \text{A}} = 0{,}2$$

Die Impulsdauer ergibt sich somit zu:

$$t_i = V_T \cdot T = 0{,}2 \cdot 100\ \mu\text{s} = 20\ \mu\text{s}$$

Der Betrieb mit hohen Stromamplituden ermöglicht hohe Reichweite der Strahlung bei geringer Störanfälligkeit. Da die Strahlungsleistung der IRED überproportional mit dem Strom steigt, sendet sie Impulse mit hoher Strahlungsleistung aus, die vom Empfänger — unbeeinflußt von anderen Strahlungen — erkannt werden können.

Im Empfänger wird nur die Impulsfrequenz des Senders ausgewertet. Der Lastwiderstand des Fotodetektors ist ein Parallelschwingkreis, dessen Eigenfrequenz auf den Sender abgestimmt ist. Strahlungsquellen, die Impulse mit anderer Frequenz oder mit konstanter Intensität erzeugen, werden vom Empfänger nicht erkannt, da der Schwingkreis für diese niederohmig ist. Die Wechselspannung am Schwingkreis wird verstärkt, gleichgerichtet und auf einen Schwellwertschalter gegeben (Bild 18.37).

Bei scharfer Bündelung der Strahlung durch einen Parabolspiegel können Entfernungen bis in die Größenordnung 1000 m überbrückt werden.

Bild 18.38
Reflex-Strahlschranken mit Spiegel oder Prisma als Reflektor

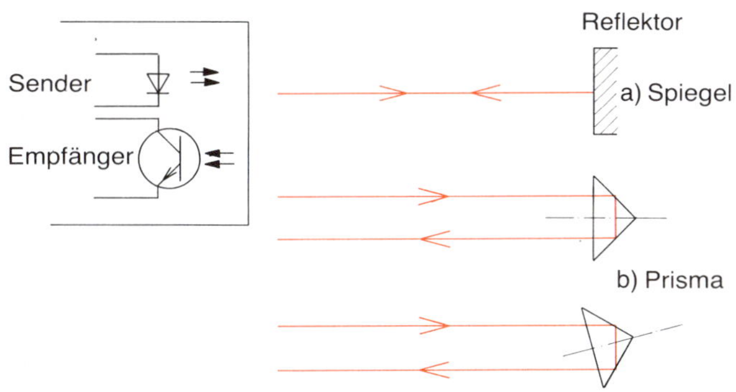

d) Reflexstrahlschranken oder Lichtschranken

Bei der Direktstrahlschranke sind Sender und Empfänger stets getrennt installiert. Bei größeren Strahllängen sind daher entsprechende Signal- und Versorgungsleitungen erforderlich. Der Installationsaufwand ist bei der Reflexstrahlschranke geringer, da Sender und Empfänger im gleichen Gehäuse unmittelbar nebeneinanderliegen.

Der emittierte Strahl wird auf der Gegenseite von einem Reflektor zum Empfänger zurückgesendet (Bild 18.38). Der Aufbau von Sender und Empfänger entspricht dem der Direktstrahlschranke mit modulierter Infrarotstrahlung.

Bei der Überbrückung größerer Distanzen wird auch hier der Strahl scharf gebündelt (fokussiert). Bei Verwendung eines normalen Spiegels als Reflektor kommt es auf eine sehr exakte Justierung der Spiegelebene an (Bild 18.38a). Schon geringste Verdrehungen, z.B. durch Erschütterungen, würden als Unterbrechung des Strahls signalisiert werden. Zur Vermeidung dieses Nachteils wird meist ein Rückstrahler als Reflektor verwendet, der die Strahlung stets in sich, d.h. zur Strahlungsquelle, zurückwirft. Der Rückstrahler besteht aus einem oder mehreren 90°-Prismen (Bild 18.38b).

18.4.3 Informationsübertragung mit Infrarotstrahlung

Durch modulierte Infrarotstrahlung lassen sich über Strecken mit Sichtverbindung z.B. Steuerbefehle zwischen einem beweglichen Sender und einem feststehenden Empfänger übertragen (z.B. Fernbedienung beim Fernsehgerät). Die Infrarotdiode wird dabei mit Impulsen variabler Frequenz oder Impulszahl angesteuert. Vom Empfänger werden diese in bestimmte Steuerbefehle decodiert.

Die Übertragung von analogen Signalen, wie z.B. Meßwerten oder NF-Signalen, ist ebenfalls möglich. Bei ausreichender Impuls- oder Trägerfrequenz wird das Signal durch Frequenzmodulation oder entsprechendem Impulscode durch die Strahlung übermittelt.

Da Empfänger oder Sender häufig beweglich sind, darf die Infrarotstrahlung nicht gebündelt, sondern muß breit gestreut werden. Um am Empfänger genügend Strahlungsleistung zu erhalten, besteht der Sender aus mehreren IRED, die meist in Reihe geschaltet sind. Der Empfänger muß die Strahlung auch bei schrägem Einfallswinkel erkennen können. Er besteht daher meist aus einer planen Fotodiode mit größerer lichtempfindlicher Fläche (Abschnitt 18.2.3, Tabelle 18.2a).

Optische Übertragungstechnik über Lichtwellenleiter

Eine besondere Bedeutung hat die Informationsübertragung mit Infrarotstrahlung über Glasfaser- oder Lichtwellenleiter (LWL) erlangt (Bild 18.39). Die Vorteile gegenüber der elektrischen Übertragungstechnik sind:

- □ höhere Bandbreite und damit höhere Übertragungskapazität,
- □ Unempfindlichkeit gegenüber elektromagnetischen Störfeldern (z.B. durch Starkstromleitungen),
- □ Abhörsicherheit,
- □ vollkommene galvanische Entkopplung von Sender und Empfänger,
- □ geringerer Raumbedarf und geringeres Gewicht als vergleichbare Koaxialkabel.

Dem Prinzip des Lichtwellenleiters liegt die optische Totalreflexion zugrunde. Hierunter versteht man die Reflexion von Licht, das unter einem geringen Winkel auf eine Grenzschicht trifft, hinter der sich ein Medium mit geringerem Brechungsindex befindet (Bild 18.40). In einem Medium mit geringerem Brechungsindex (z.B. Luft) ist die Lichtgeschwindigkeit höher als in einem mit höherem Brechungsindex (z.B. Glas). Die Welle wird unter dem gleichen Winkel reflektiert, unter dem sie auf die Ebene auftrifft. Erst bei der Überschreitung eines bestimmten Winkels (Akzeptanzwinkel) dringt die Strahlung durch die Grenzschicht in das Medium 2 ein. Durch die Totalreflexion kann sich Licht in einem Lichtleiter — z.B. aus Glas oder Kunststoff — fortpflanzen. Die Strahlung, die am Anfang unter geringem Winkel gegen die Senkrechte eingekoppelt wird, tritt am Ende wieder aus (Bild 18.41). Bis zu einem gewissen Krümmungsradius folgt die Strahlung dem Verlauf des Leiters.

Für eine Übertragung über größere Entfernung mit hoher Bandbreite sollte sich im Idealfall jedoch nur ein Strahl im Zentrum des Leiters ausbreiten können (Monomodem). Die Strahlen, die

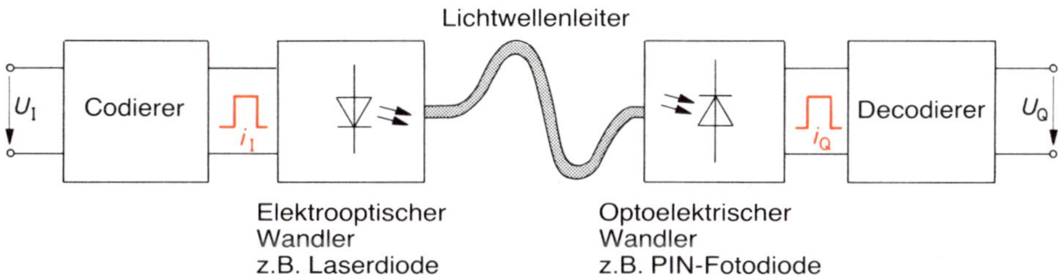

Bild 18.39 Prinzip der Informationsübertragung über Lichtwellenleiter

Bild 18.40 Totalreflexion an einer Grenzschicht zu einem Medium mit geringerem Brechungsindex

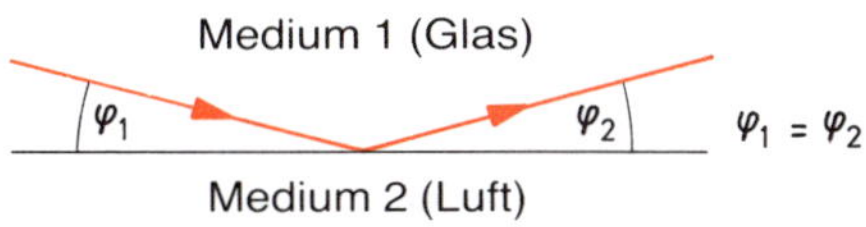

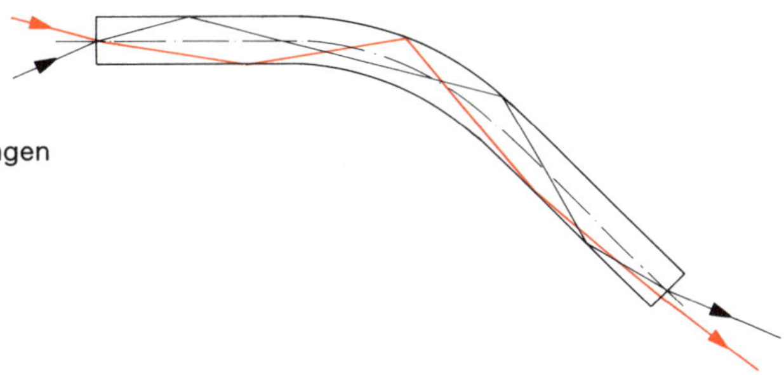

Bild 18.41 Totalreflexion an den Wandungen eines Lichtleiters

häufig zwischen den Wandungen hin und her reflektiert werden, haben aufgrund ihres längeren Weges eine längere Laufzeit. Dieses führt dazu, daß kurze Eingangsimpulse als verflachte und verbreiterte Ausgangssignale erscheinen (Bild 18.42). Die Grenzfrequenz wird verringert.

Um die Forderung nach hoher Bandbreite zu erfüllen, dürfen die Strahlen nicht erst an der Wandung reflektiert werden. Der Lichtwellenleiter besteht daher aus einem dünnen Kern mit höherem und einem Mantel mit geringerem Brechungsindex. Die Strahlen, die den Kern verlassen wollen, werden nun sofort wieder zur Mitte hin gebeugt (Bild 18.42). Kern und Mantel bestehen aus reinstem Quarzglas. Die Dämpfungswerte liegen z.Z. für Strahlung im Wellenlängenbereich 800 nm bis 900 nm bei 5 dB/km bis 10 dB/km. Bestimmte Glassorten haben im Bereich von 1300 nm ein schmales sogenanntes Fenster mit extrem geringer Dämpfung, die bei 0,2 dB/km liegt. Diese Technik wird z.Z. in der Weitverkehrstechnik erprobt. Zwischenverstärker können in großen Abständen (18 km) gesetzt werden. Lichtwellenleiter werden in verschiedenen Technologien nach dem Verlauf des Brechungsindex über dem Querschnitt unterschieden:

Multimode-Stufenindexprofil (Bild 18.42a). Der Kern mit höherem Brechungsindex hat einen Durchmesser von 100 µm bis 400 µm, und der Manteldurchmesser beträgt 200 µm bis 500 µm. Das Bandbreite-Reichweite-Produkt liegt unter $B \cdot l \leqq 100$ MHz · km.

Multimode-Gradientenindexprofil (Bild 18.42b). Der Brechungsindex ist im Zentrum des Kerns am höchsten und geht kontinuierlich im Bereich von $D_K \approx 50$ µm in den geringeren Brechungsindex des Mantels über, dessen Durchmesser $D_M \approx 125$ µm beträgt. Das Bandbreite-Reichweite-Produkt liegt bei $B \cdot l \approx 1$ GHz · km.

Monomodem-Stufenindexprofil (Bild 18.42c). Durch den sehr geringen Kerndurchmesser von $D_K \approx 5\ \mu m$ kann sich praktisch nur eine Welle ausbreiten. Der Manteldurchmesser beträgt $D_M \approx 100\ \mu m$. Durch die sehr geringen Laufzeitunterschiede ergibt sich ein hohes Bandbreite-Reichweite-Produkt von $B \cdot l \approx 10$ GHz · km.
Zusammen mit der Kunststoffumhüllung beträgt der Durchmesser des Lichtwellenleiters etwa 1 mm. Ein Kabel besteht aus z.Z. bis zu 60 Lichtwellenleitern.

Als Sender für Lichtwellenleiter dienen:

Infrarotdioden (IRED), die eine optische Leistung von 1 mW bis 2 mW abstrahlen. Davon gelangen nur 10 µW bis 100 µW in den Lichtwellenleiter. Der größte Teil wird an der Einkoppelstelle gestreut.

Laserdioden im Infrarotbereich, die eine Strahlungsleistung bis zu 20 mW liefern, von der noch einige Milliwatt in den Lichtwellenleiter eingekoppelt werden können (Abschnitt 18.3.1).

Als Empfänger dienen Foto-PIN-Dioden oder Avalanchedioden (Abschnitt 18.2.3).

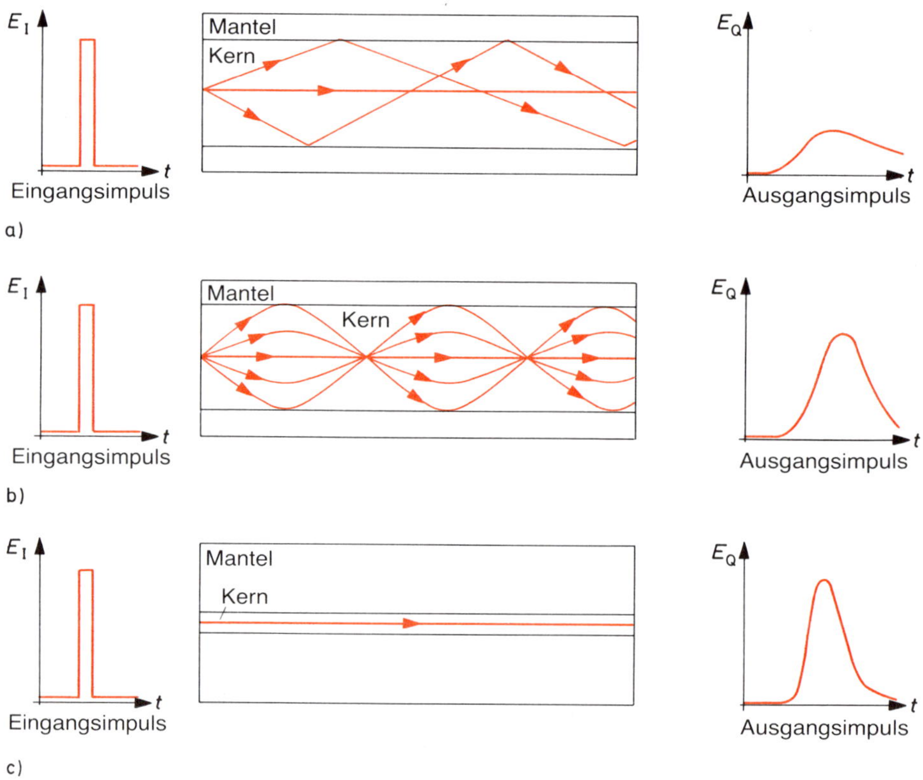

Bild 18.42 Schematische Darstellung der Wellenausbreitung in den verschiedenen Lichtwellenleitertypen

a) Multimode-Stufenindexprofil
b) Multimode-Gradientenindexprofil
c) Monomode-Stufenindexprofil

18.5 Anzeigeeinheiten (Displays)

In der Informationsverarbeitung ist es an den Schnittstellen zwischen Mensch und Maschine erforderlich, Informationen schnell, anschaulich und betriebssicher darzustellen. Neben den hochinformativen Anzeigen, wie z.B. die Bildröhre, sind besonders bei kleineren Systemen niedriginformative Anzeigeeinheiten erforderlich, die die Darstellung einzelner oder einer Folge von Ziffern, Buchstaben oder Zeichen ermöglichen. Derartige Anzeigeeinheiten bezeichnet man als *Displays.*

Unabhängig von der jeweiligen optoelektronischen Technik unterscheidet man bezüglich der Zeichendarstellung zwischen *numerischen* (wenn nur Zahlen dargestellt werden sollen) und *alphanumerischen* Anzeigen (wenn Zahlen und Buchstaben darzustellen sind). Für die numerische Darstellung benutzt man in der Regel eine *7-Segment-Anordnung* (Bild 18.43a), für die alphanumerische Darstellung eine *16-Segment-Anordnung* (Bild 18.43b) oder eine *Matrixanordnung,* z.B. mit 7 × 5 Bildpunkten (Bild 18.43c).

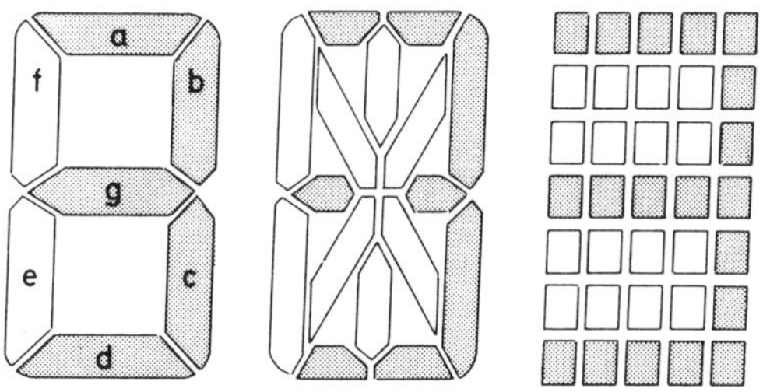

a) b) c)

Bild 18.43 Darstellung numerischer und alphanumerischer Zeichen
a) 7-Segment-Anordnung
b) 16-Segment-Anordnung
c) Punkt-Matrix-Anordnung mit 7 × 5 Bildpunkten

Ansteuertabelle

Ziffer	Segment a	b	c	d	e	f	g
0	1	1	1	1	1	1	0
1	0	1	1	0	0	0	0
2	1	1	0	1	1	0	1
3	1	1	1	1	0	0	1
4	0	1	1	0	0	1	1
5	1	0	1	1	0	1	1
6	1	0	1	1	1	1	1
7	1	1	1	0	0	0	0
8	1	1	1	1	1	1	1
9	1	1	1	0	0	1	1

1 ≙ Segment EIN
0 ≙ Segment AUS

18.5.1 LED-Displays

Leuchtdioden sind Halbleiterdioden, die bei Betrieb in Durchlaßrichtung Licht emittieren (Abschnitt 18.3.1). LED-Displays sind entweder *diskret* oder *monolithisch* aufgebaut (Bild 18.44). Diskrete Anzeigen besitzen für jedes Segment eine eigene Leuchtdiode. Ein Reflektor und ein diffus streuender Kunststoff lassen bei Lichtemittierung einen hellen Lichtbalken sichtbar werden (Bild 18.44a). Derartige Displays mit einer Zeichenhöhe von etwa 7 mm, 10 mm, 14 mm und 18 mm sind in den Farben Rot, Orange, Gelb und Grün erhältlich. Kleinere Anzeigen haben einen monolithischen Aufbau. Sie bestehen aus Halbleiterchips mit einer entsprechenden Anzahl integrierter Segmente für jedes Zeichen (Bild 18.44b). Jedes Segment besteht aus einer LED, die unabhängig ansteuerbar ist. Die Kunststoffumhüllung ist frontseitig häufig als Linse ausgebildet, so daß die Anzeige optisch vergrößert erscheint.

Numerische 7-Segment-LED-Displays werden von ihrem schaltungstechnischen Aufbau her sowohl mit gemeinsamer Anode als auch mit gemeinsamer Katode geliefert. Tabelle 18.6 stellt z.B. einen Datenblattauszug für ein 7-Segment-Display mit gemeinsamer Anode dar.

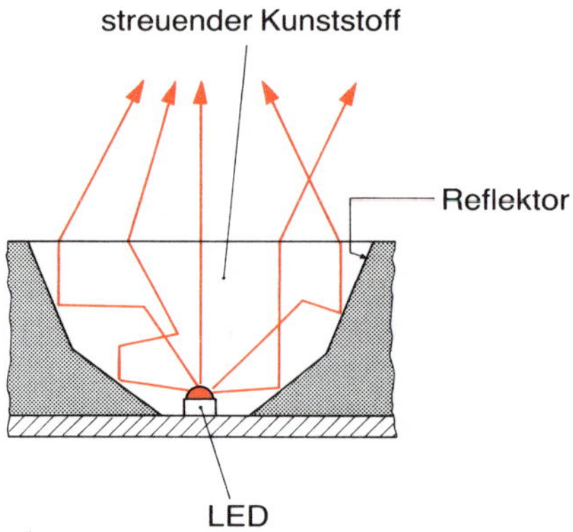

a)

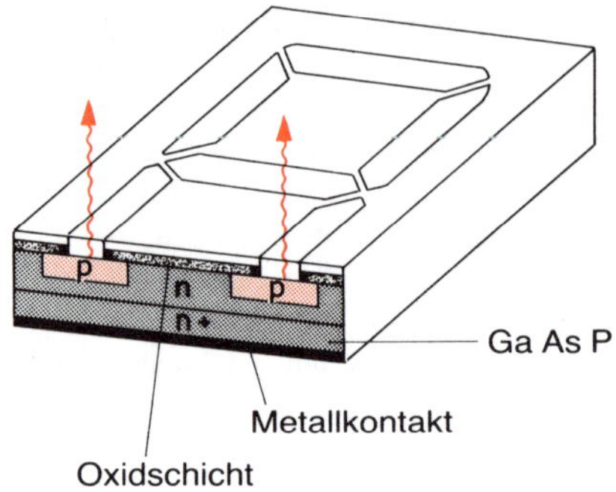

b)

Bild 18.44 LED-Displays
a) diskret aufgebaute Anzeige
b) monolithisch aufgebaute Anzeige

Tabelle 18.6 Datenblattauszug für ein LED-7-Segment-Display Typ HA 10811r (Fa. Siemens)

LED-7-Segment-Display, D.P. links, gem. Anode, Farbe Rot **Typ HA 10811r**	
Grenzdaten Max. zulässiger Durchlaßstrom/Segment	$I_{F\,max}$ = 30 mA
Kenndaten Segmentstrom Lichtstärke/Segment bei I_F = 5 mA bei I_F = 20 mA Durchlaßspannung (max.) (typ.)	I_F = 5 mA I_F = 20 mA 0,1 mcd 0,6 mcd U_F = 2,0 V U_F = 1,6 V

Gehäusebauform

Symbolhöhe
8 mm

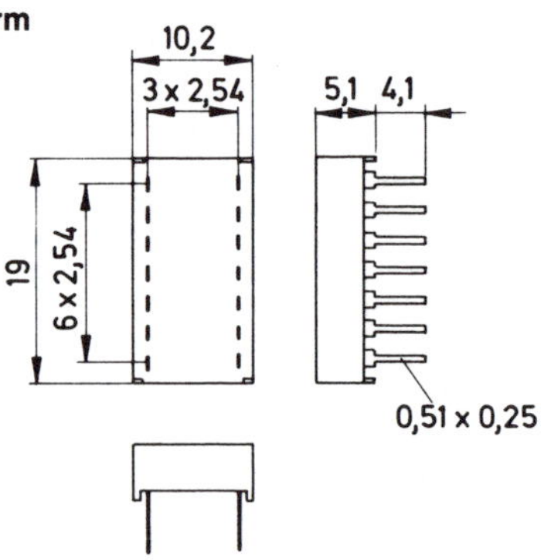

Anschlußbelegung:
Draufsicht-Displayseite

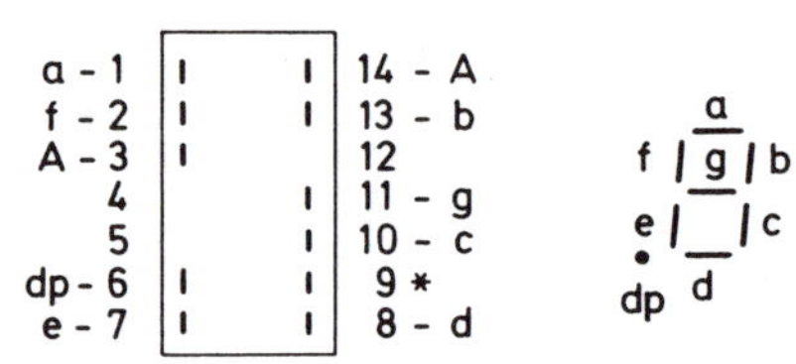

A = gemeinsame Anode

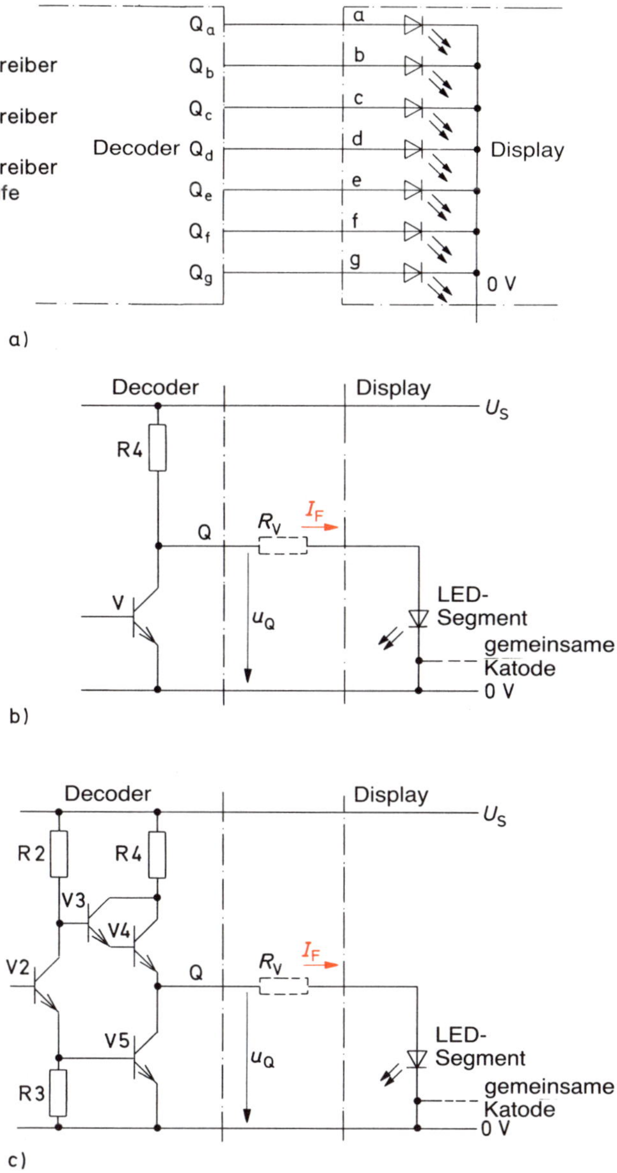

Bild 18.45 Ansteuerung eines LED-Displays mit gemeinsamer Katode
a) Zusammenschaltung von Decoder/Treiber und LED-Display
b) Ansteuerung durch einen Decoder/Treiber mit Eintakt-Ausgangsstufe
c) Ansteuerung durch einen Decoder/Treiber mit Leistungs-Gegentakt-Ausgangsstufe

Aufgrund der niedrigen Betriebsspannung, die durch die Durchlaßspannung U_F = 1,6 V bis 2 V bestimmt ist, können LED-Displays auch von integrierten Schaltkreisen mit niedriger Speisespannung, z.B. TTL-Speisespannung U_S = 5 V, direkt angesteuert werden.

Ansteuerung eines 7-Segment-LED-Displays mit gemeinsamer Katode: Als Decoder/Treiber werden Schaltkreise mit Eintakt-Ausgangsstufe oder solche mit Gegentakt-Ausgangsstufe verwendet (Bild 18.45).

H-Signal am Ausgang des Treibers (leuchtendes Segment): Der Durchlaßstrom I_F und damit die Lichtstärke eines Segmentes werden in diesem Fall durch die interne Schaltung des Decoders bestimmt. Bei handelsüblichen Displays liegt der Segmentstrom, je nach gewünschter Lichtstärke, zwischen $I_F = 5$ mA bis 20 mA. Bei direkter Zusammenschaltung von Decoder und Display (ohne externen R_V) errechnet sich der Segmentstrom zu:

$$I_F = \frac{U_S - U_F}{R4}$$

bei der Eintakt-Ausgangsstufe (Bild 18.45b)

$$I_F = \frac{U_S - U_{CE\,sat(V3)} - U_{BE(V4)} - U_F}{R4}$$

bei der Leistungs-Gegentakt-Ausgangsstufe (Bild 18.45c).

Soll eine stärkere Begrenzung des Segmentstroms erfolgen, so müssen zwischen Decoderausgang und Displayeingang zusätzlich Widerstände (R_V) geschaltet werden. Die Nennwerte dieser Widerstände errechnen sich wie folgt:

$$R_V = \frac{U_S - I_F \cdot R4 - U_F}{I_F}$$

$$P_{Rv} = (U_S - I_F \cdot R4 - U_F) \cdot I_F$$

bei der Eintakt-Ausgangsstufe (Bild 18.45b)

$$R_V = \frac{U_S - I_F \cdot R4 - U_{CE\,sat(V3)} - U_{BE(V4)} - U_F}{I_F}$$

$$P_{Rv} = (U_S - I_F \cdot R4 - U_{CE\,sat(V3)} - U_{BE(V4)} - U_F) \cdot I_F$$

bei der Leistungs-Gegentakt-Ausgangsstufe (Bild 18.45c).

Beispiel: Ein Decoder/Treiber und ein LED-Display mit gemeinsamer Katode sind entsprechend Bild 18.45a/b zusammengeschaltet.

Gegeben:	$U_S = 12$ V	Gesucht:	$R_V =$
	$R4 = 150\ \Omega$		$P_{Rv} =$
	$U_F = 1{,}6$ V		
	$I_F \approx 15$ mA		

Lösung:

$$R_V = \frac{U_S - I_F \cdot R4 - U_F}{I_F} = \frac{12\,\text{V} - 15 \cdot 10^{-3}\,\text{A} \cdot 150\,\Omega - 1{,}6\,\text{V}}{15 \cdot 10^{-3}\,\text{A}} = 543\,\Omega$$

Gewählt $\underline{560\,\Omega}$ nach IEC-Normreihe E12

$$I_F = \frac{U_S - U_F}{R4 + R_V} = \frac{12\,\text{V} - 1{,}6\,\text{V}}{150\,\Omega + 560\,\Omega} = 14{,}6\,\text{mA}$$

$$P_{R_V} = (U_S - I_F \cdot R4 - U_F) \cdot I_F$$

$$= (12\,\text{V} - 14{,}6 \cdot 10^{-3}\,\text{A} \cdot 150\,\Omega - 1{,}6\,\text{V}) \cdot 14{,}6 \cdot 10^{-3}\,\text{A} = 200\,\text{mW}$$

Gewählt $\underline{0{,}25\,\text{W}}$

In diesem Anwendungsbeispiel sind als externe Vorwiderstände also 1/4-W-Widerstände mit einem Nennwert von 560 Ω erforderlich.

Bei der Ansteuerung von LED-Displays mit gemeinsamer Katode durch integrierte Schaltkreise ist jedoch zu beachten, daß die Toleranz des Widerstandes $R4$ etwa ±30% beträgt. Es läßt sich also keine exakte Gleichheit zwischen den einzelnen Segmentströmen und damit Segmentlichtstärken erzielen. Soll dieses erreicht werden, muß die Ansteuerung der Segmente über externe Treiber erfolgen.

L-Signal am Ausgang des Treibers (nichtleuchtendes Segment): Der im Sättigungszustand betriebene Ausgangstransistor, z.B. in Bild 18.45c Transistor V5, legt die Ausgangsspannung U_Q auf den Wert $U_{CE\,sat}$. Damit wird die erforderliche Durchlaßspannung U_F der LED weit unterschritten, eine Strahlungsemission tritt nicht auf.

Ansteuerung eines 7-Segment-LED-Displays mit gemeinsamer Anode: Als Decoder/Treiber benötigt man hier Schaltkreise mit offenem Kollektorausgang (18.46).

L-Signal am Ausgang des Treibers (leuchtendes Segment): Bei durchgesteuertem Ausgangstransistor V liegt die Ausgangsspannung U_Q des Decoders im L-Pegelbereich. Damit kann der Durchlaß-

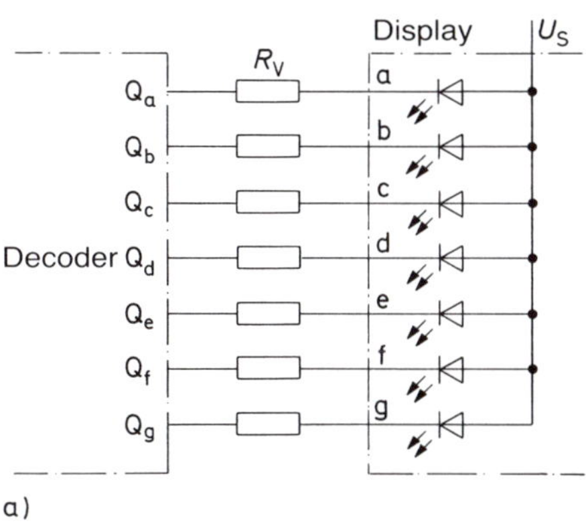

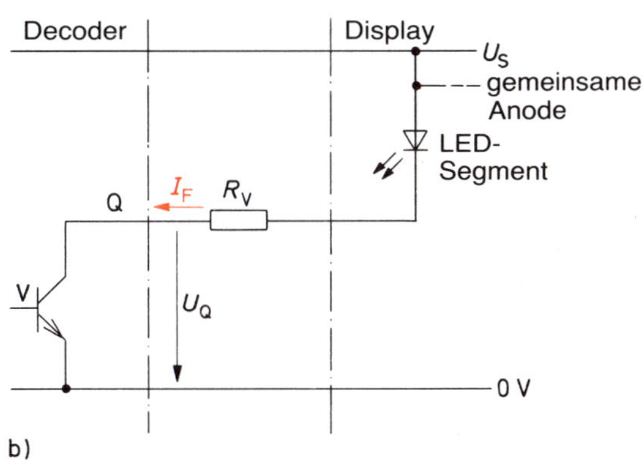

Bild 18.46 Ansteuerung eines LED-Displays mit gemeinsamer Anode

a) Zusammenschaltung von Decoder/Treiber und LED-Display

b) Ansteuerung durch einen Decoder/Treiber mit offenem Kollektorausgang

strom I_F der LED von der Speisespannung U_S über die LED, den Vorwiderstand R_V und die CE-Strecke des Ausgangstransistors nach 0 V fließen. Der Segmentstrom I_F wird dabei praktisch nur durch den externen Vorwiderstand R_V begrenzt.

$$R_V = \frac{U_S - U_F - U_{CE\,sat}}{I_F}$$

$$P_{Rv} = (U_S - U_F - U_{CE\,sat}) \cdot I_F$$

Beispiel: Ein Decoder/Treiber und ein LED-Display mit gemeinsamer Anode sind entsprechend Bild 18.46a/b zusammengeschaltet.

Gegeben: $U_S = 5$ V (TTL)
$R4 \approx 130\ \Omega$
$U_F = 1{,}6$ V
$I_F \approx 10$ mA

Gesucht: $R_V =$
$P_{Rv} =$

Lösung:

$$R_V = \frac{U_S - U_F - U_{CE\,sat}}{I_F} = \frac{5\text{ V} - 1{,}6\text{ V} - 0{,}2\text{ V}}{10 \cdot 10^{-3}\text{ A}} = 320\ \Omega$$

Gewählt $\underline{330\ \Omega}$ nach IEC-Normreihe E6

$$P_{Rv} = (U_S - U_F - U_{CE\,sat}) \cdot I_F = (5\text{ V} - 1{,}6\text{ V} - 0{,}2\text{ V}) \cdot 10 \cdot 10^{-3}\text{ A} = 0{,}032\text{ W}$$

Gewählt $\underline{0{,}1\text{ W}}$

In diesem Anwendungsbeispiel sind als externe Vorwiderstände also $^1/_{10}$-W-Widerstände mit einem Nennwert von 330 Ω erforderlich.

H-Signal am Ausgang des Treibers (nichtleuchtendes Segment): Im nicht angesteuerten Zustand ist die CE-Strecke des Decoder-Ausgangstransistors hochohmig, und es kann somit kein Durchlaßstrom I_F fließen.

Bei der Verwendung von LED-Displays mit gemeinsamer Anode ergeben sich folgende Vorteile gegenüber den Displays mit gemeinsamer Katode:

a) Auch bei integrierten Schaltkreisen erfolgt die Begrenzung der Segmentströme I_F durch extern zugeschaltete diskrete Vorwiderstände. Da diese Widerstände bezüglich der Nennwerte wesentlich enger toleriert sind, lassen sich auch die einzelnen Segmentströme und damit die Segmentlichtstärken gleichmäßiger einstellen.

b) Die Ausgangsstufen des Decoders/Treibers werden schaltungstechnisch einfacher.

In den einzelnen Schaltkreisfamilien stehen eine Reihe integrierter Decoder/Treiber für die Ansteuerung von LED-Displays zur Verfügung. Sie besitzen vielfach noch erhebliche Zusatzfunktionen, wie: Datenspeicherung, Multiplexbetrieb, Lampentest, Ausblenden einzelner Zeichen, Helligkeitssteuerung usw.

18.5.2 Flüssigkristallanzeigen (LCD)

Als Flüssigkristalle (engl. *liquid cristal*) bezeichnet man organische Verbindungen, die abhängig von der Umgebungstemperatur eine flüssige, kristalline Phase durchlaufen (Bild 18.47). Die optischen Eigenschaften der Flüssigkristalle in der *anisotropen* Phase können zu Anzeigezwecken ausgenutzt werden. Damit ist auch der Betriebstemperaturbereich solcher Anzeigen zu tieferen Temperaturen hin durch den Schmelzpunkt und zu höheren Temperaturen hin durch den Klärpunkt begrenzt. Die Flüssigkristalle lassen sich bezüglich ihrer Molekularstruktur in drei Gruppen einteilen:

a) *smektische* Flüssigkristalle
b) *nematische* Flüssigkristalle
c) *cholesterinische* Flüssigkristalle

Für die heute handelsüblichen LC-Displays werden nematische Flüssigkristalle verwendet. Bei ihnen richten sich in der anisotropen Phase die Moleküle parallel zueinander aus, sind in ihrer Längsachse jedoch frei beweglich. Von der Molekularstruktur her ist dieser Flüssigkristall mit einem Bündel Fäden (nema = griech. Faden) vergleichbar (Bild 18.48).

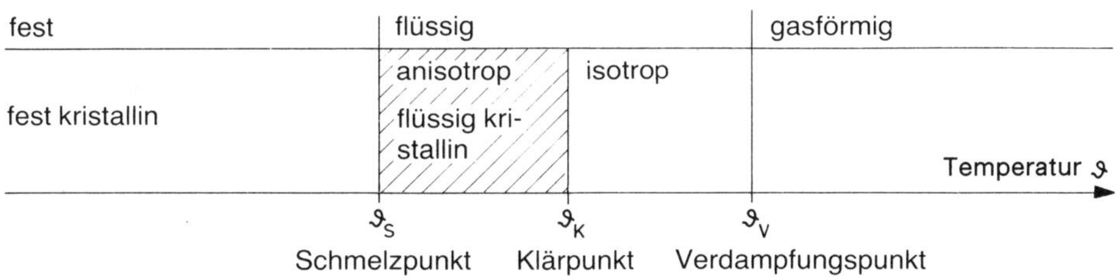

anisotrop - in verschiedenen Richtungen unterschiedliche physikalische Eigenschaften zeigend.

isotrop - in verschiedenen Richtungen gleiche physikalische Eigenschaften zeigend.

Bild 18.47 Darstellung der Aggregatzustände von Flüssigkristallen in Abhängigkeit von der Temperatur

Bild 18.48 Molekularstruktur eines nematischen Flüssigkristalls. Die Moleküle richten sich parallel zueinander aus

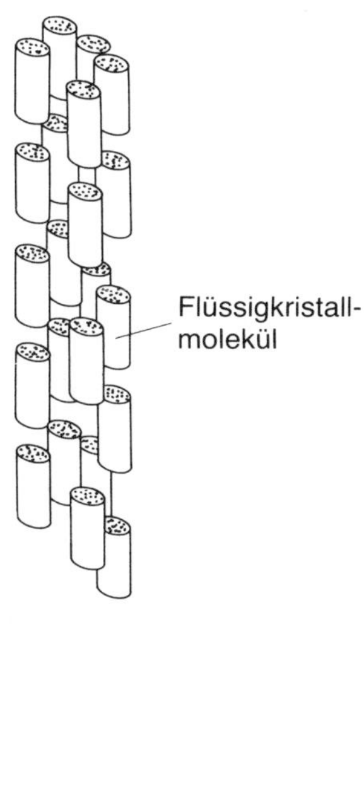

Aufbau einer LCD-Zelle

Die Anzeigezelle besteht aus zwei parallel zueinander angeordneten Glasplatten. Der Plattenabstand von etwa 10 µm wird durch einen allseitig geschlossenen Glaslotrahmen sichergestellt. Die Innenflächen der Glasplatten sind mit transparentem Zinndioxid (SnO_2) überzogen. Diese Zinndioxidschichten dienen als Elektroden. Eine der beiden Schichten ist entsprechend der gewünschten Anzeigegestaltung, z.B. 7-Segment, geätzt. Der Innenraum der Zelle wird mit einem nematischen Flüssigkristall gefüllt (Bild 18.49).

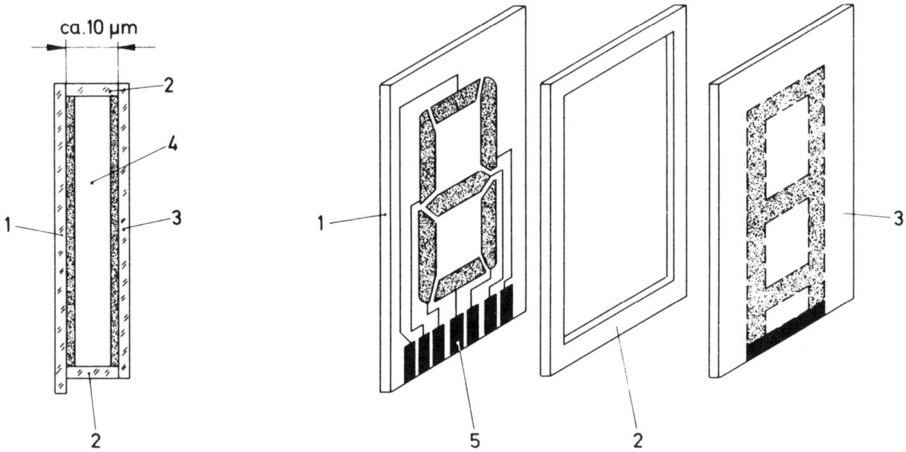

Bild 18.49 Aufbau einer LCD-Zelle
1 Glasplatte mit Segmentelektroden
2 Glaslotrahmen
3 Glasplatte mit gemeinsamer Gegenelektrode
4 Flüssigkristallschicht
5 Kontaktierung der Segmentelektroden

LCD in der Technik der dynamischen Streuung

Ohne Spannung an den SnO_2-Elektroden besitzen die Moleküle des Flüssigkristalls ihre nematische Ordnung. Die Moleküle stehen mit ihren Längsachsen senkrecht zu den Elektrodenoberflächen (Bild 18.50a). In diesem Zustand ist die Zelle gut lichtdurchlässig. Legt man eine Wechselspannung an die Elektroden, so kommt es bei Überschreiten einer bestimmten Schwellspannung von etwa 15 V bis 30 V im Bereich zwischen den Elektroden zu elektrodynamischen Turbulenzen (Bild 18.50b). In diesen turbulenten Bereichen geht der vorher durchsichtige Flüssigkristall in einen milchig trüben Zustand über.

LCD in Feldeffekttechnik

Bei diesen Flüssigkristallanzeigen wird durch besondere Behandlung der Elektrodenoberflächen erreicht, daß die Längsachsen der Flüssigkristallmoleküle sich — über den Querschnitt der Zelle betrachtet — um 90° gegeneinander verdrehen (Bild 18.51a). Durch entsprechende optische Filter (Polarisatoren) an den Außenseiten der beiden parallelen Glasplatten wird diese Verdrehung optisch aufgehoben, so daß die Zelle im spannungslosen Zustand lichtdurchlässig erscheint. Bei Anlegen einer Spannung richten sich nach Überschreiten der Schwellspannung von etwa 1,5 V bis 8 V die Molekül-Längsachsen in Richtung des elektrischen Feldes (E) aus, d.h., die Verdrehung wird aufgehoben, und die Zelle wird in diesem Bereich lichtundurchlässig (Bild 18.51b).

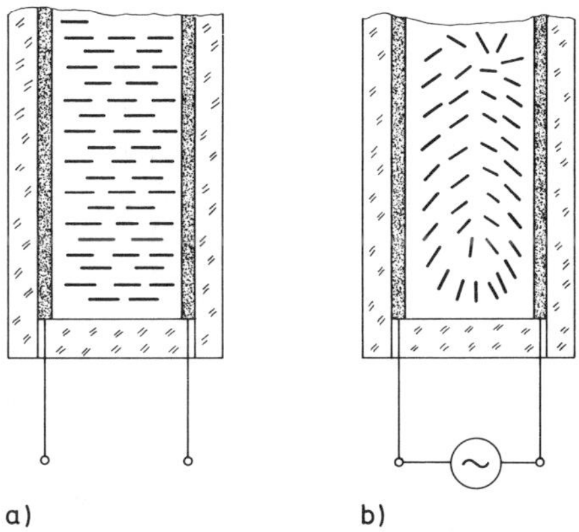

Bild 18.50 Funktion einer LCD-Zelle in der Technik der dynamischen Streuung
a) Zelle ohne äußere Spannung, die Moleküle des Flüssigkristalls besitzen ihre nematische Ordnung
b) Zelle an einer äußeren Wechselspannung, turbulente Strömungen im Flüssigkristall machen ihn lichtundurchlässig

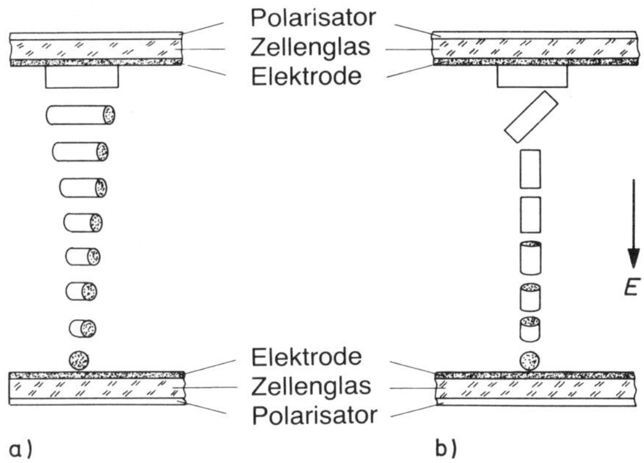

Bild 18.51 Funktion einer LCD-Zelle in Feldeffekttechnik
a) Zelle ohne äußere Spannung, Drehung der Moleküle des Flüssigkristalls um 90° von einer Elektrode zur anderen
b) Zelle an einer äußeren Spannung, Ausrichtung der Moleküle des Flüssigkristalls in Richtung des elektrischen Feldes bewirken eine Lichtundurchlässigkeit

Reflektive Anzeigen

Flüssigkristallanzeigen sind passive Anzeigeelemente, d.h., sie senden keine Strahlung aus. Auftreffendes Licht wird lediglich gestreut oder reflektiert bzw. durchgelassen oder ausgelöscht. Die Ablesung solcher Anzeigen ist daher nur bei Tages- oder Kunstlicht möglich. Bei der reflektiven Anzeige (Bild 18.52) erhält die Anzeigezelle eine undurchsichtige Rückseite. Das einfallende Licht wird von der angeregten Kristallzone gestreut und reflektiert. Von der Betrachtungsrichtung her erscheint diese Zone dann hell vor dunklem Hintergrund. Bei dieser Bauart spricht man von Reflexionszellen oder vom Auflichtverfahren. Es lassen sich sowohl Zellen in der Technik der dynamischen Streuung als auch Zellen in Feldeffekttechnik realisieren.

Transmissive Anzeigen

Die Rückseite der Zelle bleibt transparent und wird durch eine Lichtquelle (Kunst- oder Tageslicht) beleuchtet (Bild 18.53). In der Technik der dynamischen Streuung durchdringt das von schräg oben oder schräg unten einfallende Licht den Flüssigkristall und bringt auf der Vorderseite die angeregten Kristallzonen durch gestreute Reflexion zum Aufleuchten. In der Feldeffekttechnik wird zwischen Anzeigezelle und Lichtquelle eine Streuscheibe eingefügt. Die angeregten Kristallzonen erscheinen dann dunkel vor hellem Hintergrund. Bei den transmissiven Anzeigen spricht man von Transmissionszellen oder vom Durchlichtverfahren.

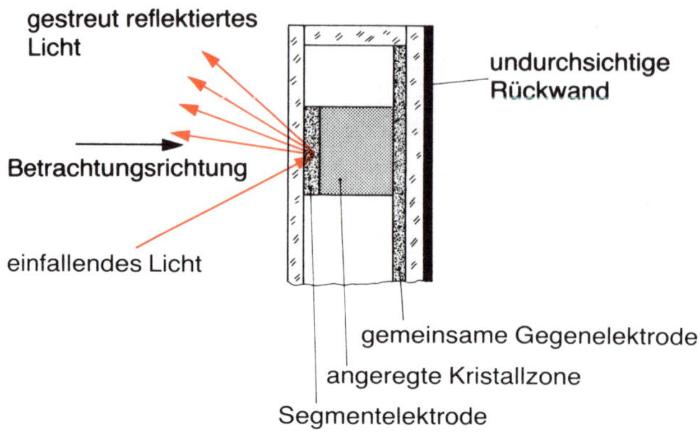

Bild 18.52
Aufbau eines reflektiven LC-Displays (Auflichtverfahren)

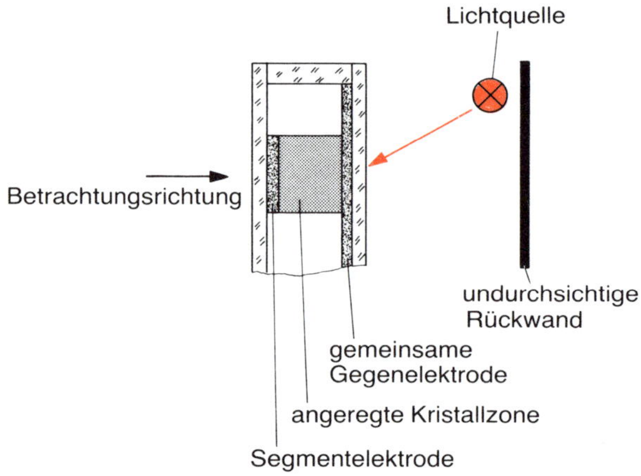

Bild 18.53
Aufbau eines transmissiven LC-Displays (Durchlichtverfahren)

Ansteuerung von LCD

(s. Tabelle 18.7 und 18.8) LCD benötigen keine elektrische Leistung zur Lichterzeugung. Der Anzeigeeffekt wird lediglich mit ganz geringen Steuerleistungen von etwa 20 $\mu W/cm^2$ bis 100 $\mu W/cm^2$ erzielt. LCD in der Feldeffekttechnik werden wegen ihrer geringen Schwellspannung von nur etwa 1,5 V bis 8 V vorwiegend in batteriegespeisten Geräten, wie z.B. Armbanduhren, Taschenrechnern usw., eingesetzt. LCD in der Technik der dynamischen Streuung eignen sich für Großanzeigen. LCD besitzen ein relativ schlechtes dynamisches Verhalten (Bild 18.54). Die Anstiegs- und Abfallzeiten liegen je nach Größe und Bauart zwischen 0,1 s bis 1 s. Aufgrund ihrer geringen Steuerleistung und bei den Feldeffektanzeigen auch geringen Schwellspannung könnten LCD direkt vom Ausgang einer elektronischen Schaltung angesteuert werden. Da die Zelle von ihrem Aufbau her jedoch ein galvanisches Bad darstellt, ist es zur Vermeidung von Materialtransport (Abtrag der positiven Elektrode) und damit im Interesse einer langen Lebensdauer ratsam, LCD mit reiner Wechselspannung anzusteuern. Dabei muß die Frequenz in dem vom Hersteller angegebenen Bereich liegen. Bei konstanter Ansteuerspannung nimmt der Kontrast der Anzeige mit steigender Frequenz ab. Während bei ortsfesten Anlagen die Ansteuerung mit Wechselspannung z.B. über eine Thyristorschaltung erfolgen kann, muß bei batteriegespeisten Geräten ein anderer

Tabelle 18.7 Datenblattauszug für ein LCD in der Technik der dynamischen Streuung, Typ AG 11310 (Fa. Siemens)

AG 11310
transmissive Ausführung
1stellige, numerische 7-Segment-Flüssigkristall-Großanzeige in der Technik der dynamischen Streuung mit ca. 13 cm hohem Symbol

Kenndaten		min.	nom.	max.	
Betriebsspannung	U_B[1]	20		50	V
Gleichspannungskomponente	U_G			50	mV
Frequenz	f	20		150	Hz
Strom	I[2]			2,5	mA
Anstiegszeit	t_{An}[3]			400	ms
Abfallzeit	t_{Ab}[3]			1000	ms
Betriebstemperatur	ϑ_U	0		60	°C
Lagertemperatur	ϑ_S	−30		85	°C

[1] Symmetrische Wechselspannung (Effektivwert).
[2] $f = 50$ Hz, $U_B = 25$-V-Sinus-Wechselspannung, $T_u = 25$ °C, alle Segmente angesteuert.
[3] $T_u = 25$ °C.

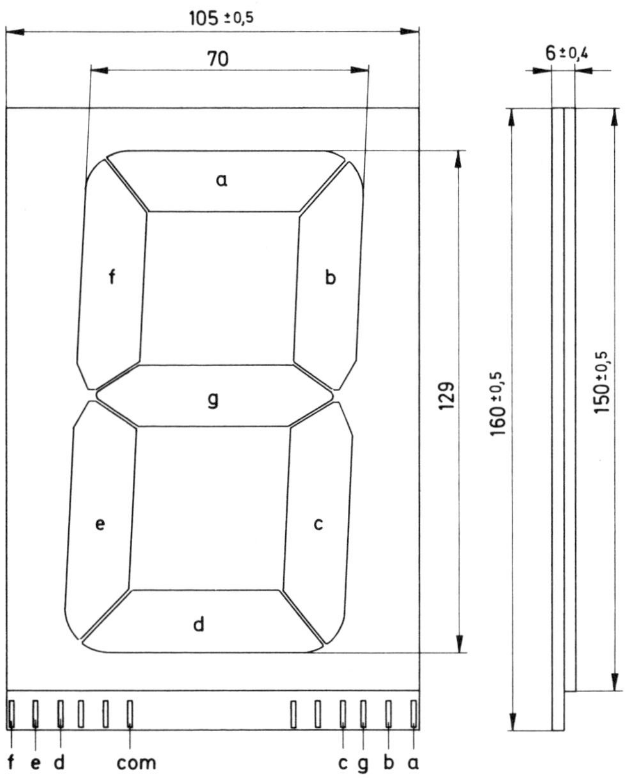

Maße in mm

Tabelle 18.8 Datenblattauszug für ein LCD in Feldeffekttechnik, Typ FAN 4055 R (Fa. Siemens)

FAN 4055 R
reflektive Ausführung
3½stellige, numerische 7-Segment-Feldeffekt-Flüssigkristall-Anzeige für Armbanduhren mit 5 mm hohen Symbolen

FAN 4055 D
transmissive Ausführung
in angesteuertem Zustand dunkle Symbole auf hellem Umfeld

Kenndaten		min.	nom.	max.	
Betriebsspannung	U_B [1,2]	1,5	3	8	V
Frequenz	f	20		100	Hz
Strom	I [3,5]			1,6	µA
Kapazität	C [3]		800		pF
Anstiegszeit	t_{An} [4]		100		ms
Abfallzeit	t_{Ab} [4]		200		ms
Betriebstemperatur	ϑ_U	−15		60	°C
Lagertemperatur	ϑ_S	−20		70	°C
Ablesewinkel	φ			± 45	°

[1] Symmetrische Wechselspannung (Effektivwert).
[2] Bei 3 V Gleichspannungsbetrieb erlischt die Anzeige nach ca. 15 s.
[3] f = 32 Hz, U_B = 3-V-Rechteckspannung, T_u = 25 °C, alle Segmente angesteuert.
[4] T_u = 25 °C.
[5] Siehe Meßschaltung.

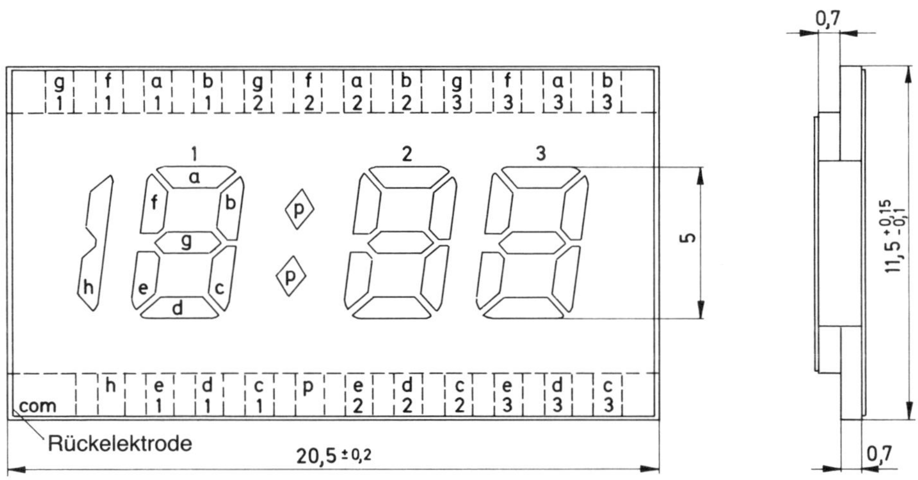

Abmessungen in mm

Bild 18.54 Dynamisches Verhalten von LC-Displays

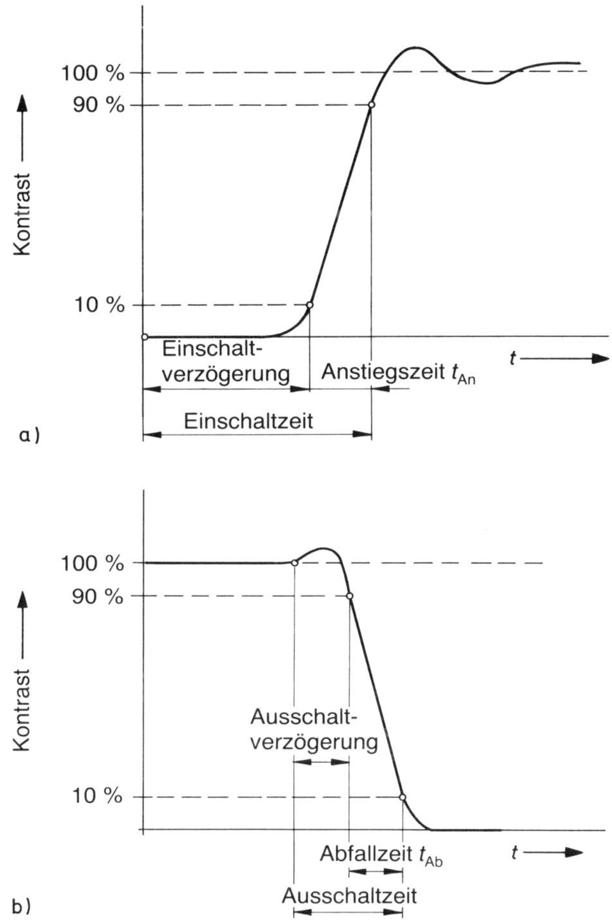

Weg beschritten werden (Bild 18.55). Das astabile Kippglied erzeugt die Rechteckspannung U_2 mit einer Frequenz von etwa 20 Hz bis 400 Hz (je nach verwendeter Anzeigeeinheit). Vom Ausgang des Decoders her erscheint während der Ansteuerphase ein H-Signal U_1. Am Ausgang des X-OR-Gliedes ergibt sich der Spannungsverlauf U_3. Am angesteuerten Segment (in Bild 18.53 Segment f) ergibt sich dann während der Anzeigezeit bezogen auf die gemeinsame Gegenelektrode eine rechteckförmige Wechselspannung U_{32}, deren arithmetischer Mittelwert praktisch Null ist.

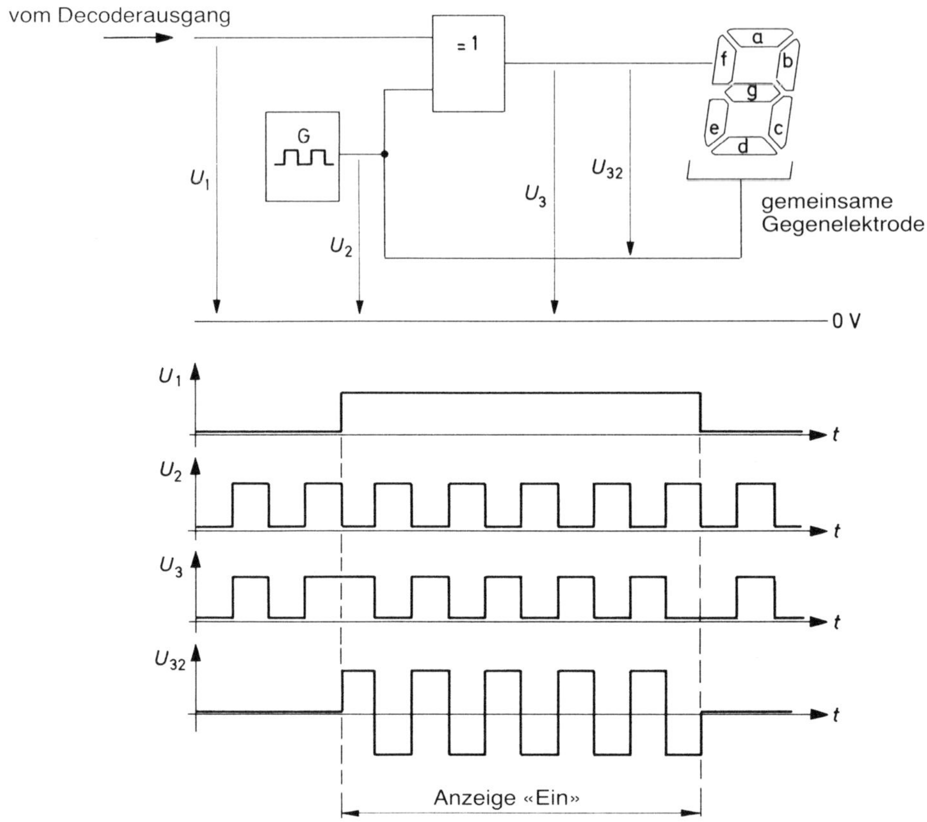

Bild 18.55 Ansteuerung von LC-Displays bei batteriegespeisten Geräten

18.5.3 Vakuum-Fluoreszenz-Displays

Bei diesen Displays handelt es sich um flach aufgebaute Vakuum-Elektronenröhren. Von ihrem Aufbau her (Bild 18.56) ähneln sie einer Triode mit Katode, Steuergitter und Anode. Die Anode wird mit Phosphor beschichtet und ist entsprechend der Anzeigegestaltung geformt. Bei 7- bzw. 16-Segment-Displays oder Punkt-Matrix-Displays existieren entsprechend viele Anoden. Die Anode bzw. Anoden können jedoch auch vollkommen beliebig gestaltet werden, um irgendwelche gewünschten Zeichen darzustellen.

Für die Betrachtung der Funktion muß von der Katode als Bezugselektrode ausgegangen werden. Die direkt geheizte Katode emittiert Elektronen. Bei Anlegen einer ausreichend hohen Anoden-Katoden-Spannung $U_{AK} \approx 24$ V gelangen aufgrund des positiven Anodenpotentials die Elektronen zur Anode. Die auf die Anode auftreffenden Elektronen bringen den fluoreszierenden Phosphor zum Leuchten. Der Anodenstrom I_A kann bei konstanter Spannung U_{AK} durch eine negative Gitter-Katoden-Spannung $-U_{GK}$ gesteuert werden. Damit läßt sich die Helligkeit der Anzeige einstellen. Die Ansteuerung der einzelnen Segmente erfolgt durch An- oder Abschalten der zugehörigen Anodenspannung. Es entstehen Ein- und Ausschaltzeiten von $t \leqq 50$ µs.

Bild 18.56 Aufbau einer Vakuum-Fluoreszenzanzeige

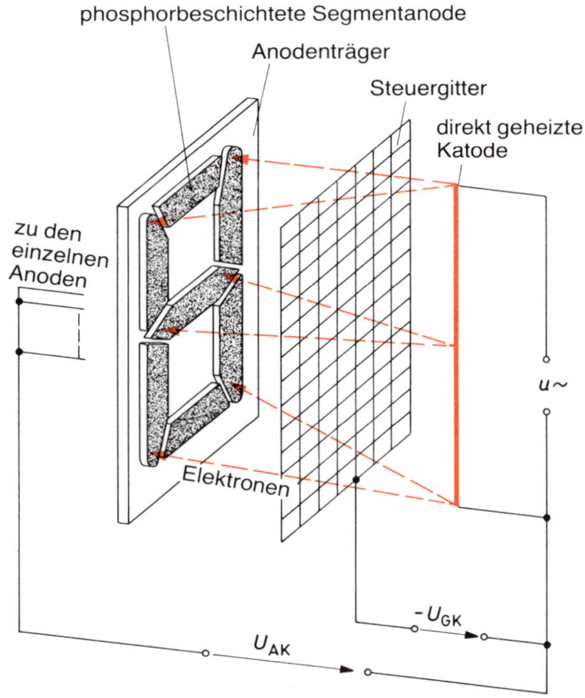

Von der Betrachtungsrichtung her sind Katode und Steuergitter im Vordergrund angeordnet. Da beide Elektroden aus sehr dünnen Drähten bestehen, werden sie von fluoreszierenden Leuchten des Phosphors überstrahlt und somit vom Betrachter nicht wahrgenommen. Charakteristisch ist ein relativ helles Licht im Grün- bis Blaubereich, das als angenehm empfunden wird.

18.5.4 Kaltkatoden-Ziffernanzeigeröhre

Sie bestehen aus einem mit Edelgas gefüllten Glaskolben, in dem eine gemeinsame Anode und zehn als Ziffern ausgebildete Katoden angeordnet sind (Bild 18.57). Wird an einer Anoden-Katoden-Strecke der Wert der Zündspannung von etwa 170 V überschritten ($U_{AK} \geqq U_Z$), so tritt eine Glimmentladung (Lichterscheinung im Edelgas) in der Gestalt der angesteuerten Katode auf. Diese Glimmentladung bleibt nach dem Zündvorgang bestehen. Dabei stellt sich an der Röhre die sogenannte Brennspannung U_{Brn} von etwa 140 V ein. Die Anodenstromstärke I_A beträgt dabei nur einige Milliampere. Bei Unterschreiten der Löschspannung $U_{Lösch}$ von etwa 120 V verlöscht die Glimmentladung und damit die Anzeige.

Um eine sichere und schnelle Zündung zu erreichen, soll das Anodenpotential U_A etwa 20% bis 30% über den Wert der Zündspannung U_Z liegen. Somit werden für den Betrieb einer Ziffernanzeigeröhre Gleichspannungen von etwa 220 V erforderlich. Die Anode wird über einen Anodenwiderstand R_A auf das hohe positive Gleichspannungspotential U_A gelegt. Der Widerstand R_A ist so zu dimensionieren, daß der Anodenstrom I_A auf den vom Röhrenhersteller angegebenen zulässigen Wert begrenzt wird. Ohne Ansteuerung liegen alle Katoden ebenfalls auf einem relativ hohen

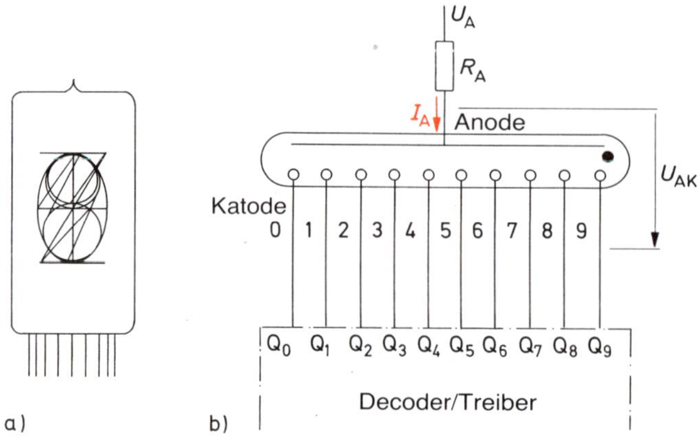

Bild 18.57 Kaltkatoden-Ziffernanzeigeröhre
a) Glaskolben aus der Betrachtungsrichtung; die übereinander liegenden Ziffern bilden die Katoden der Röhre
b) Schaltbild mit gemeinsamer Anode und den zehn Katoden, die von den Ausgängen einer Decoders/Treibers angesteuert werden

positiven Potential, so daß an allen Anoden-Katoden-Strecken die Anoden-Katoden-Spannung U_{AK} unter dem Wert der Löschspannung $U_{Lösch}$ liegt. Soll nun eine Ziffer angezeigt werden, so senkt man das zugehörige Katodenpotential U_K so weit ab, bis an dieser Anoden-Katoden-Strecke die Zündspannung U_Z überschritten wird.

Wegen der hohen Betriebsspannungen sind für die Ansteuerung einer Kaltkatoden-Ziffernanzeigeröhre Treibertransistoren hoher Spannungsfestigkeit erforderlich. In einigen Schaltkreisfamilien stehen jedoch IC mit entsprechend spannungsfesten Ausgängen zur Verfügung. Von Interesse ist hier lediglich noch die Berechnung des Anodenwiderstandes R_A.

$$R_A \approx \frac{U_A - U_{Brn}}{I_A}$$

$$P_{V(RA)} \approx (U_A - U_{Brn}) \cdot I_A$$

Beispiel: Eine Kaltkatoden-Ziffernanzeigeröhre und ein integrierter Decoder/Treiber sind entsprechend Bild 18.57b zusammengeschaltet.

Gegeben: $U_A = 220$ V
$U_{Brn} = 140$ V
$I_A \approx 2$ mA

Gesucht: $R_A =$
$P_{V(RA)} =$

Lösung:

$$R_A \approx \frac{U_A - U_{Brn}}{I_A} \approx \frac{220\text{ V} - 140\text{ V}}{2\text{ mA}} \approx 40\text{ k}\Omega$$

Gewählt $\underline{39\text{ k}\Omega}$ nach IEC-Normreihe E12

$$P_{V(RA)} \approx (U_A - U_{Brn}) \cdot I_A \approx (220\text{ V} - 140\text{ V}) \cdot 2\text{ mA} \approx 160\text{ mW}$$

Gewählt $\underline{0{,}25\text{ W}}$

Als Anodenwiderstand R_A ist in diesem Anwendungsbeispiel also ein 1/4-W-Widerstand mit einem Nennwert von 39 kΩ einzusetzen.

19 Hallgeneratoren und Feldplatten

Hallgeneratoren und Feldplatten sind magnetisch steuerbare Halbleiterbauelemente. Sie haben ganz allgemein die Aufgabe, den magnetischen Fluß Φ bzw. die magnetische Induktion B oder deren Veränderungen zu erfassen und in elektrische Signale umzuwandeln. Wegen ihrer berührungslosen Arbeitsweise sind sie keinem mechanischen Verschleiß unterworfen, gegen äußere Einflüsse, wie Staub, aggressive Gase, Erschütterungen usw., unempfindlich und daher wartungsfrei.

19.1 Hallgeneratoren

Hallgeneratoren erzeugen bei Einwirkung eines Magnetfeldes eine elektrische Spannung U, deren Höhe von der magnetischen Induktion B abhängt.

19.1.1 Grundlagen des Halleffekts und Widerstandseffekts

Halleffekt und Widerstandseffekt beruhen auf dem elektrodynamischen Elementargesetz, nach dem auf bewegte Ladungsträger in einem Magnetfeld eine Kraft wirkt. Nach ihrem Entdecker, dem niederländischen Physiker Hendrik Anton Lorentz, wird diese Kraft *Lorentzkraft* genannt. Ein infolge eines elektrischen Feldes durch ein Magnetfeld bewegter Ladungsträger wird quer zum Magnetfeld zur Seite abgelenkt. Dabei ist diese Ablenkung um so größer, je stärker die magnetische Flußdichte B und um so höher die Geschwindigkeit des Ladungsträgers ist. Diese Zusammenhänge veranschaulicht Bild 19.1.

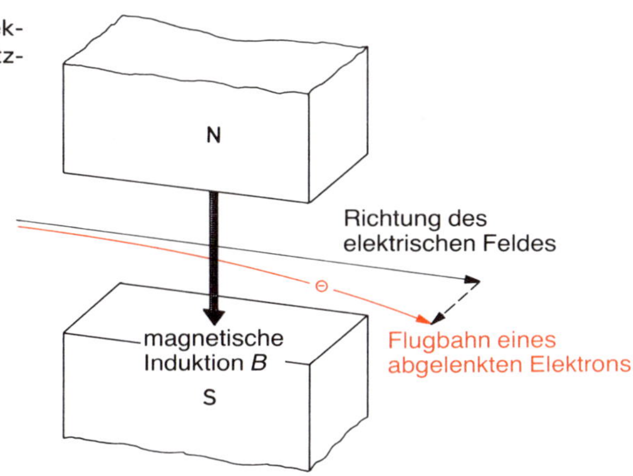

Bild 19.1 Ablenkung eines bewegten Elektrons in einem Magnetfeld infolge der Lorentzkraft

19.1.2 Funktion von Hallgeneratoren

Bringt man einen flächenhaft ausgebildeten, stromdurchflossenen Leiter so in ein Magnetfeld, daß die Oberfläche des Leiters senkrecht zu den magnetischen Feldlinien ausgerichtet ist, werden infolge der Lorentzkraft die Ladungsträger zur Seite abgelenkt (Bild 19.2a). Durch die Ansammlung der abgelenkten Ladungsträger an den Seiten des Leiters entsteht quer zum Leiter eine Potentialdifferenz, d.h. eine elektrische Spannung. Diese Erscheinung wurde im Jahre 1879 von dem amerikanischen Physiker Hall entdeckt. Man spricht daher vom *Halleffekt* bzw. von der *Hallspannung*. Die Hallspannung bedingt ein elektrisches Feld quer zum Leiter. Die Kraftwirkung dieses Feldes auf die abgelenkten Ladungsträger steht im Gleichgewicht mit der Lorentzkraft.

Neben der magnetischen Induktion B, dem Steuerstrom I_1 und den Abmessungen des Leiters ist vor allem die Ladungsträgerbeweglichkeit innerhalb des Leiters entscheidend für die Erzielung einer auswertbaren Hallspannung U_2. Diese Zusammenhänge lassen sich mathematisch wie folgt ausdrücken:

$$U_2 = \frac{Rh}{d} \cdot I_1 \cdot B$$

Hierin bedeutet:

U_2 Hallspannung in V
Rh Hallkonstante in m^3/As
d Dicke des Hallplättchens in m
I_1 Steuerstromstärke in A
B magnetische Induktion in T

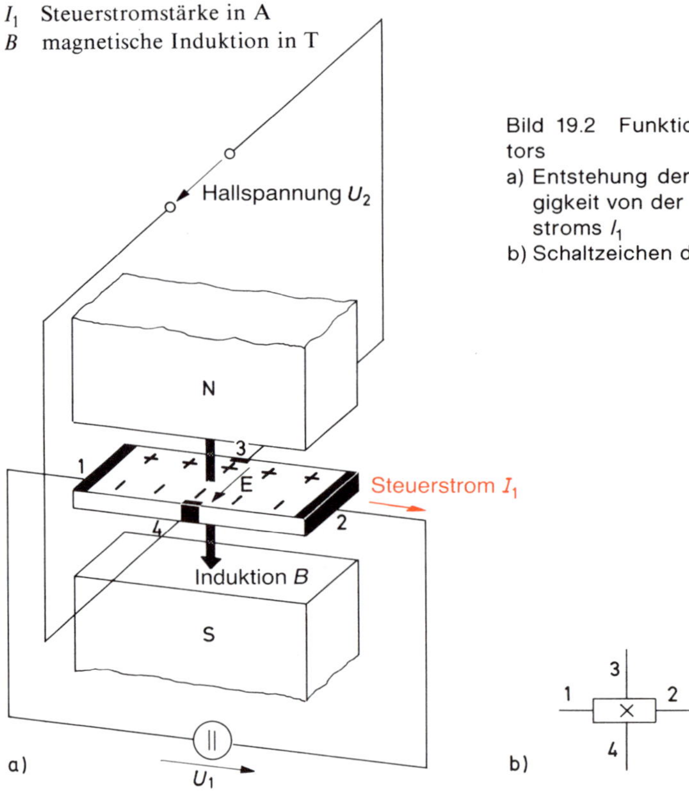

Bild 19.2 Funktionsprinzip eines Hallgenerators
a) Entstehung der Hallspannung U_2 in Abhängigkeit von der Induktion B und des Steuerstroms I_1
b) Schaltzeichen des Hallgenerators

Die Hallkonstante *Rh* ist ein Maß für die Ladungsträgerbeweglichkeit und Ladungsträgerkonzentration des als Leiter verwendeten Werkstoffs. In metallischen Leitern wird der Stromfluß zwar von sehr vielen, jedoch äußerst langsam bewegten Elektronen getragen, d.h., metallische Leiter besitzen eine relativ kleine Hallkonstante. Dieses ist der Hauptgrund dafür, daß die Hallspannung U_2 an einem innerhalb eines Magnetfeldes befindlichen, stromdurchflossenen metallischen Leiter im Normalfall nicht meßbar ist. Für die technische Anwendung des Halleffekts benötigt man Werkstoffe mit sehr hoher Ladungsträgerbeweglichkeit. Dieses sind halbleitende Verbindungen von Elementen aus der dritten und fünften Hauptgruppe des periodischen Systems der Elemente, z.B. Indiumantimonid (InSb), Indiumarsenid (InAs), Indiumarsenidphosfid (InAsP) und Galliumarsenid (GaAs). Bei Verwendung dieser Werkstoffe sind je nach Bauart Hallspannungen in der Größenordnung von $U_2 = 20$ mV bis $U_2 =$ etwa 1,5 V erreichbar. Für die Darstellung des Hallgenerators in Stromlaufplänen wird das Schaltzeichen nach Bild 19.2b benutzt.

Die Dicke des Hallplättchens *d* und die Hallkonstante *Rh*, bezogen auf eine Betriebstemperatur, können als unveränderliche Werte angesehen werden. Die Steuergrößen des Hallgenerators sind der Steuerstrom I_1 und die magnetische Induktion *B* des Steuerfeldes. Wirken beide gleichzeitig und stehen beide Größen senkrecht zueinander, so entsteht an den Hallelektroden 3 und 4 eine dem Produkt der Steuergrößen proportionale Hallspannung U_2. Diese multiplikative Verknüpfung elektrischer Größen ist das Hauptmerkmal des Hallgenerators.

19.1.3 Aufbau von Hallgeneratoren

Das Hallplättchen mit seinen Anschlußelektroden und den Anschlußdrähten stellt das elektrische System eines Hallgenerators dar. Die Elektroden 1 und 2 dienen der Zuführung des Steuerstroms I_1, die Elektroden 3 und 4 zur Abnahme der Hallspannung U_2. Die wirksame Fläche des Hallplättchens beträgt etwa 0,25 mm² bis 100 mm² und wird aus der Länge *a* und der Breite *b* gebildet. Die Dicke *d* beträgt etwa 0,5 µm bis 100 µm.

Das Hallplättchen kann durch entsprechende Formgebung auf die vorgesehene Aufgabe optimiert werden. Die Rechteckform (Bild 19.3a) mit $a : b \approx 2$ ist z.B. für Hallgeneratoren hoher Halleistung geeignet. Bei einem Hallplättchen in Kreuzform (Bild 19.3b) sind — bedingt durch den

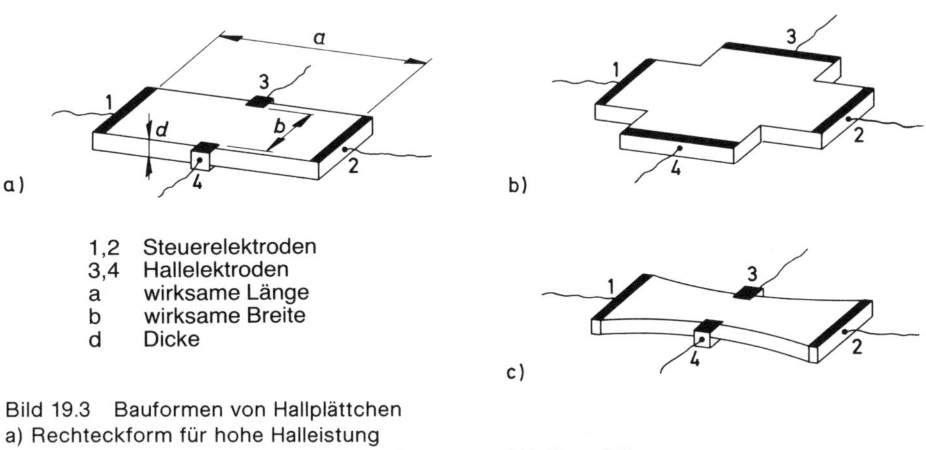

Bild 19.3 Bauformen von Hallplättchen
a) Rechteckform für hohe Halleistung
b) Kreuzform für Vertauschbarkeit der Steuer- und Hallanschlüsse
c) Schmetterlingsform für hohe Induktionsempfindlichkeit

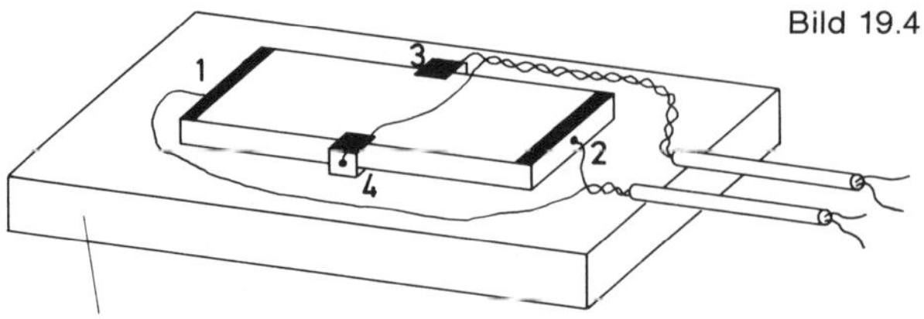

Bild 19.4 Hallplättchen auf einer Trägerplatte

symmetrischen Aufbau — die Steuer- und Hallelektroden vertauschbar. Die Schmetterlingsform (Bild 19.3c) zeichnet sich bei Konzentrierung des magnetischen Flusses auf die Mittelfläche durch eine hohe Induktionsempfindlichkeit aus.

Zum Schutz gegen mechanische Beanspruchungen wird das dünne, aktive Hallplättchen je nach Anwendung auf eine Keramik- oder Ferritträgerplatte aufgebracht. Dabei finden folgende Technologien Anwendung:

Kristalline Schicht: Das Hallplättchen wird aus erschmolzenen Halbleiterstäben durch Sägen, Schleifen und Ätzen in der gewünschten Form hergestellt. Es können Dicken von 5 μm bis 100 μm erreicht werden. Trägerplatte und Hallplättchen werden mit einer 1 μm bis 2 μm dicken Epoxidharzschicht verbunden.
Aufgedampfte Schicht: Die Halbleiterschicht wird bis zu einer Dicke von 2 μm bis 3 μm auf die Trägerplatte aufgedampft.
Epitaktische Schicht: Die Halbleiterschicht wächst auf einem Substrat in einer Gas- oder Flüssigphase bis zu einer Dicke von etwa 10 μm auf.
Ionenimplantierte Schicht: Die Halbleiterschicht wird durch Implantieren (Einpflanzen) geeigneter Ionen in das Halbleiterbasismaterial erzeugt. Es können Schichtdicken von nur etwa 0,4 μm erzielt werden.

Bezüglich des weiteren Aufbaus unterscheidet man:

Offene Bauweise: Die Trägerplatte mit dem Hallplättchen und den Anschlußdrähten wird lediglich mit einer Schutzummantelung aus Isolierlack oder Epoxidharz versehen.
Kastenbauweise: Um das auf der Trägerplatte befindliche Hallplättchen wird ein Rahmen gelegt. Der so entstandene Kasten wird durch eine Deckplatte verschlossen.

19.1.4 Datenblatt eines Hallgenerators

Als aktiver Signalgeber wird der Hallgenerator innerhalb einer elektronischen Schaltung fast immer einen nachgeschalteten Verstärker ansteuern. Um einen ordnungsgemäßen Betrieb zu gewährleisten, sind dabei bestimmte Betriebsbedingungen einzuhalten. In welcher Größenordnung dürfen die Steuergrößen I_1 und B liegen? Wie verhält sich die Hallspannung U_2 bezüglich Wert und Linearität in Abhängigkeit von diesen Steuergrößen? Wie wirkt sich der nachgeschaltete Verstärkereingang als Last auf die Funktion des Hallgenerators aus? Welche Abweichungen ergeben sich bei verschiedenen Umgebungstemperaturen? Das sind Fragen, die sowohl den Entwickler als auch den Betreiber einer Schaltung interessieren. Antworten hierauf gibt das vom Hersteller veröffentlichte Datenblatt mit den darin aufgeführten Grenzdaten, Kenndaten und Kennlinien. Als Beispiel eines solchen Datenblattes ist in Tabelle 19.1 ein Auszug aus einem Datenbuch (Siemens) für die Feldsonde FA24 wiedergegeben. Die in den Abschnitten 19.1.5 und 19.1.6 gegebenen Erläuterungen beziehen sich auf dieses Datenblatt.

Tabelle 19.1 Datenblatt eines Hallgenerators, Typ FA 24 (Siemens)

Die Feldsonde FA 24 eignet sich zur Ausmessung von Gleich- und Wechselfeldern (Halbleitermaterial InAs).
Hallspannungsanschlüsse: blauer Schlauch, Steuerstromanschlüsse: roter Schlauch, Drahtlänge: 120 mm, Schlauchlänge: 100 mm.

Typ	Bestellnummer
FA 24	Q64001-F24

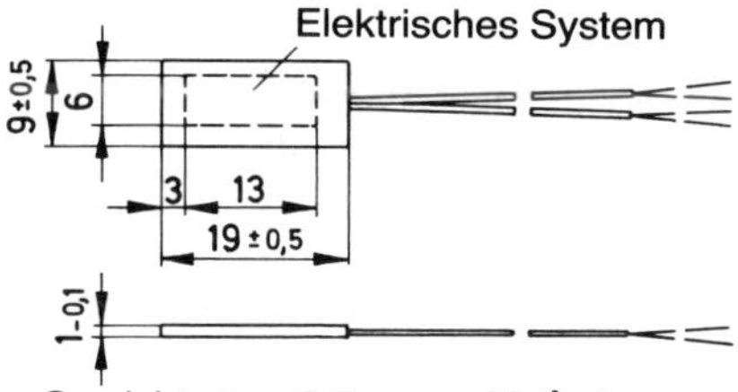

Gewicht etwa 0,7 g Maße in mm

Grenzdaten			
Maximal zulässiger Steuerstrom in ruhender Luft	I_{1M}	500	mA
Wärmeleitwert zwischen Halbleiterschicht und Außenseite des Mantels (beidseitig)	$G_{th\,G}$	ca. 80	mW/K
Betriebstemperatur	ϑ_u	−20 bis +90	°C
Lagertemperatur	ϑ_s	−50 bis +100	°C
Kenndaten ($\vartheta_u = 25\,°C$)			
Nennwert des Steuerstroms bei Betrieb in Luft	I_{1n}	400	mA
Leerlaufhallspannung bei I_{1n}; $B = 1$ Tesla	U_{20}	$\geqq 300$	mV
Abschlußwiderstand für lineare Anpassung für den Feldbereich 0—1 T	R_{LL}	ca. 7	Ω
Linearisierungsfehler bei Abschluß mit R_{LL} (bezogen auf 1 T)	F_{LL}	<1	%
Leerlaufempfindlichkeit (bezogen auf 1 T)	K_{B0}	$\geqq 0{,}75$	V/AT
Mittlere Empfindlichkeit bei Abschluß mit R_{LL} (in % v. K_{B0}, bezogen auf 1 T)	K_{BL}	ca. 75	%
Steuerseitiger Innenwiderstand bei $B = 0$ (einschließlich Zuleitungswiderstand)	R_{10}	ca. 1,4	Ω
Hallseitiger Innenwiderstand bei $B = 0$ (einschließlich Zuleitungswiderstand)	R_{20}	ca. 1,1	Ω
Ohmsche Nullkomponente	R_0	$< 2{,}5 \cdot 10^{-3}$	V/A
Induktive Nullkomponente	A_2	<0,05	cm^2
Mittlerer Temperaturkoeffizient von U_{20} zwischen −20 und +90 °C	β	ca. −0,07	%/°C
Mittlerer Temperaturkoeffizient von R_{10} und R_{20} zwischen −20 und +90 °C	α	ca. 0,2	%/°C

19.1.5. Grenzdaten eines Hallgenerators

Die im Datenblatt angegebenen Grenzdaten sind während des Betriebes eines Hallgenerators unbedingt einzuhalten. Wird auch nur einer dieser Werte überschritten, kann es zur Zerstörung des Hallgenerators kommen. Wenn nicht anders angegeben, gelten Grenzdaten für eine Umgebungstemperatur von 25 °C.

Maximal zulässiger Steuerstrom I_{1M} **:** Bei unbedachter Erhöhung des Steuerstroms I_1 kommt es infolge überhöhter Steuerleistung zur Überhitzung und damit zur Zerstörung des Hallgenerators. Es ist daher ein höchstzulässiger Steuerstrom einzuhalten, der auch bei Dauerbetrieb nicht zur Zerstörung des Hallgenerators führt. Dieser Wert ist sehr stark abhängig von den jeweiligen Betriebs- und Einbauverhältnissen und der Umgebungstemperatur, d.h. von den vorliegenden Kühlungsverhältnissen.

Wärmeleitwert G_{th} **:** Wird durch Kühlungsmaßnahmen für eine bessere Wärmeableitung gesorgt, kann der Hallgenerator auch bei höheren Umgebungstemperaturen mit dem maximal zulässigen Steuerstrom I_{1M} betrieben werden. Für die dazu erforderliche Berechnung ist die Kenntnis des Wärmeleitwertes G_{th} erforderlich. (Hinweise hierzu siehe Kapitel 22 Kühlung von Bauelementen.)

Betriebstemperatur ϑ**:** Die höchstzulässige Temperatur der Halbleiterschicht eines Hallgenerators darf, falls im Datenblatt nicht anders angegeben, 120 °C betragen. Damit dieser Wert bei einem Steuerstrom $I_1 = I_{1M}$ nicht überschritten wird, darf die Umgebungstemperatur des Hallgenerators nicht über den im Datenblatt genannten oberen Grenzwert der Betriebstemperatur liegen.

Lagertemperatur ϑ_S **:** Bei Über- oder Unterschreiten der im Datenblatt angegebenen Lagertemperaturen können irreparable Schäden am Hallgenerator auftreten. Diese Fehler sind hauptsächlich in bleibenden Veränderungen der Werkstoffeigenschaften zu suchen.

19.1.6 Kennlinien und Kenndaten

Die im Datenblatt angegebenen Kennlinien und Kenndaten sind ebenfalls auf eine Umgebungstemperatur von 25 °C bezogen. Für eine ordnungsgemäße Funktion des Hallgenerators ist die Einhaltung der Nennwerte unerläßlich. Dabei wird zwischen dem unbelasteten (Leerlauf) und dem belasteten Hallgenerator unterschieden.

$U_{20} = f(B)$**-Kennlinie:** Im Leerlauf gilt für die Hallspannung:

$$U_{20} = \frac{Rh}{d} \cdot I_1 \cdot B$$

Bei Nennbetrieb kann die Hallkonstante Rh und somit der Quotient Rh/d als unveränderliche Größe angesehen werden. Die Leerlaufhallspannung U_{20} ist also proportional dem Steuerstrom I_1 und der magnetischen Induktion B des Steuerfeldes. Diese Zusammenhänge werden in der $U_{20} = f(B)$-Kennlinie (Bild 19.5) dargestellt. Die Leerlaufhallspannung U_{20} wird bei konstantem Steuerstrom I_1 — meistens ist dieses der Nennwert des Steuerstroms I_{1n} — in Abhängigkeit von der Induktion B ermittelt. Aufgrund des nahezu proportionalen Zusammenhangs zwischen diesen Größen ergibt sich eine lineare Kennlinie. Wird das magnetische Steuerfeld in seiner Richtung umgekehrt, muß sich zwangsläufig auch die Hallspannung umpolen, die Kennlinie liegt dann im III. Quadranten.

Nennwert des Steuerstroms I_{1n} **:** Dieser im Datenblatt angegebene Wert des Steuerstroms sollte bei Nennbetrieb nicht überschritten werden. Bei Steuerströmen der Größenordnung I_{1n} bis I_{1M}

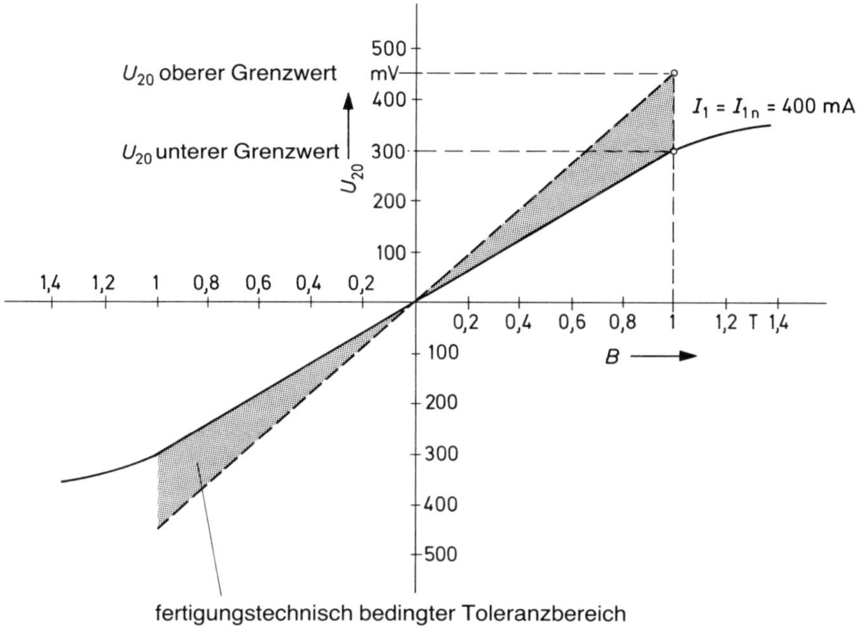

Bild 19.5 $U_{20} = f(B)$-Kennlinie
Abhängigkeit der Leerlaufhallspannung U_{20} von der Induktion B bei konstantem Steuerstrom I_{1n} für die Hallfeldsonde FA24

kommt es infolge Eigenerwärmung des Hallplättchens zur Herabsetzung der Hallkonstanten Rh und damit zwangsläufig zur Verringerung der Leerlaufhallspannung U_{20}. Die $U_{20} = f(B)$-Kennlinie würde flacher verlaufen.

Steuerseitiger Innenwiderstand R_{10}**:** Damit die elektrischen Verhältnisse des Steuerstromkreises berechnet werden können, muß der in diesem Kreis wirkende Widerstand des Hallplättchens bekannt sein. Im Datenblatt wird der steuerseitige Innenwiderstand bei einer Induktion $B = 0$ als R_{10} angegeben.

Leerlaufhallspannung U_{20}**:** Der im Datenblatt angegebene Nennwert der Leerlaufhallspannung U_{20n} bezieht sich auf den Nennwert des Steuerstroms I_{1n} und der genannten Induktion (z.B. 1 T). Hierbei handelt es sich um einen unteren Grenzwert, der von allen Hallgeneratoren des betreffenden Typs garantiert erreicht wird. Der obere Grenzwert kann bis zu dem Faktor 1,5 höherliegen (siehe gestrichelte $U_{20} = f(B)$-Kennlinie in Bild 19.5). Im fertigungstechnisch bedingten Toleranzbereich liegen somit die $U_{20} = f(B)$-Kennlinien aller Hallgeneratoren gleichen Typs.

Magnetische Induktion B**:** Wird die magnetische Induktion B über einen bestimmten Wert hinaus erhöht, so kann infolge von Sättigungserscheinungen die Hallspannung U_2 nicht mehr proportional ansteigen. Die $U_{20} = f(B)$-Kennlinie flacht ab, d.h., sie verläuft nicht mehr linear. Bei Hallgeneratoren mit keramischem Träger werden im Datenblatt bezüglich der Induktion keine speziellen Angaben über den Linearitätsbereich gemacht. Diese Werte sind den Linearitätsangaben zu entnehmen. Bei Hallgeneratoren mit ferromagnetischem Träger wird der Nennwert des Steuerflusses Φ_n angegeben. Er ist so gewählt, daß er unter dem Sättigungsknick des Trägermaterials liegt. Durch das Überschreiten des Linearitätsbereichs wird der Hallgenerator nicht zerstört.

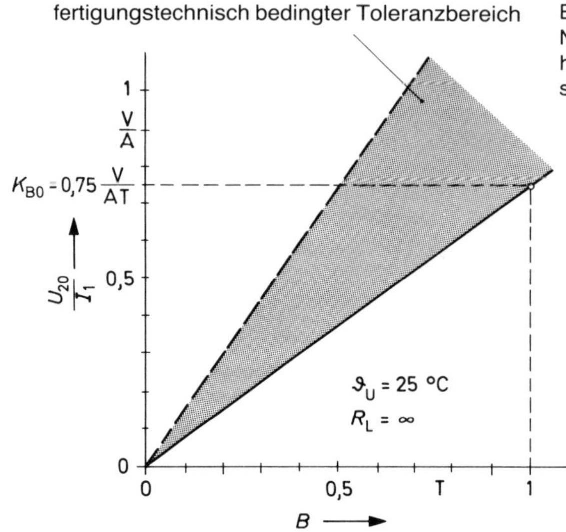

Bild 19.6 $U_{20}/I_1 = f(B)$-Kennlinie
Normierte Leerlaufhallspannung U_{20}/I_1 in Abhängigkeit von der Induktion B für die Hallfeldsonde FA24

$U_{20}/I_1 = f(B)$**-Kennlinie:** Eine andere Art, die Abhängigkeit der Leerlaufhallspannung U_{20} von den Steuergrößen I_1 und B darzustellen, ist die sogenannte normierte Darstellung (Bild 19.6). Hierbei wird auf die Ordinatenachse die Leerlaufhallspannung U_{20}, bezogen auf den Steuerstrom I_1, also das Verhältnis U_{20}/I_1, aufgetragen.

Induktionsempfindlichkeit K_{B0}**:** Die Induktionsempfindlichkeit K_{B0}, auch Leerlaufempfindlichkeit genannt, gibt die Steigung der normierten Leerlaufhallspannungs-Kennlinie an. Sie ist mathematisch definiert durch die Formel:

$$K_{B0} = \frac{U_{20}}{I_1 \cdot B}$$

Hierin bedeutet:

K_{B0} Induktionsempfindlichkeit in V/AT
U_{20} Leerlaufhallspannung in V
I_1 Steuerstrom in A
B Induktion in T

Im Datenblatt wird der Wert K_{B0} auf eine Induktion (z.B. 1 T) bezogen. Wegen der Linearität der Kennlinie gilt K_{B0} jedoch für den gesamten linearen Induktionsbereich. Bei der Datenblattangabe handelt es sich wiederum um einen unteren Grenzwert.

Beispiel: Für die Feldsonde FA24 ergibt sich mit den aus dem Datenblatt entnommenen Nennwerten:

$$K_{B0} = \frac{U_{20}}{I_{1n} \cdot B} = \frac{0{,}3\ \text{V}}{0{,}4\ \text{A} \cdot 1\ \text{T}} = \underline{0{,}75\ \text{V/AT}}$$

Durch Formelumstellung kann bei bekannten Steuergrößen sehr einfach die Leerlaufhallspannung ermittelt werden:

$$U_{20} = K_{B0} \cdot I_1 \cdot B$$

Beispiel: Ein Hallgenerator wird bei einer Induktion $B = 0{,}8\,\text{T}$ mit einem Steuerstrom $I_1 = 150\,\text{mA}$ betrieben. Die Induktionsempfindlichkeit ist im Datenblatt mit $K_{B0} = 1{,}45\,\text{V/AT}$ angegeben. Wie hoch ist die mit Sicherheit zu erwartende Leerlaufhallspannung?

Lösung:

$$U_{20} = K_{B0} \cdot I_1 \cdot B = 1{,}45\,\text{V/AT} \cdot 0{,}15\,\text{A} \cdot 0{,}8\,\text{T}$$

$$U_{20} = 0{,}174\,\text{V} = \underline{174\,\text{mV}}$$

Abschlußwiderstand für lineare Anpassung R_{LL}: Die Belastung des Hallgenerators erfolgt an den Hallelektroden 3 und 4. Wird hier ein Lastwiderstand R_L angeschlossen, wirkt die Leerlaufhallspannung U_{20} als Urspannung, die den Hallstrom I_2 durch den aus Lastwiderstand R_L und hallseitigem Innenwiderstand R_2 des Hallplättchens bestehenden Hallstromkreis treibt (Bild 19.7).

Bild 19.7 Ersatzschaltbild für den Hallstromkreis eines belasteten Hallgenerators

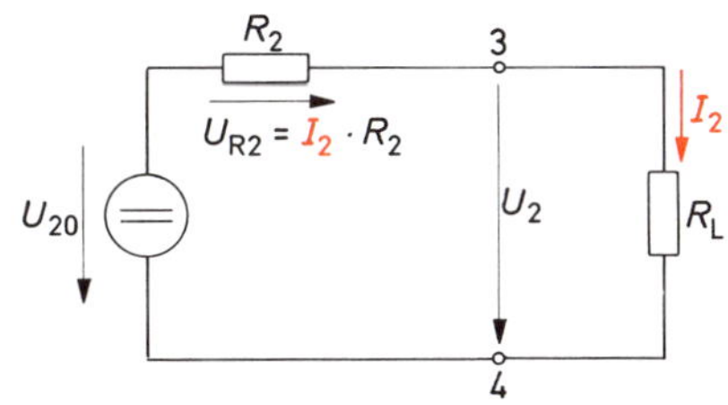

Dabei hängt die Klemmenhallspannung U_2 vom Anpassungsverhältnis R_2/R_L ab. Bei Belastung verringert sich die Hallspannung, wichtiger ist hier jedoch die Tatsache, daß durch die Belastung Linearitätseinbußen in Kauf genommen werden müssen. Diese Zusammenhänge veranschaulicht Bild 19.8. Innerhalb des Nenn-Induktionsbereichs kann die bestmögliche Linearität zwischen der Hallspannung U_2 und der Induktion B nur bei Verwendung eines bestimmten Lastwiderstandes R_{LL} erreicht werden. Dieser Lastwiderstand für optimale Linearitätsanpassung muß für jeden einzelnen Hallgenerator meßtechnisch ermittelt werden. Der im Datenblatt angegebene Wert R_{LL} ist als Näherungswert zu betrachten.

> Der Lastwiderstand eines Hallgenerators wird in der Regel so gewählt, daß zwischen der Hallspannung U_2 und der Induktion B ein linearer Zusammenhang bestehen bleibt.

Mittlere Empfindlichkeit bei linearer Anpassung
K_{BL}: Die Steilheit der $U_2 = f(B)$-Kennlinie für lineare Anpassung bezeichnet man als die Induktionsempfindlichkeit bei linearer Anpassung K_{BL}. Im Datenblatt wird K_{BL} in % von K_{B0} angegeben.

Beispiel: Für die Feldsonde FA24 wird K_{BL} mit 75% von K_{B0} angegeben.
Wie groß ist der absolute Wert von K_{BL}, wenn mit dem unteren Grenzwert $K_{B0} = 0{,}75\,\text{V/AT}$ gerechnet wird?

Lösung:

$$K_{BL} = \frac{B_{B0} \cdot 75}{100} = \frac{0{,}75\,\text{V/AT} \cdot 75}{100} = \underline{0{,}57\,\text{V/AT}}$$

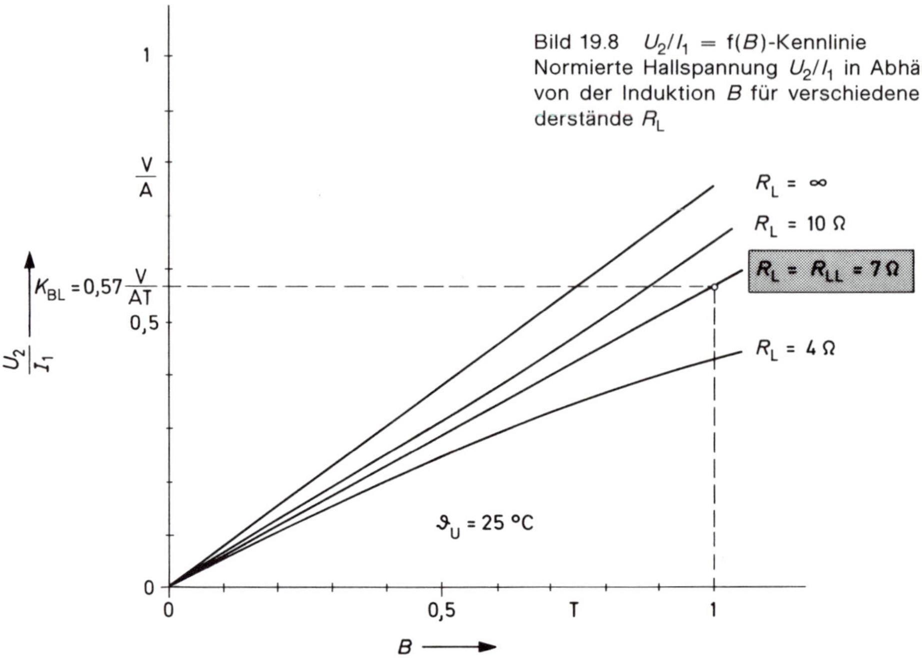

Bild 19.8 $U_2/I_1 = f(B)$-Kennlinie
Normierte Hallspannung U_2/I_1 in Abhängigkeit von der Induktion B für verschiedene Lastwiderstände R_L

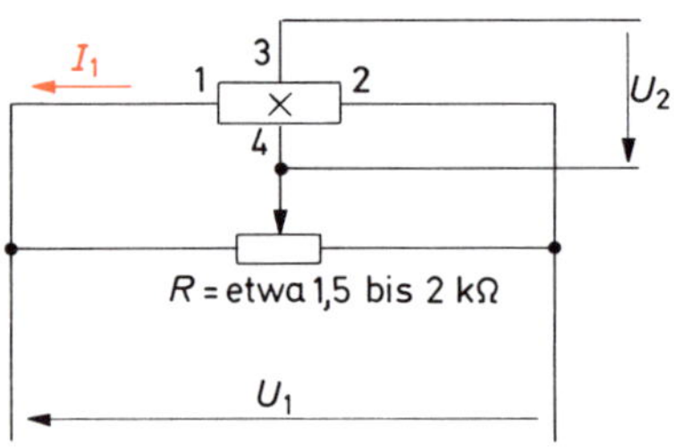

Bild 19.9 Prinzipschaltung zur Kompensation der ohmschen Nullkomponente

Hallseitiger Innenwiderstand R_{20}**:** Als hallseitiger Innenwiderstand wird der im Hallstromkreis wirkende Widerstand des Hallplättchens bezeichnet. Er wird im Datenblatt auf eine Induktion $B = 0$ bezogen als R_{20} angegeben.

Ohmsche Nullkomponente R_0**:** Ohne Steuerfeld, d.h., bei der Induktion $B = 0$ kann an den Hallelektroden eine dem Steuerstrom I_1 proportionale Spannung gemessen werden. Zwischen den Hallelektroden 3 und 4 wirkt demnach ein ohmscher Widerstand. Dieser wird als ohmsche Nullkomponente R_0 bezeichnet. Sein Entstehen ist fertigungstechnisch bedingt. Der Hallspannung U_2 ist also ein ohmscher Spannungsteil überlagert.

$$U_{2R0} = R_0 \cdot I_1$$

Durch eine entsprechende äußere Beschaltung des Hallgenerators kann dieser ohmsche Spannungsteil kompensiert werden (Bild 19.9). Über einen ohmschen Spannungsteiler (Potentiometer) parallel zur Steuerstrecke 1 bis 2 wird bei $B = 0$ die eine Hallelektrode auf das Potential der anderen Hallelektrode gebracht.

Temperaturabhängigkeit
Die Temperaturabhängigkeit der Hallkonstanten Rh wirkt sich entsprechend auf die Hallspannung U_2 aus. Die eingangs genannten Halbleiterwerkstoffe besitzen einen diesbezüglich negativen Temperaturkoeffizienten, d.h., die Hallspannung U_2 sinkt mit steigender Temperatur. Der im Datenblatt genannte Temperaturkoeffizient β gibt die Abweichung der Leerlaufhallspannung U_{20} in %/°C bezogen auf den Nennwert U_{20n} an. Auch die Innenwiderstände R_{10} und R_{20} sind temperaturabhängig. Diese Abhängigkeit wird durch den im Datenblatt angegebenen Temperaturkoeffizienten α in %/°C berücksichtigt. Im Gegensatz zu anderen Halbleiterwerkstoffen ist der Temperaturkoeffizient α bei Hallgeneratoren häufig positiv. Während die Halbleiterwerkstoffe InAs, InAsP und GaAs nur sehr kleine Temperaturkoeffizienten besitzen, muß bei InSb mit erheblichen temperaturbedingten Abweichungen gerechnet werden.

19.1.7 Anwendung von Hallgeneratoren

Das funktionelle Hauptmerkmal des Hallgenerators ist die multiplikative Verknüpfung der beiden Steuergrößen I_1 und B zu der als Produkt entstehenden Hallspannung U_2. Diese Produktbildung erfolgt ohne mechanische Beanspruchungen und darüber hinaus nahezu trägheitslos. Aus diesen Gründen ergeben sich für den Hallgenerator eine Vielzahl von Anwendungsmöglichkeiten. Je nach Aufgabe werden dabei unterschiedliche Anforderungen an den Hallgenerator gestellt. Es kann unterschieden werden zwischen Hallgeneratoren für die analoge Meßwertaufnahme und solchen für die digitale Signalgabe. Im nachfolgenden sollen einige prinzipielle Anwendungsmöglichkeiten aufgezeigt werden.

Messung magnetischer Felder
Für diese Aufgabe wird der Hallgenerator mit dem Abschlußwiderstand für lineare Anpassung R_{LL} belastet (Meßinstrumenten-Innenwiderstand) und der Steuerstrom I_1 aus einer Konstantstromquelle eingespeist. Die Höhe der Hallspannung U_2 ist dann proportional der zu bestimmenden magnetischen Induktion B. Der Hallgenerator darf dabei allerdings nur im linearen Induktionsbereich betrieben werden. Die für diese Anwendung entwickelten Hallgeneratoren bezeichnet man als Feldsonden. Sie zeichnen sich vor allem durch eine hohe Konstanz bezüglich Empfindlichkeit, Linearität und Temperaturstabilität aus. Zur Messung von Streufeldern oder bei genügend großen Luftspalten benutzt man relativ großflächige Präzisionssonden, für punktförmige Messungen Sonden mit sehr kleiner induktionsempfindlicher Fläche und besonders dünne Spezialsonden für Messungen in engen Luftspalten. Mit den sogenannten Axial- und Tangentialsonden können die entsprechenden Feldkomponenten gemessen werden. Spezielle Feldsonden ermöglichen Induktionsmessungen bei Tieftemperaturen bis −269 °C (flüssiges Helium).

Potentialfreie Messung hoher Gleichströme
Der zu messende Strom I fließt durch die Wicklung eines Elektromagneten mit weichmagnetischem Joch (Bild 19.10). Für die magnetische Induktion im Luftspalt des Joches besteht folgende Abhängigkeit:

$$B = \mu_0 \frac{I \cdot N}{l_L + \frac{l_{Fe}}{\mu_r}}$$

B magnetische Induktion in T
μ_0 absolute Permeabilität $= 1{,}256 \cdot 10^{-6}$ Vs/Am
I zu messender Strom in der Wicklung in A
N Anzahl der Spulenwindungen
l_L Länge des Luftspaltes in m
l_{Fe} mittlere Länge des Jochs in m
μ_r relative Permeabilität des Eisens

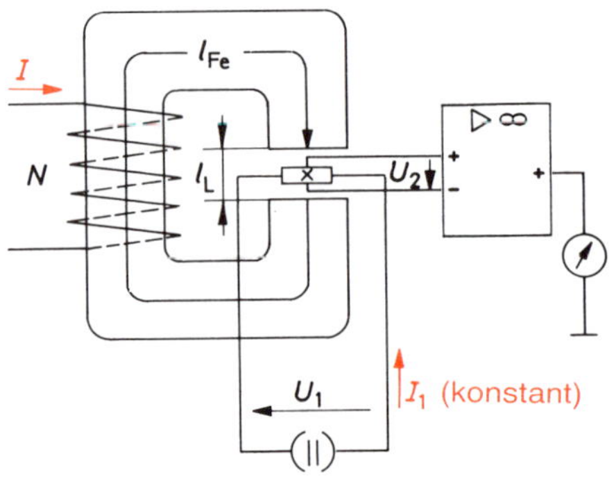

Bild 19.10 Prinzip einer potentialfreien Gleichstrommessung mittels Hallgenerator

(Weitere Hinweise siehe Grundlagenband «Magnetischer Kreis».) In der vorstehenden Formel können die Größen μ_0, N, l_L, l_{Fe} und μ_r als konstante Werte angesehen werden. Es besteht also ein proportionaler Zusammenhang zwischen dem zu messenden Strom I und der Luftspaltinduktion B. Zwischen der Induktion B und der Hallspannung U_2 des Hallgenerators besteht ebenfalls ein proportionaler Zusammenhang. Somit ist die Hallspannung U_2 ein stetes (analoges) Abbild des zu messenden Stroms I. Bei dieser Meßmethode ist jedoch zu beachten, daß das Jocheisen unterhalb der magnetischen Sättigung betrieben wird.

Potentialfreie Leistungsmessung in Gleichstromkreisen

Im Gleichstromkreis berechnet sich die elektrische Leistung nach der Formel:

$$P = U \cdot I$$

Wird nun in Bild 19.10 der Steuerstrom I_1 nicht von einer Konstanstromquelle gespeist, sondern von der für die Leistungsmessung bestimmenden Spannung U, kann das Meßinstrument direkt auf das Produkt $P = U \cdot I$ geeichet werden. Hier wird die multiplikative Verknüpfung zweier elektrischer Größen durch den Hallgenerator ausgenutzt.

Hallgenerator als digitaler Signalgeber

In der Digitaltechnik arbeitet ein einzelner Signalgeber als binäres Schaltelement (siehe Kapitel 21). Bei digitalen Hallgeneratorgebern muß also die Hallspannung U_2 zum Erzeugen eines eindeutigen Ein- und Ausschaltsignals benutzt werden. Dabei unterscheidet man zwischen Hallgeneratorgebern für Magnetbetätigung und solchen für Eisenbetätigung. Bild 19.11 zeigt die Prinzipien von Hallgeneratorgebern für Magnetbetätigung. Die im Hallgenerator erzeugte Hallspannung U_2 ist dabei abhängig vom Abstand d zwischen Hallgenerator und Magnet, der Magnetisierungsrichtung des Magneten und der Bewegungsrichtung s des Magneten zum Hallgenerator. Vielfach wird die Hallspannung U_2, wie in Bild 19.12 dargestellt, über einen Verstärker, Schmitt-Trigger und einer Ausgangsstufe zu einem binären Signal weiterverarbeitet. Bild 19.13 zeigt einen Hallgenerator für Eisenbetätigung. Der Hallgenerator ist auf einem Permanentmagneten montiert. Ein sich nähern-des Eisenteil konzentriert den magnetischen Streufluß auf den Hallgenerator um so mehr, je geringer der Abstand d wird. Somit ist die Hallspannung U_2 wiederum abhängig vom Abstand d zwischen Hallgenerator und Eisenteil. Die weitere Verarbeitung der Hallspannung U_2 kann wie beim Hallgeneratorgeber für Magnetbetätigung erfolgen. Der Vorteil des Hallgeneratorgebers für Eisenbetätigung liegt darin, daß er als Sensor für ferromagnetische Stoffe eingesetzt werden kann.

Bild 19.11 Hallgeneratorgeber für Magnetansteuerung

a) Ein Permanentmagnet wird in Richtung s zum Hallgenerator bewegt. Dabei entsteht im Hallgenerator eine Hallspannung U_2 in Abhängigkeit vom Abstand d zwischen Magnet und Hallgenerator

b) Ein Permanentmagnet mit senkrechter Magnetisierung wird in einem konstanten Abstand d in Richtung s am Hallgenerator vorbeigeführt. Dabei entsteht eine Hallspannung U_2 mit einem Maximum bei senkrechter Ausrichtung des Magneten zum Hallgenerator

c) Ein Permanentmagnet mit waagerechter Magnetisierung wird in einem konstanten Abstand d in Richtung s am Hallgenerator vorbeigeführt. Dabei entsteht eine Hallspannung U_2 mit sinusförmigem Verlauf

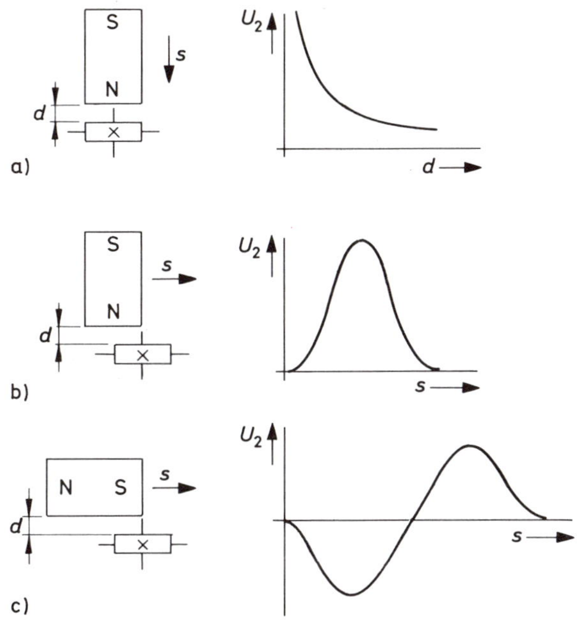

Bild 19.12 Prinzipschaltung eines integrierten Hallgeneratorgebers für Magnetbetätigung

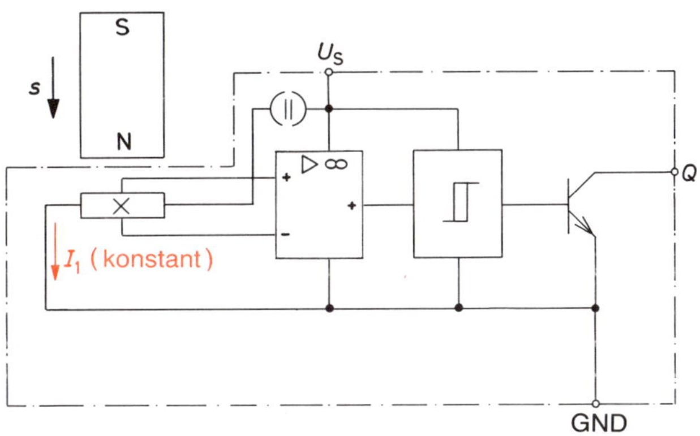

Bild 19.13 Hallgeneratorgeber mit Vormagnetisierung und Eisenbetätigung

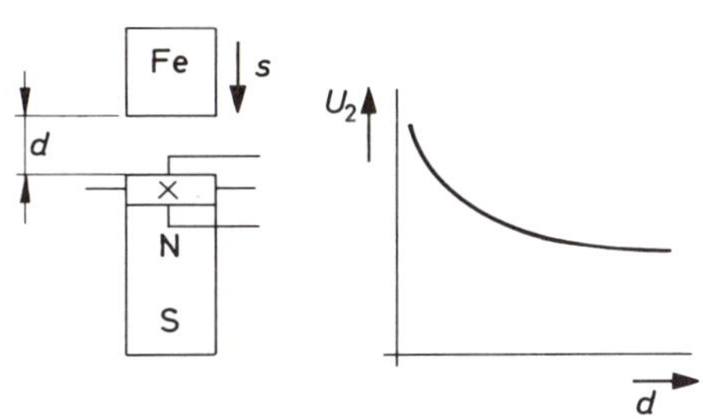

Hallgeneratorgeber beider Arten einschließlich der nachgeschalteten Elektronik gemäß Bild 19.12 werden heute bereits als IC angeboten. Sie dienen zur Lösung vielfältigster Aufgaben. Der Vorteil dieser Signalgeber liegt vor allem darin, daß die Signalgabe kontaktlos erfolgt, die Höhe der erzeugten Hallspannung unabhängig von der Betätigungsgeschwindigkeit ist und an den Hallgenerator keine hohen Ansprüche bezüglich der Linearität gestellt werden müssen. In vielen digitalen Steuerungsanlagen wird Wert auf genaue Positionierung gelegt. Hallgeneratorgeber ermöglichen eine auf 10 µm reproduzierbare Schaltgenauigkeit.

Kontaktlose Kommutierung bei Gleichstrommotoren

In Gleichstrommotoren mit feststehenden Wicklungen und Permanentmagnetläufer, den sogenannten Elektronikmotoren, werden Hallgeneratoren zur Kommutierung eingesetzt. Die Arbeitsweise eines solchen E-Motors sei anhand eines Vierphasenmotors erläutert. Der Stator enthält vier um 90° versetzte Wicklungen (Bild 19.14), während der Läufer aus einem einfachen Permanentmagneten mit Nord- und Südpol besteht. Über zwei um 90° gegeneinander versetzt angeordnete Hallgeneratoren B1 und B2 wird die Stellung des Läufers erfaßt (Bild 19.15). Die Wicklungen W1 bis W4 werden von den beiden Hallgeneratoren über Transistoren so geschaltet, daß ein weitergeschaltetes Drehfeld entsteht. Die Ansteuerung der Hallgeneratoren erfolgt durch das magnetische Feld des Permanentmagnetläufers. Bild 19.16 zeigt die Ansteuerschaltung für die Wicklungen W1 bis W4. In den Bildern 19.17a bis 19.17d sind die vier Arbeitsphasen des Motors dargestellt.

Phase 1: Das Feld des Läufers bewirkt an dem Hallgenerator B1 ein Hallspannungsmaximum derart, daß an der Elektrode 3 ein negatives und an der Elektrode 4 ein positives Potential entsteht. Der Transistor V1 schaltet auf, während Transistor V2 sperrt. Die beiden anderen Transistoren V3 und V4 bleiben ebenfalls gesperrt, da sich der zugehörige Hallgenerator B2 bei dieser Läuferstellung in der neutralen Zone des Läuferfeldes befindet. Das Magnetfeld der geschalteten Wicklung W1 bewirkt eine Drehung des Läufers um 90° (Bild 19.17a).

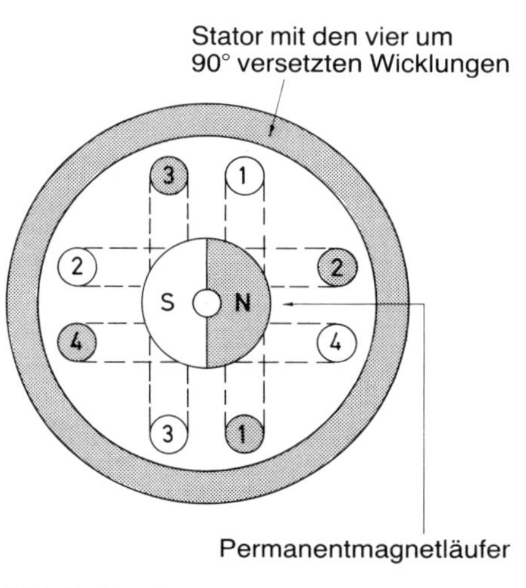

Bild 19.14 Anordnung der vier um 90° versetzten Wicklungen eines Vierphasen-Elektronikmotors

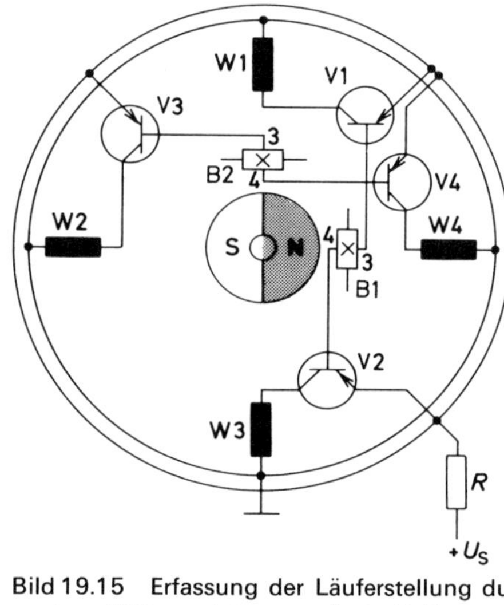

Bild 19.15 Erfassung der Läuferstellung durch zwei um 90° versetzt angeordnete Hallgeneratoren B1 und B2

Bild 19.16 Ansteuerschaltung für die vier Wicklungen W1 bis W4

Bild 19.17 Erzeugung eines umlaufenden Magnetfelds durch entsprechende Ansteuerung der vier Wicklungen W1 bis W4 durch die beiden Hallgeneratoren B1 und B2
a) Phase 1: Hallgenerator B1 schaltet über den Transistor V1 die Wicklung W1 ein
b) Phase 2: Hallgenerator B2 schaltet über den Transistor V3 die Wicklung W2 ein
c) Phase 3: Hallgenerator B1 schaltet über den Transistor V2 die Wicklung W3 ein
d) Phase 4: Hallgenerator B2 schaltet über den Transistor V4 die Wicklung W4 ein

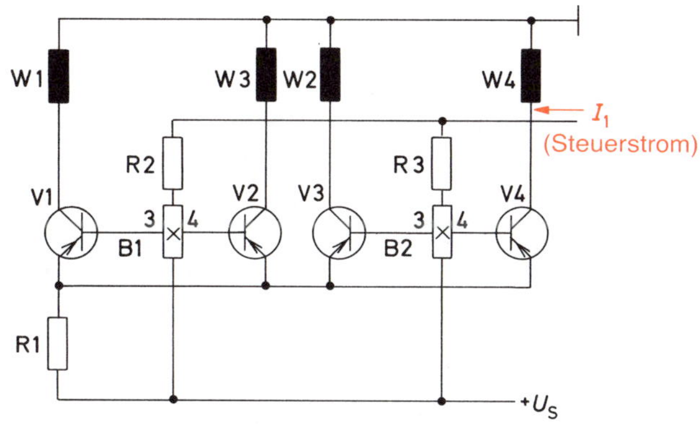

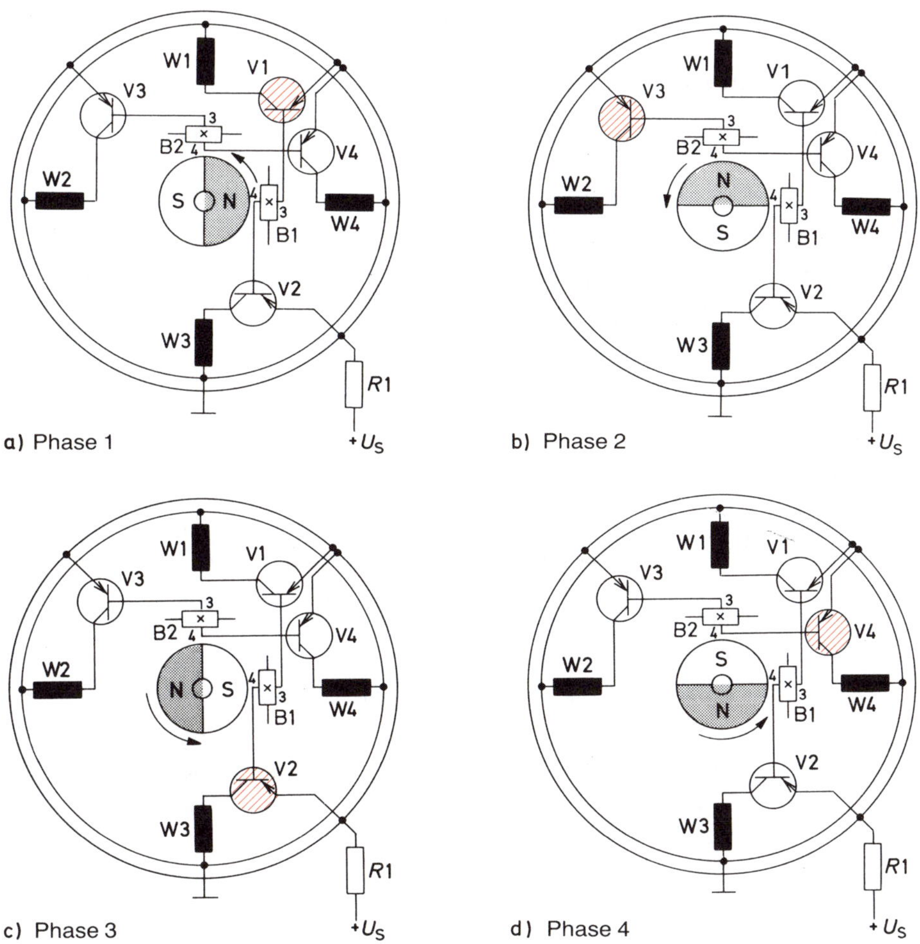

a) Phase 1

b) Phase 2

c) Phase 3

d) Phase 4

Phase 2: Nach der Drehung des Läufers um 90° gegenüber Phase 1 entsteht nun am Hallgenerator B2 ein Hallspannungsmaximum derart, daß das negative Potential an der Elektrode 3 den Transistor V3 durchschaltet. Die übrigen drei Transistoren bleiben dabei gesperrt (siehe Phase 1). Das Magnetfeld der geschalteten Wicklung W2 bewirkt eine weitere Drehung des Läufers um 90° in gleicher Drehrichtung (Bild 19.17b).

Phase 3: Das Magnetfeld des Läufers bewirkt wiederum ein Hallspannungsmaximum am Hallgenerator B1, jedoch gegenüber Phase 1 um 180° phasenverschoben. An der Elektrode 4 entsteht also ein negatives Potential, das den Transistor V2 durchschaltet, während die anderen Transistoren gesperrt bleiben. Das Magnetfeld der Wicklung W3 bewirkt eine weitere Drehung des Läufers um 90° in gleicher Richtung (Bild 19.17d).

Phase 4: Das gegenüber Phase 2 umgepolte Feld des Läufers erzeugt an dem Hallgenerator B2 ein ebenfalls umgepoltes Hallspannungsmaximum. Der Transistor V4 schaltet durch. Bedingt durch das Magnetfeld der Wicklung W4, dreht sich der Läufer um weitere 90° in die ursprüngliche Ausgangslage. Der Vorgang beginnt erneut mit der Phase 1.

19.2 Feldplatten

Feldplatten wandeln eine magnetische Induktionsänderung ΔB in eine ohmsche Widerstandsänderung ΔR um.

19.2.1 Funktion von Feldplatten

Eine Feldplatte besteht im Prinzip aus einem flächenhaft ausgebildeten Leiter aus Indiumantimonid (InSb), in dem quer zur Längsachse Nadeln aus Nickelantimonid (NiSb) eingebettet sind. Fließt ein Strom I durch einen solchen Leiter, so durchlaufen die Elektronen die Feldplatte in Längsrichtung bzw. quer zu den Nadeln auf dem kürzesten Weg (Bild 19.18). Die Feldplatte besitzt in diesem Zustand einen relativ geringen ohmschen Widerstand, den sogenannten Grundwiderstand R_0. Wird die stromdurchflossene Feldplatte einem senkrecht zur Plattenebene wirkenden Magnetfeld ausgesetzt, so werden die bewegten Elektronen infolge der auf sie einwirkenden Lorentzkraft quer zum Magnetfeld seitlich abgelenkt. Durch diese Ablenkung der Elektronen entsteht längs zu den NiSb-Nadeln eine Potentialdifferenz, die die Elektronen in den Nadeln wieder entgegen der ursprünglichen Ablenkrichtung zurückfließen läßt. Die Elektronen durchlaufen die Feldplatte auf einer längeren, zickzackförmigen Bahn, was einer Widerstandserhöhung entspricht (Bild 19.19 und 19.20).

Zur Darstellung der Feldplatte in Stromlaufplänen wird das in Bild 19.19b dargestellte Schaltzeichen benutzt.

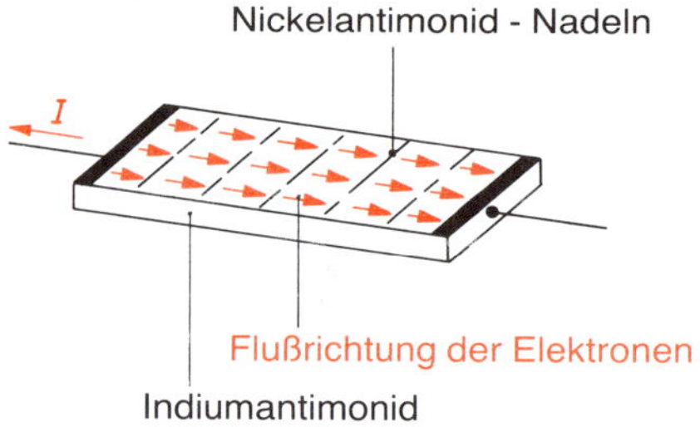

Bild 19.18 Stromdurchflossene Feldplatte ohne Einwirkung eines Magnetfelds. Die Elektronen durchlaufen die Feldplatte auf dem kürzesten Weg

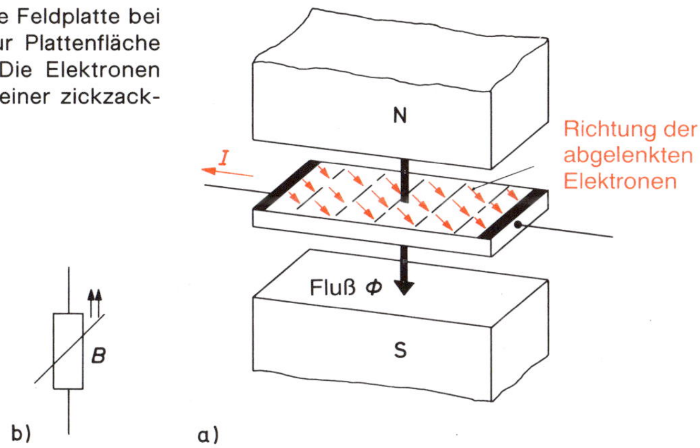

Bild 19.19 Stromdurchflossene Feldplatte bei Einwirkung eines senkrecht zur Plattenfläche ausgerichteten Magnetfeldes. Die Elektronen durchlaufen die Feldplatte auf einer zickzackförmigen Bahn

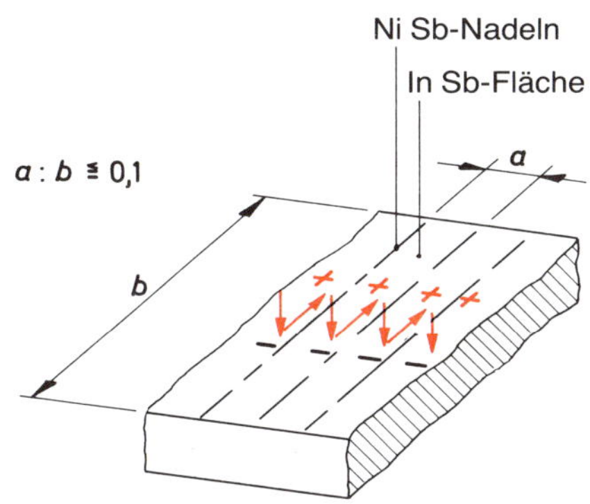

Bild 19.20 Darstellung des Seitenverhältnisses a : b einer Feldplatte und des zickzackförmigen Verlaufs der Elektronen bei Einwirkung eines Magnetfelds

19.2.2 Aufbau von Feldplatten

Große magnetfeldabhängige Widerstandserhöhungen werden erzielt, wenn das Seitenverhältnis der Halbleiterschicht $a : b = 0{,}1$ ist. Dieses wird durch die quer zur Längsachse in das Indiumantimonid eingebetteten Nickelantimonidnadeln erreicht. Es entsteht praktisch eine Reihenschaltung vieler kurzer, breiter Indiumantimonidflächen (Bild 19.20). Dadurch werden bei Einwirkung eines senkrecht zur Plattenebene ausgerichteten Magnetfeldes die Ladungsträgerbahnen erheblich verlängert, was einer großen Widerstandserhöhung entspricht.

Zur Erreichung von Grundwiderstandswerten $R_0 = 50\ \Omega$ bis $500\ \Omega$ muß die Halbleiterschicht einen möglichst geringen Querschnitt aufweisen. Bedingt durch das anzustrebende Seitenverhältnis der einzelnen Indiumantimonidflächen zwischen den Nadeln von $a : b = 0{,}1$, kann die Breite b der Halbleiterschicht nicht beliebig klein gemacht werden. Der Grundwiderstandswert R_0 muß daher über die Dicke d und die Länge l der Halbleiterschicht eingestellt werden. Zur Erzielung größerer Längen wird die Halbleiterschicht in Mäanderform ausgeführt (Bild 19.21). In einem Schmelz- und Ziehprozeß wird InSb und NiSb als Halbleiterbarren hergestellt. Das NiSb erstarrt in Form parallel ausgerichteter Nadeln im Inneren des InSb. Der Barren wird in Scheiben gesägt, aus denen durch Schleifen und Ätzen die mäanderförmige Halbleiterschicht in einer Dicke von etwa 25 µm entsteht. Diese wird anschließend auf eine Trägerplatte aus Eisen-, Ferrit-, Keramik- oder

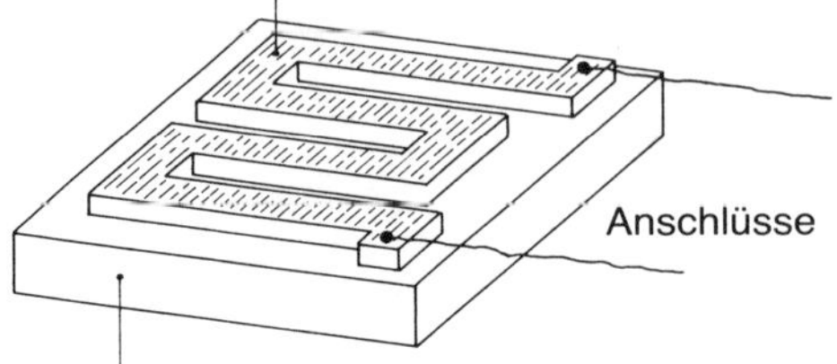

Bild 19.21 Feldplatte in Mäanderform auf einer Trägerplatte

Kunststoffsubstrat isoliert aufgeklebt. Nach der Kontaktierung wird die Halbleiteroberfläche mit einer Lackschicht gegen mechanische Beanspruchungen geschützt.

19.2.3 Datenblatt einer Feldplatte

Die Feldplatte stellt als magnetisch steuerbarer Widerstand ein passives Bauelement dar. Für einen ordnungsgemäßen Betrieb sind hier vor allem folgende Fragen wichtig: Zwischen welchen Grenzwerten ist der Widerstand in Abhängigkeit von der magnetischen Induktion B veränderbar? Für welche elektrische Verlustleistung ist das Bauelement ausgelegt? Welche Abweichungen ergeben sich bei verschiedenen Umgebungstemperaturen? Stellvertretend für die Vielzahl unterschiedlichster Feldplatten ist in Tabelle 19.2 ein Auszug aus einem Datenbuch (Siemens) für die Feldplatte FP 17D 500E wiedergegeben. Die in den Abschnitten 19.2.4 und 19.2.5 gegebenen Erläuterungen beziehen sich auf dieses Datenblatt.

19.2.4 Grenzdaten einer Feldplatte

Einleitend kann zu den Grenzdaten einer Feldplatte das gleiche wie zu den Grenzdaten eines Hallgenerators gesagt werden (siehe Abschnitt 19.1.5).

Maximale Verlustleistung P_{tot} : Die in einer Feldplatte maximal in Wärme umsetzbare elektrische Verlustleistung $P_{V\,zul}$ ist abhängig von den vorliegenden Kühlungsverhältnissen. Der im Datenblatt angegebene Grenzwert P_{tot} gilt für den Betrieb bei einer Gehäusetemperatur von 25 °C (siehe Kapitel 22 Kühlung von Bauelementen).

Maximale Betriebstemperatur ϑ_{max} : Dieser im Datenblatt angegebene Temperaturwert gilt als die höchstzulässige Systemtemperatur. Bei der Berechnung der maximal zulässigen Verlustleistung $P_{V\,zul}$ ist dieser Wert entsprechend zu berücksichtigen.

Wärmeleitwert G_{th} : Dieser Wert ist für die Berechnung der maximal zulässigen Verlustleistung $P_{V\,zul}$ erforderlich (siehe Kapitel 22 Kühlung von Bauelementen).

Lagertemperatur ϑ_S : Zur Vermeidung irreparabler Schäden, wie in Abschnitt 19.1.5 beschrieben, sollten diese Temperaturgrenzwerte bei der Lagerung von Feldplatten nicht über- bzw. unterschritten werden.

Isolationsspannung U_I : Hiermit wird die Spannungsfestigkeit des Feldplattensystems zu der sie umgebenden Peripherie (Kühlblech, Eisenteile, andere elektrische Bauelemente usw.) angegeben.

Tabelle 19.2 Datenblatt einer Feldplatte, Typ FP17D500E (Siemens)

Die Feldplatte FP 17 D 500 E ist ein auf einen Eisenträger montierter magnetisch steuerbarer Widerstand aus InSb/NiSb mit einem Grundwiderstand R_0 von 500 Ω.

Typ	Bestellnummer
FP 17 D 500 E	Q65017-D 500-E

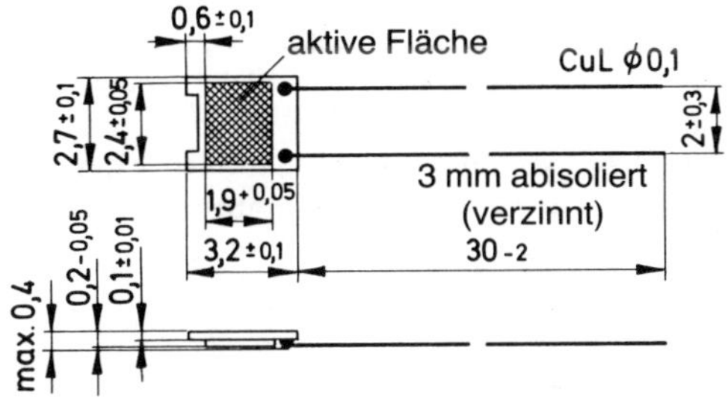

Gewicht etwa 0,02 g Maße in mm

Grenzdaten			
Max. Betriebstemperatur	$\vartheta_{U\,max}$	110	°C
Lagertemperatur	ϑ_S	−40 bis +130	°C
Max. elektrische Belastung (ϑ_G = 25 °C)	P_{tot}	1000	mW
Isolationsspannung zwischen System und Unterlage	U_I	100	V
Wärmeleitwert:			
einseitig auf Metallfläche aufgeklebt	$G_{th\,G}$	15	mW/K
frei in Luft	$G_{th\,U}$	1	mW/K
Kenndaten (ϑ_U = 25 °C)			
Grundwiderstand	R_0	500	Ω
Toleranz des Grundwiderstands	R_0-Tol.	±20	%
Relative Widerstandsänderung:			
$B = \pm 0{,}3$ T	R_B/R_0	3 (>2,8)	–
$B = \pm 1$ T	R_B/R_0	15 (>12)	–
Temperaturkoeffizient:			
$B = 0$ T	TK_{25}	−1,8	%/°C
$B = \pm 0{,}3$ T	TK_{25}	−2,7	%/°C
$B = \pm 1$ T	TK_{25}	−2,9	%/°C

19.2.5 Kennlinien und Kenndaten

Die Kennlinien und die im Datenblatt angegebenen Kenndaten einer Feldplatte beziehen sich, wenn nicht anders vermerkt, auf eine Umgebungstemperatur von 25 °C.

Grundwiderstand R_0: Ohne Einwirkung eines Magnetfeldes besitzt die Feldplatte einen Widerstand, der sich aus der Leitfähigkeit des verwendeten Halbleitermaterials, dem Querschnitt und der Länge der Halbleiterschicht ergibt. Dieser Widerstandswert bezogen auf eine Umgebungstemperatur von 25 °C wird im Datenblatt als Grundwiderstand R_0 angegeben. Da R_0 toleranzbehaftet ist, handelt es sich hierbei um eine Nennwertangabe.

Toleranz des Grundwiderstandes R_0-Tol.: Die Toleranz des Grundwiderstandes R_0 ist fertigungstechnisch bedingt. Die Gründe sind in einer gewissen Inhomogenität des Halbleitermaterials und den nicht exakt reproduzierbaren Mäanderabmessungen zu suchen. Bei Feldplatten heutiger Fertigung beträgt diese Toleranz +20%.

$R_B = f(B)$-Kennlinie: Der Widerstand einer Feldplatte bei Einwirken eines Magnetfeldes wird mit R_B bezeichnet. Die Abhängigkeit des Widerstandes R_B von der magnetischen Induktion B stellt die $R_B = f(B)$-Kennlinie dar (Bild 19.22). Dabei ist Voraussetzung, daß das magnetische Feld senkrecht zur Oberfläche der Feldplatte ausgerichtet ist. Die Polarität des Feldes spielt dagegen keine Rolle. Dieses kommt durch die Symmetrie der Kennlinie im I. und II. Quadranten zum Ausdruck. Da der Grundwiderstand R_0 toleranzbehaftet ist, ergibt sich für alle Feldplatten gleichen Typs, d.h. gleichen Halbleitermaterials und gleichem Grundwiderstand R_0, ein Kennlinientoleranzfeld.

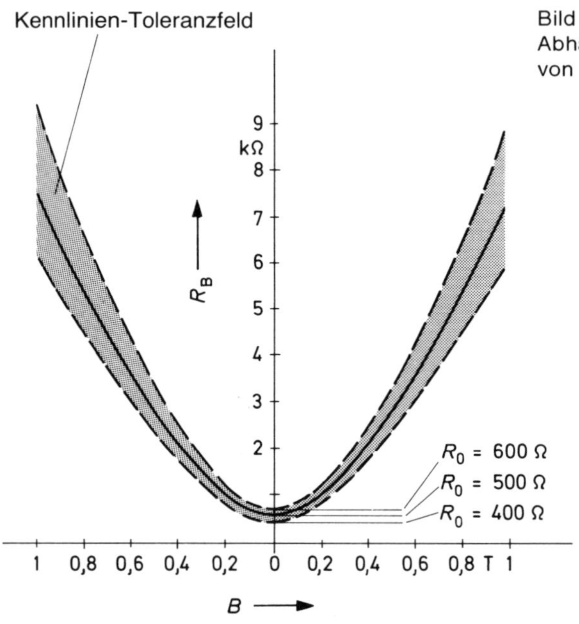

Bild 19.22 $R_B = f(B)$-Kennlinie
Abhängigkeit des Feldplattenwiderstands R_B von der Induktion B

Temperaturkoeffizient ϑ_K: Die Temperaturabhängigkeit des Feldplattenwiderstandes ist hauptsächlich in der temperaturabhängigen Leitfähigkeit des Halbleitermaterials zu suchen. Das verwendete InSb hat in der Regel einen negativen Temperaturkoeffizienten, der sich mit zunehmender Dotierung jedoch zu positiven Werten hin verschieben kann. Da diese Abhängigkeit nichtlinear verläuft und außerdem von der Induktion beeinflußt wird, kann der Temperaturkoeffizient des Feldplattenwiderstandes nicht als konstante Größe angegeben werden. Er ist einer entsprechenden Kennlinie zu entnehmen (Bild 19.23). Das Verhältnis R_ϑ / R_{25} wird in % angegeben und in Abhängigkeit von der Temperatur für verschiedene Induktionen dargestellt. Bei der Nenntemperatur 25 °C durchlaufen alle Kennlinien den Arbeitspunkt mit der y-Koordinate $R_\vartheta / R_{25} = 100\%$. Die im Datenblatt angegebenen Temperaturkoeffizienten ϑ_K in %/K für verschiedene Induktionen B geben lediglich die Steilheit der betreffenden Kennlinie für diesen Arbeitspunkt an.

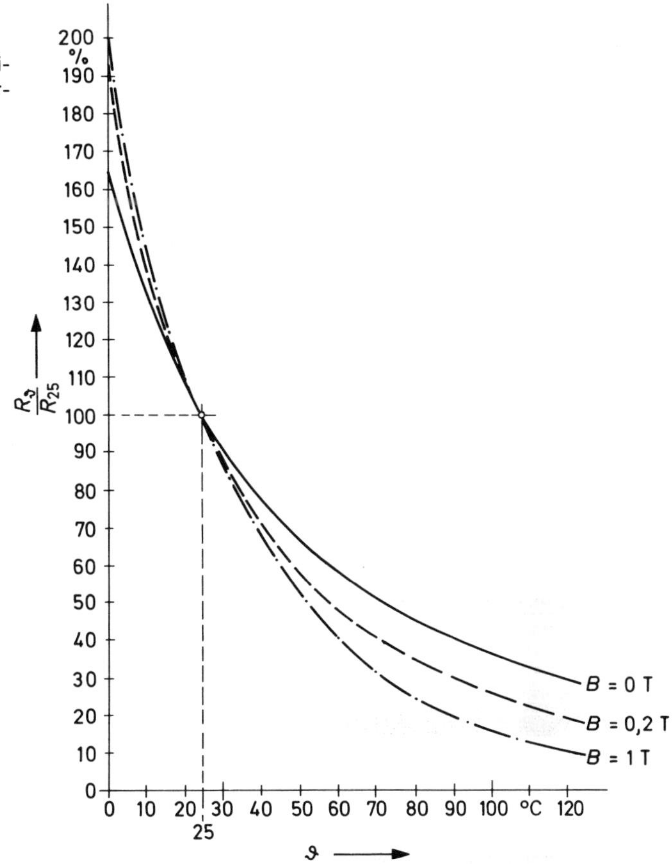

Bild 19.23 $R_\vartheta / R_{25} = f(\vartheta)$-Kennlinien
Relative Abhängigkeit des Feldplattenwiderstands von der Temperatur bei verschiedenen Induktionen B

Zulässige Speisespannung $U_{S\,max}$: Die elektrische Leistung errechnet sich ganz allgemein nach der Formel:

$$P = \frac{U^2}{R}$$

Legt man für eine Feldplatte die maximal zulässige Verlustleistung P_{tot} und den temperaturbedingten Mindestwert des Feldplattenwiderstandes $R_{\vartheta min}$ zugrunde, so erhält man:

$$P_{tot} = \frac{U^2_{S\,max}}{R_{\vartheta min}}$$

Durch Formelumstellung erhält man die höchstzulässige Speisespannung:

$$U_{S\,max} = \sqrt{P_{tot} \cdot R_{\vartheta min}}$$

Der Betrieb einer Feldplatte mit der maximal zulässigen Speisespannung $U_{S\,max}$ bedeutet Grenzverhältnisse bezüglich Verlustleistung und Temperatur. Die Feldplatte wird dabei zwar nicht zerstört, es können jedoch vorschnelle Alterung oder ähnliche Erscheinungen die Folge sein. Aus diesen Überlegungen heraus sollte die tatsächliche Speisespannung niedriger gewählt werden.

19.2.6 Anwendung von Feldplatten

Einzelfeldplatten

Sie werden als magnetisch steuerbare, stetig verstellbare Widerstände sowohl für die analoge als auch digitale Signalgabe eingesetzt. Der Feldplatte kommt dabei die Aufgabe zu, Magnetfelder bzw. deren Änderungen zu erfassen. Zu diesem Zweck wird die Feldplatte als passives Bauelement in einem Spannungsteiler betrieben (Bild 19.24). Um bei gegebener Speisespannung U_S möglichst hohe Änderungen der Signalspannung ΔU_Q zu erhalten, muß die Widerstandsänderung ΔR ebenfalls groß sein.

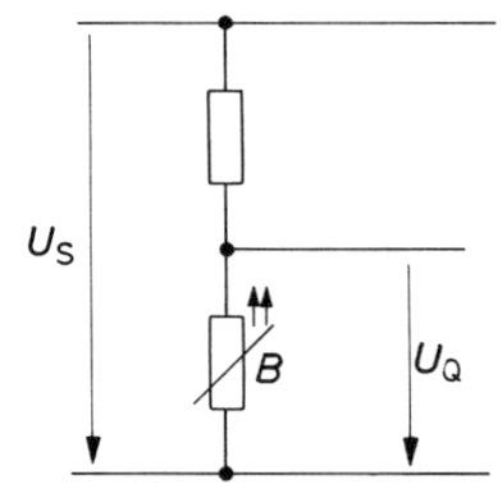

Bild 19.24 Feldplatte als veränderbarer Widerstand in einem Spannungsteiler

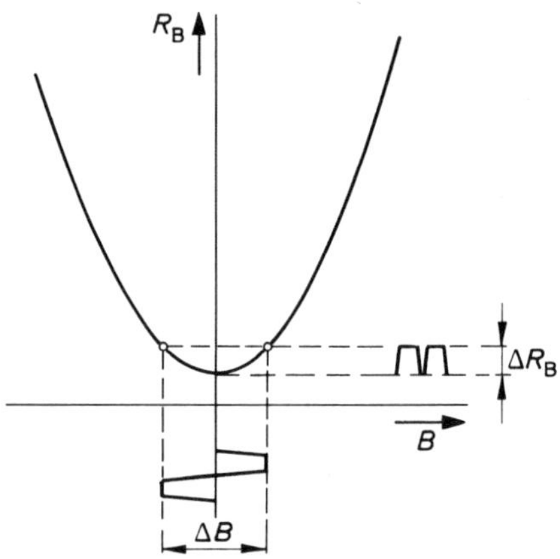

Bild 19.25 Abhängigkeit der Widerstandsänderung ΔR_B von der Induktionsänderung ΔB bei einer Feldplatte ohne Vormagnetisierung

Geht man vor allem bei kleineren Induktionsänderungen ΔB von einer Induktion $B = 0$ T aus, so ist auch die zugehörige Feldplattenwiderstandsänderung ΔR_B nur sehr gering (Bild 19.25). Nachteilig wirkt sich bei bestimmten Anwendungsfällen außerdem aus, daß die Widerstandsänderung ΔR_B von R_0 ausgehend nur in Richtung einer Widerstandserhöhung erfolgt. Es kann aus der Widerstandsänderung also keine Aussage über die Änderungsrichtung des magnetischen Feldes getroffen werden.

Um die aufgezeigten Mängel zu beheben, verlegt man durch eine Vormagnetisierung den Arbeitspunkt der Schaltung in den steileren Bereich der Kennlinie (Bild 19.26). Bei der Vormagnetisierungsinduktion B_v stellt sich der Feldplattenwiderstand R_{Bv} ein. Eine Induktionsschwächung hat nun die Widerstandsabnahme um den Betrag $-\Delta R_{Bv}$ und eine Induktionserhöhung die Widerstandszunahme um den Betrag $+\Delta R_{Bv}$ zur Folge. Nachteilig kann sich dabei allerdings noch die durch die nichtlineare Kennlinie bedingte Unsymmetrie der beiden Widerstandsänderungen auswirken.

Die Vormagnetisierung kann nach zwei Prinzipien erfolgen. In Bild 19.27a dient der Streufluß eines Permanentmagneten zur Vormagnetisierung der Feldplatte. Wird ein Eisenstück an der Feldplatte vorbeigeführt, so konzentriert es den Streufluß auf die Feldplatte (Bild 19.27b). Es kommt zu einer Induktionserhöhung und infolgedessen zu einer entsprechenden Widerstandserhöhung um den Betrag ΔR_B (Bild 19.27c). Aus dieser Widerstandsänderung kann jedoch keine Aussage über die Bewegungsrichtung des Eisenstückes getroffen werden.

Andere Verhältnisse bekommt man, wenn die Feldplatte in dem Luftspalt eines Permanentmagneten angeordnet wird (Bild 19.28a). Der magnetische Fluß Φ_v im Luftspalt dient zur Vormagneti-

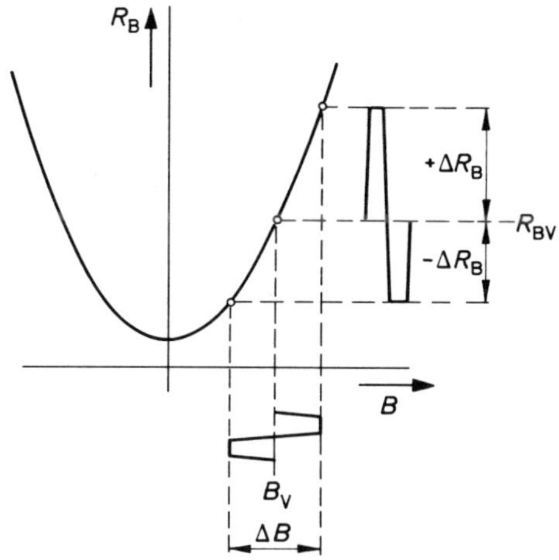

Bild 19.26 Abhängigkeit der Widerstandsänderung ΔR_B von der Induktionsänderung ΔB bei einer Feldplatte mit Vormagnetisierung

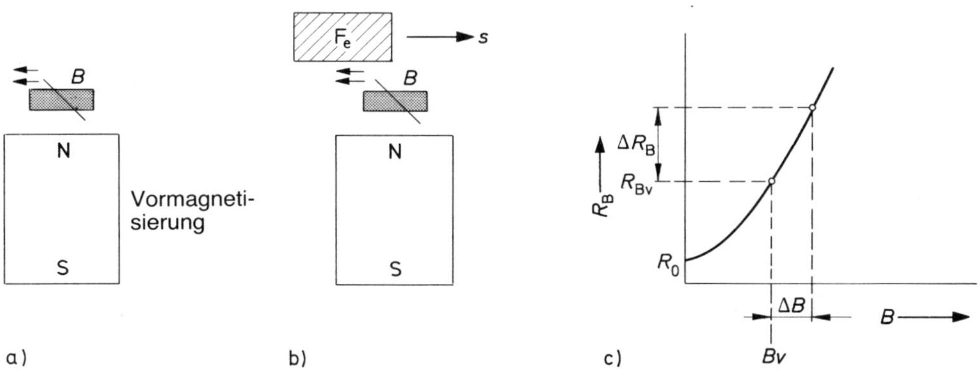

Bild 19.27 Vormagnetisierte Feldplatte mit Eisenbetätigung
a) Ohne Eisenteil: Infolge der Vormagnetisierungsinduktion B_v stellt sich der Widerstandswert R_{Bv} ein
b) Mit Eisenteil: Durch Konzentrierung des magnetischen Flusses auf die Feldplatte erhöht sich der Widerstandswert um den Betrag ΔR_B
c) Darstellung der Widerstandsänderung ΔR_B in Abhängigkeit von der Induktionsänderung ΔB mittels der $R_B = f(B)$-Kennlinie

sierung, infolge derer sich der Feldplattenwiderstand R_{Bv} einstellt. Wird nun ein Steuermagnet in Richtung s an der Feldplatte vorbeigeführt, wirkt der Steuerfluß Φ_S anfangs dem Vormagnetisierungsfluß Φ_v entgegen (Bild 19.28b). Der Feldplattenwiderstand verringert sich um den Betrag $-\Delta R_B$. Beim Weiterbewegen des Steuermagneten wirkt der Steuerfluß Φ_S in Richtung des Vormagnetisierungsflusses Φ_v, und der Feldplattenwiderstand nimmt um den Betrag $+\Delta R_B$ zu. Kehrt man die Bewegungsrichtung des Steuermagneten um, verläuft auch die Widerstandsänderung umgekehrt, d.h., es erfolgt zunächst eine Widerstandserhöhung und dann eine Widerstandsabnahme. Aus der Richtung der Widerstandsänderung kann somit auf die Bewegungsrichtung des Steuermagneten geschlossen werden (Bild 19.28c).

Differentialfeldplatten

Hierbei handelt es sich um zwei auf einen gemeinsamen Träger montierte, in Reihe geschaltete Feldplatten gleichen Grundwiderstandswertes R_0. Bild 19.29c zeigt die Schaltung einer solchen Differentialfeldplatte als Spannungsteiler und Bild 19.29e in einer Brückenschaltung.

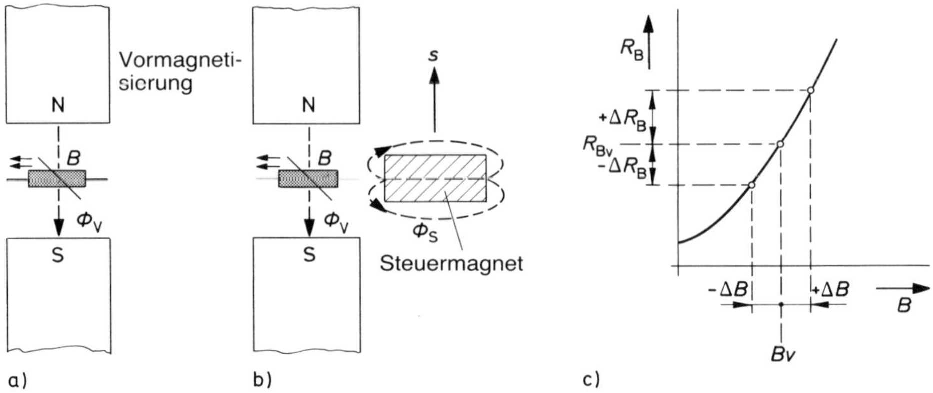

Bild 19.28 Vormagnetisierte Feldplatte mit Magnetbetätigung
a) Ohne Steuermagnet: Infolge der Vormagnetisierungsinduktion B_v stellt sich der Widerstandswert R_{Bv} ein
b) Mit Steuermagnet: Infolge Einwirkung des Steuerflusses Φ_S ergibt sich bei der Bewegungsrichtung s zunächst eine Verminderung des Widerstandswerts um den Betrag $-\Delta R_B$ und dann eine Erhöhung um den Betrag $+\Delta R_B$
c) Darstellung der Widerstandsänderungen in Abhängigkeit von den Induktionsänderungen mittels der $R_B = f(B)$-Kennlinie

Die Ansteuerung einer Differentialfeldplatte kann nach den gleichen Prinzipien wie die einer Einzelfeldplatte erfolgen:
a) ohne Vormagnetisierung und Magnetbetätigung
b) mit Vormagnetisierung und Eisenbetätigung
c) mit Vormagnetisierung und Magnetbetätigung.
Dabei müssen dann noch jeweils die unterschiedlichen Bauarten (Lage und Abstand der beiden Feldplatten zueinander) betrachtet werden.

Alle Möglichkeiten detailliert aufzeigen zu wollen, würde den hier gesteckten Rahmen sprengen. Im nachfolgenden soll deshalb auch nur das Funktionsprinzip einer Differentialfeldplatte mit Vormagnetisierung und Eisenbetätigung erläutert werden. Wie in Bild 19.29a veranschaulicht, liegt die Differentialfeldplatte im Luftspalt eines Permanentmagnetkreises. Beide Feldplatten werden vom Fluß Φ_v gleichmäßig vormagnetisiert. Somit haben beide Feldplatten den gleichen Widerstandswert R_{Bv}. Damit wird für den Spannungsteiler (Bild 19.29c) $U_Q = 0{,}5 \cdot U_S$ und für die Brückenschaltung (Bild 19.29e) $U_Q = 0$ V (abgeglichene Brücke).

Wird nun eine Eisenfahne (Bild 19.29b) durch den Luftspalt an den beiden Feldplatten vorbeigeführt, so verstärkt sich zunächst der Fluß Φ auf die Feldplatte B1. Der Feldplattenwiderstand R_{B1} wird hochohmiger, die Ausgangsspannung des Spannungsteilers nimmt einen Wert $U_Q < 0{,}5 \cdot U_S$ an, d.h., sie sinkt, und die Ausgangsspannung des Brückenschaltung wird negativ. Beim Weiterbewegen des Eisenstückes kehren sich diese Verhältnisse um. Nur bei exakt symmetrischer Stellung des Eisenstückes zu beiden Feldplatten haben diese den gleichen Widerstandswert R_B. Damit wird im Spannungsteiler wieder $U_Q = 0{,}5 \cdot U_S$ und in der Brückenschaltung $U_Q = 0$ V. Diese Zusammenhänge veranschaulichen Bild 19.29d und Bild 19.29f anhand der Darstellung der jeweiligen Ausgangsspannung U_Q über den Weg s. Bei der angenommenen Richtung s liegt das Eisenstück nur dann symmetrisch zu beiden Feldplatten, wenn nach einer Änderung der Ausgangsspannung U_Q diese den ursprünglichen Wert wieder erreicht. Bei Umkehr der Bewegungs-

Bild 19.29 Vormagnetisierte Differential-Feldplatte mit Eisenbetätigung
a) Ohne Eisenteil: Beide Feldplatten besitzen den gleichen Widerstandswert R_{Bv}
b) Mit Eisenteil: Das Eisenteil beeinflußt den magnetischen Fluß bzw. die magnetische Induktion derart, daß sich die Widerstandswerte der beiden Feldplatten in Abhängigkeit von der Lage des Eisenteiles ändern
c) Differentialfeldplatte als Spannungsteiler mit zwei veränderbaren Widerständen
d) Verlauf der Ausgangsspannung U_Q des Spannungsteilers in Abhängigkeit von der Richtung s bei konstanter Geschwindigkeit
e) Differentialfeldplatte als Spannungsteiler mit zwei veränderbaren Widerständen in einem Zweig einer Brückenschaltung
f) Verlauf der Ausgangsspannung U_Q der Brükkenschaltung in Abhängigkeit von der Richtung s bei konstanter Geschwindigkeit

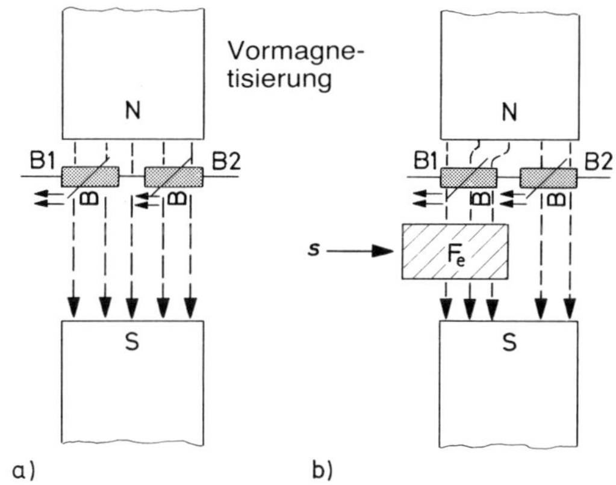

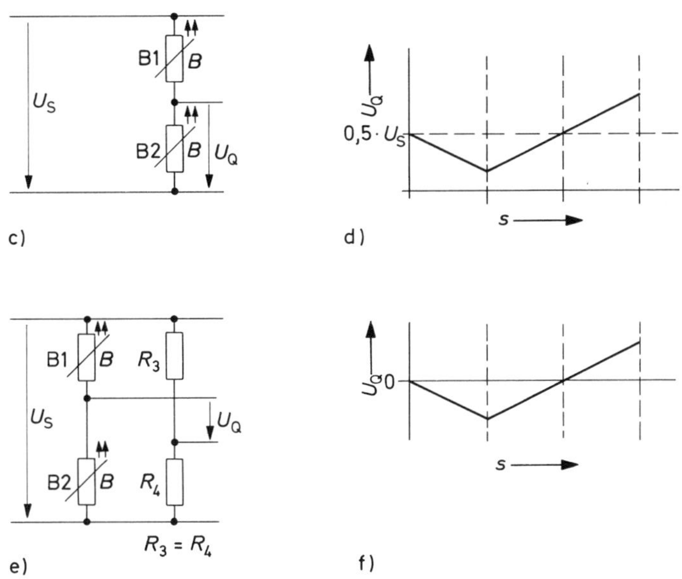

richtung kehren sich zwangsläufig auch die Verläufe der Ausgangsspannungen um. Eine Richtungserkennung ist somit möglich.

Die vorstehenden Ausführungen zeigen, daß mit Differentialfeldplatten eine sehr hohe Positioniergenauigkeit erreichbar ist. Ein weiterer Vorteil liegt darin, daß sich Temperaturschwankungen, durch den gemeinsamen Träger bedingt, auf beide Feldplatten fast gleichmäßig auswirken und somit die elektrischen Verhältnisse kaum beeinträchtigen.

Feldplatten-Potentiometer

Sie werden entweder aus zwei einzelnen Feldplatten oder mit einer Differentialfeldplatte aufgebaut. Die beiden Feldplatten sind im Luftspalt eines Permanentmagnetkreises angeordnet (Bild 19.30a). Sie sind als Spannungsteiler mit den Anschlüssen 1, 2 und 3 geschaltet (Bild 19.30b). Eine ferromagnetische Steuerscheibe bildet die Funktion des Schleifers nach. Beim Drehen der Steuerscheibe wird die magnetische Induktion B von der einen Feldplatte zu der anderen verschoben. Die beiden in Reihe geschalteten Widerstände R_{B12} und R_{B23} ändern sich im gegenläufigen Sinne, wobei der Gesamtwiderstand $R_{B12} + R_{B23}$ konstant bleibt. Die Umsetzung der mechanischen Drehbewegung in eine Widerstandsänderung geschieht kontaktlos. Dadurch sind Feldplatten-Potentiometer wartungsfrei, sie besitzen eine hohe Lebensdauer.

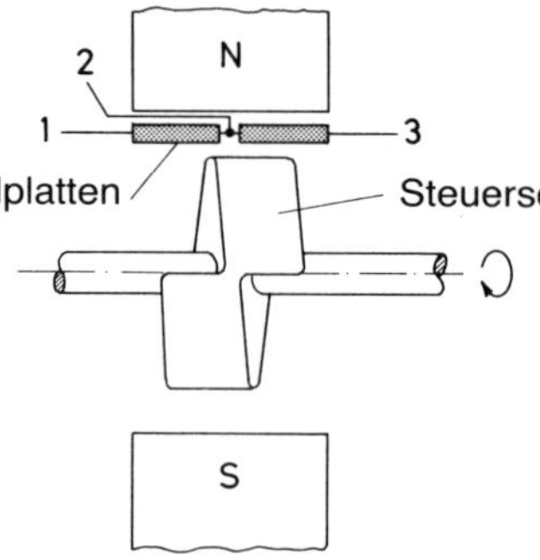

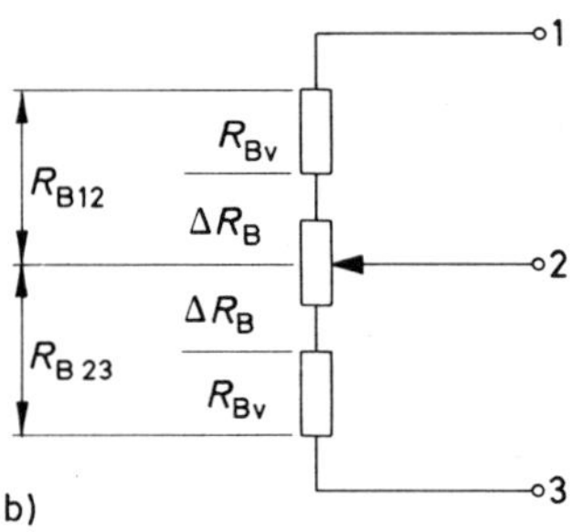

Bild 19.30 Prinzip eines Feldplattenpotentiometers

a) Vormagnetisierte Differentialfeldplatte mit ferromagnetischer Steuerscheibe

b) Ersatzschaltbild des Feldplattenpotentiometers

20 Elektronische Strom- und Spannungsquellen

Es gibt elektronische Strom- und Spannungsquellen für die unterschiedlichsten Anwendungsgebiete, für Gleich- und Wechselströme jeder beliebigen Kurvenform, mit Leistungen von Milliwatt bis Megawatt (!), für Spannungen im Mikrovoltbereich für die Präzisionsmeßtechnik bis zu Höchstspannungen für die Energietechnik. Hier soll nur von Gleichstromquellen kleiner Leistung die Rede sein, und zwar von elektronischen Konstantstrom- und Konstantspannungsquellen.

Von einer Konstant*strom*quelle wird erwartet, daß sie einen konstanten Strom I liefert — gleichgültig, wie groß der Lastwiderstand R_L ist (*rote* Kennlinie in Bild 20.1). Eine Konstant*spannungs*quelle soll dagegen eine konstante Klemmenspannung U liefern, die lastunabhängig ist (*schwarze* Kennlinie in Bild 20.1). Für beide wird darüber hinaus meistens auch gefordert, daß der Ausgangswert (Strom oder Spannung) unabhängig von Speisespannungsschwankungen (z.B. Netzspannungsschwankungen) ist.

Bild 20.1 Die Kennlinien einer idealen Spannungsquelle und einer idealen Stromquelle (rot)

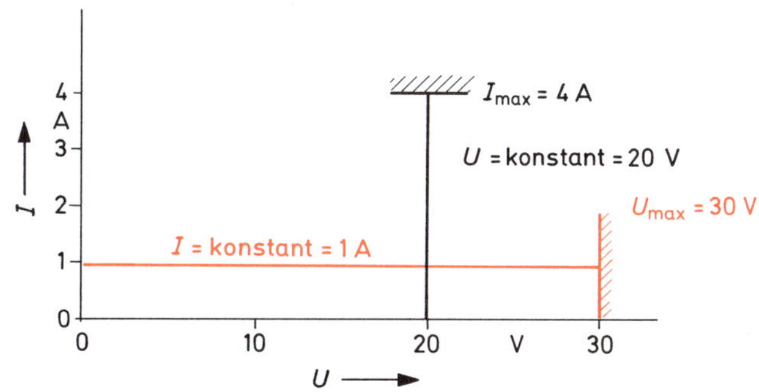

Für den Lastwiderstand R_L müssen je nach Anwendungsfall bestimmte Grenzen gesetzt werden. Konstantstromquellen sind im allgemeinen kurzschlußfest ($R_L = 0$). Da der Stromquelle nur eine begrenzte Betriebsspannung zur Verfügung steht, kann der gelieferte Strom nur bis zu einem bestimmten Höchstwert $R_{L\,max}$ konstantgehalten werden (vgl. Grenze z.B. bei 30 V in Bild 20.1. Das entspricht $R_{L\,max} = 30\ V/1\ A = 30\ \Omega$).

Umgekehrt gilt für Konstantspannungsquellen, daß man eine bestimmte maximale Stromgrenze festlegen muß (vgl. Bild 20.1, schraffierte Grenze z.B. bei 4 A, das entspricht einem kleinsten Lastwiderstand von $R_{L\,min} = 20\ V/4\ A = 5\ \Omega$).

Typische Stromquellen aus der Alltagspraxis sind z.B. Stromwandler: Der von ihnen abgegebene (Wechsel-)Strom ist bis zu einer maximalen Bürde ($R_{L\,max}$) lastunabhängig. Ein Öffnen der sekundären Wandlerklemmen während des Betriebs (Leerlauf) würde so hohe Spannungen zur Folge haben, daß der Wandler zerstört werden kann. Umgekehrt gilt für eine lastunabhängige Spannungsquelle (Spannungswandler), daß er nicht im Kurzschluß betrieben werden darf.

20.1 Elektronische Konstantstromquellen

Für den Strom I einer Spannungsquelle nach Bild 20.2 gilt die Gleichung

$$I = \frac{U_0}{R_i + R_L}$$

Wenn R_i sehr groß gegen R_L gemacht wird, dann ist der Wert von R_L im Nenner dieser Gleichung gegen R_i praktisch zu vernachlässigen, der Strom I wird also unabhängig von R_L (vgl. Grundlagenband, Kapitel Spannungsquellen).

Im Idealfall sollte R_i unendlich groß sein. Die Kennlinie einer solchen idealen Stromquelle wäre eine Waagerechte im $I = f(U)$-Diagramm (Bild 20.1). Nachteil eines unendlich großen Innenwiderstandes: Auch die Spannung U_0 müßte unendlich groß werden, um den gewünschten Strom I durch diesen Widerstand R_i zu treiben.

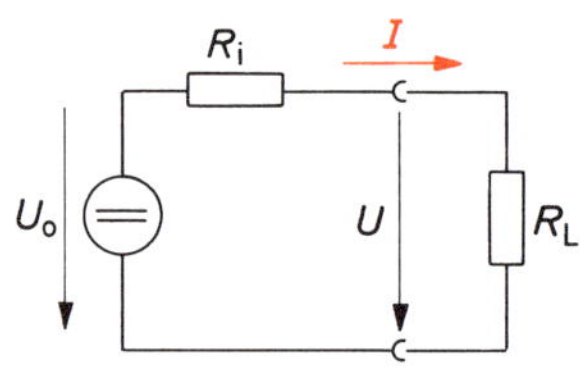

Bild 20.2 Das Ersatzschaltbild einer Strom- oder Spannungsquelle

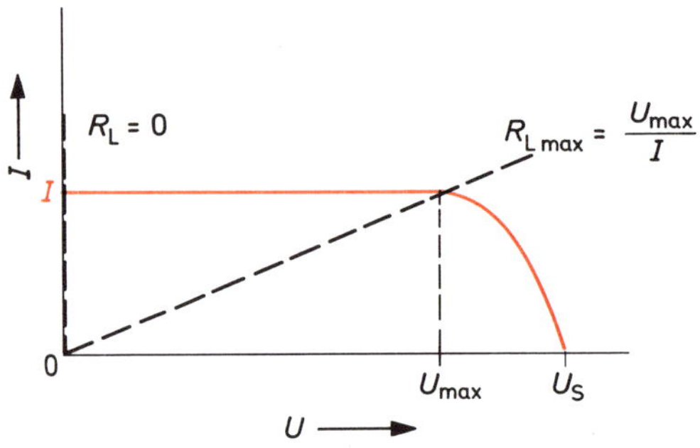

Bild 20.3 Kennlinie einer elektronischen Konstantstromquelle: I = konstant für $0 \leqq R_L \leqq R_{L\,max}$

Die Grundidee elektronischer Gleichstromquellen ist in Bild 20.3 gezeigt. Wenn man sich auf einen bestimmten maximalen Lastwiderstand $R_{L\,max}$ beschränkt, braucht die *(rote)* Kennlinie der Stromquelle nicht waagerecht bis ins Unendliche zu gehen, sondern nur bis $U_{max} = I \cdot R_{L\,max}$. Es braucht also nicht der Gleichstrom- (oder statische) Widerstand R_i unendlich groß gemacht zu werden, sondern lediglich der differentielle Widerstand r_i. Um ein solches horizontales Kennlinien*stück* zu erzeugen, ist dann nur eine Betriebsspannungsquelle mit der begrenzten Spannung U_S erforderlich, wie Bild 20.3 zeigt.

20.1.1 Konstantstromquelle mit Feldeffekttransistor

Die schaltungstechnisch einfachste Konstantstromquelle ist in Bild 20.4 gezeigt. Ihr besonderer Vorteil liegt darin, daß sie als Zweipol ausgeführt ist: Sie hat nur die Anschlüsse a und b, läßt sich also z.B. wie ein Widerstand in eine Leitung einfügen, in der man einen konstanten Strom haben möchte. Die Größe dieses Konstantstroms I läßt sich mit R_S einstellen.

Bild 20.4 Schaltbild einer Konstantstromquelle mit Feldeffekttransistor

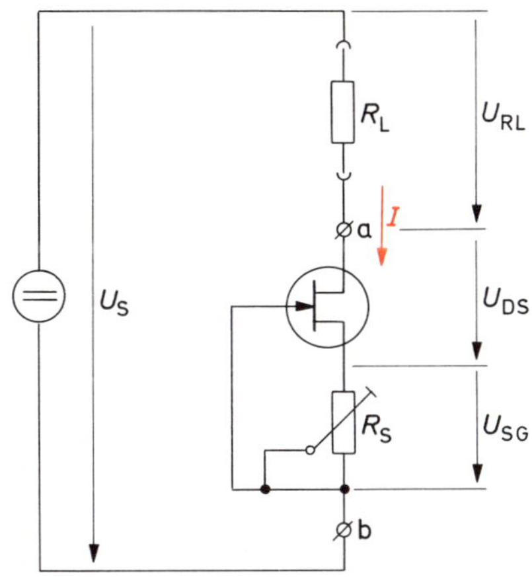

Der maximale Lastwiderstand $R_{L\,max}$ ergibt sich für diese Schaltung aus folgender Überlegung: Der Transistor benötigt zur Aufrechterhaltung des Stroms I eine bestimmte Mindestspannung $U_{DS\,min}$ (vgl. Kapitel 11), außerdem wird die Gate-Source-Spannung U_{SG} gebraucht. Der Rest der zur Verfügung stehenden Spannung U_S kann an R_L abfallen. Also

$$R_{L\,max} = \frac{U_S - U_{DS\,min} - U_{SG}}{I}$$

Beispiel: In einer Schaltung nach Bild 20.4 sind folgende Werte gegeben: Speisespannung $U_S = 30$ V, $-U_{GS} = 2$ V, $U_{DS\,min} = 5$ V, der gewünschte Konstantstrom $I = 5$ mA. Die Transistorgrenzwerte sind $U_{DS\,max} = 30$ V und $P_{max} = 300$ mW.

Welche Grenzwerte darf R_L annehmen, welchen Widerstandswert muß R_S haben?

Lösung: Bei $R_L = 0\ \Omega$ steigt die Spannung U_{DS} an auf

$$U_{DS} = U_S - U_{SG} = 30\ \text{V} - 2\ \text{V} = 28\ \text{V}$$

Die Transistorverlustleistung wird dabei

$$P_{VT} = U_{DS} \cdot I = 28\ \text{V} \cdot 5\ \text{mA} = 140\ \text{mW}$$

Beide Werte liegen unterhalb der Transistorgrenzwerte, also ist die Schaltung kurzschlußfest. Damit wird

$$R_{L\,min} = 0\ \Omega.$$

Für den Betrieb der Stromquelle selbst wird mindestens eine Spannung gebraucht von $U_{DS\,min} + U_{SG} = 5\ \text{V} + 2\ \text{V} = 7$ V. Für den Widerstand R_L steht also höchstens eine Spannung von $U_{RL\,max} = 30\ \text{V} - 7\ \text{V} = 23$ V zur Verfügung. Damit ergibt sich

$$R_{L\,max} = \frac{23\ \text{V}}{5\ \text{mA}} = \underline{4{,}6\ \text{k}\Omega}$$

Die Spannung U_{SG} ergibt sich als Spannungsabfall an R_S durch den Strom I, also

$$R_S = \frac{U_{SG}}{I} = \frac{2\ \text{V}}{5\ \text{mA}} = \underline{400\ \Omega}$$

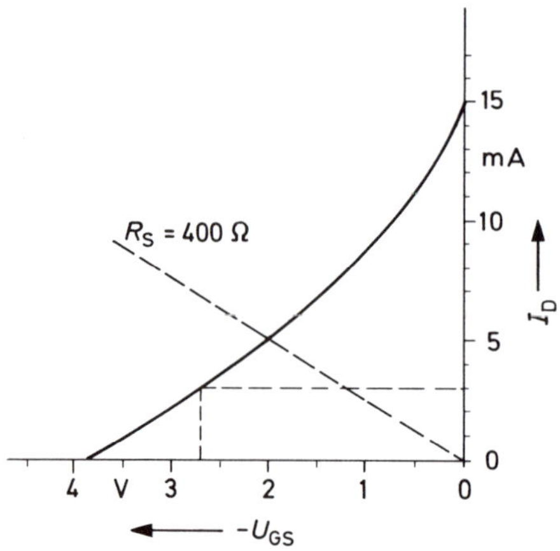

Bild 20.5 Ermittlung der Größe des Sourcewiderstands R_S aus der Steuerkennlinie $I_D = f(-U_{GS})$

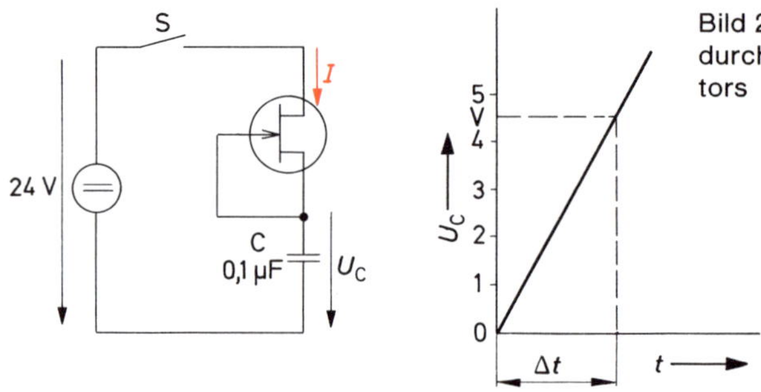

Bild 20.6 Zeitlinearer Spannungsanstieg durch Konstantstromladung eines Kondensators

Für jeden anderen konstanten Strom $I = I_D$ läßt sich der zugehörige Source-Widerstand R_S aus der Steuerkennlinie des FET entnehmen (Bild 20.5). Für einen Strom $I = 3$ mA wird $-U_{GS} = 2{,}7$ V gebraucht, also

$$R_S = \frac{2{,}7\ \text{V}}{3\ \text{mA}} = 900\ \Omega$$

Eine typische Anwendung von Konstantstromquellen ist die Erzeugung von zeitlinearen Spannungsanstiegen, wie sie z.B. in der Meß- und Regeltechnik häufig gebraucht werden.

Beispiel: Welche Zeit vergeht nach Schließen des Schalters S in Bild 20.6, bis die Spannung U_C von 0 V auf 4,5 V angestiegen ist? Die Steuerkennlinie des Transistors zeigt Bild 20.5.

Lösung: Spannung $U_{GS} = 0$ V (Kurzschluß zwischen Gate und Source). Bei $U_{GS} = 0$ V nach Kennlinie $I_D = 15$ mA. Spannungsverlauf am Kondensator:

$$\Delta U_C = \frac{I \cdot \Delta t}{C}$$

Umgestellt nach Δt:

$$\Delta t = \frac{\Delta U_C \cdot C}{I} = \frac{4{,}5\ \text{V} \cdot 0{,}1\ \mu\text{F}}{15\ \text{mA}} = \underline{30\ \mu\text{s}}$$

20.1.2 Konstantstromquelle mit Bipolartransistor

Bild 20.7 zeigt eine Konstantstromquelle mit Bipolartransistor. Unter Vernachlässigung des Basisstroms gilt:

Das Potential an der Basis wird durch die Z-Diode konstantgehalten:

$$U_B = U_Z = \text{konstant}$$
$$U_{BE} \approx 0{,}7\ \text{V} = \text{konstant}$$
$$U_E = U_B - U_{BE} = \text{konstant, also}$$
$$I_E = \frac{U_E}{R_E} \approx I_C = I = \text{konstant}$$

(vgl. Kapitel 7)

Beispiel 1: In einer Schaltung nach Bild 20.7 wird eine Z-Diode mit $U_Z = 4{,}7$ V verwendet. Mit den Werten

$$U_{BE} = 0{,}7\ \text{V}, \quad U_{CE\,min} = 1\ \text{V}, \quad U_S = 12\ \text{V}, \quad I = 10\ \text{mA}$$

sind zu berechnen:

Der Emitterwiderstand R_E, der maximal zulässige Lastwiderstand $R_{L\,max}$ und die erforderliche Verlustleistung des Transistors $P_{VT\,max}$, wenn die Stromquelle kurzschlußfest sein soll. Bei der Berechnung soll der Basisstrom vernachlässigt werden.

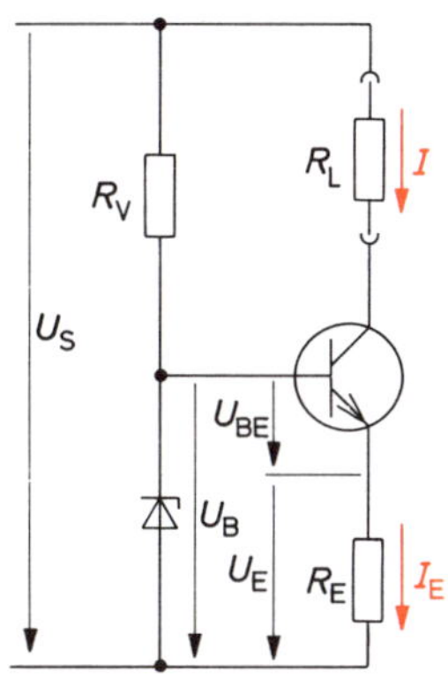

Bild 20.7 Konstantstromquelle mit npn-Transistor

Lösung:

$$U_E = U_Z - U_{BE} = 4{,}7\ \text{V} - 0{,}7\ \text{V} = 4\ \text{V}$$

$$R_E = \frac{U_E}{I} = \frac{4\ \text{V}}{10\ \text{mA}} = \underline{400\ \Omega}$$

$$U_{RL\,max} = U_S - U_{CE\,min} - U_E = 12\ \text{V} - 1\ \text{V} - 4\ \text{V} = 7\ \text{V}$$

$$R_{L\,max} = \frac{U_{RL\,max}}{I} = \frac{7\ \text{V}}{10\ \text{mA}} = \underline{700\ \Omega}$$

Bei $R_L = 0\ \Omega$ tritt am Transistor die größte Verlustleistung auf:

$$P_{VT\,max} = (U_S - U_E) \cdot I = (12\ \text{V} - 4\ \text{V}) \cdot 10\ \text{mA} = \underline{80\ \text{mW}}$$

Beispiel 2: Welchen Wert muß in einer Schaltung nach Bild 20.8 der Widerstand R_V haben, wenn $I_Z = 5$ mA sein soll? In welchen Grenzen läßt sich mit dem Potentiometer R_p der konstante Strom I einstellen ($U_{BE} = 0{,}7$ V, I_B vernachlässigen)?

Lösung:

$$R_V = \frac{U_S - U_Z}{I_Z} = \frac{24\ \text{V} - 3{,}3\ \text{V}}{5\ \text{mA}} = \underline{4{,}14\ \text{k}\Omega}$$

$$U_E = U_Z - U_{BE} = 3{,}3\ \text{V} - 0{,}7\ \text{V} = 2{,}6\ \text{V}$$

$$I_{min} = \frac{U_E}{R_{E\,max}} = \frac{2{,}6\ \text{V}}{1{,}1\ \text{k}\Omega} = \underline{2{,}63\ \text{mA}}$$

$$I_{max} = \frac{U_E}{T_{E\,min}} = \frac{2{,}6\ \text{V}}{100\ \Omega} = \underline{26\ \text{mA}}$$

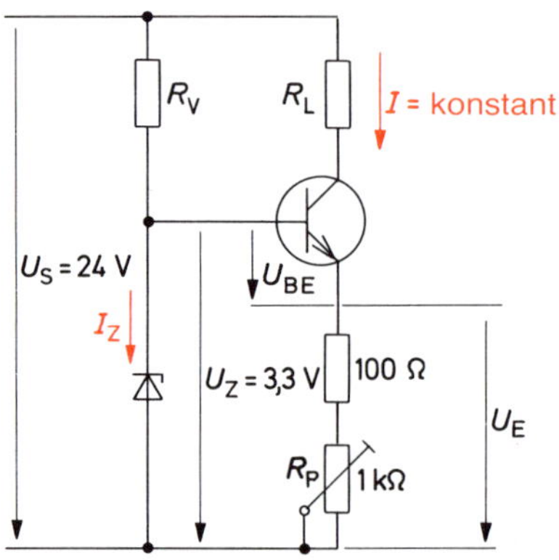

Bild 20.8 Konstantstromquelle mit einstellbarem Strom

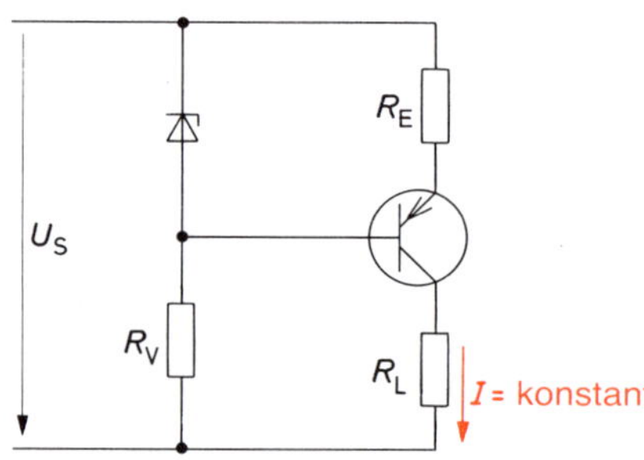

Bild 20.9 Konstantstromquelle mit pnp-Transistor

Wenn aus schaltungstechnischen Gründen der Lastwiderstand R_L an der negativen Versorgungsspannungsleitung liegt, wird die Stromquelle mit einem pnp-Transistor aufgebaut, wie Bild 20.9 zeigt.

20.1.3 Konstantstromquelle mit Operationsverstärker

Neben anderen möglichen Schaltungen zeigt Bild 20.10 die einfachste Anordnung einer Konstantstromquelle mit Operationsverstärker. Bei einem idealen Operationsverstärker ($v_U = \infty$, $r_I = \infty$) stellt sich durch die Gegenkopplung immer $U_D = 0$ V ein. Damit ist stets $U1 = U_R$. Die Spannung U_R entsteht als Spannungsabfall am Meßwiderstand R durch den Strom I. Dadurch ist der Strom I konstant und einstellbar mit dem Potentiometer R_P auf

$$I = \frac{U1}{R}$$

Bild 20.10 Konstantstromquelle mit Operationsverstärker

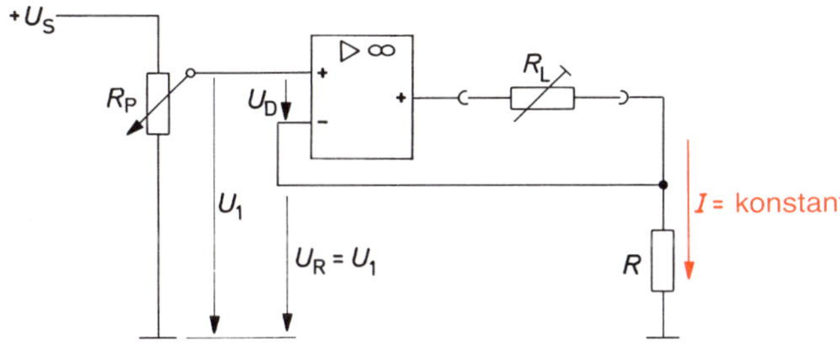

20.2 Konstantspannungsquellen

Konstantspannungsquellen sollten einen möglichst kleinen Innenwiderstand R_i besitzen ($R_i << R_L$, vgl. Grundlagenband, Kapitel Spannungsquellen). Für eine ideale Konstantspannungsquelle ($R_i = 0$) wäre die Kennlinie (Bild 20.11) eine Waagerechte im $U = (f(I)$-Diagramm. Im Kurzschlußfall ($R_L = 0$) würde der Strom (theoretisch) unendlich groß und führte damit sicher zu einer Zerstörung der Spannungsquelle. Wenn sich der Kurzschlußfall nicht ausschließen läßt (Labornetzteile oder ähnliches, wo mit versehentlichen Kurzschlüssen immer gerechnet werden muß), begrenzt man die Kennlinie auf einen bestimmten Größtwert I_{max}. Für größere Ströme als I_{max} liefert die Spannungsquelle also keine konstante Spannung mehr, die Spannung bricht zusammen (im Kurzschlußfall auf $U = 0$).

Um einen Dauerkurzschluß mit dem (für das Gerät großen) Strom I_{max} zu vermeiden, führt man die Kennlinie auch gelegentlich als «Fold-back»-Kennlinie aus (= engl. zurückgefaltet — nach der Form der in Bild 20.11 gestrichelt gezeichneten Linie).

Fast alle Konstantspannungsquellen werden aus dem Netz betrieben (elektronisch stabilisiertes Netzgerät) und haben damit einen Aufbau wie in Bild 20.12: Der Netztransformator transformiert einerseits die Netzspannung auf den gewünschten Wert $U_\sim$ und gewährleistet außerdem eine

Bild 20.11 Kennlinien von Konstantspannungsquellen

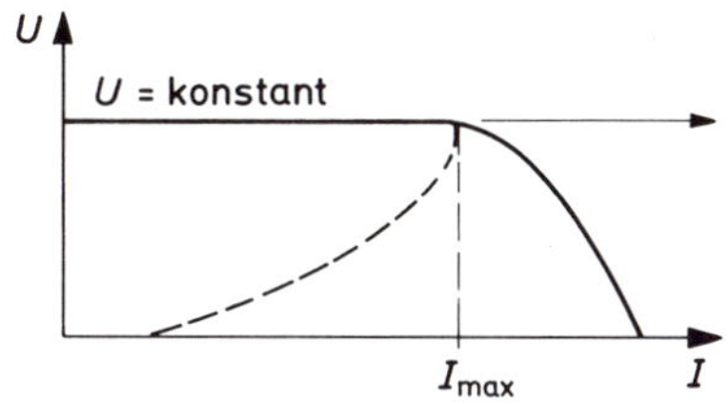

Bild 20.12 Blockschaltbild netzgespeister Konstantspannungsquellen

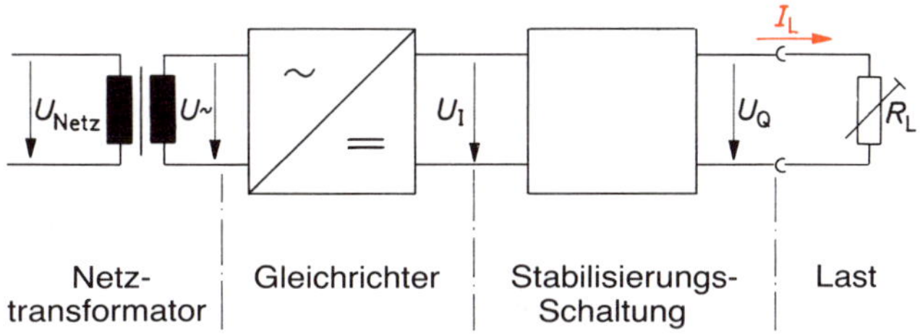

galvanische Trennung vom Netz. Es folgt eine Gleichrichterschaltung mit Energiespeicher (Ladekondensator oder Drossel). Die Spannung U_I ist nicht konstant, sie ändert sich aufgrund von Netzspannungsänderungen und aufgrund der überlagerten Brummspannung. Aufgabe der Stabilisierungsschaltung ist es, die Ausgangsspannung U_Q möglichst konstant und unabhängig zu machen von

- □ Eingangsspannungsänderungen ΔU_I,
- □ Laststromänderungen ΔI_L,
- □ Temperaturänderungen $\Delta \vartheta$.

Als Qualitätsmerkmale einer Stabilisierungsschaltung werden daher angegeben:

- □ der Stabilisierungsfaktor S, der angibt, wie sehr sich eine (relative = prozentuale) Eingangsspannungsänderung $\Delta U_I / U_I$ auf den Ausgang ($\Delta U_Q / U_Q$) auswirkt:

$$S = \frac{\Delta U_I / U_I}{\Delta U_Q / U_Q} \quad S \text{ sollte möglichst groß sein;}$$

- □ der differentielle Innenwiderstand r_i, der angibt, wie sehr sich eine Laststromänderung auf die Ausgangsspannung auswirkt:

$$r_i = \frac{\Delta U_Q}{\Delta I} \quad r_i \text{ sollte möglichst klein sein;}$$

- □ der Temperaturgang $TK = \Delta U_Q / \Delta \vartheta$, der die Abhängigkeit der Ausgangsspannung von der Umgebungstemperatur angibt. Der TK sollte möglichst klein sein.

Beispiel: An einem Netzgerät wird bei $U_Q = 24$ V und $I_L = 1$ A bei einer Netzspannungsänderung von $\pm 10\%$ eine Ausgangsspannungsänderung von $\Delta U_Q = \pm 0{,}2$ V (bei konstanter Last) gemessen. Außerdem ergibt sich eine Ausgangsspannungsänderung von $\Delta U_Q = +40$ mV nach Abschalten der Last ($I_L = 0$) bei konstanter Netzspannung. Wie groß ist der Stabilisierungsfaktor S und wie groß ist der Innenwiderstand r_i dieses Netzgerätes?

Lösung:

$$S = \frac{\Delta U_I / U_I}{\Delta U_Q / U_Q} = \frac{22 \text{ V} / 220 \text{ V}}{0{,}2 \text{ V} / 24 \text{ V}} = \underline{12}$$

$$r_i = \frac{\Delta U_Q}{\Delta I_L} = \frac{40 \text{ mV}}{1 \text{ A}} = \underline{40 \text{ m}\Omega}$$

Statt des Stabilisierungsfaktors S (= Verhältnis der *relativen* Änderung der Eingangs- zur Ausgangsspannung) wird häufig der (irreführende) Glättungsfaktor $G = \Delta U_I / \Delta U_Q$ (also das Verhältnis der *absoluten* Änderung) angegeben. Irreführend ist der Glättungsfaktor insofern, weil er über die stabilisierende Wirkung einer Schaltung gar nichts aussagt. Auch ein einfacher Spannungsteiler (Bild 20.13) hat bei einem großen Verhältnis $R1/R2$ einen hohen Glättungsfaktor: $G \approx R1/R2$. Eine Stabilisierung findet aber nicht statt: Für 10% Eingangsspannungsänderung ergibt sich auch 10% Ausgangsspannungsänderung, also $S = 10\%/10\% = 1$.

Die unterschiedlichen Stabilisierungsschaltungen zielen darauf ab, mit möglichst geringem Aufwand einen großen Stabilisierungsfaktor und einen kleinen Innenwiderstand zu erreichen. Bei

Bild 20.13 Glättungsfaktor $G = \Delta U_I / \Delta U_Q$ bei einem Spannungsteiler

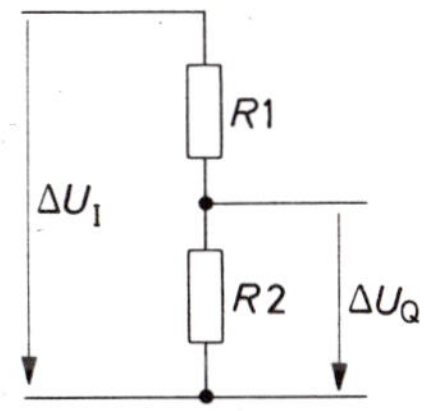

Bild 20.14 Prinzip der Längsstabilisierung: Das Stellglied R_S liegt in Reihe mit dem Lastwiderstand R_L

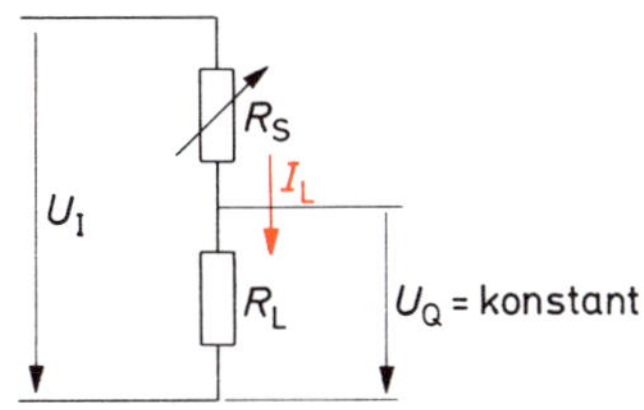

Bild 20.15 Anwendung der Querstabilisierung bei annähernd konstanten Lastströmen I_L

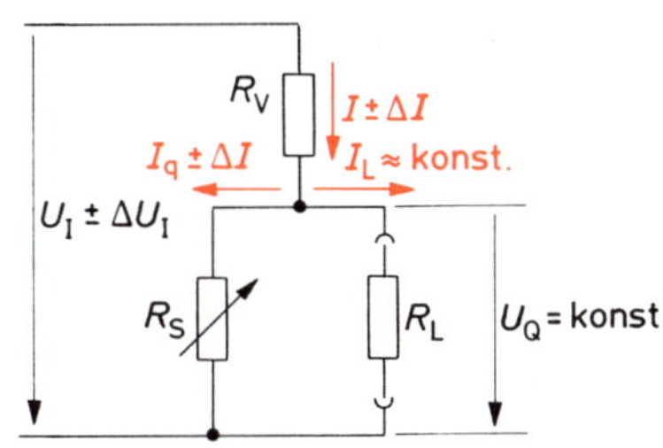

größeren Leistungen spielt auch der Wirkungsgrad noch eine Rolle. Bei den Schaltungen unterscheidet man zwischen Längs- und Querstabilisierung. Die Namen leiten sich her aus der Lage des Stellgliedes (vgl. Band Elektrische Meß- und Regeltechnik) zum Lastwiderstand: Bei der *Längs*stabilisierung (Bild 20.14) liegt das Stellglied R_S *längs* (= in Reihe) zum Lastwiderstand R_L, bei der *Quer*stabilisierung (Bild 20.15) liegt R_S *quer* (= parallel) zu R_L.

Das Stellglied R_S wird so gesteuert oder geregelt, daß die Ausgangsspannung U_Q konstant bleibt, wenn sich die Eingangsspannung U_I und/oder der Laststrom I_L ändern.

Die Längsstabilisierung nach Bild 20.14 wird eingesetzt, wenn sich I_L und/oder U_I in weiten Grenzen ändern und auch, wenn die Klemmenspannung U_Q in weiten Grenzen einstellbar sein soll. Die Längsstabilisierung ist daher die typische Schaltung für universelle Stromversorgungen, z.B. als Labor-«Netzteil». Das Stellglied R_S (meistens ein Transistor) wird vom Laststrom I_L durchflossen. An ihm tritt daher unter Umständen eine hohe Verlustleistung auf:

$$P_{V\,max} = (U_{I\,max} - U_{Q\,min}) \cdot I_{L\,max}$$

Bei Linearreglern (Stellglied R_S stetig verstellbar, im Gegensatz zu getakteten Reglern, vgl. Abschnitt 20.2.6), bei denen ein Transistor die Funktion des Stellgliedes R_S übernimmt, werden daher häufig teure Leistungstransistoren erforderlich.

Die Querstabilisierung nach Bild 20.15 wird eingesetzt, wenn der Laststrom nur geringen Schwankungen unterworfen ist (annähernd konstante Last R_L). Das Stellglied R_S braucht dann nur die –

meist geringen — Stromänderungen ΔI aus der Eingangsspannungsänderung aufzunehmen und ggf. geringe Laststromänderungen ΔI_L. Damit bleibt die Verlustleistung am Stellglied vergleichsweise gering:

$$P_{V\,max} = I_q \cdot U_Q \approx (\Delta I + \Delta I_L) \cdot U_Q$$

20.2.1 Konstantspannungsquelle mit Z-Diode

Bei der Stabilisierungsschaltung mit Z-Diode nach Bild 20.16 (vgl. Kapitel 5) handelt es sich um eine Querstabilisierung. Der Wirkungsgrad ist gering (hoher Spannungs- und damit Leistungsverlust an R_V) und wird um so kleiner, je besser der Stabilisierungsfaktor wird. Die Schaltung kommt daher nur für kleine Ströme I (einige Milliampere) in Frage. Der Glättungsfaktor wird für $R_V >> r_Z$:

$$G \approx \frac{R_V}{r_Z}$$

Ein wesentlicher Nachteil dieser Schaltung ist der relativ hohe Innenwiderstand (vgl. Kapitel 5):

$$r_i \approx r_Z$$

Durch Nachschalten einer Kollektorschaltung (Bild 20.17) als Impedanzwandler wird der Innenwiderstand der einfachen Z-Dioden-Stabilisierung erheblich vermindert. Es ergibt sich dann:

$$r_i \approx \frac{r_Z + r_{BE}}{B}$$

Außerdem wird die Strombelastbarkeit der Z-Diodenschaltung um die Stromverstärkung B des Transistors erhöht.

Wie Bild 20.18 zeigt, erhält man damit eine Längsstabilisierung: Der als Stellglied wirkende Transistor liegt in Reihe mit dem Lastwiderstand R_L.

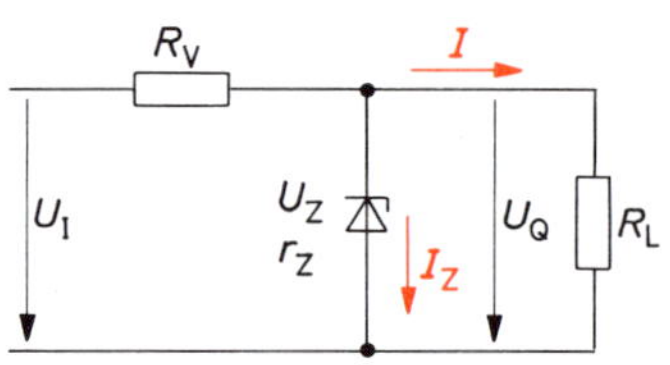

Bild 20.16 Querstabilisierung mit Z-Diode. Die Z-Diode wirkt als Stellglied durch ihren veränderlichen Gleichstromwiderstand $R_Z = U_Z/I_Z$

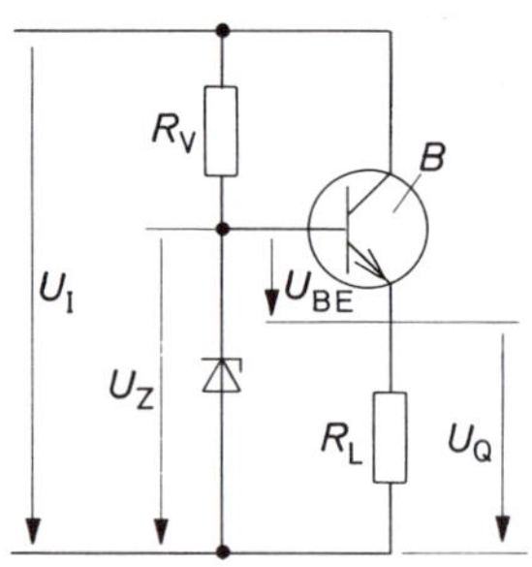

Bild 20.17 Erhöhung der Strombelastbarkeit der Z-Dioden-Stabilisierung durch Nachschalten eines Emitterfolgers

Bild 20.18 Durch Umzeichnen von Bild 20.17 erhält man die übliche Darstellung einer Längsstabilisierungsschaltung

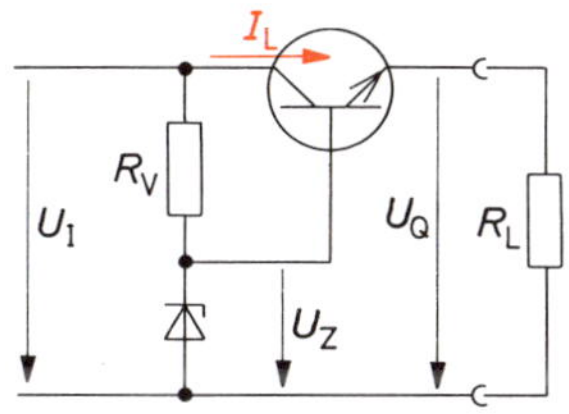

Die Ausgangsspannung wird

$$U_Q = U_Z - U_{BE}$$

Der Stabilisierungsfaktor S wird durch diese Schaltung nicht verbessert (Spannungsverstärkung einer Kollektorschaltung $v_U \approx 1$, deshalb $\Delta U_Q \approx \Delta U_Z$). Zum Temperaturgang der Z-Diode addiert sich die Temperaturabhängigkeit der Basis-Emitter-Spannung U_{BE}. Da der Temperaturgang der Basis-Emitter-Spannung positiv ist, läßt sich für Z-Dioden mit $U_Z < 5$ V (TK negativ, vgl. Kapitel 5) erreichen, daß sich — für engbegrenzte Temperaturbereiche — beide Temperatureinflüsse gegenseitig aufheben.

20.2.2 Querstabilisierung mit Transistor

Für annähernd konstante Lasten wird häufig eine Schaltung entsprechend Bild 20.19 verwendet. Das Stellglied (der Transistor V) liegt parallel zum Lastwiderstand R_L. Diese Schaltung hat den Vorteil, trotz großer Lastströme I_L mit relativ kleinen (und damit billigen) Transistoren auszukommen. Bei konstantem Laststrom braucht der Transistor nur die Eingangsstromänderung ΔI aufzunehmen und wird nicht vom Laststrom I_L durchflossen.

Z-Diode und Transistor zusammen sind aufzufassen wie eine Ersatz-Z-Diode mit einer neuen Z-Spannung

$$U_{Z\,ers} = U_Z + U_{BE}$$

mit einem höheren zulässigen Z-Strom

$$I_{Z\,ers\,max} \approx I_Z \cdot B$$

und einem neuen differentiellen Widerstand

$$r_{Z\,ers} = \frac{r_Z + r_{BE}}{B}$$

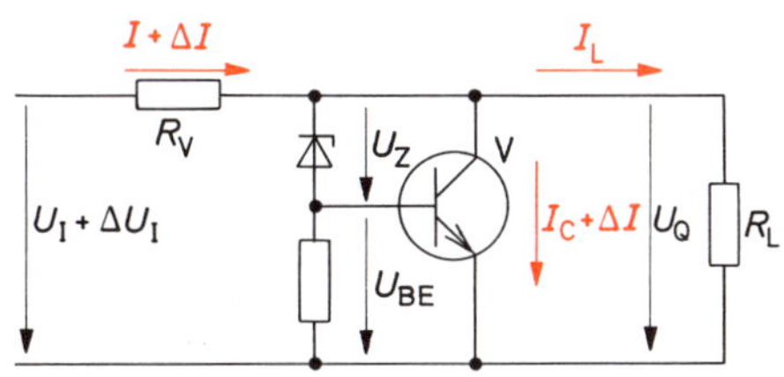

Bild 20.19 Querstabilisierung mit Transistor

Die Berechnung des Vorwiderstandes R_V, des Glättungsfaktors G, des Stabilisierungsfaktors S und des Innenwiderstandes r_i erfolgt mit diesen neuen Daten in der herkömmlichen Weise (vgl. Kapitel 5).

Die Schaltung ist im allgemeinen nicht leerlauffest, weil der Transistor V beim Abschalten des Lastwiderstandes R_L den Laststrom I_L mit übernehmen müßte und dadurch unter Umständen überlastet wird.

20.2.3 Spannungsregler mit Längstransistor

Der Transistor V in Bild 20.20 bildet zusammen mit dem Lastwiderstand R_L einen Spannungsteiler. Der Regler N sorgt dafür, daß dic Spannung U_{CE} bei schwankender Eingangsspannung U_I jeweils so gesteuert wird, daß die Ausgangsspannung U_Q (annähernd) konstant bleibt. Die Regelabweichung (Abweichung des wirklichen Ausgangsspannungswertes $U_Q = U_{ist}$ von der gewünschten Ausgangsspannung $U_{ref} = U_{soll}$) wird dabei um so kleiner, je größer die Gesamtverstärkung des Regelkreises (Produkt aus Verstärkungsfaktor des Transistors und des Regelverstärkers) ist (vgl. Band Elektrische Meß- und Regeltechnik). Je größer diese Verstärkung, die im wesentlichen durch die Spannungsverstärkung v_u des Regelverstärkers N gegeben ist, desto größer wird also der Stabilisierungsfaktor, und desto kleiner wird der Innenwiderstand r_i. Der Temperaturgang dieser Schaltung hängt vor allem vom Temperaturgang der Referenzspannungsquelle ab.

Die praktische Ausführung einer solchen Schaltung in einfachster Form zeigt Bild 20.21. Der Transistor V1 ist der Längstransistor und wirkt als Stellglied. Der Transistor V2 stellt den Regler dar. An seiner Basis-Emitter-Strecke erfolgt der Soll-Istwert-Vergleich. Die Z-Diode ist die Referenz- (Vergleichs-)spannungsquelle.

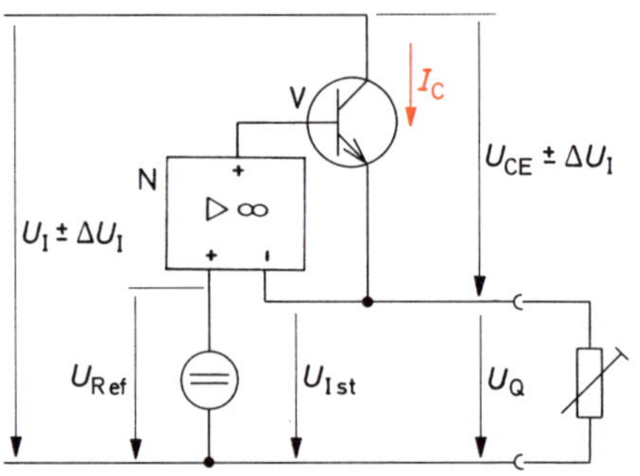

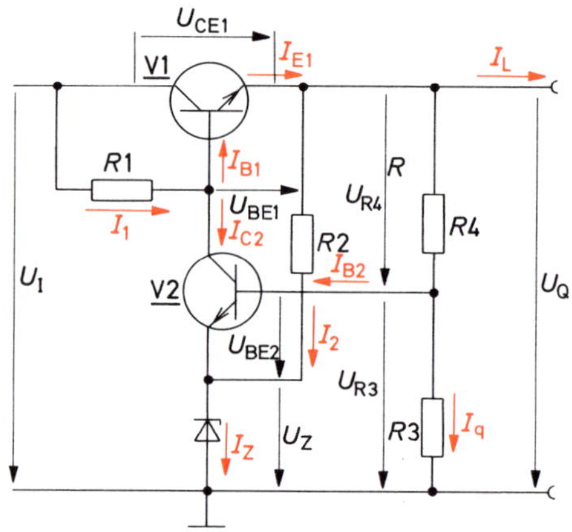

Bild 20.20 Prinzip einer Regelschaltung zum Konstanthalten einer Ausgangsspannung U_Q

Bild 20.21 Einfache Regelschaltung mit V1 als Stellglied und V2 als Regler

Der Regler V2 sorgt dafür, daß die Spannung $U_{R3} = U_Z + U_{BE2}$ immer (annähernd) konstant bleibt. Unter Vernachlässigung des Basisstroms I_{B2} ($I_{B2} << I_q$) ist damit auch die Ausgangsspannung U_Q konstant:

$$U_Q = \frac{R3 + R4}{R3}(U_Z + U_{BE2})$$

Wollte die Spannung U_Q ansteigen (z.B. durch Verminderung des Laststroms oder Erhöhung der Eingangsspannung U_I), so würde damit auch die Spannung U_{R3} ansteigen. Da U_Z aber (annähernd) konstant bleibt, muß sich U_{BE2} vergrößern, was einen ansteigenden Strom I_{B2} und damit einen größeren Kollektorstrom I_{C2} zur Folge hat. I_{C2} ist aber Teilstrom von $I1$: Je größer I_{C2}, desto kleiner wird der von I_1 verbleibende Rest für den Basisstrom I_{B1}. Wenn I_{C2} — wie geschildert — ansteigt, muß I_{B1} zwangsläufig kleiner werden: Der Transistor V1 wird also zunehmend hochohmiger. Dadurch wird U_Q kleiner und stellt sich somit selbsttätig wieder (annähernd) auf seinen Sollwert ein.

Der Widerstand $R1$ muß den Basisstrom für den Längstransistor V1 aufbringen und dient außerdem als Kollektorwiderstand für V2. Er muß so ausgelegt sein, daß er auch bei kleinster Eingangsspannung U_I noch einen ausreichend großen Basisstrom $I_{B1} \approx I_{E1}/B1$ zur Verfügung stellt ($B1$ = Stromverstärkung des Transistors V1). Da die Hilfsströme durch $R2$ und den Spannungsteiler $R3 + R4$ vergleichsweise klein sind, ergibt sich $I_{E1} \approx I_L$ und damit

$$I_{B1} \approx \frac{I_L}{B1}$$

Um die Verlustleistung am Transistor V1 möglichst geringzuhalten, arbeitet man mit möglichst geringen Spannungen U_{CE1}. Damit wird aber auch die Spannung an $R1$

$$U_{R1} = U_{CE1} - U_{BE1}$$

klein und damit — für vorgegebenen Basisstrom I_{B1} — auch der Widerstandswert $R1$. Das ist ein Nachteil, weil $R1$ gleichzeitig Kollektorwiderstand des Regeltransistors V2 ist. Die Verstärkung v_U des Reglers ist direkt proportional zu $R1$ (vgl. Kapitel 7) und sollte möglichst groß sein.

Um einen Kompromiß zu schließen ($R1$ klein, damit U_{CE1} klein bleibt; $R1$ groß, damit v_U groß wird), gibt es zwei Lösungen, die häufig beide gemeinsam angewendet werden:

- □ Für V1 wird eine Darlingtonschaltung eingesetzt. Damit wird der Basisstrom I_{B1} drastisch kleiner, und $R1$ kann entsprechend größere Werte erhalten;
- □ für $R1$ wird eine Konstantstromquelle eingesetzt, womit sich sehr hohe (differentielle) Widerstände bei kleinem Spannungsabfall erzielen lassen (vgl. Abschnitt 20.1). Mit einem großen differentiellen Kollektorwiderstand für V2 erhöht sich in gleichem Maße aber auch dessen Spannungsverstärkung und damit die Regelgenauigkeit der gesamten Schaltung.

Der Widerstand $R2$ dient als Vorwiderstand für die Z-Diode zur Erzeugung der Referenzspannung U_Z. Er ist so auszulegen, daß auch bei größtem Laststrom I_L, wenn V2 nahezu gesperrt ist, der zur Stabilisierung erforderliche Mindeststrom $I_{Z\min}$ nicht unterschritten wird.

In der Schaltung nach Bild 20.22 wird der Basisstrom I_{B1} bzw. der Kollektorstrom I_{C2} von einer Konstantstromquelle V3 geliefert. Außerdem ist der Spannungsteiler durch ein Potentiometer R_P ergänzt, so daß sich die Ausgangsspannung U_Q innerhalb bestimmter Grenzen einstellen läßt.

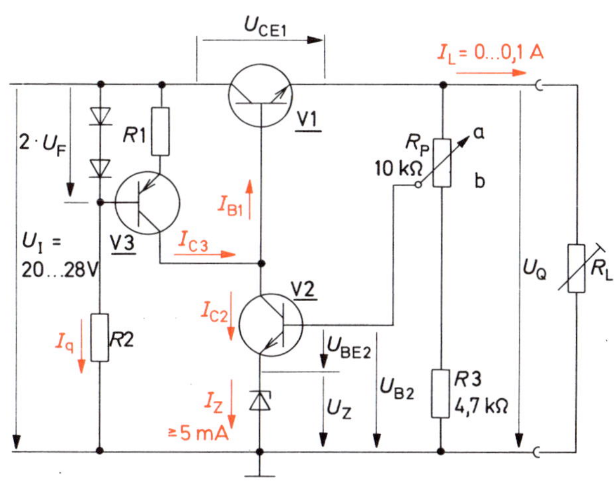

Bild 20.22 Konstantspannungsquelle mit einstellbarer Ausgangsspannung U_Q

Die Z-Diode erhält ihren Strom ausschließlich über V2. Die Stromquelle V3 ist daher so auszulegen, daß auch bei größtem Basisstrom I_{B1} noch der zur Stabilisierung erforderliche Strom $I_{Z\,min}$ zur Verfügung steht.

Beispiel 1: In einer Schaltung nach Bild 20.22 sind die Widerstandswerte $R1$ und $R2$ zu bestimmen sowie die maximale Verlustleistung des Transistors V1 und der (mit R_P einstellbare) Bereich der Spannung U_Q. Gegeben sind $B1 = 50$, $I_L = 0$ bis 0,1 A, $U_Z = 4{,}7$ V. Für die Vorwärtsspannung der Dioden U_F und für alle Basis-Emitter-Spannungen U_{BE} soll mit $U_F = U_{BE} = 0{,}6$ V gerechnet werden. Bei der Berechnung ist der Basisstrom I_{B1} und der Strom durch den Spannungsteiler R_P, $R3$ gegen I_L zu vernachlässigen. $R2$ ist so auszulegen, daß bei kleinster Eingangsspannung U_I der Querstrom $I_q = 5$ mA beträgt.

Lösung: Potential an der Basis von V2

$$U_{B2} = U_Z + U_{BE2} = 4{,}7\ \text{V} + 0{,}6\ \text{V} = 5{,}3\ \text{V}$$

Damit ergibt sich bei Potentiometerstellung am Anschlag a:

$$U_{Q\,min} = U_{B2} = \underline{5{,}3\ \text{V}}$$

und bei Potentiometerstellung am Anschlag b:

$$\frac{U_{Q\,max}}{R_P + R3} = \frac{U_{B2}}{R3} \quad \text{oder}$$

$$U_{Q\,max} = \frac{U_{B2}(R_P + R3)}{R3} = \frac{5{,}3\ \text{V}\,(10\ \text{k}\Omega + 4{,}7\ \text{k}\Omega)}{4{,}7\ \text{k}\Omega} = \underline{16{,}6\ \text{V}}$$

Die maximale Verlustleistung am Transistor V1 ergibt sich bei der größten Differenz zwischen U_I und U_Q, also bei

$$U_{CE\,max} = U_{I\,max} - U_{Q\,min} = 28\ \text{V} - 5{,}3\ \text{V} = 22{,}7\ \text{V}$$

wenn gleichzeitig der größte Laststrom $I_{L\,max} \approx I_{C\,max}$ fließt:

$$P_{V1\,max} = U_{CE\,max} \cdot I_{C\,max} = 22{,}7\ \text{V} \cdot 0{,}1\ \text{A} = \underline{2{,}27\ \text{W}}$$

Für den Widerstand $R2$ ergibt sich

$$R2 = \frac{U_{I\,min} - 2 \cdot U_F}{I_q} = \frac{20\ \text{V} - 1{,}2\ \text{V}}{5\ \text{mA}} = \underline{3{,}76\ \text{k}\Omega}$$

Der Widerstand $R1$ legt den Wert des konstanten Stroms I_{C3} fest. Bei $I_{C3} \approx I_{E3}$ fällt an ihm eine Spannung ab von

$$U_{R1} = 2 \cdot U_F - U_{BE3} = 0{,}6\ \text{V}$$

Die Stromquelle V3 muß den maximal erforderlichen Basisstrom $I_{B1\,max}$ und den Strom $I_{Z\,min}$ liefern:

$$I_{C3} = I_{B1\,max} + I_{Z\,min} = \frac{I_{L\,max}}{B1} + I_{Z\,min} = \frac{100\ \text{mA}}{50} + 5\ \text{mA} = 7\ \text{mA}$$

Damit ergibt sich $R1$ zu

$$R1 = \frac{U_{R1}}{I_{C3}} = \frac{0{,}6\ \text{V}}{7\ \text{mA}} = \underline{85{,}7\ \Omega}$$

Ein Nachteil dieser einfachen Schaltung liegt darin, daß bei Änderungen ΔI_L des Laststroms I_L die erforderliche Änderung $\Delta I_{B1} = \Delta I_L / B_1$ voll als Änderung $\Delta I_{B1} = -\Delta I_Z$ wirksam wird.

Beispiel 2: In einer Schaltung nach Bild 20.22 mit den Daten aus Beispiel 1 wird der Laststrom von 0 auf 100 mA erhöht. Das Potentiometer steht am Anschlag a. Wie groß wird die Ausgangsspannungsänderung $-\Delta U_Q$ aufgrund des differentiellen Widerstandes der Z-Diode mit $r_Z = 10\ \Omega$? Welcher Widerstand r_i der Schaltung ergibt sich aus dieser Änderung?

Lösung:

$$\Delta I_L = 100\ \text{mA}, \quad \text{damit} \quad \Delta I_{B1} = \frac{\Delta I_L}{B1} = \frac{100\ \text{mA}}{50} = 2\ \text{mA}$$

$$\Delta I_{B1} = -\Delta I_{C2} = -\Delta I_Z = -2\ \text{mA}$$

$$\Delta U_Z = \Delta U_Q = \Delta I_Z \cdot r_Z = -2\ \text{mA} \cdot 10\ \Omega = \underline{-20\ \text{mV}}$$

Die Ausgangsspannung sinkt also bei einer Laststromänderung ΔI_L von 100 mA um $\Delta U_Q = 20$ mV ab. Daraus ergibt sich

$$r_i = -\frac{\Delta U_Q}{\Delta I_L} = -\frac{-20\ \text{mV}}{100\ \text{mA}} = \underline{0{,}2\ \Omega}$$

Beispiel 3: Welcher Stabilisierungsfaktor S ergibt sich für eine Schaltung nach Bild 20.23, wenn allein die Änderung ΔU_Z (bei konstantem Laststrom) berücksichtigt wird?

Lösung: Die Erhöhung der Eingangsspannung U_I von 20 V auf 28 V ($\Delta U_I = 8$ V) hat auch eine Erhöhung der Spannung an $R1$ in gleicher Größe zur Folge, da U_Q (annähernd) konstant bleibt. Also

$$\Delta U_{R1} = \Delta U_I = 8\ \text{V}$$

Daraus ergibt sich die Änderung des Stroms $I1$ zu

$$\Delta I1 = \frac{\Delta U_{R1}}{R_1} = \frac{8\ \text{V}}{1\ \text{k}\Omega} = 8\ \text{mA}$$

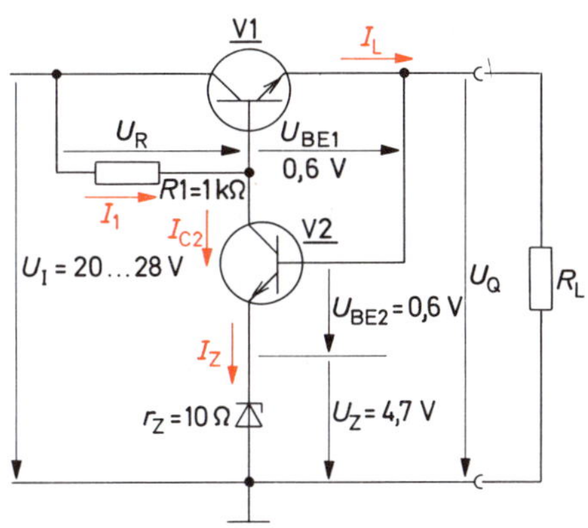

Bild 20.23 Geregelte Konstantspannungsquelle, bei der der Strom I_Z ausschließlich von V2 geliefert wird

Da der Basisstrom I_{B1} konstant bleibt (I_L=konstant), muß diese Stromänderung voll von V2 aufgenommen werden, also

$$\Delta I_1 = \Delta I_{C2} = \Delta I_Z$$

Damit

$$\Delta U_Z = \Delta I_Z \cdot r_Z = 8\ \text{mA} \cdot 10\ \Omega = 80\ \text{mV}$$

Weil das Basispotential von V2

$$U_{B2} = U_Z + U_{BE} = U_Q \quad \text{ist,}$$

wirkt sich die Spannungsänderung ΔU_Z voll auf U_Q aus: $\Delta U_Z = \Delta U_Q$.
Damit ergibt sich der Stabilisierungsfaktor mit $U_Q = 5{,}3$ V zu

$$S = \frac{\Delta U_I / U_I}{\Delta U_Q / U_Q} = \frac{8\ \text{V} / 20\ \text{V}}{80\ \text{mV} / 5{,}3\ \text{V}} = \underline{26{,}5}$$

Beide Einflüsse von r_Z (Vergrößerung von r_i, vgl. Beispiel 2, und Verringerung von S, vgl. Beispiel 3) lassen sich vermeiden, wenn für den Regler ein Differenzverstärker eingesetzt wird, wie der folgende Abschnitt zeigt.

20.2.4 Geregelte Konstantspannungsquelle mit Operationsverstärker

Die erwähnten Nachteile einer einfachen Schaltung nach Bild 20.21 vermeidet eine Anordnung nach Bild 20.24. Der Regler arbeitet mit der Differenzverstärker-Eingangsstufe eines Operationsverstärkers, damit bleibt der Strom I_Z konstant. Die Schaltung nach Bild 20.24 ist als Festspannungsquelle ausgeführt (U_Q nicht einstellbar, $R2$ und $R3$ Festwiderstände). Die Ausgangsspannung U_Q ergibt sich zu

$$U_Q = \frac{R2 + R3}{R3} \cdot U_Z$$

Als Z-Diodenspannung U_Z wählt man eine Spannung nahe 5 V (geringer Temperaturgang TK) oder setzt eine temperaturkompensierte Referenzdiode ein.

Der Basisstrom für den Transistor V wird vom Operationsverstärker geliefert. Die Spannungsversorgung für den Verstärker ist aus Gründen der besseren Übersicht nicht mitgezeichnet. Aufgrund der sehr hohen Spannungsverstärkung von Operationsverstärkern erhält man hiermit hohe Stabilisierungsfaktoren S und sehr kleine Innenwiderstände r_i. Für kleinere Lastströme kann man auch auf den Transistor T verzichten (Bild 20.25).

20.2.5 Konstantspannungsquelle mit Strombegrenzung

Die Schaltungen mit *Querstabilisierung* (Bild 20.16 und 20.19) sind kurzschlußfest, wenn der vorgeschaltete Transformator und Gleichrichter sowie der Vorwiderstand R_V für den Kurzschlußstrom bemessen sind. Die bisher besprochenen Spannungsquellen mit *Längstransistor* sind dagegen nicht kurzschlußfest. Will man Schäden durch zu große Lastströme I_L vermeiden, braucht man diese Schaltungen (z.B. Bild 20.21) nur durch zwei Bauteile V3 und R5 (Bild 20.26) zu ergänzen. Hierdurch wird der Laststrom begrenzt auf einen Höchstwert

$$I_{L\,max} = \frac{U_{BE3}}{R5}$$

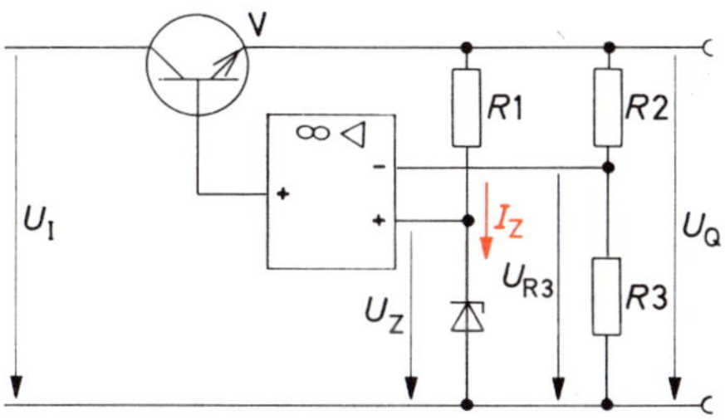

Bild 20.24 Geregelte Konstantspannungsquelle mit Operationsverstärker

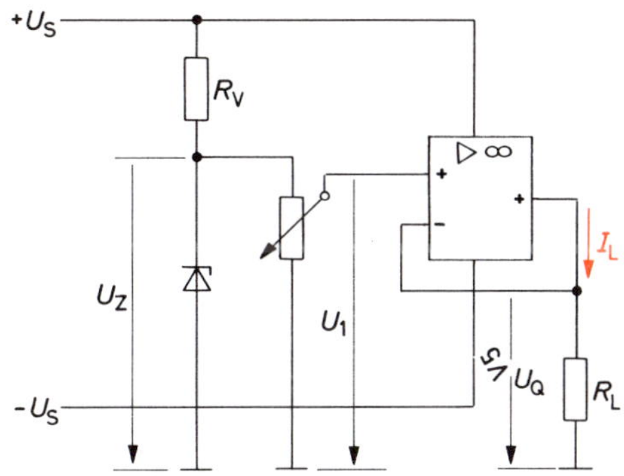

Bild 20.25 Konstantspannungsquelle mit Operationsverstärker für kleine Lastströme I_L. Die Ausgangsspannung $U_Q = U_1$ ist einstellbar von 0 V bis U_Z

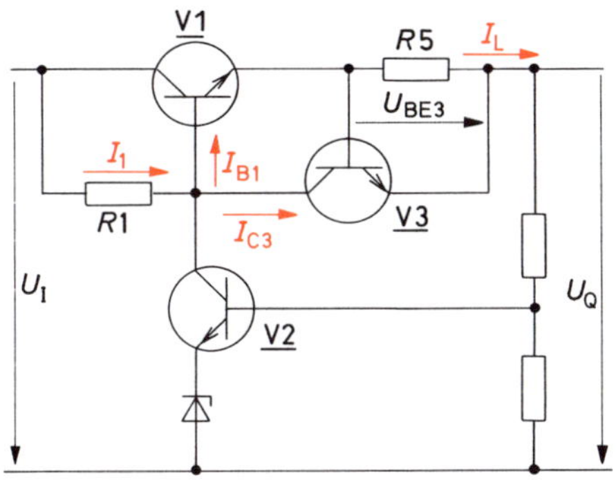

Bild 20.26 Spannungsquelle mit Strombegrenzung durch V3 und R5

Der Widerstand $R5$ wird vom Laststrom I_L durchflossen. Solange der Spannungsabfall $U_{BE3} = R5 \cdot I_L$ unterhalb der Schwellspannung des Transistors V3 bleibt, ist V3 gesperrt, und die Schaltung arbeitet in gewohnter Weise als Konstantspannungsquelle. Sobald U_{BE3} aber die Schwellspannung von V3 erreicht ($U_{BE3} \approx 0{,}6$ V für Si-Transistoren), wird V3 leitend und übernimmt mit I_{C3} einen Teil des Stroms $I1$. Dadurch wird der Strom I_{B1} so geregelt, daß I_L nicht weiter ansteigen kann: Wollte I_L weiter steigen (z.B. durch Kurzschluß von U_Q), so würde U_{BE3} und damit I_{C3} größer, was eine Verminderung von I_{B1} zur Folge hätte, wodurch ein Anstieg von I_L verhindert wird. Bei Überlastung schaltet diese Anordnung also um vom Betrieb als Konstant*spannungs*quelle auf eine Konstant*strom*quelle.

Im Kurzschlußbetrieb fällt nahezu die gesamte Eingangsspannung U_I am Transistor V1 ab. Seine zulässige Verlustleistung muß dafür ausgelegt sein:

$$P_{V1\,zul} = (U_I - U_{BE3}) \cdot I_{L\,max}$$

Beispiel: Wie groß muß der Strombegrenzungswiderstand $R5$ in einer Schaltung nach Bild 20.26 gewählt werden, wenn der Laststrom auf $I_{L\,max} = 0{,}3$ A begrenzt werden soll ($U_{BE3} = 0{,}6$ V)? Welche Verlustleistung tritt an V1 im Kurzschlußfall auf, wenn die maximale Eingangsspannung $U_{I\,max} = 20$ V beträgt?

Lösung

$$R5 = \frac{U_{BE3}}{I_{L\,max}} = \frac{0{,}6\text{ V}}{0{,}3\text{ A}} = \underline{2\,\Omega}$$

$$P_{V1\,zul} = (U_I - U_{BE3}) \cdot I_{L\,max} = (20\text{ V} - 0{,}6\text{ V}) \cdot 0{,}3\text{ A} = \underline{5{,}82\text{ W}}$$

Konstantspannungsquellen werden heute in vielen verschiedenen Ausführungen als integrierte Schaltungen angeboten. Sie stehen für unterschiedliche Verlustleistungen zur Verfügung und werden sowohl für die gebräuchlichsten positiven und negativen Festspannungen angeboten, aber auch in Ausführungen, bei denen sich durch externe Potentiometer sowohl die Ausgangsspannung U_Q als auch der maximale Laststrom $I_{L\,max}$ einstellen läßt.

20.2.6 Geschaltete Konstantspannungsquellen

Geschaltete oder getaktete Spannungsquellen werden für Leistungen eingesetzt, bei denen der Wirkungsgrad beginnt, eine Rolle zu spielen. Alle bisher besprochenen Konstantspannungsquellen arbeiten nach dem Prinzip, daß die Spannungsdifferenz $U_I - U_Q$ an einem festen (bei Querstabilisierung) oder gesteuerten (bei Längsstabilisierung) Wirkwiderstand abfiel. An diesem Wirkwiderstand entsteht dadurch eine Verlustleistung $P_V \geqq (U_I - U_Q) \cdot I_L$. Das hat zur Folge, daß bei größeren Lastströmen hierfür große (und damit teure) Bauelemente erforderlich werden, die für diese Verlustleistung ausgelegt sind. Außerdem sind zusätzlich unter Umständen große (Bauvolumen, Gewicht) und teure Bauelemente (Kühlkörper, Lüfter) erforderlich, um die entstehende Verlustleistungswärme abzuführen.

Bei größeren Leistungen wird deshalb trotz größeren Bauelementeaufwands von einem anderen Prinzip Gebrauch gemacht: Die Eingangsspannung U_I liefert über einen Schalter S (Bild 20.27) einen Strom I in die Schaltung. Dieser Strom fließt durch die Speicherdrossel mit der Induktivität L. Der Spannungsunterschied $U_I - U_Q$ wird also nicht an einem Wirkwiderstand in Verlustwärme umgesetzt!

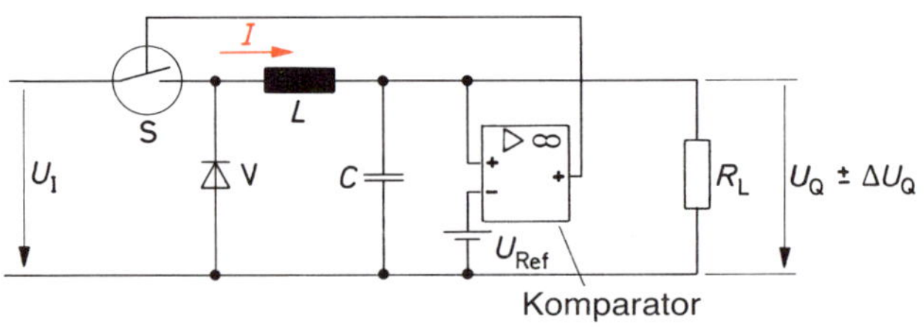

Bild 20.27
Getaktete Konstantspannungsquelle. Durch Umstellen dieser Schaltung ist auch eine Aufwärtstransformation $U_Q > U_I$ möglich

Bei geschlossenem Schalter S wird sowohl in der Induktivität L Energie gespeichert ($W_L = 1/2 \cdot L \cdot I^2$) als auch im Kondensator C ($W_C = 1/2 \cdot C \cdot U^2$). Ein Komparator mit Hysterese vergleicht die Ausgangsspannung U_Q mit dem Sollwert U_{ref}. Sobald U_Q einen oberen Grenzwert $U_Q + \Delta U_Q$ erreicht, schaltet der Komparatorausgang den Schalter S ab. Die Last R_L wird jetzt aus den beiden Energiespeichern L und C gespeist: Der Kondensator entlädt sich über die Last R_L, und das Magnetfeld der Induktivität L wird abgebaut. Der Strom I fließt dabei über L, R_L und die Freilaufdiode V, die für diesen Strom in Durchlaßrichtung liegt, bei geschlossenem Schalter S aber durch U_I gesperrt wird.

Sobald U_Q einen unteren Grenzwert $U_Q - \Delta U_Q$ erreicht, schaltet der Komparator den Schalter S wieder ein. Die Hysterese $\pm \Delta U_Q$ kann beliebig klein gemacht werden, so daß U_Q annähernd konstant bleibt. Außerdem kann der Spannungsunterschied $U_I - U_Q$ beliebig groß gewählt werden, ohne daß damit die Verlustleistung der Schaltung ansteigt. Man kann also – wenn keine galvanische Trennung vom Netz erforderlich ist – auch für kleine Spannungen U_Q auf einen Netztransformator verzichten und als Eingangsspannung U_I direkt die gleichgerichtete Netzspannung verwenden.

Um mit kleinen Energiespeichern auszukommen (Preis, Bauvolumen, Gewicht), muß die Schaltfrequenz, mit der der Schalter S betätigt wird, hoch sein: Kleine Energiespeicher können natürlich nur eine sehr kurze Zeit den Laststrom aufbringen, wenn die Spannung U_Q nur um einen geringen Betrag absinken darf. Deshalb ist nach sehr kurzer Zeit wieder eine Nachladung (Schließen des Schalters S) erforderlich.

Bei den heute üblichen Schaltfrequenzen bis etwa 500 kHz bei diesen Geräten kommt für den Schalter S selbstverständlich nur ein elektronischer Schalter in Frage. Meist werden spezielle Schalttransistoren (VMOS) hierfür eingesetzt, seltener und nur für größere Leistungen und relativ niedrige Schaltfrequenzen auch Thyristoren (GTO). Auch die Diode V muß eine schnelle Diode (kurze Freiwerdezeit t_q) sein, weil ein Rückstrom über die während t_q noch leitende Diode beim Schließen des Schalters S die Eingangsspannung U_I praktisch kurzschließt. Bei ungeeigneten Dioden entstehen dadurch hohe Verlustleistungen in dem Schalttransistor S und der Diode V, was den Wirkungsgrad der ganzen Schaltung erheblich mindert.

Wenn in Stromversorgungsschaltungen zusätzlich eine galvanische Trennung vom Netz erforderlich ist, so erfolgt diese durch einen Transformator. Je nachdem, ob die Taktung (durch einen Schalter S) vor oder hinter dem Transformator stattfindet, spricht man von primär- oder sekundärgetakteten Netzteilen.

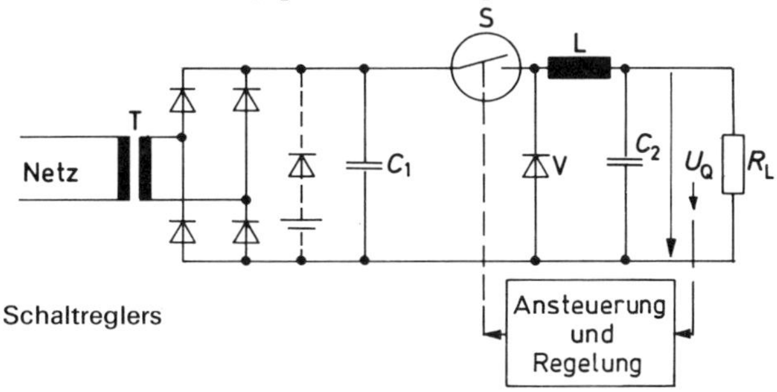

Bild 20.28 Prinzip eines Sekundär-Schaltreglers

Die Schaltung des sekundärgetakteten Netzteiles (Bild 20.28) entspricht dem Drosselwandler aus Bild 20.27, die lediglich um den netzfrequenten Trenntransformator T ergänzt wird. Gestrichelt ist angedeutet, wie einfach sich bei dieser Schaltung eine Notstromversorgung in die Regelung einbeziehen läßt.

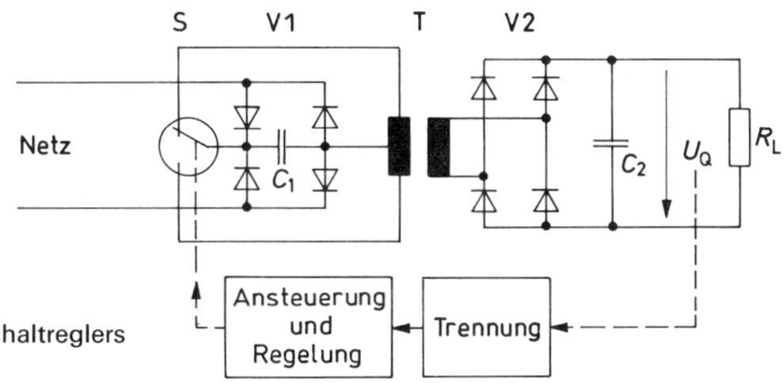

Bild 20.29 Prinzip eines Primär-Schaltreglers

In Bild 20.29 ist das Prinzip eines primärgetakteten Netzteiles gezeigt. Hierbei wird zunächst die Netzspannung mit einem Gleichrichter V1 gleichgerichtet. Die so am Kondensator C1 gewonnene Gleichspannung wird durch einen geregelten Wechselrichter in eine möglichst hochfrequente Wechselspannung (heute bis etwa 500 kHz) umgeformt. Aus der Vielzahl der möglichen Wechselrichterschaltungen ist hier der durch den (elektronischen) Schalter S und den Transformator T gebildete Gegentaktwandler gezeigt. Nach dem Trenntransformator wird die Wechselspannung durch V2 gleichgerichtet und steht als U_Q am Kondensator C2 zur Verfügung. Die Ausgangsspannung U_Q wird konstant gehalten, indem der Regler – wie bei der sekundärgetakteten Schaltung – das Tastverhältnis des Schalters S entsprechend steuert. Wegen der geforderten galvanischen Trennung zwischen Netz und Last R_L ist hier als zusätzlicher Schaltungsaufwand auch eine galvanische Trennung für den Istwert der Regelgröße U_Q erforderlich (Optokoppler oder Impulstransformator). Der Schaltungsaufwand des primärgetakteten Netzteiles wird noch dadurch erhöht, daß die (nicht mitgezeichnete) Funkentstörung hier erheblich aufwendiger wird als beim sekundärgetakteten Netzteil.

Der ganz erhebliche Mehraufwand des Primärschaltreglers ist nur gerechtfertigt, wo der Vorteil des – wegen der hohen Betriebsfrequenz – wesentlich kleineren und leichteren Trenntransformators T eine entscheidende Rolle spielt.

21 Grundlagen der Digitaltechnik

In der Digitaltechnik werden Informationen, wie Meldungen, Daten, Befehle usw., zahlenmäßig (lat. numerisch) erfaßt und verarbeitet. Digital ist in diesem Sinne von dem englischen Wort *digit,* zu deutsch *Ziffer* oder *Zahl,* herzuleiten. Grundlage einer digitalen Informationsdarstellung kann jedes bewertbare Zahlensystem sein.

21.1 Das dezimale Zahlensystem

Das bekannte dezimale Zahlensystem benutzt zehn immer wiederkehrende Ziffern, die allerdings in jeder Stelle einen anderen Wert darstellen. Diese Zusammenhänge sollen zunächst anhand der Dezimalzahl $376_{(10)}$ erläutert werden.

Ziffern/digits

Dezimalzahl:	3	7	6	
Stelle:	2	1	0	
Stellenwert:	10^2	10^1	10^0	
	100	10	1	
Ziffernwert:	$3 \cdot 10^2$	$7 \cdot 10^1$	$6 \cdot 10^0$	
Zahlenwert:	300 +	70 +	6	$= 376_{(10)}$

Bei der dargestellten Zahl $376_{(10)}$ besitzt die Ziffer 6 in der Stelle 0 den Wert $6 \cdot 10^0 = 6_{(10)}$, während die Ziffer 7 in der Stelle 1 bereits den Wert $7 \cdot 10^1 = 70_{(10)}$ darstellt und die Ziffer 3 in der Stelle 2 den Wert $3 \cdot 10^2 = 300_{(10)}$ repräsentiert. Zur Ermittlung des Zahlenwertes werden alle Ziffern mit dem zugehörigen Stellenwert multipliziert und die so gebildeten Ziffernwerte addiert.

Bewertbare Zahlensysteme haben folgende Eigenschaften:

a) Die Anzahl der erforderlichen Ziffern (Zeichenvorrat) ist gleich der Basiszahl der Stellenwerte.
b) Die Stellenwerte der Ziffern sind Potenzen mit der zugehörigen Basis.
c) Die Ziffernwerte sind die Produkte aus Ziffer und zugehörigem Stellenwert.
d) Der Zahlenwert wird durch die Summe der Ziffernwerte gebildet.

21.2 Signalisierung der dezimal dargestellten Informationen

Damit die zahlenmäßig (numerisch) dargestellten Informationen mit Hilfe elektronischer Einrichtungen verarbeitbar sind, müssen sie signalisiert werden. Hierbei dient die elektrische Spannung *U* oder der Strom *I* als Informationsträger. Bei Verwendung des dezimalen Zahlensystems müßten die zehn Ziffern durch zehn entsprechend zugeordnete Spannungs- oder Strombereiche dargestellt werden (Bild 21.1). Die Verarbeitung derartiger Signale ist jedoch sehr schwierig, da:

a) zehn verschiedene Spannungs- oder Strombereiche auseinanderzuhalten sind,
b) zur einwandfreien Trennung zwischen jeweils zwei benachbarten Spannungs- oder Strombereichen nicht zugeordnete Bereiche — das sind Bereiche unbestimmter Schaltzustände — eingefügt werden müssen.

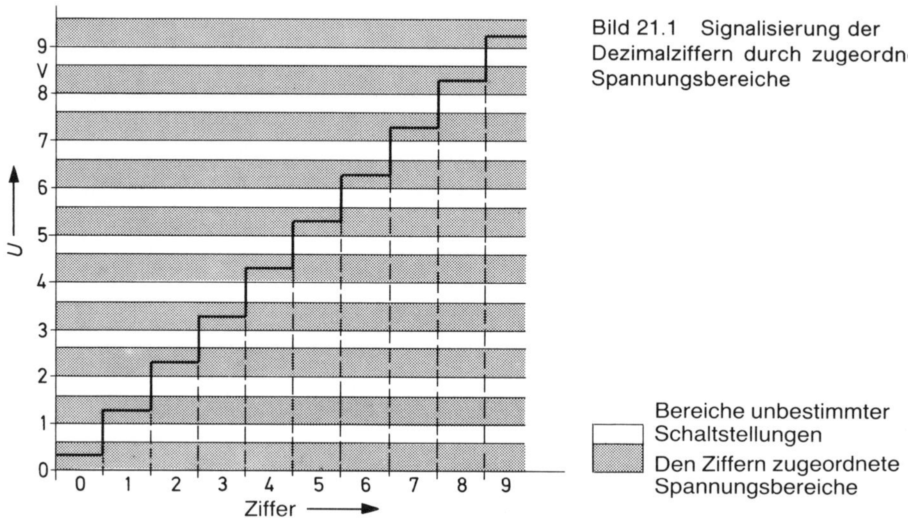

Bild 21.1 Signalisierung der Dezimalziffern durch zugeordnete Spannungsbereiche

21.3 Das duale Zahlensystem

Aus den bisherigen Ausführungen ist ersichtlich, daß die Signalisierung und Verarbeitung um so unkomplizierter wird, je einfacher das verwendete Zahlensystem ist. Die einfachste Art einer digitalen Informationsdarstellung ist die *binäre* (= lat. aus zwei Einheiten bestehende) Form. Grundlage hierzu bildet das *duale* (= lat. Zweizahl) *Zahlensystem.*

Hierin werden alle Zahlen aus den beiden Ziffern 0 und 1 gebildet. Die Stellenwerte ergeben sich dann als Potenzen der Basiszahl 2. Der Zahlenwert einer Dualzahl ergibt sich wie bei jedem bewertbaren Zahlensystem als die Summe der Ziffernwerte. Eine Gegenüberstellung äquivalenter Zahlenwerte aus dem Dezimal- und dem Dualsystem zeigt die Tabelle 21.1. Die Stellen innerhalb einer Dualzahl werden als Dualstellen oder Binärstellen bezeichnet. Die Möglichkeit, innerhalb einer solchen Binärstelle zwischen den beiden Ziffernwerten 0 und 1 zu wählen, stellt eine Binärentscheidung dar. Im technischen Sprachgebrauch wurde hierfür die Einheit *bit* als Abkürzung für *binary digit* eingeführt.

1 bit ist die Einheit für die Anzahl der Binärentscheidungen.

Beispiel: Die Dezimalziffer $9_{(10)}$ wird durch die Dualzahl $1001_{(2)}$ dargestellt. Die Dualzahl $1001_{(2)}$ hat eine Länge von 4 bit, d.h., in vier Binärstellen wurde jeweils eine Binärentscheidung getroffen.

Tabelle 21.1 Gegenüberstellung der Dezimalzahlen $0_{(10)}$ bis $31_{(10)}$ und der gleichwertigen Dualzahlen

	Dezimalzahlen		Dualzahlen				
Stelle	1	0	4	3	2	1	0
Stellenwert	10^1	10^0	2^4	2^3	2^2	2^1	2^0
(10)	10	1	16	8	4	2	1
		0					0
		1					1
		2				1	0
		3				1	1
		4			1	0	0
		5			1	0	1
		6			1	1	0
		7			1	1	1
		8		1	0	0	0
		9		1	0	0	1
	1	0		1	0	1	0
	1	1		1	0	1	1
	1	2		1	1	0	0
	1	3		1	1	0	1
	1	4		1	1	1	0
	1	5		1	1	1	1
	1	6	1	0	0	0	0
	1	7	1	0	0	0	1
	1	8	1	0	0	1	0
	1	9	1	0	0	1	1
	2	0	1	0	1	0	0
	2	1	1	0	1	0	1
	2	2	1	0	1	1	0
	2	3	1	0	1	1	1
	2	4	1	1	0	0	0
	2	5	1	1	0	0	1
	2	6	1	1	0	1	0
	2	7	1	1	0	1	1
	2	8	1	1	1	0	0
	2	9	1	1	1	0	1
	3	0	1	1	1	1	0
	3	1	1	1	1	1	1

21.4 Signalisierung dual dargestellter Informationen

Die beiden Ziffern 0 und 1 des dualen Zahlensystems werden durch die beiden nachstehenden Signalzustände dargestellt:

Spannung oder Strom vorhanden

Spannung oder Strom nicht vorhanden

Ein solches idealisiertes *Binärsignal* zeigt Bild 21.2a. In elektronischen Digitalschaltungen werden meistens Transistoren als Schalter verwendet (s. Kapitel 9 und 13). Der Zustand «Spannung Null» ist dabei nur mit Einschränkungen zu realisieren, denn beim durchgeschalteten bipolaren Transistor bleibt z.B. immer noch eine Sättigungsspannung $U_{CE\,sat}$ in Höhe von einigen zehntel Volt. Außerdem sind die Spannungswerte $U_{CE\,sat}$ des durchgeschalteten Transistors und U_{CE} des gesperrten Transistors belastungsabhängig. Es läßt sich also für die beiden Zustände der Signalspannung kein jeweils konkreter, eng tolerierter Wert angeben, sondern jeweils nur ein gewisser Wertebereich, auch *Pegelbereich* genannt. Zu unterscheiden sind die beiden Pegelbereiche L (von low = engl. niedrig) und H (von high = engl. hoch). Diese Zusammenhänge veranschaulicht Bild 21.2b. Bei der Verwendung positiver Speisespannungen ist dabei folgende Zuordnung üblich:

0 ≙ L

1 ≙ H

In bestimmten Anwendungsfällen kann jedoch auch die entgegengesetzte Zuordnung von Vorteil sein.

0 ≙ H

1 ≙ L

Für die Darstellung der Werte $\geqq 2_{(10)}$ sind mehrere Binärentscheidungen (bits) erforderlich. Bei der Signalisierung dieser Werte gibt es zwei Möglichkeiten:

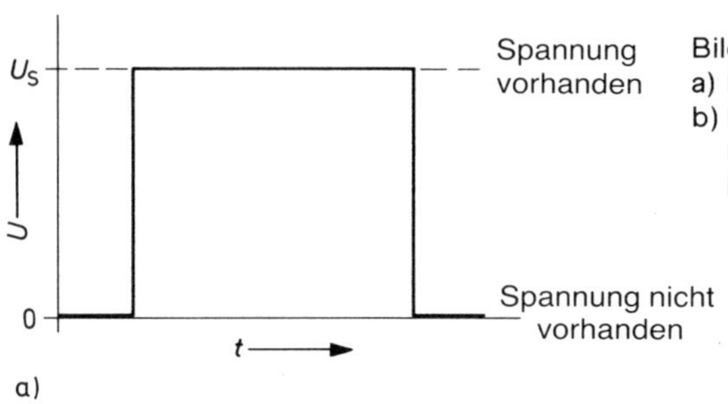

Bild 21.2 Signalisierung der Dualziffern 0 und 1
a) Idealisierte Signalisierung
b) Den Dualziffern zugeordnete Spannungsbereiche (Pegelbereiche) H und L bei bipolaren Digitalschaltungen

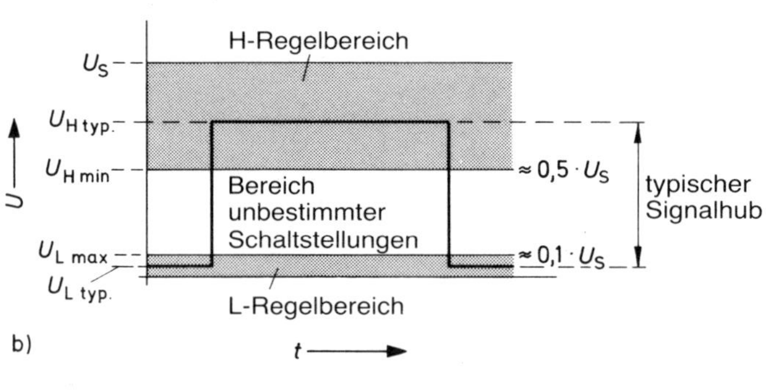

Bild 21.3 Umwandlung eines digitalen Parallelsignals in ein digitales Seriensignal

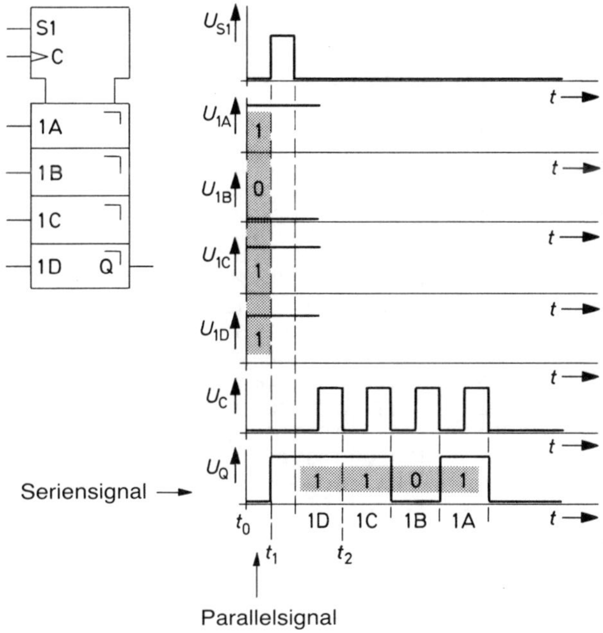

Digitale Parallelsignale und *digitale Seriensignale.* An den Eingängen 1A bis 1D eines Schieberegisters (Bild 21.3) liegen zum Zeitpunkt t_0 z.B. die signalisierten Binärwerte 1011 zeitgleich (parallel) an. Man spricht in diesem Fall von einem digitalen Parallelsignal. Zum Zeitpunkt t_1 wird auf ein Schreibsignal (S1) hin dieses parallele Eingangssignal in die vier Speicherstellen des Registers übernommen (parallele Eingabe). Ab Zeitpunkt t_2 werden die gespeicherten Binärwerte mit jedem Taktimpuls (C — von engl. clock) um eine Stelle von oben nach unten durch das Register geschoben. Die Ausgangsspannung U_Q signalisiert dabei eine zeitliche Folge (Serie) der gespeicherten Binärwerte. Man spricht von einem digitalen Seriensignal (serielle Ausgabe).

Für die Übertragung digitaler Seriensignale ist nur eine zweiadrige Verbindung zwischen Informationsquelle und Informationsziel erforderlich. Dafür hat diese Übertragungsart allerdings den Nachteil, daß sie im Vergleich zur parallelen Übertragung länger dauert.

21.5 Zahlenumwandlung

Wie die bisherigen Ausführungen zeigen, ist es in der Digitaltechnik aus Gründen der einfacheren Signalisierung erforderlich, mit binären Werten, z.B. Dualzahlen, zu arbeiten. Für den Digitaltechniker ist es daher unumgänglich, sich mit der Zahlenumwandlung vom Dezimal- in das Dualsystem und umgekehrt auseinanderzusetzen.

Umwandlung ganzer Dezimalzahlen in äquivalente Dualzahlen

Hierzu kann man sich zweier Verfahren bedienen.

1. Verfahren: Die Dezimalzahl wird in eine Summe aus Zweierpotenzen zerlegt. Dabei ist mit dem höchstmöglichen Stellenwert zu beginnen. Die Potenzen der Basiszahl 2 sind in Tabelle 21.2

2^n	n	2^{-n}
1	0	1
2	1	0,5
4	2	0,25
8	3	0,125
16	4	0,062 5
32	5	0,031 25
64	6	0,015 625
128	7	0,007 812 5
256	8	0,003 906 25
512	9	0,001 953 125
1 024	10	0,000 976 562 5
2 048	11	0,000 488 281 25
4 096	12	0,000 244 140 625
8 192	13	0,000 122 070 312 5
16 384	14	0,000 061 035 156 25
32 768	15	0,000 030 517 578 125
65 536	16	0,000 015 258 789 062 5

Tabelle 21.2 Potenzen der Basiszahl 2

zusammengestellt. Bei dieser Methode wird zunächst das Bit mit der höchsten Wertigkeit, das sogenannte *msb* (von engl. *most significant bit*) und zum Schluß das Bit mit der niedrigsten Wertigkeit, das *lsb* (von engl. *last significant bit*) ermittelt.

Beispiel: $78_{(10)} = 1001110_{(2)}$

$78_{(10)}$					
$-\ 64$	=	1	·	2^6	msb
14					
$-\ 0$	=	0	·	2^5	
14					
$-\ 0$	=	0	·	2^4	
14					
$-\ 8$	=	1	·	2^3	
6					
$-\ 4$	=	1	·	2^2	
2					
$-\ 2$	=	1	·	2^1	
0					
$-\ 0$	=	0	·	2^0	lsb
0					

2. Verfahren: Die Dezimalzahl wird fortlaufend durch die Basiszahl 2 dividiert. Der jeweils entstehende Rest (0 oder 1) wird von oben nach unten notiert. Die notierten Reste ergeben die gesuchte äquivalente Dualzahl in der Reihenfolge vom lsb zum msb. Die Division wird so lange fortgesetzt, bis sich der Quotient 0 ergibt.

Beispiel: $78_{(10)} = 1001110_{(2)}$

$78_{(10)}$	: 2 =	39	Rest	0	lsb
39	: 2 =	19	"	1	
19	: 2 =	9	"	1	
9	: 2 =	4	"	1	
4	: 2 =	2	"	0	
2	: 2 =	1	"	0	
1	: 2 =	0	"	1	msb

Umwandlung echter Dezimalbrüche in äquivalente Dualzahlen

Der Dezimalbruch wird mit der Basiszahl 2 multipliziert. Das Produkt der Multiplikation ist <1 oder $\geqq 1$. Die 1 oder 0 vor dem Komma wird als nächstniedere Dualstelle notiert und der Rest hinter dem Komma weiter mit 2 multipliziert. Die Produkte 0 oder 1 werden von oben nach unten notiert und ergeben die gesuchte Dualzahl in der Reihenfolge vom msb zum lsb. Die Multiplikation wird so lange fortgesetzt, bis die letzte Multiplikation das Produkt 1,0 ergibt.

Beispiel: $0{,}3125_{(10)} = 0{,}0101_{(2)}$

$0{,}3125_{(10)}$	· 2 =	0	,625	msb
0,625	· 2 =	1	,25	
0,25	· 2 =	0	,5	
0,5	· 2 =	1	,0	lsb

Wird die Umwandlung abgebrochen, bevor die Multiplikation 1,0 ergibt, erhält man eine Annäherung an die genaue Dualzahl.

Beispiel: $0{,}53_{(10)} \approx 0{,}1000011_{(2)}$

$0{,}53_{(10)}$	· 2 =	1	,06	msb
0,06	· 2 =	0	,12	
0,12	· 2 =	0	,24	
0,24	· 2 =	0	,48	
0,48	· 2 =	0	,96	
0,96	· 2 =	1	,92	
0,92	· 2 =	1	,84	lsb

Rückumwandlung: $0{,}1000011_{(2)} = 0{,}5234375_{(10)}$ (siehe nachstehenden Abschnitt)
Fehler: $0{,}53_{(10)} - 0{,}5234375_{(10)} = 0{,}0065625_{(10)} \mathrel{\hat{=}} 1{,}24\%$

Umwandlung von Dualzahlen in Dezimalzahlen

In Abschnitt 21.1 wurde bereits der Aufbau einer Dezimalzahl und die Ermittlung ihres Zahlenwertes erläutert. Nach dem gleichen Prinzip ist auch der dezimale Zahlenwert einer Dualzahl zu bestimmen. Hierbei muß lediglich mit den Potenzen der Basiszahl 2 (siehe Tabelle 21.2) für die Stellenwerte gearbeitet werden. Da nur die beiden Ziffern 0 und 1 auftreten, kann der Ziffernwert nur null oder gleich dem zugehörigen Stellenwert sein.

Beispiel: Die Dualzahl $11010011_{(2)}$ soll in eine äquivalente Dezimalzahl umgewandelt werden.

1 1 0 1 0 0 1 1

$1 \cdot 2^0 = 1$

$1 \cdot 2^1 = 2$

$0 \cdot 2^2 = 0$

$0 \cdot 2^3 = 0$

$1 \cdot 2^4 = 16$

$0 \cdot 2^5 = 0$

$1 \cdot 2^6 = 64$

$1 \cdot 2^7 = \underline{128}$

Zahlenwert = $211_{(10)}$

$11010011_{(2)} = 211(_{(10)}$

Beispiel: $101{,}011_{(2)} = 5{,}375_{(10)}$

101,011

$1 \cdot 2^{-3} = 0{,}125$

$1 \cdot 2^{-2} = 0{,}250$

$0 \cdot 2^{-1} = 0$

$1 \cdot 2^0 = 1$

$0 \cdot 2^1 = 0$

$1 \cdot 2^2 = \underline{4}$

Zahlenwert $= 5{,}375_{(10)}$

21.6 Dualcodes

Zu ihrer Verständigung verfügen die Menschen über einen numerischen (zahlenmäßigen) und einen alphabetischen Zeichenvorrat. Damit eine digitale Informationsverarbeitung möglich wird, muß jedem Zeichen dieses bekannten Zeichenvorrates eine sinnvolle Gruppe von Binärzeichen (0 oder 1) zugeordnet werden. Eine derartige Gruppe von Binärzeichen heißt *Codewort* (Code = lat. Schlüssel zu Geheimschriften, Telegrafenschlüssel). So wird, wie aus Tabelle 21.1 ersichtlich, z.B. der Dezimalziffer 9 die Bitgruppe 1001 zugeordnet. Im Gegensatz zum dualen Zahlensystem besitzt jedoch bei einem Dualcode jedes Codewort die gleiche *Wortlänge* von n bit. Arbeitet man z.B. mit einer Wortlänge von $n = 4$ bit, so werden auch die Dezimalziffern $\leqq 7_{(10)}$ durch ein entsprechend langes Codewort dargestellt, indem die höherwertigen bits mit 0 bewertet werden ($2_{(10)} = 0010_{(2)}$).

> Jedes Codewort eines Dualcodes besitzt die gleiche Wortlänge, jedoch ein eigenes, ihm zugeordnetes Bitmuster.

Codes, die nur Ziffern und/oder Zahlen verschlüsseln, heißen *numerische Codes.* Bei der ausschließlichen Codierung von Buchstaben und/oder Wörtern spricht man von einem *alphabetischen Code.* Werden innerhalb eines Codes sowohl Ziffern bzw. Zahlen als auch Buchstaben bzw. Wörter verschlüsselt, handelt es sich um einen *alphanumerischen Code.* Alle in der Digitaltechnik gebräuchlichen Codes zu erläutern, würde den Rahmen dieses Buches sprengen. Aus diesem Grunde werden im nachfolgenden nur die beiden wichtigsten numerischen Codes behandelt.

21.6.1 Reiner Dualcode

Bei diesem Code entsprechen die einzelnen Codewörter in ihrem Aufbau den Dualzahlen, jedoch mit dem bereits genannten Unterschied, daß alle Codewörter n bit lang sind. Der zu codierende Zeichenvorrat m bestimmt dabei die Codewortlänge n. Es besteht folgender Zusammenhang:

$$m = 2^n$$

Hierin bedeutet:

m Anzahl der Zeichen (Zeichenvorrat)
n Anzahl der Binärstellen (bit) je Codewort

Die Umstellung der Formel nach der Anzahl der Bit je Codewort ergibt:

$$n = \log(2)\ m = \text{ld}\ m$$

Der log(2) ist der Logarithmus mit der Basiszahl 2, d.h. der Exponent (Hochzahl) zur Basis 2. Er wird ld (logarithmus dualis) genannt.

In Tabelle 21.3 ist z.B. der dezimale Zahlenbereich von 0 bis $31_{(10)}$ durch die zugehörigen dualen/binären Codewörter verschlüsselt. Der Zeichenvorrat beträgt hier $m = 32$ Zeichen. Daraus ergibt sich eine Wortlänge von $n = \text{ld}\ m = \text{ld}\ 32 = 5$, also $n = 5$ bit.

Der reine Dualcode ist ein sogenannter additiver, d.h. bewertbarer Code, weil jedes Bit des Codewortes einen zugeordneten Stellenwert besitzt. Der Wert der codierten Dezimalzahl ergibt sich als die Summe der Stellenwerte, die im Codewort durch das Binärzeichen 1 repräsentiert sind (siehe Abschnitt 21.5 Zahlenumwandlung). In der Codetabelle werden üblicherweise die Bits entsprechend ihrer Wertigkeit von rechts nach links geschrieben. Das Bit mit dem niedrigsten Stellenwert (lsb) steht also rechts und das Bit mit dem höchsten Stellenwert (msb) links. Bei dieser Art der Codierung wird jeder Dezimalzahl ein ihr eigenes, fortlaufend stellenbewertbares Codewort zugeordnet. Man spricht daher von einer *wortweisen Codierung.*

21.6.2 8-4-2-1-BCD-Code

Die Bezeichnung *BCD* kommt aus der englischen Sprache und bedeutet *«binary coded decimal»,* was frei übersetzt soviel wie *binär codierte Dezimalziffer* heißt. Sollen lediglich die zehn Dezimalziffern $0_{(10)}$ bis $9_{(10)}$ codiert werden, so wird eine Wortlänge von $n = \text{ld}\ 10 = 3{,}32\ldots$ erforderlich. Da nicht mit einer gebrochenen Anzahl Bit gearbeitet werden kann, ist hier also eine Wortlänge von $n = 4$ bit (nächsthöhere ganze Zahl) erforderlich. Diese Codewörter, auch *Tetraden* (tetra = griech. Vorsible für vier) genannt, sind in der Tabelle 21.3 gestrichelt eingerahmt. Bei einer Wortlänge von $n = 4$ bit ergibt sich jedoch ein Zeichenvorrat von $m = 16$ Zeichen. Da nur zehn Codewörter/Tetraden benötigt werden, müssen sechs Tetraden unbenutzt (nicht zugeordnet) bleiben. Man spricht in diesem Zusammenhang von den informationsbehafteten bzw. echten Tetraden und den nichtinformationsbehafteten bzw. unechten Tetraden, auch *Pseudotetraden* genannt. Bei

Tabelle 21.3 Reiner Dualcode für den Zahlenbereich $0_{(10)}$ bis $31_{(10)}$

	Dezimalzahl	binäre Codewörter				
bit		4	3	2	1	0
Stellenwert		16	8	4	2	1
	0	0	0	0	0	0
	1	0	0	0	0	1
	2	0	0	0	1	0
	3	0	0	0	1	1
	4	0	0	1	0	0
	5	0	0	1	0	1
	6	0	0	1	1	0
	7	0	0	1	1	1
	8	0	1	0	0	0
	9	0	1	0	0	1
	10	0	1	0	1	0
	11	0	1	0	1	1
	12	0	1	1	0	0
	13	0	1	1	0	1
	14	0	1	1	1	0
	15	0	1	1	1	1
	16	1	0	0	0	0
	17	1	0	0	0	1
	18	1	0	0	1	0
	19	1	0	0	1	1
	20	1	0	1	0	0
	21	1	0	1	0	1
	22	1	0	1	1	0
	23	1	0	1	1	1
	24	1	1	0	0	0
	25	1	1	0	0	1
	26	1	1	0	1	0
	27	1	1	0	1	1
	28	1	1	1	0	0
	29	1	1	1	0	1
	30	1	1	1	1	0
	31	1	1	1	1	1

dem hier behandelten 8-4-2-1-BCD-Code werden die ersten zehn Tetraden der Reihe nach den zehn Dezimalziffern zugeordnet (siehe Tabelle 21.4). Die Stellenbewertung entspricht dann in der Reihenfolge vom msb zum lsb 8-4-2-1. Eine Dezimalzahl wird nun nicht mehr als komplettes Wort codiert, sondern ziffernweise.

Beispiel: $376_{(10)} \triangleq \underbrace{0011}_{3}\ \underbrace{0111}_{7}\quad \underbrace{0110}_{6}\ _{(10)}$

Tabelle 21.4 8-4-2-1-BCD-Code

	Dezimalziffer	8-4-2-1-BCD-Code
bit		3 2 1 0
Stellenwert		8 4 2 1
	0	0 0 0 0
	1	0 0 0 1
	2	0 0 1 0
	3	0 0 1 1
	4	0 1 0 0
	5	0 1 0 1
	6	0 1 1 0
	7	0 1 1 1
	8	1 0 0 0
	9	1 0 0 1

Bei dieser Art der Zuordnung spricht man von einem *Zifferncode.* Bei der Decodierung ist zu beachten, daß von rechts beginnend nach jeweils 4 bit (einer Tetrade) eine Dezimalziffer decodiert ist und der Stellenwert wieder mit $2^0 = 1$ beginnt. Der Vorteil dieses Codes liegt vor allem darin, daß ein beliebig großer, dezimaler Zahlenbereich durch eine Aneinanderreihung tetradischer Codewörter darstellbar ist. Damit ergibt sich eine wesentlich einfachere Codierung und Decodierung, als dieses bei einem Wortcode der Fall ist. Ein Dezimalzähler läßt sich dadurch z.B. durch Zusammenschalten lauter gleich aufgebauter Zählstufen realisieren. Als bewertbarer bzw. additiver Code ist der 8-4-2-1-BCD-Code darüber hinaus sehr leicht lesbar.

21.7 Logische Operationen

Das Wort *Logik* (griechisch) beschreibt die Fähigkeit, folgerichtig zu denken. Der Begriff *Operation* (lateinisch) bedeutet Handlung, Verrichtung. Logische Operationen sind demgemäß folgerichtige Handlungen bzw. Abläufe, wie sie z.B. in der Meß-, Steuerungs- und Regeltechnik ständig vorkommen.

Den prinzipiellen Ablauf bei der Bedienung einer Presse könnte man z.B. wie folgt beschreiben: Der Pressenstößel darf nur dann einen Arbeitshub ausführen, wenn das Personenschutzgitter geschlossen ist *und* gleichzeitig die beiden Auslöseschalter einer Zweihandbedienung betätigt sind. Man kann diesen Ablauf auch anders formulieren: Der Pressenstößel darf einen Arbeitshub *nicht* ausführen, wenn das Schutzgitter *nicht* geschlossen ist *oder* mindestens einer der beiden Auslöseschalter der Zweihandbedienung *nicht* betätigt ist. Zu welcher Formulierung man sich auch immer entschließt, aus diesem kleinen Beispiel ist folgendes erkennbar:

Es bestehen zwischen den einzelnen Aussagen Abhängigkeiten. Die Aussage: «Der Pressenstößel darf einen Arbeitshub ausführen» ist abhängig von den übrigen Aussagen: «Das Schutzgitter ist geschlossen», «Der erste Auslöseschalter ist betätigt» und «Der zweite Auslöseschalter ist betätigt». Man spricht daher von den *abhängigen* (gesuchten) und den *unabhängigen* (gegebenen) Aussagen und nennt die Abhängigkeit der Aussagen untereinander eine *logische Funktion.* Es treten immer die gleichen Funktionen (Abhängigkeiten) auf, dieses sind die NICHT-, UND- sowie die ODER-Funktion.

NICHT, UND, ODER sind die logischen Grundfunktionen

In der Digitaltechnik mit ihrer binären Arbeitsweise müssen zwangsläufig die Aussagen binär bewertbar sein. Jeder Aussage dürfen sich also nur zwei Wahrheitswerte, z.B. *wahr* und *unwahr* bzw. *ja* und *nein*, zuordnen lassen. Die gesamte sich aus dem vorstehend betrachteten Pressenbeispiel ergebende Funktion ist nachfolgend als Tabelle dargestellt.

unabhängige Aussagen			abhängige Aussage
Schutzgitter geschlossen	1. Auslöseschalter betätigt	2. Auslöseschalter betätigt	Arbeitshub ausführen
unwahr	unwahr	unwahr	unwahr
unwahr	unwahr	wahr	unwahr
unwahr	wahr	unwahr	unwahr
unwahr	wahr	wahr	unwahr
wahr	unwahr	unwahr	unwahr
wahr	unwahr	wahr	unwahr
wahr	wahr	unwahr	unwahr
wahr	wahr	wahr	wahr

Einer binären Aussage lassen sich nur zwei gegensätzliche Wahrheitswerte zuordnen (wahr — unwahr bzw. ja — nein).

Natürlich ist eine derartige Funktionsbeschreibung recht umständlich. Zur Darstellung von Funktionen in Tabellen werden den verbalen (= lat. wörtlichen), binären Aussagen deshalb Kurzzeichen zugeordnet. In Anlehnung an die Normalalgebra verwendet man hierfür die kleinen Buchstaben des Alphabets.

Beispiel: «Das Schutzgitter ist geschlossen» $\triangleq a$
«Der erste Auslöseschalter ist betätigt» $\triangleq b$
«Der zweite Auslöseschalter ist betätigt» $\triangleq c$
«Der Pressenstößel darf einen Arbeitshub ausführen» $\triangleq q$

Außerdem ordnet man den beiden Wahrheitswerten «wahr» und «unwahr» noch die beiden Binärzeichen 1 und 0 zu.

wahr $\triangleq 1$
unwahr $\triangleq 0$
Die so dargestellten binären Aussagen bezeichnet man als *binäre Variable* oder auch als *Schaltvariable.*

Binäre Variable sind jeweils einer binären Aussage zugeordnet und können nur die binären Werte 0 oder 1 annehmen.

Die Abhängigkeit bzw. Funktion der abhängigen Variablen *q*, auch Ausgangsvariable genannt, von den unabhängigen Variablen *a*, *b*, *c* usw., auch Eingangsvariable genannt, läßt sich nunmehr tabellarisch sehr viel kürzer darstellen. Für das Pressenbeispiel ergibt sich:

Eingangsvariable			Ausgangsvariable
c	*b*	*a*	*q*
0	0	0	0
0	0	1	0
0	1	0	0
0	1	1	0
1	0	0	0
1	0	1	0
1	1	0	0
1	1	1	1

Eine derartige tabellarische Auflistung der binären Variablen mit den vorkommenden Wertekombinationen (*Konfigurationen* = lat. Gestaltung) bezeichnet man als eine *Wahrheitstabelle*. Jeder Wertekombination der Eingangsvariablen (Eingangskonfiguration) ist dabei ein Wert der Ausgangsvariablen zugeordnet. Existieren mehrere Ausgangsvariable, so wird auch dort eine Wertekombination (Ausgangskonfiguration) zugeordnet.

Eine Wahrheitstabelle ordnet jeder Wertekombination der Eingangsvariablen (Eingangskonfiguration) eine Wertekombination der Ausgangsvariablen (Ausgangskonfiguration) zu.

Jede Eingangsvariable kann mit 0 oder 1 bewertet werden. Die Anzahl *m* der möglichen Wertekombinationen bei *n* Eingängen ergibt sich zu:

$$m = 2^n$$

Im vorstehenden Beispiel wird $m = 2^n = 2^3 = 8$. Dabei entsprechen die Wertekombinationen der Eingangsvariablen in ihrem Bitmuster den Codewörtern des reinen Dualcodes (siehe Abschnitt 21.6).

Die Wahrheitstabelle beschreibt eine logische Funktion in allgemeiner (schaltalgebraischer) Form. Sie dient somit auch nicht zur Beschreibung der Funktion einer elektrischen bzw. elektronischen Schaltung. Hierfür werden Arbeitstabellen benutzt (siehe nachfolgende Abschnitte).

21.7.1 Die NICHT-Funktion

Sie kehrt eine binäre Aussage in ihr Gegenteil um. Entsprechend wird der jeweilige Wert der zugeordneten binären Variablen *invertiert* (= lat. umgekehrt). Das für die Darstellung in Logikplänen zu verwendende Symbol (Schaltzeichen) nach DIN 40900 und die zugehörige Wahrheitstabelle sind in Bild 21.4 dargestellt.

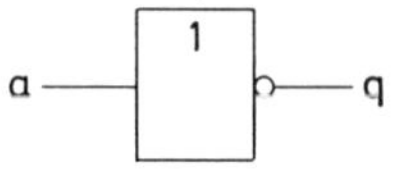

a)

a	q
0	1
1	0

b)

Bild 21.4 Die NICHT-Funktion
a) Schaltzeichen (Symbol) nach DIN 40900
b) Wahrheitstabelle

> Bei der NICHT-Funktion nimmt die Ausgangsvariable den Wert 1 an, wenn die Eingangsvariable den Wert 0 hat und umgekehrt.

Für elektronische Schaltungen, die diese NICHT-Funktion mittels der Pegelwerte L und H realisieren, wurde in der DIN 41859 der Name *Inverter* oder *Binärinverter* festgelegt.

Die Inverterschaltung in *RTL*-Schaltkreistechnik (von engl. *resistor transistor logic*) (Bild 21.5a) wurde bereits in Kapitel 9 ausführlich erläutert. Die Abhängigkeit der Ausgangsspannung U_Q von der Eingangsspannung U_{IA} ist in Bild 21.5b noch einmal anhand eines Signal-Zeit-Plans dargestellt. Solange die Eingangsspannung U_{IA} im L-Pegelbereich liegt, ist der Transistor V gesperrt, und die Ausgangsspannung U_Q liegt im H-Pegelbereich. Nimmt die Eingangsspannung U_{IA} einen Wert im H-Pegelbereich an, so wird der Transistor T durchgesteuert, und die Ausgangsspannung U_Q sinkt auf einen Wert ($U_{CE\,sat}$) im L-Pegelbereich ab.

Bild 21.6a zeigt eine Inverterschaltung in der integrierten *TTL*-Schaltkreistechnik (von engl. *transistor transistor logic*). Solange die Eingangsspannung U_{IA} im L-Pegelbereich liegt, fließt ein Strom $-I_{IL}$ von U_S über den Widerstand R1, der BE-Strecke des Transistors V1 und dem Eingang A gegen 0 V (Masse). Die Basis des Transistors V1 liegt auf einem Potential von $U_{BV1} = U_{IAL} + U_{BEV1}$. Dieses Potential reicht nicht aus, um über die BC-Strecke des Transistors V1 den Transistor V2 und den nachgeschalteten Transistor V4 aufzusteuern. Da die beiden Transistoren V2 und V4 gesperrt bleiben, liegt die Basis des Transistors V3 über den Widerstand R2 an U_S. Der Transistor V3 kann durchsteuern; damit liegt die Ausgangsspannung U_Q im H-Pegelbereich. Bei einer Eingangsspannung $U_{IA} \approx 1{,}4$ V (Schaltschwelle bei TTL-Schaltungen) nimmt die Basis des Transistors V1 ein Potential $U_{BV1} = U_{IA} + U_{BEV1} \approx 1{,}4\,\text{V} + 0{,}7\,\text{V} \approx 2{,}1$ V an. Dieses ist geeignet, über die BC-Strecke des Transistors V1 die beiden Transistoren V2 und V4 aufzusteuern. Damit nimmt die Ausgangsspannung U_Q einen Wert ($U_{CE\,sat}$) im L-Pegelbereich an. Die Basis des Transistors V3 liegt über die beiden durchgesteuerten Transistoren V2 und V4 an $U_{BV3} \approx 0{,}9$ V ($U_{BEV4} + U_{CEV2}$). Da der Emitter des Transistors V3 ebenfalls auf einem Potential von etwa 0,9 V liegt ($U_{CEV4} + U_{SchV5}$), bleibt der Transistor V3 gesperrt. Die beiden Transistoren V3 und V4 arbeiten aufgrund der Ansteuerung durch den Transistor V2 im jeweils gegensätzlichen Zustand. Die Schaltung V2, V3, V4 mit den Widerständen R2 bis R4 wird daher als TTL-Gegentaktausgangsstufe bezeichnet. Dieser Schaltungsteil ist bei allen TTL-Schaltkreisen mit Gegentaktausgangsstufe gleich. Mittel- bis höchstintegrierte Schaltkreise in C-MOS-Technologie enthalten Inverterstufen nach Bild 21.7a. Die Schaltung wurde bereits in Abschnitt 13.2 ausführlich behandelt. Die Funktion der Schaltung ist im Signal-Zeit-Plan (Bild 21.7b) dargestellt. Alle drei beschriebenen Schaltungen erfüllen die Bedingungen der NICHT-Funktion (siehe Bild 21.5b, 21.6b und 21.7b). Dabei ist jedoch zu beachten, daß jede Schaltkreistechnik ihre eigenen Pegelgrenzwerte $U_{IL\,max}$, $U_{IH\,min}$ bzw. $U_{QL\,max}$ und $U_{QH\,min}$ besitzt. Außerdem sind die Belastungsverhältnisse bei den einzelnen Schaltkreistechniken unterschiedlich.

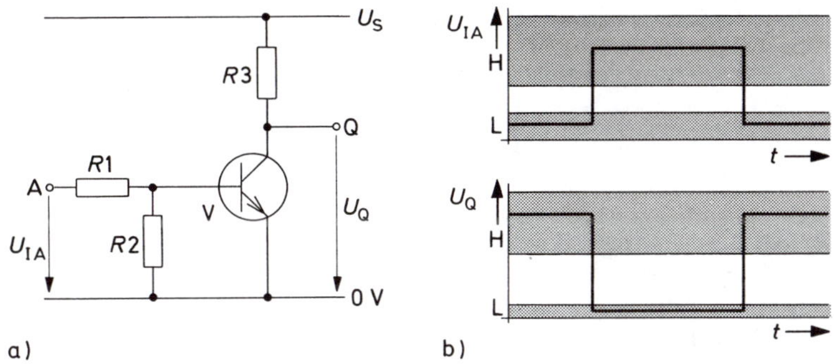

Bild 21.5 Binärinverter a) Schaltung in der RTL-Schaltkreistechnik
b) Darstellung der Funktion in einem Signal-Zeit-Plan

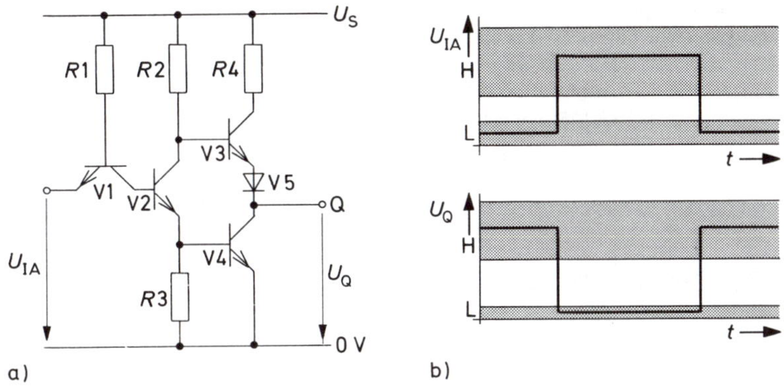

Bild 21.6 Binärinverter a) Schaltung in der TTL-Schaltkreistechnik
b) Darstellung der Funktion in einem Signal-Zeit-Plan

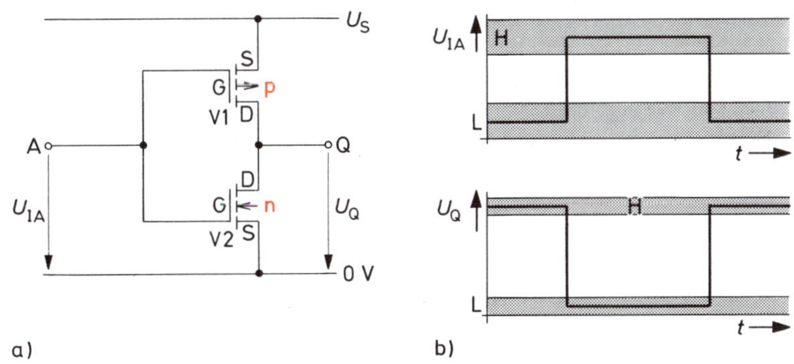

Bild 21.7 Binärinverter a) Schaltung in der C-MOS-Schaltkreistechnik
b) Darstellung der Funktion in einem Signal-Zeit-Plan

A	Q
L	H
H	L

Bild 21.8 Beschreibung der Funktion einer Inverterschaltung mittels einer Arbeitstabelle

Die Arbeitstabelle (Bild 21.8) beschreibt die Funktion der drei Inverterschaltungen unabhängig von der jeweiligen Schaltkreistechnik mittels der Pegelwerte L und H in tabellarischer Form. Es ist die in Datenbüchern gebräuchlichste Art der Funktionsbeschreibung elektronischer Digitalschaltungen. Die Tabelle 21.5 soll noch einmal den Unterschied zwischen der verbalen Aussagenlogik, der Wahrheitstabelle und der Arbeitstabelle anhand der NICHT-Funktion verdeutlichen.

Tabelle 21.5 Aussagenlogik, Wahrheitstabelle und Arbeitstabelle als Mittel zur Beschreibung digitaler Funktionen

Aussagenlogik: Verbale (wörtliche) Funktionsbeschreibung					
	Wahrheitstabelle: Allgemeine (schaltalgebraische) Funktionsbeschreibung				
		Arbeitstabelle: Funktionsbeschreibung einer elektrischen Schaltung			
unabhängige binäre Aussage	unabhängige binäre Variable	Eingangs-signalpegel	Ausgangs-signalpegel	abhängige binäre Variable	abhängige binäre Aussage
unwahr	0	L	H	1	wahr
wahr	1	H	L	0	unwahr

21.7.2 Die UND-Funktion

Bei der UND-Funktion darf eine abhängige Aussage nur dann mit wahr bewertet werden, wenn alle unabhängigen Aussagen gleichzeitig mit wahr bewertet werden können. Dazu ist eine Anzahl von zwei oder mehr unabhängigen Aussagen erforderlich. Bild 21.9 zeigt das Symbol nach DIN 40900 und die zugehörige Wahrheitstabelle für zwei bzw. *n* Eingangsvariable.

> Bei der UND-Funktion nimmt die Ausgangsvariable nur dann den Wert 1 an, wenn alle Eingangsvariablen gleichzeitig den Wert 1 haben.

Auch diese Funktion muß schaltungstechnisch mittels der Pegelwerte L und H realisiert werden. In Bild 21.10a ist eine entsprechende Schaltung in der TTL-Schaltkreistechnik dargestellt. Solange mindestens eine der beiden Eingangsspannungen U_{IA} oder U_{IB} im L-Pegelbereich liegt, wird über die zugehörige BE-Strecke des *Multiemittertransistors* V1 (*Vielfachemittertransistor* siehe auch

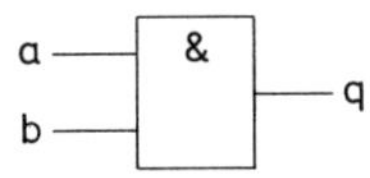

a)

b	a	q
0	0	0
0	1	0
1	0	0
1	1	1

b)

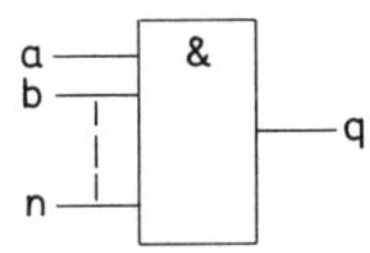

c)

n	c	b	a	q
0	0	0	0	0
0	0	0	1	0
0	0	1	0	0
0	0	1	1	0
0	1	0	0	0
0	1	0	1	0
0	1	1	0	0
0	1	1	1	0
*	*	*	*	0
*	*	*	*	0
*	*	*	*	0
1	1	1	1	1

d)

Bild 21.9 Die UND-Funktion
a) Schaltzeichen (Symbol) nach DIN 40900 für eine Und-Funktion mit zwei Eingangsvariablen
b) Wahrheitstabelle für eine UND-Funktion mit zwei Eingangsvariablen
c) Schaltzeichen (Symbol) nach DIN 40900 für eine UND-Funktion mit mehr als zwei Eingangsvariablen
d) Wahrheitstabelle für eine UND-Funktion mit mehr als zwei Eingangsvariablen

Ersatzschaltbild 21.10b) die Basis von V1 auf ein Potential $U_{BV1} = U_{IL} + U_{BEV1}$ gelegt. Dieses reicht nicht aus, um über die BC-Strecke des Transistors V1 die beiden Transistoren V2 und V3 aufzusteuern. Über den Widerstand R2 und die Diode V7 können die beiden Transistoren V4 und V6 durchschalten. Damit liegt die Ausgangsspannung U_Q im L-Pegelbereich. Wie bereits in Abschnitt 21.7.1 erläutert, ist bei diesem Schaltungszustand der Transistor V5 gesperrt (Gegentaktausgangsstufe). Nur wenn beide Eingangsspannungen U_{IA} und U_{IB} einen Wert $\approx 1{,}4$ V besitzen, liegt die Basis des Multiemittertransistors V1 auf einem derart hohen Potential, daß die beiden Transistoren V2 und V3 durchschalten. Die Basis des Transistors V4 liegt dann auf einem Potential $U_{BV4} = U_{CEV3} = U_{CE\,sat}$. Die beiden Transistoren V4 und V6 der Gegentaktausgangsstufe bleiben gesperrt, während der Transistor V5 durchschalten kann. Die Ausgangsspannung U_Q liegt somit im H-Pegelbereich.

Die Abhängigkeit der Ausgangsspannung U_Q von den beiden Eingangsspannungen U_{IA} und U_{IB} ist in dem Signal-Zeit-Plan (Bild 21.10c) und in der Arbeitstabelle (Bild 21.10d) dargestellt. Die Ausgangsspannung U_Q liegt nur dann im H-Pegelbereich, wenn beide Eingangsspannungen U_{IA} und U_{IB} gleichzeitig im H-Pegelbereich liegen. Aus diesem Grunde erhält die Schaltung die Bezeichnung *H-AND-Schaltung* (and = engl. und).

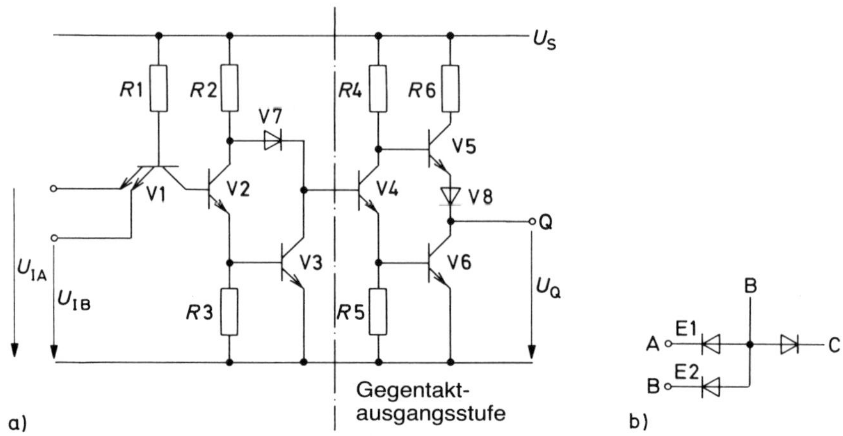

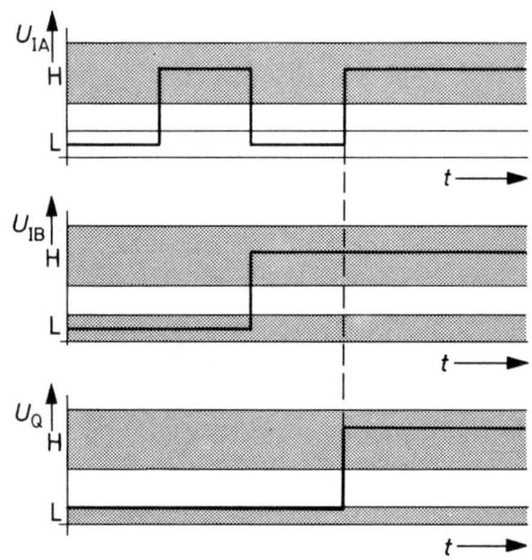

c)

B	A	Q
L	L	L
L	H	L
H	L	L
H	H	H

d)

Bild 21.10 H-AND-Schaltung
a) Schaltung in der TTL-Schaltkreistechnik
b) Dioden-Ersatzschaltbild des Multiemitter-Transistors V1
c) Darstellung der Funktion in einem Signal-Zeit-Plan
d) Darstellung der Funktion in einer Arbeitstabelle

21.7.3 Die ODER-Funktion

Bei der ODER-Funktion wird eine abhängige Aussage immer dann mit wahr bewertet, sobald mindestens eine der unabhängigen Aussagen mit wahr bewertet wird. Dazu ist eine Anzahl von zwei oder mehr unabhängigen Aussagen erforderlich. Bild 21.11 zeigt das Symbol nach DIN 40900 und die zugehörige Wahrheitstabelle für zwei bzw. *n* Eingangsvariable.

> Bei der ODER-Funktion nimmt die Ausgangsvariable den Wert 1 an, sobald mindestens eine der Eingangsvariablen den Wert 1 hat.

Bild 21.12a zeigt eine entsprechende Schaltung in der TTL-Schaltkreistechnik. Solange die Eingangsspannung U_{IA} im L-Pegelbereich liegt, fließt ein Strom $-I_{IL}$ von U_S über den Widerstand R1, der BE-Strecke des Transistors V1 und dem Eingang A gegen 0 V (Masse). Die Basis des Transistors V1 liegt dann auf einem Potential von $U_{BV1} = U_{IAL} + U_{BEV1}$. Dieses Potential reicht nicht aus, um über die BC-Strecke des Transistors V1 den Transistor V2 und den nachgeschalteten Transistor V5 aufzusteuern. Transistor V5 kann aber nur im Sperrbetrieb arbeiten, wenn gleichzeitig die Eingangsspannung U_{IB} im L-Pegelbereich liegt. An der Basis des Transistors V4 stellt sich dann ein Potential $U_{BV4} = U_{IBL} + U_{BEV4}$ ein, das nicht ausreicht, um über die BC-Strecke des Transistors V4 den Transistor V3 und damit den Transistor V5 aufzusteuern. Der Transistor V5 kann also nur dann im Sperrbetrieb arbeiten, wenn beide Eingangsspannungen U_{IA} und U_{IB} gleichzeitig im L-Pegelbereich liegen. In diesem Schaltzustand liegt die Basis des Transistors V6 über den Widerstand R2 und die Diode V9 an der Speisespannung U_S. Die beiden Transistoren V6 und V8 der Gegentaktausgangsstufe sind durchgeschaltet, womit die Ausgangsspannung U_Q einen Wert im L-Pegelbereich besitzt. Nimmt z. B. die Eingangsspannung U_{IA} einen Wert $\approx 1{,}4$ V an, so wird damit die Basis des Transistors V1 auf ein Potential angehoben, das ausreicht, um über die BC-Strecke des Transistors V1 den Transistor V2 und den nachgeschalteten Transistor V5 durchzusteuern. Die gleiche Wirkung erzielt man über die Transistoren V4 und V3, wenn die Eingangsspannung U_{IB} auf einen Wert $\approx 1{,}4$ V gebracht wird. Der durchgeschaltete Transistor V5 legt die Basis des Transistors V6 auf ein Potential $U_{BV6} = U_{CEV5} = U_{CE\,sat}$. Damit bleiben die beiden Transi-

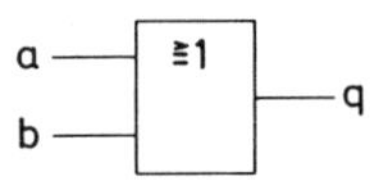

a)

b)

b	*a*	*q*
0	0	0
0	1	1
1	0	1
1	1	1

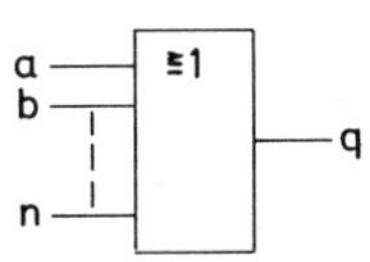

c)

d)

n	*c*	*b*	*a*	*q*
0	0	0	0	0
0	0	0	1	1
0	0	1	0	1
0	0	1	1	1
0	1	0	0	1
0	1	0	1	1
0	1	1	0	1
0	1	1	1	1
*	*	*	*	1
*	*	*	*	1
*	*	*	*	1
1	1	1	1	1

Bild 21.11 Die ODER-Funktion

a) Schaltzeichen (Symbol) nach DIN 40900 für eine ODER-Funktion mit zwei Eingangsvariablen

b) Wahrheitstabelle für eine ODER-Funktion mit zwei Eingangsvariablen

c) Schaltzeichen (Symbol) nach DIN 40900 für eine ODER-Funktion mit mehr als zwei Eingangsvariablen

d) Wahrheitstabelle für eine ODER-Funktion mit mehr als zwei Eingangsvariablen

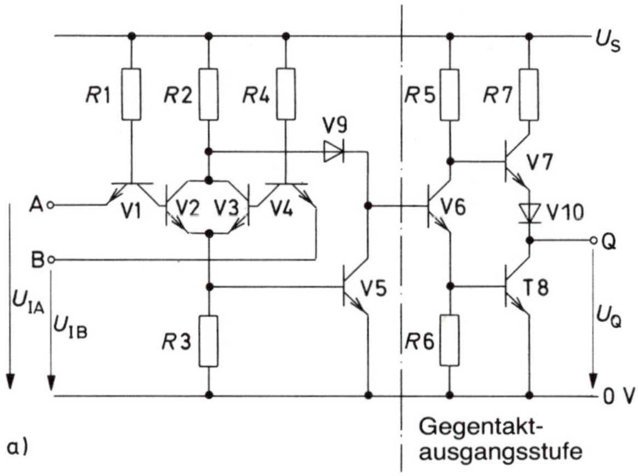

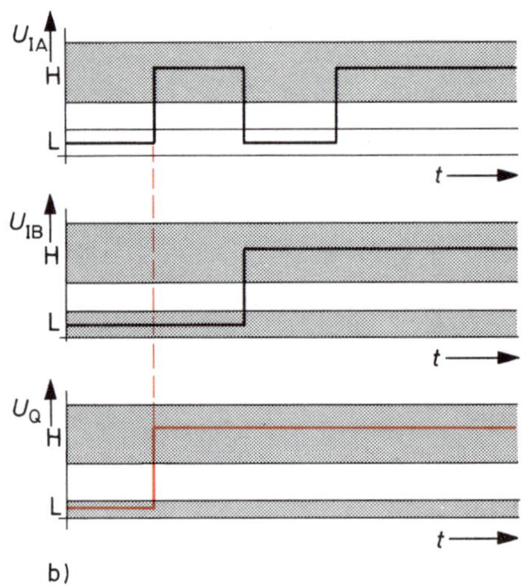

B	*A*	*Q*
L	L	L
L	H	H
H	L	H
H	H	H

Bild 21.12 H-OR-Schaltung
a) Schaltung in der TTL-Schaltkreistechnik
b) Darstellung der Funktion in einem Signal-Zeit-Plan
c) Darstellung der Funktion in einer Arbeitstabelle

storen V6 und V8 gesperrt. Der Transistor V7 kann durchschalten und die Ausgangsspannung U_Q auf einen Wert im H-Pegelbereich anheben.

Die Abhängigkeit der Ausgangsspannung U_Q von den beiden Eingangsspannungen U_{IA} und U_{IB} ist in dem Signal-Zeit-Plan (Bild 21.12b) und in der Arbeitstabelle (Bild 21.12c) dargestellt. Die Ausgangsspannung nimmt einen Wert im H-Pegelbereich an, sobald mindestens eine der beiden Eingangsspannungen im H-Pegelbereich liegt. Aus diesem Grunde erhält die Schaltung die Bezeichnung *H-OR-Schaltung* (or = engl. oder).

21.7.4 Die NAND-Funktion

Die NAND-Funktion entsteht dadurch, daß der UND-Funktion eine NICHT-Funktion angefügt wird. Bild 21.13a zeigt die Entstehung der NAND-Funktion anhand der zugehörigen Symbolik und den Wahrheitstabellen. Die Abhängigkeit der Zwischenvariablen *z* von den Eingangsvariablen *a*

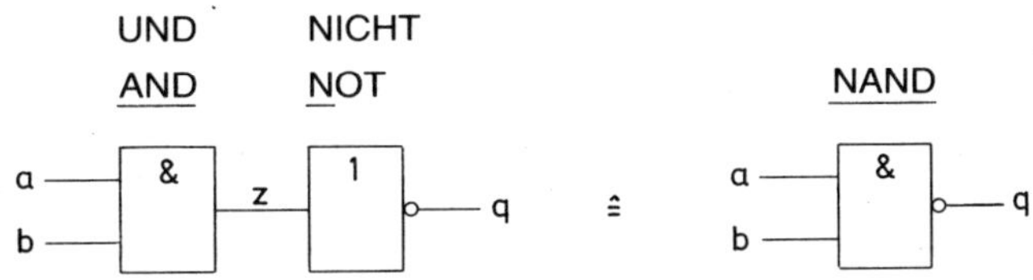

b	a	z	q
0	0	0	1
0	1	0	1
1	0	0	1
1	1	1	0

b	a	q
0	0	1
0	1	1
1	0	1
1	1	0

a)

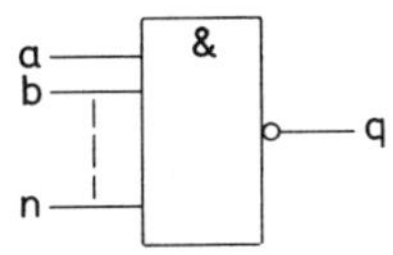

b)

n	c	b	a	q
0	0	0	0	1
0	0	0	1	1
0	0	1	0	1
0	0	1	1	1
0	1	0	0	1
0	1	0	1	1
0	1	1	0	1
0	1	1	1	1
*	*	*	*	1
*	*	*	*	1
*	*	*	*	1
1	1	1	1	0

c)

Bild 21.13 Die NAND-Funktion
a) Entstehung der NAND-Funktion durch Anfügen der NICHT-Funktion an eine UND-Funktion
b) Schaltzeichen nach DIN 40900 für eine NAND-Funktion mit mehr als zwei Eingangsvariablen
c) Wahrheitstabelle für eine NAND-Funktion mit mehr als zwei Eingangsvariablen

und b entspricht der der UND-Funktion. Die NICHT-Funktion invertiert die Zwischenvariable z zu der Ausgangsvariablen q der NAND-Funktion. Die Bezeichnung NAND ist durch Zusammenfügen der entsprechenden Buchstaben aus den beiden Bezeichnungen AND und NOT entstanden.

> Bei der NAND-Funktion nimmt die Ausgangsvariable nur dann den Wert 0 an, wenn alle Eingangsvariablen gleichzeitig den Wert 1 haben.

Die DTL-Schaltung (Bild 21.14a) besteht aus einem H-AND-Teil und einem Inverterteil. Sobald eine der beiden Eingangsspannungen U_{IA} oder U_{IB} oder beide gleichzeitig im L-Pegelbereich liegen, erhält die Inverterschaltung ein Eingangspotential $U_{IL} + U_{SchV2/V3}$. Dieses Potential reicht nicht aus, um über den Spannungsteiler R2, R3 den Transistor V1 durchzuschalten. Die Ausgangsspannung U_Q liegt somit im H-Pegelbereich. Nur wenn beide Eingangsspannungen U_{IA} und U_{IB} gleichzeitig im H-Pegelbereich liegen, stellt sich am Eingang der Inverterschaltung ein Potential ein, das geeignet ist, den Transistor V1 durchzuschalten. Die Ausgangsspannung U_Q nimmt dann einen Wert im L-Pegelbereich ($U_Q = U_{CE\,sat}$) an.

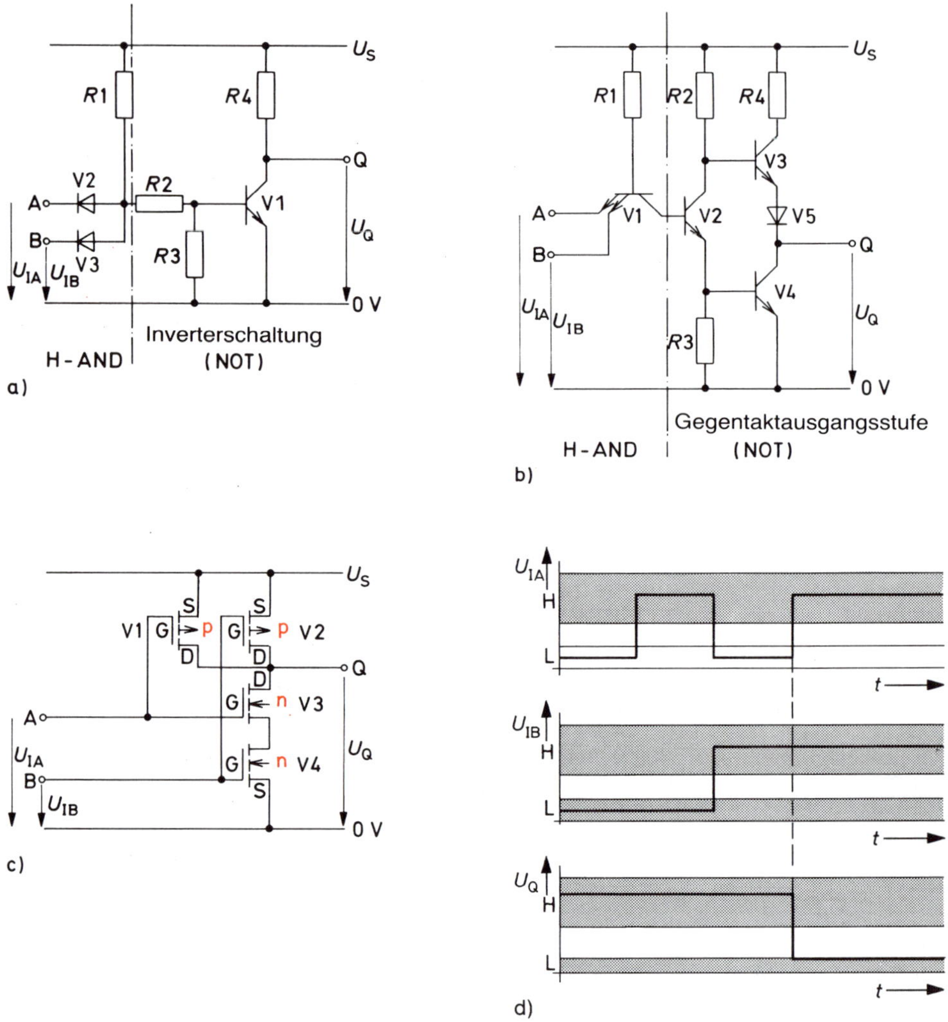

Bild 21.14 H-NAND-Schaltung

a) Schaltung in der DTL-Schaltkreistechnik
b) Schaltung in der TTL-Schaltkreistechnik
c) Schaltung in der C-MOS-Schaltkreistechnik
d) Darstellung der Funktion in einem Signal-Zeit-Plan
e) Darstellung der Funktion in einer Arbeitstabelle

B	A	Q
L	L	H
L	H	H
H	L	H
H	H	L

e)

Bei der TTL-Schaltung (Bild 21.14b) bildet der Multiemittertransistor V1 den H-AND-Teil und die Gegentaktausgangsstufe den Inverterteil. Solange mindestens eine der beiden Eingangsspannungen U_{IA} oder U_{IB} im L-Pegelbereich liegt, stellt sich an der Basis des Transistors V1 ein derart niedriges Potential ein, daß über die BC-Strecke des Transistors V1 die beiden Transistoren V2 und V4 der Gegentaktausgangsstufe nicht durchschalten können. Damit kann der Transistor V3 durchsteuern und die Ausgangsspannung U_Q in den H-Pegelbereich legen. Nur wenn beide Eingangsspannungen U_{IA} und U_{IB} gleichzeitig im H-Pegelbereich liegen, stellt sich an der Basis des Transistors V1 ein Potential ein, das geeignet ist, über die BC-Strecke des Transistors V1 die beiden Transistoren V2 und V4 durchzuschalten und den Transistor V3 zu sperren. Die Ausgangsspannung liegt dann im L-Pegelbereich ($U_Q = U_{CEV4} = U_{CEsat}$).

Die Schaltung in der C-MOS-Technologie (Bild 21.14c) zeichnet sich durch ihren einfachen Aufbau aus. Solange mindestens eine der beiden Eingangsspannungen U_{IA} oder U_{IB} im L-Pegelbereich liegt, ist einer der beiden n-Kanal-MOS-FET V3 bzw. V4 gesperrt und einer der beiden p-Kanal-MOS-FET V1 bzw. V2 leitend. Die Ausgangsspannung U_Q liegt somit im H-Pegelbereich. Nur wenn beide Eingangsspannungen U_{IA} und U_{IB} gleichzeitig im H-Pegelbereich liegen, sind die beiden Transistoren V3 und V4 leitend und die beiden Transistoren V1 und V2 gesperrt. Die Ausgangsspannung U_Q liegt dann im L-Pegelbereich.

Wie die vorstehenden Schaltungsbeschreibungen zeigen, erfüllen alle drei Schaltungen die gleichen Funktionsbedingungen. Die Abhängigkeit der Ausgangsspannung U_Q von den beiden Eingangsspannungen U_{IA} und U_{IB} ist in dem Signal-Zeit-Plan (Bild 21.14d) und in der Arbeitstabelle (Bild 21.14e) dargestellt. Für den Signal-Zeit-Plan sei hier jedoch angemerkt, daß für die C-MOS-Schaltung andere Signal-Pegelbereiche gelten als die in Bild 21.14d dargestellten Pegelbereiche für bipolare Schaltungen. Die Ausgangsspannung U_Q nimmt nur dann einen Wert im L-Pegelbereich an, wenn alle Eingangsspannungen gleichzeitig im H-Pegelbereich liegen. Die Schaltungen werden daher als *H-NAND-Schaltungen* bezeichnet.

21.7.5 Die NOR-Funktion

Die NOR-Funktion entsteht durch Anfügen der NICHT-Funktion an eine ODER-Funktion (Bild 21.15). Wie aus der zugehörigen Wahrheitstabelle ersichtlich, entspricht die Abhängigkeit der Zwischenvariablen z von den beiden Eingangsvariablen a und b der ODER-Funktion. Die angefügte NICHT-Funktion invertiert die Zwischenvariable z zu der Ausgangsvariablen q der NOR-Funktion. Die Bezeichnung NOR ist durch Zusammenfügen der entsprechenden Buchstaben aus den Benennungen OR und NOT entstanden.

> Bei der NOR-Funktion nimmt die Ausgangsvariable nur dann den Wert 1 an, wenn alle Eingangsvariablen gleichzeitig den Wert 0 haben.

Die DTL-Schaltung (Bild 21.16a) besteht aus einem H-OR-Teil und einem Inverterteil. Sobald mindestens eine der beiden Eingangsspannungen U_{IA} oder U_{IB} im H-Pegelbereich liegt, erhält die Inverterschaltung ein Eingangspotential $U_{IH} - U_{SchV2/V3}$. Dieses Potential reicht aus, um über den Spannungsteiler R2, R3 den Transistor V1 durchzuschalten. Die Ausgangsspannung U_Q liegt somit im L-Pegelbereich. Nur wenn beide Eingangsspannungen U_{IA} und U_{IB} gleichzeitig im L-Pegelbereich liegen, stellt sich am Eingang der Inverterschaltung ein derart niedriges Potential ein, daß der Transistor V1 gesperrt bleibt und somit die Ausgangsspannung U_Q einen Wert im H-Pegelbereich annimmt. Der Widerstand R1 (in Bild 21.16a gestrichelt) ist zum besseren Verständ-

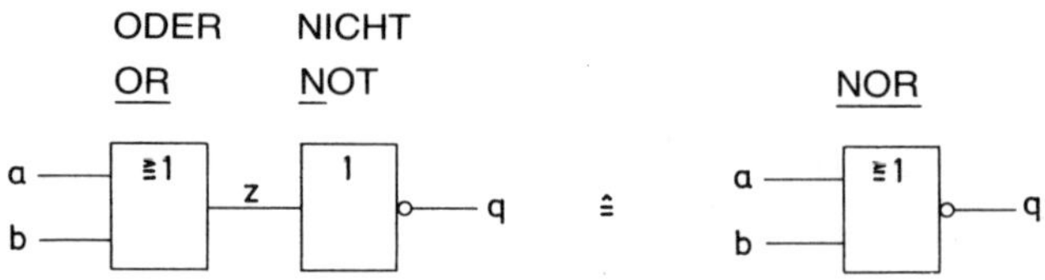

b	a	z	q
0	0	0	1
0	1	1	0
1	0	1	0
1	1	1	0

b	a	q
0	0	1
0	1	0
1	0	0
1	1	0

a)

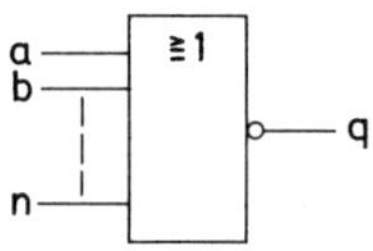

b)

n	c	b	a	q
0	0	0	0	1
0	0	0	1	0
0	0	1	0	0
0	0	1	1	0
0	1	0	0	0
0	1	0	1	0
0	1	1	0	0
0	1	1	1	0
*	*	*	*	0
*	*	*	*	0
*	*	*	*	0
1	1	1	1	0

c)

Bild 21.15 Die NOR-Funktion
a) Entstehung der NOR-Funktion durch Anfügen der NICHT-Funktion an eine ODER-Funktion
b) Schaltzeichen nach DIN 40900 für eine NOR-Funktion mit mehr als zwei Eingangsvariablen
c) Wahrheitstabelle für eine NOR-Funktion mit mehr als zwei Eingangsvariablen

nis der Auftrennung in einen H-OR- und einen Inverterteil dargestellt. Für die Gesamtfunktion der NOR-Schaltung ist der Widerstand nicht erforderlich.

Liegt bei der TTL-Schaltung (Bild 21.16b) z.B. die Eingangsspannung U_{IA} auf einem Wert $\geqq 1{,}4$ V, so stellt sich an der Basis des Transistors V1 ein Potential von $U_{BV1} \approx 2{,}1$ V ein. Dieses Potential reicht aus, um über die BC-Strecke des Transistors V1 die beiden Transistoren V2 und V6 durchzuschalten und damit den Transistor V5 zu sperren (Gegentaktausgangsstufe). Den gleichen Schaltungszustand erhält man über die Transistoren V4 und V3, wenn die Eingangsspannung U_{IB} einen Wert $\approx 1{,}4$ V besitzt. Solange also eine der beiden Eingangsspannungen U_{IA} oder U_{IB} im H-Pegelbereich liegt, nimmt die Ausgangsspannung U_Q einen Wert im L-Pegelbereich an. Nur wenn beide Eingangsspannungen gleichzeitig im L-Pegelbereich liegen, nehmen die Potentiale an der Basis der Transistoren V1 und V4 derart niedrige Werte an, daß V2 bzw. V3 und V6 gesperrt bleiben. Da bei gesperrtem Transistor V6 der Transistor V5 durchschalten kann, wird die Ausgangsspannung U_Q auf einen Wert im H-Pegelbereich angehoben.

Die C-MOS-Schaltung (Bild 21.16c) veranschaulicht wiederum den einfachen Aufbau, den diese Technologie ermöglicht. Solange mindestens eine der beiden Eingangsspannungen U_{IA} oder U_{IB}

im H-Pegelbereich liegt, ist einer der beiden n-Kanal-FET V3 bzw. V4 geöffnet und einer der beiden p-Kanal-FET V1 bzw. V2 gesperrt. Die Ausgangsspannung U_Q liegt somit im L-Pegelbereich. Nur wenn beide Eingangsspannungen U_{IA} und U_{IB} gleichzeitig im L-Pegelbereich liegen, sind beide n-Kanal-FET V3 und V4 gesperrt und ebenfalls beide p-Kanal-FET V1 und V2 leitend. Die Ausgangsspannung U_Q nimmt dann einen Wert im H-Pegelbereich an.

Wie die vorstehenden Beschreibungen zeigen, liegt bei den drei Schaltungen die Ausgangsspannung im L-Pegelbereich, sobald mindestens eine der Eingangsspannungen im H-Pegelbereich liegt. Die Schaltungen erhalten daher die Bezeichnung *H-NOR-Schaltung*. Die Funktion dieser Schaltungen ist in dem Signal-Zeit-Plan (Bild 21.16d) und in der Arbeitstabelle (Bild 21.16e) dargestellt.

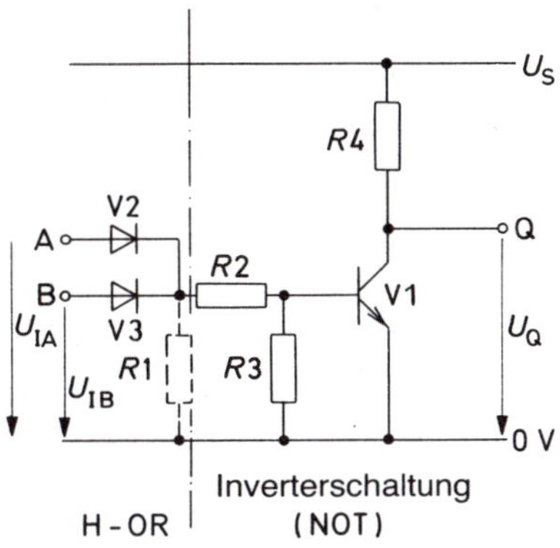

a)

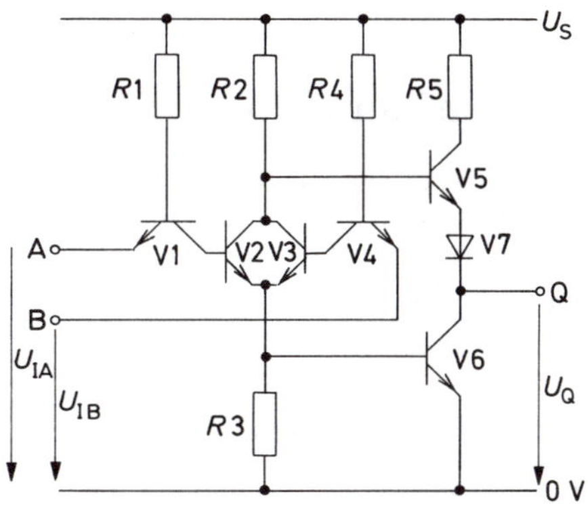

b)

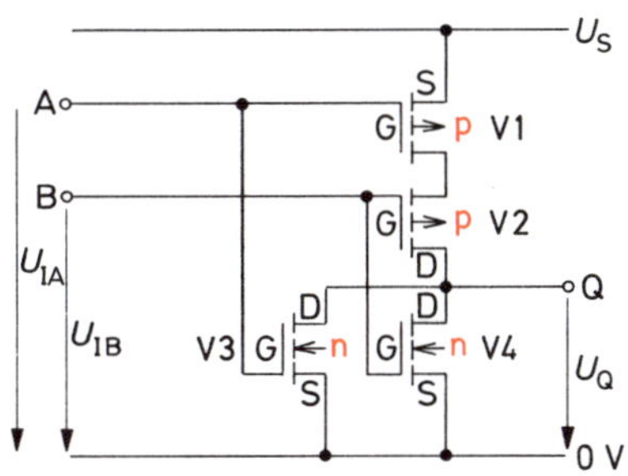

c)

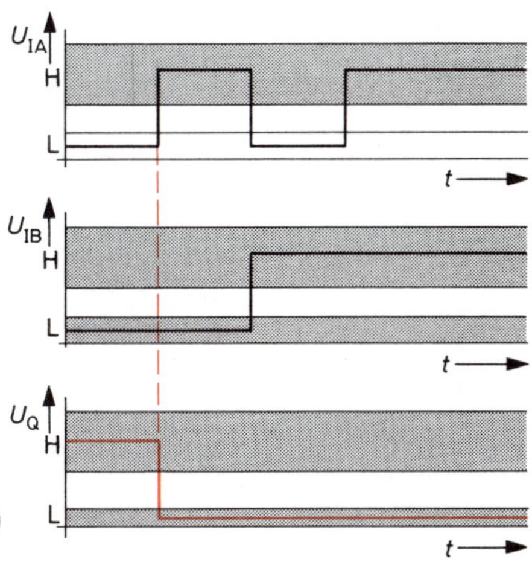

d)

B	A	Q
L	L	H
L	H	L
H	L	L
H	H	L

e)

Bild 21.16 H-NOR-Schaltung
a) Schaltung in der DTL-Schaltkreistechnik
b) Schaltung in der TTL-Schaltkreistechnik
c) Schaltung in der C-MOS-Schaltkreistechnik
d) Darstellung der Funktion in einem Signal-Zeit-Plan
e) Darstellung der Funktion in einer Arbeitstabelle

Für die C-MOS-Schaltung gelten allerdings andere Pegelbereiche, als sie in Bild 21.16d für bipolare Schaltkreistechniken dargestellt wurden.

Bei den Beschreibungen in den Abschnitten 21.7.2 bis 21.7.5 wurde jeweils von Schaltungen mit nur zwei Eingängen ausgegangen. Alle diese Schaltungen sind jedoch auch mit einer größeren Anzahl von Eingängen realisierbar. Eine Grenze wird hier durch den schaltungstechnischen Aufbau innerhalb einer Schaltkreistechnik gesetzt. In der TTL-Schaltkreistechnik sind z.B. integrierte H-NAND-Schaltungen mit bis zu acht Eingängen erhältlich.

Die Betrachtung des Schaltungsaufbaus bei den integrierten Schaltkreistechniken TTL und C-MOS zeigt, daß die H-NAND- bzw. die H-NOR-Schaltungen einen jeweils geringen Aufwand erfordern. Bei diesen Schaltkreistechniken überwiegt demgemäß das Angebot an derartigen Schaltungen.

21.8 Einführung in die Schaltalgebra

Die Schaltalgebra ermöglicht die mathematische Behandlung digitaler Schaltungen zum Zwecke der Optimierung. Hierunter versteht man das Ermitteln der Digitalschaltung, die eine gewünschte Funktion mit einem Minimum an Schaltungsaufwand realisiert. Grundlage hierfür bildet die von dem englischen Mathematiker George Boole entwickelte «Algebra der zweiwertigen Logik». Aus diesem Grund spricht man auch häufig von der «Booleschen Algebra».

21.8.1 Funktionsgleichungen

Für die mathematische Behandlung digitaler Funktionen müssen die drei Grundfunktionen NICHT, UND, ODER zunächst durch sogenannte Rechenoperatoren (Rechenzeichen nach DIN 66000) dargestellt werden.

Auszug aus DIN 66000:

Funktion	Zeichen	Anwendung	Bemerkung
NICHT	—	$\overline{a}$	
		$\overline{a \wedge b}$	die Überstreichung steht über dem gesamten invertierten Ausdruck
UND	$\wedge$	$a \wedge b$	
ODER	$\vee$	$a \vee b$	

Mit Hilfe dieser Rechenoperatoren lassen sich nun in Wahrheitstabellen erfaßte Funktionen auch als schaltalgebraische Funktionsgleichungen schreiben. Die Funktionsgleichung soll dabei ein Problem bzw. Teilproblem möglichst kurz und präzise mathematisch beschreiben. Hierbei wird von einer der beiden möglichen Normalformgleichungen ausgegangen.

Mintermnormalform

Das Wort Term kommt aus der lateinischen Sprache und bedeutet im mathematischen Sinne: Glied einer Gleichung. *Minterme* sind UND-verknüpfte Glieder einer Funktionsgleichung, die sämtliche Eingangsvariable oder deren Invertierungen enthalten. Dieser Begriff soll anhand der Wahrheitstabelle einer UND-Funktion näher erläutert werden.

b	a	q
0	0	0
0	1	0
1	0	0
1	1	1

→ Minterm $a \wedge b$

Die Ausgangsvariable q wird nur dann 1, wenn die beiden Eingangsvariablen a UND b gleichzeitig 1 werden. In einer Funktionsgleichung ausgedrückt, bedeutet das: $q = a \wedge b$. Der Ausdruck $a \wedge b$ wird als Minterm bezeichnet.

Auch die ODER-Funktion läßt sich durch Minterme beschreiben. Dazu soll die nachstehend aufgeführte, erweiterte Wahrheitstabelle benutzt werden.

$\overline{b}$	b	$\overline{a}$	a	q	Minterme:
1	0	1	0	0	
1	0	0	1	1	→ $a \wedge \overline{b}$
0	1	1	0	1	→ $\overline{a} \wedge b$
0	1	0	1	1	→ $a \wedge b$

Aus dieser erweiterten Wahrheitstabelle ergibt sich: Die Ausgangsvariable q wird 1, wenn die Eingangsvariablen a UND $\overline{b}$, ODER die Eingangsvariablen $\overline{a}$ UND b, ODER die Eingangsvariablen a UND b gleich 1 werden. In einer Funktionsgleichung ausgedrückt, bedeutet das:

$$q = a \wedge \overline{b} \quad \vee \quad \overline{a} \wedge b \quad \vee \quad a \wedge b$$

Die Ausdrücke $a \wedge \overline{b}$, $\overline{a} \wedge b$, $a \wedge b$ sind wiederum Minterme. Diese Minterme ergeben untereinander ODER-verknüpft die Funktionsgleichung in der *Mintermnormalform*. Wegen der ODER-Verknüpfung der Minterme spricht man auch von der *ODER-Normalform*. In der Schaltalgebra bindet die UND-Funktion stärker als die ODER-Funktion. Aus diesem Grund wird die Mintermnormalform auch als *disjunktive Normalform* (disjunktiv = lat. trennend) bezeichnet. Damit wird angedeutet, daß die UND-Funktion innerhalb der Minterme vorrangig zu behandeln ist. Die ODER-Funktion trennt die Minterme schaltalgebraisch voneinander.

Minterme sind UND-verknüpfte Ausdrücke, die sämtliche Eingangsvariable oder deren Invertierungen enthalten. Sie sind für jede Zeile einer Wahrheitstabelle zu schreiben, in der $q = 1$ ist. Die in diesen Zeilen mit 0 bewerteten Eingangsvariablen werden dabei invertiert.

Die ODER-Verknüpfung aller Minterme einer Wahrheitstabelle ergibt die Funktionsgleichung in der Mintermnormalform.

Maxtermnormalform

Maxterme sind ODER-verknüpfte Ausdrücke, die sämtliche Eingangsvariable oder deren Invertierungen enthalten. Dieser Begriff läßt sich anhand der Wahrheitstabelle einer ODER-Funktion erläutern:

b	a	q
0	0	0
0	1	1
1	0	1
1	1	1

→ Maxterm $a \vee b$

Die Ausgangsvariable q kann nur dann den Wert 0 annehmen, wenn die beiden Eingangsvariablen a und b gleichzeitig 0 werden. Diese Bedingung ist nur durch eine ODER-Funktion erreichbar. In einer Funktionsgleichung ausgedrückt, bedeutet das: $q = a \vee b$. Der Ausdruck $a \vee b$ wird als Maxterm bezeichnet.

Die UND-Funktion läßt sich ebenfalls durch Maxterme beschreiben. Hierzu wird die erweiterte Wahrheitstabelle herangezogen.

$\overline{b}$	b	$\overline{a}$	a	q
1	0	1	0	0
1	0	0	1	0
0	1	1	0	0
0	1	0	1	1

Maxterme:
→ $a \vee b$
→ $\overline{a} \vee b$
→ $a \vee \overline{b}$

Aus der erweiterten Wahrheitstabelle ergibt sich: Die Ausgangsvariable q wird 0, wenn die Eingangsvariablen a und b oder die Eingangsvariablen $\overline{a}$ und b oder die Eingangsvariablen a und $\overline{b}$ gleichzeitig 0 werden. In einer Funktionsgleichung ausgedrückt, bedeutet das:

$$q = (a \vee b) \wedge (\overline{a} \vee b) \wedge (a \vee \overline{b})$$

Die Ausdrücke $a \vee b$, $\overline{a} \vee b$, $a \vee \overline{b}$ sind wiederum Maxterme. Diese Maxterme ergeben untereinander UND-verknüpft die Funktionsgleichung in der *Maxtermnormalform*. Weil bei der schaltalgebraischen Behandlung von Funktionsgleichungen die UND-Funktion Vorrang vor der ODER-Funktion besitzt, müssen die einzelnen Maxterme als Klammerausdrücke geschrieben werden. Wegen der UND-Verknüpfung der Maxterme spricht man auch von der *UND-Normalform*. Die UND-Funktion verbindet die Maxterme miteinander. Aus diesem Grund wird die Maxtermnormalform auch als *konjunktive Normalform* (konjunktiv = lat. bindend) bezeichnet.

Maxterme sind ODER-verknüpfte Ausdrücke, die sämtliche Eingangsvariable oder deren Invertierungen enthalten. Sie können für jede Zeile der Wahrheitstabelle geschrieben werden, in der $q = 0$ ist. Die in diesen Zeilen mit 1 bewerteten Eingangsvariablen werden dabei invertiert.

Die UND-Verknüpfung aller Maxterme einer Wahrheitstabelle ergibt die Funktionsgleichung in der Maxtermnormalform.

Beispiel: Die in nachstehender Wahrheitstabelle erfaßte Funktion soll durch eine Mintermnormalform- und durch eine Maxtermnormalformgleichung ausgedrückt werden.

c	b	a	q	Minterme:	Maxterme:
0	0	0	0		$a \vee b \vee c$
0	0	1	0		$\bar{a} \vee b \vee c$
0	1	0	0		$a \vee \bar{b} \vee c$
0	1	1	1	$a \wedge b \wedge \bar{c}$	
1	0	0	0		$a \vee b \vee \bar{c}$
1	0	1	1	$a \wedge \bar{b} \wedge c$	
1	1	0	0		$a \vee \bar{b} \vee \bar{c}$
1	1	1	1	$a \wedge b \wedge c$	

Mintermnormalformgleichung:

$$q = a \wedge b \wedge \bar{c} \quad \vee \quad a \wedge \bar{b} \wedge c \quad \vee \quad a \wedge b \wedge c$$

Maxtermnormalformgleichung:

$$q = (a \vee b \vee c) \wedge (\bar{a} \vee b \vee c) \wedge (a \vee \bar{b} \vee c) \wedge (a \vee b \vee \bar{c}) \wedge (a \vee \bar{b} \vee \bar{c})$$

Die entsprechenden Symbolpläne sind in Bild 21.17 dargestellt.

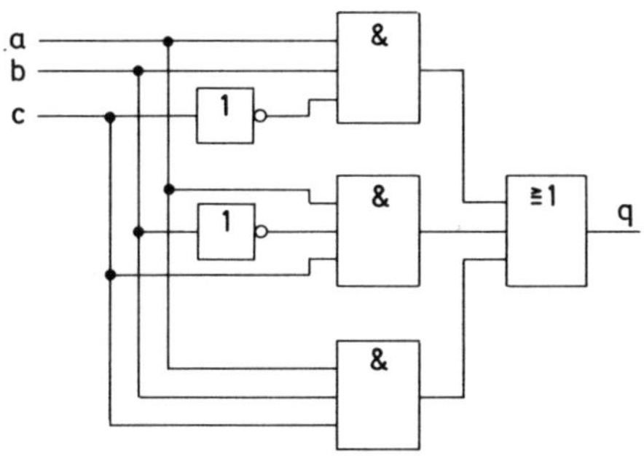

a)

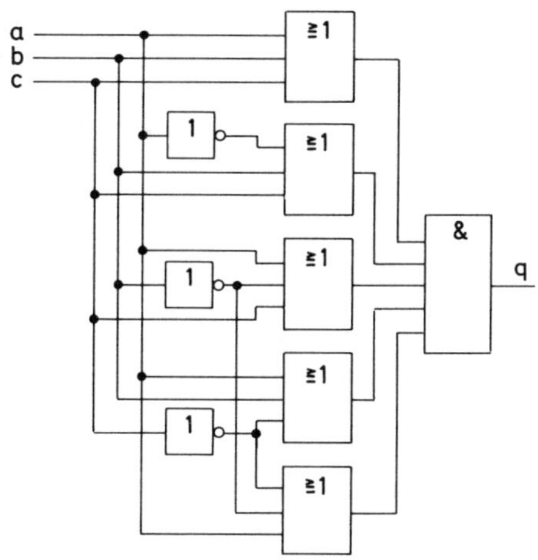

b)

Bild 21.17 Symbolpläne
a) Symbolplan entsprechend der Mintermnormalformgleichung
b) Symbolplan entsprechend der Maxtermnormalformgleichung

21.8.2 Inversionsgesetze nach de Morgan

Die NAND-Funktion entsteht, wie bereits in Abschnitt 21.7.4 erläutert, durch Anfügen der NICHT-Funktion an eine UND-Funktion (Bild 21.18). Die Mintermnormalformgleichung für die Zwischenvariable z ergibt sich aus der Wahrheitstabelle wie folgt:

$$z = a \wedge b$$

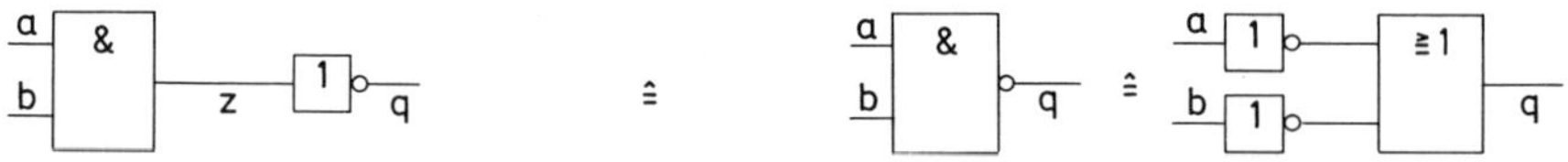

b	a	z	q
0	0	0	1
0	1	0	1
1	0	0	1
1	1	1 $\rightarrow z = a \wedge b$	0

$\rightarrow q = \bar{z} = \overline{a \wedge b}$

b	a	q
0	0	1
0	1	1
1	0	1
1	1	0

$\rightarrow q = \bar{a} \vee \bar{b}$

Bild 21.18 Darstellung des ersten Inversionsgesetzes mittels Symbolik, Wahrheitstabellen und Funktionsgleichungen

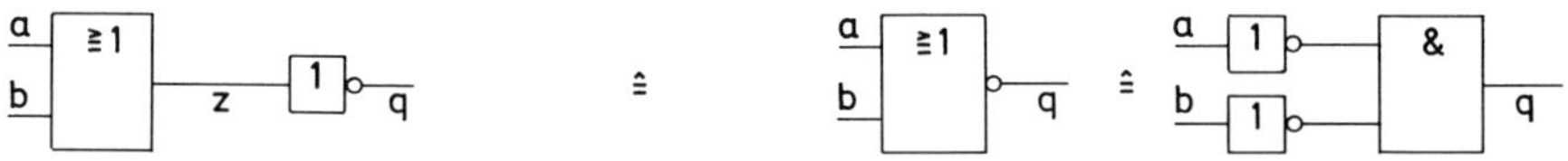

b	a	z	q
0	0	0 $\rightarrow z = a \vee b$	1
0	1	1	0
1	0	1	0
1	1	1	0

$\rightarrow q = \bar{z} = \overline{a \vee b}$

b	a	q
0	0	1
0	1	0
1	0	0
1	1	0

$\rightarrow q = \bar{a} \wedge \bar{b}$

Bild 21.19 Darstellung des zweiten Inversionsgesetzes mittels Symbolik, Wahrheitstabellen und Funktionsgleichungen

Da die NICHT-Funktion die Zwischenvariable z invertiert, wird:

$$q = \bar{z} = \overline{a \wedge b}$$

Aus der Wahrheitstabelle der NAND-Funktion mit zwei Eingangsvariablen ergibt sich die Maxtermnormalformgleichung:

$$q = \bar{a} \vee \bar{b}$$

Da beide Funktionsgleichungen dieselbe Funktion (NAND) beschreiben, kann man sie gleichsetzen:

$$\overline{a \wedge b} = \bar{a} \vee \bar{b}$$

Eine NAND-Funktion kann durch die ODER-Funktion der invertierten Eingangsvariablen ersetzt werden und umgekehrt.

Diese Beziehung wird als das erste Inversionsgesetz bezeichnet.

Die gleiche Betrachtung für eine NOR-Funktion angestellt, führt zu dem zweiten Inversionsgesetz (Bild 21.19). Die NOR-Funktion entsteht, wie in Abschnitt 21.7.5 erläutert, durch Anfügen der NICHT-Funktion an eine ODER-Funktion. Die Maxtermnormalformgleichung für die Zwischenvariable z ergibt sich aus der Wahrheitstabelle:

$$z = a \vee b$$

Da die NICHT-Funktion die Zwischenvariable z invertiert, wird:

$$q = \overline{z} = \overline{a \vee b}$$

Aus der Wahrheitstabelle für die NOR-Funktion mit zwei Eingangsvariablen ergibt sich die Mintermnormalformgleichung:

$$q = \overline{a} \wedge \overline{b}$$

Da auch in diesem Fall beide Funktionsgleichungen dieselbe Funktion (NOR) beschreiben, können sie wiederum gleichgesetzt werden:

$$\overline{a \vee b} = \overline{a} \wedge \overline{b}$$

> Eine NOR-Funktion kann durch die UND-Funktion der invertierten Eingangsvariablen ersetzt werden und umgekehrt.

Die beiden Inversionsgesetze benötigt man, um Symbolpläne bzw. Schaltungen unter ausschließlicher Verwendung nachstehend aufgeführter Funktionen bzw. Funktionskombinationen zu realisieren.

- □ UND und NICHT
- □ ODER und NICHT
- □ NAND
- □ NOR

Die Realisierung von Symbolplänen unter ausschließlicher Verwendung von NAND- bzw. NOR-Funktionen führt in vielen Fällen zwar zu einer größeren Anzahl von Einzelfunktionen. Dieser scheinbare Nachteil wird jedoch durch die Standardisierung auf nur einen Funktions- bzw. Schaltungstyp bei weitem aufgehoben. Die Tabelle 21.6 zeigt die Realisierung der wichtigsten Funktionen unter ausschließlicher Verwendung der NAND- bzw. NOR-Funktion. Dabei wurde jeweils von Funktionen mit zwei Eingangsvariablen ausgegangen. Die beiden Inversionsgesetze können jedoch in gleicher Weise auch auf Funktionen mit einer größeren Anzahl von Eingangsvariablen angewandt werden.

Tabelle 21.6

Funktion	Symbol	Realisierung unter ausschließlicher Verwendung von NAND-Funktionen	NOR-Funktionen
NICHT	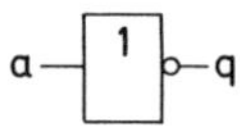	a) 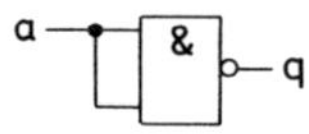 b) 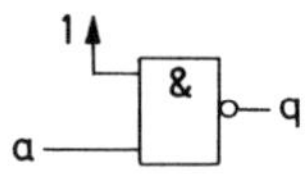	a) 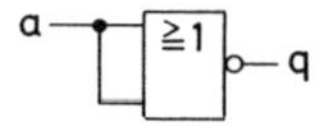 b) 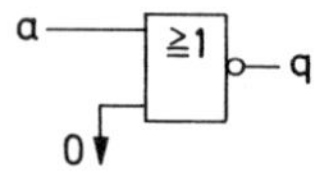
UND	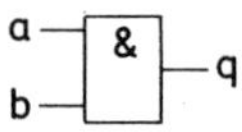	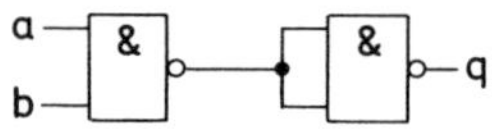	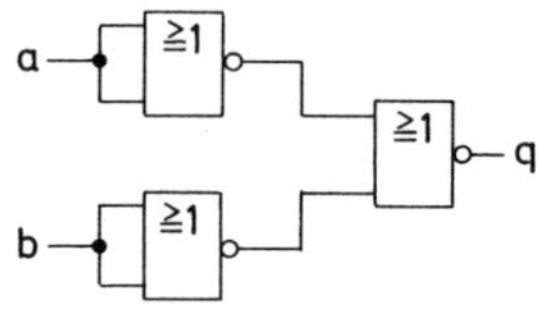
ODER	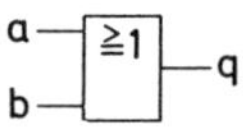	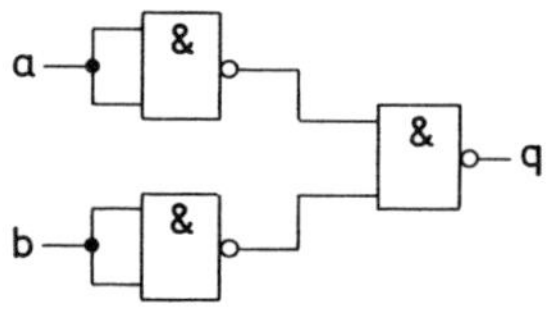	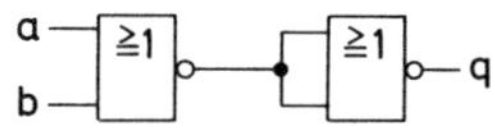
NAND	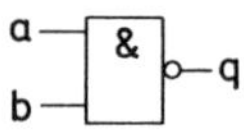		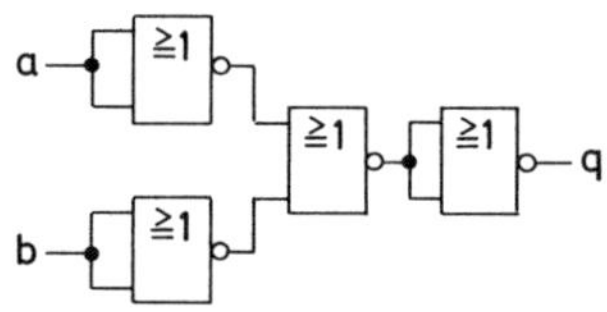
NOR	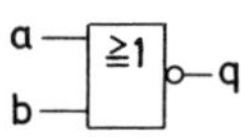	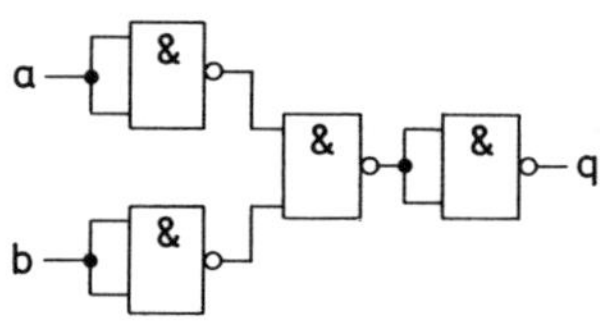	

21.8.3 Minimierung von Funktionsgleichungen

Wie bereits in Abschnitt 21.7 erläutert, können alle vorkommenden Abhängigkeiten einer technischen Problemstellung in einer Wahrheitstabelle zusammengefaßt werden. Hieraus läßt sich die Funktionsgleichung in der Minterm- oder Maxtermnormalformgleichung ermitteln (Abschnitt 21.8.1). In den meisten Fällen kann eine Normalformgleichung mittels schaltalgebraischer Rechenoperationen auf eine Kurzform gebracht werden. Diesen Vorgang bezeichnet man als *Minimierung*. Zweck der Minimierung ist das Beseitigen überflüssiger (lat. = redundanter) Funktionen und damit die Optimierung einer Digitalschaltung (Schaltung mit dem geringstmöglichen Aufwand). Grundlage der Minimierung sind die schaltalgebraischen Rechenregeln.

In der Tabelle 21.7 sind die Rechenregeln für eine Variable zusammengestellt. Die Regeln Nr. 1 bis Nr. 4 beziehen sich dabei auf die UND-Funktion (siehe hier Abschnitt 21.7.2).

Regel Nr. 1

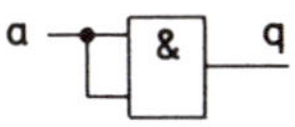

a	a	q
0	0	0
~~0~~	~~1~~	~~0~~
~~1~~	~~0~~	~~0~~
1	1	1

$$q = a \wedge a = a$$

Da die beiden Eingangsvariablen identisch sind, haben sie entweder gleichzeitig den Wert 0 oder 1. In der Wahrheitstabelle gelten somit nur noch die erste und die letzte Zeile. Die Ausgangsvariable nimmt zu jedem Zeitpunkt den Wert der Eingangsvariablen an.

Regel Nr. 2

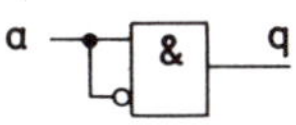

$\bar{a}$	a	q
~~0~~	~~0~~	~~0~~
0	1	0
1	0	0
~~1~~	~~1~~	~~1~~

$$q = a \wedge \bar{a} = 0$$

Da $\bar{a}$ die Invertierung der Variablen a darstellt, können die beiden Eingangsvariablen der UND-Funktion niemals den gleichen Wert annehmen. Damit besitzt immer eine der beiden Eingangsvariablen und somit auch die Ausgangsvariable den Wert 0.

Regel Nr. 3

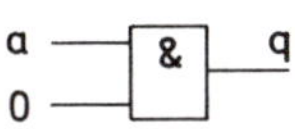

0	a	q
0	0	0
0	1	0
~~1~~	~~0~~	~~0~~
~~1~~	~~1~~	~~1~~

$$q = a \wedge 0 = 0$$

Wird eine Eingangsvariable einer UND-Funktion ständig mit 0 bewertet, kann die Ausgangsvariable nur noch den Wert 0 annehmen.

Tabelle 21.7

Nr.	Regeln (Theorem)	Wahrheitstabellen	Symboldarstellung
1	a ∧ a = a	a │ a ‖ q 0 │ 0 ‖ 0 1 │ 1 ‖ 1 ≙ a ‖ q 0 ‖ 0 1 ‖ 1	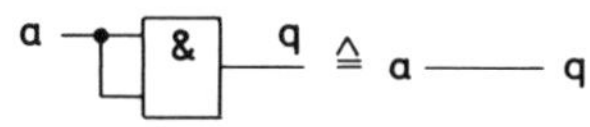
2	a ∧ a = 0	ā │ a ‖ q 1 │ 0 ‖ 0 0 │ 1 ‖ 0	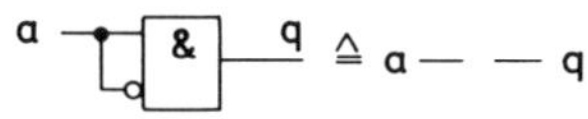
3	a ∧ 0 = 0	│ a ‖ q 0 │ 0 ‖ 0 0 │ 1 ‖ 0	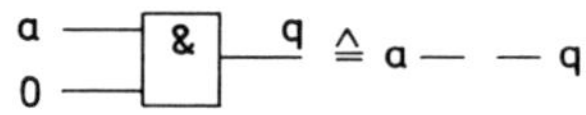
4	a ∧ 1 = a	│ a ‖ q 1 │ 0 ‖ 0 1 │ 1 ‖ 1 ≙ a ‖ q 0 ‖ 0 1 ‖ 1	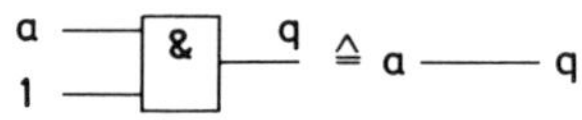
5	a ∨ a = a	a │ a ‖ q 0 │ 0 ‖ 0 1 │ 1 ‖ 1 ≙ a ‖ q 0 ‖ 0 1 ‖ 1	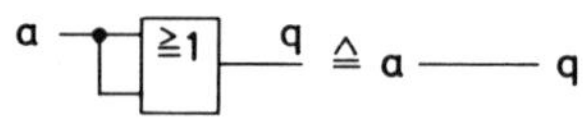
6	a ∨ ā = 1	ā │ a ‖ q 1 │ 0 ‖ 1 0 │ 1 ‖ 1	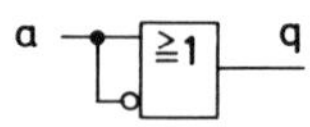
7	a ∨ 0 = a	│ a ‖ q 0 │ 0 ‖ 0 0 │ 1 ‖ 1 ≙ a ‖ q 0 ‖ 0 1 ‖ 1	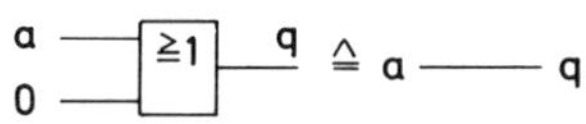
8	a ∨ 1 = 1	│ a ‖ q 1 │ 0 ‖ 1 1 │ 1 ‖ 1	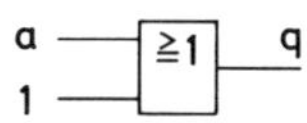
9	$\bar{\bar{a}}$ = a	a │ ā ‖ q 0 │ 1 ‖ 0 1 │ 0 ‖ 1 ≙ a ‖ q 0 ‖ 0 1 ‖ 1	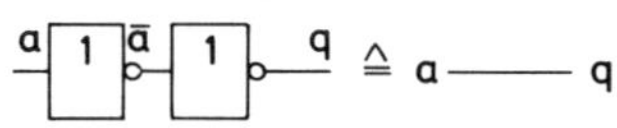

Regel Nr. 4

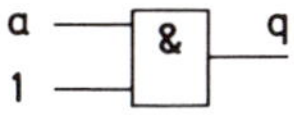

1	a	q
~~0~~	~~0~~	~~0~~
~~0~~	~~1~~	~~0~~
1	0	0
1	1	1

$$q = a \wedge 1 = a$$

Wird eine Eingangsvariable einer UND-Funktion ständig mit 1 bewertet, nimmt die Ausgangsvariable zu jedem Zeitpunkt den Wert der anderen Eingangsvariablen an.

Die Regeln Nr. 5 bis Nr. 8 beziehen sich auf die ODER-Funktion (siehe hier Abschnitt 21.7.3).

Regel Nr. 5

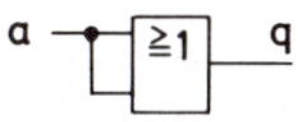

a	a	q
0	0	0
~~0~~	~~1~~	~~1~~
~~1~~	~~0~~	~~1~~
1	1	1

$$q = a \vee a = a$$

Da die beiden Eingangsvariablen identisch sind, haben sie entweder gleichzeitig den Wert 0 oder 1. Damit nimmt die Ausgangsvariable zu jedem Zeitpunkt den Wert der Eingangsvariablen an.

Regel Nr. 6

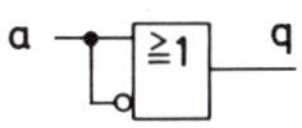

$\overline{a}$	a	q
~~0~~	~~0~~	~~0~~
0	1	1
1	0	1
~~1~~	~~1~~	~~1~~

$$q = a \vee \overline{a} = 1$$

Da $\overline{a}$ die Invertierung der Eingangsvariablen a darstellt, können die beiden Eingangsvariablen der ODER-Funktion zu keinem Zeitpunkt gleich bewertet werden. Eine der beiden Eingangsvariablen und somit die Ausgangsvariable besitzt ständig den Wert 1.

Regel Nr. 7

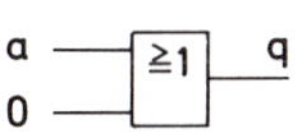

0	a	q
0	0	0
0	1	1
~~1~~	~~0~~	~~1~~
~~1~~	~~1~~	~~1~~

$$q = a \vee 0 = a$$

Wird eine der beiden Eingangsvariablen einer ODER-Funktion ständig mit 0 bewertet, nimmt die Ausgangsvariable zu jedem Zeitpunkt den Wert der anderen Eingangsvariablen an.

Regel Nr. 8

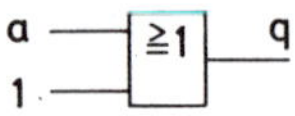

1	a	q
~~0~~	~~0~~	~~0~~
~~0~~	~~1~~	~~1~~
1	0	1
1	1	1

$$q = a \vee 1 = 1$$

Wird eine Eingangsvariable einer ODER-Funktion ständig mit 1 bewertet, nimmt die Ausgangsvariable zu jedem Zeitpunkt den Wert 1 an.

Die Regel Nr. 9 bezieht sich auf die NICHT-Funktion (siehe hier Abschnitt 21.7.1).

Regel Nr. 9

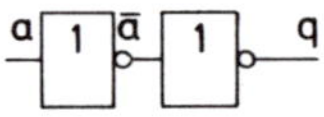

a	$z = \bar{\bar{a}}$	$q = \bar{\bar{a}}$
0	1	0
1	0	1

$$q = \bar{\bar{a}} = a$$

Die Ausgangsvariable nimmt zu jedem Zeitpunkt den Wert der Eingangsvariablen an. Eine doppelte Invertierung hebt sich aus der logischen Betrachtung auf.

In der Tabelle 21.8 sind die Rechenregeln für zwei oder mehrere Variable zusammengestellt. Die Regeln Nr. 10 bis Nr. 13 gelten als die *Grundgesetze der Schaltalgebra.* Diese Regeln sind vergleichbar mit denen der normalen Algebra, wenn man von folgender Zuordnung der Rechenoperatoren ausgeht:

$\wedge \mathrel{\hat{=}} \cdot$ (Multiplikation)
$\vee \mathrel{\hat{=}} +$ (Addition)

Regel Nr. 10
Das sogenannte kommutative Gesetz oder *Vertauschungsgesetz* sagt aus, daß man die Eingangsvariablen einer UND- bzw. ODER-Funktion beliebig untereinander vertauschen darf.

$$q = a \wedge b = b \wedge a$$

$x = a \cdot b = b \cdot a$ (Äquivalent der Normalalgebra)

das Produkt einer Multiplikation bleibt gleich, wenn Multiplikand und Multiplikator vertauscht werden.

$$q = a \vee b = b \vee a$$

$x = a + b = b + a$ (Äquivalent der Normalalgebra)

Die Summe einer Addition bleibt gleich, wenn die Summanden vertauscht werden.

Tabelle 21.8

Nr.	Regeln	Wahrheitstabellen	Symbolpläne
	Kommutatives Gesetz		
10a	a∧b = b∧a	b a ‖ q 0 0 ‖ 0 0 1 ‖ 0 1 0 ‖ 0 1 1 ‖ 1 ≙ a b ‖ q 0 0 ‖ 0 0 1 ‖ 0 1 0 ‖ 0 1 1 ‖ 1	
10b	a∨b = b∨a	b a ‖ q 0 0 ‖ 0 0 1 ‖ 1 1 0 ‖ 1 1 1 ‖ 1 ≙ a b ‖ q 0 0 ‖ 0 0 1 ‖ 1 1 0 ‖ 1 1 1 ‖ 1	
	Assoziatives Gesetz		
11a	a∧b∧c = (a∧b)∧c (a∧c)∧b (b∧c)∧a	c b a ‖ q 0 0 0 ‖ 0 0 0 1 ‖ 0 0 1 0 ‖ 0 0 1 1 ‖ 0 1 0 0 ‖ 0 1 0 1 ‖ 0 1 1 0 ‖ 0 1 1 1 ‖ 1	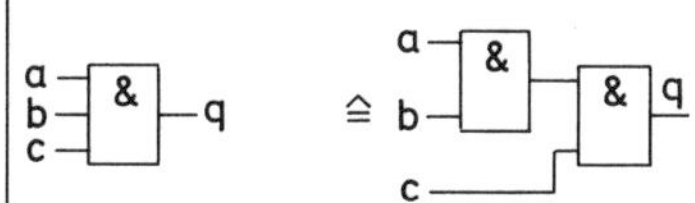
11b	a∨b∨c = (a∨b)∨c (a∨c)∨b (b∨c)∨a	c b a ‖ q 0 0 0 ‖ 0 0 0 1 ‖ 1 0 1 0 ‖ 1 0 1 1 ‖ 1 1 0 0 ‖ 1 1 0 1 ‖ 1 1 1 0 ‖ 1 1 1 1 ‖ 1	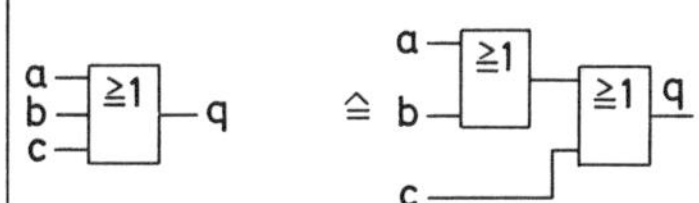
12	1. distributives Gesetz a∧b∨a∧c = a∧(b∨c)	c b a ‖ q 0 0 0 ‖ 0 0 0 1 ‖ 0 0 1 0 ‖ 0 0 1 1 ‖ 1 1 0 0 ‖ 0 1 0 1 ‖ 1 1 1 0 ‖ 0 1 1 1 ‖ 1	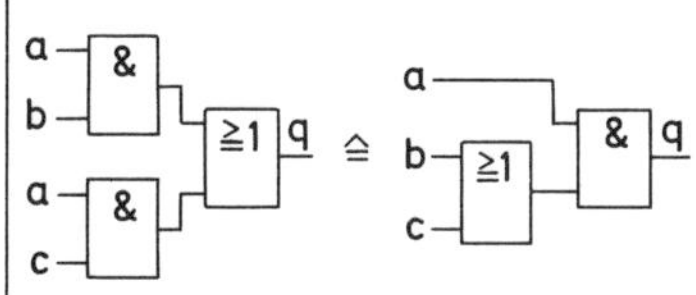
13	2. distributives Gesetz (a∨b) ∧ (a∨c) = a∨b∧c	c b a ‖ q 0 0 0 ‖ 0 0 0 1 ‖ 1 0 1 0 ‖ 0 0 1 1 ‖ 1 1 0 0 ‖ 0 1 0 1 ‖ 1 1 1 0 ‖ 1 1 1 1 ‖ 1	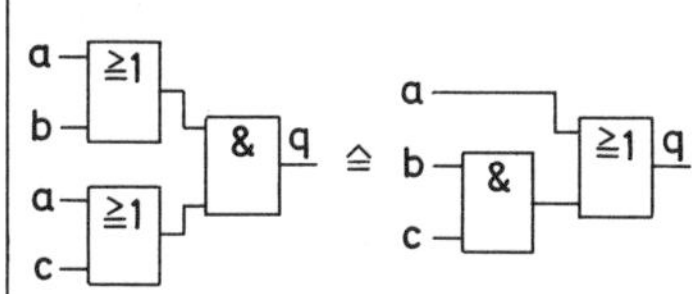

Regel Nr. 11
Das sogenannte assoziative Gesetz oder *Verbindungsgesetz* gestattet das Zusammenfassen einzelner Eingangsvariablen einer UND- bzw. ODER-Funktion. Die Zusammenfassung wird dabei durch das Setzen von Klammern ausgedrückt.

$$\begin{aligned} q = a \wedge b \wedge c &= (a \wedge b) \wedge c \\ &= (a \wedge c) \wedge b \\ &= (b \wedge c) \wedge a \end{aligned}$$

$$\begin{aligned} x = a \cdot b \cdot c &= (a \cdot b) \cdot c \quad \text{(Äquivalent der Normalalgebra)} \\ &= (a \cdot c) \cdot b \\ &= (b \cdot c) \cdot a \end{aligned}$$

Das Produkt einer Reihenmultiplikation bleibt gleich, wenn zunächst Teilprodukte gebildet werden, die man dann mit weiteren Multiplikatoren bzw. Teilprodukten multipliziert.

$$\begin{aligned} q = a \vee b \vee c &= (a \vee b) \vee c \\ &= (a \vee c) \vee b \\ &= (b \vee c) \vee a \end{aligned}$$

$$\begin{aligned} x = a + b + c &= (a + b) + c \quad \text{(Äquivalent der Normalalgebra)} \\ &= (a + c) + b \\ &= (b + c) + a \end{aligned}$$

Die Summe einer Reihenaddition bleibt gleich, wenn man zunächst Teilsummen bildet, zu denen dann weitere Teilsummen bzw. Summanden addiert werden.

Regel Nr. 12
Das erste distributive Gesetz oder *Verteilungsgesetz* ermöglicht das Ausklammern gleichnamiger Variablen

$$q = a \wedge b \vee a \wedge c = a \wedge (b \vee c)$$

gleichnamige Variable

$$x = a \cdot b + a \cdot c = a \cdot (b + c) \quad \text{(Äquivalent der Normalalgebra)}$$

Gemeinsame Faktoren einer Summe lassen sich ausklammern. Man findet den Klammerausdruck, indem jedes Glied durch den gemeinsamen Faktor vor der Klammer dividiert wird.

$$x = a \cdot b + a \cdot c$$

$$x = a\left(\frac{a \cdot b}{a} + \frac{a \cdot b}{a}\right)$$

$$x = a(b + c)$$

Regel Nr. 13
Das zweite distributive Gesetz ist die Umkehrung des ersten distributiven Gesetzes. Klammern können durch Ausmultiplizieren aufgelöst werden.

$$q = a \wedge (b \vee c) = a \wedge b \vee a \wedge c$$

$x = a \quad (b + c) = a \cdot b + a \cdot c$ (Äquivalent der Normalalgebra)

Man multipliziert eine Klammer mit einer Zahl, indem jedes Glied der Klammer mit der Zahl vor der Klammer multipliziert wird.

Diese Regel läßt sich auf das Ausmultiplizieren zweier Klammern erweitern:

$$q = (a \vee b) \wedge (a \vee c) = a \vee b \wedge c$$

Man multipliziert einen Klammerausdruck mit einem zweiten Klammerausdruck, indem jedes Glied der einen Klammer mit jedem Glied der anderen Klammer multipliziert wird.

Vollständige Ableitung der Regel Nr. 13:

$$\begin{aligned} q &= (a \vee b) \wedge (a \vee c) \\ &= a \wedge a \vee a \wedge c \vee b \wedge a \vee b \wedge c && (13) \\ &= a \vee a \wedge c \vee a \wedge b \vee b \wedge c && (1)\,(10) \\ &= a \wedge (1 \vee c \vee b) \vee b \wedge c && (12) \\ &= a \wedge 1 \vee b \wedge c && (8) \\ &= a \vee b \wedge c && (4) \end{aligned}$$

Kommen in einer Funktionsgleichung mehrere Rechenoperatoren vor, wird das Zusammenfassen von Funktionsteilen bzw. das Setzen von Klammern durch die Rangfolge der Rechenoperatoren geregelt.

> Das Zeichen $\overline{}$ (NICHT) bindet stärker als das Zeichen $\wedge$ (UND), das wiederum stärker bindet als das Zeichen $\vee$ (ODER).

Bei der schaltalgebraischen Umformung von Funktionsgleichungen muß also die NICHT-Funktion vor der UND-Funktion und diese wiederum vor der ODER-Funktion behandelt werden.

21.8.4 Fallstudie

Problemstellung: Ein Wasserbehälter (Bild 21.20) kann über zwei Pumpen P1 und P2 gefüllt werden. Beide Pumpen dürfen nur in Betrieb gehen, wenn die zugehörigen Filter F1 bzw. F2 in Ordnung sind. Wird im Behälter der Füllstand 1 unterschritten, so muß Pumpe 1 oder bei defektem Filter 1 Pumpe 2 anlaufen. Bei Unterschreitung des Füllstandes 2 müssen beide Pumpen eingeschaltet werden.

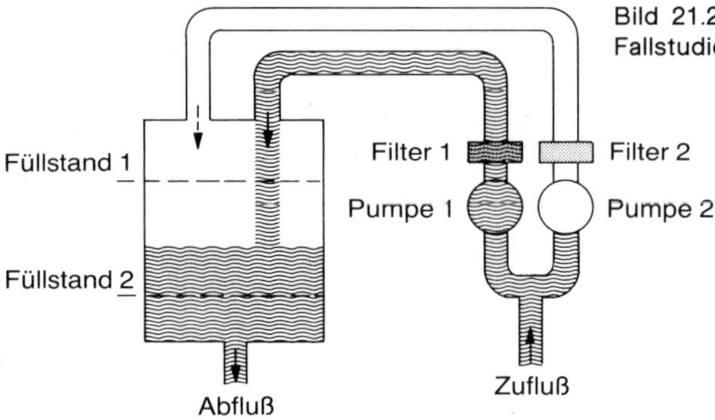

Bild 21.20 Schema einer Pumpenanlage zur Fallstudie aus Abschnitt 21.8.4

1. Schritt: Definition der binären Aussagen und Zuordnung der binären Variablen.

Binäre Aussagen	binäre Variable
Füllstand 1 unterschritten	a
Füllstand 2 unterschritten	b
Filter 1 in Ordnung	c
Filter 2 in Ordnung	d
Pumpe 1 einschalten	q_1
Pumpe 2 einschalten	q_2

2. Schritt: Erstellung der Wahrheitstabelle

d	c	b	a	q_1	q_2
0	0	0	0	0	0
0	0	0	1	0	0
0	0	1	0	×	×
0	0	1	1	0	0
0	1	0	0	0	0
0	1	0	1	1	0
0	1	1	0	×	×
0	1	1	1	1	0
1	0	0	0	0	0
1	0	0	1	0	1
1	0	1	0	×	×
1	0	1	1	0	1
1	1	0	0	0	0
1	1	0	1	1	0
1	1	1	0	×	×
1	1	1	1	1	1

unwahr ≙ 0
wahr ≙ 1
× ≙ 0 oder 1

Schließt man eine Störung bei den Füllstandsmeldern aus, so kann es nicht vorkommen, daß eine Meldung «Füllstand 1 nicht unterschritten» und gleichzeitig «Füllstand 2 unterschritten» zustande kommt. Für diese Fälle können die Ausgangsvariablen mit × bewertet werden. Diese Zeilen der Wahrheitstabelle bleiben bei der schaltalgebraischen Auswertung unberücksichtigt.

3. Schritt: Ermittlung der Mintermnormalformgleichungen für die beiden Ausgangsvariablen.

$$q_1 = a \wedge \overline{b} \wedge c \wedge \overline{d} \vee a \wedge b \wedge c \wedge \overline{d} \vee a \wedge \overline{b} \wedge c \wedge d \vee a \wedge b \wedge c \wedge d$$

$$q_2 = a \wedge \overline{b} \wedge \overline{c} \wedge d \vee a \wedge b \wedge \overline{c} \wedge d \vee a \wedge b \wedge c \wedge d$$

4. Schritt: Minimierung der Normalformgleichungen. Nach der Regel Nr. 11 können innerhalb der Minterme zunächst gleichnamige Variable zusammengefaßt werden.

$$q_1 = (a \wedge \bar{b} \wedge c) \wedge \bar{d} \vee (a \wedge b \wedge c) \wedge \bar{d} \vee (a \wedge \bar{b} \wedge c) \wedge d \vee (a \wedge b \wedge c) \wedge d$$

Regel Nr. 10 besagt, daß ODER-verknüpfte Variable vertauscht werden dürfen.

$$q_1 = (a \wedge \bar{b} \wedge c) \wedge \bar{d} \vee (a \wedge \bar{b} \wedge c) \wedge d \vee (a \wedge b \wedge c) \wedge \bar{d} \vee (a \wedge b \wedge c) \wedge d$$

Die Regel Nr. 12 ermöglicht das Ausklammern gleichnamiger Ausdrücke. Die Klammerausdrücke werden dabei als eine Variable betrachtet.

$$q_1 = (a \wedge \bar{b} \wedge c) \wedge (\bar{d} \vee d) \vee (a \wedge b \wedge c) \wedge (\bar{d} \vee d)$$

Regel Nr. 6 besagt: $a \vee \bar{a} = 1$, also wird $\bar{d} \vee d = 1$

$$q_1 = (a \wedge \bar{b} \wedge c) \wedge 1 \vee (a \wedge b \wedge c) \wedge 1$$

Regel Nr. 4 besagt: $a \wedge 1 = a$, also wird $(a \wedge \bar{b} \wedge c) \wedge 1 = a \wedge \bar{b} \wedge c$ und $(a \wedge b \wedge c) \wedge 1 = a \wedge b \wedge c$

$$q_1 = a \wedge \bar{b} \wedge c \vee a \wedge b \wedge c$$

Nach der Regel Nr. 11 werden innerhalb der UND-verknüpften Terme wiederum die gleichnamigen Variablen zusammengefaßt. Dabei sind die Variablen nach der Regel Nr. 10 zu vertauschen.

$$q_1 = (a \wedge c) \wedge \bar{b} \vee (a \wedge c) \wedge b$$

Regel Nr. 12 ermöglicht das Ausklammern von gleichnamigen Variablen, wobei in diesem Fall der Klammerausdruck als eine Variable betrachtet wird.

$$q_1 = (a \wedge c) \wedge (\bar{b} \vee b)$$

Regel Nr. 6 besagt: $a \vee a = 1$, also wird $\bar{b} \vee b = 1$

$$q_1 = (a \wedge c) \wedge 1$$

Regel Nr. 4 besagt: $a \wedge 1 = a$, also wird $(a \wedge c) \wedge 1 = (a \wedge c)$

$$q_1 = \underline{a \wedge c}$$

$$q_2 = a \wedge \bar{b} \wedge \bar{c} \wedge d \vee a \wedge b \wedge \bar{c} \wedge d \vee a \wedge b \wedge c \wedge d$$

Nach der Regel Nr. 11 werden zunächst gleichnamige Variable innerhalb der Minterme zusammengefaßt.

$$q_2 = (a \wedge d) \wedge \bar{b} \wedge \bar{c} \vee (a \wedge d) \wedge b \wedge \bar{c} \vee (a \wedge d) \wedge b \wedge c$$

Regel Nr. 12 ermöglicht das Ausklammern von gleichnamigen Variablen, wobei die Klammerausdrücke als eine Variable betrachtet werden.

$$q_2 = (a \wedge d) \wedge (\bar{b} \wedge \bar{c} \vee b \wedge \bar{c} \vee b \wedge c)$$

Der zweite Klammerausdruck wird nochmals nach Regel Nr. 12 behandelt.

$$q_2 = a \wedge d \wedge [\bar{b} \wedge \bar{c} \vee b \wedge (\bar{c} \vee c)]$$

Regel Nr. 6 besagt: $a \vee \bar{a} = 1$, also wird $\bar{c} \vee c = 1$

$$q_2 = a \wedge d \wedge (\bar{b} \wedge \bar{c} \vee b \wedge 1)$$

Regel Nr. 4 besagt: $a \wedge 1 = a$, also wird $b \wedge 1 = b$

$$q_2 = a \wedge d \wedge (\bar{b} \wedge \bar{c} \vee b)$$

Wendet man auf den Klammerausdruck die Regel Nr. 12 sinngemäß an, so wird:

$$q_2 = a \wedge d \wedge [(b \vee \bar{b}) \wedge (b \vee \bar{c})]$$

Regel Nr. 6 besagt: $a \vee \bar{a} = 1$, also wird $b \vee \bar{b} = 1$

$$q_2 = a \wedge d \wedge [1 \wedge (b \vee \bar{c})]$$

Regel Nr. 4 besagt: $a \wedge 1 = a$, also wird $(b \vee \bar{c}) \wedge 1 = b \vee \bar{c}$

$$q_2 = \underline{a \wedge d \wedge (b \vee \bar{c})}$$

5. Schritt: Die minimierten Funktionsgleichungen werden in einen Symbolplan umgesetzt (Bild 21.21). Besteht die Absicht, den Symbolplan unter ausschließlicher Anwendung der NAND- bzw. NOR-Funktion zu realisieren, so müssen die minimierten Funktionsgleichungen mittels der Inversionsgesetze (Abschnitt 21.8.2) entsprechend umgestellt werden.

Umstellung auf NAND:

$$q_1 = a \wedge c = \overline{\overline{a \wedge c}} \quad \text{(siehe hier Bild 21.22)}$$

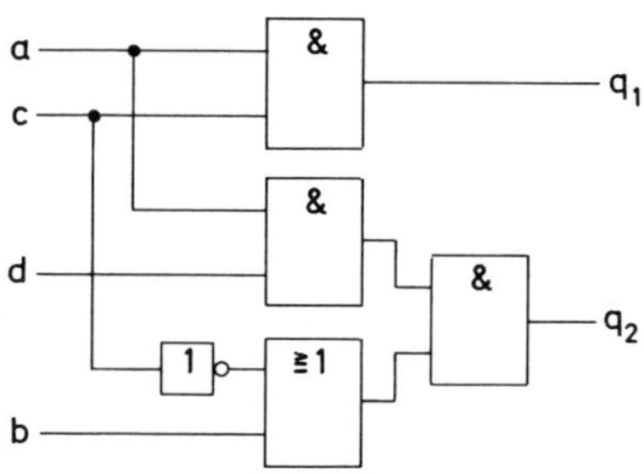

Bild 21.21 Symbolplan für die Fallstudie aus Abschnitt 21.8.4 unter Anwendung der drei Grundfunktionen NICHT, UND, ODER

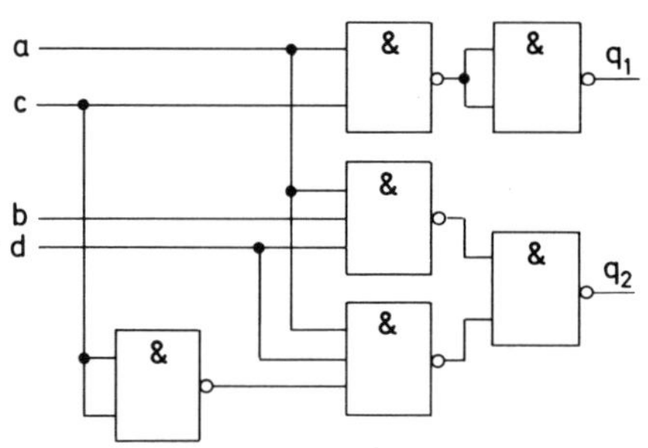

Bild 21.22 Symbolplan für die Fallstudie aus Abschnitt 21.8.4 unter ausschließlicher Anwendung der NAND-Funktion

Bild 21.23 Symbolplan für die Fallstudie aus Abschnitt 21.8.4 unter ausschließlicher Anwendung der NOR-Funktion

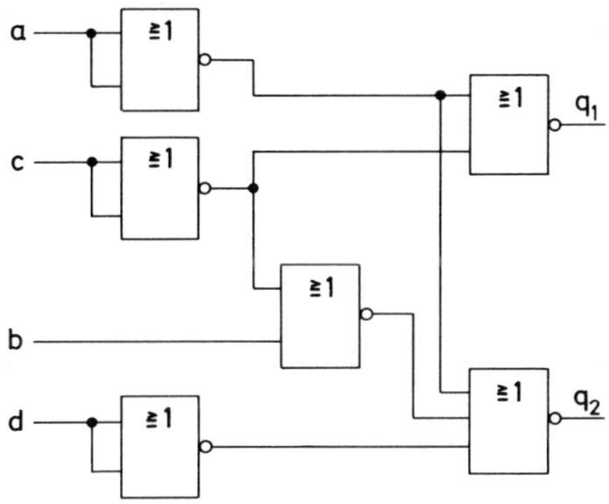

Die UND-Funktion kann durch eine NAND-Funktion mit nachgeschalteter NICHT-Funktion ersetzt werden (Regel Nr. 9). Dabei entsteht die Nicht-Funktion aus einer NAND-Funktion durch Parallelschalten der Eingangsvariablen.

$$q_2 = a \wedge d \wedge (b \vee \bar{c})$$

Hier empfiehlt es sich, zunächst die Klammer aufzulösen.

$$q_2 = a \wedge d \wedge b \vee a \wedge d \wedge \bar{c}$$

Nach Regel Nr. 9 kann ein Ausdruck doppelt invertiert werden, ohne ihn logisch zu verändern.

$$q_2 = \overline{\overline{a \wedge d \wedge b \vee a \wedge d \wedge \bar{c}}}$$

Betrachtet man die UND-verknüpften Ausdrücke als eine Variable, so ergibt sich nach dem zweiten Inversionsgesetz:

$$q_2 = \overline{\overline{a \wedge d \wedge b} \wedge \overline{a \wedge d \wedge \bar{c}}} \quad \text{(siehe hier Bild 21.22)}$$

Umstellung auf NOR: Nach der Regel Nr. 9 wird:

$$q_1 = a \wedge c = \overline{\overline{a \wedge c}}$$

Nach dem ersten Inversionsgesetz ergibt sich daraus:

$$q_1 = \overline{\bar{a} \vee \bar{c}}$$

Die erforderlichen NICHT-Funktionen können durch NOR-Funktion mit parallelgeschalteten Eingangsvariablen entstehen (siehe hier Bild 21.23).

Für die Ausgangsvariable q_2 ergibt sich durch Anwendung der Regel Nr. 9:

$$q_2 = a \wedge d \wedge (b \vee \bar{c}) = \overline{\overline{a \wedge d \wedge (b \vee \bar{c})}}$$

Nach dem ersten Inversionsgesetz ergibt sich daraus:

$$q_2 = \overline{\bar{a} \vee \bar{d} \vee \overline{b \vee \bar{c}}} \quad \text{(siehe hier Bild 21.23)}$$

22 Kühlung von Bauelementen

In jedem stromdurchflossenen Bauelement wird elektrische Energie in Wärmeenergie umgesetzt. Die elektrische Leistung, mit der diese Energieumwandlung betrieben wird, errechnet sich ganz allgemein nach der Formel:

$$P = U \cdot I$$

Wie die obige Formel verdeutlicht, ist die elektrische Leistung das Produkt der Spannung U am Bauelement und des Stroms I durch das Bauelement. Sie geht für die Nutzung verloren und wird daher als *Verlustleistung* P_V bezeichnet. Für einige wichtige elektronische Bauelemente ergibt sich:

$P_V = U_F \cdot I_F$ für Halbleiterdioden

$P_V \approx U_{CE} \cdot I_C$ für bipolare Transistoren

$P_V \approx U_{DS} \cdot I_D$ für FET-Transistoren

22.1 Wärmeableitung

Die Umwandlung der elektrischen Energie in Wärmeenergie erfolgt bei Halbleiterbauelementen in den pn-Übergängen des Kristalls. Soll es dabei nicht zu einer Überhitzung und damit Zerstörung des Bauelements kommen, muß die Wärme über das den Kristall umgebende Medium (Metall- oder Kunststoffgehäuse) an die umgebende Luft abgeleitet werden (Bild 22.1).

Bei der Ableitung der Wärme aus den pn-Übergängen des Kristalls bis hin zur umgebenden Luft müssen unterschiedliche Materialien durchströmt werden. Jedes Material leitet die Wärme unterschiedlich gut. Dabei ist dieses Vermögen nicht allein vom Material abhängig, sondern auch sehr stark beeinflußt durch die Bauart und die Abmessungen. Ähnlich einem elektrischen Stromkreis, können die einzelnen Komponenten der Wärmeableitung in einem Ersatzschaltbild dargestellt werden (Bild 22.2). Dabei geht man von folgender Überlegung aus: Das Temperaturgefälle $\Delta \vartheta_{JU}$ treibt den Wärmestrom P_V durch den *thermischen Gesamtwiderstand* R_{thJU}. In Anlehnung an das Ohmsche Gesetz ergibt sich die Formel:

$$\Delta \vartheta_{JU} = P_V \cdot R_{thJU}$$

$$(U = I \cdot R)$$

Es bedeutet:

$\Delta \vartheta_{JU}$ Temperaturgefälle zwischen Kristall/Sperrschicht (engl. = junction) und Umgebungsluft in K (Kelvin)

P_V im Kristall erzeugte elektrische Verlustleistung (Wärmestrom) in W

R_{thJU} thermischer Widerstand zwischen Kristall und Umgebungsluft in K/W

Setzt man für $\Delta \vartheta_{JU} = \vartheta_J - \vartheta_U$ ein, so ergibt sich:

$$P_V = \frac{\vartheta_J - \vartheta_U}{R_{thJU}}$$

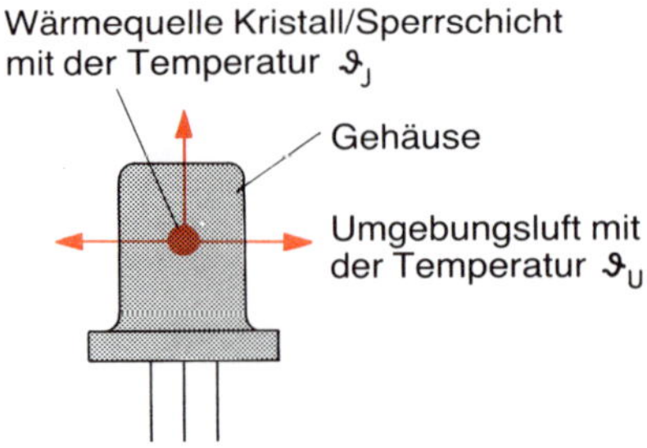

Bild 22.1 Darstellung der Wärmeableitung bei frei montierten Bauelementen

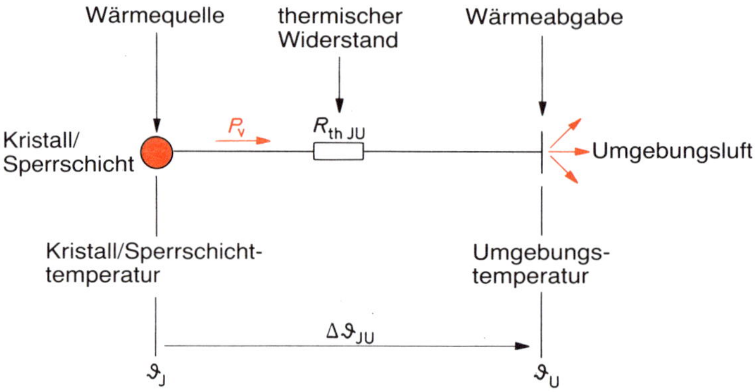

Bild 22.2 Ersatzschaltbild für die Wärmeableitung eines Bauelements bei freier Montage

> Die Verlustleistung P_V kann um so höher sein, je größer das Temperaturgefälle zwischen dem Kristall (J) und der Umgebungsluft (U) und je niedriger der dabei wirkende thermische Widerstand R_{thJU} ist. Die maximal zulässige Verlustleistung P_{tot} darf dabei jedoch nicht überschritten werden.

Durch Formelumstellung erhält man:

$$R_{thJU} = \frac{\vartheta_J - \vartheta_U}{P_V}$$

> Der thermische Widerstand R_{th} (Wärmewiderstand) ist die physikalische Erscheinung, die der Abkühlung des Bauteils entgegenwirkt.
> Ein niedriger Wärmewiderstand bedeutet gute Abkühlung.

Bei kleineren Verlustleistungen bis zu etwa 1 W wird bei freier Montage des Bauelements die Wärme direkt über dessen Gehäuse durch Abstrahlung und Konvektion an die umgebende Luft abgeführt. Der hierbei einzusetzende Wert für R_{thJU} ist den Datenblattangaben für das Bauelement zu entnehmen.

Bild 22.3 Darstellung der Wärmeableitung eines Bauelements bei Montage auf einem Kühlkörper

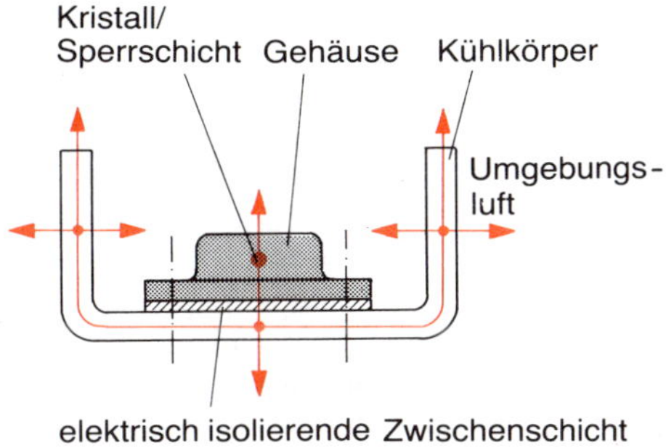

Bei der Montage auf einem Kühlkörper (Bild 22.3) muß die Wärme zunächst vom Kristall an die Gehäuseoberfläche gelangen. Dabei ist der innere thermische Widerstand R_{thJG} zwischen Sperrschicht und Gehäuse zu überwinden. Dieser Wert kann ebenfalls dem Datenblatt des Bauelements direkt entnommen werden. Die Gehäuseoberfläche des Bauelements soll nun die Wärme an den Kühlkörper weitergeben. Bedingt durch Unebenheiten sowohl des Gehäuses als auch des Kühlkörpers, bilden sich hier jedoch thermische Übergangswiderstände. Dieser sogenannte Wärmekontaktwiderstand R_{thGK} läßt sich durch Andruck oder Einpressen des Bauelements relativ klein halten. Verbesserte, d.h., kleinere Werte für R_{thGK} sind außerdem durch Montage mit Wärmeleitpaste erzielbar. Halbleiterbauelemente müssen häufig gegen den Kühlkörper elektrisch isoliert montiert werden, da das Metallgehäuse bzw. die Kühlfläche gleichzeitig eine Anschlußelektrode bildet:

bei Bipolartransistoren: Kollektor
bei MOS-Leistungstransistoren: Drain
bei Dioden und Thyristoren: Katode

Zwischen Bauelement und Kühlkörper muß dann eine elektrisch isolierende, jedoch gut wärmeleitende Zwischenschicht aus Glimmer, Kunststoff oder Aluminiumoxid eingebracht werden. Durch eine derartige Maßnahme wird der Wärmekontaktwiderstand R_{thGK} jedoch vergrößert. Einige diesbezügliche Vergleichsangaben können der Tabelle 22.1 entnommen werden. Abhilfe läßt sich hier u.U. durch das Weglassen der Zwischenschicht und elektrisch isolierter Montage des gesamten Kühlkörpers schaffen.

Tabelle 22.1 Auf 1 cm^2 bezogener Wärmekontaktwiderstand R_{thGK} in cm^2 K/W für plane Flächen zwischen verschiedenen Medien und entsprechende Werte für einige Transistorgehäuse

	cm^2 K/W	$R_{th\,GK}$		
		TO 3	TO 126	TO 220
ohne Wärmeleitpaste				
Metall – Metall	1,0	0,2	3,5	0,7
Metall – Eloxal	2,0	0,4	7,2	1,4
Glimmer 50 μm	6,5	1,3	22,7	4,5
Glimmer 100 μm	7,5	1,5	26,2	5,3
mit Wärmeleitpaste				
Metall – Metall	0,5	0,1	1,8	0,4
Metall – Eloxal	1,4	0,3	5,0	1,0
Glimmer 50 μm	2,0	0,4	7,0	1,4
Glimmer 100 μm	3,0	0,6	10,5	2,1

Als letztes Glied in der Kette bleibt noch der Übergang von der Kühlkörperoberfläche an die umgebende Luft. Hier wird für den Kühlkörper ein sogenannter Wärmeabgabewiderstand R_{thKU} definiert. Dieser Wert ist abhängig von der Größe, der Oberflächengestaltung und einer möglichst guten Wärmeausbreitung im Kühlkörper selbst. Der Wert R_{thKU} kann den Datenblattangaben für den verwendeten Kühlkörper entnommen werden (siehe Kapitel 23 Technischer Anhang).

Um eine möglichst gute Wärmeableitung zu erzielen, werden die durchweg aus Aluminium gefertigten Kühlkörper geschwärzt (dunkel eloxiert). Bei der Montage eines Bauelements auf einen solchen Kühlkörper ist es ratsam, die Eloxalschicht an der Wärmekontaktfläche zu entfernen. Ein Vergleich der entsprechenden Werte aus Tabelle 22.1 zeigt, daß sich der Wärmekontaktwiderstand R_{thGK} durch eine solche Maßnahme wesentlich verringern läßt. Bei gerippten Kühlkörpern ist auf eine korrekte Einbaulage zu achten. Die Kühlrippen müssen parallel zum Kühlluftstrom liegen, damit eine maximale Wärmeableitung infolge der Konvektion möglich wird (Bild 22.4).

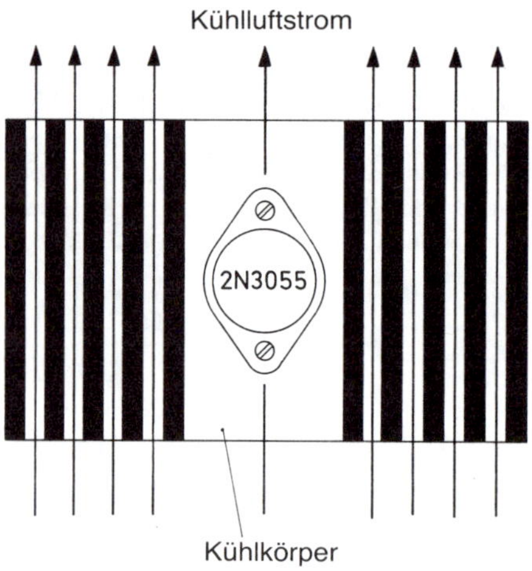

Bild 22.4 Darstellung der richtigen Lage eines gerippten Kühlkörpers im Kühlluftstrom

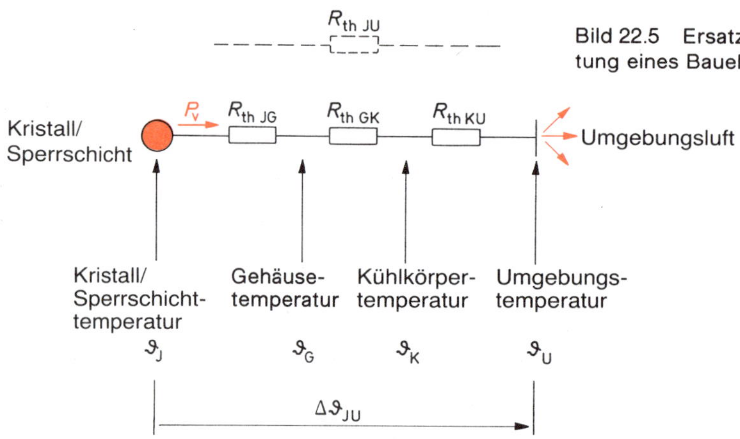

Bild 22.5 Ersatzschaltbild für die Wärmeableitung eines Bauelements mit Kühlkörper

Wie das Ersatzschaltbild 22.5 zeigt, liegen für den Wärmestrom P_V die einzelnen thermischen Widerstände in Reihe. Aus dieser Betrachtung ergibt sich:

$$R_{thJU} = R_{thJG} + R_{thGK} + R_{thKU}$$

In der englischsprachigen Literatur findet man die Bezeichnungen:

$$R_{thJA} = R_{thJC} + R_{thCK} + R_{thKA}$$

Es bedeutet:

J junction/Sperrschicht
A/U ambient/Umgebung
C/G case/Gehäuse
K Kontakt

22.2 Berechnung der maximal zulässigen Verlustleistung

Setzt man in die Formel für die Verlustleistung P_V die maximal zulässige Kristall-/Sperrschicht-temperatur $\vartheta_{J\,max}$ ein, so erhält man die bei einer gegebenen Umgebungstemperatur maximal zulässige Verlustleistung $P_{V\,zul}$:

$$P_{V\,zul} = \frac{\vartheta_{J\,max} - \vartheta_U}{R_{thJU}}$$ bei freier Montage

$$P_{V\,zul} = \frac{\vartheta_{J\,max} - \vartheta_U}{R_{thJG} + R_{thGK} + R_{thKU}}$$ bei Montage auf einem Kühlkörper

Die derart errechnete maximal zulässige Verlustleistung $P_{V\,zul}$ darf während des Betriebs nicht überschritten werden und muß in jedem Fall unterhalb der im Datenblatt für $\vartheta_U = 25\ °C$ angegebenen maximal zulässigen Verlustleistung P_{tot} liegen.

Beispiel: Ein bipolarer Nf-Transistor vom Typ BC 108 in Metallgehäuse ist auf einer Platine frei montiert und soll bei Umgebungstemperaturen bis 65 °C betrieben werden.

a) Welche maximale Verlustleistung $P_{V\,zul}$ darf in diesem Fall erreicht werden?
b) Welcher Wert errechnet sich für die maximal zulässige Verlustleistung $P_{V\,zul}$, wenn auf den Transistor ein Kühlstern mit $R_{thKU} = 60$ K/W montiert wird?

Gegeben:

$\vartheta_{J\,max} = 175\ °C$
$P_{tot} = 300$ mW
$R_{thJU} = 500$ K/W
$R_{thJG} = 200$ K/W
} Angaben aus dem Datenblatt des BC 108

$R_{thKU} = 60$ K/W — Angabe aus dem Datenblatt des Kühlkörpers (siehe Kapitel 23)

Gesucht:

a) $P_{V\,zul}$ bei freier Montage
b) $P_{V\,zul}$ bei Montage mit Kühlstern

Lösung:

a) $$P_{V\,zul} = \frac{\vartheta_{J\,max} - \vartheta_U}{R_{thJU}} = \frac{175\,°C - 65\,°C}{500\ K/W} = \underline{220\ mW}$$

b) Aus der Tabelle 22.1 ergibt sich bei einem Kontakt von Metall zu Metall ohne Verwendung von Wärmeleitpaste ein auf 1 cm^2 bezogener thermischer Kontaktwiderstand von 1 cm^2 K/W.

Aus den Maßangaben für den BC 108 ergibt sich eine Kontaktoberfläche von:

$$A = d \cdot \pi \cdot h = 4{,}75\ mm \cdot 3{,}14 \cdot 5{,}2\ mm = 77{,}6\ mm^2$$

Damit wird:

$$R_{thGK} = \frac{1\ cm^2\ K/W}{0{,}776\ cm^2} = 1{,}29\ K/W$$

$$P_{V\,zul} = \frac{\vartheta_{J\,max} - \vartheta_U}{R_{thJG} + R_{thGK} + R_{thKU}} = \frac{175\,°C - 65\,°C}{200\ K/W + 1{,}29\ K/W + 60\ K/W} = \underline{420\ mW}$$

Obwohl die Berechnung eine maximal zulässige Verlustleistung von $P_{V\,zul} = 420$ mW ergibt, darf der Transistor nur mit der im Datenblatt angegebenen maximal zulässigen Verlustleistung $P_{tot} = 300$ mW betrieben werden.

Die einzelnen thermischen Widerstände R_{thJG}, R_{thGK} und R_{thKU} ergeben in ihrer Addition einen wesentlich geringeren Wert als den für ein Bauelement angegebenen Wert R_{thJU}. Wie das vorstehende Beispiel zeigt, konnte hier durch Aufsetzen eines einfachen, preiswerten Kühlkörpers bei gleicher Umgebungstemperatur ϑ_U die zulässige Verlustleistung erhöht werden.

Leistungsreduktionskurve

Für den Fall der freien Montage eines Bauelements kann die Berechnung der maximal zulässigen Verlustleistung $P_{V\,zul}$ entfallen, wenn das Datenblatt eine Leistungsreduktionskurve enthält (Bild 22.6). Sie stellt die Abhängigkeit der maximal zulässigen Verlustleistung von der Umgebungstem-

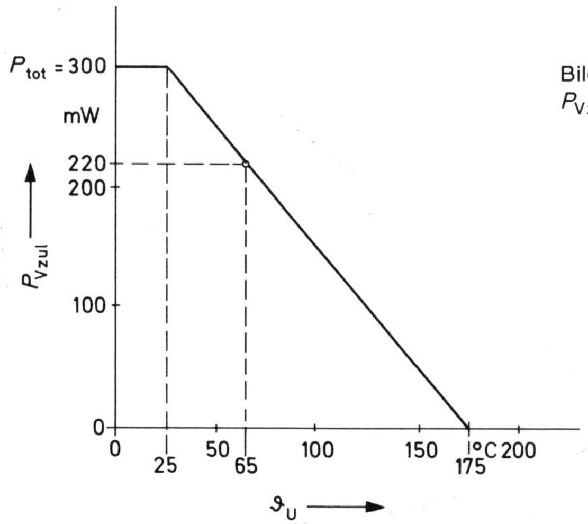

Bild 22.6 Leistungsreduktionskurve $P_{V\,zul} = f(\vartheta)$ des Transistors BC 108

peratur dar ($P_{V\,zul} = f(\vartheta_U)$). Für eine bestimmte Umgebungstemperatur ϑ_U kann die maximal zulässige Verlustleistung direkt entnommen werden.

Beispiel: Aus der Leistungsreduktionskurve für den Transistor BC 108 (Bild 22.6) ergibt sich für eine Umgebungstemperatur $\vartheta_U = 65\,°C$ eine maximal zulässige Verlustleistung $P_{V\,zul} = 220$ mW.

Wärmeleitwert $G_{th\,JU}$: In manchen Datenblättern wird statt des thermischen Widerstandes $R_{th\,JU}$ der entsprechende Wärmeleitwert $G_{th\,JU}$ angegeben. Ebenso wie in der Elektrotechnik ist auch hier der Leitwert der Kehrwert des zugehörigen Widerstandswertes, es ist also:

$$G_{th\,JU} = \frac{1}{R_{th\,JU}} \quad \text{in W/K}$$

Durch Einsetzen des Wärmeleitwertes $G_{th\,JU}$ in die Formel zur Bestimmung der maximal zulässigen Verlustleistung $P_{V\,zul}$ erhält man:

$$P_{V\,zul} = (\vartheta_{J\,max} - \vartheta_U) \cdot G_{th\,JU}$$

22.3 Kühlkörperberechnung

Bei konstruktiven Aufgaben soll meistens durch Berechnung die Frage nach dem für eine ausreichende Kühlung erforderlichen Kühlkörper geklärt werden. Hierzu ist die Formel für die maximal zulässige Verlustleistung $P_{V\,zul}$ entsprechend nach $R_{th\,KU}$ umzustellen.

$$R_{th\,KU} = \frac{\vartheta_{J\,max} - \vartheta_U}{P_{V\,zul}} - R_{th\,JG} - R_{th\,GK}$$

Beispiel: Ein bipolarer Nf-Transistor vom Typ 2N3055 soll mit einer Verlustleistung von 35 W bei einer Umgebungstemperatur $\vartheta_U = 55\,°C$ betrieben werden. Es ist ein entsprechender Kühlkörper zu bestimmen.

Gegeben:

$\vartheta_{J\,max}$	= 200 °C	Angaben aus dem Datenblatt
$R_{th\,JG}$	= 1,5 K/W	des 2N3055
$P_{V\,zul}$	= 35 W	Betriebsbedingungen
ϑ_U	= 55 °C	
$R_{th\,GK}$	= 1,5 K/W	aus Tabelle 22.1 (Glimmer 100 µm)

Gesucht:

a) $R_{th\,KU}$
b) Auswahl eines Kühlkörpers

Lösung:

a) $$R_{th\,KU} = \frac{\vartheta_{J\,max} - \vartheta_U}{P_{V\,zul}} - R_{th\,JG} - R_{th\,GK} = \frac{200\,°C - 55\,°C}{35\,W} - 1{,}5\,K/W - 1{,}5\,K/W$$

$$= \underline{1{,}14\,K/W}$$

b) Gewählt: Kühlkörper nach Bild 23.27 mit einer Länge von 62,5 mm

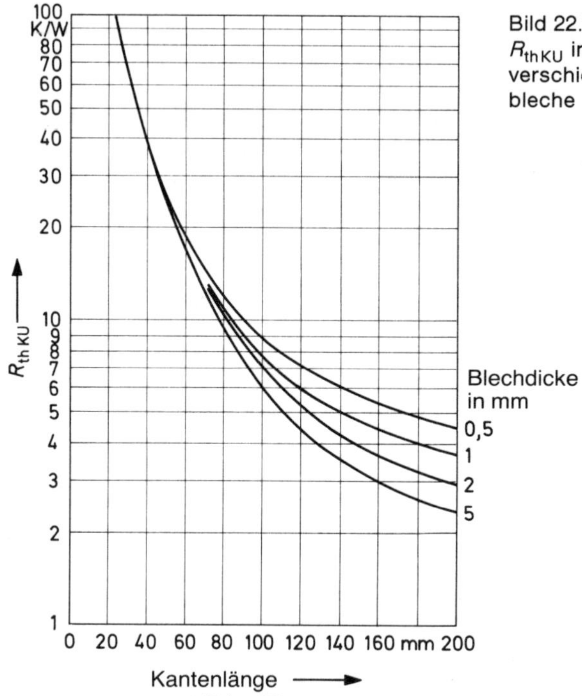

Bild 22.7 Thermischer Abgabewiderstand $R_{th\,KU}$ in Abhängigkeit von der Kantenlänge für verschieden dicke quadratische Aluminiumbleche

In vielen Fällen stehen konstruktiv bedingte glatte Kühlflächen, wie z.B. Seiten- oder Rückwände, obere oder untere Abschlußbleche von Einschubrahmen, Gehäusen usw. zur Verfügung. Diese können dann als Kühlkörper benutzt werden. Da derartige Konstruktionen heute überwiegend in Aluminium ausgeführt werden, interessiert hierbei das Wärmeabgabevermögen von Aluminiumblechen. In Bild 22.7 ist der thermische Widerstand $R_{th\,KU}$ in Abhängigkeit von der Kantenlänge für verschieden dicke, quadratische Aluminiumbleche aufgetragen.

In diesem Fachbuch verwendete Begriffe für die Verlustleistung:

P_V a) aus den elektrischen Werten U und I berechnete Verlustleistung
b) aus den vorliegenden thermischen Werten ϑ_U, ϑ_J und $R_{th\,JU}$ berechnete Verlustleistung

$P_{V\,max}$ aus den elektrischen Maximalwerten U_{max} bzw. I_{max} berechnete Verlustleistung

P_{tot} maximal zulässige Verlustleistung, mit der ein Bauelement bei einer Umgebungstemperatur $\vartheta_U = 25\,°C$ und maximaler Sperrschichttemperatur $\vartheta_{J\,max}$ betrieben werden darf

$P_{V\,zul}$ maximal zulässige Verlustleistung, mit der ein Bauelement bei einer Umgebungstemperatur $\vartheta_U > 25\,°C$ und maximaler Sperrschichttemperatur $\vartheta_{J\,max}$ betrieben werden darf

Es gilt folgende Bedingung:

$$P_{V\,max} \leqq P_{v\,zul} \leqq P_{tot}$$

23 Technischer Anhang

23.1 Bezeichnungsschema für Halbleiterbauelemente

Eine Typenbezeichnung soll die Beschreibung eines Bauelements in einer leicht einprägsamen Kurzform darstellen. Die unter einer Typenbezeichnung für ein Bauelement festgelegten Grenz- und Kenndaten gelten auch dann, wenn es von mehreren Herstellern produziert wird oder die Typisierung bereits mehrere Jahre zurück liegt. Die Typenbezeichnung eignet sich somit als Bestellangabe.

23.1.1 Das europäische Bezeichnungsschema für Halbleiterbauelemente

Im Jahr 1966 wurde von mehreren europäischen Bauelementeherstellern die internationale Organisation «Pro Electron» mit Sitz in Brüssel geschaffen. Die Aufgabe dieser Organisation bestand darin, ein einheitliches Bezeichnungsschema für Bauelemente zu entwickeln. Alle von den angeschlossenen Herstellern produzierten Bauelemente werden von «Pro Electron» typisiert und registriert. Im folgenden wird nur das Bezeichnungsschema für diskrete Halbleiterbauelemente wiedergegeben. Hier wird unterschieden zwischen:
a) **Standardtypen** mit normalen Toleranzen
Die Bezeichnung erfolgt durch zwei Buchstaben und drei Ziffern.
Beispiel: BC 108
b) **Industrietypen** mit engen Toleranzen oder besonderen Eigenschaften
Die Bezeichnung erfolgt durch drei Buchstaben und zwei Ziffern.
Beispiel: BSY 17
Die Buchstaben und Ziffern haben folgende Bedeutung:

Erster Buchstabe:
A Ausgangsmaterial Germanium
B Ausgangsmaterial Silizium
C Verbindungshalbleiter (III/V-wertig), z.B. Gallium-Arsenid
D Ausgangsmaterial Indium-Antimonid
R Verbindungshalbleiter z.B. Kadmium-Sulfid

Zweiter Buchstabe:
A Signaldiode ($R_{th\,JG} > 15$ K/W)
B Diode mit veränderbarer Kapazität (Abstimmdiode)
C Transistor für Anwendungen im Tonfrequenzbereich ($R_{th\,JG} > 15$ K/W)
D Leistungstransistor für Anwendungen im Tonfrequenzbereich ($R_{th\,JG} \leqq 15$ K/W)
E Tunneldiode
F Transistor für Anwendungen im Hochfrequenzbereich ($R_{th\,JG} > 15$ K/W)
H Hall-Feldsonde
K Hallgenerator im magnetisch offenen Kreis

L Transistor für Anwendungen im Hochfrequenzbereich ($R_{th\ JG}$ $\leqq$ 15 K/W)
M Hallgenerator im magnetisch geschlossenen Kreis
N Fotokopplungselement
P Strahlungsempfindliches Element
Q Strahlungserzeugendes Element
R Elektrisch ausgelöste Steuer- oder Schaltbauelemente mit Durchbruchcharakteristik ($R_{th\ JG}$ > 15 K/W)
S Transistor für Schaltanwendungen ($R_{th\ JG}$ > 15 K/W)
T Elektrisch oder mittels Licht ausgelöste Steuer- oder Schaltbauelemente mit Durchbruchcharakteristik ($R_{th\ JG}$ $\leqq$ 15 K/W)
U Transistor für Schaltanwendungen ($R_{th\ JG}$ $\leqq$ 15 K/W)
X Vervielfacherdiode, z.B. Varaktor-Diode
Y Gleichrichter-Diode, «booster-Diode»
Z Referenzdiode, Spannungsreglerdiode, Spannungsbegrenzerdiode

Dritter Buchstabe:

X Bauelemente für Industrieanwendung. Dieser Buchstabe hat keine
Y festgelegte Bedeutung.
Z
W Kennzeichnung von Begrenzerdioden

Ziffern:

Fortlaufende Registriernummer.

Lassen sich bei einem Halbleiterbauelement aus einer Grundeinheit durch Abwandlungen Varianten schaffen, so ist eine weitergehende Typisierung zweckmäßig. Dieses wird durch eine angefügte Zusatzbezeichnung (Suffix) erreicht.

a) **Referenzdioden, Spannungsbegrenzerdioden:**

Beispiel: BZY74 — C6V3

Zusatzbezeichnung

Der erste Buchstabe innerhalb der Zusatzbezeichnung gibt die Nenntoleranz der Z-Spannung an:

A 1% (Normreihe E 96)
B 2% (Normreihe E 48)
C 5% (Normreihe E 24)
D 10% (Normreihe E 12)
E 20% (Normreihe E 6)

Die beiden Ziffern innerhalb der Zusatzbezeichnung geben die Nenn-Z-Spannung bezogen auf den Nennstrom an; der Buchstabe «V» steht hier als Dezimalkomma.

b) **Spannungsbegrenzerdioden:**

Beispiel: BZW70 —7V5

Zusatzbezeichnung

Die beiden Ziffern innerhalb der Zusatzbezeichnung kennzeichnen die Gleichsperrspannung; der Buchstabe «V» steht als Dezimalkomma.

c) **Leistungsgleichrichter und Thyristoren:**

Beispiel: BTY80 $-\underbrace{100}$

Zusatzbezeichnung

Die Zahl gibt die kleinere der beiden periodischen Spitzensperrspannungen U_{RRM} oder U_{DRM} an. Ist die Anode mit dem Gehäuse verbunden, so wird dieses durch den Buchstaben «R» zusätzlich gekennzeichnet.

23.1.2 Das amerikanische Bezeichnungsschema für Halbleiterbauelemente

Die aus den USA kommenden JEDEC-Bezeichnungen (joint electron device engineering council) bestehen aus einer Kennziffer, einem Kennbuchstaben und einer mehrstelligen Zahl.
Beispiel: 2N 2904
Darin bedeuten:

Kennziffer 1	Bauelement mit zwei Anschlüssen, z.B. Diode
Kennziffer 2	Bauelement mit mehr als zwei Anschlüssen, z.B. Transistor
Kennbuchstabe N	Halbleiter- bzw. Elektronikbauteil
Zahl	In den USA registrierte laufende Nummer.

23.1.3 Das japanische Bezeichnungsschema für Halbleiterbauelemente

Das japanische Bezeichnungsschema besteht aus Kennziffer, Kennbuchstaben und Zifferngruppe.
Beispiel: 2SC 281
Darin bedeuten:

1S	Dioden
2S	Transistoren, Thyristoren usw.
A	HF-pnp-Transistor
B	NF-pnp-Transistor
C	HF-npn-Transistor
D	NF-npn-Transistor
S	pnpn-Vierschicht-Halbleiterbauelement

Die Zifferngruppe dient der weiteren Typenkennzeichnung.

23.2 Gehäusebauformen von Halbleiterbauelementen

Der Entwurf von Bestückungsplänen und Leiterplatten – das sogenannte *Layout* – setzt die Kenntnis über Bauform, Abmessungen und die Lage der Anschlüsse eines Bauelements voraus. Bei der Vielzahl unterschiedlichster elektronischer Bauelemente, die heute weltweit produziert wird, ist eine diesbezügliche Normung nur sehr schwierig durchführbar. Die amerikanische Organisation JEDEC hat sich dieser Aufgabe angenommen. Sie hat die Gehäusebauformen für diskrete Halbleiterbauelemente zunächst nach der Art der Bauelemente eingeteilt in:

DO-Gehäuse (diode outline)
TO-Gehäuse (transistor outline)

DO-Gehäuse (diode outline)

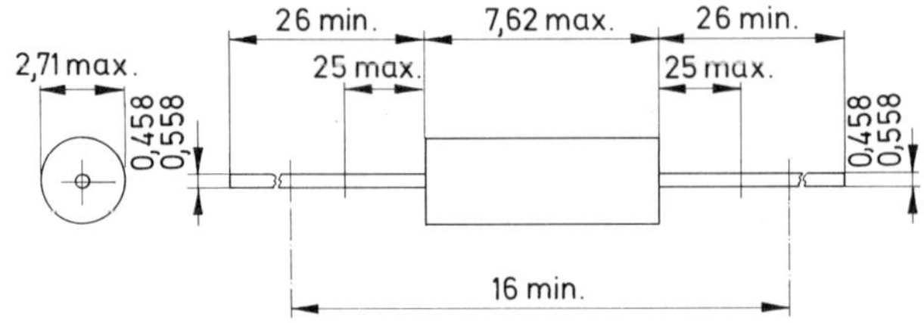

Bild 23.1 Diodengehäuse DO 7

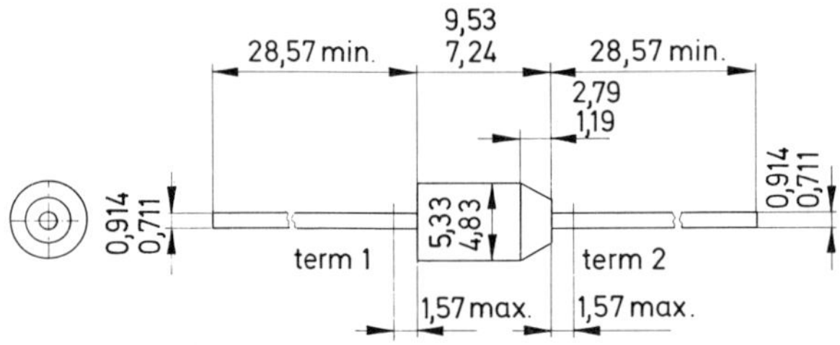

Bild 23.2 Diodengehäuse DO 27

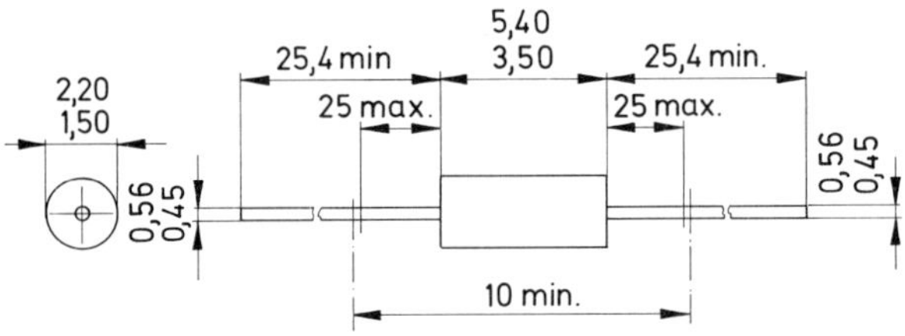

Bild 23.3 Diodengehäuse DO 35

Tabelle 23.1 Eine Auswahl genormter Gehäusebauformen für diskrete Halbleiterbauelemente

Gehäusebauform			Bild	$R_{\text{th JG}}$	$R_{\text{th JU}}$	Beispiel
JEDEC	IEC	DIN		K/W	K/W	
DO 7	A1A	41880/51A2	23.1	—	≦380	BAY44
DO 27	—	—	23.2			
DO 35	A24	41883/53A2	23.3		≦350	BAW75
TO 3	B18	41872/3A2	23.4	≦1,5 bis 4	—	2N3055
TO 18	B11	41876/18A3	23.5	≦200	≦500	BC107
TO 39	B4C	41873/5C3	23.6	≦35	≦200	BC140
TO 66	—	—	23.7	≦7	—	2N3054
TO 72	B12	41876/18A4	23.8	≦400	≦700	AF106
TO 92	—	41868/10A3	23.9	—	≦400	BC237
TO 126	—	41869/12A3	23.10	≦10	≦110	BD135
TO 220	—	—	23.11	≦2	≦50	BD643

Bild 23.4 Transistorgehäuse TO 3

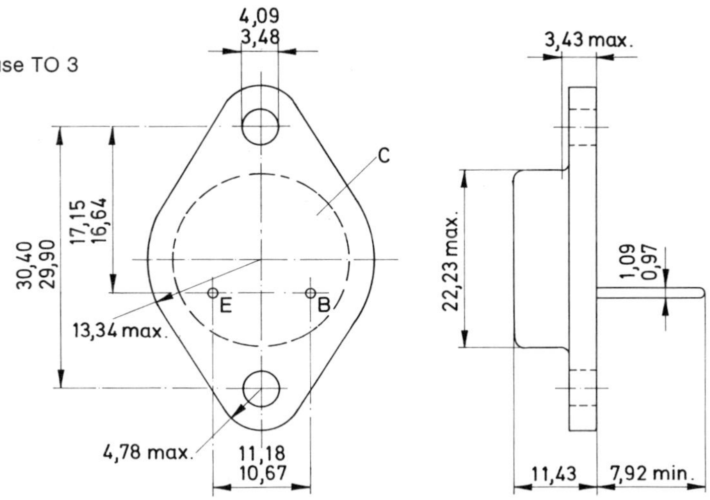

Bild 23.5 Transistorgehäuse TO 18

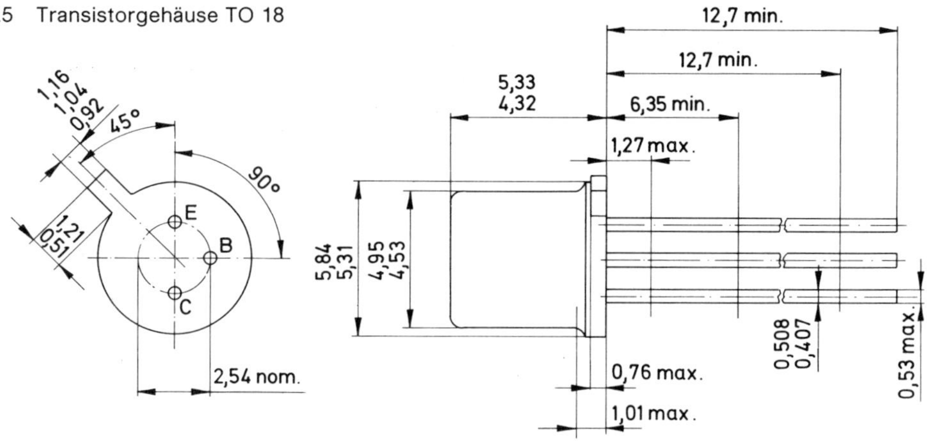

Bild 23.6 Transistorgehäuse TO 39

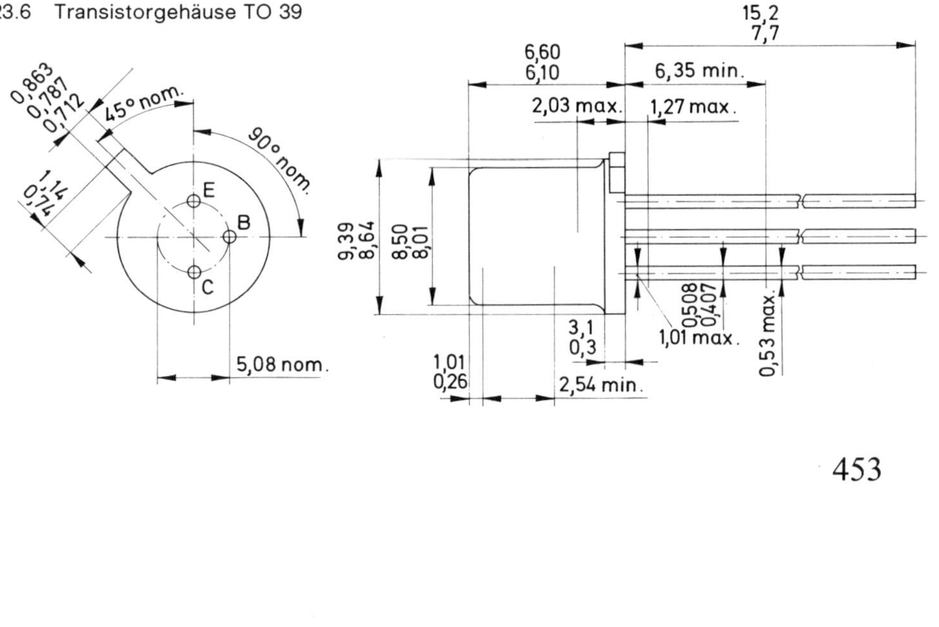

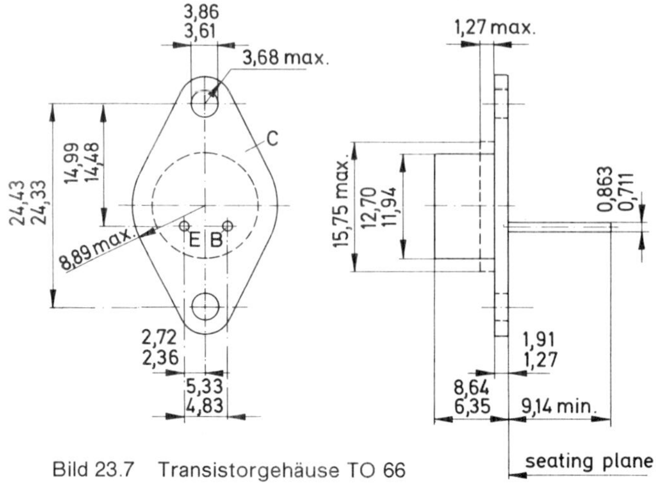

Bild 23.7 Transistorgehäuse TO 66

Bild 23.8 Transistorgehäuse TO 72

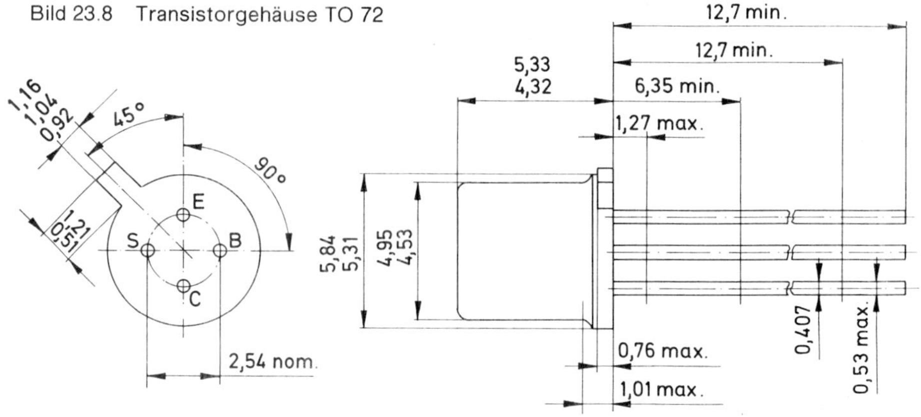

Bild 23.9 Transistorgehäuse TO 92

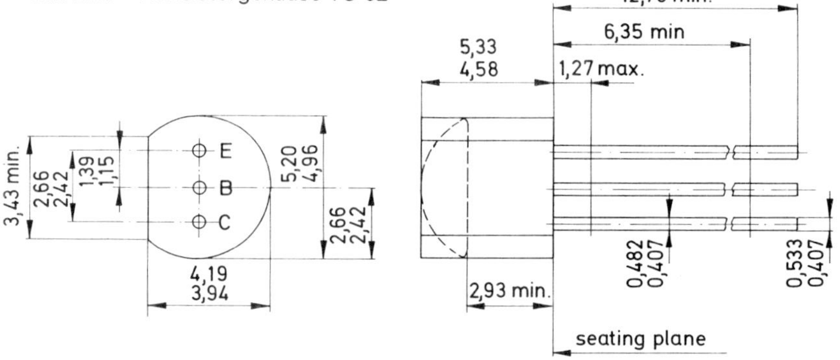

Bild 23.10 Transistorgehäuse TO 126

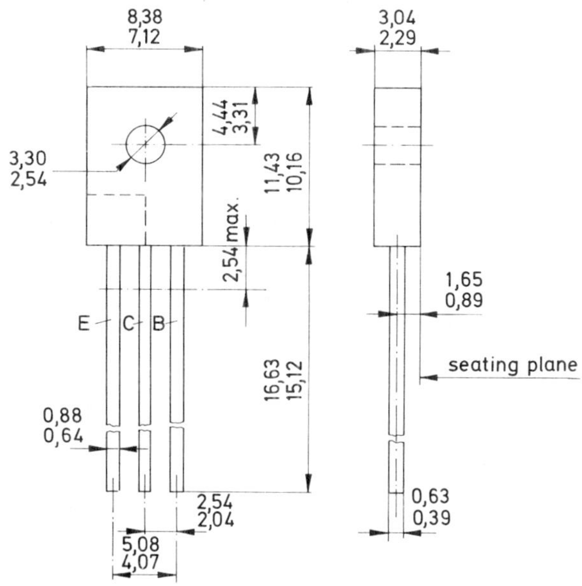

Bild 23.11 Transistorgehäuse TO 220

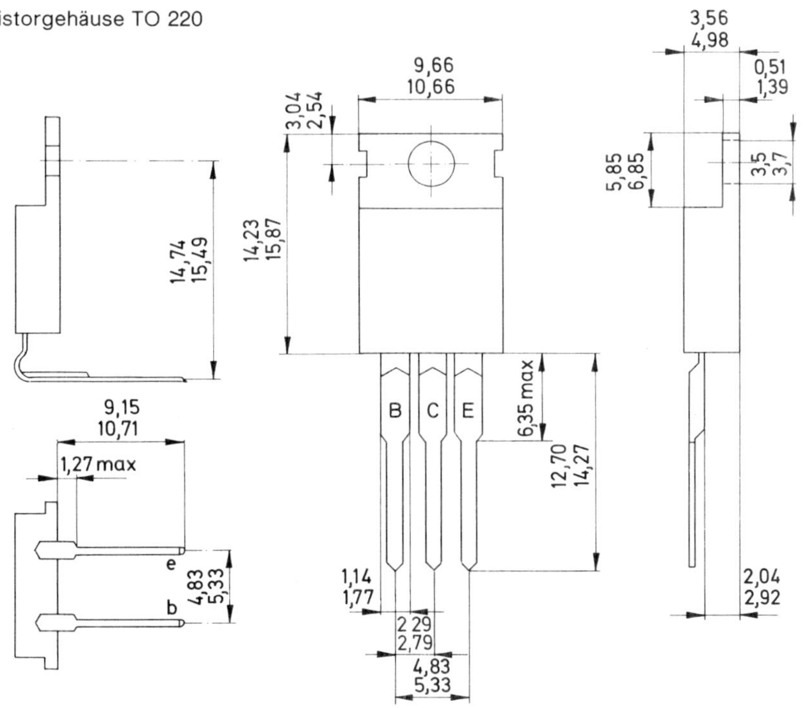

Innerhalb dieser Grundeinteilung gibt es wiederum eine Vielzahl von Varianten, die durch eine Ziffer oder Zahl gekennzeichnet werden. Die JEDEC-Norm hat sich inzwischen auch in Europa weitgehend durchgesetzt. Sie wurde teilweise in die entsprechenden IEC- und DIN-Normen übernommen. Trotz aller Bemühungen ist die Zahl der nicht genormten Gehäusebauformen immer noch sehr groß. In Tabelle 23.1 ist daher auch lediglich eine Auswahl genormter JEDEC-Gehäuse zusammengestellt.

Für integrierte Halbleiterschaltungen, wie z.B. Operationsverstärker, setzt sich neben den runden TO-Gehäusen immer mehr das sogenannte DIL-Gehäuse durch. Dual-in-Line nennt man ein Schaltungsgehäuse mit zwei parallelen Reihen von Anschlußkontakten. Je nach Gehäusewerkstoff wird unterschieden zwischen:
DC-Gehäusen, C = Keramik
DG-Gehäusen, G = Glas
DM-Gehäusen, M = Metall
DP-Gehäusen, P = Plastik
Dieser Bezeichnung werden noch eine Ziffer, die die Anzahl der Anschlüsse angibt, und eine durch einen Schrägstrich getrennte Seriennummer angehängt.

Beispiel: DP6/1 = Dual-in-Line-Plastikgehäuse mit 6 (2 × 3) Anschlußkontakten (Bild 23.12).

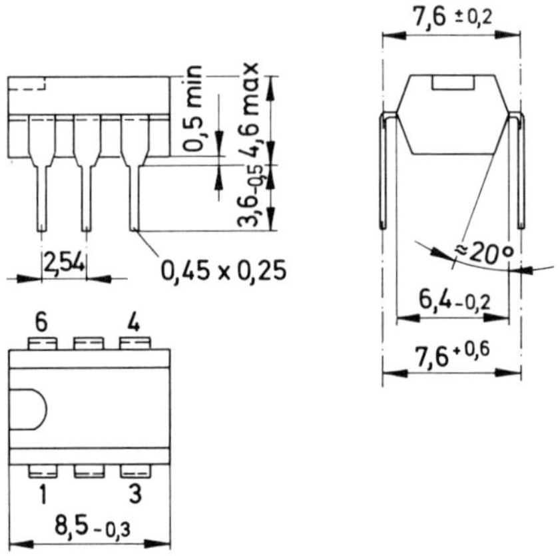

Bild 23.12 DIL-Gehäuse DP6/1

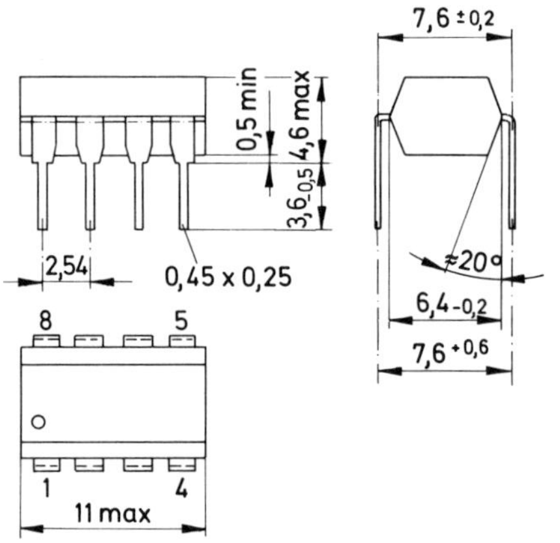

Bild 23.13 DIL-Gehäuse DP8/1

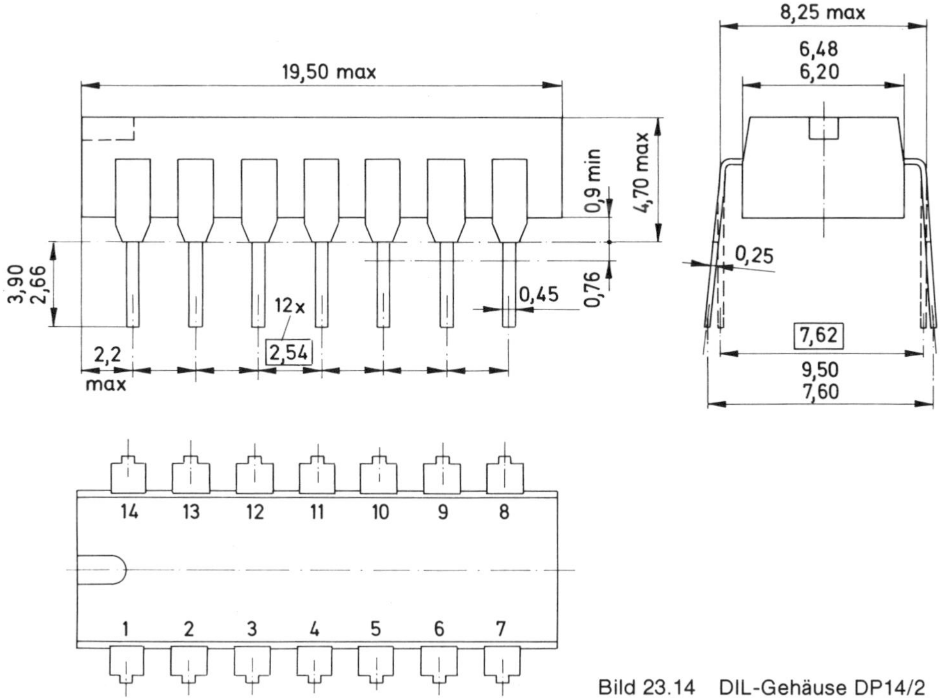

Bild 23.14 DIL-Gehäuse DP14/2

23.3 Kühlkörperbauformen

Wie bereits in Kapitel 22 erläutert, wird für den Betrieb eines Halbleiterbauelements bei erhöhter elektrischer bzw. thermischer Belastung eine zusätzliche Kühlung erforderlich.

Die Kühlungsmaßnahmen lassen sich einteilen in:

- Kühlkörper als passive Kühlungsmaßnahme durch Abstrahlung und Konvektion (Luftselbstkühlung)
- Fremdbelüftung als aktive Kühlungsmaßnahme mittels Lüfter.

Bei den Kühlkörpern kann wiederum eine Unterteilung in Strangkühlkörper (Meterware), Druckgußkühlkörper, Fingerkühlkörper, Kleinkühlkörper und Aufsteckkühlkörper vorgenommen werden. Eine Normung bezüglich der Profile und der Abmessungen gibt es für Kühlkörper nicht. In Tabelle 23.2 und in den Bilder 23.15 bis 23.30 ist daher lediglich eine kleine Auswahl handelsüblicher Kühlkörper zusammengestellt. Bei den Strangkühlkörpern wird zusätzlich zur Profildarstellung ein Wärmewiderstandsdiagramm angegeben. Diesem Diagramm ist der Wärmeabgabewiderstand $R_{\mathrm{th\ KU}}$ in Abhängigkeit von der Länge des Kühlkörpers zu entnehmen.

Tabelle 23.2 Eine Auswahl verschiedener Kühlkörperbauformen

Bild	Kühlkörpertyp	Material	$R_{th\,KU}$ K/W	passend zu Gehäuse
23.15	Aufsteckkühlkörper	Kupfer verzinnt	80	TO 92
23.16	Aufsteckkühlkörper	Kupfer verzinnt mit Stahlfeder	90	TO 92
23.17	Aufsteckkühlkörper	Federbronze geschwärzt	60	TO 18, TO 72
23.18	Aufsteckkühlkörper	Federbronze geschwärzt	48	TO 18, TO 72
23.19	Spezialkühlkörper	Aluminium schwarz eloxiert	30	TO 126
23.20	Fingerkühlkörper	Aluminium schwarz eloxiert	5	TO 3, TO 66
23.21	Fingerkühlkörper	Aluminium schwarz eloxiert	15	TO 220
23.22	Aufsteckkühlkörper	Aluminium schwarz eloxiert	60	TO 39
23.23	Aufsteckkühlkörper	Aluminium schwarz eloxiert	63	TO 39
23.24	Strangkühlkörper	Aluminium schwarz eloxiert	Bild 23.23 b	TO 3, TO 66
23.25	Strangkühlkörper	Aluminium schwarz eloxiert	Bild 23.24 b	TO 3, TO 66
23.26	Strangkühlkörper	Aluminium schwarz eloxiert	Bild 23.25 b	TO 3, TO 66
23.27	Strangkühlkörper	Aluminium schwarz eloxiert	Bild 23.26 b	TO 3, TO 66
23.28	Strangkühlkörper	Aluminium schwarz eloxiert	Bild 23.27 b	TO 3, TO 66
23.29	Strangkühlkörper	Aluminium schwarz eloxiert	Bild 23.28 b	TO 3, TO 66
23.30	Spezialkühlkörper	Aluminium schwarz eloxiert	Bild 23.29	DIL (zum Aufkleben mit Wärmeleitkleber)

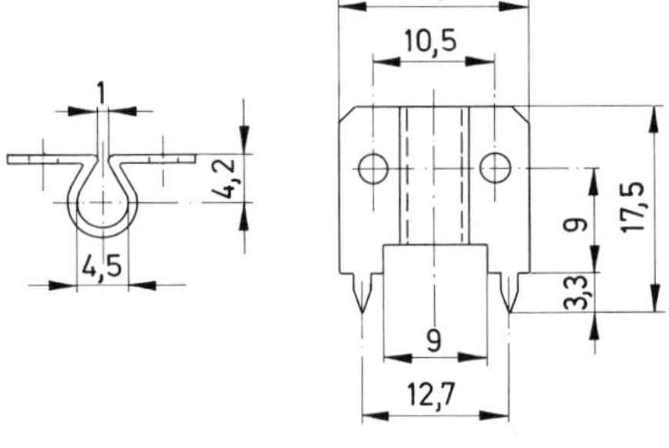

Bild 23.15 Aufsteckkühlkörper
$R_{th\,KU}$ = 80 K/W für Gehäuse TO 92

Bild 23.16 Aufsteckkühlkörper
$R_{\mathrm{th\,KU}}$ = 90 K/W für Gehäuse TO 92

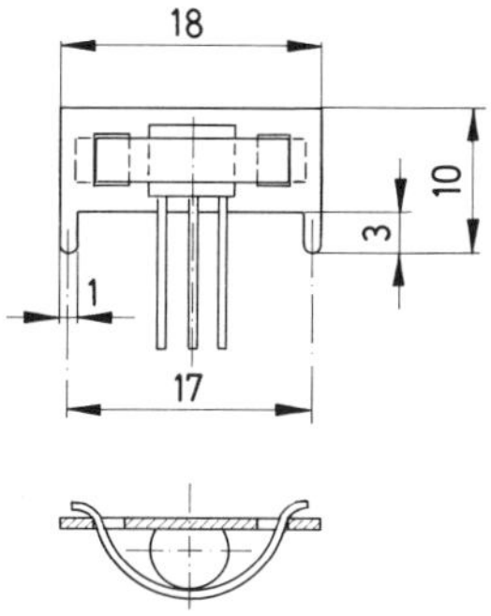

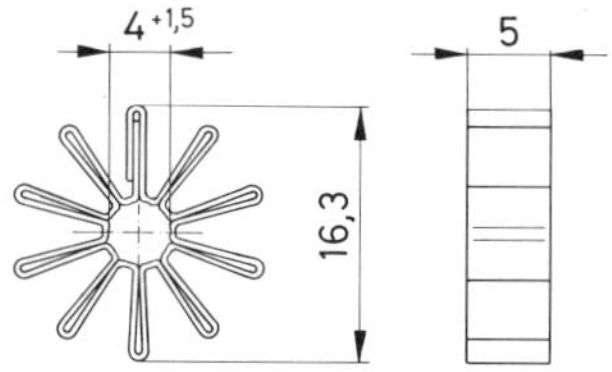

Bild 23.17 Aufsteckkühlkörper
$R_{\mathrm{th\,KU}}$ = 60 K/W für Gehäuse TO 18/TO 72

Bild 23.18 Aufsteckkühlkörper
$R_{\mathrm{th\,KU}}$ = 48 K/W für Gehäuse TO 18/TO 72

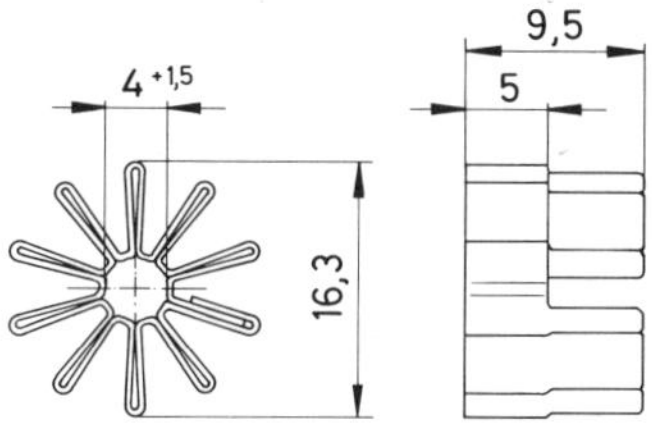

Bild 23.19 Spezialkühlkörper
$R_{\mathrm{th\,KU}}$ = 30 K/W für Gehäuse TO 126

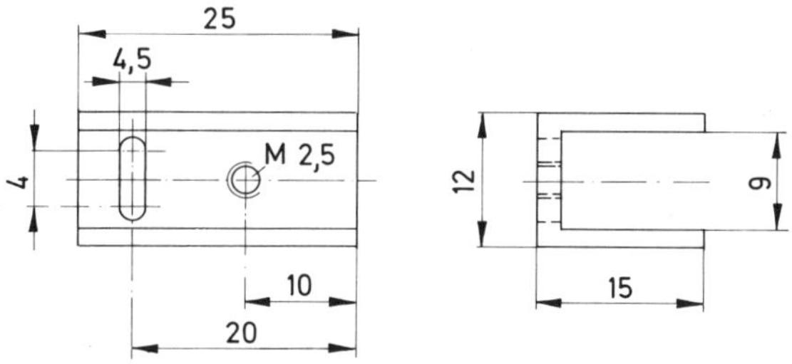

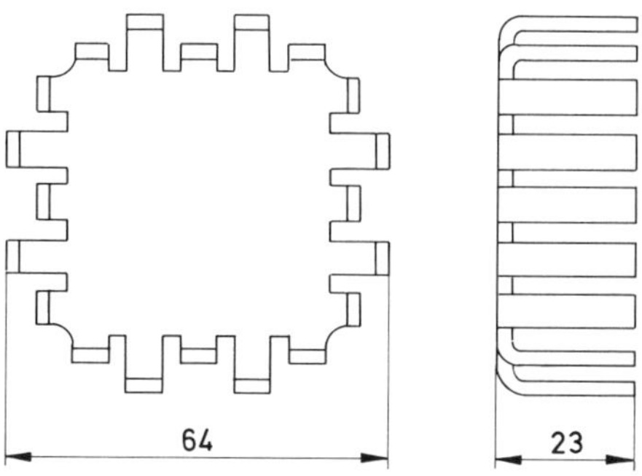

Bild 23.20 Fingerkühlkörper
$R_{\mathrm{th\,KU}}$ = 5 K/W für Gehäuse TO 3/TO 66

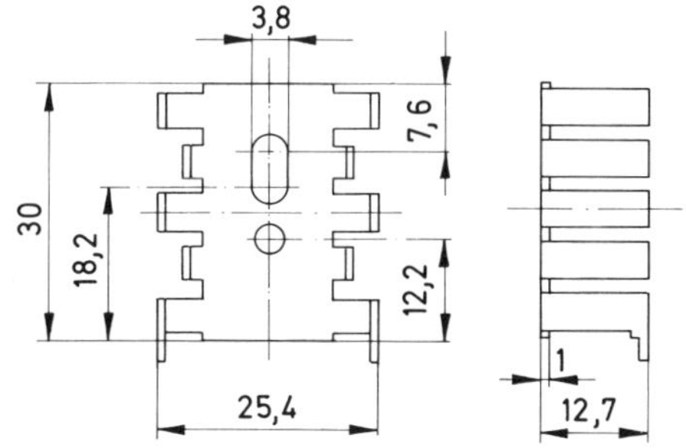

Bild 23.21 Fingerkühlkörper
$R_{\mathrm{th\,KU}}$ = 15 K/W für Gehäuse TO 220

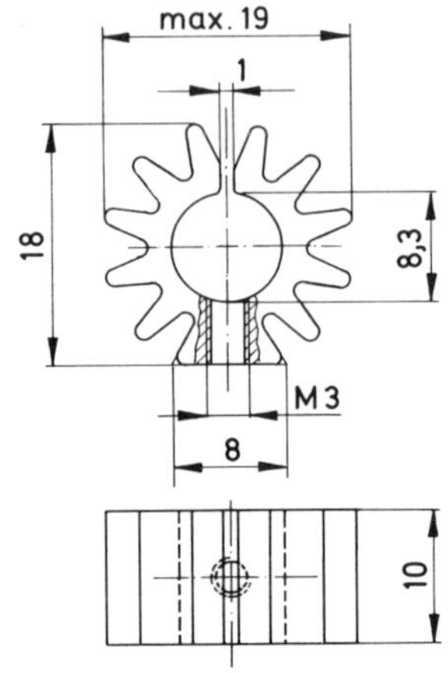

Bild 23.22 Aufsteckkühlkörper
$R_{\mathrm{th\,KU}} = 60$ K/W für Gehäuse TO 39

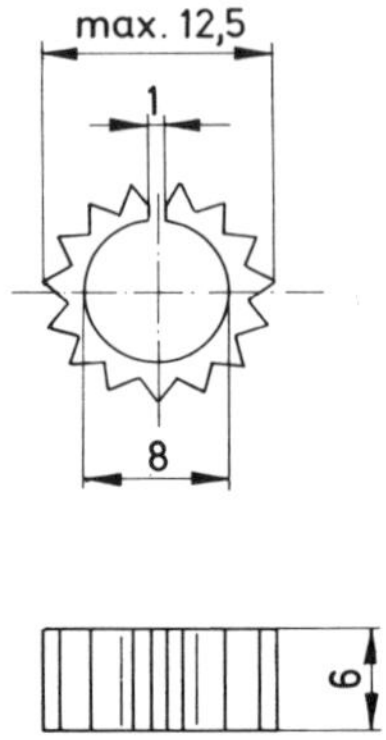

Bild 23.23 Aufsteckkühlkörper
$R_{\mathrm{th\,KU}} = 63$ K/W für Gehäuse TO 39

Bild 23.24 Strangkühlkörper $R_{\mathrm{th\,KU}} \leqq 4$ K/W für Gehäuse TO 3/TO 66

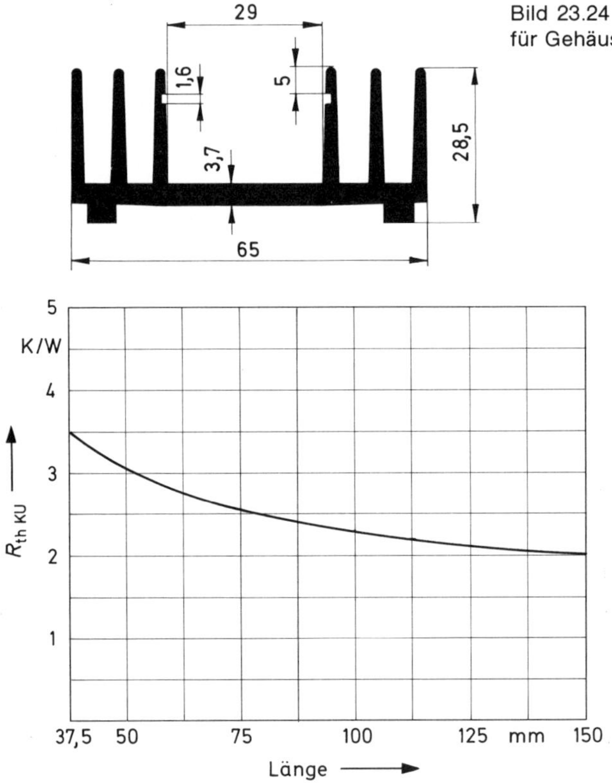

Bild 23.25 Strangkühlkörper
$R_{th\,KU} \leqq 3{,}5$ K/W für Gehäuse
TO 3/TO 66

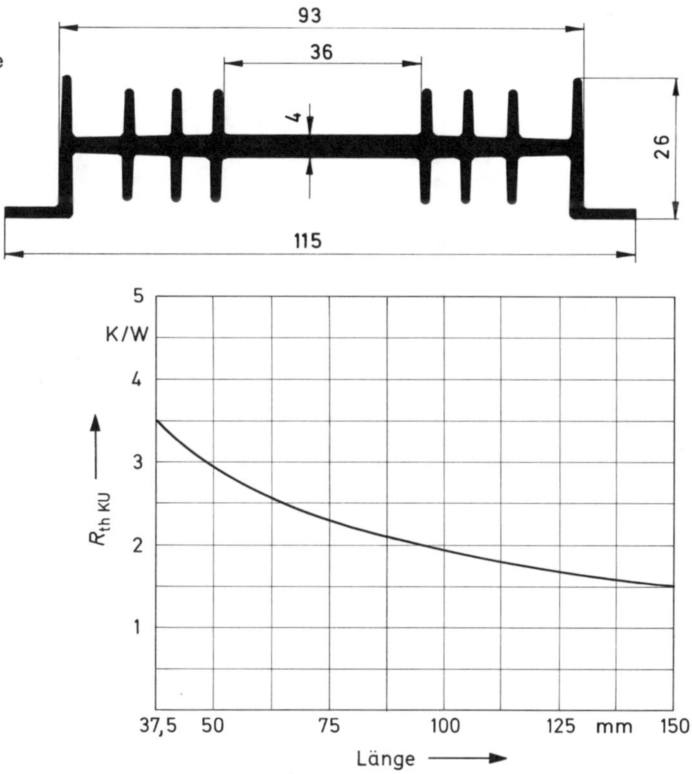

Bild 23.26 Strangkühlkörper
$R_{th\,KU} \leqq 3$ K/W für Gehäuse
TO 3/TO 66

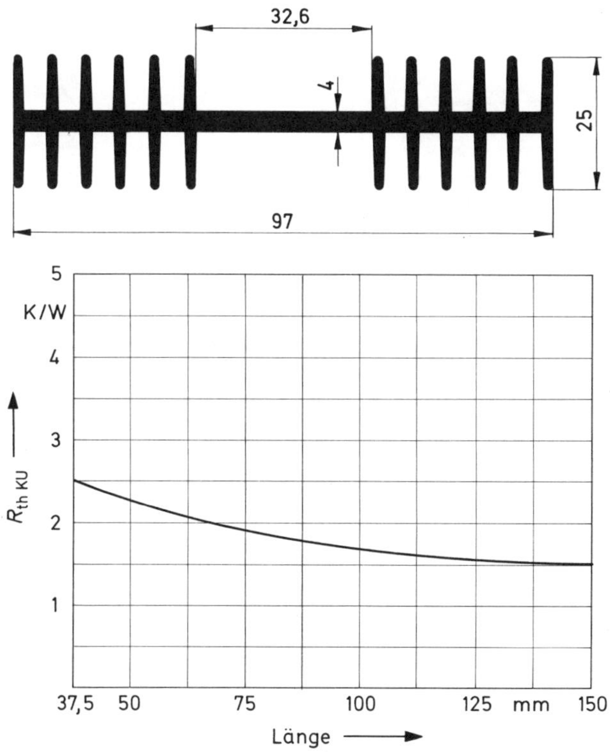

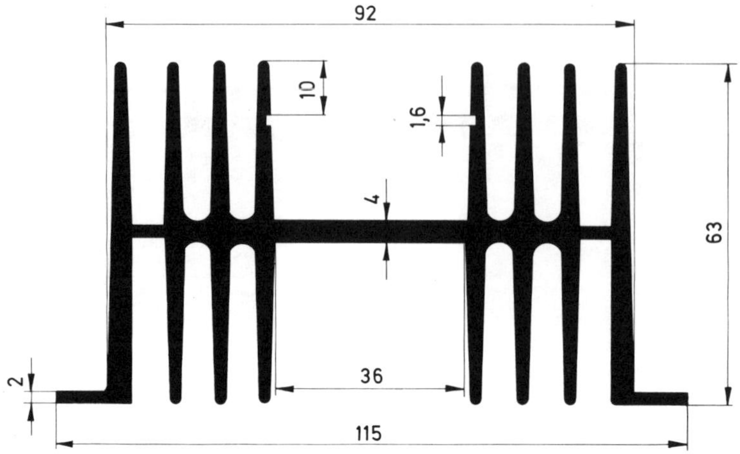

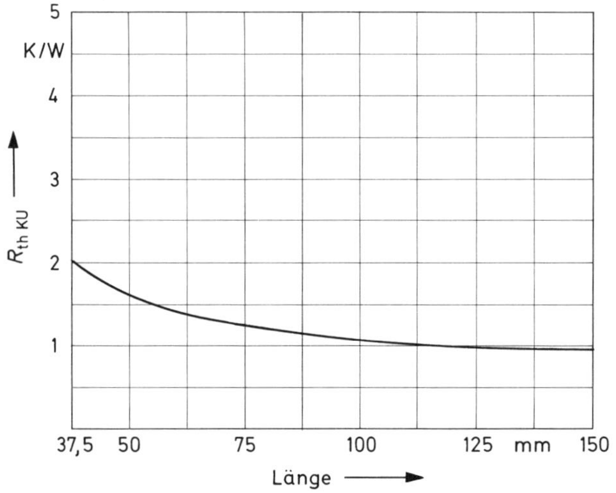

Bild 23.27 Strangkühlkörper
$R_{th\,KU} \leqq 2$ K/W für Gehäuse
TO 3/TO 66

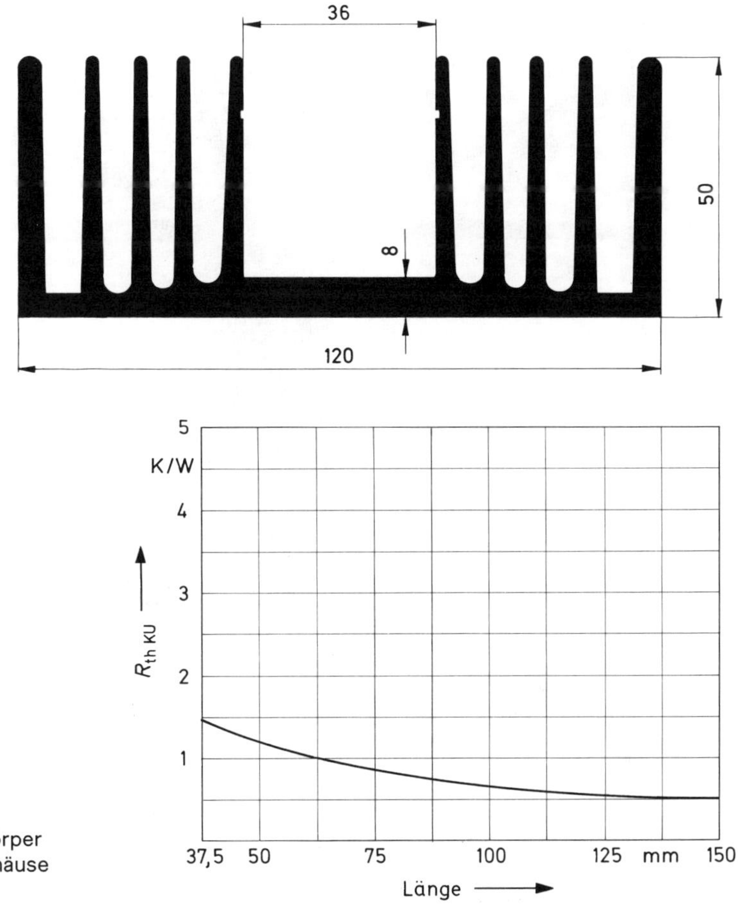

Bild 23.28 Strangkühlkörper
$R_{th\,KU} \leqq 1{,}5$ K/W für Gehäuse
TO 3/TO 66

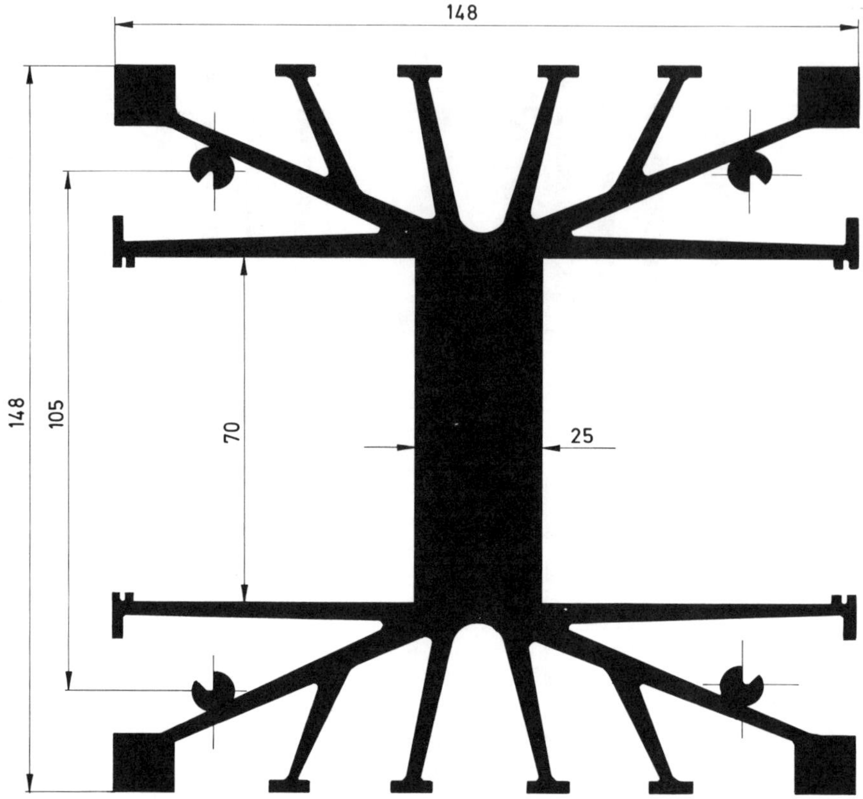

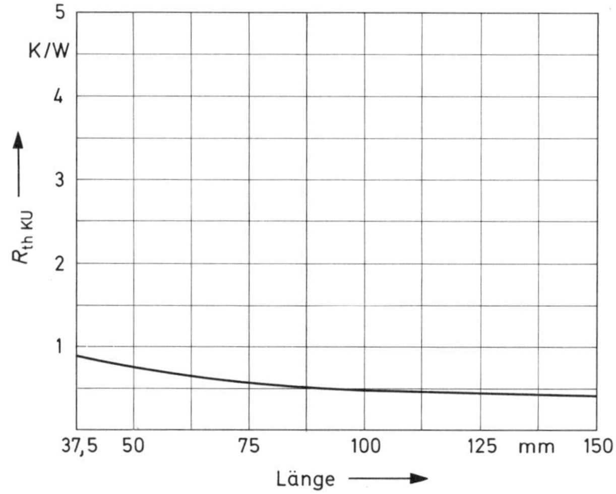

Bild 23.29 Strangkühlkörper $R_{th\,Ku} \leqq 1$ K/W für Gehäuse TO 3/TO 66

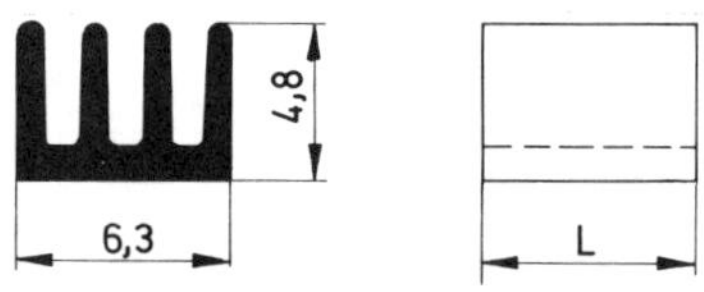

DIL-Gehäuse	L	K/W
6/8polig	8,5	83
14/16polig	19,0	46
20polig	25,0	34

Bild 23.30 Spezialkühlkörper für DIL-Gehäuse

Stichwortverzeichnis

Die Stellen, wo das Stichwort ausführlich erklärt wird, sind kursiv gedruckt.